北京市高等教育精品教材

房屋建筑构造学

房志勇　主编

中国建材工业出版社

图书在版编目（CIP）数据

房屋建筑构造学/房志勇主编．—北京：中国建材工业出版社，2003.7 (2013.7 重印)

ISBN 978-7-80159-478-5

Ⅰ．房…　Ⅱ．房…　Ⅲ．建筑构造—高等学校—教材　Ⅳ．TU22

中国版本图书馆 CIP 数据核字（2003）第 053309 号

内 容 提 要

本书全面、概括地介绍了建筑学、建筑技术科学的知识及其在国内外的进展。全书以民用建筑、工业建筑、工业化建筑的设计与构造及高层建筑、大跨度建筑、建筑装修等方面的基本原理和应用知识为主，适当介绍了一些有关建筑管理、城市管线工程等方面的知识。

本书可以作为高等院校建筑学、土木工程、建筑设备工程、建筑管理等土建类专业的教材，也可以供建筑设计、施工技术人员和土建类专业成人高等学校师生参考。

房屋建筑构造学

房志勇　主编

出版发行：中国建材工业出版社

地　　址：北京市西城区车公庄大街 6 号

邮　　编：100044

经　　销：全国各地新华书店

印　　刷：北京鑫正大印刷有限公司

开　　本：787mm×1092mm　1/16

印　　张：26.25

字　　数：669 千字

版　　次：2003 年 7 月第一版

印　　次：2013 年 7 月第七次

书　　号：ISBN 978-7-80159-478-5

定　　价：68.00 元

本社网址：www.jccbs.com.cn

本书如出现印装质量问题，由我社发行部负责调换。联系电话：（010）88386906

序

功能、技术、艺术三位一体及其与经济的关联构成了建筑的基本内涵，并成为建筑师在实施创作全过程中无时不在思考的问题。古往今来，建筑技术既是建筑坚固耐久的保证，也是促进建筑功能拓展和建筑艺术创新的支撑。尤其在科学技术日新月异发展的今天，建筑的科技含量与日俱增，建筑技术已不只是作为建筑功能与艺术兼备之实体存在的保证，同时也加入到建筑艺术表现的行列中来，充分展现着时代的特征。现代建筑的先驱者勒·柯布西埃有句名言："现代建筑就是秩序与精确"，其中"精确"二字即体现着建筑技术的进步与创造，而这一创造力的获得则有赖于对建筑技术基本原理的认识、掌握和不断运用。

然而，出于系统教学的需要，往往将本为一体的建筑设计和建筑构造拆成不同的专业课程施教，在研究生的教育中又划分为相互独立的专业学科来培养。这对深化学科领域的研究来讲虽然必要，但在尚未涉足于社会生产实践的学生看来，却极易将分工误认为是"分家"，难免在无形之中造成学习中的偏科现象。例如：考入建筑学专业的学生往往钟爱训练设计构思和艺术表现的建筑设计课，而轻视建筑构造等相关技术课的学习，以致在学生中设计虽称良好，而构造却不及格的现象时有发生；而考入土建类其他专业的学生又往往孤立地学习各种建筑技术原理，不太善于从建筑整体设计来看待技术的保证性，使其在未来的工作中难以适应从全局考虑问题的方法。因此，在培养建筑师的教育过程中，建筑构造等相关技术原理课是不可或缺的重要内容；同样，在土木工程师等各专业工程技术人员的培养中，必要的建筑启蒙教育也是不可或缺的。

我读大学时，也有因构造、材料等课的枯燥而厌学的现象，但20世纪50年代初学规甚严，任何课程不及格，补考仍通不过，就会被勒令退学。所以即使不爱学，也要学好。毕业后，从事设计工作才真正认识到建筑师几乎一生都在和构造打交道：如设计过程中，每个小小的创意都需要经过细部构造的推敲，才能取得合意的尺度和坚固的保证。而一些构造和结构方案的创造，又能诱发新的建筑创意和灵感；完成设计后，在工地监督实施，发现和欲解决的问题也无一不与构造相关。实践让我愈加体会到，为什么许多世界上功名卓著的建筑大师要作足尺的构造节点来研究建筑造型，为什么作为结构工程师的奈尔维始终不渝地坚持技术与艺术的高度统一，而被誉为钢筋混凝土的诗人，结论恐怕只有一个：建筑"必须是一个技术与艺术的综合体"，而非两者的相加。只有真正认识到这种相辅相成的作用，建筑师（或工程师）才能进入设计领域的自由王国。20多年后，当我重返学校执教设计课时，更加意识到认识上的偏狭，常常会造成学习和行为心理上的偏颇。欲行纠正，固然端正认识十分重要，但改革忽视与建筑发展、创新相结合的传统教材和就具体技术讲技术的授课方法更是势在必行。因专业所限，我虽不能越俎代庖去干预建筑技术教学的改革，却始终祈盼能出现一部理想的基础教材，以激励学生去自觉地学好建筑技术知识。

令人欣慰的是房志勇先生和他的合作者终于迈出了改革的步伐，他主持编写的这部《房屋建筑构造学》以全新的组合方式，从基本概念到最新发展，较为系统地勾勒出建筑学和建筑技术科学的轮廓。这部教材以全新的面貌出现，其新一是"新"在有发展的观念，对于建筑和技术原理不限于凝固式的介绍，而能把国内外发展进程（如近年开始出现的轻型钢结构建筑）融入其中，使学习者开阔视野，耳目一新；二是“新”在删繁去冗的整合，将房屋建筑学、建筑构造、建筑概论三课合一，减去了不必要的重叠，却增加了相互间的有机关联，达到了预期的“精品”目标；三是“新”在组合灵活，适用面宽。它重点鲜明地分成基础概念、知识拓宽、细节深化、专题讨论四个主体板块，使之在“通”与“专”的不同组合下，适应了不同专业教学的需要，但又不失总体上的逻辑性；四是“新”在拓宽了知识领域，满足了多元化的需求。因之，教材在注重基本原理和应用知识的基础上，也注意到开拓知识领域和专题的讨论，对特殊构造、管理知识和市政工程知识方面亦有适当介绍，对于建立宽基础以适应社会对多元人材的需求大有裨益。

诚然，一本好的教材非常重要，但如果没有好的教学方法和辅助手段相佐，也难以发挥理想的作用。但我相信，这本精品教材和新的教学方法、新的多媒体辅助手段的结合，必将使这门古老的基础课在教学上焕发新春，并以其生动、鲜活的内容和富有时代气息的特征，达到预期的教学目标。

黄为隽

2003 年 4 月于天津大学建筑学院

第二版前言

建筑概论（包括工程类和经济类两种类型）、房屋建筑学、建筑构造（包括构造1和构造2两门课程），是建筑类高等院校、工科高等院校、理工类高等院校中建筑学专业、土木工程专业、无机非金属专业、工程管理专业、测绘专业、给排水专业、暖通专业、计算机信息技术等多种专业学生需要学习的一类专业基础课，范围涵盖高等院校中的必修课、限选课、任选课。教学目的是通过对房屋建筑设计和建筑构造的基本知识的讲述，为学生建立起完整的房屋建筑概念，以便后续专业课的学习。通过本课程的学习，不仅可以使学生对建筑设计和构造有较为深入的了解，而且建筑中所蕴含的丰富文化内涵和背景，可以开拓学生眼界，丰富学生视野，引导他们对所学专业的热爱，全面提升学生的个人综合素质，为将来走上工作岗位奠定必要的基础。由于本门课程涉及内容广泛，在高等院校中，通常采用的方法，是将其分为4~5门课程，使用4~5种不同的教材，由4~5组不同的教师任教的方法来组织教学。这种精细划分的模式，自有其优越之处。但是，诚如第一版前言中指出的那样，由于上述课程存在大量的重叠内容，就带来了教材、教师资源浪费的问题。

精品教材《房屋建筑构造学》出版后，通过很多兄弟院校的实际验证，使用《房屋建筑构造学》精品教材，引入了一种新的教学模式，即可以根据不同专业的特点，依据同一本教材来组织教学，从而改变了多年来不同专业同类课程使用不同教材的状况，改变了多年来不同专业同类课程分设教师的冗赘，有利于节约教材、教师资源，对专业建设、课程建设起到了很大作用。此外，由于精品教材《房屋建筑构造学》在教材的编写体系、方法等方面具有显著特色，即按照学习规律、专业要求来组织教材内容，从而更易激发学生的学习自觉性和主动性，也更加符合人才培养和因材施教的需要。

第一版教材在出版后得到了广大读者和使用单位的认可，多次重印，发行一万多册，这是令人欣慰的地方。但我们也认识到，书中还有很多不足之处，需要我们不断改进。因此，我们根据近几年各院校使用教材的反映，以及这几年国家相关规范的修订情况，于今年组织精品课程课题组的教师，对《房屋建筑构造学》精品教材中的部分内容进行了修订，希望第二版的教材能够得到广大读者和使用单位的再次认可。

本次修订，主要体现在以下几个方面：

1. 取消光盘：在第一版的教材中，我们提供了一张光盘，其内容由参考资料、教学课件、习题、模拟测试四个部分组成。这张光盘，在当时确实起到了一定的作用。但是，考虑到多媒体教学方法已经普及、网络建设已经完善，在第二版的教材中，我们决定取消光盘；

2. 替换内容：由于在这几年中，国家与基本建设相关的规范作了大量的修订，此外，建筑技术也有了长足的进步，所以，在第二版中，针对这一情况，对于相关的内容作了一些替换、增补和删除；

3. 增加内容：在第二版教材中，我们根据学生使用教材时的一些具体问题和反映，对教材中的一些重点、难点部分，增加了一些辅导性、指导性的内容。该部分内容的增加，虽然会产生教材、教辅难以界定的问题，但是，对于实际的教学过程，尤其是对于学生的自学，可以起到良好的作用；

4. 配套出版：在第二版教材的修订过程中，考虑到该类课程本身存在大量作业，课程设计常常涉及到毕业设计等问题，以及该类课程内容庞杂，学生难以把握课程的重点、难点等问题，组织编写了课程设计指导用书和习题集，并将其合并在一起，作为本教材的配套读物推出。这种做法，与教育部要求强化实践性教学环节教学的精神是一致的。

衷心地感谢支持本教材编写出版的各位领导、使用单位和读者。

房志勇

2009 年 6 月

于北京建筑工程学院

前　　言

笔者在接受了北京市教委“房屋建筑构造”课程精品教材建设项目的任务后，常常问自己，高等学校的教材如何才能跟上时代的步伐，并在保持相对稳定的教学体系的情况下满足差异性教学的要求，并由此进一步地思考。在目前我国高校的教学体制中，“房屋建筑构造”类课程一共有三种，即：房屋建筑学、建筑构造、建筑概论。这三门课程相互之间既有联系、交叉，又有一定的区别。如果我们再考虑到由于不同的学校学时不同所带来的差异，区别就进一步加大了。但是，无论区别有多大，这三门课程的教学范围基本一致这一点，是无论如何也不会改变的。我常想，我们是否应该让上述三门课程的教材同时存在？因为这种有大量相同内容的类似教材的分别编写、出版，无疑是一种浪费。另一方面，我也常常在想，在这样一个强调多元化、个性化发展的时代，我们的教育是否有权利这样告诉学生：在本学科领域，你只能学习30个学时，而不能进一步学习？或者说：你必须在学习完本书后，再去买另外两本书，以便学到你感兴趣的内容。当然，我们也无法告诉学生，这本书中的所有内容都是你在目前学习阶段必须掌握的。

基于上述思考，我给自己定下的教材编写基调是：1. 探讨三课合一的可能性；2. 探讨将三门课、四本教材合一的可能性；3. 所编的教材要符合上述现行教学体系的需要；4. 给学生留有更多的自学空间；5. 篇幅不能太大（三门课程中，除建筑概论外，每门课程的教材都在100万字左右），更不能简单地叠加。

本书基本上由四个模块组成。即：基础概念部分（第一部分）；知识拓展部分（第二部分）；细节深化部分（第三部分）；专题讨论部分（第四部分）。建议读者这样去使用本书：第一部分 = 建筑概论；第一部分 + 第二部分 = 房屋建筑学；第一部分 + 第三部分 = 建筑构造；第四部分是一个相对独立的部分，该部分的内容既可以构成建筑构造（二）的主体，同时又为各个部分的教学提供一些基础知识、专门知识，以满足不同的教学要求和读者的不同需求。

笔者希望通过这样一种模式，使我们达到以一本教材应对三门课程的目的。通过适当的组织，本书可以用于建筑概论、房屋建筑学、建筑构造等课程，并可以适应30、40、60、90等不同学时的教学要求。同时，也为针对不同条件的学生实现差异化教学提供了可能。

另外，本书还有一个十分重要的特点，就是含有一张与本书内容配套的教学光盘。该光盘包含与书籍内容基本配套的教学演示课件。而且，为了照顾一些读者的习惯，对于本书没有，但在其他同类教材中有的内容，也适当提供了演示课件。此外，在光盘中提供了一些练习、测验和模拟试卷，而且是交互式的。最后，在这张光盘中，还提供了html格式的电子文档。显然，通过这张光盘，读者不仅可以非常方便地进行学习，还可以组织多媒体教学、网络教学，而且可以不断重复地进行练习，并能够十分方便地立即验证自己的学习效果，纠正自己的错误。仅就这张光盘来讲，其给读者提供的便利远远超过了一般的纸介质图书。

本书以民用建筑、工业建筑和工业化建筑的设计与构造及高层建筑、大跨度建筑、建筑装修等方面的基本原理和应用知识为主，适当介绍了一些有关建筑管理、城市管线工程等方面的知识。

本书可以作为高等院校建筑学、建筑工程、土木工程、建筑设备工程、道桥工程、测绘工程、城市规划、建筑经济、建筑管理等专业的教材，也可以供建筑设计、施工技术人员和土建类专业成人高等学校师生参考。

本教材由北京建筑工程学院房志勇担任主编。北京建筑工程学院的冯萍、常宏达担任副主编。参加本教材编写、配套多媒体光盘制作、《建筑概论》精品课程建设工作的还有：王嵩明（北京建筑工程学院）、李洪岐（河北工程技术高等专科学校）、王丽娜（清华大学）、陈兴义（焦作工学院）、吴全吉（重庆大学应用技术学院）、杨金铎（北京建筑工程学院）、万杰（西安建筑科技大学）、赵东（重庆大学）、林川（北京建筑工程学院）、李轶夫（中国建筑设计研究总院）等同志。

本教材的编写，以及《建筑概论》精品课程建设工作得到了北京市教委的大力支持与资助，并且得到了北京建筑工程学院领导的大力支持。在此，特表示感谢。在本教材的编写和《建筑概论》精品课程建设中，曾经参考过许多同志的相关著作，在此也一并谢过，请恕未在书中一一列举。

作为一种新的尝试，本教材及《建筑概论》精品课程建设工作一定存在着这样那样的不足，恳请读者予以指正。

房志勇
2003 年 7 月
于北京建筑工程学院

目　录

常用专业术语及物理量介绍

为了学好建筑构造的有关内容，必须了解下列有关的专业术语及物理量。

专业术语

横向：指建筑物的宽度方向。

纵向：指建筑物的长度方向。

轴线：用来确定建筑主要结构或构件的位置及其尺寸的基线以及设备定位线。

横向轴线：用以确定横向墙体、柱、梁、基础位置的轴线。其编号方法采用阿拉伯数字，并注写在轴线圆内。

纵向轴线：用以确定纵向墙体、柱、梁、基础位置的轴线。其编号方法采用大写拉丁字母，并注写在轴线圆内。其中I、O、Z不用作轴线编号。

开间：两相邻横向定位轴线之间距，单位“mm”。

进深：两相邻纵向定位轴线之间距，单位“mm”。

层高：指层间高度。即地面至楼面或楼面至楼面的高度（顶层为顶层楼面至屋面板上皮的高度），单位“mm”。

净高：指房间的净空高度。即地面至顶棚下皮的高度。它等于层高减去楼地面厚度、楼板厚度和顶棚高度，单位“mm”。

建筑高度：指室外地坪至檐口顶部的总高度，单位“mm”。

建筑朝向：建筑的最长立面及主要开口部位的朝向。

建筑面积：指建筑物外包尺寸的乘积再乘以层数。它由使用面积、交通面积和结构面积组成，单位“m^2”。

使用面积：指主要使用房间和辅助使用房间的净面积，单位“m^2”。

交通面积：指走道、楼梯间等交通联系设施的净面积，单位“m^2”。

结构面积：指墙体、柱子所占的面积，单位“m^2”。

柱距：两相邻横向定位轴线之间距，一般用于工业建筑之中，单位“mm”。

跨度：两相邻纵向定位轴线之间距，一般用于工业建筑之中，单位“mm”。

柱网：由双向轴线和轴线交点所设的柱形成的网状平面。

绝对标高：以海拔高度计算的建筑物高程，单位“m”。

相对标高：以某一相对零点计算的建筑物高程，一般将首层地坪标高定为±0.000，单位“m”。

模数：国家规定的建筑设计基本数值单位，作为设计中的增值单位。

构配件：由建筑材料制成的独立部件，其三个方向有规定的尺寸。

刚性防水：主要指通过提高混凝土的防水性能而形成的一种构件自防水。

柔性防水：系指以大面积封闭式覆盖的柔性卷材（或片材）形成的防水层。

活荷载：系指在结构使用期内数值随时间而变的可变荷载，单位“kN/m^2”。

静荷载：系指在结构使用期内数值不随时间而变动的荷载，单位“kN/m^2”。

剪力墙：在建筑中设置的主要抗侧向力构件。

高厚比：一般用于墙柱。以 β 表示，表达式：H_0/h。用以表达高度和厚度的关系，其目的在于提高构件的稳定性。

后浇带：施工时预留，待建筑沉降稳定后再浇筑完成的混凝土带。

太阳高度角：直射阳光与水平面的夹角。

叠合做法：指通过预制构件和现浇混凝土面层形成构件，或节点的装配整体式施工做法。

风玫瑰图：即风向频率图，用以表达风向及频率。它是根据某一地区多年平均统计的各个方向吹向次数的平均日数的百分数，按比例绘制而成的，一般多用 8 个或 16 个罗盘方位表示。

日照间距：为保证后排房屋底层窗台高度冬至日有一定日照而规定的建筑间距。

耐火极限：在标准耐火试验条件下，建筑构件、配件或结构从受到火的作用起，到失掉稳定性、完整性或隔热性为止的时间。单位“h”。

围护结构：通常指建筑物外表面的封闭覆盖结构，如外墙、屋顶、部分门窗。

砌体：由砌体材料、砌筑材料通过一定的砌筑工艺形成的整体。

强度等级：以标准级差方式表示的材料许用强度的大小。

物理量

热量：以 Q 表示，单位“J”；

热阻：以 R 表示，单位“m · K/W”；

表面换热系数：以 α_e 表示，单位“W/（m^2 · K）”；

表面换热阻：以 R_e 表示，单位“m^2 · K/W”；

比热：以 C 表示，单位“kJ/（kg · K）”；

热容：以 Q 表示，单位“kJ/K”；

导热系数：以 λ 表示，单位“W/（m · K）”；

传热系数：以 K 表示，单位“W/（m^2 · K）”；

照度：以 E 表示，单位“lx”；

力矩：单位“kN · m”；

线分布力：单位“kN/m”；

应力：以 σ 表示，单位“Pa”；

弹性模量：以 E 表示，单位“MPa”；

隔声量：单位“dB”；

表观密度：以 ρ_0 表示，单位“kg/m^3”；

围护结构总传热阻：以 R_o 表示；

围护结构吸热阻：以 R_i 表示；

围护结构放热阻：以 R_e 表示；

围护结构传热阻：以 R 表示。

第一篇 基础概念部分

第一章 概论（一）

第一节 建筑的基本构成要素

建筑既表示建造房屋和从事其他土木工程的活动，又表示这种活动的成果——建筑物，也是某个时期、某种风格建筑物及其所体现的技术和艺术的总称，如隋唐五代建筑、明清建筑、现代建筑等。

建筑物是人们为从事生产、生活和进行各种社会活动的需要，利用所掌握的物质技术条件，运用科学规律和美学法则而创造的社会生活环境，如厂房、宿舍、会堂等。仅仅为满足生产、生活的某一方面需要，并为建筑物服务的工程设施则称为构筑物，如水池、水塔、支架、烟囱等。

建筑物构成的基本要素是：建筑功能、物质技术条件和建筑形象。

建筑功能，即指建筑的实用性。任何建筑物都具有为人所用的功能，如住宅供人生活起居；学校是教学活动的场所；园林建筑供人游览、观赏和休息；纪念碑可以陶冶情操，满足人们精神生活的要求。各类工厂的实用性更是无可置疑了。如此等等，不胜枚举。

社会生产力的发展，使人类的生产活动和社会活动不断变革和发展，对建筑功能产生更多的要求，这就促进了建筑业的发展。新的建筑类型也就应运而生了。

建筑材料是构成建筑的物质基础。建筑结构是运用建筑材料，通过一定的技术手段构成的建筑骨架。它们是形成建筑物空间的实体。

新的建筑材料是新型结构产生的物质条件，同时也推动了结构理论和施工技术的发展。例如，由于钢材和钢筋混凝土材料的问世，产生了骨架结构，出现了前所未有的高层建筑和大跨度建筑。

建筑技术设备对建筑业的发展也起着重要作用，如电梯和大型起重设备的应用，促进了高层建筑的发展。

总之，建筑材料、结构与技术等物质手段也是构成建筑的重要要素。

建筑除满足人们使用要求外，又以它不同的空间组合、建筑造型、细部处理等，构成一定的建筑形象，从而反映出建筑的性质、时代风采、民族风格以及地方特色等，以给人某种精神享受和艺术感染力，满足人们精神方面的要求。如住宅，外形简单朴素，给人以亲切、宁静的气氛；剧院，巨大的观众厅、高耸的舞台空间所形成的体量、高低对比，反映了剧院建筑的特性；人民英雄纪念碑，庄严、肃穆，雄伟、崇高，有强烈的艺术感染力。

建筑功能、物质技术和建筑形象三者是辩证统一的。

建筑功能是建筑的目的，是主导因素。功能要求不同的各类建筑，可以选择不同的结构形式和使用不同的建筑材料，也自然会出现不同的建筑形象。

由于人们的社会活动、科学技术和生产活动不断丰富，对建筑功能的要求也更加复杂、多样，进而又推动了建筑技术的发展。

物质技术条件是达到建筑目的的手段。新技术、新材料为满足愈来愈复杂的建筑功能要求创造了条件。同时，它们也影响和改变了建筑的内部空间。与此同时，产生了反映新结构、新材料的建筑形象。

建筑艺术与音乐、美术、戏剧等艺术不同，它的创作必须在功能合理、物质技术和经济条件可能的情况下进行。

优秀的建筑作品能形象地反映出建筑的性质、结构和材料的特征，并给人以美的享受。

总之，建筑功能、技术和建筑艺术是互相促进、互相制约的。

第二节　建筑物的分类

建筑物可以从许多方面进行分类，常见的分类方法有以下四种。

一、按使用性质分

1. 民用建筑

指的是供人们从事工作、学习、生活、居住等各种类型的个人生活与社会活动的建筑，也可称为非生产性建筑。一般分为以下两种：

（1）居住建筑：如住宅、单身宿舍、招待所等。

（2）公共建筑：如办公、科教、文体、商业、医疗、邮电、广播、交通建筑等。

2. 工业建筑

指的是各类工业生产用房和为生产服务的附属用房，亦即生产性建筑是为特定产品按特定流程设计。一般分为以下三种：

（1）单层工业厂房：主要用于重工业类的生产企业。

（2）多层工业厂房：主要用于轻工、IT 业类的生产企业。

（3）单、多层混合的工业厂房：主要用于化工、食品类的生产企业。

3. 农业建筑

指各类供农牧业生产和加工使用的房屋，如种子库、拖拉机站等。

二、按结构类型分

结构类型是以承重构件的选用材料与制作方式、传力方法的不同而划分的，一般分为以下几种：

1. 砌体结构

这种结构的竖向承重构件采用烧结实心砖、烧结多孔砖或承重钢筋混凝土小砌块砌筑的墙体，水平承重构件为钢筋混凝土楼板及屋顶板。这种结构一般用于多层建筑中。

2. 框架结构

这种结构的承重部分是由钢筋混凝土或钢材制作的梁、板、柱形成骨架，墙体只起围护和分隔作用。这种结构可以用于多层和高层建筑中。

3. 钢筋混凝土板墙结构

这种结构的竖向承重构件和水平承重构件均采用钢筋混凝土制作，施工时可以在现场浇注或在加工厂预制，现场吊装。这种结构可以用于多层和高层建筑中。

4. 特种结构

这种结构又称为空间结构。它包括悬索、网架、拱、壳体、膜结构、帐篷结构等结构型式。这种结构多用于大跨度的公共建筑中。

三、按建筑层数或总高度分

层数是房屋建筑的一项非常重要的控制指标，但必须结合建筑总高度❶综合考虑。

（1）住宅建筑 1 ~ 3 层为低层；4 ~ 6 层为多层；7 ~ 9 层为中高层；10 层及以上为高层。

（2）公共建筑及综合性建筑总高度超过 24m 为高层，不超过 24m 为多层。如高度虽超过 24m，但为单层者，亦不属于高层。

（3）建筑高度超过 100m 的民用建筑为超高层建筑。

（4）联合国经济事务部针对世界高层建筑的发展情况，把高层建筑划分为以下四种类型：

1）低高层建筑：层数为 9 ~ 16 层，建筑总高度为 50m 以下。

2）中高层建筑：层数为 17 ~ 25 层，建筑总高度为 50 ~ 75m。

3）高高层建筑：层数为 26 ~ 40 层，建筑总高度可达 100m。

4）超高层建筑：层数为 40 层以上，建筑总高度在 100m 以上。

按我国《民用建筑设计通则》（GB 50352—2005）规定，无论住宅建筑还是公共建筑，建筑物高度超过 100m 时，均为超高层。

四、按施工方法分

施工方法是指建筑房屋所采用的方法，它分为以下几类：

1. 现浇、现砌式

这种施工方法是指主要构件均在施工现场砌筑（如砖墙等）或浇注（如钢筋混凝土构件等）。

2. 预制、装配式

这种施工方法是指主要构件在加工厂预制，施工现场进行装配。

3. 部分现浇现砌、部分装配式

这种施工方法是一部分构件在现场浇注或砌筑（大多为竖向构件），一部分构件为预制吊装（大多为水平构件）。

第三节　建筑物的等级划分

一、耐久等级

建筑物耐久等级的指标是设计使用年限。设计使用年限的长短是依据建筑物的性质决定

---

❶ 建筑高度按下列方法确定：

- 在重点文物保护单位和重要风景区附近的建筑物，其高度系指建筑物的最高点，包括电梯间、楼梯间、水箱、烟囱等。
- 在前条所指地区以外的一般地区，其建筑高度平顶房屋按女儿墙高度计算；坡顶房屋按屋檐和屋脊的平均高度计算。屋顶上的附属物，如电梯间、楼梯间、水箱、烟囱等，其总面积不超过屋顶面积的 20%，高度不超过 4m 的不计入高度之内。
- 消防要求的建筑物高度为建筑物室外地面到其屋顶平面或檐口的高度。

的。影响建筑设计使用年限的主要因素是结构构件的选材和结构体系。

耐久等级在传统上一般分为五级，其具体划分方法如表 1-1-1 所示。

按建筑物等级划分的耐久年限 **表 1-1-1**

建筑等级	建筑物性质	耐久年限
一	具有历史性、纪念性、代表性的重要建筑物，如纪念馆、博物馆等	100 年以上
二	重要的公共建筑物，如一级行政机关办公楼、大城市火车站、大剧院等	50 年以上
三	比较重要的公共建筑和居住建筑，如医院、高等院校、工业厂房等	40 ~ 50 年
四	普通的建筑物，如文教、交通、居住建筑及一般性厂房等	15 ~ 40 年
五	简易建筑和使用年限在 15 年以下的临时建筑	15 年以下

另外，在《民用建筑设计通则》（GB 50352—2005）中，根据设计使用年限，对建筑物作了如下分类：

4 类：设计使用年限为 100 年，适用于纪念性建筑和特别重要的建筑。

3 类：设计使用年限为 50 年，适用于普通建筑和构筑物。

2 类：设计使用年限为 25 年，适用于易于替换结构构件的建筑。

1 类：设计使用年限为 5 年，适用于临时性建筑。

大量性建造的建筑，如住宅，属于普通建筑，其耐久等级应为三级。

二、耐火等级

耐火等级取决于组成建筑的主要构件的耐火极限和燃烧性能。其单位为小时。耐火极限指的是在标准耐火试验条件下，建筑构件、配件或结构从受到火的作用起，到失掉稳定性、完整性或隔热性为止的时间。按材料的燃烧性能把材料分为燃烧材料（如木材等）、难燃烧材料（如木丝板等）和不燃烧材料（如砖、石等）。用上述材料制作的构件分别叫燃烧体、难燃烧体和不燃烧体。

民用建筑的耐火等级分为四级，根据《建筑设计防火规范》（GB 50016—2006），其划分方法如表 1-1-2 所示。

建筑物构件的燃烧性能和耐火极限（h） **表 1-1-2**

构件名称		耐火等级			
		一级	二级	三级	四级
墙	防火墙	不燃烧体 3.00	不燃烧体 3.00	不燃烧体 3.00	不燃烧体 3.00
	承重墙	不燃烧体 3.00	不燃烧体 2.50	不燃烧体 2.00	难燃烧体 0.50
	非承重外墙	不燃烧体 1.00	不燃烧体 1.00	不燃烧体 0.50	燃烧体
	楼梯间的墙 电梯井的墙 住宅单元之间的墙 住宅分户墙	不燃烧体 2.00	不燃烧体 2.00	不燃烧体 1.50	难燃烧体 0.50
	疏散走道两侧的隔墙	不燃烧体 1.00	不燃烧体 1.00	不燃烧体 0.50	难燃烧体 0.25
	房间隔墙	不燃烧体 0.75	不燃烧体 0.50	难燃烧体 0.50	难燃烧体 0.25

续表

构件名称	耐火等级			
	一级	二级	三级	四级
柱	不燃烧体 3.00	不燃烧体 2.50	不燃烧体 2.00	难燃烧体 0.50
梁	不燃烧体 2.00	不燃烧体 1.50	不燃烧体 1.00	难燃烧体 0.50
楼　板	不燃烧体 1.50	不燃烧体 1.00	不燃烧体 0.50	燃烧体
屋顶承重构件	不燃烧体 1.50	不燃烧体 1.00	燃烧体	燃烧体
疏散楼梯	不燃烧体 1.50	不燃烧体 1.00	不燃烧体 0.50	燃烧体
吊顶（包括吊顶搁栅）	不燃烧体 0.25	难燃烧体 0.25	难燃烧体 0.15	燃烧体

注：(1) 除本规范另有规定者外，以木柱承重且以不燃烧材料作为墙体的建筑物，其耐火等级应按四级确定。

(2) 二级耐火等级建筑的吊顶采用不燃烧体时，其耐火极限不限。

(3) 在二级耐火等级的建筑中，面积不超过 $100m^2$ 的房间隔墙，如执行本表的规定确有困难时，可采用耐火极限不低于 0.30h 的不燃烧体。

(4) 一、二级耐火等级建筑疏散走道两侧的隔墙，按本表规定执行确有困难时，可采用耐火极限不低于 0.75h 的不燃烧体。

(5) 住宅建筑构件的耐火极限和燃烧性能可按现行国家标准《住宅建筑规范》GB 50368—2005 的规定执行。

一个建筑物的耐火等级属于几级，取决于该建筑物的层数和面积。《建筑设计防火规范》（GB 50016—2006）中做了详细的规定，如表 1-1-3 所示。

民用建筑的耐火等级、最多允许层数和防火分区最大允许建筑面积　　表 1-1-3

耐火等级	最多允许层数	防火分区的最大允许建筑面积（m^2）	备　注
一、二级	详注（2）	2500	1. 体育馆、剧院的观众厅，展览建筑的展厅，其防火分区最大允许建筑面积可适当放宽； 2. 托儿所、幼儿园的儿童用房和儿童游乐厅等儿童活动场所不应超过 3 层或设置在四层及四层以上楼层或地下、半地下建筑（室）内
三级	5 层	1200	1. 托儿所、幼儿园的儿童用房和儿童游乐厅等儿童活动场所、老年人建筑和医院、疗养院的住院部分不应超过 2 层或设置在三层及三层以上楼层或地下、半地下建筑（室）内； 2. 商店、学校、电影院、剧院、礼堂、食堂、菜市场不应超过 2 层或设置在三层及三层以上楼层
四级	2 层	600	学校、食堂、菜市场、托儿所、幼儿园、老年人建筑、医院等不应设置在二层
地下、半地下建筑（室）		500	—

注：(1) 建筑内设置自动灭火系统时，该防火分区的最大允许建筑面积可按本表的规定增加 1.0 倍。局部设置时，增加面积可按该局部面积的 1.0 倍计算。

(2) 9 层及 9 层以下的居住建筑（包括设置商业服务网点的居住建筑）和建筑高度小于等于 24m 的公共建筑及建筑高度大于 24m 的单层公共建筑。

例如，已知一职工住宅，采用砌体结构建造，其层数为6层，每层建筑面积为600m²，其耐火等级应为几级呢？查阅上表后得出至少为二级。但当采用预应力圆孔板作楼板及屋顶板时，由于预应力圆孔板的耐久极限只有0.40～0.85h，则应为三级。

高层民用建筑的耐火等级分为二级，其划分方法如表1-1-4所示。

高层民用建筑构件的燃烧性能和耐火极限 **表1-1-4**

构件名称 \ 燃烧性能和耐火极限（h）		耐火等级 一级	耐火等级 二级
墙	防火墙	不燃烧体 3.00	不燃烧体 3.00
墙	承重墙、楼梯间、电梯井、住宅单元之间的墙、住宅分户墙	不燃烧体 2.00	不燃烧体 2.00
墙	非承重外墙、疏散走道两侧的隔墙	不燃烧体 1.00	不燃烧体 1.00
墙	房间隔墙	不燃烧体 0.75	不燃烧体 0.50
柱		不燃烧体 3.00	不燃烧体 2.50
梁		不燃烧体 2.00	不燃烧体 1.50
楼板、疏散楼梯、屋顶承重构件		不燃烧体 1.50	不燃烧体 1.00
吊顶		不燃烧体 0.25	难燃烧体 0.25

高层民用建筑分为两类，应根据使用性质、火灾危险性、疏散和扑救难度等进行划分。在《高层民用建筑设计防火规范》（GB 50045—95，2005年版）中做了详细的规定，如表1-1-5所示。

高层民用建筑的分类 **表1-1-5**

名称	一类	二类
居住建筑	19层及19层以上的住宅	10层至18层的住宅
公共建筑	1. 医院 2. 高级旅馆 3. 建筑高度超过50m或24m以上部分的任一楼层建筑面积超过1000m² 的商业楼、展览楼、综合楼、电信楼、财贸金融楼 4. 建筑高度超过50m或24m以上部分的任一楼层建筑面积超过1500m² 的商住楼 5. 中央级和省级（含计划单列市）广播电视楼 6. 网局级和省级（含计划单列市）电力调度楼 7. 省级（含计划单列市）邮政楼、防灾指挥调度楼 8. 藏书超过100万册的图书馆、书库 9. 重要的办公楼、科研楼、档案楼 10. 建筑高度超过50m的教学楼和普通的旅馆、办公楼、科研楼、档案楼等	1. 除一类建筑以外的商业楼、展览楼、综合楼、电信楼、财贸金融楼、商住楼、图书馆、书库 2. 省级以下的邮政楼、防灾指挥调度楼、广播电视楼、电力调度楼 3. 建筑高度不超过50m的教学楼和普通的旅馆、办公楼、科研楼、档案楼等

一类高层的耐火等级应为一级，二类高层不应低于二级，裙房❶不应低于二级，地下室应为一级。

---

❶ 裙房指与高层建筑相连的建筑高度不超过24m的附属建筑。

三、工程等级

建筑物的工程等级以其复杂程度为依据，共分六级，其具体方法如表 1-1-6 所示。

建筑物的工程等级 **表 1-1-6**

工程等级	工程主要特征	工程范围举例
特级	1. 列为国家重点项目或以国际性活动为主的特高级大型公共建筑 2. 有全国性历史意义或技术要求特别复杂的中小型公共建筑 3. 30 层以上建筑 4. 高大空间有声、光等特殊要求的建筑物	国宾馆、国家大会堂、国际会议中心、国际体育中心、国际贸易中心、国际大型航空港、国际综合俱乐部、重要历史纪念建筑、国家级图书馆、博物馆、美术馆、剧院、音乐厅、三级以上人防工程
一级	1. 高级大型公共建筑 2. 有地区性历史意义或技术要求复杂的中、小型公共建筑 3. 16 层以上、29 层以下或超过 50m 高的公共建筑	高级宾馆、旅游宾馆、高级招待所、别墅、省级展览馆、博物馆、图书馆、科学试验研究楼（包括高等院校）、高级会堂、高级俱乐部、>300床位医院、疗养院、医疗技术楼、大型门诊楼、大中型体育馆、室内游泳馆、室内滑冰馆、大城市火车站、航运站、候机楼、摄影棚、邮电通讯楼、综合商业大楼、高级餐厅、四级人防工程、五级平战结合人防工程等
二级	1. 中高级、大中型公共建筑 2. 技术要求较高的中小型建筑 3. 16 层以上、29 层以下住宅	大专院校教学楼、档案楼、礼堂、电影院、部、省级机关办公楼、300 床位以下（不含 300 床位）医院、疗养院、地、市级图书馆、文化馆、少年宫、俱乐部、排演厅、报告厅、风雨操场、大中城市汽车客运站、中等城市火车站、邮电局、多层综合商场、风味餐厅、高级小住宅等
三级	1. 中级、中型公共建筑 2. 7 层以上（含 7 层）、15 层以下有电梯的住宅或框架结构的建筑	重点中学、中等专业学校、教学楼、试验楼、电教楼、社会旅馆、饭馆、招待所、浴室、邮电所、门诊所、百货楼、托儿所、幼儿园、综合服务楼、1 ~ 2 层商场、多层食堂、小型车站等
四级	1. 一般中小型公共建筑 2. 7 层以下无电梯的住宅、宿舍及砌体建筑	一般办公楼、中小学教学楼、单层食堂、单层汽车库、消防车库、消防站、蔬菜门市部、粮站、杂货店、阅览室、理发室、水冲式公共厕所等
五级	1 ~ 2 层单功能、一般小跨度结构建筑	同特征

四、建筑结构安全等级

进行建筑结构设计时，应根据结构破坏可能产生的后果（危及人的生命、造成经济损失、产生社会影响等）的严重性，采用不同的安全等级。建筑结构安全等级的划分应符合表 1-1-7 的要求。

建筑结构的安全等级　　表 1-1-7

安全等级	破坏后果	建筑物类型
一　级	很严重	重要的房屋
二　级	严重	一般的房屋
三　级	不严重	次要的房屋

注：(1) 对特殊的建筑物，其安全等级应根据具体情况另行商定。

(2) 地基基础设计安全等级及按抗震要求设计时，建筑结构的安全等级，尚应符合国家现行规范的规定。

《住宅建筑规范》(GB 50368—2005) 提出住宅结构的设计使用年限不应少于 50 年，其安全等级不应低于二级。

第四节　民用建筑的构造组成

图 1-1-1 为民用建筑的剖面轴测图，从图中我们可以看到房屋的主要组成部分，它们是：

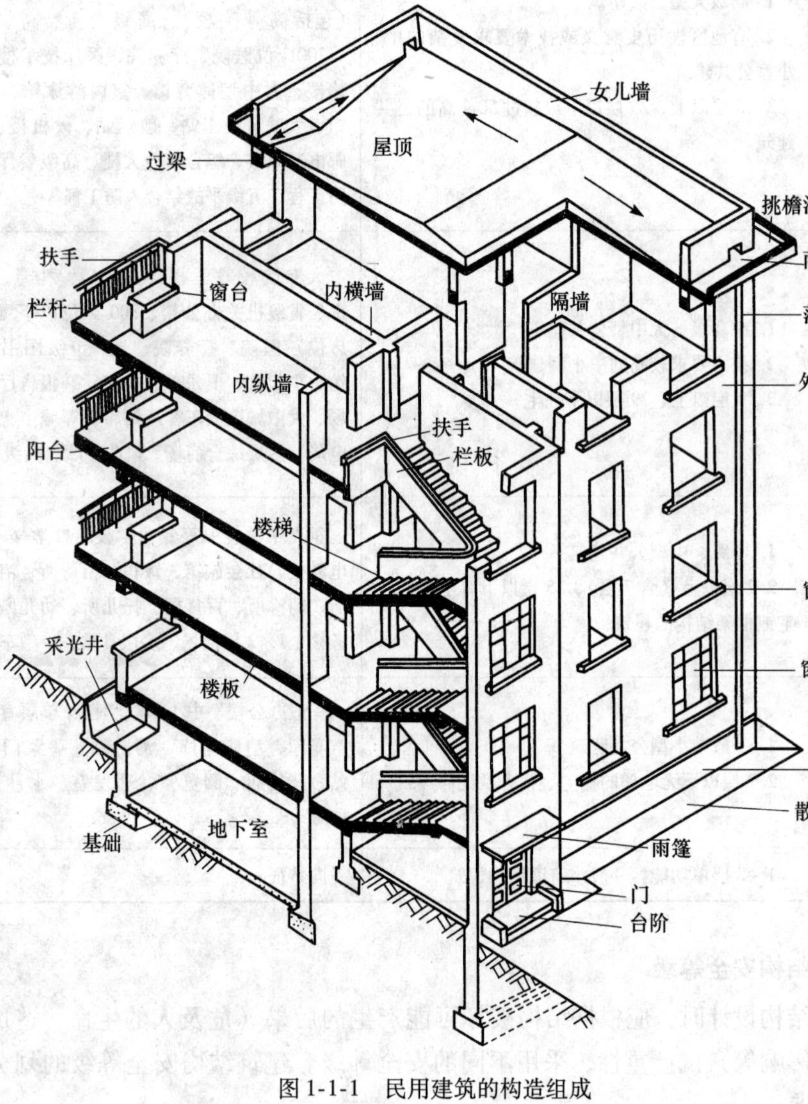

图 1-1-1　民用建筑的构造组成

（1）基础：地下的承重构件，承受建筑物的全部荷载，并下传给地基。

（2）墙：建筑物的承重与围护构件，承受屋顶和楼层传来的荷载，并将这些荷载传给基础。墙体的围护作用主要体现在抵御各种自然因素的影响与破坏，同时要承受一些水平方向的荷载。

（3）楼地层：楼房建筑中的水平承重构件，承受家具、设备和人的重量，并将这些荷载传给墙或柱。

（4）楼梯：楼房建筑的垂直交通设施，供人们平时上下和紧急疏散时使用。

（5）屋顶：建筑物顶部的围护和承重构件，由屋面和屋面板两部分组成。屋面抵御自然界雨、雪的侵袭，屋面板承受着房屋顶部的荷载。

（6）门窗：门主要用做内外交通联系及分隔房间；窗的作用是采光和通风。门窗属于非承重构件。

除上述六大组成部分以外，还有一些附属部分，如阳台、雨罩、台阶、烟囱等。

房屋各组成部分起着不同的作用，概括起来主要是两大类，即承重结构和围护结构。建筑构造设计主要侧重于围护结构的设计。

第五节　建筑构件的尺寸

为了保证设计、生产、施工各阶段建筑制品、构配件等有关尺寸间的统一与协调，必须明确标志尺寸、构造尺寸、实际尺寸的定义及其相互的关系（图 1-1-2）。

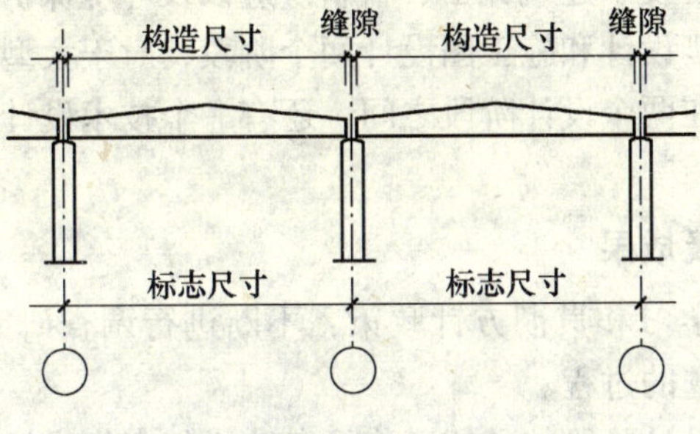

图 1-1-2　建筑构件中三种尺寸的关系

标志尺寸：用以标注建筑物定位线之间的距离（跨度、柱距、层高等）以及建筑制品、建筑构配件、有关设备位置界限之间的尺寸；标志尺寸必须符合模数数列的规定。

构造尺寸：是建筑制品、建筑构配件的设计尺寸，一般情况下，构造尺寸加上缝隙尺寸即等于标志尺寸。缝隙的大小也应符合模数数列的规定。

实际尺寸：是建筑制品、建筑构配件等的实有尺寸，实际尺寸与构造尺寸之间的差数，应由允许偏差幅度加以限制。

第二章　建筑设计基础（一）

第一节　建筑设计的内容和过程

一、建筑设计的阶段划分与内容

由于建造房屋是一个较为复杂的物质生产过程，影响房屋设计和建造的因素又很多，因此必须在施工前有一个完整的设计方案，综合考虑多种因素，编制出一整套设计施工图纸和文件。实践证明，遵循必要的设计程序，充分做好设计前的准备工作，划分必要的设计阶段，对提高建筑物的质量，多快好省地设计和建筑房屋是极为重要的。

房屋的设计，一般包括建筑设计、结构设计和设备设计、工程经济分析等几部分，它们之间既有分工，又相互密切配合。由于建筑设计是建筑功能、工程技术和建筑艺术的综合，因此它必须综合考虑建筑、结构、设备等工种的要求，以及这些工种的相互联系和制约。设计人员必须贯彻执行建筑方针和政策，正确掌握建筑标准，重视调查研究和群众路线的工作方法。建筑设计还和城市建设、建筑施工、材料供应以及环境保护等部门的关系极为密切。

建筑设计一般分为初步设计和施工图设计两个阶段，对于大型的、比较复杂的工程，也有采用三个设计阶段，即在两个设计阶段之间，还有一个技术设计阶段，用来深入解决各工种之间的协调等技术问题。

二、建筑设计的过程及成果

建筑设计过程也就是学习和贯彻方针政策，不断进行调查研究，合理解决建筑物的功能、技术、经济和美观问题的过程。

现将设计过程和各个设计阶段的具体工作及各阶段的工作成果，分述如下：

（一）设计前的准备工作

1. 熟悉设计任务书

具体着手设计前，首先需要熟悉设计任务书，以明确建设项目的设计要求。设计任务书的内容有：

（1）建设项目总的要求和建造目的的说明；

（2）建筑物的具体使用要求、建筑面积以及各类用途房间之间的面积分配；

（3）建设项目的总投资和单方造价，并说明土建费用、房屋设备费用以及道路等室外设施费用情况；

（4）建设基地范围、大小，周围原有建筑、道路、地段环境的描述，并附有地形测量图；

（5）供电、供水和采暖、空调等设备方面的要求，并附有水源、电源接用许可文件；

（6）设计期限和项目的建设进程要求。

设计人员应对照有关定额指标，校核任务书中单方造价、房间使用面积等内容。在设计过程中必须严格掌握建筑标准、用地范围、面积指标等有关限额。如果需要对任务书的内容作出补充或修改，须征得建设单位的同意；涉及用地、造价、使用面积的，还须经城建部门或主管部门批准。

2. 收集必要的设计原始数据

通常建设单位提出的设计任务，主要是从使用要求、建设规模、造价和建设进度方面考虑。房屋的设计和建造，还需要收集下列有关原始数据和设计资料：

（1）气象资料：所在地区的温度、湿度、日照、雨雪、风向和风速，以及冻土深度等；

（2）基地地形及地质水文资料：基地地形标高，土壤种类及承载力，地下水位以及地震烈度等；

（3）水电等设备管线资料：基地地下水的给水、排水，电缆等管线布置以及基地上的架空线等供电线路情况；

（4）与设计项目有关的定额指标：如住宅的每户面积或每人面积定额、学校教室的面积定额以及建筑用地、用材等指标。

3. 设计前的调查研究

设计前调查研究的主要内容有：

（1）建筑物的使用要求：深入访问使用单位中有实践经验的人员，认真调查同类已建房屋的实际使用情况，通过分析和总结，对所设计房屋的使用要求，做到“胸中有数”；

（2）建筑材料供应和结构施工等技术条件：了解设计房屋所在地区建筑材料供应的品种、规格、价格等情况，预制混凝土制品以及门窗的种类和规格，新型建筑材料的性能、价格以及采用的可能性。结合房屋使用要求和建筑空间组合的特点，了解并分析不同结构方案的选型、当地施工技术和起重、运输等设备条件；

（3）基地踏勘：根据城建部门所划定的设计房屋基地的图纸，进行现场踏勘，深入了解基地和周围环境的现状及历史沿革，核对已有资料与基地现状是否符合，如有出入给予补充或修正。从基地的地形、方位、面积和形状等条件以及基地周围原有建筑、道路、绿化等多方面的因素，考虑拟建建筑物的位置和总平面布局的可能性；

（4）当地传统建筑经验和生活习惯：传统建筑中有许多结合当地地理、气候条件的设计布局和创作经验，根据拟建建筑物的具体情况，可以“取其精华”，以资借鉴。

4. 学习有关方针政策以及同类型设计的文字、图纸资料

在设计准备过程以及各个阶段中，设计人员都需要认真学习并贯彻有关建设方针和政策，同时也需要学习并分析有关设计项目的国内外图纸、文字资料等设计经验。

（二）初步设计阶段

初步设计是建筑设计的第一阶段，它的主要任务是提出设计方案，即在已定的基地范围内，按照设计任务书所拟的房屋使用要求，综合考虑技术经济条件和建筑艺术方面的要求，提出设计方案。

初步设计的内容包括确定建筑物的组合方式，选定所用建筑材料和结构方案，确定建筑物在基地的位置，说明设计意图，分析设计方案在技术、经济上的合理性，并提出概算书。

初步设计的图纸和设计文件有：

（1）建筑总平面图：其内容包括建筑物在基地上的位置、标高、道路、绿化以及基地上设施的布置和说明等，比例尺一般采用1∶500 ~1∶2000；

（2）各层平面及主要剖面、立面图：这些图纸应标出建筑的主要尺寸，房间的面积、高度以及门窗位置，部分室内家具和设备的布置等，比例尺一般采用1∶50 ~1∶200；

（3）说明书：应对设计方案的主要意图，主要结构方案及构造特点，建筑材料及装修

标准，以及主要技术经济指标等进行说明；

（4）工程概算书：包括投资估算，主要材料用量和单位消耗量；

（5）根据设计任务的需要，可能辅以建筑透视图或建筑模型。

建筑初步设计有时需要提供几个方案，送建设单位及有关部门审议、比较后确定设计方案，这一方案批准下达后，便是下一阶段设计的依据文件。

（三）技术设计阶段

技术设计是三阶段建筑设计时的中间阶段。初步设计经建设单位同意和主管部门批准后，就可以进行技术设计。技术设计是初步设计具体化的阶段，也是各种技术问题的定案阶段。主要任务是在初步设计的基础上进一步解决各种技术问题，协调各工种之间技术上的矛盾。经批准后的技术图纸和说明书即为编制施工图、主要材料设备定货及工程拨款的依据文件。

技术设计的图纸和文件与初步设计大致相同，但更详细些。具体内容包括整个建筑物和各个局部的具体做法，各部分确切的尺寸关系，内外装修的设计，结构方案的计算和具体内容、各种构造和用料的确定，各种设备系统的设计和计算，各技术工种之间种种矛盾的合理解决，设计预算的编制等。这些工作都是在有关各技术工种共同商议下进行的，并应相互认可。对于不太复杂的工程，技术设计阶段可以省略，把这个阶段的一部分工作纳入初步设计阶段（承担技术设计部分任务的初步设计称为扩大初步设计），另一部分工作则留待施工图设计阶段进行。

（四）施工图设计阶段

施工图设计是建筑设计的最后阶段。它的主要任务是按照实际施工要求，在初步设计或技术设计的基础上，综合建筑、结构、设备各工种，相互交底核实，深入了解材料供应、施工技术、设备等条件，把满足工程施工的各项具体要求反映在图纸中，做到整套图纸齐全统一，明确无误。

施工图设计的内容包括：确定全部工程尺寸和用料，绘制建筑、结构、设备等全部施工图纸，编制工程说明书、结构计算书和预算书。

施工图设计的图纸及设计文件有：

（1）建筑总平面图：比例尺 1:500，建筑基地范围较大时，也可用 1:1000；当采用 1:2000时，应详细标明基地上建筑物、道路、设施等所在位置的尺寸、标高，并附说明。

（2）各层建筑平面、各个立面及必要的剖面图：比例尺一般采用 1:100 ~ 1:200。

（3）建筑构造节点详图：主要为檐口、墙身和各构件的连接点，楼梯、门窗以及各部分的装饰大样等，根据需要，可采用 1:1、1:5、1:10、1:20 等比例。

（4）各工种相应配套的施工图：结构施工图，如基础平面图和基础详图、楼板及屋面平面图和详图，给排水、电器照明以及暖气或空气调节等设备施工图。

（5）建筑、结构及设备等的说明书。

（6）结构及设备的计算书。

（7）工程预算书。

第二节　建筑设计的要求和依据

一、建筑设计的要求

（一）满足建筑功能要求

满足建筑物的功能要求，为人们的生产和生活活动创造良好的环境，是建筑设计的首要任务。例如设计学校，首先要考虑满足教学活动的需要，教室设置应分班合理，采光通风良好，同时还要合理安排备课、办公、贮藏和厕所等行政管理和辅助用房，并配置良好的体育场和室外活动场地等。

（二）采用合理的技术措施

正确选用建筑材料，根据建筑空间组合的特点，选择合理的结构、施工方案，使房屋坚固耐久、建造方便。例如近年来，我国设计建造的一些覆盖面积较大的体育馆，由于屋顶采用钢网架空间结构和整体提升的施工方法，既节省了建筑物的用钢量，也缩短了施工期限。

（三）具有良好的经济效果

建造房屋是一个复杂的物质生产过程，需要大量人力、物力和资金，在房屋的设计和建造中，要因地制宜、就地取材，尽量做到节省劳动力，节约建筑材料和资金。设计和建筑房屋要有周密的计划和核算，重视经济领域的客观规律，讲究经济效果。房屋设计的使用要求和技术措施，要和相应的造价、建筑标准统一起来。

（四）考虑建筑美观要求

建筑物是社会的物质和文化财富，它在满足使用要求的同时，还需要考虑人们对建筑物在美观方面的要求，考虑建筑物所赋予人们在精神上的感受。建筑设计要努力创造具有我国时代精神的建筑空间组合与建筑形象。历史上创造的具有时代印记和特色的各种建筑形象，往往是一个国家、一个民族文化传统宝库中的重要组成部分。

（五）符合总体规划要求

单体建筑是总体规划中的组成部分，单体建筑应符合总体规划提出的要求。建筑物的设计，还要充分考虑和周围环境的关系，例如原有建筑的状况、道路的走向、基地面积大小及绿化和拟建建筑物的关系等。新设计的单体建筑应与基地形成协调的室外空间组合、良好的室外环境。

二、建筑设计的依据

建筑设计是房屋建造过程中的一个重要环节，其工作是将有关设计任务的文字资料转变为图纸。在这个过程中，还必须贯彻国家的建筑方针和政策，并使建筑与当地的自然条件相适应。因此，建筑设计是一个渐次进行的科学决策过程，必须在一定的基础上有依据地进行。

现将建筑设计过程中所涉及的一些主要依据分述如下：

（一）资料性依据

建筑设计的资料性依据主要包括三个方面，即：人体工程学、各种设计的规范和建筑模数制的有关规定。

（二）条件性依据

建筑设计的条件性依据，主要可分为地质与气候条件两个方面。

1. 温度、湿度、日照、雨雪、风向、风速等气候条件

气候条件对建筑物的设计有较大影响。例如湿热地区，房屋设计要综合考虑隔热、通风和遮阳等问题；干冷地区，则通常把房屋的体型尽可能设计得紧凑一些，以减少外围护面的散热，有利于室内采暖、保温。

日照和主导风向通常是确定房屋朝向和间距的主要因素，风速是高层建筑、电视塔等设计中考虑结构布置和建筑体形的重要因素，雨雪量的多少对选用屋顶形式和构造也有一定影响。

在设计前，需要收集当地上述有关的气象资料，作为设计的依据。

2. 地形、地质条件和地震烈度

基地地形的平缓或起伏，基地的地质构成、土壤特性和地耐力的大小对建筑物的平面组

合、结构布置和建筑体形都有明显的影响。坡度较陡的地形，常使房屋结合地形错层建造。复杂的地质条件，要求房屋的构成和基础的设置采取相应的结构构造措施。

地震烈度表示地面及房屋建筑遭受地震破坏的程度。在烈度6度以下地区，地震对建筑物的损坏影响较小。9度以上的地区，由于地震过于强烈，从经济因素及耗用材料考虑，除特殊情况外，一般应尽可能避免在这些地区建设。房屋抗震设防的重点是指6、7、8、9度地震烈度的地区。

（三）文件性依据

建筑设计的依据文件：

（1）主管部门有关建设任务使用要求、建筑面积、单方造价和总投资的批文以及国家有关部、委或各省、市、地区规定的有关设计定额和指标；

（2）工程设计任务书：由建设单位根据使用要求，提出各种房间的用途、面积大小以及其他的一些要求，工程设计的具体内容、建筑面积标准等都需要和主管部门的批文相符合；

（3）城建部门同意设计的批文：内容包括用地范围（常用红线划定）以及有关规划、环境等城镇建设对拟建房屋的要求；

（4）委托设计工程项目表：建设单位根据有关批文向设计单位正式办理委托设计的手续，规模较大的工程还常采用投标方式，委托中标单位进行设计。

设计人员根据上述设计的有关文件，通过调查研究，收集必要的原始数据和勘测设计资料，综合考虑总体规划、基地环境、功能要求、结构施工、材料设备、建筑经济以及建筑艺术等方面的问题，进行设计并绘制成建筑图纸，编写主要设计意图说明书，其他工种也相应设计并绘制各类图纸，编制各工种的计算书、说明书以及概算和预算书。上述整套设计图纸和文件便成为房屋施工的依据。

第三节　建筑平面设计

一、建筑平面的组成

建筑平面一般由三部分组成，它们是使用部分（包括主要使用房间和辅助使用房间）、交通联系部分和结构部分（墙体、柱子等）。

建筑平面主要表示建筑物在水平方向房屋各部分的组合关系，并集中反映建筑物的功能关系，因而平面设计是建筑设计中的重要一环。

二、主要使用房间的设计

（一）主要使用房间的分类

从使用房间的功能要求来分，主要有：

（1）生活用房：如起居室、卧室、集体宿舍等。

（2）工作、学习用房：如办公室、教室、实验室等。

（3）公共活动用房：如营业厅、剧场、观众厅、休息厅等。

各类房间功能不同，设计要求也不相同。生活、工作和学习用房要求安静、干扰少，朝向好；公共活动用房人流比较集中，进出频繁，因此流线组织比较重要，尤应考虑人员疏散问题。

（二）主要使用房间的设计要求

（1）房间的面积、形状和尺寸要满足室内活动和家具、设备合理的布置要求。

(2) 门窗的大小和位置应考虑人的出入方便、疏散安全及良好的采光、通风要求。

(3) 房间的构成应使结构布置合理，施工方便，要有利于房间之间的组合，所用材料要符合建筑标准。

(4) 要考虑人们的审美要求。

(三) 房间面积的确定

房间面积是由使用人数的多少及活动特点、室内家具的数量及布置方式来决定的。一个房间的使用面积通常包括：家具、设备占用的面积；人们活动所需要的面积；室内行走需要的交通面积等。以教室和卧室为例，如图 1-2-1 所示。

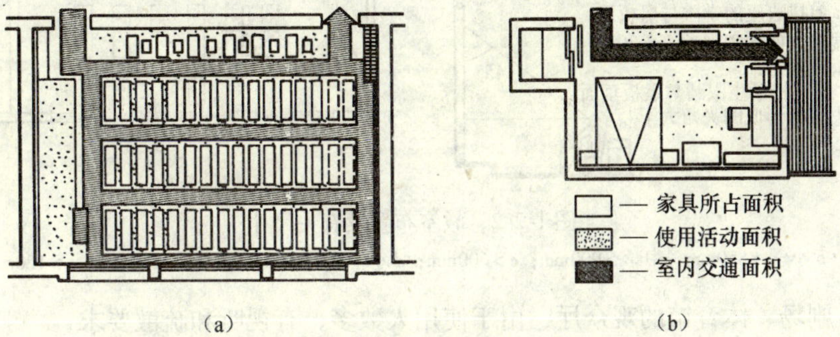

图 1-2-1 教室及卧室使用面积分析

(a) 教室；(b) 卧室

在实际工作中，房间面积的确定主要是依据我国有关部门及各地区制定的面积定额指标，根据房间的容纳人数及面积定额就可以确定出房间的面积。但应当明确，除面积定额指标外，还需通过调查研究并结合建筑物的标准综合考虑。表 1-2-1 是部分民用建筑房间使用面积定额的参考指标。

部分民用建筑房间使用面积定额参考指标 **表 1-2-1**

项目 / 建筑类型	房间名称	面积定额 (m^2/人)	备注
中小学	普通教室	1.10～1.37	小学取下限，幼儿师范、中等师范学校取上限，普通中学为 1.12
	合班教室	1.00	
办公楼	一般办公室	4	不包括走道
	设计绘图室	6	
	会议室	0.8	无会议桌
		1.8	有会议桌
图书馆	普通阅览室	1.8～2.3	

(四) 房间的形状和尺寸

房间的平面形状和尺寸与室内使用活动特点、家具布置方式以及采光、通风等因素有关。有时还要考虑人们对室内空间的观感。

住宅、宿舍、学校、办公楼等建筑类型，大多采用矩形平面的房间。

在决定矩形平面的尺寸时，要注意宽度及长度尺寸应满足使用要求和符合模数的规定。以普通教室为例，第一排座位距黑板的最小尺寸为 2m，前排边座与黑板远端夹角应不小于 30°，最后一排座位距黑板的距离应不大于 8.5m。普通教室应注意从左侧采光。此外，教室宽度应满足家具设备和使用空间的要求，一般常用 5.7m × 9.0m、6.0m × 9m、6.6m × 9.9m

等规格，如图 1-2-2 所示。办公室和住宅卧室等房间，大多采用沿外墙短向布置的矩形平面，这是综合考虑家具布置、房间组合、技术经济条件和节约用地等多方面因素所决定的，常用尺寸为 3.3m×5.1m、3.3m×5.4m、3.6m×5.4m、3.6m×6.0m 等。

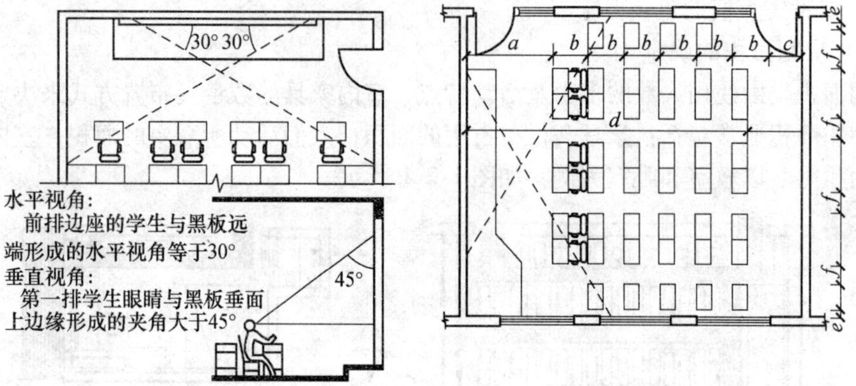

图 1-2-2　教室布置及有关尺寸

$a \geqslant 2000$mm；b 小学 >850mm，中学 >900mm；c >600mm；d 小学 ≤8000mm，中学 ≤8500mm；e >120mm；f >550mm

影院、剧场、体育馆的观众厅，由于使用人数多，有视听和疏散要求，一般平面形状复杂。这种平面一般以大厅为主，附属房间分布在大厅周围，如图 1-2-3 所示。

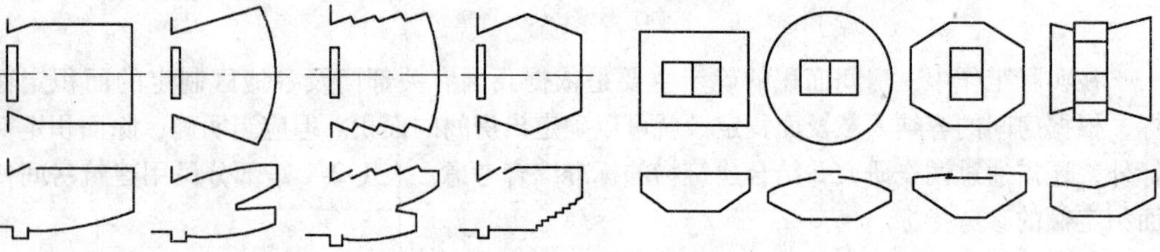

图 1-2-3　剧院观众厅和体育比赛大厅的平、剖面形状

(a) 观众厅；(b) 比赛大厅

(五) 门窗在房间平面中的布置

1. 门的宽度、数量和开启方式

门的宽度通常是指门洞口的宽度，其最小宽度取决于人流股数、需要通过门的家具及设备的大小等因素。一般单股人流通行最小宽度为 550～700mm。因此，门的最小宽度一般为 700 mm，常用于住宅中的厕所、浴室、阳台的门；卧室、起居室的门常取 900mm；入户门考虑家具尺寸增大的趋势，常取 1000mm。

对于室内面积较大、活动人数较多的房间，应相应增加门的宽度或门的数量。如果房间面积大于 $120m^2$ 时，按防火规范规定至少应设两个门，并放在房间的两端。

对于人流集中的公共房间，考虑疏散要求，门的宽度可按每 100 人取 700mm 计算。

门扇数量与门洞尺寸有关，一般门洞宽在 1000mm 以下的用单扇门，1200～1800mm 的用双扇门，2400mm 以上的用四扇门。

门的开启方式是：一般房间门宜向内开，影剧场、体育场馆观众厅的疏散门必须外开，会议室、一般建筑物出入口的门宜作成内外开的弹簧门。

门的安装应不影响使用，门边垛最小尺寸应不小于 240mm。

2. 窗的大小和位置

窗在房间中的作用是采光与通风。其大小一般按采光面积比确定。采光面积比通常以窗口透光部分的面积和房间地面面积的比值来确定，其数值应满足表 1-2-2 的要求。

民用建筑中房间使用性质的采光分级和采光面积比　　表 1-2-2

采光等级	视觉工作特征		房间名称	采光系数最低值 C_{min}（%）	采光面积比
	工作或活动要求精确程度	要求识别的最小尺寸 d（mm）			
Ⅰ	特别精细	$d \leqslant 0.15$	绘图室、画廊、手术室	5	1/2.5
Ⅱ	很精细	$0.15 < d \leqslant 0.3$	阅览室、医务室、专业实验室	3	1/3.5
Ⅲ	精细	$0.3 < d \leqslant 1.0$	办公室、会议室、营业厅	2	1/5
Ⅳ	一般	$1.0 < d \leqslant 5.0$	观众厅、休息厅、厕所等	1	1/7
Ⅴ	粗糙	$d > 5.0$	贮藏室、门厅走廊、楼梯间	0.5	1/12

注：天然照度系数是表示天然光线照射的程度，其数值为室内工作面上某点的照度与同时刻露天地平面上的天空扩散光照射下的照度比值。

窗的平面位置影响到照度是否均匀，有无暗角和眩光，因此，一般竖向布置比横向布置效果要好。在中小学教室一侧有采光窗时，应保证从左侧进光。

在考虑通风时，应尽量做到自然通风（穿堂风），一般应将窗与窗或窗与门直通布置。

三、辅助房间的设计

辅助房间指的是厕所、盥洗室、浴室等服务用房。这些房间的设计是根据使用设备的数量、布置方式及人体使用所需要的基本尺度来决定的。设备数量取决于使用人数，一般按表 1-2-3 选用。

卫生设备个数参考指标　　表 1-2-3

建筑类别	男大便器（人/个）	男小便器（人/个）	女大便器（人/个）	洗手盆或龙头（人/个）	男女比例
托儿所、幼儿园	5～10		5～10	2～5	1:1
小学	40	40	20	90	1:1
中学、中师、幼师	50	50	25	90	1:1
宿舍	15	15	12	10	
门诊所	100	50	50	150	1:1
火车站	80	80	50	150	
剧院	75	35	50	140	2:1～3:1

注：一个小便器，折合 0.6m 长的便槽。

在进行厕所设计时，应尽量考虑设有前室。为节省管道，应尽可能在平面上集中布置并上下对齐。

四、交通联系部分的设计

交通联系部分包括水平交通联系部分（走廊、过道等）、垂直交通联系部分（楼梯、坡道、电梯、自动扶梯等）和交通联系枢纽部分（门厅、过厅等）。

交通联系部分要求做到：

（1）交通路线简捷明确，联系通行方便。

（2）人流通畅，紧急疏散时迅速安全。

（3）满足一定的采光通风要求。

（4）力求节省交通面积，同时考虑空间造型问题。

下面分述各种交通联系部分的平面设计。

1. 走道

走道又称为过道、走廊，是用来联系同层内各大小房间的交通空间，有时还兼有其他的从属功能。按走道的使用性质不同，可以分为以下三种情况：

（1）完全为交通需要而设置的走道，如办公楼、旅馆、电影院、体育馆的安全走道等都是供人流集散用的，这类走道一般不允许安排其他用途。

（2）主要为交通联系同时还兼有其他功能的走道，如教学楼中的走道，除作为学生课间休息活动的场所外，还可布置陈列橱窗及黑板等，医院门诊走道可作为人流通行和候诊之用。这时走道的宽度和面积应相应增加。

（3）多种功能综合使用的走道，如展览馆的走道应满足边走边看的要求。

走道的宽度和长度主要依据人流通行、安全疏散、防火规范、走道性质、空间感受等来综合考虑。为了满足人的行走和紧急情况下的疏散要求，我国《建筑设计防火规范》（GB 50016—2006）规定，学校、商店、办公楼等建筑的疏散走道、楼梯、外门的各自总宽度不应低于表 1-2-4 的指标。

疏散走道、安全出口、疏散楼梯和房间疏散门每 100 人的净宽度（m）　　表 1-2-4

楼层位置	耐火等级		
	一、二级	三级	四级
地上一、二层	0.65	0.75	1.00
地上三层	0.75	1.00	—
地上四层及四层以上各层	1.00	1.25	—
与地面出入口地面的高差不超过 10m 的地下建筑	0.75	—	—
与地面出入口地面的高差超过 10m 的地下建筑	1.00	—	—

走道的长度应根据建筑性质、耐火等级等确定。按照《建筑设计防火规范》（GB 50016—2006）的要求，直接通向疏散走道的最远一点房间疏散门至最近的外部出口或封闭楼梯间的距离应符合表 1-2-5 的规定。

直接通向疏散走道的房间疏散门至最近安全出口的最大距离（m）　　表 1-2-5

名　　称	位于两个安全出口之间的疏散门			位于袋形走道两侧或尽端的疏散门		
	耐火等级			耐火等级		
	一、二级	三级	四级	一、二级	三级	四级
托儿所、幼儿园	25	20	—	20	15	—
医院、疗养院	35	30	—	20	15	—
学校	35	30	—	22	20	—
其他民用建筑	40	35	25	22	20	15

注：（1）一、二级耐火等级的建筑物内的观众厅、展览厅、多功能厅、餐厅、营业厅和阅览室等，其室内任何一点至最近安全出口的直线距离不宜大于 30m。

（2）敞开式外廊建筑的房间疏散门至安全出口的最大距离可按本表增加 5m。

（3）建筑物内全部设置自动喷水灭火系统时，其安全疏散距离可按本表和本表注“（1）”的规定增加 25%。

（4）房间内任一点到该房间直接通向疏散走道的疏散门的距离计算：住宅应为最远房间内任一点到户门的距离，跃层式住宅内的户内楼梯的距离可按其梯段总长度的水平投影尺寸计算。

2. 楼梯

楼梯是多层建筑中常用的垂直交通联系手段，应根据使用要求选择合适的形式、布置恰当的位置，根据使用性质、人流通行情况及防火规范综合确定楼梯的宽度和数量，并根据使用对象和使用场合选择舒适的坡度。

楼梯的宽度和数量主要根据使用性质、使用人数和防火规范来确定。一般民用建筑楼梯的最小净宽应满足两股人流疏散要求，通常不应小于1100mm，6层及6层以下住宅可取1000mm，住宅内部楼梯可减小到850～900mm。所有楼梯段宽度的综合应按照《建筑设计防火规范》（GB 50016—2006）和《高层民用建筑设计防火规范》（GB 50045—95，2005年版）的最小宽度进行校核，具体数值可参见表1-2-4和表1-2-6。

高层建筑疏散楼梯的最小净宽度 **表1-2-6**

高层建筑	疏散楼梯的最小净宽度（m）
医院病房楼	1.30
居住建筑	1.10
其他建筑	1.20

在通常情况下，每一幢公共建筑和通廊式住宅均应设两部楼梯，单元式住宅可以例外。

《建筑设计防火规范》（GB 50016—2006）规定，除医院、疗养院、老年人建筑及托儿所、幼儿园的儿童用房和儿童游乐厅等儿童活动场所外，符合表1-2-7规定的2、3层公共建筑以及通廊式非住宅类居住建筑可只设一部疏散楼梯。

可设置一部疏散楼梯的条件 **表1-2-7**

耐火等级	最多层数	每层最大建筑面积（m^2）	人数
一、二级	3层	500	第二层和第三层的人数之和不超过100人
三级	3层	200	第二层和第三层的人数之和不超过50人
四级	2层	200	第二层人数不超过30人

楼梯间应有自然采光，但可以布置在朝向较差的一面。

3. 坡道

室内坡道的坡度通常小于1/8，通行能力几乎和平地相当。据统计，楼梯由上向下人流的通行速度为10m/min，坡道人流通行速度为16m/min，但占地面积较大。

4. 电梯与自动扶梯

电梯通常用于高层建筑和有特殊要求的多层建筑中。自动扶梯用于有频繁出入而人流连续的大型公共建筑中。电梯与自动扶梯的构造做法参见第三篇第二章的有关内容。

5. 门厅、过厅

门厅是建筑物主要出入口处的内外过渡、人流集散的交通枢纽。此外，一些建筑中，门厅兼有服务、等候、展览、陈列等功能。

门厅对外出入口的总宽度应不小于通向该门厅的过道、楼梯宽度的总和。人流比较集中的公共建筑物，门厅对外出入口的宽度，一般按每100人取0.70m计算。外门应向外开启或采用弹簧门内外开启。

门厅面积的大小取决于建筑物的使用性质和规模大小。中小学校门厅可按0.06～0.08m^2/学生确定面积，影剧场门厅按0.13m^2/观众确定面积。

门厅的设计应做到导向性明确，避免人流交叉和干扰。此外，门厅还应该有空间组合和建筑造型方面的要求。

过厅通常设置在过道与过道之间或过道与楼梯的连接处，起交通路线的转折和过渡作用。有时为了改善过道的采光、通风条件，也可以在走道的中部设置过厅。

6. 门廊、门斗

在建筑物的出入口处，为了给人们进出室内外有一个过渡的地方，通常在出入口前设置门廊或门斗，以防止风雨或寒气的侵袭。开敞式的做法叫门廊，封闭式的做法叫门斗。

第四节 建筑剖面设计

一、剖面设计的任务

（1）分析建筑物的各部分高度和剖面形式；

（2）确定建筑的层数；

（3）分析建筑空间的组合和利用；

（4）分析建筑剖面中结构和构造的关系。

二、房间的高度和剖面形式

（一）房间的高度

房间的高度包括层高和净高两大部分。层高是国家对各类建筑房间高度的控制指标。表1-2-8为各类建筑的常用层高。

各类建筑的常用层高值（m） **表1-2-8**

房间名称	教室、实验室	风雨操场	办公、辅助用房	传达室	居室、卧室
中　学	3.30～3.60	3.80～4.00	3.00～3.30	3.00～3.30	
小　学	3.20～3.40	3.80～4.00	3.00～3.30	3.00～3.30	
住　宅					2.80
办公楼			3.00～3.30		
宿舍楼					2.80～3.60
幼儿园	3.00～3.20				3.00～3.20

净高是供人们直接使用的有效高度，它与室内活动特点、采光通风要求、结构类型、设备尺寸等因素有关。有时房间的平面形状也间接地要求房间有适当的净高。

净高的常用数值如下：

卧室、起居室不应低于2.40m；

办公、工作用房不低于2.70m；

会议、文娱用房不低于3.00m；

厨房、卫生间不低于2.20m；

走廊不低于2.10m；

教室，小学为3.10m，中学为3.40m；

宿舍，单层床为2.50m，双层床3.00m；

幼儿园活动室为2.80m，音体室为3.60m。

（二）房间的剖面形式

房间的剖面形状与以下因素有关：

1. 室内使用性质和活动特点

对于室内使用人数少、房间面积小的房间，应以矩形为主；对于室内使用人数多、面积较大且有视听要求等使用特点的房间应做成阶梯形或斜坡形。

2. 采光和通风要求

采光一般以自然光线为主。室内光线的强弱和照度是否均匀与窗的宽度、位置和高度有关。

单面采光时，窗的上沿离地面的高度应大于房间进深长度的1/2；双面采光时，窗的上沿离地面的高度应大于或等于房间深度的1/4。

窗台的高度应与使用要求、人体尺度和家具高度有关，一般为900mm左右。窗上口在满足安装窗帘后应尽可能小，以避免顶棚出现暗角。

房间内的通风要求与室内进出风口在剖面上的位置高低有关，也与房间净高有一定的关系。温湿和炎热地区的民用房屋，应利用空气的气压差组织室内穿堂风。一些特殊房间，如厨房，可以利用气楼或排气道来排除热量。

3. 结构类型的要求

在砌体结构中，现浇梁板比预制梁板的净空大，为减小梁的高度，可以把矩形截面改作T形或十字形。

空间结构可以与剖面形状结合起来选用，常用的空间结构有悬索、壳体、网架、折板等类型。

4. 设备位置的要求

室内设备，如手术室的无影灯、舞台的吊景设备等，其布置都直接影响到剖面的形状与高度。

5. 室内空间比例关系

室内空间宽而低常给人以压抑的感觉，狭而高的房间又会使人感到拘谨。一般根据房间面积大小、室内顶棚的处理方式、窗子的比例关系等因素，进而创造出感觉舒适的空间。

三、房屋层数的确定

影响房屋层数的因素很多，主要有房屋本身的使用要求、城市规划要求、结构类型特点和建筑防火要求等。

不同的建筑性质对层数要求不同。如幼儿园、门诊部等以单层或低层为主。

城市规划从改善城市面貌和节约用地角度考虑，也对房屋层数作了具体的规定。以北京地区为例：北京是以紫禁城为中心，呈“盆形”向四周发展。即：紫禁城两侧，必须保留部分平房，新建建筑应该以2~3层为主，二环路以内以建造多层为主，一般为不超过6层。二环路以外可以适当建造些高层，但层数不宜过高。

建筑层数与所采用的结构类型也有十分密切的关系。一般来讲，壳体、悬索等特种结构只适宜建造单层建筑，而承重砌体结构以建造多层建筑为主，至于其他结构类型，如钢结构、框架结构等，则既可用于建造多层建筑、又可用于高层建筑的建造。

建筑防火也是影响结构和建筑层数的重要因素，应按有关规定确定层数。

第五节　建筑轴线的确定

定位轴线是用来确定房屋主要结构或构件的位置及其尺寸的基线。用于平面时称平面定位线（即定位轴线），用于竖向时称定位线。定位线之间的距离（如跨度、柱距、层高等）应符合模数数列的规定。

为了统一与简化结构或构件等的尺寸和节点构造，减少规格类型，提高互换性和通用性，以满足建筑工业化生产的要求，规定了定位线的布置以及结构构件与定位线联系的原则。

内墙顶层墙身的中心线一般与平面定位线相重合。承重外墙顶层墙身的内缘与平面定位线间的距离，一般为顶层承重内墙厚度的一半、顶层墙身厚度的一半、半砖（120mm）或半砖的倍数（图 1-2-4）。当墙厚为 180mm 时，墙身的中心线与平面定位线重合。非承重外墙与平面定位线的联系，除可按承重外墙布置外，还可使墙身内侧与平面定位线相重合。

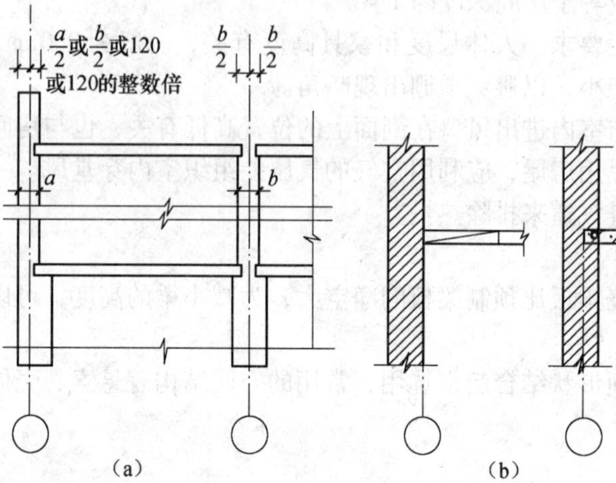

图 1-2-4　墙与平面定位的关系
（a）承重内、外墙；（b）非承重外墙

在框架结构中，柱与平面定位线的联系原则是：中柱（中柱的上柱或顶层中柱）的中线一般与纵、横向平面定位线相重合；边柱的外缘一般与纵向平面定位线相重合或偏离，也可使边柱（顶层边柱）的纵向中线与纵向平面定位线相重合（图 1-2-5）。

结构构件与竖向定位的联系，应有利于墙板、柱、梯段等竖向构件的统一，满足使用要求，便于施工。在多层建筑中，一般常使建筑物各层的楼面、首层地面与竖向定位线相重合（图 1-2-6）。必要时，可使各层的结构层表面与竖向定位线相重合。平屋面（无屋架或屋面大梁）一般使屋顶结构层表面与竖向定位线重合。

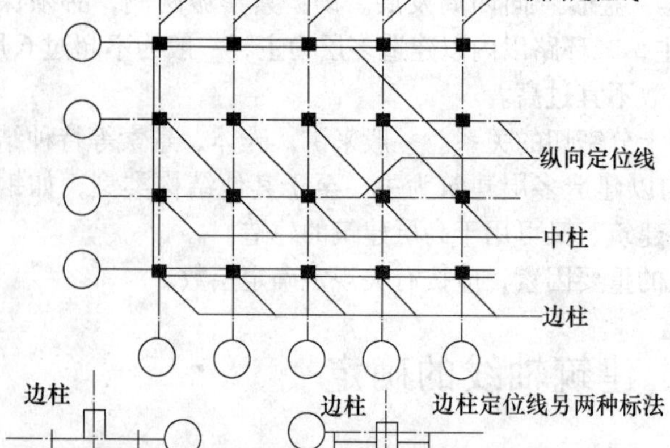

图 1-2-5　柱与平面定位线的关系
（a）墙包柱时；（b）墙与柱外平时

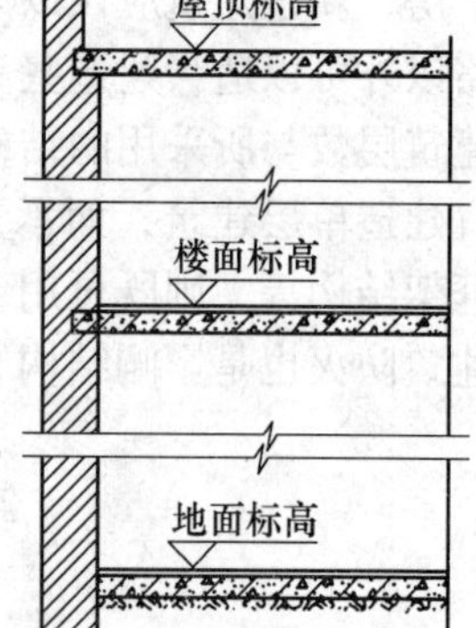

图 1-2-6　建筑物首层地面、楼面及屋面标高与竖向定位线的关系

第三章　民用建筑构造（一）

第一节　地基与基础

一、地基与基础的概念

图 1-3-1 是应用于砌体结构的条形基础的剖面图。从图形中可以看到地基和基础的构成以及相关的一些问题。

基础：建筑物地面以下的承重构件，承受建筑物上部结构传下来的荷载，并把这些荷载连同本身的自重一起传给地基。

地基：承受由基础传下来的荷载的土体或岩体。地基承受建筑物荷载而产生的应力和应变是随着土层的深度的增加而减小，在达到一定的深度以后就可以忽略不计。

持力层：直接承受建筑荷载的土层。持力层以下的土层为下卧层。

基础埋深：由室外地坪至基础底皮的高度尺寸。基础埋深由勘测部门根据地基情况决定。

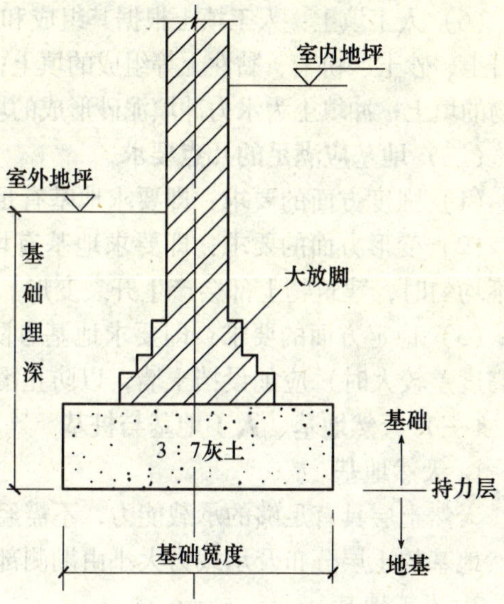

图 1-3-1　地基与基础的构成

基础宽度：又称为基槽宽度，即基础底面的宽度。基础宽度由计算决定。

大放脚：指基础墙加大加厚的部分。用烧结砖、混凝土、灰土等材料制作的基础均应作大放脚。

灰土垫层：采用3∶7 灰土（消石灰 3 份与粉土、粉质黏土或黏土 7 份拌合而成）制作的基础底层。它是基础的一部分。

二、地基的有关问题

（一）土层的分类

《建筑地基基础设计规范》（GB 50007—2002）中规定，作为建筑地基的土层分为岩石、碎石土、砂土、粉土、黏性土和人工填土等不同的类型。

（1）岩石：岩石为颗粒间牢固联结，呈整体或具有节理裂隙的岩体。岩石根据其坚固性可分为硬质岩石（花岗岩、玄武岩等）和软质岩石（页岩、黏土岩等）；根据其风化程度可分为微风化岩石、中等风化岩石和强风化岩石等。岩石承载力的特征值 $f_{ak}=200\sim4000$kPa。

（2）碎石土：碎石土为粒径大于 2mm 的颗粒含量超过全重 50% 的土。碎石土根据颗粒形状和粒组含量又分为漂石、块石（粒径大于 200mm）；卵石、碎石（粒径大于 20mm）；圆砾、角砾（粒径大于 2mm）。碎石土承载力的特征值 $f_{ak}=200\sim1000$kPa。

（3）砂土：砂土为粒径大于2mm的颗粒含量不超过全重的50%，粒径大于0.075mm的颗粒超过全重50%的土。砂土根据其粒组含量又分为砾砂（粒径大于2mm的颗粒占25%～50%）、粗砂（粒径大于0.5mm的颗粒超过全重的50%）；中砂（粒径大于0.25mm的颗粒超过全重的50%）；细砂（粒径大于0.075mm的颗粒超过全重的85%）；粉砂（粒径大于0.075mm的颗粒超过全重的50%）。砂土的承载力特征值$f_{ak}=140 \sim 500kPa$。

（4）粉土：粉土为塑性指数I_p小于或等于10的土。其性质介于砂土与黏性土之间。粉土的承载力特征值$f_{ak}=105 \sim 410kPa$。

（5）黏性土：黏性土为塑性指数I_p大于10的土，按其塑性指数I_p值的大小又分为黏土（$I_p>17$）和粉质黏土（$10<I_p\leqslant 17$）两大类。黏性土的承载力特征值$f_{ak}=105 \sim 475kPa$。

（6）人工填土：人工填土根据其组成和成因可分为素填土、杂填土、冲填土。素填土为碎石土、砂土、粉土、黏性土等组成的填土；杂填土为含有建筑垃圾、工业废料、生活垃圾等杂物的填土；冲填土为水力冲填泥砂形成的填土。人工填土的承载力特征值$f_{ak}=65 \sim 160kPa$。

（二）地基应满足的几点要求

（1）强度方面的要求：即要求地基有足够的承载力。应优先考虑采用天然地基。

（2）变形方面的要求：即要求地基有均匀的压缩量，以保证有均匀的下沉。若地基下沉不均匀时，建筑物上部会产生开裂变形。

（3）稳定方面的要求：即要求地基有防止产生滑坡、倾斜方面的能力。必要时（特别是高度差较大时）应加设挡土墙，以防止滑坡变形的出现。

（三）天然地基、人工地基与桩基

1. 天然地基

天然土层具有足够的承载能力，不需经过人工加固，可直接在其上部建筑房屋的土层。天然地基的土层分布及承载力大小由勘测部门实测提供。

2. 人工地基

当土层的承载力较差或虽然土层质地较好，但上部荷载过大时，为使地基具有足够的承载能力，应对土体进行增强或置换。这种经过人工处理的土体叫人工地基或称复合地基。

人工地基的加固处理方法有以下几种：

（1）压实法：利用重锤（夯）、碾压（压路机）和振动法将土层压实。这种方法简单易行，对提高地基承载力收效较大。

（2）换土法：当地基土为淤泥、冲填土、杂填土及其他高压缩性土时，应采用换土法。换土所用材料选用中砂、粗砂、碎石或级配石等空隙大、压缩性低、无侵蚀性的材料。换土范围由计算确定。

3. 桩基

在建筑物荷载大，层数多，高度高，地基土又较松软时，一般应采用桩基。常见的桩基有以下几种：

（1）支承柱（柱桩）：这种桩为钢筋混凝土预制桩，借助打桩机打入土中。这种桩的断面尺寸为300mm×300mm～600mm×600mm，其长度视需要而定，一般在6～12m之间。桩端应有桩靴，以保证支承桩能顺利地打入土层中。

（2）钻孔桩：这种桩是先利用钻孔机钻孔，然后放入钢筋骨架，最后浇注混凝土而成。钻孔直径一般为300～500mm，桩长不超过12m。钻孔桩内亦可填砂石、砂子、碎石等材料。

(3) 振动桩：这种桩是先利用打桩机把钢管打入地下，然后将钢管取出，最后放入钢筋骨架，并浇注混凝土而成。其直径、桩长与钻孔桩相同。

(4) 爆扩桩：这种桩由钻孔、引爆、浇注混凝土而成。引爆的作用是将桩端扩大，以提高承载力。

采用桩基时，应在桩顶加作承台梁或承台板，以承托墙柱。

图 1-3-2 为桩基组成，图 1-3-3 为支承桩，图 1-3-4 为钻孔桩，图 1-3-5 为爆扩桩。

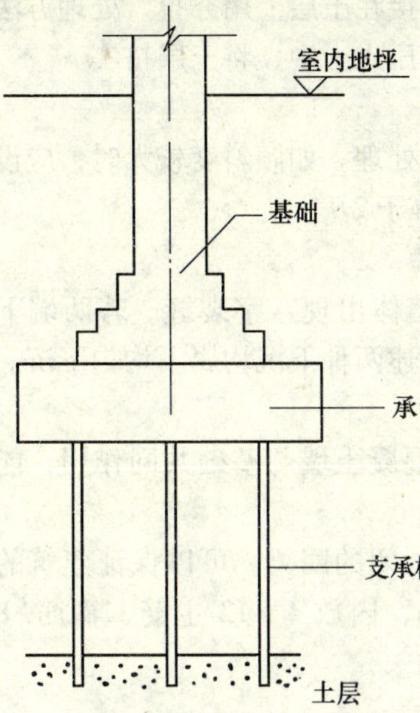

图 1-3-2　桩基组成

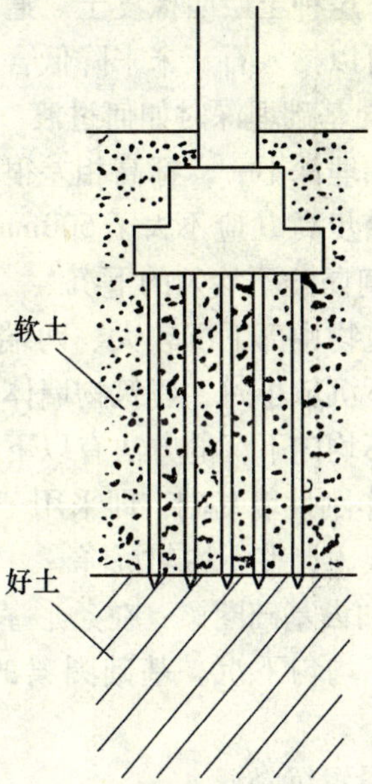

图 1-3-3　支承桩

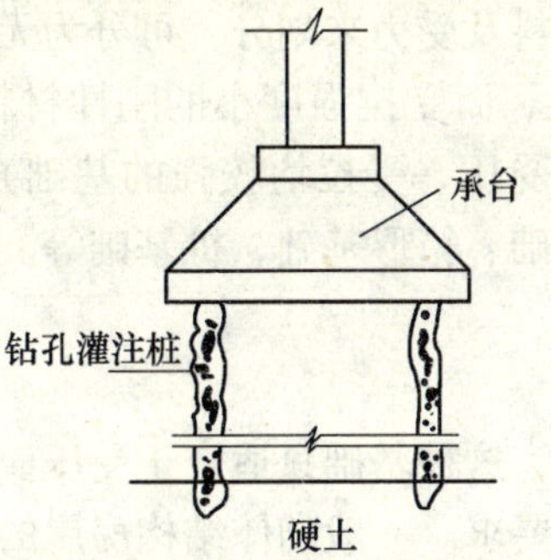

图 1-3-4　钻孔桩

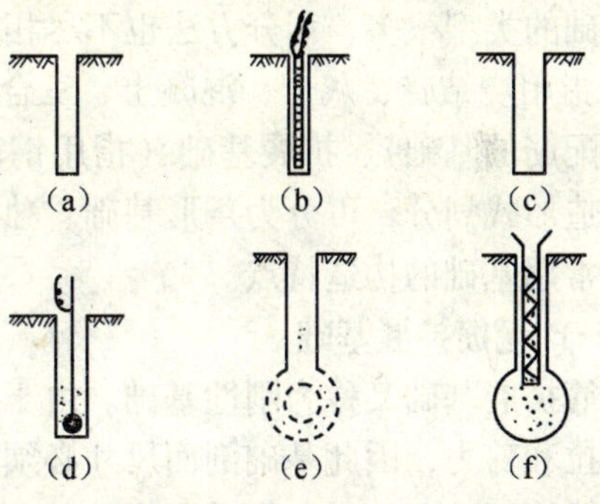

图 1-3-5　爆扩桩

(a) 钻成约 50mm 的导孔；(b) 放下炸药管；
(c) 爆扩成孔清除松土；(d) 放下炸药包填入 50% 桩头混凝土；
(e) 爆成桩头；(f) 放钢筋骨架浇注混凝土

(四) 地基特殊问题的处理

1. 地基中遇有坟坑如何处理

在基础施工中，若遇有坟坑，应全部挖出。并沿坟坑四周多挖 300mm，然后夯实并回填 3∶7 灰土，遇潮湿土壤应回填级配砂石。最后按正规基础做法施工。

2. 基槽中遇有枯井怎么处理

在基槽转角部位遇有枯井，可以采用挑梁法，即用两个方向的横梁越过井口，上部可继续做基础墙，井内可以回填级配砂石。

3. 基槽中遇有沉降缝应怎样过渡

新旧基础连接并遇有沉降缝时，应在新基础上加做挑梁，使墙体靠近旧基础，通过挑梁解决不均匀下沉问题。

4. 基槽中遇有橡皮土应如何处理

基槽中的土层含水量过多，饱和度达到0.8以上时，土壤中的孔隙几乎全充满水，出现软弹现象，这种土层叫橡皮土。遇有这种土层，要避免直接在土层上用夯打。处理方法应先晾槽，也可以掺入石灰末来降低含水量。或用碎石或卵石压入土中，将土层挤实。

5. 不同基础埋深时如何过渡

当基础埋深不一，标高相差很小时，基础可作成斜坡处理。如倾斜度较大时，应设踏步形基础，踏步高 H 应不大于500mm，踏步长度应大于或等于 $2H$。

6. 如何防止不均匀的下沉

当建筑物中部下沉较大、两端下沉较小时，建筑物墙体出现八字裂缝。若两端下沉较大，中部下沉较小时，建筑物墙体则出现倒八字裂缝。上述两种下沉均属不均匀下沉。

解决不均匀下沉的方法有以下几种：

（1）作刚性墙基础：即采用一定高度和厚度的钢筋混凝土墙与基础共同作用，能均匀地传递荷载，调整不均匀沉降。

（2）加设基础圈梁：在条形基础的上部作连续的、封闭的圈梁，可以保证建筑的整体性，防止不均匀下沉。基础圈梁的高度不应小于180mm，内放4 ϕ12 主筋，箍筋 ϕ8，间距200mm。

（3）设置沉降缝。

三、基础的类型

基础的类型很多，划分方法也不尽相同。从基础的材料及受力来划分，可分为无筋扩展基础（指用烧结砖、灰土、混凝土、三合土等受压强度大、而受拉强度小的刚性材料做成，且不需配筋的基础）、扩展基础（指用钢筋混凝土制成的受压、受拉均较强的基础）。从基础的构造形式划分，可分为条形基础、独立基础、筏形基础、箱形基础、桩基础等。下面介绍几种常用基础的构造特点。

（一）无筋扩展基础

无筋扩展基础又称为刚性基础。由于刚性材料的特点，这种基础只适合于受压而不适合受弯、拉和剪力，因此基础剖面尺寸必须满足刚性条件的要求。一般砌体结构房屋的墙下条形基础或柱下独立基础，常采用这种基础。

1. 灰土基础

灰土是用经过消解后的生石灰和粉土、粉质黏土或黏土，按一定的比例拌合而成，其配合比常用石灰: 黏性土 =3:7，俗称“三七”灰土。

灰土基础适合于6层和6层以下、地下水位较低的砌体结构房屋和墙体承重的工业厂房。灰土基础的厚度与建筑层数有关。4层及4层以上的建筑物，一般采用450mm；3层及以下的建筑物，一般采用300mm，夯实后的灰土厚度每150mm，称“一步”，300mm可称为“两步”灰土。

灰土基础的优点是施工简便，造价较低，就地取材，可以节省水泥、砖石等材料。缺点是它的抗冻性、耐水性较差，在地下水位线以下或很潮湿的地基上不宜采用。

2. 砖基础

用做基础的砖，可采用烧结砖，其强度等级必须在MU10以上，砂浆强度等级一般不低于M5。图1-3-6是砖基础的剖面图。基础墙的下部要做成阶梯形，以使上部的荷载能均匀地传到地基上。

阶梯放大部分叫“大放脚”，它的计算将在后边介绍。

砖基础施工简便，适应面广。

为了节省“大放脚”的材料，可在砖基础下部做灰土垫层，形成灰土砖基础（也叫灰土基础），如图1-3-7所示。

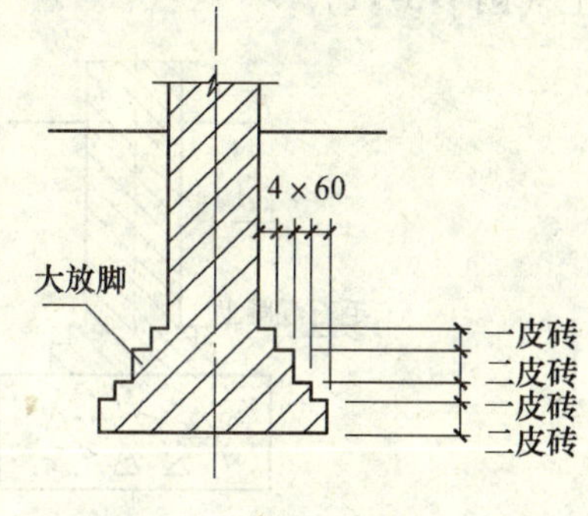

图1-3-6　砖基础

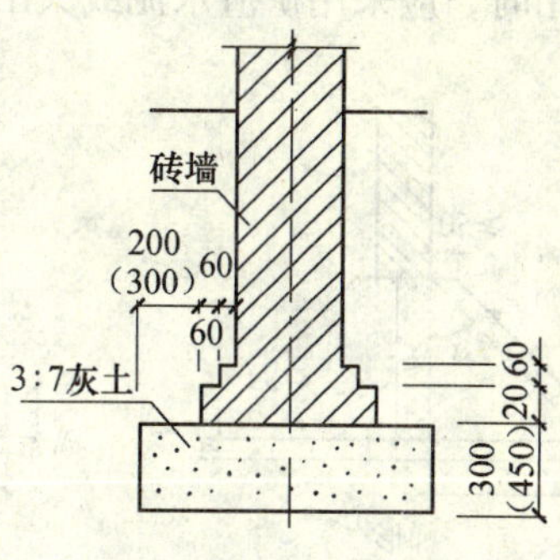

图1-3-7　灰土砖基础

3. 毛石基础

毛石是指开采下来未经雕琢成形的石块，采用强度等级不小于M5砂浆砌筑的基础。毛石形状不规则，其质量与堆砌石块的技术和砌筑方法关系很大，一般应搭板满槽砌筑。毛石基础厚度和台阶高度均不小于100mm，当台阶多于两阶时，每个台阶伸出宽度不宜大于200mm。为便于砌筑上部砖墙，可在毛石基础的顶面浇铺一层60mm厚、强度等级为C10的混凝土找平层。毛石基础的优点是可以就地取材，但整体性欠佳，故有振动的房屋很少采用（图1-3-8）。

4. 三合土基础

这种基础是石灰、砂、碎砖等三种材料，按1:2:4～1:3:6的体积比进行配合，然后在基槽内分层夯实，每层夯实前虚铺220mm，夯实后净剩150mm。三合土铺筑至设计标高后，在最后一遍夯打时，宜浇注石灰浆，待表面灰浆略为风干后，再铺上一层砂子，最后整平夯实。这种基础在我国南方地区应用很广。其造价低廉，施工简单，但强度较低，所以只能用于4层及4层以下房屋的基础（图1-3-9）。

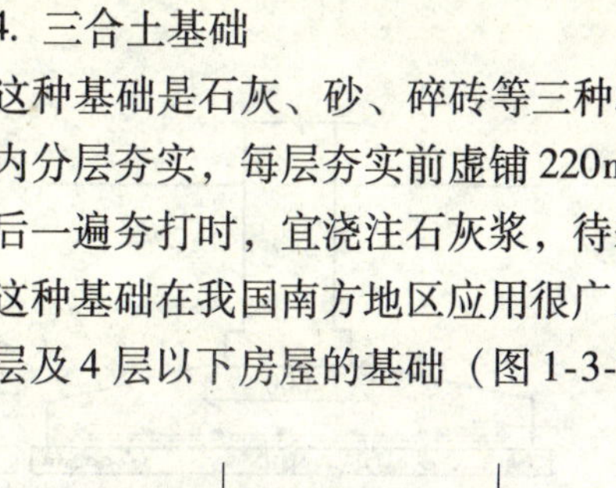

图1-3-8　毛石基础

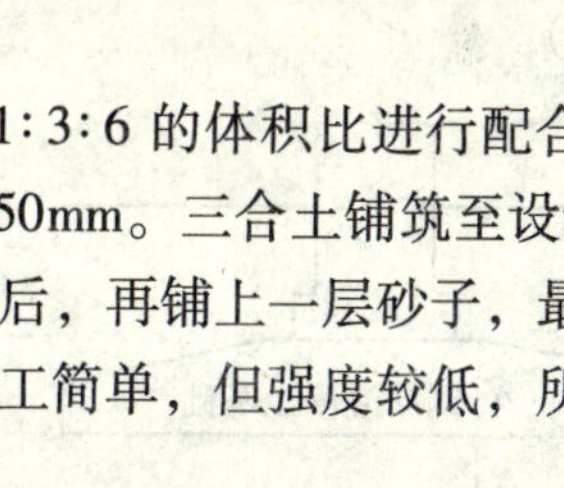

图1-3-9　三合土基础

5. 混凝土基础

混凝土基础是指用不低于 C15 的混凝土制作的基础，其剖面形式有阶梯形和锥形（图 1-3-10）。混凝土基础具有强度高、整体性好、不怕水的优点，适用于潮湿的地基或有水的基槽中。

6. 毛石混凝土基础

为了节约水泥用量，对于体积较大的混凝土基础，可以在浇注混凝土时加入 20% ~ 30% 的毛石，这种基础叫毛石混凝土基础。毛石的尺寸不宜超过 300mm。当基础埋深较大时，也可用毛石混凝土作成台阶形，每阶宽度不应小于 400mm。如果地下水对普通水泥有侵蚀作用时，应采用矿渣水泥或火山灰水泥拌制混凝土（图 1-3-11）。

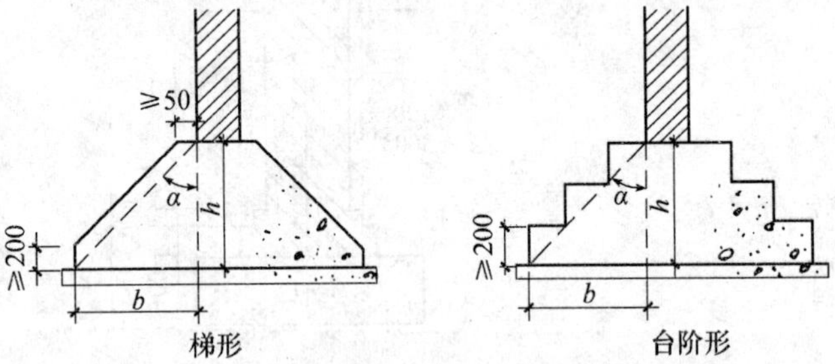

图 1-3-10　混凝土基础

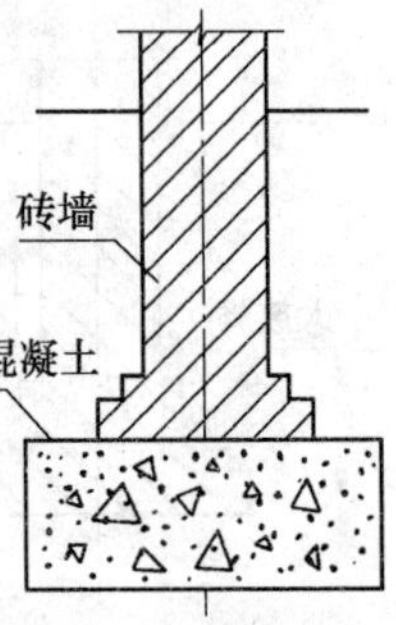

图 1-3-11　毛石混凝土基础

（二）有筋扩展基础

有筋扩展基础又称柔性基础。一般指钢筋混凝土基础。这种基础的做法需在基础底板下均匀浇注一层素混凝土垫层，目的是保证基础钢筋和地基之间有足够的距离，以免钢筋锈蚀，而且还可以作为绑扎钢筋的工作面。垫层一般采用强度等级为 C10 素混凝土，厚度为 100mm。垫层两边应伸出底板各 50mm。

钢筋混凝土基础由底板及基础墙（柱）组成。现浇底板是钢筋混凝土基础的主要受力构件，其厚度和配筋数量均由计算确定。基础底板的外形一般有锥形和阶梯形两种（图 1-3-12、图 1-3-13）。

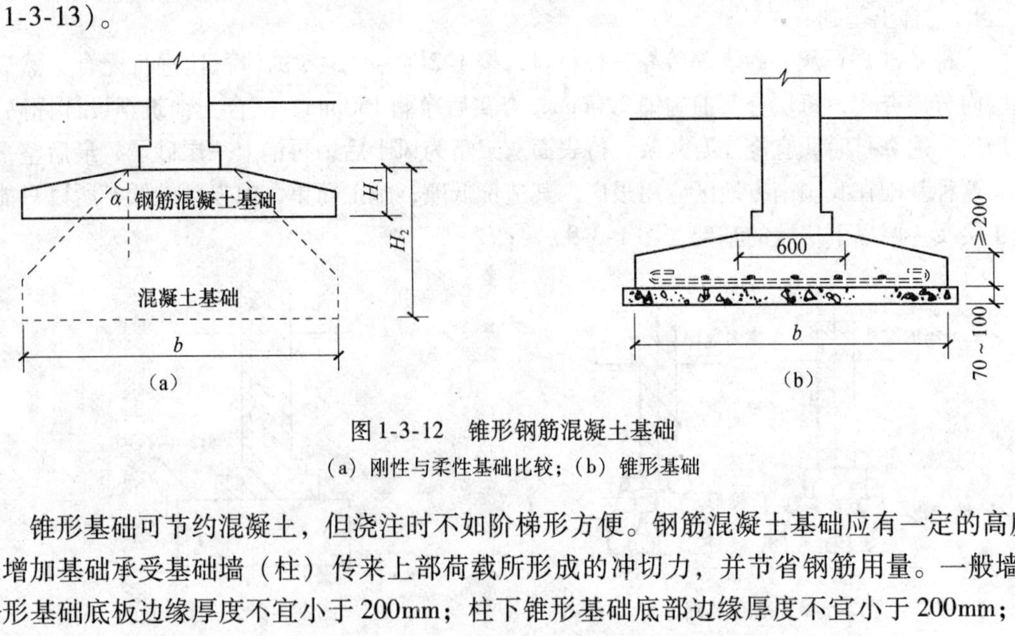

图 1-3-12　锥形钢筋混凝土基础

（a）刚性与柔性基础比较；（b）锥形基础

锥形基础可节约混凝土，但浇注时不如阶梯形方便。钢筋混凝土基础应有一定的高度，以增加基础承受基础墙（柱）传来上部荷载所形成的冲切力，并节省钢筋用量。一般墙下条形基础底板边缘厚度不宜小于 200mm；柱下锥形基础底部边缘厚度不宜小于 200mm；阶梯形基础每阶厚度 300~500mm。

钢筋混凝土柱下独立基础与柱子一起浇注，也可以作成杯口形，将预制柱插入。杯形基础的杯底厚度应大于或等于 150~300mm，杯壁厚 150~400mm，杯口深度应大于或等于柱子长边+50mm，并大于或等于 500mm。为了便于柱子的安装和浇注细石混凝土，杯上口和柱边的距离为 75mm，底部为 50mm。杯底和杯口底之间一般留 50mm 的调整距离。施工时在杯口底及四周均用强度等级不小于 C20 的细石混凝土浇注（图 1-3-14）。

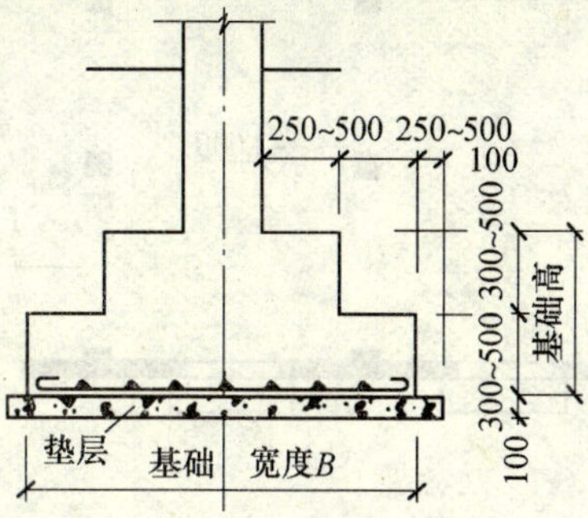

图 1-3-13 阶梯形钢筋混凝土基础

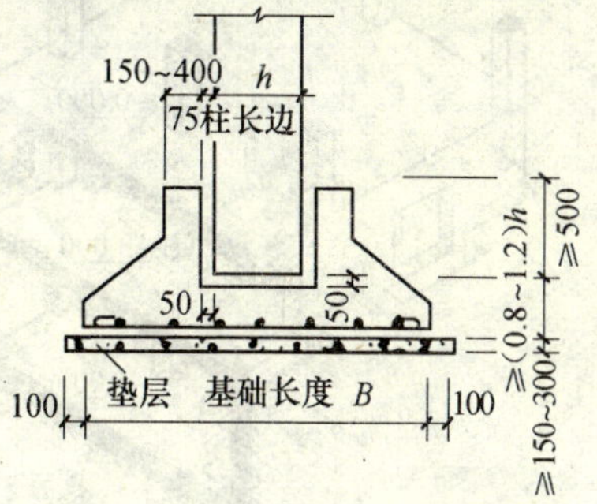

图 1-3-14 预制桩基础

钢筋混凝土基础中的混凝土强度等级应不低于 C20，受力钢筋直径一般不小于ϕ10，间距为 100~200mm。条形基础的受力钢筋仅在平行于槽宽方向放置；独立基础的受力钢筋应在两个方向垂直放置。受力钢筋的保护层，当有垫层时不宜小于 40mm，无垫层时不宜小于 70mm（图 1-3-15）。

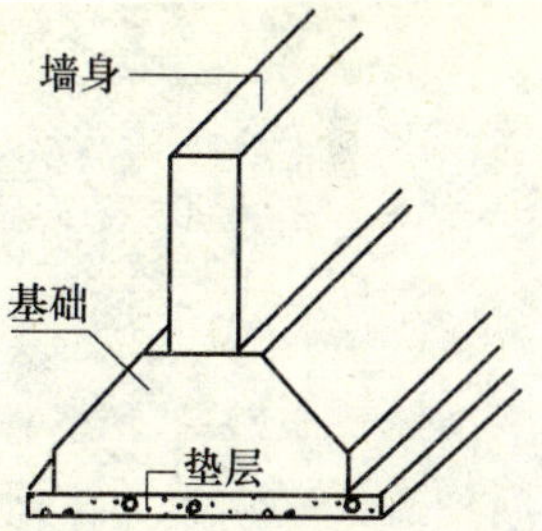

图 1-3-15 墙下钢筋混凝土条形基础

一般基础与柱子之间都要留施工缝，并设插铁。插铁伸出基础顶面的长度应满足锚固长度要求的尺寸。

（三）其他类型的基础

1. 筏形基础

当上部荷载较大，地基承载力较低，简单的条形基础或井格式基础已不能适应地基变形的需要，通常将基础连成一片，使建筑物的荷载承受在一块整板上，这种满堂式基础称为筏形基础，如图 1-3-16 所示。

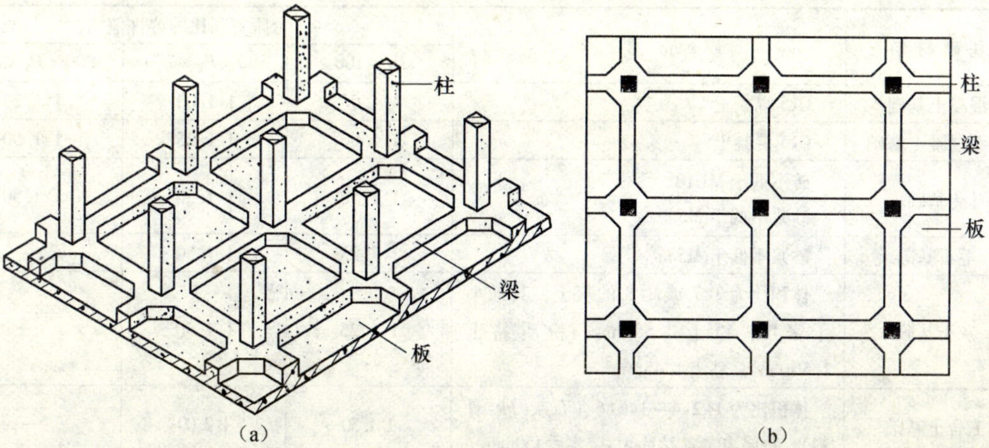

图 1-3-16 筏形基础

（a）示意图；（b）平面

2. 箱形基础

当建筑物荷载很大，或浅层地质情况较差，基础需深埋时，一般采用箱形基础。箱形基础由底板、顶板和侧墙组成，基础的中空部分可用作地下室，如图 1-3-17 所示。这种基础整体性强，能承受很大的弯矩，常用于高层建筑或在软弱地基上建造的重型建筑物。

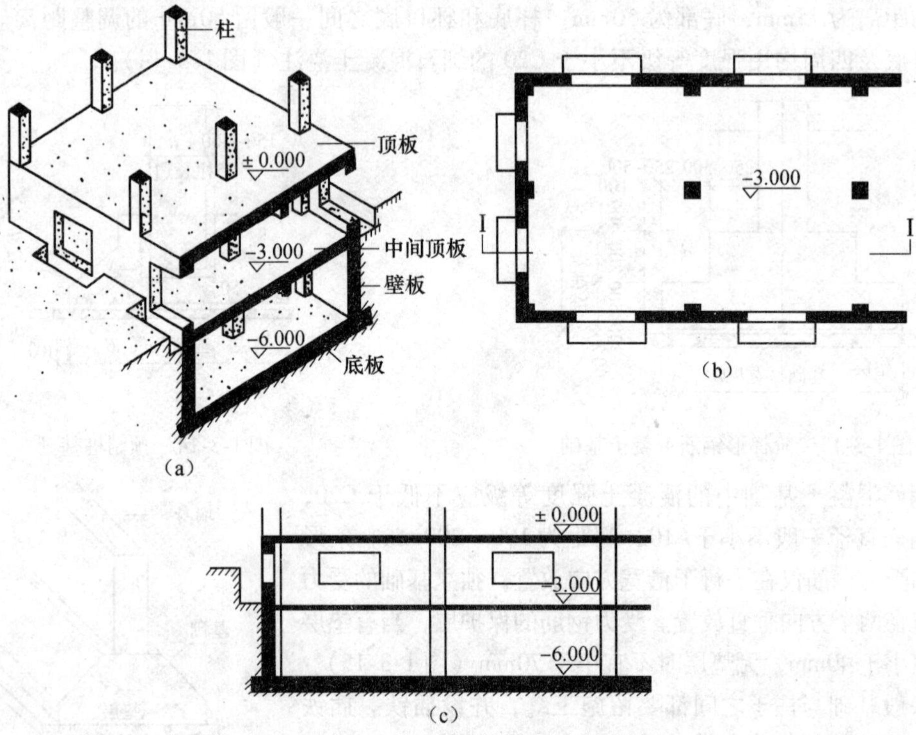

图 1-3-17　箱形基础

(a) 示意图；(b) 1 层地下室平面；(c) I—I 剖面

四、无筋扩展基础大放脚的确定

无筋扩展基础大放脚应满足表 1-3-1 的要求。

无筋扩展基础台阶宽高比的容许值　　　　**表 1-3-1**

基础材料	质量要求	台阶宽高比的容许值		
		$P_k \leqslant 100$	$100 < P_k \leqslant 200$	$200 < P_k \leqslant 300$
混凝土基础	C15 混凝土	1∶1.00	1∶1.00	1∶1.25
毛石混凝土基础	C15 混凝土	1∶1.00	1∶1.25	1∶1.50
砖基础	砖不低于 MU10、砂浆不低于 M5	1∶1.50	1∶1.50	1∶1.50
毛石基础	砂浆不低于 M5	1∶1.25	1∶1.50	—
灰土基础	体积比为 3∶7 或 2∶8 的灰土，其最小干密度：粉土 1.55t/m³，粉质黏土 1.50t/m³，黏土 1.45t/m³	1∶1.25	1∶1.50	—
三合土基础	体积比为 1∶2∶4～1∶3∶6（石灰∶砂∶骨料），每层均虚铺 220mm，夯实后 150mm	1∶1.50	1∶2.00	—

注：P_k 为荷载效应标准组合时基础底面处的平均压力（kPa）。

各种材料的大放脚宽高比值为：

砖：宽度 b 为60mm的整数倍，高度 h 有二皮（120mm）、一皮（60mm）兼收，刚性角为33°50′和二皮（120mm、120mm）等收，刚性角为26°34′两种。前者用于一般基础，后者用于有地基梁的基础。

混凝土：宽高比为1∶1，刚性角为45°。常用的宽高尺寸为300～500mm。

灰土：宽高比为1∶1.5，灰土高度常用300mm和450mm两种。300mm用于3层及以下的建筑物，450mm用于4层及以上的建筑物中。

毛石：宽高比值与混凝土宽高比值相同。

下面以灰土砖基础为例，说明大放脚的确定方法。

【例1】墙厚为360mm，轴线居中，灰土厚度为300mm，宽度为1000mm，承载力 P 为160kPa，室内外高差为450mm，基础埋深为1000mm，试求大放脚的步数，并绘制基础剖面图。

【解】槽宽由墙厚、大放脚和灰土宽度三部分组成。为简化计算，可以取一半计。

槽宽的一半为500mm，其中墙厚占180mm，灰土宽度为200mm（由灰土的宽高比值查表得出是1∶1.5，灰土厚度是300mm，$1:1.5=x:300$，x 为200mm），所余尺寸用砖大放脚来过渡。500－180－200＝120mm，因为砖大放脚每挑出一次为60mm，120÷60＝2次。

根据上述条件绘制基础剖面图，如图1-3-18所示。

【例2】某基础槽宽为1200mm；墙厚360mm，轴线为偏轴，里120mm，外240mm；$[P]=180$kPa；灰土厚300mm；室内外高差为450mm。求大放脚的步数，并绘制基础剖面图。

【解】偏轴按中轴计，取一半计算。

1200÷2＝600mm

600－180＝420mm（槽宽减墙厚）

420－200＝220mm（减去灰土所占宽度）

每步放60mm

220÷60＝3.66步，取整数按4步考虑。

4步所占尺寸为4×60＝240mm，240－220＝20mm；由灰土所占尺寸调整200－20＝180mm。大放脚图形如图1-3-19所示。

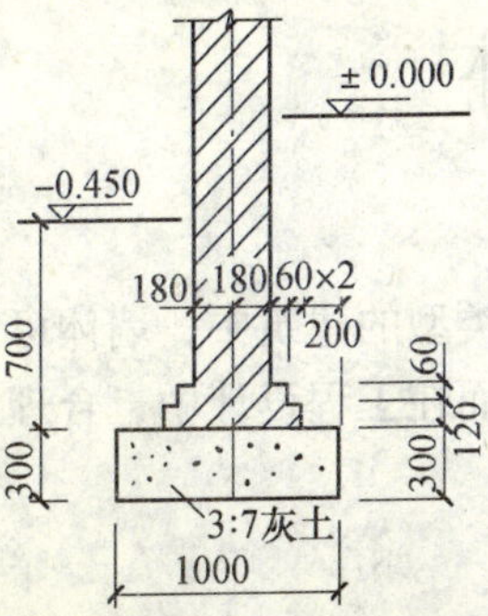

图1-3-18　例1附图

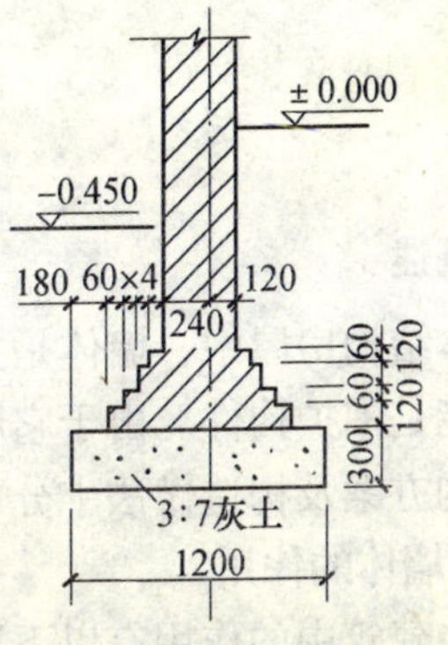

图1-3-19　例2附图

上面，我们通过两道例题简述了大放脚的确定方法。下面，我们给出砌体结构基础大放脚设计计算的一般步骤，希望对大家的学习以及将来的设计实践，有一定的帮助。

1. 明确已知条件

1）基础槽宽：L

2）基础灰土垫层厚度：H

3）砌体墙的厚度：A

4）砌体墙的轴线处理方式：居中、偏轴（当砌体墙为偏轴时，按照轴线居中进行计算，再按照轴线偏轴处理方式画图）

5）确定进行基础放脚所需要的宽高比值：一般，采用混凝土、灰土、砖等材料形成的基础，将宽高比确定为1/1.5。（在解题过程中，不必理会题目中所给出的f_{ak}。此数值的作用，在于对不熟悉的材料，按照基础所采用的材料、应力值，查表确定宽高比）

2. 计算半个槽宽的数值：$L_2 = L/2$

3. 计算灰土垫层的有效宽度：$L_3 = H/1.5$

4. 计算砌体墙一半的厚度数值：$a = A/2$

5. 计算需要的放脚宽度：$l = L_2 - (L_3 + a)$

6. 计算所需放脚步数：根据砌体材料尺寸确定，每一次放脚不得超过砌体材料最大尺寸的1/4。在上两例题中，按砖进行计算 $n = l/60$

7. 计算实际放脚步数：n_1（对放脚步数进行修正：n 必须为正整数。当按照第6步计算的结果不是整数时，必须将其取整。取整计算的原则是：二舍三入）

8. 重新计算实际的放脚宽度：$l_1 = n_1 \times 60$

9. 计算灰土垫层的实际宽度：$L_4 = L_2 - (l_1 + a)$

10. 确定大放脚的高度：$h = l_1 \times 1.5$

11. 确定大放脚的形式：根据上述计算的结果：l_1、h，以及每一次放脚不得超过砌体材料最大尺寸的1/4的原则，进行选择

12. 画图

关于基础大放脚计算画图的一些说明：

（1）由于给出条件中有轴线，所以，槽宽尺寸必须标注两道。外侧一道：槽宽总尺寸；内侧一道，以轴线为中心，分别给出两侧的尺寸。

（2）大放脚、灰土层，应该分别逐一给出各个部位的高度、宽的尺寸。但是，相同尺寸标注一次即可。

第二节　墙　　体

一、概述

在砌体结构房屋中，墙体是主要的承重构件。在其他类型的建筑中，墙体可能是承重构件，也可能是围护构件。由于它所占的造价比重较大，因而在工程设计中，合理地选择墙体材料、结构方案及构造做法十分重要。

（一）墙体的作用

墙体在建筑中的作用有以下四点：

（1）承重作用：承受房屋的屋顶、楼层、人和设备的荷载以及墙体自重、风荷载、地震荷载等。

（2）围护作用：抵御自然界风、雪、雨等的侵袭，防止太阳辐射和噪声的干扰等。

（3）分隔作用：墙体可以把房间分隔成若干个小空间或小房间。

（4）装修作用：墙体还是建筑装修的重要部分，墙面装修对整个建筑物的装修效果作用很大。

墙体的设计应满足以下几点要求：

（1）要求具有足够的强度和稳定性；

（2）要求满足热工方面（保温、隔热、防止产生凝结水）的性能；

（3）要求有一定的隔声性能；

（4）要求具有一定的防火性能；

（5）合理选择墙体材料、减轻自重、降低造价；

（6）适应工业化的发展要求。

（二）墙体的分类

墙体的分类方法很多，常用的有以下几种：

1. 按材料分类

（1）砖墙：用作墙体的砖有烧结多孔砖、烧结空心砖、灰砂砖、焦渣砖等。烧结多孔砖用黏土烧制而成，孔洞率不小于15%，孔形为圆孔或非圆孔，孔的尺寸小而数量多。灰砂砖用30%的石灰和70%的砂子压制而成。焦渣砖用高炉硬矿渣和石灰蒸养而成。砖块之间用砌筑砂浆粘接。

（2）加气混凝土砌块墙：加气混凝土是一种轻质材料，其成分是水泥、砂子、磨细矿渣、粉煤灰等，用铝粉作发泡剂，经蒸养而成。加气混凝土具有质量轻、可切割、隔声、保温性能好等特点。这种材料多用于非承重的隔墙及框架结构的填充墙。

（3）石材墙：石材是一种天然材料，主要用于山区和产石地区。石材墙有乱石墙、整石墙和包石墙等做法。

（4）板材墙：板材以钢筋混凝土板材、加气混凝土板材为主，玻璃幕墙亦属此类。

（5）承重混凝土空心小砌块墙：采用强度等级为C20混凝土制作，用于6层及6层以下的住宅。

2. 按所在位置分类

墙体按所在位置一般分为外墙及内墙两大部分，每部分又各有纵、横两个方向，这样共形成四种墙体，即纵向外墙（又称檐墙）、横向外墙（又称山墙）、纵向内墙、横向内墙。

当楼板只支承在横向墙上时，叫横墙承重，这种做法多用于横墙较多的建筑中，如住宅、宿舍、办公楼等。当楼板只支承在纵向墙上时，叫纵墙承重。这种做法多用于纵墙较多的建筑中，如中小学校等。当一部分楼板支承在纵向墙上，另一部分楼板支承在横向墙上时，叫混合承重。这种做法多用于中间有走廊或一侧有走廊的办公楼中。当建筑需要大空间时，如商店、综合楼等，采用墙与部分框架承重，即房屋的外墙与内柱共同承受楼板、屋面板等水平承重构件传来的荷载，房屋的刚度主要由框架保证。图1-3-20表示了各种承重方式。

3. 按受力特点分类

（1）承重墙：承受屋顶和楼板等构件传下来的垂直荷载和风力、地震力等水平荷载。由于承重墙所处的位置不同，又分为承重内墙和承重外墙。墙下有条形基础。

（2）承自重墙：只承受墙体自身重量而不承受屋顶、楼板等竖直荷载。墙下亦有条形基础。

（3）围护墙：起着防风、雪、雨的侵袭，并起着保温、隔热、隔声、防水等作用，对保证房间内具有良好的生活环境和工作条件关系也很大。墙体重量由梁承托并传给柱子或基础。

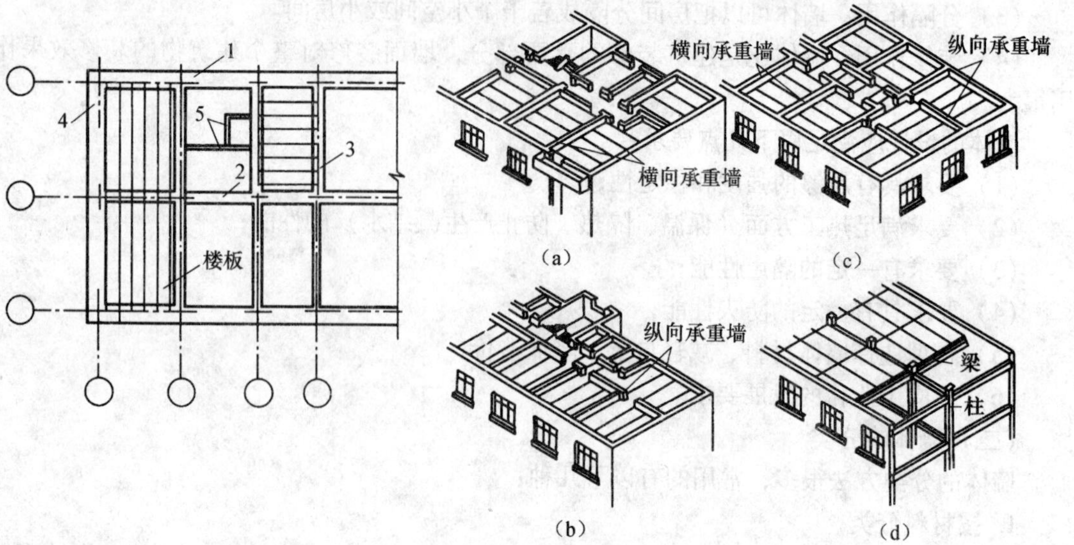

图 1-3-20　墙体的承重方式

(a) 横墙承重；(b) 纵墙承重；(c) 混合承重；(d) 墙与部分框架承重

1—纵向外墙；2—纵向内墙；3—横向内墙；4—横向外墙；5—隔墙

(4) 隔墙：它起着分隔室内空间的作用。隔墙应满足隔声及隔绝视线、防火等的要求，这种墙不作基础。

4. 按构造做法分类

(1) 实体墙：单一材料（烧结多孔砖、烧结空心砖、陶粒混凝土空心砖、石块、混凝土和钢筋混凝土等）和复合材料（钢筋混凝土与加气混凝土分层复合、烧结多孔砖与焦渣分层复合等）砌筑的不留空隙的墙体。

(2) 空斗墙：空斗墙在我国民间的应用非常久远，是靠材料的组砌形成墙体内部的空腔。砌筑时一般为竖放与平放相配合，竖放叫斗砖，平放叫眠砖。

空斗墙在靠近勒脚、墙角、洞口和直接承受梁板压力的部位，都应该砌筑实心墙体，以便满足承受荷载的要求。

空斗墙一般不应在抗震设防地区使用。

二、烧结砖墙体构造

(一) 烧结多孔砖的类型

1. 模数型（M 型）系列

模数型系列共有四种类型（代号为 DM）：

DM1-1、DM1-2（190mm × 240mm × 90mm），DM2-1、DM2-2（190mm × 190mm × 90mm），DM3-1、DM3-2（190mm × 140mm × 90mm），DM4-1、DM4-2（190mm × 90mm × 90mm）。

上述砖体为主规格砖，还有配砖，规格为 DMP（190mm × 90mm × 40mm），以使墙体符合模数的要求。

在代号中，“-1”为圆孔，“-2”为方孔。

2. KP1 型系列

KP1 型多孔砖的代号为 KP1-1、KP1-2、KP1-3，尺寸为 240mm × 115mm × 90mm。其配砖代号为 KP1-P，尺寸为 180mm × 115mm × 90mm。

图 1-3-21 ~ 图 1-3-26 为多孔砖的外观形式。

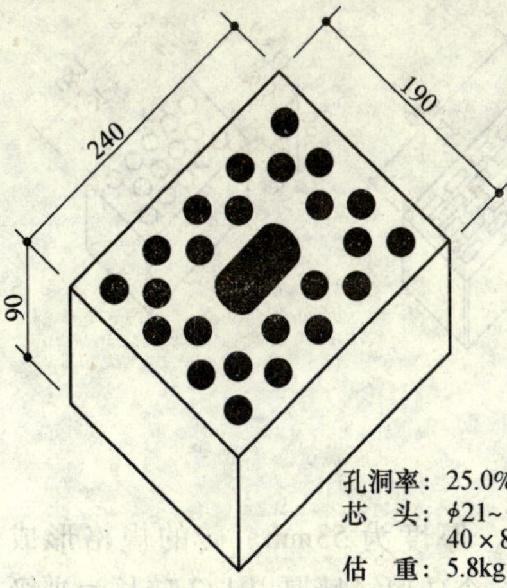

孔洞率：25.0%
芯　头：$\phi21 \sim \phi24$（个）
40 × 86（长圆）
估　重：5.8kg

图 1-3-21　DM1-1 砖型

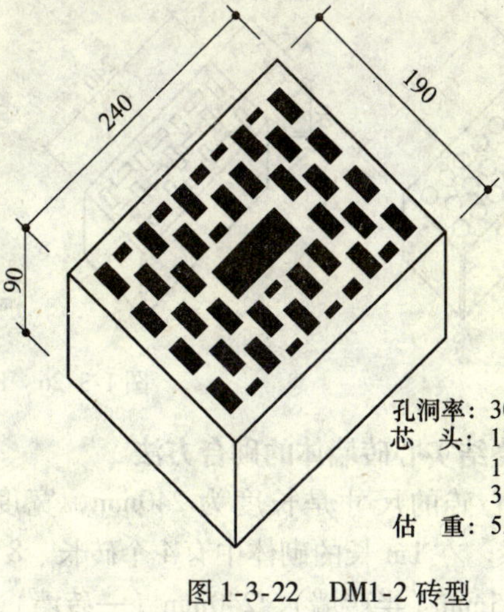

孔洞率：30.9%
芯　头：11 × 11~12（个）
11 × 31~30
31 × 71~1
估　重：5.4kg

图 1-3-22　DM1-2 砖型

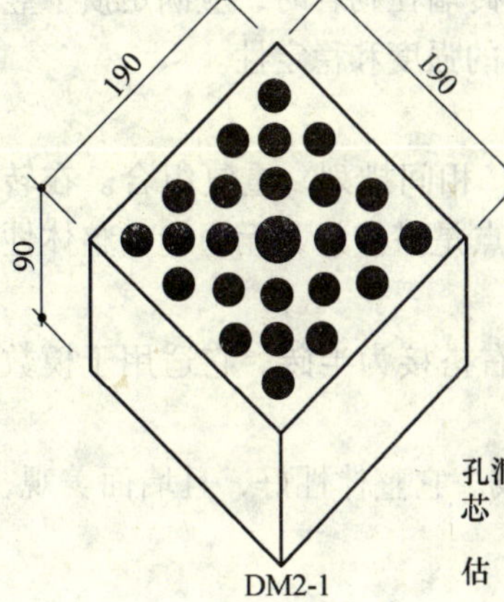

DM2-1

孔洞率：23.6%
芯　头：$\phi20 \sim \phi24$（个）
$\phi35 \sim 1$
估　重：4.7kg

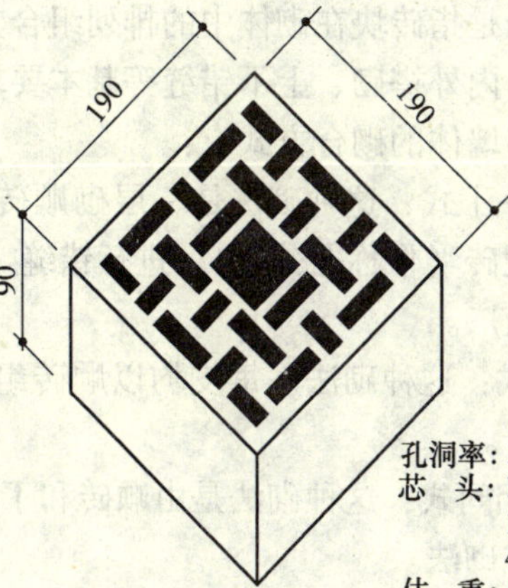

DM2-1

孔洞率：31.5%
芯　头：11 × 27.5 ~ 12（个）
11 × 44 ~ 12
44 × 44 ~ 1
估　重：4.2kg

图 1-3-23　DM2-1、DM2-2 砖型

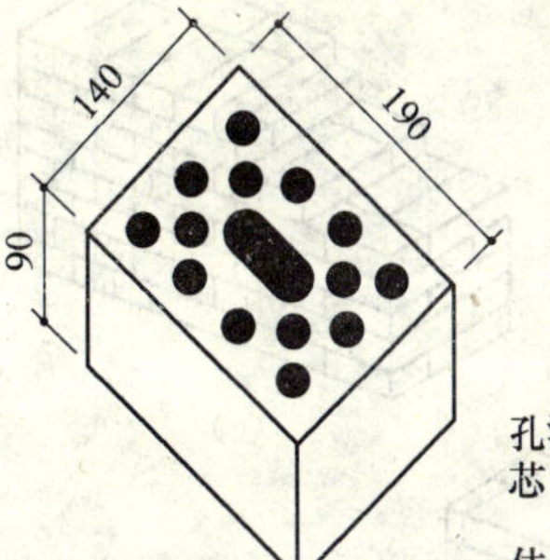

DM3-1

孔洞率：25.4%
芯　头：$\phi21 \sim \phi14$（个）
20 × 70（长圆）~1
估　重：3.4kg

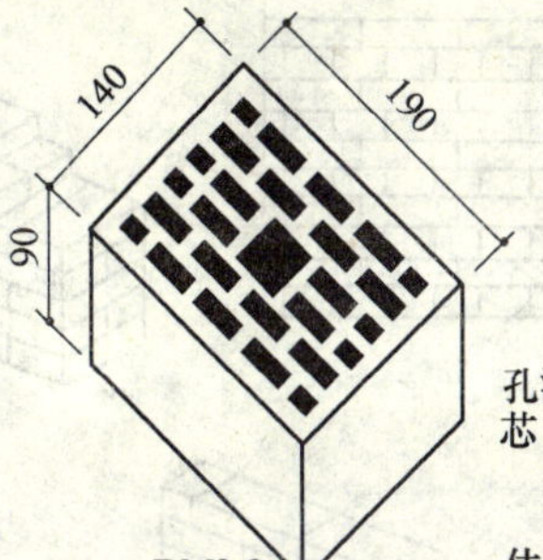

DM3-2

孔洞率：29.0%
芯　头：10 × 1125 ~ 8（个）
10 × 32.5 ~ 18
30 × 32.5 ~ 1
估　重：3.2kg

图 1-3-24　DM3-1、DM3-2 砖型

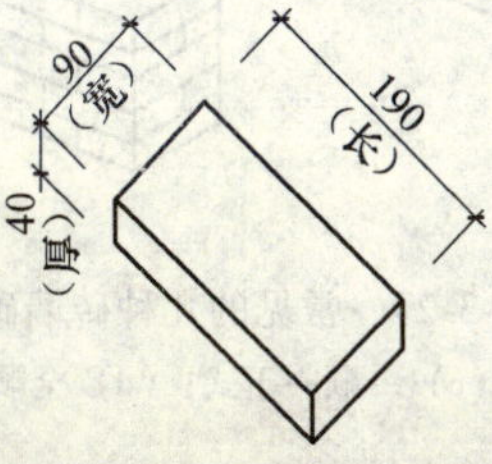

图 1-3-25　DMP 砖型（配砖）

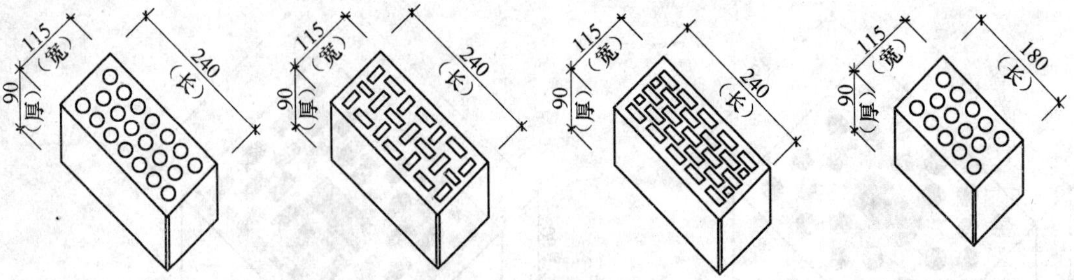

图 1-3-26　KP1 砖型

（二）烧结实心砖墙体的砌合方法

烧结实心砖的尺寸是长度为 240mm，宽度为 115mm，厚度为 53mm。砖的规格形成 4∶2∶1的关系。在 1m 长的砌体中有 4 个砖长、8 个砖宽、16 个砖厚。墙厚以 1/2 砖长为进级单位，有 115mm（半砖墙）、240mm（一砖墙）、365mm（一砖半墙）等。

砖墙的砌合是指砖块在砌体中的排列组合方法。烧结实心砖墙在砌合时，应满足横平竖直、砂浆饱满、内外搭砌、上下错缝等基本要求，以保证墙体的强度和稳定性。

烧结实心砖墙体的砌合方式有：

（1）一顺一丁式：这种砌法是一层砌顺砖、一层砌丁砖，相间排列，重复组合。在转角部位要加设配砖（俗称七分砖），进行错缝。这种砌法的特点是搭接好，无通缝，整体性强，因而应用较广。

（2）全顺式：这种砌法是每皮均以顺砖组砌，上下皮左右搭接为半砖。它适用于模数型多孔砖的砌合。

（3）顺丁相间式：这种砌法是由顺砖和丁砖相间铺砌而成。它整体性好，且墙面美观，亦称为梅花丁式砌法。

上述几种砌合方法如图 1-3-27 所示。

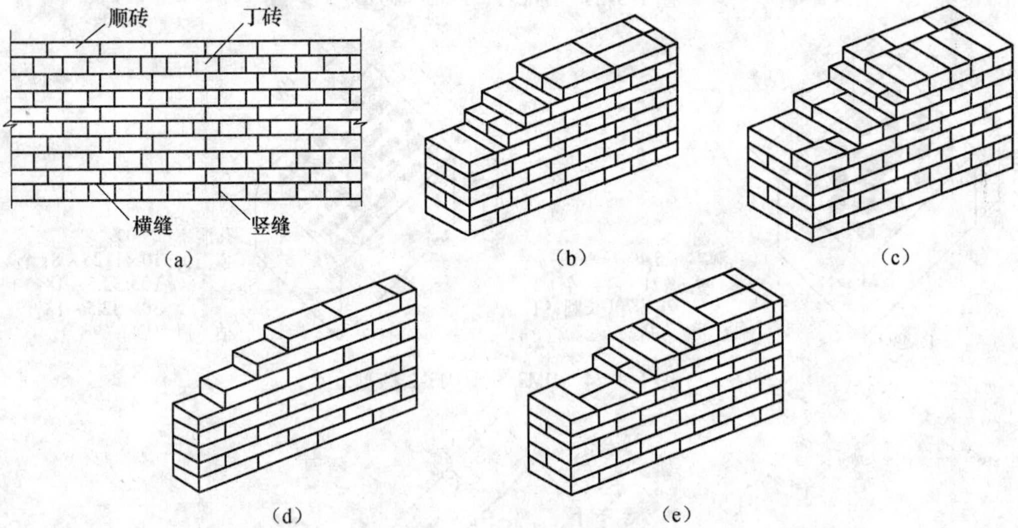

图 1-3-27　常见的几种砖墙砌法

（a）砖缝形式；（b）、（c）一顺一丁式；（d）全顺式；（e）顺丁相间式

在砌合时砌体灰缝应横平竖直。水平灰缝厚度和竖向灰缝宽度宜为 10mm，但不应小于

8mm，也不应大于12mm。

砌体灰缝应饱满。水平灰缝的砂浆饱满度不得低于80%，竖向灰缝宜采用加浆填灌的方法，使其灰缝饱满。

（三）烧结多孔砖的墙体尺度

1. 模数型多孔砖

模数多孔砖砌体用没型号规格的砖组合搭配砌筑，砌体高度以100mm（1M）进级，墙体厚度和长度以50mm（1/2 M）进级，即90、140、190、240、290、340、390mm等。个别边角空缺不足整砖的部位用砍配砖或锯切口DM3、DM4填补。排砖的挑出长度不大于50mm。

模数多孔砖墙厚尺寸如表1-3-2所示。

模数多孔砖墙体厚度 **表1-3-2**

模数	1M	1 1/2M	2M	2 1/2M	3M	3 1/2M	4M
墙厚	90	140	190	240	290	340	390
用砖类型	DM4	DM3	DM2	DM1 DM3 + DM4	DM2 + DM4	DM1 + DM4 DM2 + DM3	DM1 + DM3

注：190mm厚的内墙亦可用DM1砌筑。

模数多孔砖砌体的平面尺寸进级如表1-3-3所示。

模数多孔砖平面尺寸进级表 **表1-3-3**

模数	1/2M	1M	1 1/2M	2M	2 1/2M	3M	3 1/2M	4M	4 1/2M	5M
砌体		90	140	190	240	290	340	390	440	490
中－中或墙垛	50	100	150	200	250	300	350	400	450	500
砌口	60	110	160	210	260	310	360	410	460	510

（1）模数多孔砖的平面设计：三模制（3M）轴线定位，6层住宅内墙厚240mm，用DM1砌筑，轴线分中，外墙厚340mm，用DM1＋DM4组砌，轴线内侧120mm，外侧220mm。隔墙厚90mm，用DM4砌筑。

（2）模数多孔砖的竖向设计：建筑层高以100mm进级，首皮砖从±0.000及各楼层楼地面标高开始。

2. KP1型多孔砖

KP1型多孔砖的尺寸为长度240mm、宽度115mm、高度90mm，在砌体高度上以100mm（1M）进级，墙体厚度与烧结实心砖相同。有115mm、240mm、365mm、490mm等。

墙体灰缝厚度10mm，砌体的平面尺寸以半砖长（120mm）进级。

三模制（3M）轴线定位，内墙厚为240mm时，轴线居中；外墙厚360mm时，轴线内侧120mm，外侧240mm。

（四）防潮层

在墙身中设置防潮层的目的是防止土壤中的水分沿基础墙上升和勒脚部位的地面水影响墙身。它的作用是提高建筑物的耐久性，保持室内干燥卫生。

1. 防潮层的位置

当室内地面垫层为混凝土等不透水材料时，防潮层的位置应设在垫层范围内，通常在－0.060m标高处设置，同时还要至少高于室外地坪150mm，以防雨水溅湿墙身。当室内地面垫层为透水材料时（如炉渣、碎石等），水平防潮层的位置应平齐或高于室内地面一皮砖。当室内地面在墙身两侧出现高差时，则应在墙身内设高低两道水平防潮层，并在土壤一侧设垂直防潮层，防止土壤中的水气从地面高的一侧渗入墙体。墙身防潮层的设置位置如图1-3-28所示。

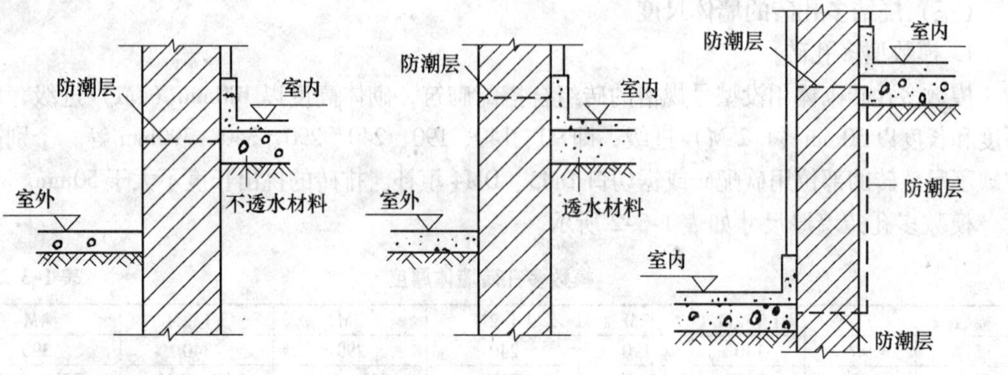

图1-3-28　墙身防潮层的位置

2. 防潮层的做法

（1）水平防潮层的构造做法

1）防水砂浆防潮层

此法适用于抗震地区，一般多用于独立砖柱、振动较大的砖砌体中，但砂浆开裂或不饱满时影响防潮效果。

具体做法是抹一层20mm的1∶3水泥砂浆加5%防水粉拌合而成的防水砂浆。另一种是用防水砂浆砌筑3~5皮砖，如图1-3-29（a）所示。

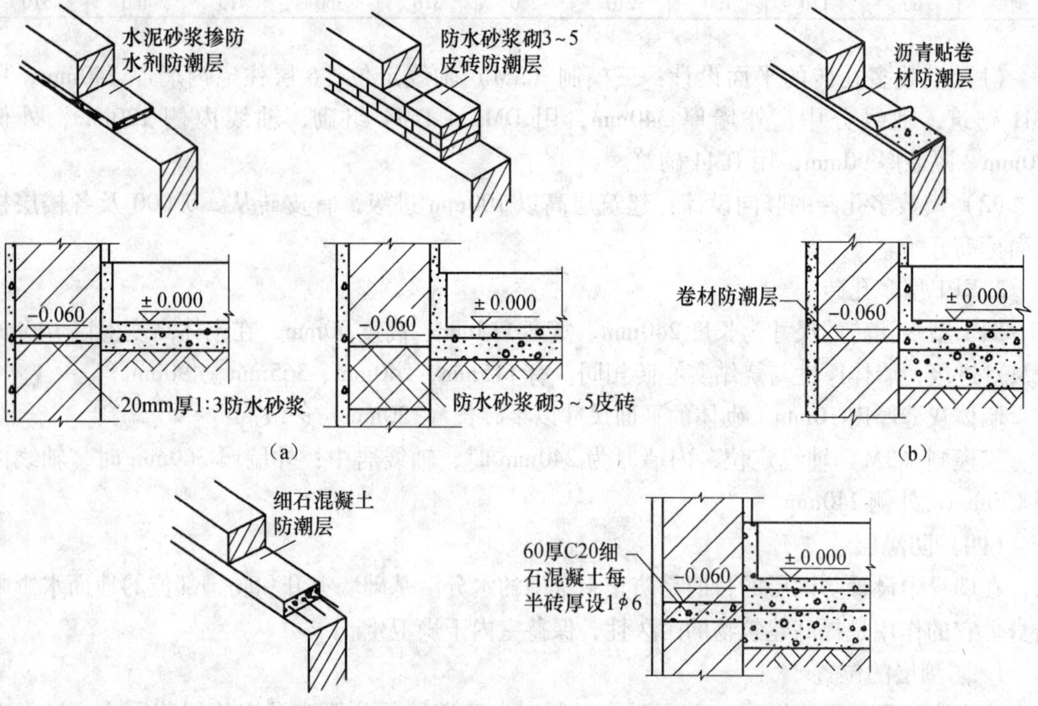

（c）

图1-3-29　水平防潮层的做法

（a）防水砂浆防潮层；（b）卷材防潮层；（c）混凝土防潮层

2）卷材防潮层

在防潮层部位先抹20mm厚的砂浆找平层，然后干铺卷材一层或用热沥青粘贴卷材一层。卷材的宽度应与墙厚一致，或稍大20mm。卷材沿墙的长度铺设，搭接≥100mm。卷材防潮效果较好，缺点是使基础墙和上部墙身结合力减弱，减弱了墙体的抗震能力，如图1-3-29（b）所示。

3）混凝土防潮层

由于混凝土本身具有一定的防水性能，常把防水要求和结构做法合并考虑。即在室内外地坪之间浇注60mm厚的混凝土防潮层，内放3ϕ6或3ϕ8的钢筋，如图1-3-29（c）所示。

在抗震设防地区应选取防水砂浆防潮层和混凝土防潮层。

（2）垂直防潮层的做法

是在墙体迎向潮气的一面做20~25mm厚1:2水泥砂浆，或者用15mm厚1:3的水泥砂浆找平后，再涂防水涂膜2~3道或贴高分子防水卷材一道，如图1-3-30所示。

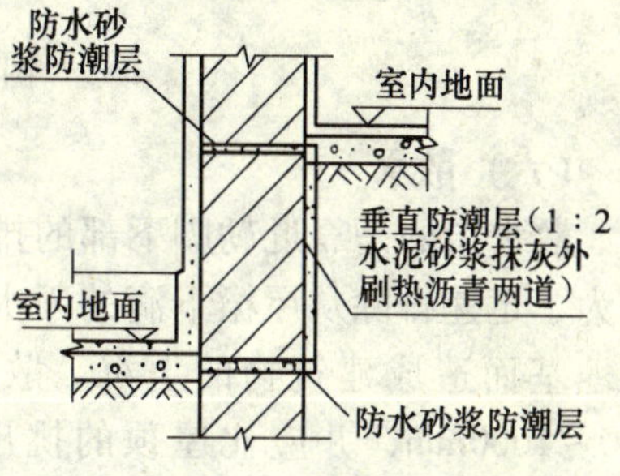

图1-3-30　垂直防潮层的构造

（五）勒脚

外墙墙身下部靠近室外地坪的部分叫勒脚。勒脚的作用是防止地面水、屋檐滴下的雨水对墙面的侵蚀，从而保护墙面，保证室内干燥，提高建筑物的耐久性；同时，还有美化建筑外观的作用。勒脚经常采用抹水泥砂浆、水刷石或加大墙厚的办法做成。勒脚的高度一般为室内地坪与室外地坪之高差，也可以根据立面的需要而提高勒脚的高度尺寸（图1-3-31）。

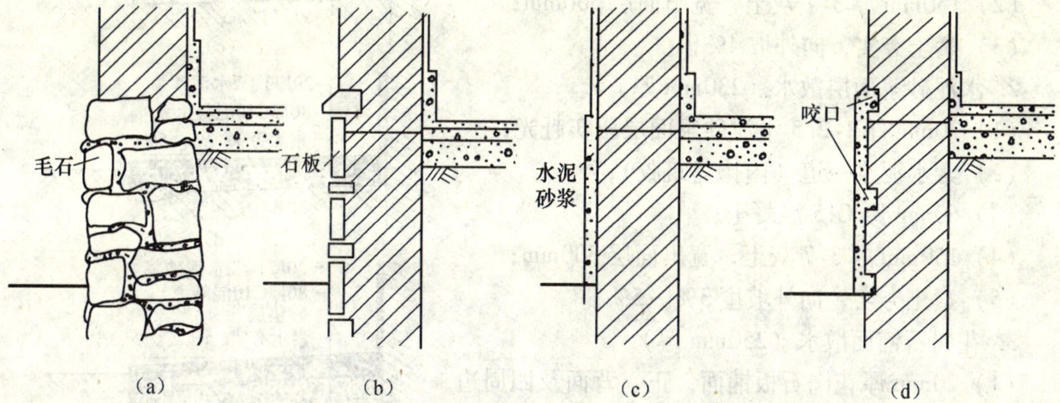

图1-3-31　勒脚

（a）毛石勒脚；（b）石板贴面勒脚；（c）抹灰勒脚；（d）带咬口抹灰勒脚

图1-3-32表示了勒脚与防潮层的构造。

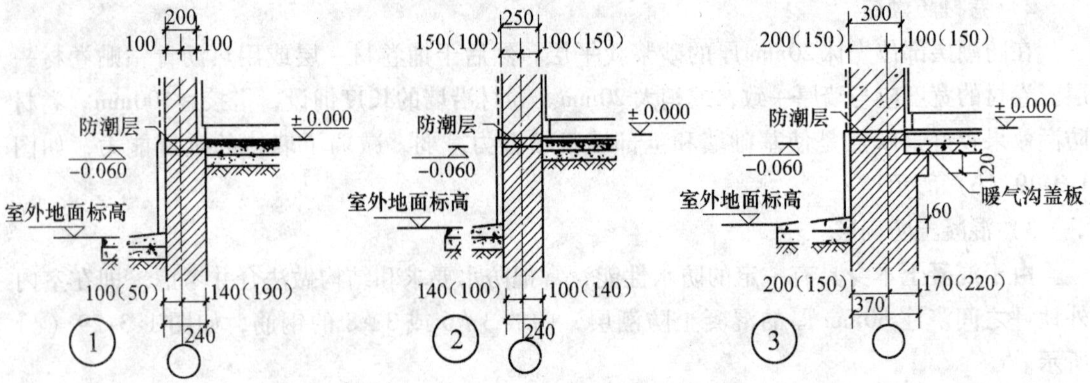

图 1-3-32　勒脚与防潮层构造

（六）散水

散水指的是靠近勒脚下部的排水坡。它的作用是为了迅速排除从屋檐下滴的雨水，防止因积水渗入地基而造成建筑物的下沉。散水的宽度一般为600～1000mm，并应比屋顶的挑出檐口宽200mm。散水坡度一般在3%～5%之间，外缘高出室外地坪20～50mm。散水的常用材料为混凝土、砖、炉渣等（图1-3-33）。

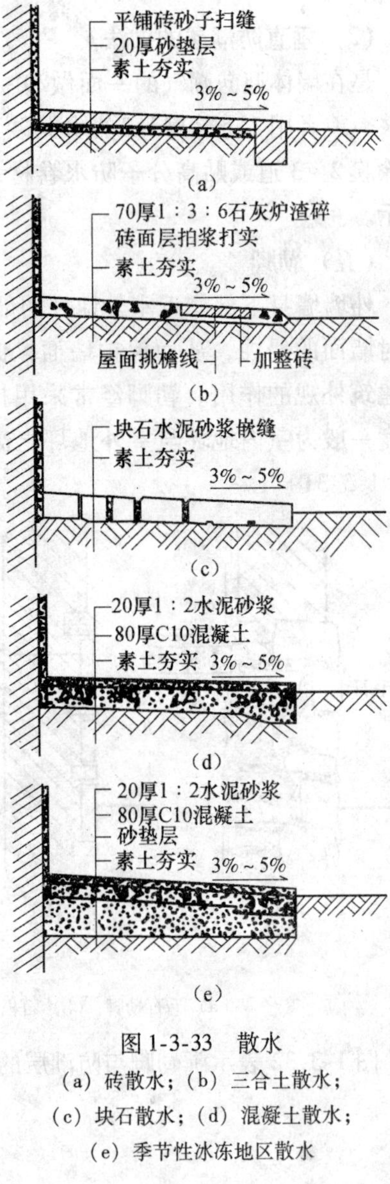

图 1-3-33　散水
（a）砖散水；（b）三合土散水；
（c）块石散水；（d）混凝土散水；
（e）季节性冰冻地区散水

下面介绍几种散水的做法：

1. 细石混凝土散水（200mm 厚）

（1）50mm 厚 C20 细石混凝土面层，撒 1∶1 水泥砂子压实赶光；

（2）150mm 厚 3∶7 灰土，宽出面层 300mm；

（3）素土夯实，向外坡 4%。

2. 水泥砂浆面层散水（230mm 厚）

（1）20mm 厚 1∶2.5 水泥砂浆面层压实赶光；

（2）素水泥浆一道（内掺建筑胶）；

（3）60mm 厚 C15 混凝土；

（4）150mm 厚 3∶7 灰土，宽出面层 300mm；

（5）素土夯实，向外坡度 3%～5%。

3. 花岗石铺面散水（250mm 厚）

（1）20mm 厚花岗石板铺面，正、背面及四周边满涂防污剂，稀水泥浆灌缝；

（2）撒素水泥面（灌适量清水）；

（3）30mm 厚 1∶3 干硬性水泥砂浆粘结层；

（4）素水泥浆一道（内掺建筑胶）；

（5）50mm 厚 C15 混凝土垫层；

（6）150mm 厚 3∶7 灰土；

（7）素土夯实，向外坡4%。

应注意散水产生的不规则的变形裂缝，在上述做法中，当采用混凝土散水时应每隔20～30m设伸缩缝一道，缝宽20～30mm。散水与外墙间设通长缝，缝宽10mm，缝内灌满嵌缝膏。此外，地下水位在室外地面下1.5m以内时，素土夯实及3:7灰土宜改用300～450mm天然级配砂石夯实。

（七）踢脚

踢脚是外墙内侧或内墙两侧的下部与室内地坪交接处的构造，目的是防止平时使用中污染墙面。踢脚的高度一般在120～150mm。常用的材料有水泥砂浆、水磨石、木材、缸砖、油漆等，选用时一般应与地面材料一致。

（八）窗台

窗洞口的下部应设置窗台。窗台根据窗子的安装位置可形成内窗台和外窗台。外窗台是为了防止在窗洞底部积水而流向室内。内窗台则是为了排除窗上的凝结水，以保护室内墙面，或存放东西、摆放花盆等。

外窗台的挑檐底面，应做成锐角形或半圆凹槽（叫“滴水”），避免在排水时污染墙面。

1. 外窗台做法

（1）砖窗台：砖窗台应用较广，有平砌挑砖和立砌挑砖两种做法。表面可抹1:3水泥砂浆，并应有10%左右的坡度。挑出尺寸应不小于50mm（图1-3-34）。

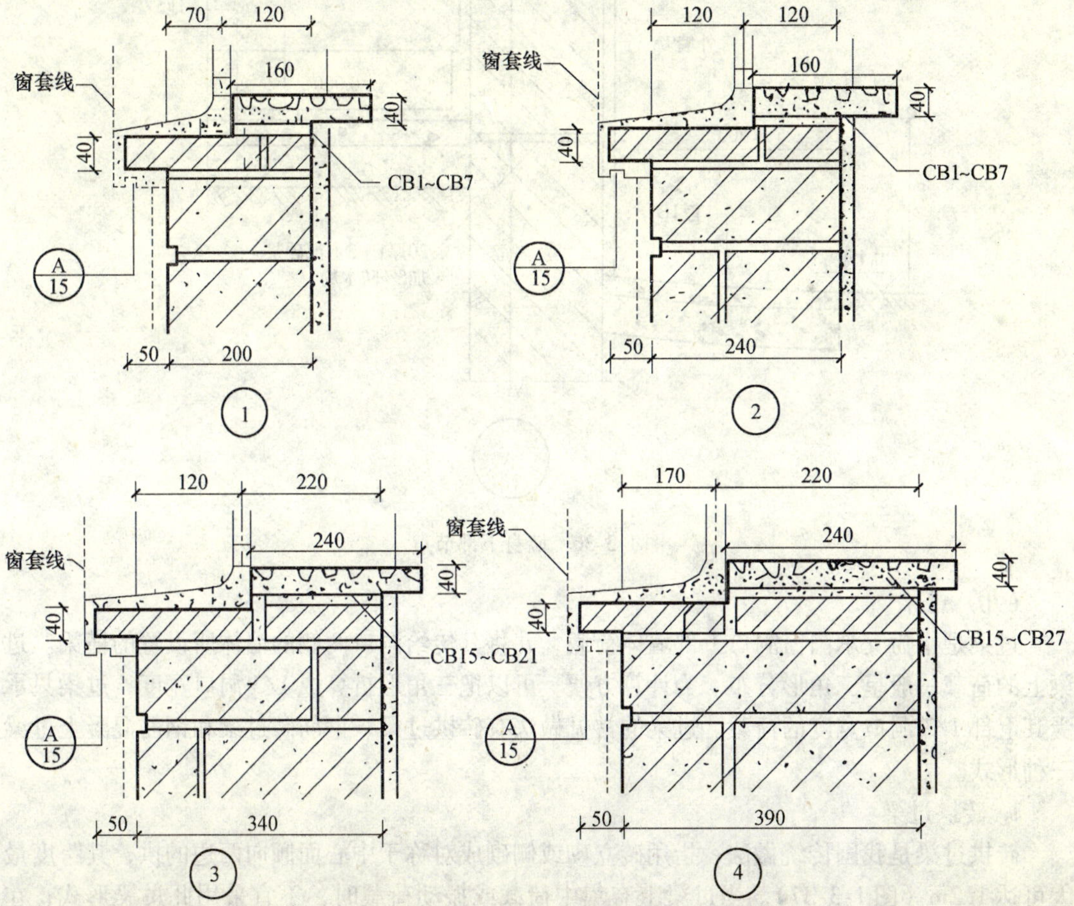

图1-3-34 窗台构造

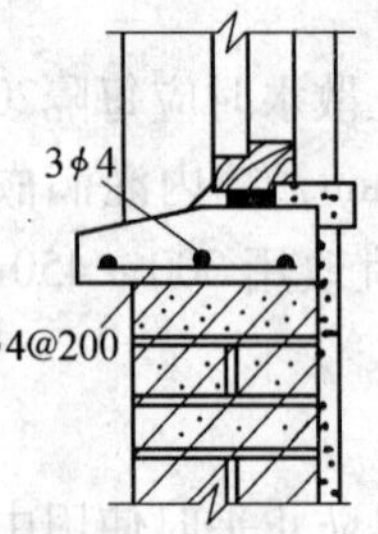

图 1-3-35　预制钢筋混凝土窗台

（2）混凝土窗台：这种窗台一般是预制而成（图 1-3-35）。

2. 内窗台做法

（1）水泥砂浆抹窗台：一般是在窗台上表面抹 20mm 厚的水泥砂浆，并应突出墙面 20mm（图 1-3-34）。

（2）窗台板：对于装修要求较高而且窗台下设置暖气片的房间，一般均采用窗台板。窗台板可以用预制水泥板或水磨石板。其板厚 30~60mm，两侧伸出洞口各 30mm（图 1-3-34）。

上述几个细部构造做法连同墙身一起就构成了外墙下部做法。图 1-3-36 为墙身下部做法详图。

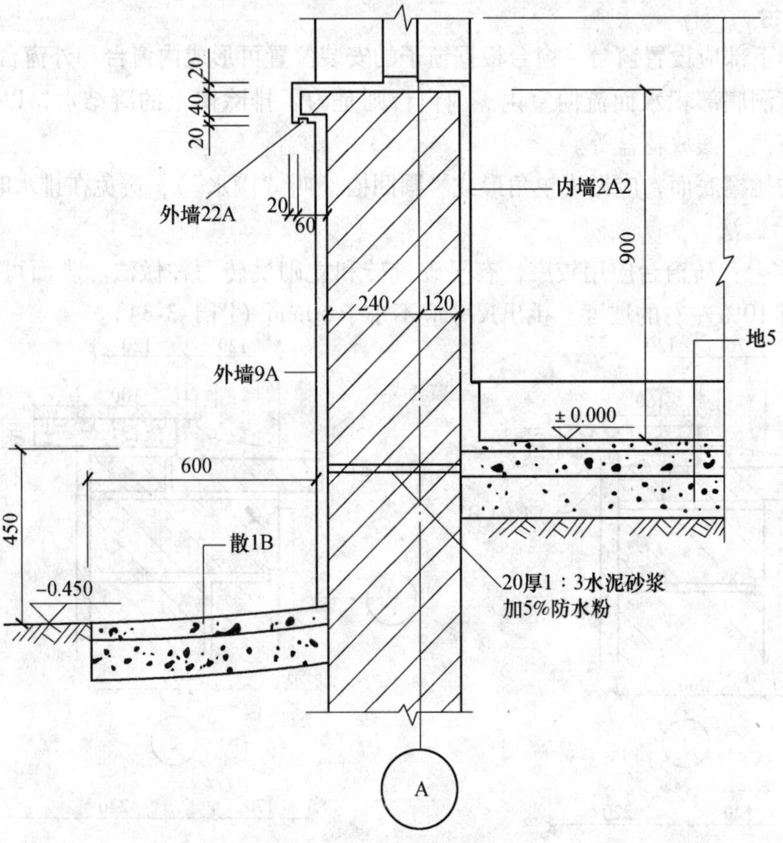

图 1-3-36　墙身下部节点

（九）过梁

过梁是指为支承门窗洞口上部墙体荷载，并将其传给洞口两侧的墙体所设置的横梁。过梁上的荷载一般呈三角形分布。为计算方便，可以把三角形折算成 1/3 洞口宽度，过梁只承受其上部 1/3 洞口宽度的荷载。过梁的常见做法有砖拱过梁、钢筋砖过梁和钢筋混凝土过梁三种形式。

1. 砖拱过梁

砖拱过梁是我国传统做法，指用砖立砌或侧砌成对称于中心而倾向两边的拱，其跨度最大可达 1. 2m（图 1-3-37）。当过梁上有集中荷载或振动荷载时，不宜采用此过梁形式；在需要抗震设防的地区，也不应使用。

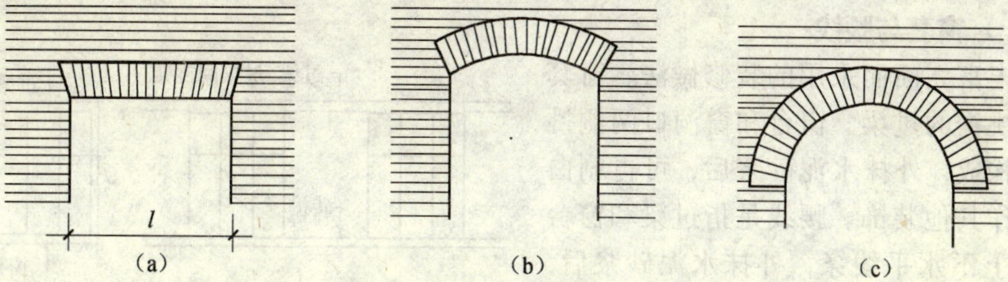

图 1-3-37　砖拱过梁

(a) 平拱；(b) 弧拱；(c) 半圆拱

2. 钢筋砖过梁

钢筋砖过梁是在砖缝内或洞口上部的砂浆层内配置钢筋的平砌砖过梁。通常在洞口上方铺一层不小于 30mm 厚的 M5 水泥砂浆层，再按每 120mm 墙厚不少于 1 ϕ6 的构造要求配置钢筋，钢筋两端伸入墙内 240mm，并在端部向上做 60mm 的垂直弯钩，然后用不低于 MU10 的砖和不低于 M5 的砂浆砌筑。钢筋砖过梁的高度不小于洞口跨度的 1/4，且不得少于 5 皮砖（图 1-3-38）。多用于跨度在 1.5m 以内的清水墙中，以获得和建筑立面统一的效果。

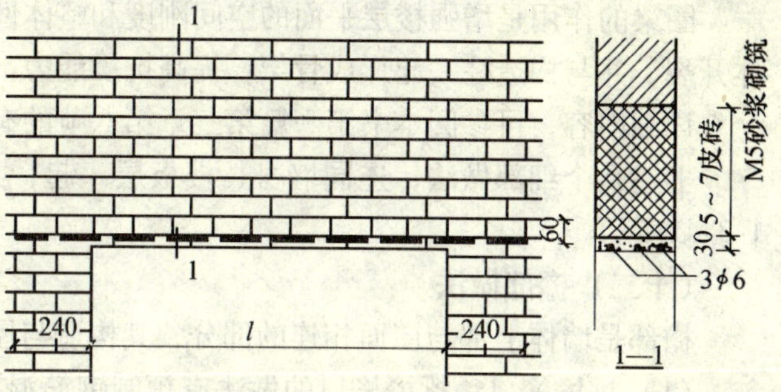

图 1-3-38　钢筋砖过梁

3. 钢筋混凝土过梁

钢筋混凝土过梁应用范围广，可用于洞口上部有集中荷载、振动荷载或可能产生不均匀沉降的建筑物中，钢筋混凝土过梁可现浇也可预制。按截面形式不同，有矩形和 L 形两种（图 1-3-39）。在寒冷地区，多选用 L 形截面或组合式过梁，既可节省材料，又可防止热桥及梁内侧形成冷凝水。在南方炎热多雨地区，可将过梁上挑出 300～500mm 宽的窗楣板以遮雨、挡阳光等。过梁宽与墙厚相同，高度与砖的规格相适应，常用 60mm、120mm、180mm、240mm，两端支承在墙上的长度不小于 240mm。

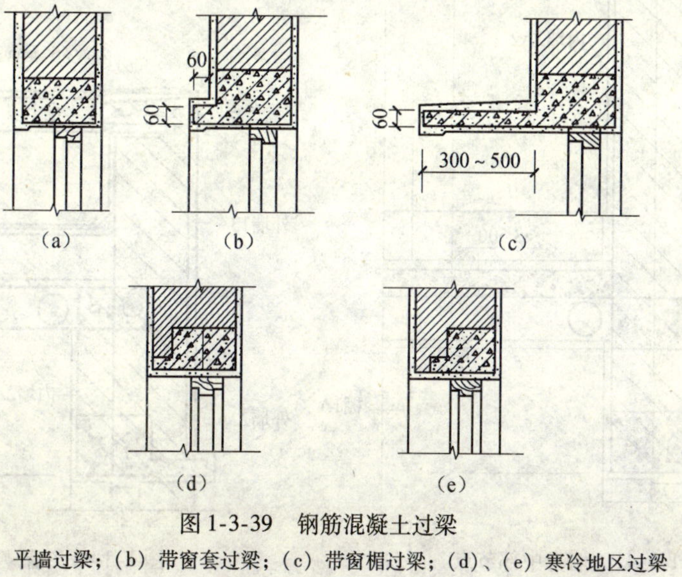

图 1-3-39　钢筋混凝土过梁

(a) 平墙过梁；(b) 带窗套过梁；(c) 带窗楣过梁；(d)、(e) 寒冷地区过梁

（十）窗套与腰线

为丰富立面而采用的装修做法。窗套是由带挑檐的过梁、窗台和窗洞口两侧挑出立砖构成，外抹水泥砂浆后，可再刷白灰浆或作其他装饰。腰线是指过梁和窗台形成的上下水平线条，外抹水泥砂浆后，刷涂料或作其他装饰（图 1-3-40）。

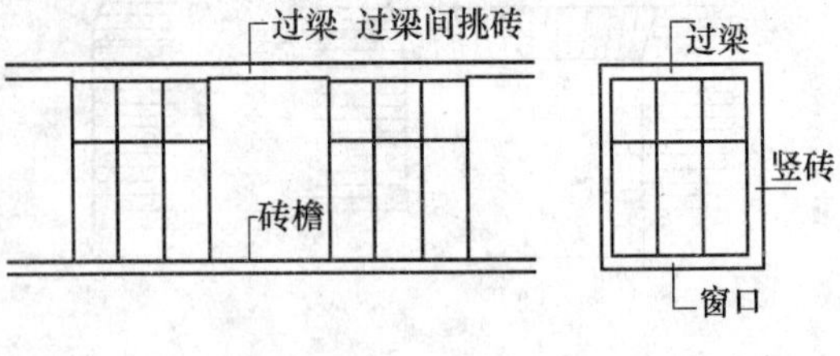

图 1-3-40　窗套与腰线

（十一）圈梁

圈梁的作用是增强楼层平面的空间刚度和整体性，减少由于地基不均匀沉降而引起的墙体开裂，并与构造柱一起形成骨架，提高抗震能力。

详细内容，可参阅本书第一篇第三章第八节的有关内容。

上述几个细部做法，连同墙身、楼板层一起，共同构成了外墙详图的中部做法，如图 1-3-41所示。

（十二）檐部做法

檐部是墙体上部与屋面相连的部分，其构造与屋面做法有关。

（1）挑檐檐口：挑檐檐口的做法有预制钢筋混凝土挑檐板和现浇钢筋混凝土挑檐板两种。挑出尺寸不宜过大，一般以不大于 500mm 为宜。

（2）女儿墙檐口：女儿墙是墙身在屋面以上的延伸部分，其厚度可以与下部墙身一致，也可以使墙身适当减薄。女儿墙的高度取决于上人和不上人，不上人高度应不小于 800mm，上人高度应不小于 1300mm。若屋面采用复合保温层，高度可以适当降低，但应保证坡度最高点防水层上卷 250mm。

（3）斜板挑檐：斜板挑檐是由女儿墙、挑檐板及斜板共同构成的檐口做法，其尺寸应符合前两种做法的规定。墙身的顶部做法详如图 1-3-42 所示。

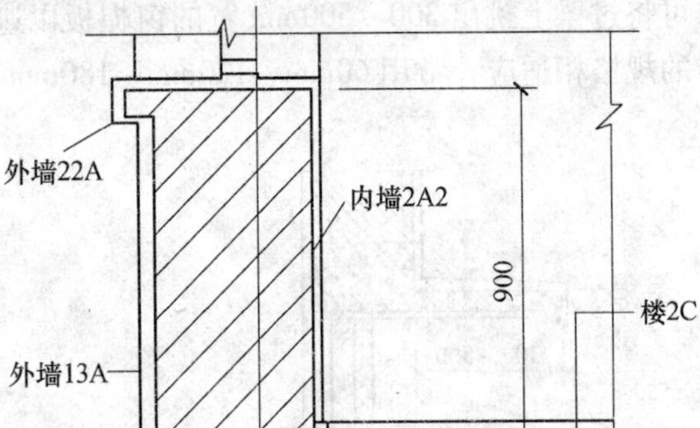

图 1-3-41　墙身中部节点

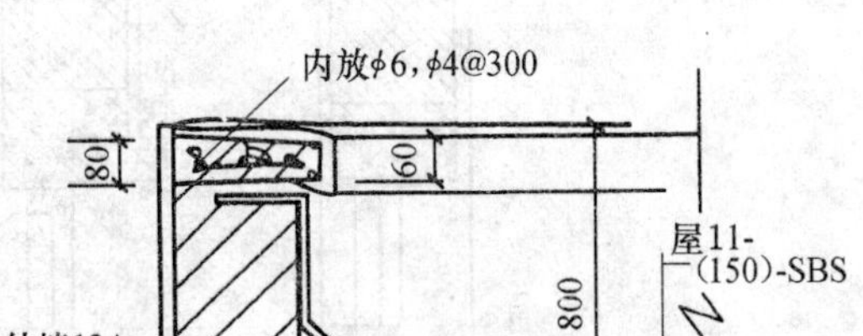

图 1-3-42　墙身上部节点

（十三）构造柱

构造柱的作用是与圈梁一起形成骨架，增加房屋结构的延性，提高砌体结构的抗震能力。

详细内容，可参阅本书第一篇第三章第八节的有关内容。

（十四）砖墙变形缝

变形缝包括伸缩缝、沉降缝和防震缝。它的作用是保证房屋在温度变化、基础不均匀沉降或地震时能自由伸缩，以防止墙体开裂，结构破坏。

详细内容，可参阅本书第一篇第三章第七节有关内容。

（十五）烟道与通风道

在住宅或其他民用建筑中，为了排除炉灶的烟气或其他污浊空气，常在墙内设置烟道和通风道。

烟道和通风道分为现场砌筑或预制构件拼装两种做法。现场砌筑时，不应削弱墙体厚度。

砖砌烟道和通风道的断面尺寸应根据排气量来决定，但不应小于120mm×120mm。烟道和通风道除单层房屋，均应有进气口和排气口。烟道的排气口在下，距楼板1m左右较合适。通风道的排气口应靠上，距楼板底300mm较合适。烟道和通风道不能混用，以避免串气。混凝土烟风道，一般为每层一个预制构件，上下拼接而成。

第三节　楼板层构造

一、楼板的设计要求和种类

（一）楼板的设计要求

楼板是建筑中的水平承重构件，它的主要作用是承受人、家具等静、活荷载，并把这些荷载和自重传给承重墙或是下部的梁柱。楼板和地面应满足以下要求：

1. 坚固要求

楼板和地面均应有足够的强度，能够承受自重和不同要求下的荷载。同时要求具有一定的刚度，即在荷载作用下，挠度变形不应超过规定数值。

2. 隔声要求

楼板的隔声包括隔绝空气传声和固体传声两个方面，楼板的隔声量一般在40～50dB。隔绝空气传声可以采用使楼板密实、无裂缝等构造措施来达到。隔绝固体传声主要应该通过减少对楼板的撞击来达到，可通过在地面上铺设弹性面层，如铺设橡胶、地毯减少一些冲击量，或在楼板下设置吊顶等方法达到满意的隔声效果。

3. 经济要求

一般楼板和地面约占建筑物总造价的20%～30%，选用楼板时应考虑就地取材和提高装配化的程度。

4. 热工和防火要求

一般楼板和地面应有一定的蓄热性，即人在地面上应有舒适的感觉，并应符合防火规范的规定。非预应力钢筋混凝土预制楼板耐火极限为1.0h，预应力钢筋混凝土楼板耐火极限为0.5h。现浇钢筋混凝土楼板为1～2h。

（二）楼板的种类

按楼板使用材料的不同，主要有以下几种类型（图1-3-43）：

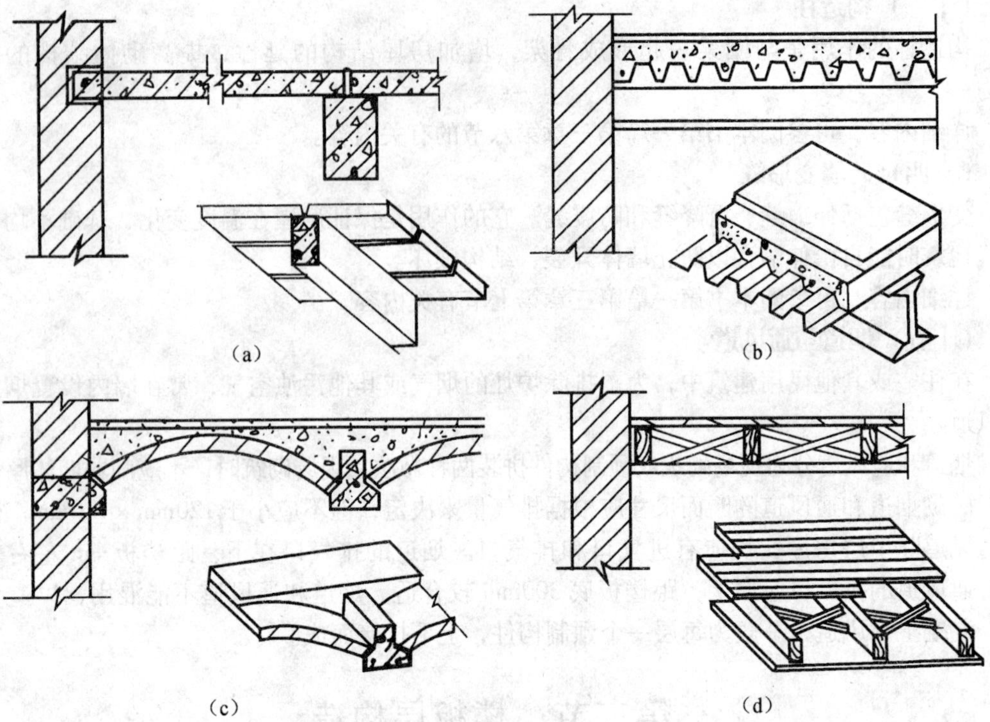

（a）　　（b）　　（c）　　（d）

图 1-3-43　楼板的类型

（a）钢筋混凝土楼板；（b）钢衬板楼板；（c）砖拱楼板；（d）木楼板

1. 钢筋混凝土楼板

钢筋混凝土楼板采用混凝土与钢筋共同制作。这种楼板坚固、耐久、刚度大、强度高、防火性能好，是我国应用最广泛的一种楼板。钢筋混凝土按施工方法分，可以分为现浇式、装配式和装配整体式三大类。

2. 钢衬板楼板

钢衬板楼板是以压型钢板与混凝土浇筑在一起构成的整体式楼板，压型钢板在下部起到现浇混凝土的模板作用，同时由于在压型钢板上加肋或压出凹槽，能与混凝土共同工作，起到配筋作用。目前，钢衬板楼板已在国内外大空间建筑和高层建筑中较多采用，它简化了施工程序，提高了施工速度，具有现浇式钢筋混凝土楼板刚度大、整体性好的优点，还可利用压型钢板肋间空间敷设电力或通讯管线。

3. 砖拱楼板

这种楼板采用钢筋混凝土倒 T 形梁密排，其间填以烧结实心砖、灰砂砖、粉煤灰砖、煤矸石砖或特制的拱壳砖砌筑成拱形，故称为砖拱楼板。这种楼板虽比钢筋混凝土楼板节省钢筋和水泥，但是自重大，作楼地面时整体性较差，导致建筑的抗震性能较差，故在要求抗震设防的地区不宜使用。并且顶棚成弧拱形，一般应作吊顶棚，故造价偏高。

4. 木楼板

木楼板由木梁和木地板组成。这种楼板的构造虽然简单，自重也较轻，但防火性能不好，不耐腐蚀，加之我国木材资源较为缺乏，故一般工程中应用较少。

二、现浇钢筋混凝土楼板

现浇钢筋混凝土楼板包括现浇楼板与现浇梁板两大部分。

（一）有关钢筋和混凝土的基本知识

为了掌握现浇钢筋混凝土楼板的构造特点，应对钢筋和混凝土的有关知识作必要的了解。

1. 混凝土

常用的混凝土强度等级有 C7.5、C10、C15、C20、C25、C30、C35、C40、C45、C50、C55、C60、C65、C70、C75、C80 共 16 个，单位为“N/mm^2”。其中 C7.5 和 C10 用于混凝土垫层和非主要受力部位；C15、C20 和 C25 用于一般的钢筋混凝土构件；C30 ~ C60 用于预应力钢筋混凝土构件。

2. 钢筋

钢筋混凝土结构及预应力混凝土结构所用的钢筋有普通钢筋和预应力钢筋两种。普通钢筋宜采用 HRB400 级和 HRB335 级钢筋，也可采用 HPB235 级和 HRB400 级钢筋。普通钢筋的设计强度如表 1-3-4 所示。

普通钢筋的设计强度（N/mm^2） **表 1-3-4**

钢筋种类		符号	f_y	f'_y
热轧钢筋	HPB235（Q235）	Φ	210	210
	HRB335（20MnSi）	Φ	300	300
	HRB400（20MnSiV、20MnSiNb、20MnTi）	Φ	360	360
	RRB400（K20MnSi）	$Φ^R$	360	360

3. 钢筋直径

钢筋的直径以“mm”为单位，其规格有 6、6.5、8、10、12、14、16、18、20、22、25、28、32、36、40、50 等。

4. 钢筋保护层

钢筋混凝土构件中的钢筋不能外露，以防锈蚀。钢筋外表的混凝土面层叫保护层。

各种构件的保护层是：

板、墙、壳：根据建筑结构的环境类别及混凝土强度等级的不同，其厚度为 15 ~ 30mm。

梁和柱：取 25 ~ 40mm。

基础（有垫层时）：取 40mm；

（无垫层时）：取 70mm。

5. 钢筋弯钩

为保证钢筋和混凝土能共同工作，在光面钢筋所在的部位为受力钢筋时，钢筋端部应加弯钩，以加强钢筋与混凝土的锚固作用，防止脱落。

钢筋弯钩以 180°钩、135°钩、90°钩以及 30°、45°、60°的弓起钢筋较多。180°弯钩的延长度为 6.25d（d 为钢筋直径）；90°弯钩为构件厚度减去保护层尺寸；135°钩的加长量为 10d。常用的 180°弯钩尺寸为（6.25d，零星尺寸取至“mm”）：

ϕ6 40mm　ϕ6.5 41mm　ϕ8 50mm

ϕ10 60mm　ϕ12 75mm　ϕ14 90mm　ϕ16 100mm

ϕ18 113mm　ϕ20 125mm　ϕ22 140mm　ϕ25 160mm

ϕ28 175mm　ϕ32 200mm　ϕ36 225mm　ϕ40 250mm

ϕ50 313mm

弓起钢筋的斜线长度为：

高度在 190mm 以下时，弓起角度为 30°，其数值为 2 × 板的有效高度；

高度在 200 ~ 950mm 时，弓起角度为 45°，其数值为 1.414 × 有效梁高；

高度在1000～1500mm时，弓起角度为60°，其数值为1.154×有效梁高。

6. 钢筋接头和锚固长度

钢筋的长度不能满足构件要求时，可以进行机械连接或焊接；若条件不具备时，可以进行绑扎搭接。绑扎搭接时，应保证最小搭接长度（最小搭接长度用 L_d 表示）。最小搭接长度应根据位于同一连接区段内的钢筋搭接接头面积百分率按规范中的公式计算。

受力钢筋伸入支座应满足一定的长度，这长度叫锚固长度。锚固长度应按规范中的公式计算。

（二）现浇楼板

现浇钢筋混凝土楼板按受力和传力情况又分为单向板、双向板和悬臂板等。

1. 单向板

两对边支承的板为单向板。单向板的平面尺寸比例为 $L_2/L_1>2$。受力以后，这种板的受力仅向短边传递，且只在短边方向产生变形。单向板的代号，如B/80，其中B代表板，80代表板厚为80mm。现浇板的厚度为跨度的1/30～1/40，而且不小于60mm（图1-3-44）。

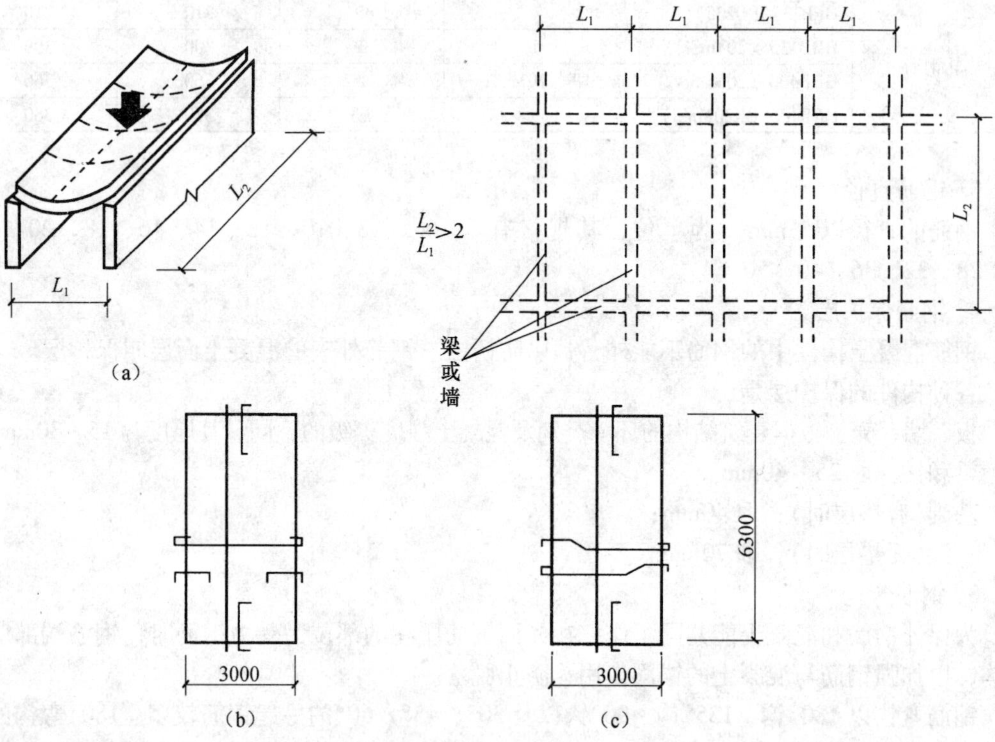

图1-3-44　单向板

（a）单向板；（b）分离式；（c）弓起式

单向板的配筋如图1-3-44所示。板中包括有受力主筋、分布钢筋和支座钢筋三个部分。布置方式有弓起式和分离式两种。

2. 双向板

双向板的平面尺寸比例为 $L_2/L_1\leqslant 2$，受力后，这种板的受力向多个方向传递，且在多个方向产生变形。但在实际工程中，当板的长边 L_2 与短边 L_1 的长度之比 $L_2/L_1>2$，但 $L_2/L_1<3$ 时，一般宜按双向板计算。当按沿短边方向受力的单向板计算时，应沿长边方向布置足够数量的构造钢筋。双向板的代号如图1-3-45所示，B代表板，100代表厚度为100mm，双向箭头表示双向板。板厚的确定原则同单向板，最小厚度为80mm。

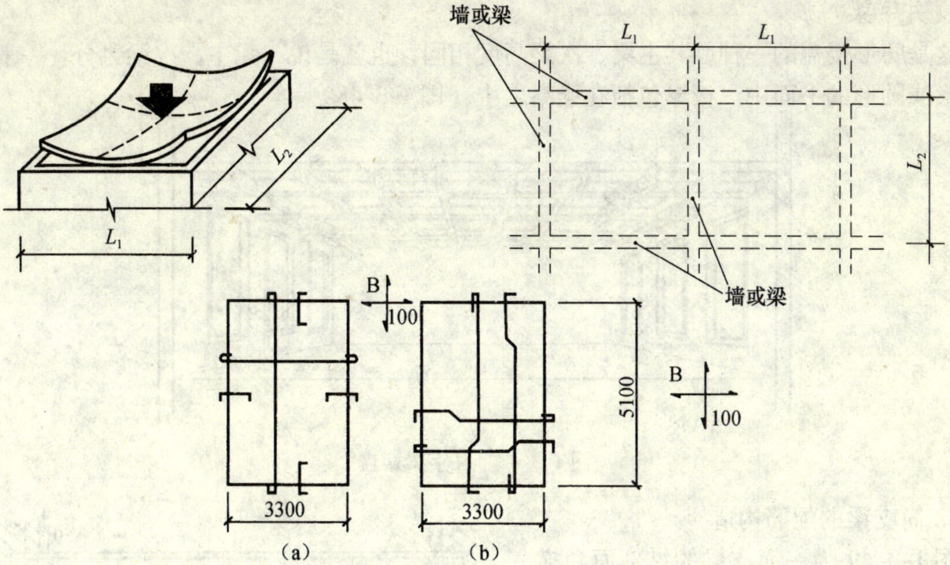

图 1-3-45　双向板

（a）分离式；（b）弓起式

3. 悬臂板

悬臂板主要用于雨罩、阳台等部位，悬臂板只有一端支承，因而受力钢筋应放置在板的上部。板厚应为 1/12 挑出尺寸，且不小于 60～80mm（根部）。悬臂板的钢筋摆放如图 1-3-46 所示。

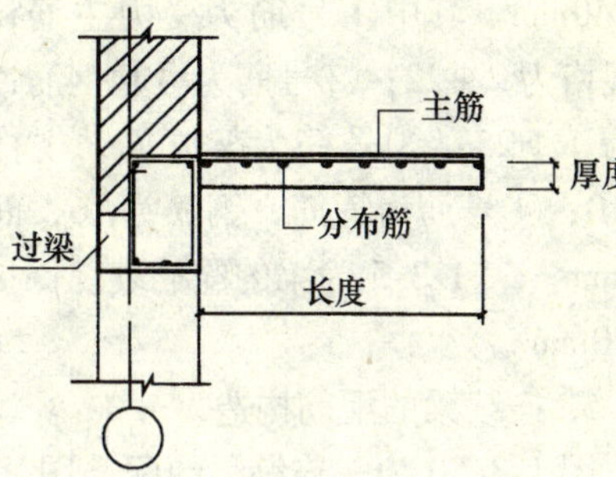

图 1-3-46　悬臂板

（三）现浇梁板

现浇梁板包括单向梁（简支梁）、双向梁（主次梁）和井字梁等类型。

1. 单向梁

梁高一般为跨度的 1/10～1/12，板厚包括在梁高之内，梁宽取梁高的 1/2～1/3，单向梁的经济跨度为 4～6m。

2. 双向梁

又称肋形楼盖。其构造顺序为板支承在次梁上，次梁支承在主梁上，主梁支承在墙上或柱上。次梁的梁高为跨度的 1/10～1/15；主梁的梁高为跨度的 1/8～1/12，梁宽为梁高的 1/2～1/3。主梁的经济跨度为 5～8m。主梁或次梁在墙或柱上的搭接尺寸应不小于 240mm。梁高中包括板厚（图 1-3-47）。

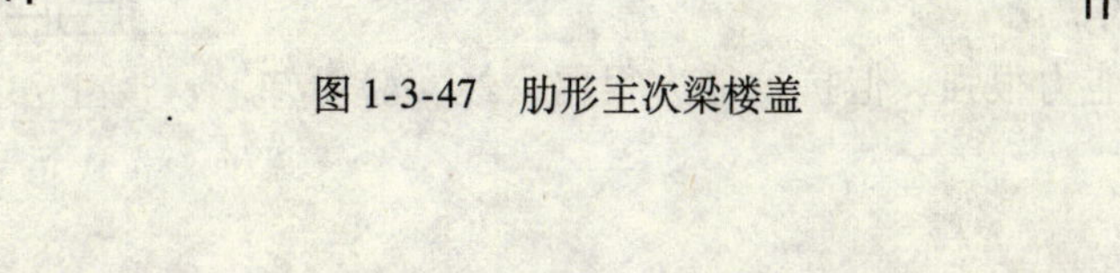

图 1-3-47　肋形主次梁楼盖

3. 井字梁

这是肋形楼盖的一种，其主梁、次梁高度相同，也就是说，无主、次梁之分。一般用于正方形或圆形的平面中。板厚包括在梁高之中（图 1-3-48）。

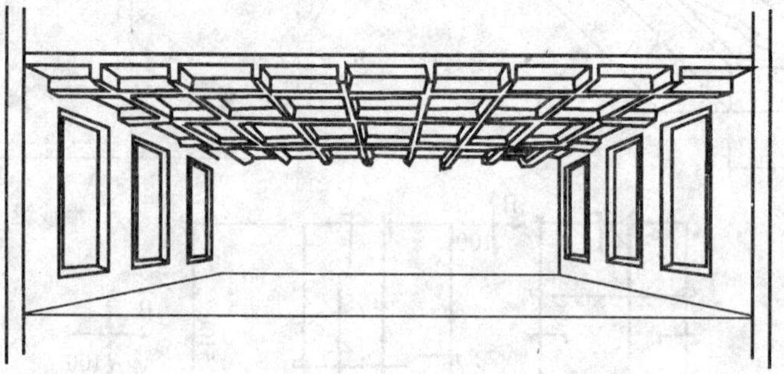

图 1-3-48　井字梁楼盖

4. 简支梁的配筋构造

图 1-3-49 为一简支梁的纵剖面和横剖面。断面尺寸为 200mm × 400mm，梁长为 4740mm，伸入墙内（支座）每侧为 240mm。其中①号筋为受力主筋，钢筋规格为 2Φ22；②号筋为弓起钢筋，规格为 1Φ25；③号筋为架立筋，规格为 2ϕ10；④号筋为箍筋，钢筋为ϕ6，间距 250mm。表 1-3-5 为梁的配筋表。保护层为 20mm。

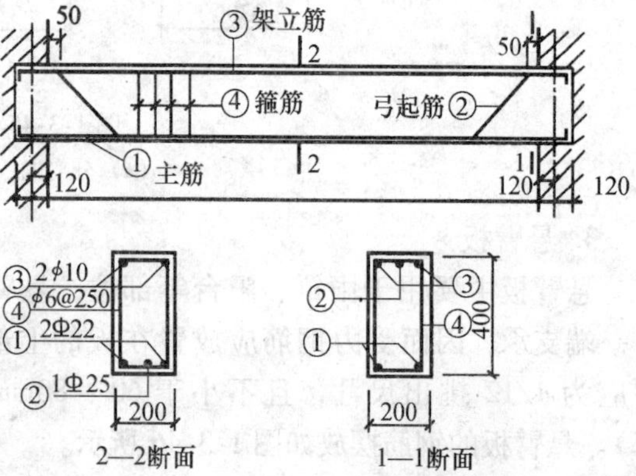

图 1-3-49　简支梁的配筋

5. 连续梁的配筋构造

图 1-3-50 为一连续梁的配筋图。图中所列钢筋，除主筋、弓起钢筋、架立筋、箍筋以外，还有承受负弯矩及在中间支座上部的负筋。

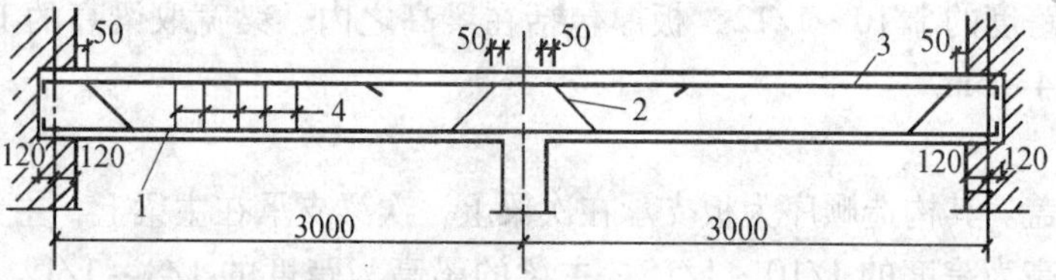

图 1-3-50　连续梁

1—主筋；2—弓起筋；3—架立筋；4—箍筋

6. 柱子的配筋构造

钢筋混凝土柱子是由竖向的受力钢筋和箍筋构成，柱子的主筋为受压钢筋（图 1-3-51）。

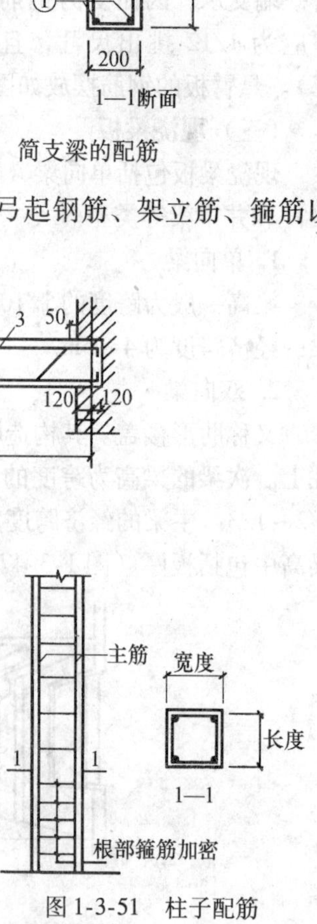

图 1-3-51　柱子配筋

三、预制装配式钢筋混凝土楼板

预制钢筋混凝土楼板分为普通钢筋混凝土楼板和预应力钢筋混凝土楼板两大类。

（一）预应力的概念

混凝土的抗压能力很强，但抗拉能力很弱，经实验可知，抗拉强度仅为抗压强度的1/10。在混凝土构件中加钢筋可以提高抗拉能力。以一根梁为例，受力以后我们可以发现梁的上部受压，下部受拉。由于混凝土的抗拉能力低，故容易在梁的下部产生裂缝。因而在梁、板等构件中，钢筋应加在受拉部位。

预应力是使构件下部的混凝土预先受压，叫预压应力。混凝土的预压应力是通过张拉钢筋的办法来实现的。钢筋的张拉有先张和后张两种工艺。先张法是先张拉钢筋，后浇注混凝土，待混凝土有一定强度以后切断钢筋，使回缩的钢筋对混凝土产生压力（图1-3-52）。后张法是先浇注混凝土，在混凝土的预留孔洞中穿放钢筋，再张拉钢筋，并锚固在构件上。由于钢筋收缩对混凝土产生压力，使混凝土受压。采用预应力钢筋混凝土可以提高构件强度和减少构件厚度。小型构件一般采用先张法，并多在加工厂中进行。大型构件一般采用后张法，多在施工现场进行（图1-3-53）。目前在我国应优先选用预应力构件。

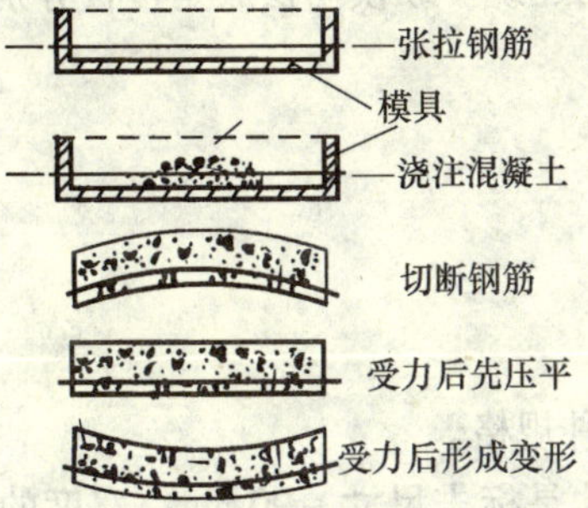

图1-3-52　先张法预应力

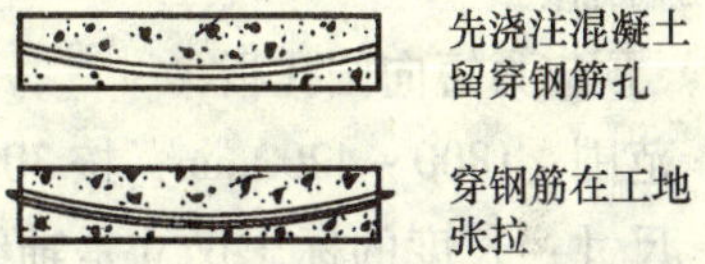

图1-3-53　后张法预应力

（二）预制钢筋混凝土楼板的类型

目前，在我国各城市均普遍采用预应力钢筋混凝土构件，少量地区采用普通钢筋混凝土构件。楼板大多预制成空心板或槽形板。空心楼板又分为方孔和圆孔两种；槽形板又分为槽口向上的正槽形板和槽口向下的反槽形板两种。楼板的厚度与楼板的长度有关，但大多在120~240mm之间，楼板宽度大多为600mm、900mm、1200mm等规格。楼板的长度应符合300mm模数的“三模制”，其跨度有1800~6900mm等18种规格。图1-3-54表示了几种预制板的剖面。

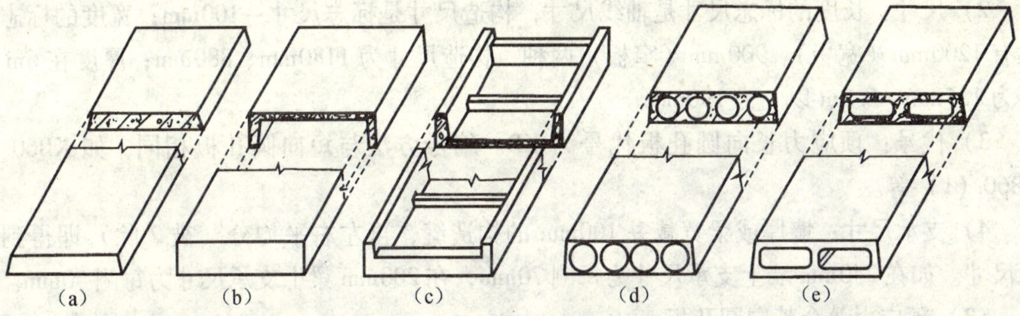

图1-3-54　预制板钢筋混凝土楼板的类型

（a）实心板；（b）正槽形板；（c）反槽形板；（d）圆孔板；（e）方孔板

（三）预制楼板的摆放

预制楼板在墙上或梁上的摆放，根据方向的不同，有横向摆放、纵向摆放、纵横向摆放三种方式（图1-3-55）。

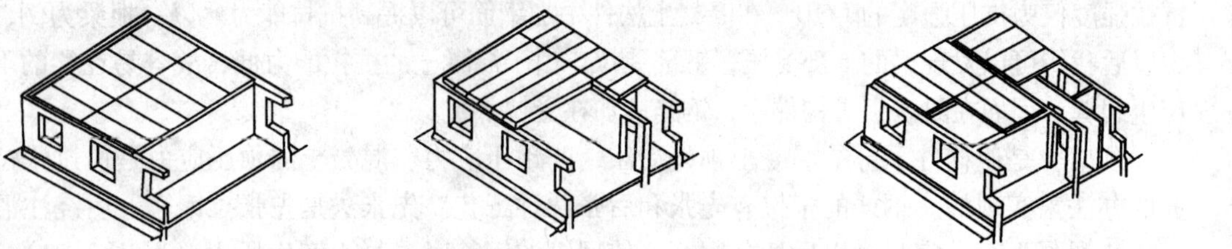

（a）　　　　　　　　　　　　（b）　　　　　　　　　　　　（c）

图 1-3-55　预制楼板的摆放

（a）横向摆放；（b）纵向摆放；（c）纵横向摆放

横向摆放是把楼板支承在横向墙上或梁上，适用于横墙承重体系的建筑。纵向摆放是把楼板支承在纵向梁或纵向墙上，适用于纵墙承重体系的建筑。纵横向摆放是楼板分别支承在纵向墙或横向墙或梁上，适用于混合承重体系的建筑。

（四）预制钢筋混凝土楼板的构件及排板

预制钢筋混凝土楼板的预制构件包括以下几种：

1. 预制楼板

（1）预应力短向圆孔板

1）范围：1800～4200mm，按 300mm 进级，共 9 种规格。

2）尺寸：长度的标志尺寸是轴线尺寸，构造尺寸是标志尺寸－90mm；宽度的标志尺寸有 1200mm（宽板）、900mm（窄板）两种，构造尺寸为 1180mm、880mm；厚度为 130mm。

3）代号：预应力短向圆孔板的代号为 ZB，具体编号还应包括轴线尺寸，荷载等级和板的宽度等。如 ZB36. 1，ZB36.（1）等（注：无括号为宽板，有括号为窄板）。

4）支承尺寸：墙厚或梁宽减去 90mm 的构造缝，再左右平均分（被 2 除）即得到支承尺寸。如在 240mm 墙上支承尺寸为每侧 75mm，在 200mm 梁上支承尺寸为每侧 55mm。

（2）预应力长向圆孔板

1）范围：4500～6600mm，按 300mm 进级，共 8 种规格。

2）尺寸：长度的标志尺寸是轴线尺寸，构造尺寸是标志尺寸－100mm；宽度的标志尺寸有 1200mm（宽板）、900mm（窄板）两种，构造尺寸为 1180mm、880mm；厚度在 6m 以下为 185mm，6. 3m 以上为 190mm。

3）代号：预应力长向圆孔板代号为 KB。编号方法与短向圆孔板相同，如 KB60. 1，KB60.（1）等。

4）支承尺寸：墙厚或梁宽减去 100mm 的构造缝，再左右平均分（被 2 除）即得到支承尺寸。如在 240mm 墙上支承尺寸为每侧 70mm，在 200mm 梁上支承尺寸为每侧 50mm。

（3）预应力叠合长向圆孔板

1）范围：4500～6900mm，按 300mm 进级，共 9 种规格，主要用于框架结构。

2）尺寸：长度的标志尺寸是轴线尺寸，构造尺寸为标志尺寸－100mm；宽度和厚度尺寸均与预应力长向圆孔板相同。

3）代号：预应力叠合长向圆孔板的代号为 DKB，其余编号方法同预应力长向圆孔板。

4）支承尺寸：这种板多用于框架结构的叠合梁上，其支承尺寸为每侧不小于 80mm。

（4）预制预应力底板和现浇混凝土层组成的叠合板用于多、高层的各类民用建筑中。

2. 预制梁

预制梁多与预制板配合使用，它有以下几种类型：

（1）开间梁：沿建筑物开间方向摆放的梁。其规格有2700、3000、3300、3600、3900、4200（mm）六种。开间梁的代号为L，具体编号还应包括轴线尺寸及荷载等级，如L36.1等，支承长度应不小于240mm。

（2）进深梁：沿建筑物进深方向摆放的梁。其规格有4500、4800、5100、5400、5700、6000、6600（mm）七种。进深梁在墙上的支承长度应不小于240mm。由于进深梁的跨度较大，为避免由于应力集中而使支座处产生酥碎破坏，故在进深梁的端头部位加设梁垫（用混凝土或钢筋混凝土制作的垫块）。其编号方法与开间梁相同，如L 54.1等。

（3）预应力长梁：民用建筑中跨度较大的梁为长梁。其规格有7200、8400、9600、10800（mm）四种。长梁在墙上的支承尺寸应不小于240mm。其代号为YL，如YL 96.1等。

（五）预制钢筋混凝土楼板的选板与排板

预制楼板的选板应依据轴线尺寸、荷载大小而定，必要时还要验算楼板的剪力与弯矩值。预制楼板的排板应注意以下几点原则：

（1）按板的非承重方向的净尺寸计算楼板的块数。计算板的块数按板的构造宽度计算。圆孔板的宽度有两种，宽板的标志尺寸为1200mm，构造宽度为1180mm；窄板的标志尺寸为900mm，构造宽度为880mm。

（2）为减少板缝的现浇混凝土量，应优先选用宽板，窄板作调剂用。

（3）板与板之间应留出不少于40mm的缝隙。板缝为40mm时，直接用细石混凝土浇注，大于40mm时，应在缝中加钢筋，再浇注豆石混凝土；钢筋直径一般为$\phi 6$，并按每100mm宽加一根计算钢筋用量。但是，板缝太大时，其配筋量应通过计算决定（长向板板缝应不小于60mm）。

（4）遇有上下水管线、烟道、通风道穿过楼板时，为防止圆孔板开洞过多，应尽量做成现浇钢筋混凝土板。

（5）墙外侧有阳台时，排板时应拉开板缝，做成现浇板带，板带尺寸应不小于240mm。

【例1】 某房间的开间为3300mm，进深为5100mm。外墙厚360mm，轴线里为120mm，轴线外为240mm；内墙为240mm，轴线两侧各120mm。试计算预制楼板的块数，选取过梁，并画排板图。

【解】

按3300mm开间尺寸选板，北京地区板号为ZB33.1。

按5100mm进深尺寸的净长度计算板的块数。净长度为$5100-2\times120=4860$mm。

选4块宽板，所占尺寸为$1180\times4=4720$（mm）。

板缝尺寸$4860-4720=140$（mm）。

4块宽板选3个板缝，其中两个50mm，一个40mm。50mm的板缝中放$\phi 6$钢筋。过梁按洞口大小决定，外墙可选带挑檐的过梁，内墙选矩形截面的过梁。

排板图及节点构造图如图1-3-56所示。

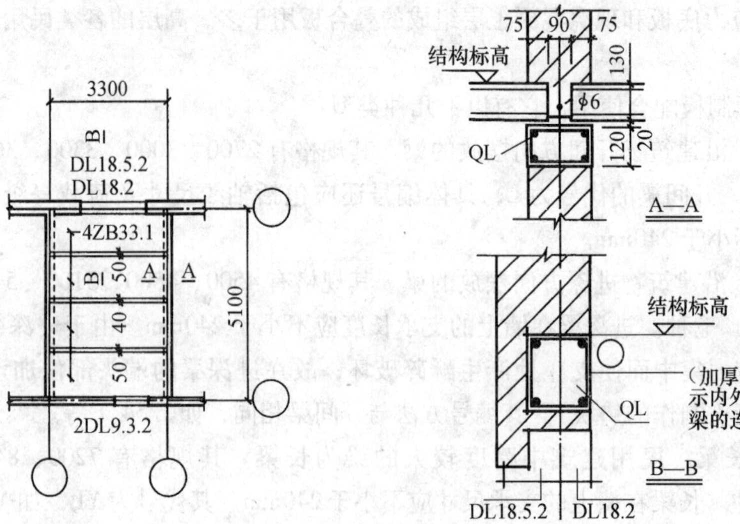

图 1-3-56　排板图及节点图

图 1-3-57 为两层楼房的楼层排板及节点图，其表达方法可供读者参考。

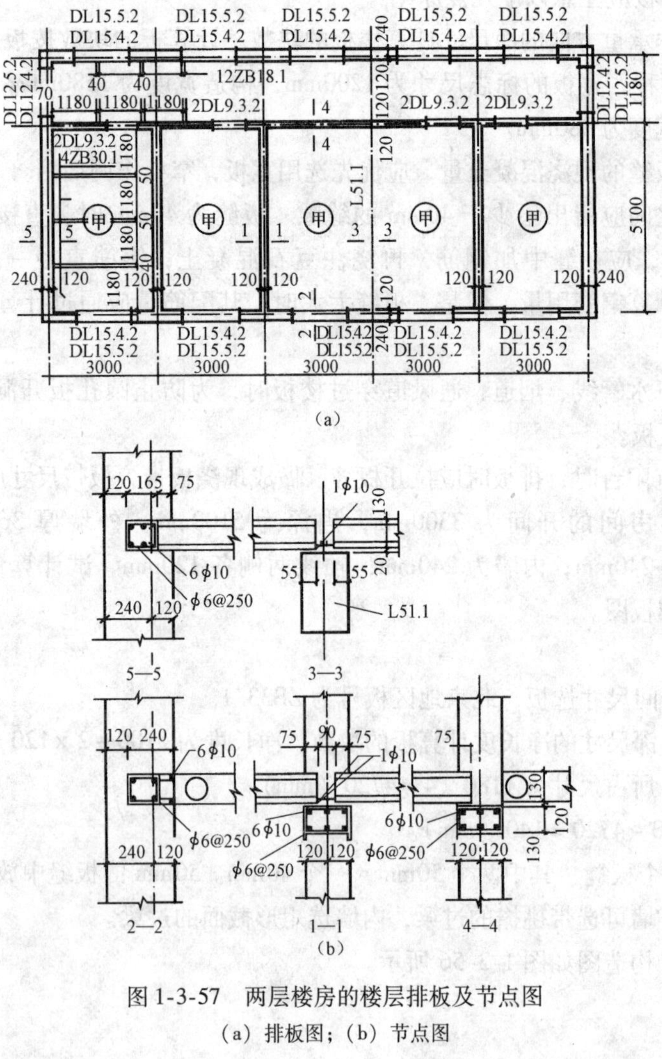

图 1-3-57　两层楼房的楼层排板及节点图

（a）排板图；（b）节点图

通过上面例题，给大家简单说明了楼板层的排板方法。下面，我们给出预制楼板结构排板设计计算的一般步骤，希望对大家的学习以及将来的设计实践有一定的帮助。

排板详细解题步骤：

1. 列出已知条件

1）开间方向轴线尺寸：K

2）进深方向轴线尺寸：L

3）门洞口的宽度尺寸：M

4）窗洞口的宽度尺寸：C

5）板的支承方向：一般，应该按照优先采用横墙承重，其次再选择纵横墙共同承重、纵墙承重方式。因此，如果题目没有特别强调，应该默认为横墙承重，即板搭在横墙上。

2. 按照开间方向轴线尺寸 K 选择板的规格尺寸

3. 确定板的宽度尺寸：B（一般情况下，按照宽板的规定确定板的宽度尺寸）

4. 计算板在宽度方向的构造尺寸：b

5. 计算房间在进深方向的净尺寸：l（因为规定在进行排板计算时，应该按照板的非支承方向进行计算。由于本题中没有规定板的支承方向，按照规定默认为横墙承重，所以，房间的进深方向是非支承方向，因此，需要计算该方向的净尺寸）

6. 初步计算所需要的板的块数：$N = l/b$

7. 确定所需要的板的块数：n（将 n 取整）

8. 确定排板后进深方向净尺寸的剩余尺寸：$l_2 = l - l_1$；其中 $l_1 = n \times b$

9. 对进深方向净尺寸的剩余尺寸 l_2 进行处理

1）当剩余尺寸比较大时：

a. 确定调剂尺寸用板的宽度：B_1（按照窄板的规定确定宽度尺寸）

b. 计算窄板在宽度方向的构造尺寸：b_2

c. 计算所需要的窄板的块数：$N_2 = l_2/b_2$

d. 确定所需要的窄板的块数：n_2（将 n_2 取整）

e. 然后进入下一步的计算

2）当剩余尺寸比较小时（当剩余尺寸比较小时可以直接进入该步的计算）：

a. 确定板间缝的个数：N_3

b. 确定板间缝的尺寸：$F =（40 \times n_3）+（50 \times n_4）$（注：板缝的尺寸可以在 40～50mm 之间；$N_3 = n_3 + n_4$）

10. 确定板缝的处理方法

1）当板缝等于40mm 时，无需处理

2）当板缝大于40mm 时，应在板缝中加设一根$\phi 6$ 的钢筋

11. 确定有无边缝（BF），如果有，按照有关规定进行处理

12. 确定窗洞口过梁的形式、规格、数量

13. 确定门洞口过梁的形式、规格、数量

14. 尺寸校核：$L = l_1 + F + BF +$（内墙厚/2）+轴线内外墙厚

15. 画图

画图时的注意事项：

1）按照规定的方式，标出楼板的数量、规格

2）按照规定的方式，标出门窗洞口过梁的数量、规格

3）如果画节点图，必须在原图中标出节点位置，或者剖切面位置

4）标注尺寸时，一般标两道：轴线尺寸、墙段洞口尺寸，并应遵守尺寸标注的基本规定

第四节 楼梯和电梯

一、概述

（一）解决建筑物垂直交通和高差的措施

在建筑物中，解决垂直交通和高差，一般采取以下措施：

（1）坡道：用于高差较小时的联系，常用坡度为1/5～1/10，角度在20°以下。其中无障碍坡道的坡度为1∶12。

（2）礓䃴：锯齿形坡道，其锯齿尺寸宽度常为50mm，深7mm，坡度与坡道相同。

（3）楼梯：用于楼层之间和高差较大时的交通联系，角度在20°～45°之间，舒适坡度为26°34′，即高宽比为1/2。

（4）电梯：用于楼层之间的联系，角度为90°。

（5）自动扶梯：又称"滚梯"，有水平运行、向上运行和向下运行三种方式，向上或向下的倾斜角度为30°左右，亦可以互换使用。

（6）爬梯：多用于专用梯（工作梯、消防梯等），常用角度为45°～90°，其中常用59°（高宽比1∶0.6）、73°（高宽比1∶0.30）和90°。

（7）台阶：室外台阶的坡度比楼梯的坡度小，即台阶的宽度应大于楼梯踏步的宽度，台阶高度应小于楼梯踏步的高度。室内台阶可与楼梯坡度一致，但不得少于两步。

（二）楼梯数量的确定

公共建筑和走廊式住宅一般应取两部楼梯，具体规定可参见本书第一篇第二章第三节内容。

9层和9层以下，每层建筑面积不超过300m^2，且人数不超过30人的单元式住宅可设一个楼梯。

（三）楼梯位置的确定

（1）楼梯应放在明显和易于找到的部位。

（2）楼梯不宜放在建筑物的角部和边部，以便于荷载的传递。同时，也有利于抗震。

（3）楼梯间应有直接采光。

（4）4层以上建筑物的楼梯间，底层应设出入口，在4层及以下的建筑物，楼梯间可以放在距出入口不大于15m处。

（四）楼梯应满足的几点要求

（1）功能方面的要求。主要是指楼梯数量、宽度尺寸、平面式样、细部做法等均应满足功能要求。

（2）结构、构造方面的要求。楼梯应有足够的承载能力（住宅按1.5kN/m^2，公共建筑按3.5kN/m^{2}考虑）、足够的采光能力（采光系数不应小于1/12）、较小的变形［允许挠度值为（1/400）l］等。

（3）防火、安全方面的要求。楼梯间距、楼梯数量均应符合有关规定。

此外，楼梯四周至少有一面墙体为耐火墙体，以保证疏散安全。

（4）施工、经济要求。在选择装配式做法时，应使构件质量适当、不宜过大。

（五）楼梯的类型

楼梯按主要承重结构部分所用材料的不同，有钢筋混凝土楼梯、木楼梯和钢楼梯等。钢筋混凝土楼梯因其坚固、耐久、防火，故应用比较普遍。

按楼梯的形式可分为直跑式、双跑式、三跑式、多跑式及弧形和螺旋式等。双跑楼梯是最常用的一种。楼梯的平面类型与建筑平面有关。当楼梯的平面为矩形时，适合做成双跑式；接近正方形的平面，可以做成三跑式或多跑式；圆形的平面可以做成螺旋式楼梯。有时，楼梯的形式还要考虑到建筑物内部的装饰效果，如做在建筑物正厅的楼梯常常做成双分式和双合式等，如图 1-3-58 所示。

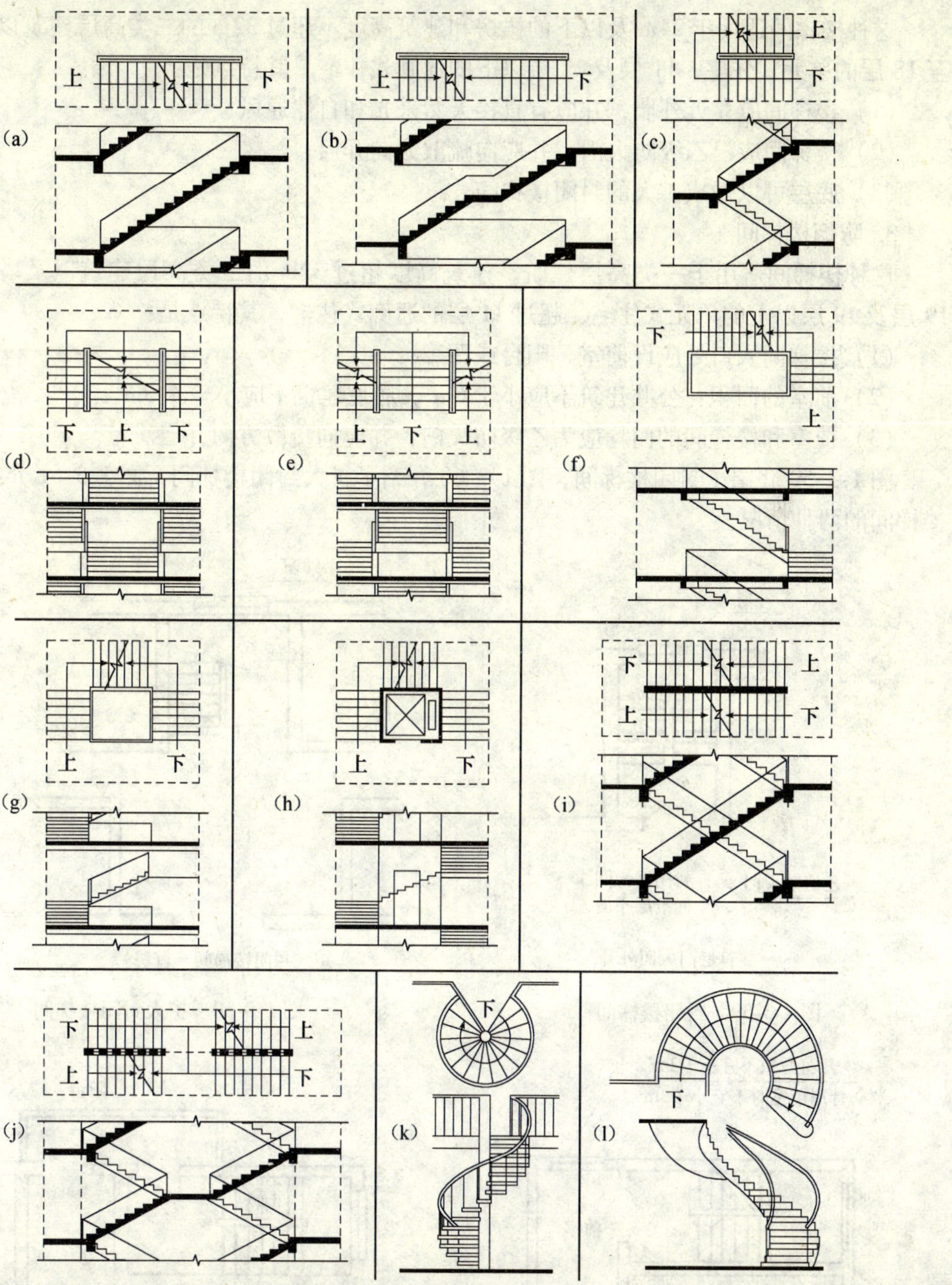

图 1-3-58　楼梯的类型

（a）直行单跑楼梯；（b）直行多跑楼梯；（c）平行双跑楼梯；（d）平行双分楼梯；（e）平行双合楼梯；（f）折行双跑楼梯；（g）折行三跑楼梯；（h）设电梯折行三跑楼梯；（i）、（j）交叉跑（剪刀）楼梯；（k）螺旋形楼梯；（l）弧形楼梯高层建筑的楼梯间大体有以下三种形式：

1. 开敞楼梯间

这种楼梯间仅适用于11层及11层以下的单元式高层住宅，要求开向楼梯间的户门应为乙级防火门，且楼梯间应靠外墙，并应有直接天然采光和自然通风。

2. 封闭楼梯间

这种楼梯间适用于24m及以下的裙房和建筑高度不超过32m的二类高层建筑以及12层至18层的单元式住宅，11层及11层以下的通廊式住宅。其特点是：

（1）楼梯间应靠近外墙，并应有直接天然采光和自然通风；

（2）楼梯间应设乙级防火门，并应向疏散方向开启；

（3）底层可以做成扩大的封闭楼梯间。

3. 防烟楼梯间

这种楼梯间适用于一类高层建筑，建筑高度超过32m的二类高层建筑以及塔式住宅，19层及19层以上的单元式住宅，超过11层的通廊式住宅，其特点是：

（1）楼梯间入口处应设前室、阳台或凹廊；

（2）前室的面积：公共建筑不应小于$6m^2$，居住建筑不应小于$4.5m^2$；

（3）前室和楼梯间的门均应为乙级防火门，并应向疏散方向开启。

图1-3-59介绍了封闭楼梯间，图1-3-60介绍了扩大封闭楼梯间，图1-3-61介绍了防烟楼梯间的两种情况。

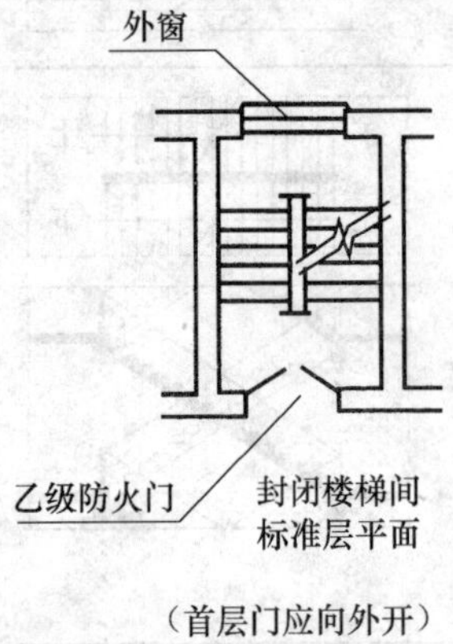

图1-3-59　封闭楼梯间

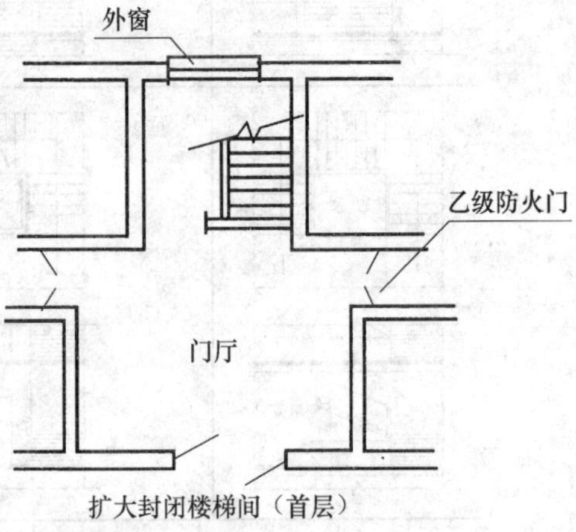

图1-3-60　扩大封闭楼梯间

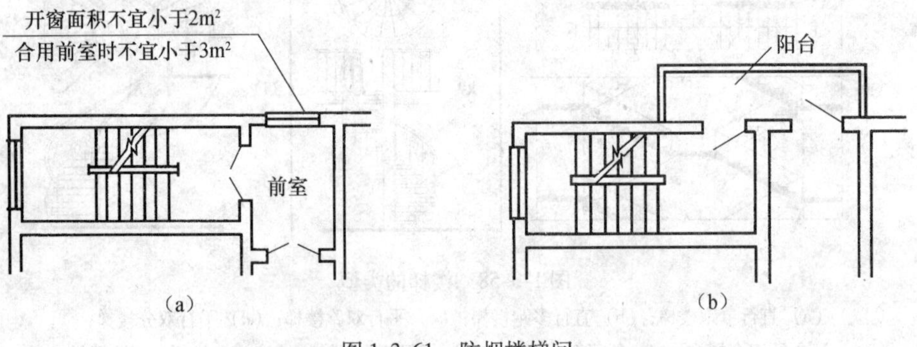

图1-3-61　防烟楼梯间

（a）防烟楼梯间（前室）；（b）防烟楼梯间（阳台）

高层建筑通向屋面的楼梯不宜少于两个，且不应穿越其他房间。通向屋面的门应向屋面方向开启。

室外楼梯可作辅助防烟楼梯，并可计入疏散总宽度内。高层建筑的室外楼梯净宽度不应小于900mm，倾斜度不应大于45°。不作为辅助防烟楼梯的其他多层建筑的室外梯净宽可不小于800mm，倾斜度可不大于60°。栏杆扶手高度均不应小于1.1m。

室外楼梯和每层出口处平台应采用不燃烧材料制作，平台的耐火极限不应低于1h。在楼梯周围2m内的墙面上，除设疏散门外，不应开设其他门窗洞口，疏散门不应正对楼梯段，如图1-3-62所示。

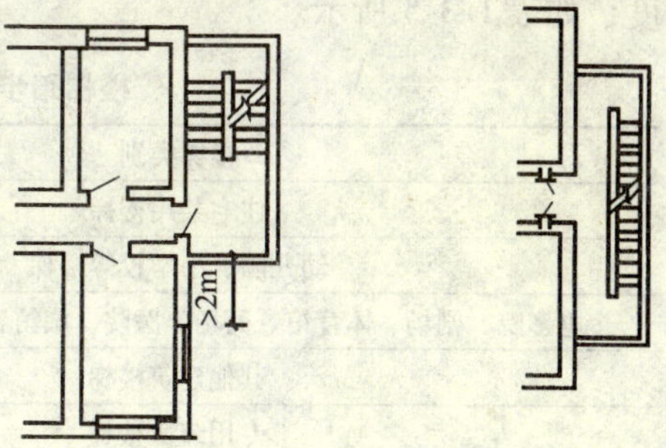

图1-3-62　室外楼梯

（a）正确做法；（b）错误做法

二、楼梯的各部分名称及尺寸

楼梯由三部分组成：楼梯段（跑）、休息板（平台）和栏杆扶手（栏板），如图1-3-63所示。

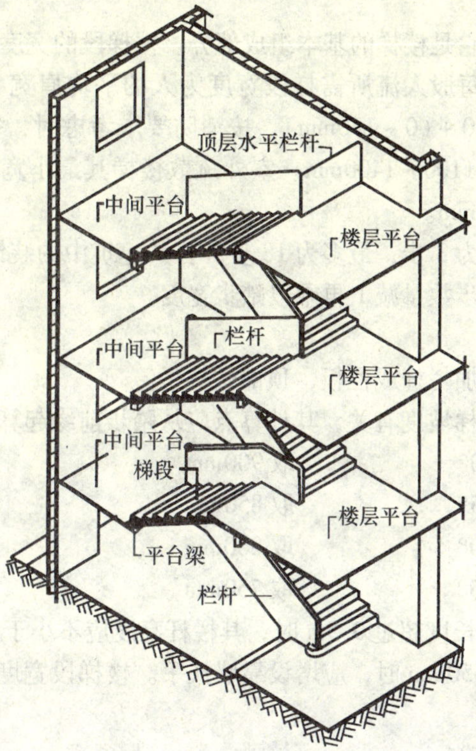

图1-3-63　楼梯的组成部分

1. 踏步

踏步是人们上下楼梯脚踏的地方。踏步的水平面叫踏面，垂直面叫踢面。踏步的尺寸应根据人体的尺度来决定其数值。

踏步宽常用 b 表示，踏步高常用 h 表示，b 和 h 应符合以下关系之一：

$b+h=450$mm；

$b+2h=600\sim620$mm。

踏步尺寸应根据使用要求决定，不同类型的建筑物，其要求也不相同。为此，《民用建筑设计通则》（GB 50352—2005）对不同类型的建筑物给出了楼梯踏步最小宽度和最大高度，如表 1-3-5 所示。

楼梯踏步最小宽度和最大高度（m） **表 1-3-5**

楼梯类别	最小宽度	最大高度
住宅共用楼梯	0.26	0.175
幼儿园、小学校等楼梯	0.26	0.15
电影院、剧场、体育馆、商场、医院、旅馆和大中学校等楼梯	0.28	0.16
其他建筑楼梯	0.26	0.17
专用疏散楼梯	0.25	0.18
服务楼梯、住宅套内楼梯	0.22	0.20

注：无中柱螺旋楼梯和弧形楼梯离内侧扶手中心 0.25m 处的踏步宽度不应小于 0.22m。

2. 梯井

两个楼梯段之间的空隙叫梯井。公共建筑梯井的宽度以不小于 150mm 为宜。

3. 楼梯段

楼梯段又叫楼梯跑，它是楼梯的基本组成部分。楼梯段的宽度取决于通行人数和消防要求。按通行人数考虑时，每股人流所需梯段宽度为人的平均肩宽（550mm）再加少许提物尺寸（0 ~ 150mm），即 550 +（0 ~ 150mm）。按消防要求考虑时，每个楼梯段必须保证两人同时上下，即最小宽度为 1100 ~ 1400mm。室外疏散楼梯其最小宽度为 900mm。6 层住宅楼梯段最小宽度可以取 1000mm。

楼梯段的最小踏步数为 3 步，最多为 18 步。公共建筑中的装饰性弧形楼梯可略超过 18 步。楼梯段的投影长为踏步数量减 1 再乘以踏步宽度。

4. 楼梯栏杆和扶手

楼梯在靠近梯井处应加栏杆或栏板，顶部做扶手。

扶手表面的高度与楼梯坡度有关，其计算点应从踏步前缘起算。

楼梯的坡度为15° ~ 30° 取 900mm

30° ~ 45° 取 850mm

45° ~ 60° 取 800mm

60° ~ 75° 取 750mm

靠梯井一侧水平扶手长度超过 0.5m 时，其栏杆高度应不小于 1050mm。

楼梯段的宽度大于 1650mm 时，应增设靠墙扶手。楼梯段宽度超过 2200mm 时，还应增设中间扶手。

5. 休息平台（休息板）

为了减少人们上下楼时的过分疲劳，当一个梯段踏步数超过 18 步时常分为两个梯段，中间增设休息板，又称休息平台。

休息平台的宽度必须大于或等于梯段的宽度，且不应小于 1200mm。当楼梯的踏步数为单数时，休息平台的计算点应在楼梯段较长的一边。楼梯间房间门距踏步距离应取门扇宽再加 400 ~ 600mm 的通行距离。

为方便扶手转弯，栏杆常伸入休息平台 1/2 踏步宽，因此休息平台宽度应取计算宽度再加 1/2 踏步宽。

6. 净高尺寸

楼梯的净空高度包括梯段部位的净高和平台部位的净高。梯段净高是指梯段的任何一级踏步前缘到上一层梯段底面的垂直距离，梯段净高应大于 2200mm；平台净高是指平台面（或楼地面）到顶部平台梁底面的垂直距离，平台净高应大于 2000mm。楼梯梯段最低、最高踏步的前缘线与顶部突出物的内外缘线的水平距离不应小于 300mm。如图 1-3-64 所示。

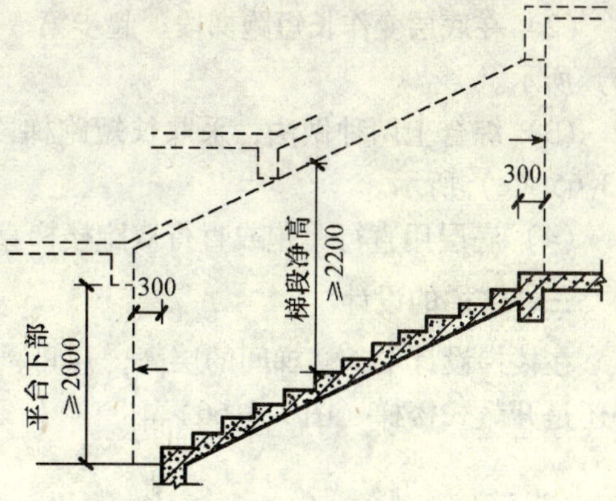

图 1-3-64　楼梯净高示意图

当楼梯底层中间平台下做通道时，为使平台净高满足要求，常采用以下几种处理方法：

（1）降低底层楼梯中间平台下地坪标高，即将部分室外台阶移至室内，如图 1-3-65（a）所示。但应注意两点：第一，降低后的室外地面标高至少应比室外地面高出一级台阶，即 100～150mm；第二，移至室内的台阶前缘线与顶部平台梁的内边缘之间的水平距离不应小于 300mm。

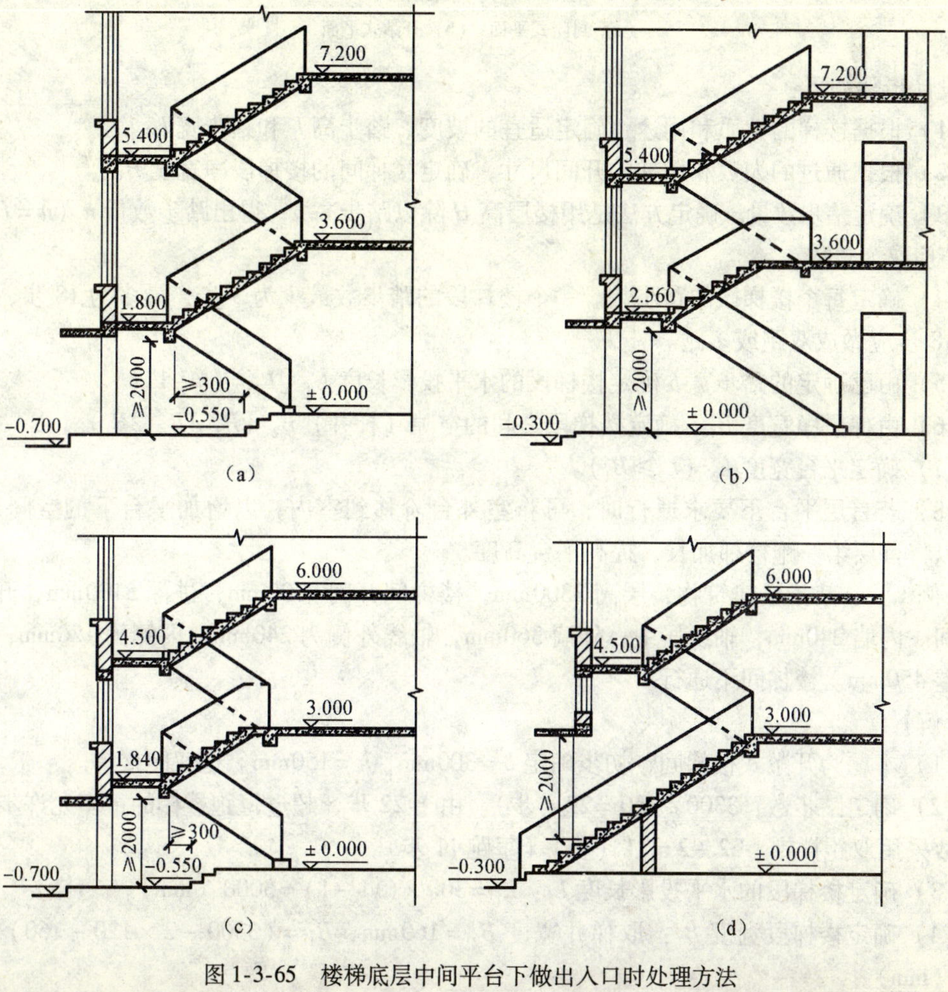

图 1-3-65　楼梯底层中间平台下做出入口时处理方法

（a）局部降低地坪；（b）底层长短跑；（c）底层长短跑并局部降低地坪；（d）底层直跑

（2）在底层变作长短跑梯段。起步第一跑设为长跑，以提高中间平台标高，如图 1-3-65（b）所示。

（3）综合上两种做法，采取长短跑梯段的同时，降低底层中间平台下地坪标高，如图 1-3-65（c）所示。

（4）底层用直行单跑或直行双跑楼梯直接从室外上二层，如图 1-3-65（d）所示。

三、楼梯的设计

在楼梯设计中，楼梯间的层高、开间、进深尺寸为已知条件，还要注意区分是封闭式楼梯还是开敞式楼梯（图 1-3-66）。

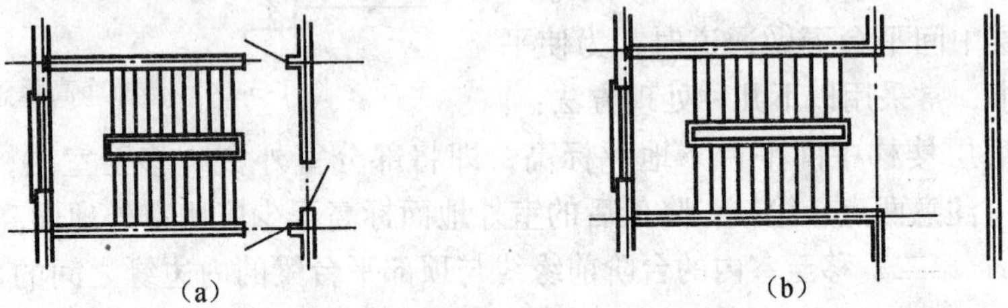

图 1-3-66　平面形式

（a）封闭式平面；（b）开敞式平面

设计步骤如下：

（1）根据楼梯的性质和用途，确定适宜的坡度、踏步高 h 和踏步宽 b。

（2）根据通过的人数和楼梯的开间尺寸，确定楼梯间的楼梯段净宽度 B。

（3）确定踏步数量。确定方法是用楼层高 H 除以踏步高 h，得出踏步数量 n（$n = H/h$）。计算值应取为整数。

（4）确定每个楼梯段的踏步数。一个楼梯段的踏步数最少为 3 步，最多为 18 步，总数多于 18 步应做成双跑或多跑。

（5）由已确定的踏步宽 b 确定楼梯段的水平投影长度 L_1 $[L_1 = (n-1)b]$。

（6）由梯段净宽度 B_1，确定楼梯段之间的空隙（梯井）B_2（$B_2 = B - 2B_1$）。

（7）确定平台宽度 L_2（$L_2 \geqslant B_1$）。

（8）若首层平台下要求通行时，可将室外台阶移到室内，以增加平台下的空间尺寸。也可以将首层第一跑楼梯加长，提高平台高度。

【例 1】　某三层建筑物，层高 3300mm，楼梯间开间 3300mm，进深 5100mm，开敞式楼梯间。内墙 240mm，轴线居中；外墙 360mm，轴线外侧为 240mm，内侧为 120mm；室内外高差 450mm。楼梯间不通行。

【解】

（1）本题为开敞式楼梯间，初步确定 $b = 300$mm，$h = 150$mm。选双跑楼梯。

（2）确定踏步数：$3300 \div 150 = 22$（步）。由于 22 步，超过每跑楼梯的最多允许步数 18 步，故采用双跑楼梯。$22 \div 2 = 11$（步）（每跑 11 步）。

（3）确定楼梯段的水平投影长度 L_1：$L_1 = 300 \times (11 - 1) = 3000$（mm）。

（4）确定楼梯段宽度 B_1：取梯井宽度 $B_2 = 160$mm，$B_1 = (3300 - 2 \times 120 - 160) \div 2 = 1450$（mm）。

（5）确定休息板宽度 L_2：取 $L_2 = 1450 + 150 = 1600$（mm）。

（6）校核：进深净尺寸 $L = 5100 - 120 + 120 = 5100$（mm），$L - L_1 - L_2 = 5100 - 3000 - 1600 = 500$（mm）。结论为合格。

（7）画平面、剖面图（图 1-3-67）。

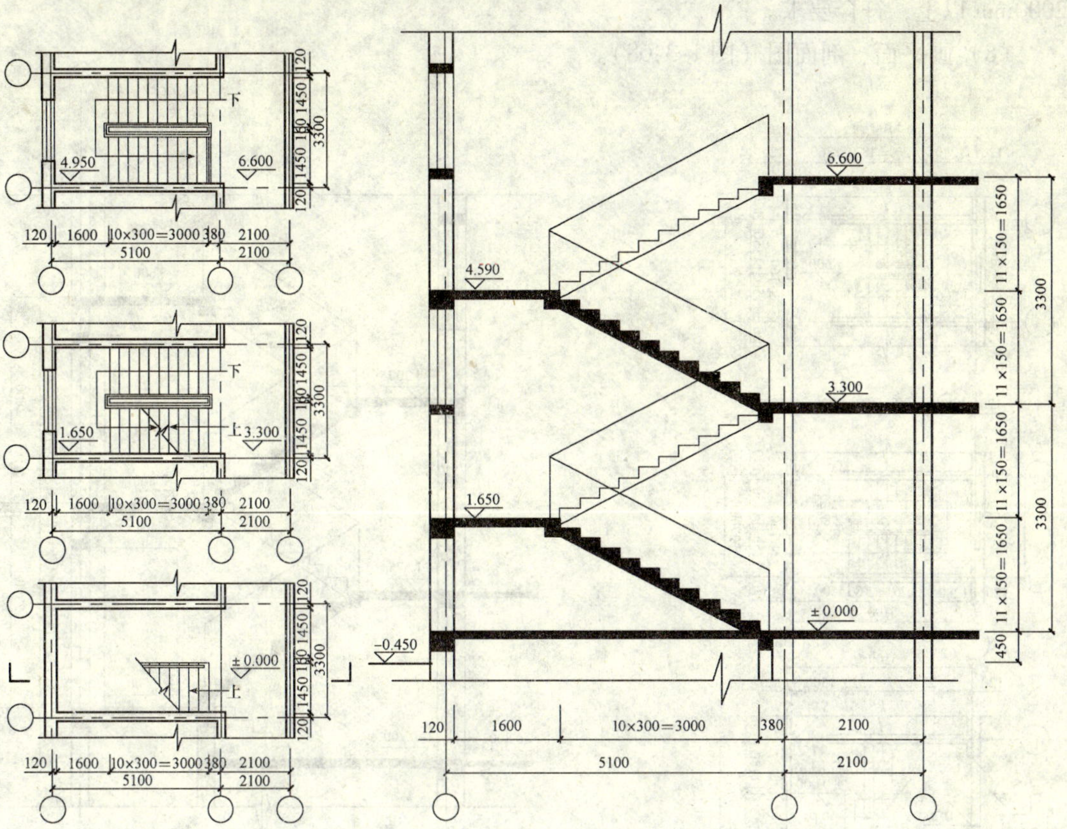

图 1-3-67　例 1 的平面、剖面图

【例 2】　某三层住宅的楼梯间开间尺寸为 2700mm，进深尺寸为 5100mm，层高 2800mm，封闭式楼梯间。内墙为 240mm，轴线居中；外墙 360mm，轴线外侧 240mm，内侧 120mm。室内外高差 800mm，楼梯间底部有出入口，门高 2000mm。

【解】

（1）本题为封闭式楼梯间，层高为 2800mm，初步确定步数为 16 步。

（2）踏步高度 $h = 2700 \div 16 = 175$（mm），踏步宽度 b 取 260mm。

（3）由于楼梯间下部开门，故取第一跑步数多、第二跑步数少的两跑楼梯。步数多的第一跑取 9 步，第二跑取 7 步；二层以上则各取 8 步。

（4）确定梯段宽度 B_1：根据开间净尺寸确定 $2700 - 2 \times 120 = 2460$（mm），取梯井为 160mm，梯段宽 $B_1 = (2460 - 160) \div 2 = 1150$（mm）。

（5）确定休息板宽度 L_2：取 $L_2 = 1150 + 130 = 1280$（mm）。

（6）计算梯段投影长度，以最多步数的一段为准。$L_1 = 260 \times (9 - 1) = 2080$（mm）。

（7）校核：

进深净尺寸　$5100 - 2 \times 120 = 4860$（mm）；

$4860 - 1280 - 2080 - 1280 = 220$（mm）（这段尺寸可以放在楼层处）。

高度尺寸　175 × 9 = 1575（mm）。

室内外高差 800mm 中，700mm 用于室内，100mm 用于室外。并设平台梁高 200mm，则 1575 + 700 － 200 = 2075（mm），大于 2000mm，可以满足开门及梁下通行高度至少在 2000mm 以上，符合要求。

（8）画平面、剖面图（图 1-3-68）。

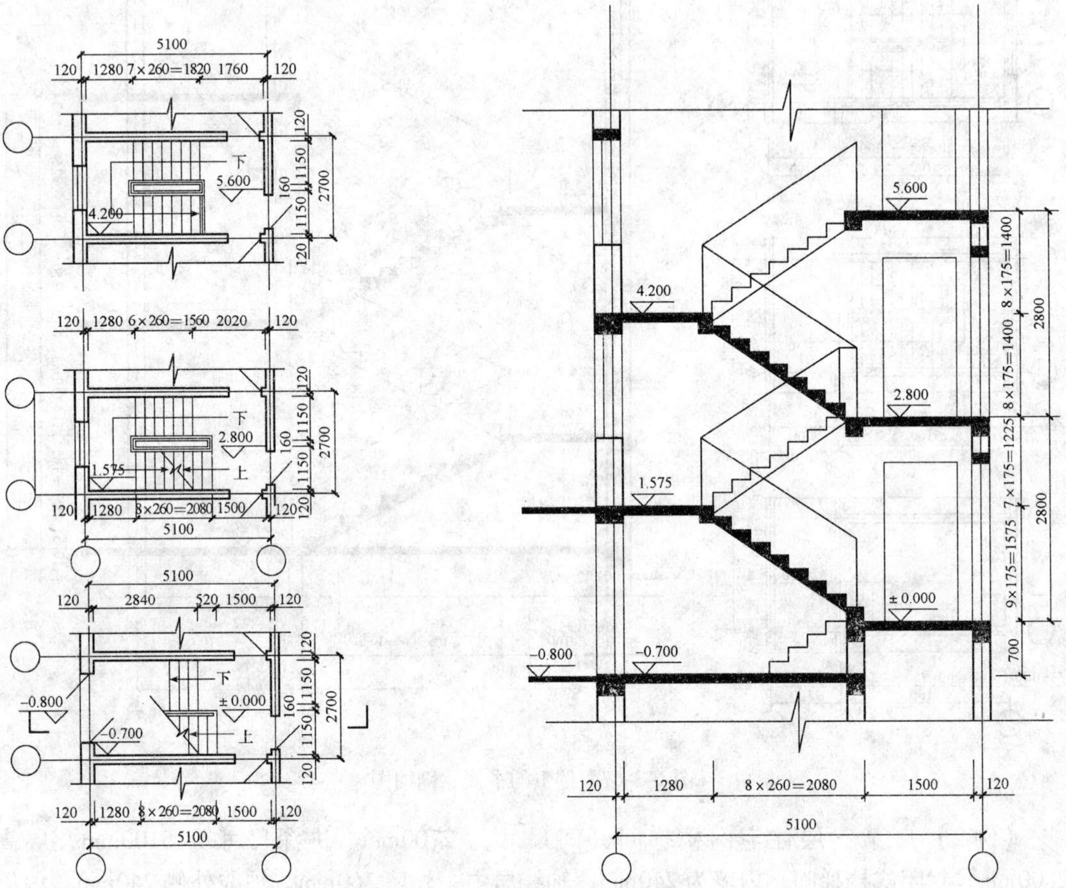

图 1-3-68　例 2 的平面、剖面图

【例 3】　某两层公共建筑的楼梯间，开间尺寸为 5100mm，进深尺寸为 5400mm，层高尺寸 3900mm，开敞式平面。外墙厚为 360mm，轴线外侧为 240mm，内侧为 120mm；内墙厚为 240mm，轴线两侧均为 120mm。室内外高差为 450mm，楼梯间无对外出入口。试设计三跑楼梯。

【解】

（1）本题要求作三跑楼梯，应先确定第二跑楼梯的步数，再确定第一、三跑楼梯步数。

（2）确定踏步高度 h 为 150mm，宽度 b 为 300mm。

（3）求全楼总步数：3900 ÷ 150 = 26（步）。

（4）初步确定第二跑楼梯上 6 步，其余两跑楼梯各上 10 步。

（5）第二跑楼梯所占投影长度：300 × (6 − 1) = 1500（mm）。

（6）考虑扶手转弯方便，应在投影长度两端各留出 1/2 踏步宽的尺寸，即 150 + 1500 +

150 = 1800（mm）。

（7）求第一、第三跑楼梯段的宽度：开间净尺寸为 5100 − 2 × 120 = 4860（mm）。开间净尺寸包括第一、第三跑梯段宽尺寸和第二跑梯段的投影尺寸，其中第二梯段占 1800mm 长，两个梯段宽度应是等宽的，这样，它们的尺寸即为(4860 − 1800) ÷ 2 = 1530（mm）。

（8）第二跑的梯段也取 1530mm。

（9）求第一、第三跑楼梯段的投影长：300 ×（10 − 1）= 2700（mm）。

（10）休息板宽：1530 + 150 = 1680（mm）。

（11）用进深净尺寸进行校核：进深净尺寸为 5400 − 120 + 120 = 5400（mm）；5400 − 1680 − 2700 = 1020mm（合格）。

（12）画平面、剖面图（图 1-3-69）。

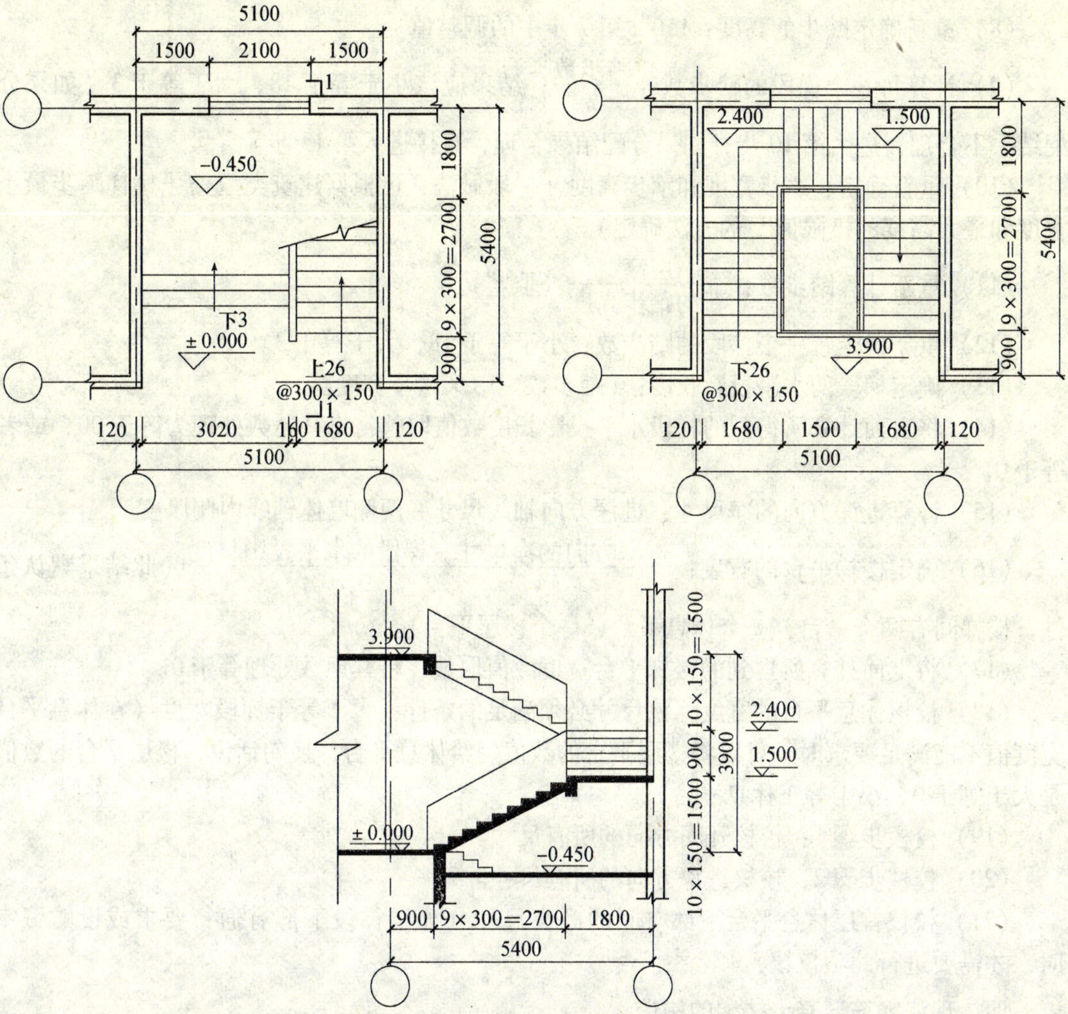

图 1-3-69　例 3 的平面、剖面图

通过上面三个例题，给大家简单说明了楼梯设计计算的方法。下面，我们给出楼梯设计计算的一般步骤，希望对大家的学习，以及将来的设计实践，有一定的帮助。

楼梯练习题详细解题步骤：

（1）计算开间方向净尺寸：开间方向轴线尺寸－两侧墙体轴线内侧厚度。

（2）假设一个梯井宽度：一般取为150mm。

（3）计算梯段的宽度：$\frac{\text{开间方向净尺寸}-150}{2}$。

（4）将上面计算所得到的梯段宽度数值取整：将其尾数处理为等于00，或者等于0。

（5）重新调整梯井的宽度：150±第4步中的调整数值（此数值不再要求满足尾数等于0）；或者按照：开间方向净尺寸－(2×取整后的梯段的宽度）进行计算。

（6）假定两个数值：踏步宽度和踏步高度；一般将踏步宽度取为300，踏步高度取为150。

（7）计算踏步数：$\frac{\text{层高}}{\text{踏步高}}$（此数值需要取整，一般取双数较为好处理）。

（8）重新确定踏步的高度：150±第7步中的调整值。

（9）计算每一个梯段的踏步数：$\frac{\text{踏步数}}{2}$；结果应该小于等于18，大于等于3（如果分配结果不合理，进入第10步；如果分配结果合理，直接进入第13步）。

（10）重新确定：踏步宽度和踏步高度（一般做法：可根据建筑类型查“楼梯踏步最小宽度和最大高度的极限值”的方法确定）。

（11）重新计算踏步数：$\frac{\text{层高}}{\text{新的踏步高度}}$（取整）。

（12）重新确定每一个梯段的踏步数：小于等于18，大于等于3。

（13）确定梯段的水平投影长度：（踏步数－1）×踏步宽度。

（14）将上面计算所得到的梯段水平投影长度数值取整：将其尾数处理为等于00，或者等于0。

（15）计算进深方向的净尺寸：进深方向轴线尺寸－两侧墙体轴线内侧厚度。

（16）确定楼梯平台的宽度：$\frac{\text{进深方向的净尺寸}-\text{梯段的水平投影长度}}{2}$（此结果默认条件，楼梯间有两个平台：一个休息平台、一个楼层平台）。

（17）将上面计算所得到的楼梯平台宽度数值取整：将其尾数处理等于0。

（18）校核休息平台的宽度：该尺寸必须满足的条件：大于等于梯段宽度（在休息平台宽度值不能满足要求时，可以将楼层平台的数值匀给休息平台；换句话说，楼层平台的数值是大于等于0、小于等于休息平台）。

（19）校核步骤1：校核开间方向的所有尺寸。

（20）校核步骤2：校核进深方向的所有尺寸。

（21）校核首层休息平台下部空间的净高尺寸（如果梯段下部有通行要求或设贮藏室时，才需要进行此项校核）。

四、现浇钢筋混凝土楼梯的构造

现浇钢筋混凝土楼梯是在施工现场支模，绑钢筋和浇注混凝土而成的。这种楼梯的整体性强，但施工工序多，工期较长。现浇钢筋混凝土楼梯有两种做法：一种是板式楼梯，另一种是斜梁式楼梯。

1. 板式楼梯

板式楼梯有两种方式。其一是将梯段作为一块板考虑，板的两端支承在休息平台的边梁上；

其二是将梯段和休息平台作为同一块板考虑。板式楼梯的结构简单，板底平整，施工方便。

板式楼梯的水平投影长度在 3m 以内时比较经济。板式楼梯的构造示意如图 1-3-70 所示。

2. 斜梁式楼梯

斜梁式楼梯是将踏步板支承在斜梁上，斜梁支承在平台梁上，平台梁再支承在墙上。斜梁可以在踏步板的下面、上面或侧面。

斜梁在踏步板上面时，可以防止垃圾或灰尘从梯井中落下，而且梯段底面平整，便于粉刷。缺点是梁占据梯段的宽度尺寸。斜梁在侧面时，踏步板在梁的中间，踏步板可以取三角形或折板形。斜梁在踏步的下边时，板底不平整。

图 1-3-71 表示了斜梁式楼梯的构造示意。

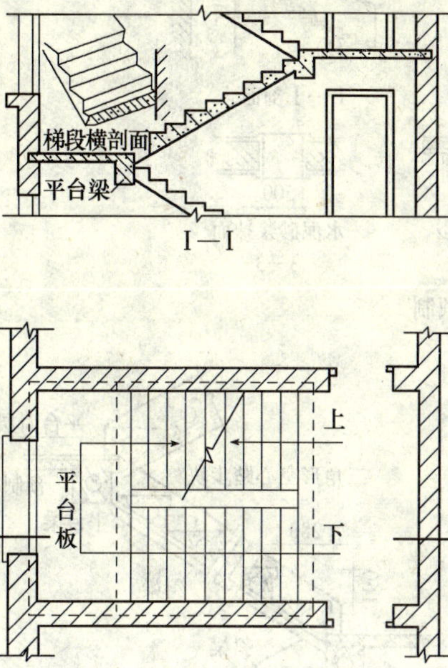

图 1-3-70　板式楼梯构造图

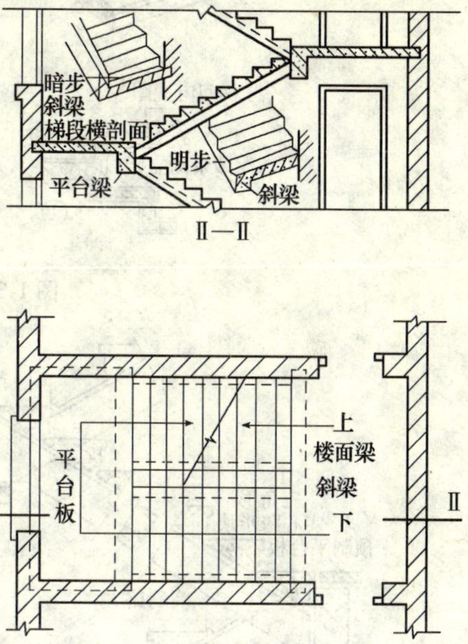

图 1-3-71　斜梁式楼梯构造图

五、装配式钢筋混凝土楼梯的构造

装配式钢筋混凝土楼梯是将楼梯分成休息板、楼梯梁和楼梯段三个组成部分。这些构件是在加工厂或施工现场进行预制，施工时将预制构件进行装配、焊接。

目前，装配式钢筋混凝土楼梯的做法归纳起来，大体有以下几种：

1. 踏步式预制

这种楼梯的主要预制构件为 L 形或一字形踏步板，踏步板支承在墙上，随砌墙随安装。双跑楼梯应在楼梯间中间部位砌筑 240mm 砖墙一道，以代替梯井（图 1-3-72）。

预制踏步的构件小，便于制作安装，可以不用大型机械。施工时必须用支撑，以保证稳定。

2. 斜梁式预制

这种楼梯的预制构件由斜梁、踏步板和平台梁等组成。安装时先放置平台梁，再放斜梁，然后放置踏步板。

在这种做法中的斜梁，又分为斜梁锯齿形或斜梁平面形两种，踏步板与斜梁必须相配套。斜梁与平台用钢板焊接牢固（图 1-3-73）。

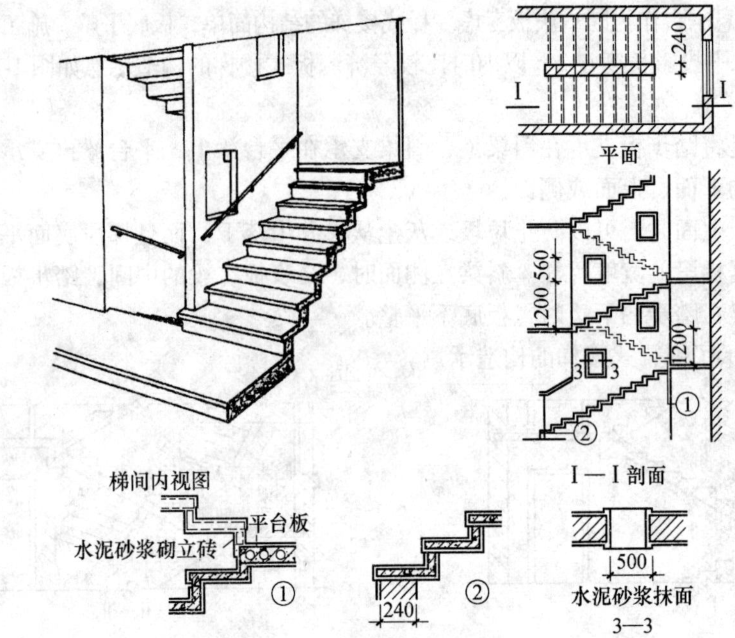

图 1-3-72　踏步式预制

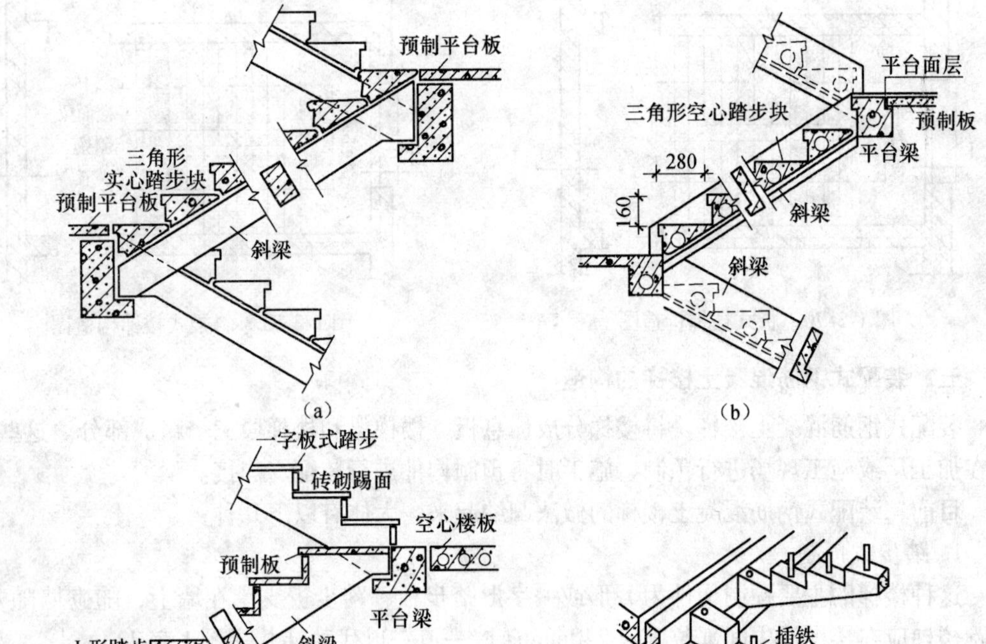

图 1-3-73　斜梁式预制

(a) 三角形踏步块与矩形斜梁组成；(b) 三角形空心踏步块与 L 形斜梁组成；

(c) 正反 L 形踏步和一字形踏步与锯齿形斜梁组成；(d) 锯齿形斜梁，每个踏步穿孔，由插铁窝牢

3. 梯段式预制

这种楼梯的预制构件有两种情况：一种是楼梯段和休息板的两段划分，另一种是楼梯段、楼梯梁和休息板的三段划分。

两段划分主要用于住宅建筑中，三段划分主要用于公共建筑中。图 1-3-74 为预制楼梯平台与梯段连接构造。

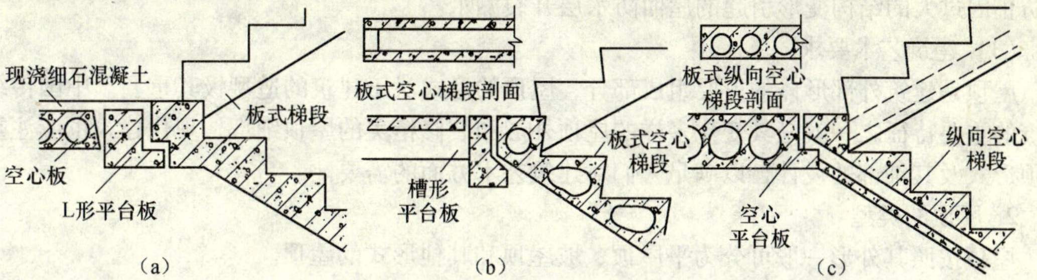

图 1-3-74 预制楼梯平台与梯段连接构造

（a）平台梁板分开预制实心梯段；（b）平台梁板分开预制、空心梯段；（c）平台板、梁整体预制、空心梯段

第五节 屋 顶

一、概述

1. 屋顶的设计要求

（1）功能要求

屋顶是建筑物最上层的水平围护结构，主要功能是抵御雨雪、日晒等自然因素的影响，以使屋顶下的空间有良好的使用环境，其中防水、排水是屋顶首要解决的问题。我国现行的《屋面工程技术规范》（GB 50345—2004）根据建筑物的性质、重要程度、使用功能要求及防水耐久年限等，将屋面防水划分为四个等级，各等级均有不同的设防要求，如表 1-3-6 所示。

屋面防水等级和设防要求 **表 1-3-6**

项 目	屋面防水等级			
	Ⅰ	Ⅱ	Ⅲ	Ⅳ
建筑物类别	特别重要或对防水有特殊要求的建筑	重要的建筑和高层建筑	一般的建筑	非永久性的建筑
防水层合理使用年限	25 年	15 年	10 年	5 年
设防要求	三道或三道以上防水设防	二道防水设防	一道防水设防	一道防水设防
防水层选用材料	宜选用合成高分子防水卷材、高聚物改性沥青防水卷材、金属板材、合成高分子防水涂料、细石防水混凝土等材料	宜选用高聚物改性沥青防水卷材、合成高分子防水卷材、金属板材、合成高分子防水涂料、高聚物改性沥青防水涂料、细石防水混凝土、平瓦、油毡瓦等材料	宜选用高聚物改性沥青防水卷材、合成高分子防水卷材、三毡四油沥青防水卷材、金属板材、高聚物改性沥青防水涂料、合成高分子防水涂料、细石防水混凝土、平瓦、油毡瓦等材料	可选用二毡三油沥青防水卷材、高聚物改性沥青防水涂料等材料

其次，根据地区的不同，保温或隔热也是屋顶设计中必须解决的问题，以便给建筑提供舒适的室内环境。

（2）结构要求

屋顶也是建筑的承重结构，承担自重及风、雨、雪荷载，施工荷载及上人屋面的荷载，并对建筑上部起水平支撑作用，所以屋顶应有足够的强度和刚度，以保证房屋的结构安全，并防止因过大的结构变形引起的屋面防水层开裂漏水。

（3）建筑艺术要求

屋顶是建筑外部形体的重要组成部分，屋顶的形式对于建筑的造型极其重要。中国传统建筑的重要特征之一就是其变化多样的屋顶外形和装修精美的屋顶细部，现代建筑也应注重屋顶形式及其细部的设计，以满足人们对建筑艺术方面的需要。

2. 屋顶的类型

屋顶按照其外形一般可分为平屋顶、坡屋顶和其他形式的屋顶。

（1）平屋顶：指屋面坡度小于10%的屋顶，常用坡度2%～5%。优点是节约材料，屋面可以利用开发，如做成露台、活动场地、屋顶花园，甚至游泳池等，在大量民用建筑中应用广泛。

（2）坡屋顶：屋面坡度大于10%的屋顶，由于坡度大，防水、排水性能较好。坡屋顶在我国有着悠久的历史，广泛应用于民居等建筑，即使是一些现代的建筑，在考虑到景观环境或建筑风格的要求时也常采用坡屋顶。坡屋顶的常见形式有：单坡、双坡屋顶，硬山及悬山屋顶，歇山及庑殿屋顶，圆形或多角形攒尖屋顶等。

（3）其他形式的屋顶：随着建筑科学技术的发展，出现了许多新型结构的屋顶，这部分屋顶坡度变化大、类型多，大多应用于特殊的平面中，常见的有网架、悬索、壳体、折板等类型。

屋顶的类型如图1-3-75所示。

3. 屋顶的组成

（1）屋顶承重结构：坡屋顶的屋顶承重结构包括屋架、檩条、椽条等部分；平屋顶的屋顶承重结构有钢筋混凝土屋面板、加气混凝土屋面板等。

（2）屋面部分：坡屋顶的屋面包括瓦、挂瓦条、防水卷材等部分；平屋顶的屋面则包括有防水层、保温层或钢筋混凝土面层、防水砂浆面层等。

二、屋面排水设计

1. 屋顶坡度的选择

（1）屋顶的坡度

1）屋顶坡度的表示方法

常用的坡度表示方法有角度法、斜率法、百分比法（图1-3-76）。角度法以倾斜面与水平面所成夹角的大小来表示，常用“α”表示，如$\alpha=30°$；斜率法也称高跨比法，以屋顶倾斜面的垂直投影长度与水平投影长度之比表示，如高跨比为1:4；百分比法以屋顶倾斜面的垂直投影长度与水平投影长度之比的百分比值来表示，常用“i”表示，如$i=5\%$。

2）影响屋顶坡度的因素

屋顶是建筑的围护结构，在有降雨时，屋面应具有防水的能力并应在短时间内将雨水排出屋面，以免发生漏水。屋面坡度太小容易漏水，坡度太大则浪费材料和空间，应根据屋面采用的防水材料和当地降雨量以及建筑结构形式、建筑造型、经济条件等因素考虑。

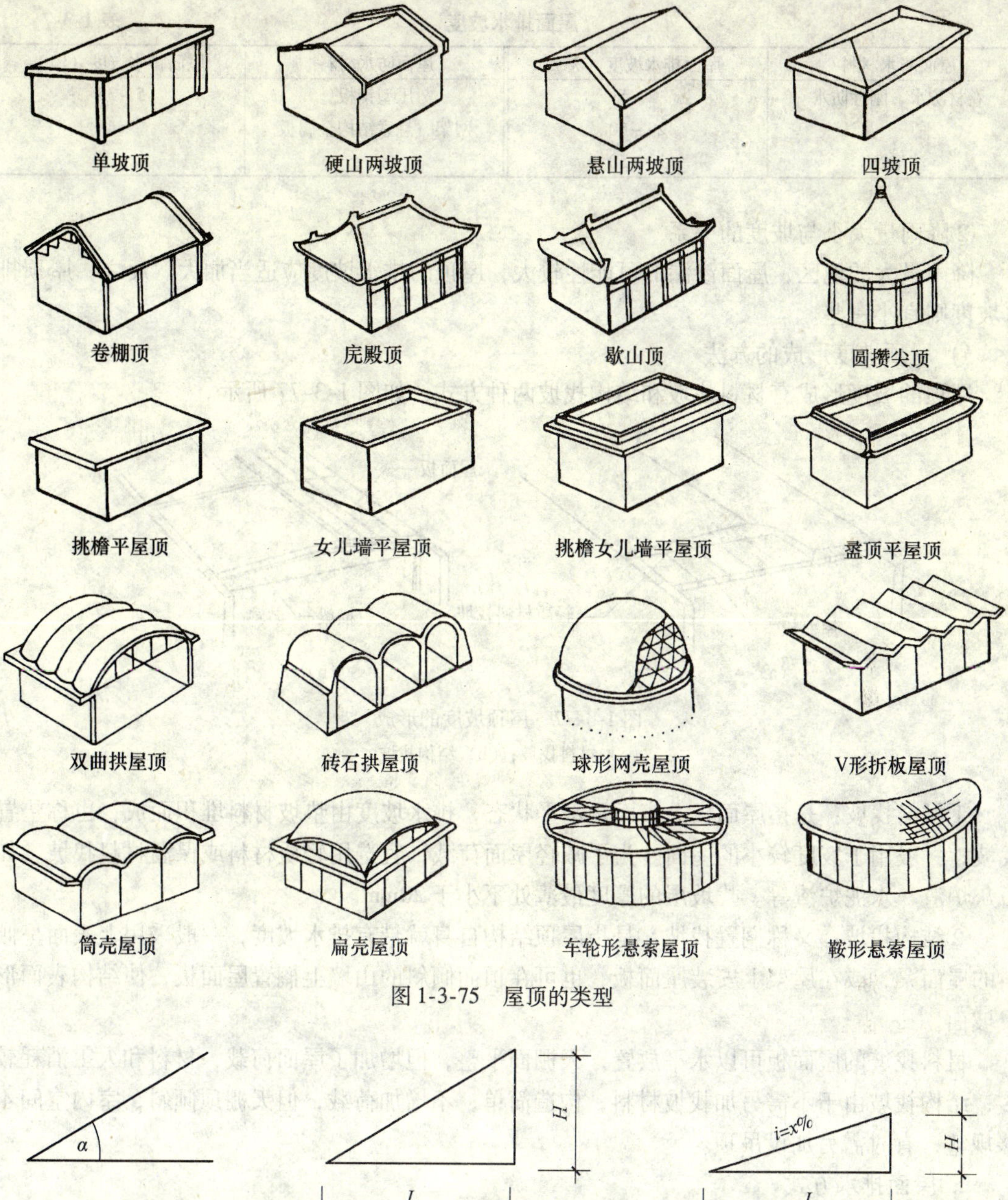

图 1-3-75　屋顶的类型

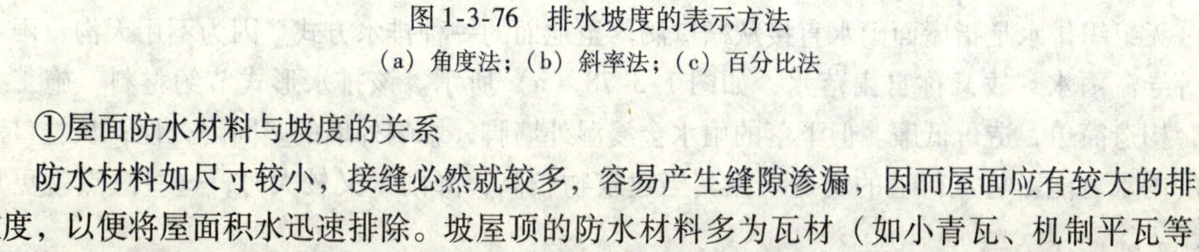

图 1-3-76　排水坡度的表示方法
(a) 角度法；(b) 斜率法；(c) 百分比法

①屋面防水材料与坡度的关系

防水材料如尺寸较小，接缝必然就较多，容易产生缝隙渗漏，因而屋面应有较大的排水坡度，以便将屋面积水迅速排除。坡屋顶的防水材料多为瓦材（如小青瓦、机制平瓦等），其覆盖面积较小，故屋面坡度较陡。如果屋面的防水材料覆盖面积大，接缝少而且严密，屋面的排水坡度就可以小一些。平屋顶的防水材料多为各种卷材、涂膜或现浇混凝土等，故其排水坡度通常较小。不同屋面防水材料应有各自的排水坡度范围，如表 1-3-7 所示。

屋面排水坡度 **表 1-3-7**

屋面防水材料	屋面排水坡度（%）	屋面防水材料	屋面排水坡度（%）
卷材防水、刚性防水	2~5	压型钢板	5~35
平　瓦	20~50	网架、悬索结构金属板	≥4
波形瓦	10~50		

②降雨量大小与坡度的关系

降雨量大的地区，屋面渗漏的可能性较大，屋顶的排水坡度应适当加大。反之，屋顶排水坡度则宜小一些。

3）屋顶坡度形成的方法

屋顶的坡度形成有材料找坡和结构找坡两种方式，如图 1-3-77 所示。

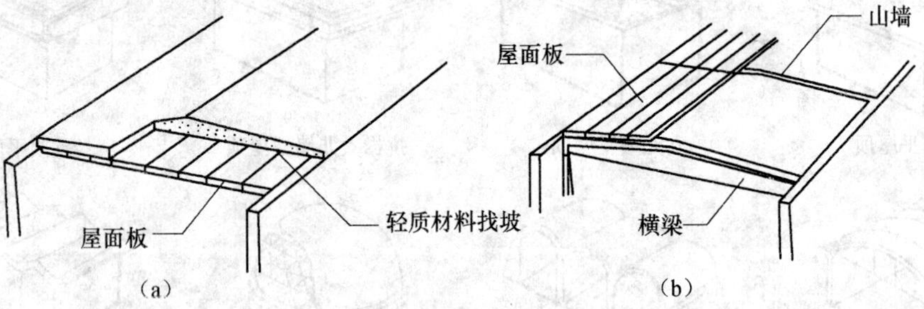

图 1-3-77　屋顶坡度的形成

(a) 材料找坡；(b) 结构找坡

①材料找坡：是指屋面板上表面呈水平状态，排水坡度由垫坡材料堆积而成，也称垫置找坡，一般用于坡度较小的屋面。为了减轻屋面荷载，宜选用轻质材料或保温材料找坡，如石灰炉渣、水泥炉渣等。找坡层的厚度最薄处不小于 20mm。

②结构找坡：又称搁置找坡，是指屋顶结构自身就带有排水坡度，一般采用上表面呈倾斜的屋面梁，或在屋架上安装屋面板，也可在顶面倾斜的山墙上搁置屋面板，使结构表面形成坡面。

材料找坡的屋面板可以水平放置，天棚面平整，但增加了屋面荷载，材料和人工消耗较多；结构找坡由于不需另加找坡材料，构造简单，不增加荷载，但天棚顶倾斜，室内空间不够规整，有时需另加设吊顶。

2. 屋面排水方式

屋面排水方式有无组织排水和有组织排水设计两大类。

（1）无组织排水

无组织排水是指屋面雨水直接从檐口滴落至地面的一种排水方式，因为不用天沟、雨水管等导流雨水，故又称自由落水，如图 1-3-78（a）所示。该排水形式节约材料，施工方便，构造简单，造价低廉。但下落的雨水会浸湿外墙脚，影响外墙的坚固耐久性；从檐口滴落的雨水可能影响人行道的交通。尤其当建筑物较高，降雨量又较大时，这些缺点就更加突出。

（2）有组织排水

当建筑物较高、年降水量较大或较为重要的建筑，应采用有组织排水方式。有组织排水是将屋面划分成若干个排水区，按一定的坡度把雨水有组织地经由天沟、雨水管等排水装置引导至地面或地下管沟的一种排水方式。这种排水方式构造复杂，造价高，但雨水不浸湿墙面，不影响人行道交通。

有组织排水又可分为外排水和内排水。一般情况下多使用外排水方式，有檐沟外排水、女儿墙外排水、女儿墙挑檐沟外排水三种，如图 1-3-78（b）、（c）、（d）所示。但对于多跨房屋的中间跨、高层建筑、寒冷地区宜采用内排水，如图 1-3-78（f）、（g）、（h）所示。明装的水落管有损建筑立面，故一些重要的建筑物，水落管宜采用安装的方式，如图 1-3-78（e）所示。

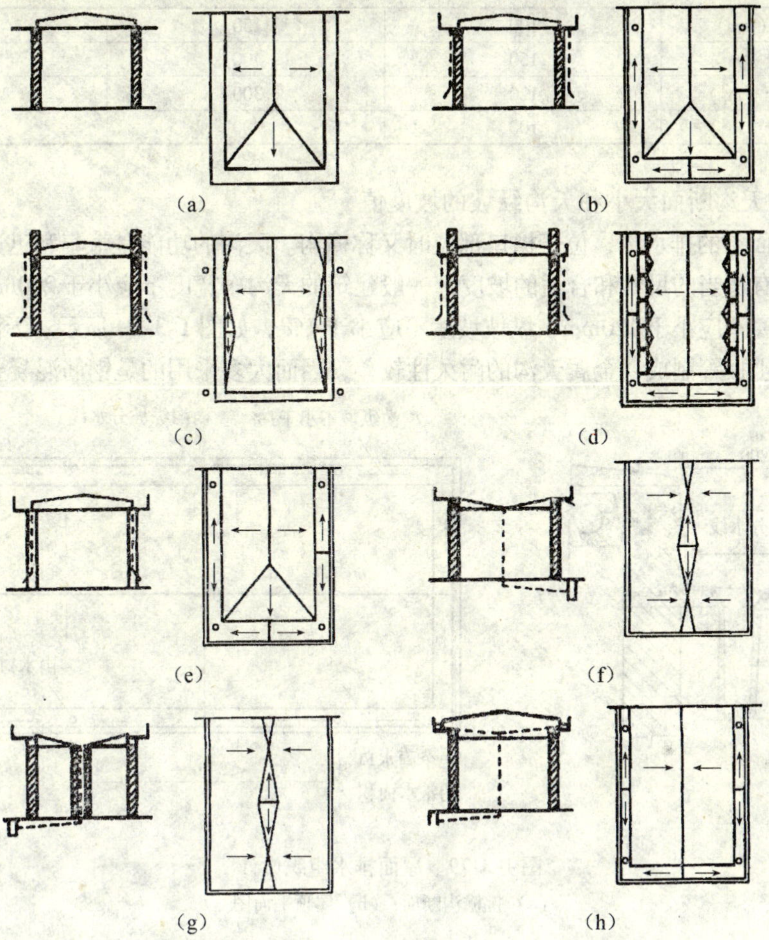

图 1-3-78　屋面排水方式

（a）无组织排水；（b）檐沟外排水；（c）女儿墙外排水；（d）檐沟女儿墙外排水；（e）外墙暗管排水；（f）明管内排水；（g）管道井暗管内排水；（h）吊顶水平暗管内排水

3. 屋面排水组织设计

屋面排水组织设计就是把屋面划分成若干个排水区，将各区的雨水分别引向各雨水管，使排水线路短捷，雨水管负荷均匀，排水顺畅。因此，屋面须有适当的排水坡度，设置必要的天沟、水落管和雨水口，并合理地确定这些排水装置的规格、数量和位置，最后将它们绘制在屋顶平面图上。进行屋顶排水组织设计，应注意以下事项：

（1）确定排水坡面的数目

一般情况下，平屋顶宽度小于 12m 时，可采用单坡排水；宽度大于 12m 时，宜采用双坡排水，但临街建筑的临街面不宜设水落管时也可采用单坡排水。坡屋顶应结合造型要求选择单坡、双坡或四坡排水。

（2）划分排水区

划分排水区的目的是便于均匀布置水落管，一般按一个直径为100mm的雨水口负担150～200m² 屋面面积的雨水考虑，屋面面积按水平投影面积考虑。一个雨水立管能承担的最大集水区域面积取值可参见表1-3-8。

一个雨水立管能承担的最大集水区域面积取值　　表1-3-8

雨水管内径（mm）	100	150	200
外排水　明管（m^2）	150	400	800
内排水　明管（m^2）	120	300	600
内排水　暗管（m^2）	100	200	400

（3）确定天沟断面大小和天沟纵坡的坡度值

天沟即屋面上的排水沟，位于檐口部位时又称檐沟。天沟的功能是汇集和迅速排除屋面雨水，故天沟应有适当的尺寸和合适的坡度，一般建筑的天沟净宽度不应小于200mm，天沟上口距分水线的距离不应小于120mm，纵坡坡度不应小于1%，如图1-3-79所示。天沟可用镀锌钢板或钢筋混凝土板等制成，金属天沟的耐久性较差，因而大多采用的是钢筋混凝土天沟。

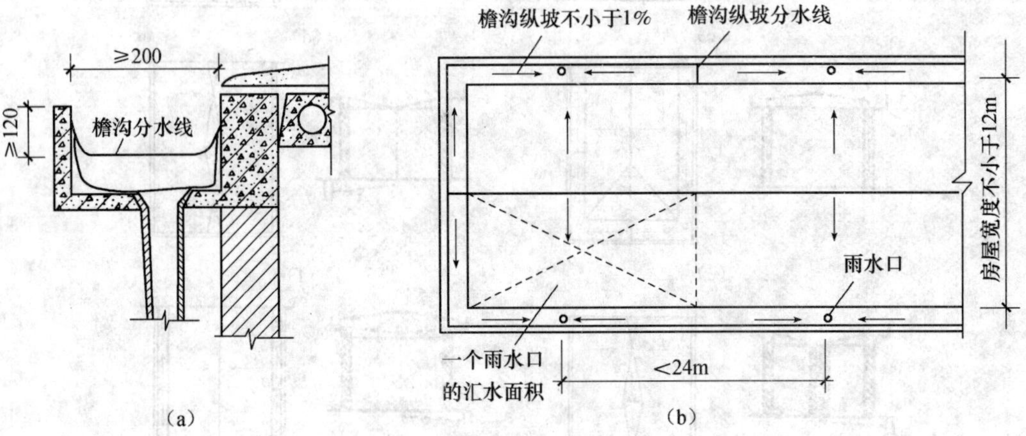

图1-3-79　屋面排水组织设计

（a）挑檐沟断面；（b）屋顶平面图

（4）水落管的设置

水落管按材料分为铸铁、PVC塑料、陶土、石棉水泥、镀锌铁皮等，根据建筑物的耐久等级加以选择，最常采用的就是PVC塑料管和铸铁管，其管径有50、75、100、125、150、200（mm）等规格。一般民用建筑水落管的直径不应小于75mm，一般应大于100mm，面积小于25m² 的露台和阳台可选用直径50mm的水落管。两个水落管（即排水口）之间的最大间距一般不宜大于表1-3-9中规定的数值。

两个雨水管（排水口）之间距　　表1-3-9

外排水		内排水	
有檐沟天沟	无外檐天沟	明装雨水管	暗装雨水管
24m	15m	15m	15m

考虑上述各事项后，即可较为顺利地绘制屋顶平面图。图1-3-79（b）为平面图示例。

三、平屋顶的基本构造

（一）平屋顶应考虑的主要因素

在确定平屋顶的构造层次时，应考虑以下几方面的因素：

（1）屋顶为上人屋面还是非上人屋面；

（2）屋顶的找坡方式是材料找坡还是结构找坡；

（3）屋顶所处房间湿度是否正常，考虑是否加设隔蒸汽层；

（4）屋面板是采用钢筋混凝土板承重，还是采用加气混凝土板承重；

（5）屋顶所处地区是北方还是南方（当地区不同时，构造层次和做法也不一样，北方应以保温为主，南方应以通风散热为主）。

（二）平屋顶的防水构造

平屋顶的防水主要是采用材料防水的方案，即在屋面找坡后，在上面铺设一道或多道防水材料作为防水层。根据防水材料的不同，平屋面防水方案又可分为卷材防水、刚性防水以及涂膜防水等几种方式。

1. 卷材防水屋面构造

（1）卷材屋面的适用范围

卷材防水屋面是利用防水卷材与粘接剂结合，形成连续致密的构造层来防水的一种屋面。由于其防水层具有一定的延伸性和适应变形的能力，又被称作柔性防水屋面。卷材防水屋面较能适应温度、振动、不均匀沉降等因素的变化作用，整体性好，不易渗漏，但施工操作较为复杂，技术要求较高。卷材防水屋面适用于防水等级为Ⅰ～Ⅳ级的屋面防水。

（2）卷材屋面的构造层次

卷材防水屋面具有多层次构造的特点，其构造组成分为基本层次和辅助层次两类。

1）基本构造层次

卷材防水屋面的基本构造层次为结构层、找坡层、找平层、结合层、防水层、保护层等，如图1-3-80所示。

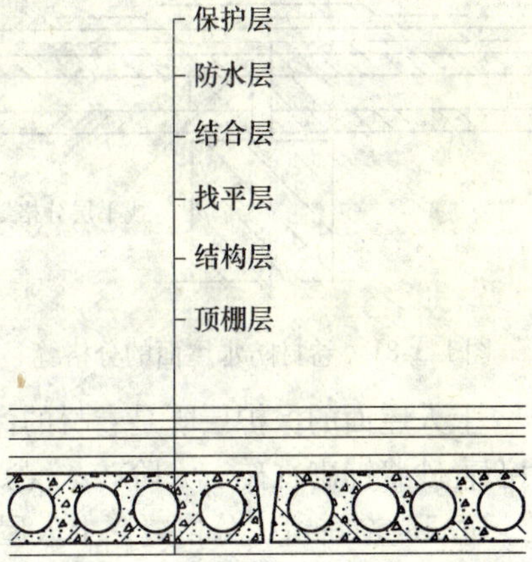

图1-3-80　卷材防水屋面的构造层次

①结构层。结构层的主要作用是承担屋顶全部荷载，多为刚度好、变形小的各类钢筋混凝土屋面板。

②找坡层。找坡层只有材料找坡时才有，结构找坡时不设此层。找坡材料应选用轻质材料，通常是在结构层上铺1∶（6～8）的水泥焦渣或水泥膨胀蛭石等。

③找平层。防水卷材应铺设在平整、干燥的平面上，以防止卷材凹陷或断裂，因此，在松软材料及预制屋面板上铺设卷材前宜先做找平层。找平层一般采用1∶3水泥砂浆或1∶8沥青砂浆。为防止找平层变形开裂，宜在找平层中留设分格缝，缝宽宜为20mm，并嵌填密封材料。分格缝应留在板端缝处，其纵横缝的最大间距为：找平层采用水泥砂浆或细石混凝土时，不宜大于6m，找平层采用沥青砂浆时，不宜大于4m。分格缝的构造如图1-3-81所示。

④结合层。结合层的作用是在卷材和基层间形成一层胶质薄膜，使卷材与基层胶结牢固。结合层所用材料应根据卷材防水层材料的不同来选择。如今卷材品种繁多，材性各异，应选用与铺贴的卷材相匹配的基层处理剂，使之粘结良好，不发生腐蚀等侵害。

⑤防水层。常用的防水卷材有三大类：沥青防水卷材、高聚物改性沥青类防水卷材以及

合成高分子防水卷材。

沥青防水卷材是用原纸、纤维织物、纤维毡等胎体材料浸涂沥青，表面撒布粉状、粒状或片状材料后制成的可卷曲的片状防水材料，如玻纤布胎沥青防水卷材、铝箔面沥青防水材料、麻布胎沥青防水卷材等。

高聚物改性沥青类防水卷材是以合成高分子聚合物为涂盖层，纤维织物或纤维毡为胎体，粉状、粒状、片状或薄膜材料为覆面材料制成的可卷曲片状防水材料，如SBS改性沥青油毡、再生胶改性沥青聚酯油毡、APP塑性卷材等。

凡以各种合成橡胶、合成树脂或二者的混合物为主要原料，加入适量化学助剂和填充料加工制成的弹性或弹塑性卷材，均称为合成高分子防水卷材。常见的有三元乙丙橡胶防水卷材、氯化聚乙烯防水卷材、聚氯乙烯防水卷材等。

防水卷材的铺贴方法有：冷粘法、热熔法、热风焊接法、自粘法等。

⑥保护层。保护层的目的是保护防水层，防止因光照和气候、使用时外力等作用对防水层的破坏。保护层的构造做法应根据屋面的利用情况而定。

不上人屋面一般有两种做法。在沥青油毡防水屋面上，一般在防水层上撒粒径3~5mm的小石子作为保护层，俗称绿豆砂保护层；高分子卷材屋面通常是在卷材面上涂刷水溶型或溶剂型的浅色保护着色剂，如氯丁银粉胶等。如图1-3-82所示。

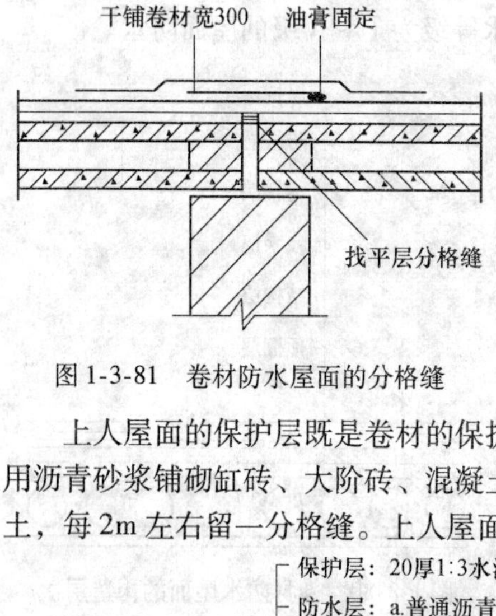

图1-3-81 卷材防水屋面的分格缝

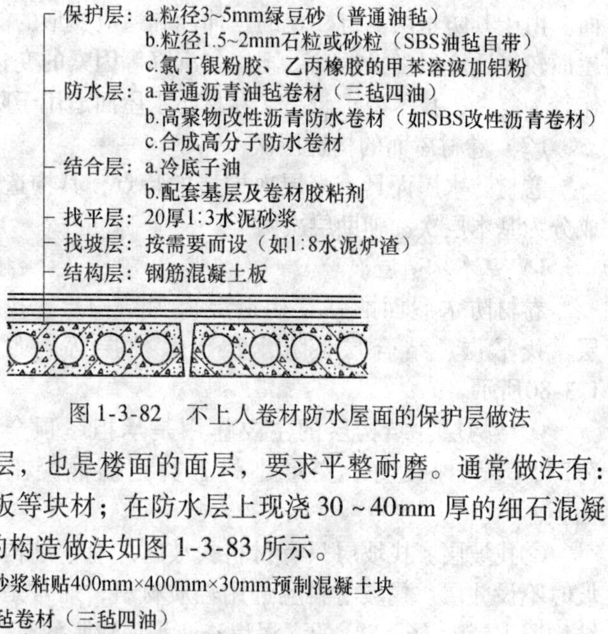

图1-3-82 不上人卷材防水屋面的保护层做法

上人屋面的保护层既是卷材的保护层，也是楼面的面层，要求平整耐磨。通常做法有：用沥青砂浆铺砌缸砖、大阶砖、混凝土板等块材；在防水层上现浇30~40mm厚的细石混凝土，每2m左右留一分格缝。上人屋面的构造做法如图1-3-83所示。

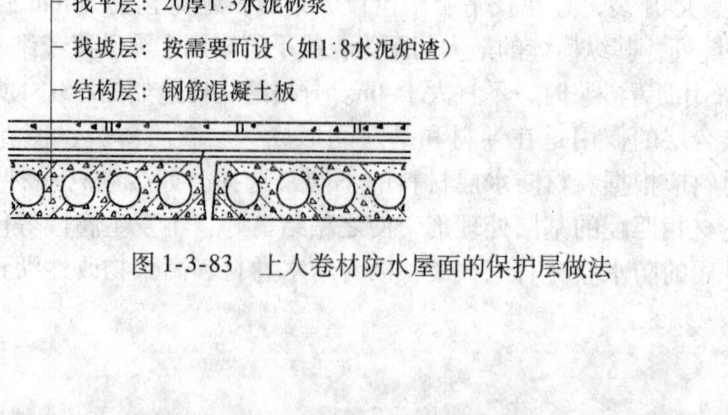

图1-3-83 上人卷材防水屋面的保护层做法

2）辅助构造层次

辅助构造层次是为了满足房屋的使用要求，或提高屋面的性能而补充设置的构造层，如保温层、隔热层、隔汽层等。

保温层是为防止冬季建筑室内过冷而设；隔热层是为了防止室内过热而设；隔汽层的作用是隔除水蒸气，避免保温层吸收水蒸气而产生膨胀变形，一般仅在湿度较大的房间设置。

（3）卷材防水屋面细部构造

1）泛水构造

泛水指屋面防水层与垂直墙交接处的构造。如当伸出屋面的女儿墙、烟囱、变形缝等凸出物穿过防水层时，与屋面交界处容易漏水，此时必须将屋面防水层延伸到这些凸出物的立墙上，并加铺一层防水卷材，形成立铺的防水层。泛水高度不应小于250mm，转角处应将找平层做成半径不小于20mm的圆弧或45°斜面，使防水卷材紧贴其上。贴在墙上的卷材上口容易脱落墙面或张口，因此上口要做收口和挡水处理。收口一般采用钉木条、压铁皮、嵌砂浆、嵌配套油膏和盖镀锌铁皮等处理方法；还有在泛水上口挑出1/4砖用以挡水，这种构造须抹水泥砂浆斜口和滴水，如图1-3-84所示。

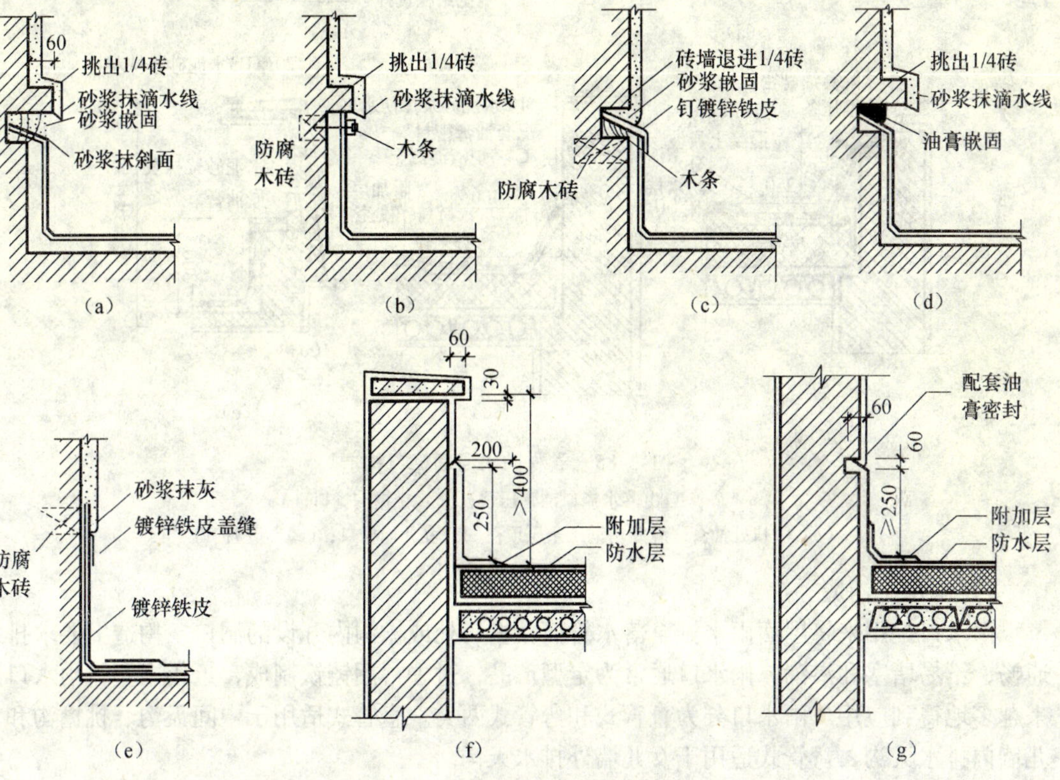

图1-3-84　卷材防水屋面泛水构造

（a）砂浆嵌固收口泛水；（b）钉木条嵌固收口泛水；（c）木条固定镀锌铁皮收口泛水；（d）油膏嵌固收口泛水；（e）镀锌铁皮泛水；（f）混凝土压顶女儿墙泛水；（g）油膏嵌缝女儿墙泛水

2）檐口构造

檐口构造有自由落水挑檐、挑檐沟、女儿墙外排水等多种。自由落水檐口的卷材收头极易开裂渗水，需采用配套油膏嵌缝，如图1-3-85（a）所示。挑檐沟的檐口在檐沟处要多加一层卷材，可以采用空铺的方法。沟口处的卷材收头一般采用嵌油膏或插铁卡住等方法，其中嵌配套油膏较为合理，且施工方便，如图1-3-85（b）、（c）所示。女儿墙外排水一般直接利用屋顶倾斜坡面在靠近女儿墙屋面最低处做成排水沟，也可采用专用的槽板做成矩形天沟。天沟内防水层应铺设到女儿墙上形成泛水，天沟内做纵向排水坡度，如图 1-3-85（d）所示。图 1-3-85（e）所示为新型檐口的卷材收头示例，收头要嵌油膏，坡面要抹 20mm 厚 1∶3 水泥砂浆。

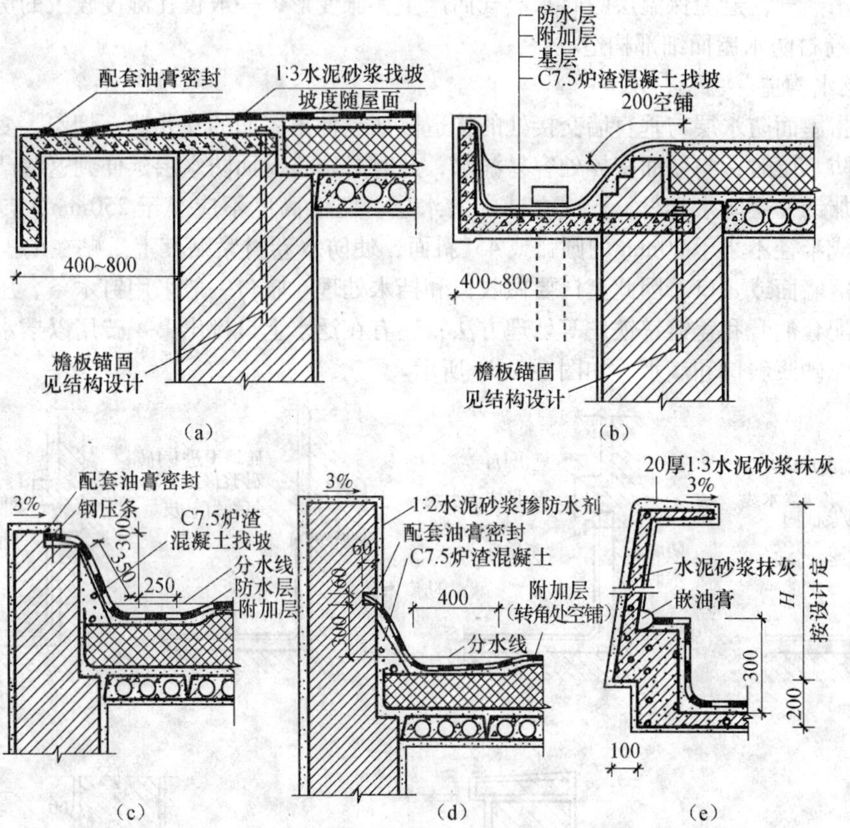

图 1-3-85　卷材防水屋面檐口构造

（a）自由落水檐口油膏压顶；（b）挑檐沟檐口；

（c）收口处油膏嵌缝并用钢压条压顶；（d）女儿墙檐口；（e）新型檐口

3）雨水口构造

雨水口是用来将屋面雨水排至落水管而在檐口处或檐沟内开设的洞口。构造上要求排水通畅，不易堵塞和渗漏。雨水口通常为定型产品，过去常用铸铁制成，近年来塑料雨水口越来越多地得到应用。雨水口分为直管式和弯管式两类。直管式适用于中间天沟、挑檐沟和女儿墙内排水天沟，弯管式适用于女儿墙外排水天沟。

直管式雨水口根据降雨量和汇水面积选择型号。套管呈漏斗型，安装在挑檐板上，防水卷材和附加卷材均粘在套管内壁上，再用环形筒嵌入套筒内，将卷材压紧，嵌入深度不小于 100mm，环形筒与底座的接缝需用油膏嵌缝。雨水口周围直径 500mm 范围内坡度应不小于 5%，并涂封厚度不小于 2mm 的密封材料。雨水口套管与基层接触处应留宽度 20mm、深 20mm 的凹槽，并嵌填密封材料，如图 1-3-86（a）所示。

弯管式雨水口呈 90°弯状，由弯曲套管和铸铁箅两部分组成。弯曲套管置于女儿墙预留的孔洞中，屋面防水卷材和泛水卷材应铺到套筒的内壁四周，铺入深度至少 100mm，套管口用铸铁箅遮挡，防止杂物堵塞水口，如图 1-3-86（b）所示。

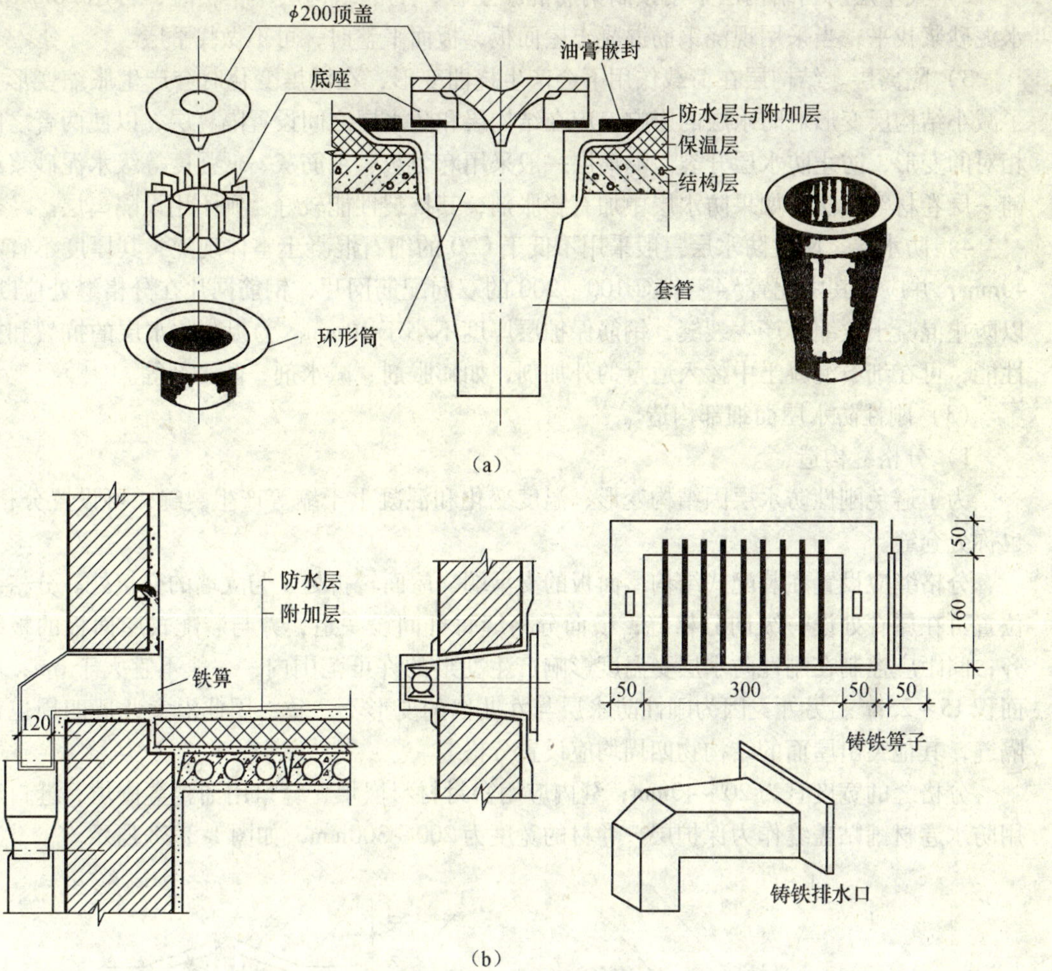

图 1-3-86　卷材防水屋面雨水口构造

(a) 直管式雨水口；(b) 弯管式雨水口

2. 刚性防水屋面构造

(1) 刚性防水屋面的适用范围

刚性防水屋面是用刚性防水材料，如防水砂浆、细石混凝土、配筋的细石混凝土等做防水层的屋面。这种屋面构造简单，施工方便，造价低廉，但对温度变化和结构变形较敏感，故不宜用于温度变化大、有振动荷载和基础有较大不均匀沉降的建筑，一般用于南方地区的建筑。

(2) 刚性防水屋面的构造层次

刚性防水屋面的基本构造层次为结构层、找平层、隔离层、防水层，如图 1-3-87 所示。

1) 结构层。屋面结构层一般采用预制或现浇钢筋混凝土屋面板，结构层应具有足够的强度和刚度，以尽量减小结构变形对防水层的影响。刚性防水屋面的排水坡度一般采用结构找坡。

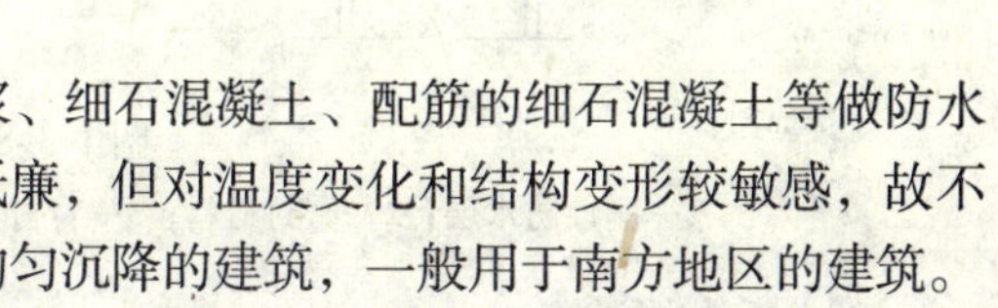

图 1-3-87　刚性防水屋面构造层次

2）找平层。当结构层采用预制钢筋混凝土板，上部结构层不平整时，可用20mm厚的水泥砂浆找平；当采用现浇钢筋混凝土屋面板，板面平整时，可不做找平层。

3）隔离层。结构层在荷载作用下会产生挠曲变形，在温度变化时会产生胀缩变形，为了减小结构层变形对防水层的影响，应在结构层和防水层之间设置隔离层，以使两者之间有相对的变形，防止防水层开裂。隔离层一般采用麻刀灰、纸筋灰、低强度等级水泥砂浆或干铺一层卷材等做法。如果防水层中加有膨胀剂，其抗裂性能较好，则不用设隔离层。

4）防水层。刚性防水层一般采用不低于C20的细石混凝土整体现浇，其厚度不宜小于40mm，并应在其中配置$\phi 4 \sim \phi 6$@100～200的双向配筋网片，钢筋网片在分格缝处应断开，以防止混凝土收缩时产生裂缝，钢筋保护层厚度不小于10mm。为提高防水层的抗裂和抗渗性能，可在细石混凝土中掺入适量的外加剂，如膨胀剂、减水剂、防水剂等。

（3）刚性防水屋面细部构造

1）分格缝构造

为了避免刚性防水层因结构变形、温度变化和混凝土干缩等产生裂缝，可设置分格缝，也称分仓缝。

分格缝应设置在装配式结构屋面板的支承端、屋面转折处、与立墙的交接处。分格缝的位置可在屋脊处设一纵向分格缝；横向分格缝每开间设一道，并与装配式屋面板的板缝对齐；间距应控制在刚性防水层受温度影响产生变形的许可范围内，一般不宜大于6m，服务面积15～25m^2。另外，因为刚性防水层与女儿墙的变形不一致，因此沿女儿墙四周也设分隔缝，其他突出屋面的结构物四周均应设置分格缝。

分格缝的宽度宜为20～40mm；缝内应用密封材料嵌填，缝口用油膏等嵌填；缝口表面用防水卷材铺贴盖缝作为保护层，卷材的宽度为200～300mm，如图1-3-88所示。

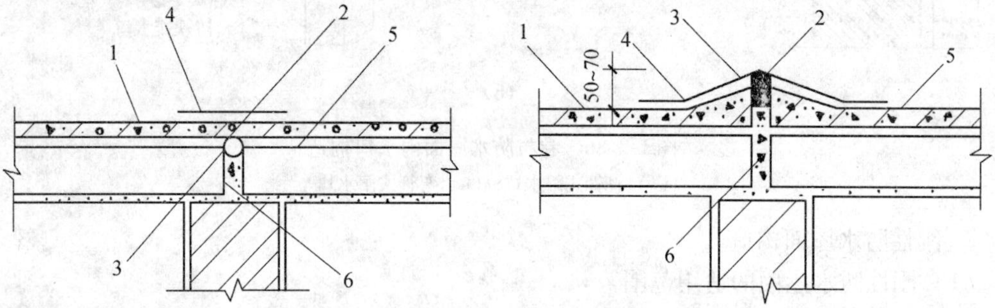

图1-3-88　分格缝构造

1—刚性防水层；2—密封材料；3—背衬材料；4—防水卷材；5—隔离层；6—细石混凝土

2）泛水构造

刚性防水屋面的泛水构造与卷材屋面相同的地方是：泛水应有足够的高度，一般不小于250mm。泛水应嵌入立墙上的凹槽内并用压条及水泥钉固定。不同的地方是：刚性防水层和屋面凸出物间须留分格缝，另加铺防水卷材形成泛水，如图1-3-89所示。

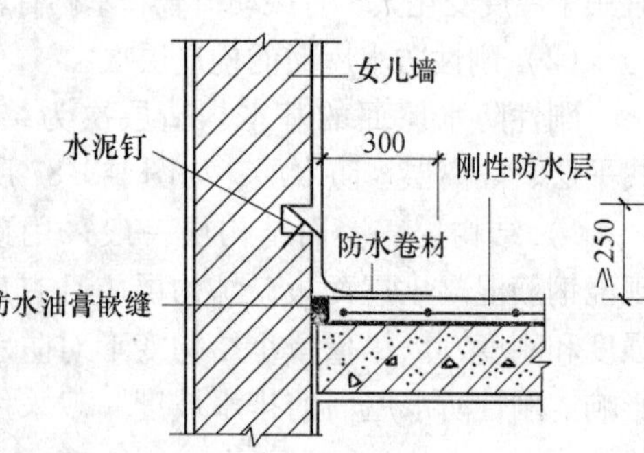

图1-3-89　刚性防水屋面女儿墙泛水构造

3）檐口构造

檐口构造有自由落水挑檐口、挑檐沟檐口、

女儿墙外排水檐口、坡檐口等多种形式，其构造做法如图 1-3-90 所示。

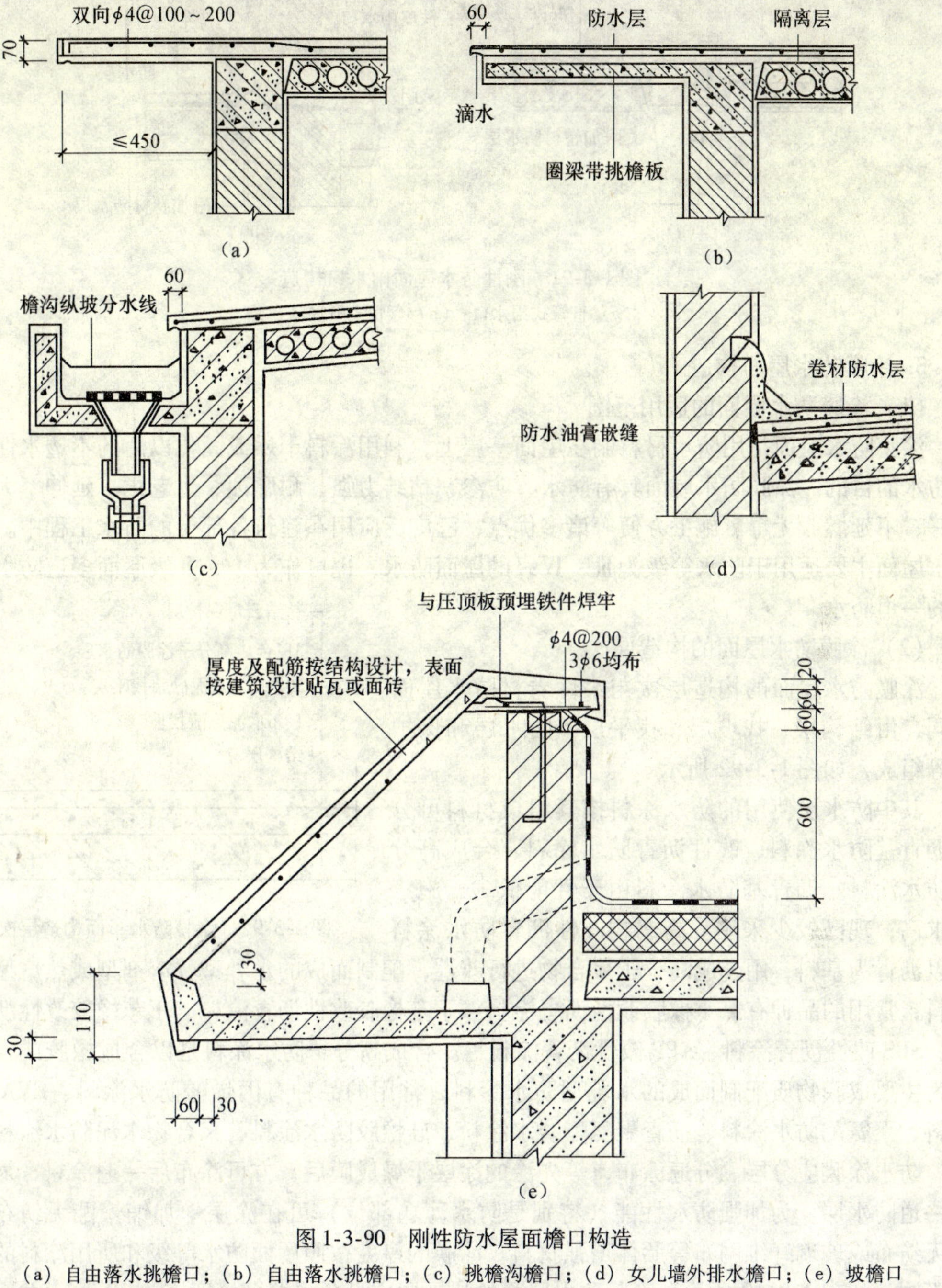

图 1-3-90 刚性防水屋面檐口构造

（a）自由落水挑檐口；（b）自由落水挑檐口；（c）挑檐沟檐口；（d）女儿墙外排水檐口；（e）坡檐口

4）水落口构造

刚性防水屋面雨水口的规格和类型和前述卷材防水屋面所用雨水口相同（图 1-3-91）。安装直管式雨水口时为防止雨水从套管与沟底接缝处渗漏，应在雨水口四周加铺防水卷材，卷材应铺入套管的内壁；檐口内浇筑的混凝土防水层应盖在附加的卷材层上，防水层与雨水口相交处用油膏嵌缝。安装弯管式雨水口前，下面应铺一层防水卷材，然后再浇筑屋面防水层，防水层与弯头交接处用油膏嵌缝。

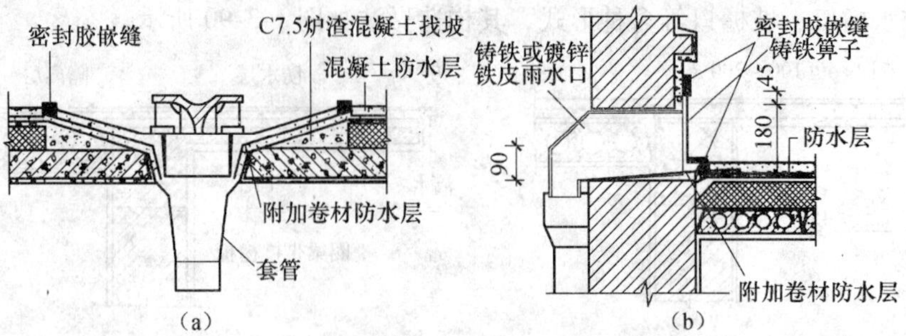

图 1-3-91　刚性防水屋面雨水口构造

（a）直管式雨水口；（b）弯管式雨水口

3. 涂膜防水屋面构造

（1）涂膜防水屋面的适用范围

涂膜防水屋面是用防水材料刷在屋面基层上，利用涂料干燥或固化以后的不透水性来达到防水的目的。涂膜防水屋面具有防水、防渗、粘结力强、耐腐蚀、耐老化、延伸率大、弹性好、不延燃、无毒、施工方便等诸多优点，已广泛应用在建筑各部位的防水工程中。涂膜防水屋面主要适用于防水等级为Ⅲ、Ⅳ级的屋面防水，也可作为Ⅰ、Ⅱ级屋面多道防水设防中的一道防水。

（2）涂膜防水屋面的构造层次

涂膜防水屋面的构造层次与柔性卷材防水屋面相同，由结构层、找坡层、找平层、防水层和保护层等组成，如图 1-3-92 所示。

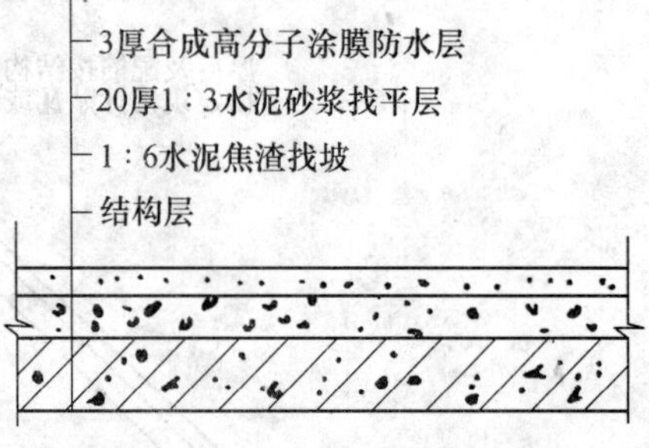

图 1-3-92　涂膜防水屋面构造层次

其中防水层使用的防水涂料按其组成材料可分为沥青基防水涂料、改性沥青防水涂料、合成高分子防水涂料。沥青基防水涂料由于性能低劣、施工要求高，现已较少采用。高聚物改性沥青防水涂料是以沥青为基料，用合成高分子聚合物进行改性，配制而成的水乳型、溶剂型或热熔型防水涂料，常用的品种有氯丁橡胶改性沥青涂料、丁基橡胶改性沥青涂料、丁苯橡胶改性沥青涂料、SBS 改性沥青涂料、APP 改性沥青涂料等。合成高分子防水涂料是以合成橡胶或合成树脂为主要成膜物质配制而成的水乳型防水涂料，常用的品种有丙烯酸防水涂料、EVA 防水涂料、聚氨酯防水涂料、沥青聚氨酯防水涂料、硅橡胶防水涂料、聚合物水泥防水涂料等。

防水涂膜应分层、分遍涂布，等先涂的涂层干燥成膜后，方可涂布后一遍涂料，最后形成一道防水层。为加强防水性能（特别是防水薄弱部位）可在涂层中加铺聚酯无纺布、化纤无纺布或玻璃纤维网布等胎体增强材料。涂膜的厚度按照屋面防水等级和所用涂料的不同而不同，如表 1-3-10 所示。涂膜防水屋面的找平层应设分格缝，缝宽宜为 20mm，并应留设在板的支承处，间距不宜大于 6m，分格缝应嵌填密封材料，如图 1-3-93 所示。

涂膜防水层的厚度　　　　**表 1-3-10**

屋面防水等级	设防道数	高聚物改性沥青防水涂料	合成高分子防水涂料
Ⅰ	三道或三道以上设防	—	不应小于 2mm
Ⅱ	二道设防	不应小于 3mm	不应小于 2mm
Ⅲ	一道设防	不应小于 3mm	不应小于 2mm
Ⅳ	一道设防	不应小于 3mm	—

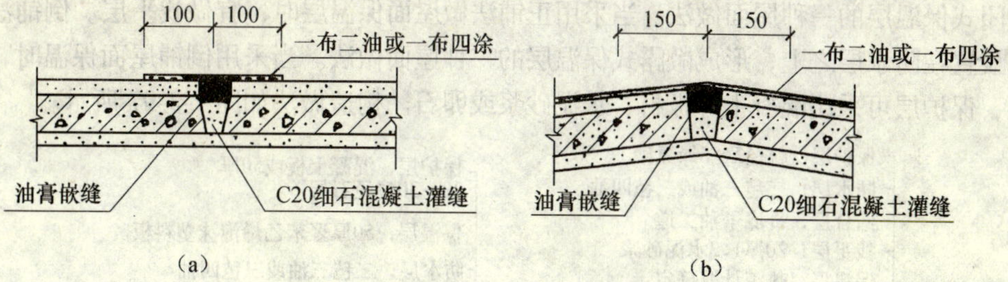

图 1-3-93　分格缝构造

（a）屋面分格缝；（b）屋脊分格缝

（3）涂膜防水屋面的细部构造

涂膜防水屋面的细部构造与柔性卷材屋面的防水细部构造做法相似。檐口处涂膜防水材料的收头应用防水涂料多遍刷涂或用密封材料封严实，位于天沟、檐沟与屋面交接处的防水附加层宜空铺，如图 1-3-94、图 1-3-95 所示。位于女儿墙泛水处的涂膜防水层应直接涂刷到女儿墙的压顶下，收头处理也应用防水涂料涂刷多遍并封严，同样女儿墙的压顶本身也要做好防水处理，如图 1-3-96 所示。

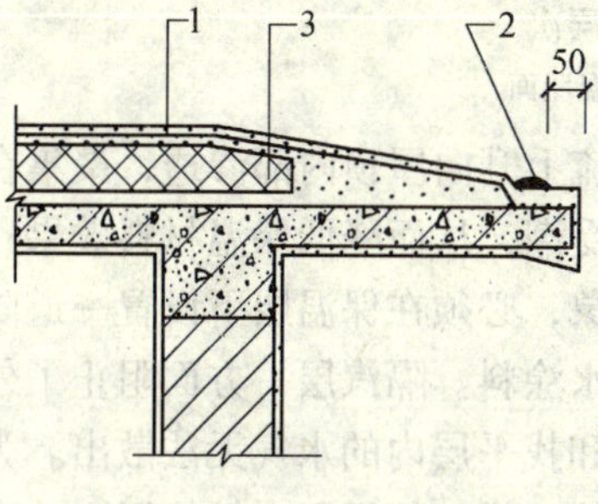

图 1-3-94　涂膜防水檐口构造

1—涂膜防水层；2—密封材料；3—保温层

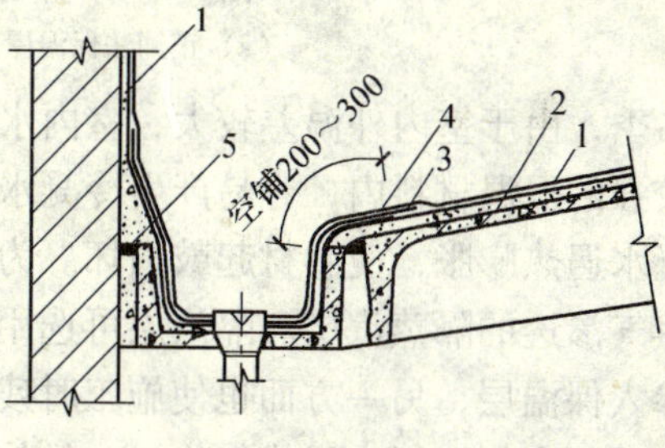

图 1-3-95　涂膜防水天沟、檐沟构造

1—涂膜防水层；2—找平层；3—有胎体增强材料的附加层；4—空铺附加层；5—密封材料

（三）平屋顶的保温与隔热

1. 平屋顶的保温

（1）屋面保温材料的选择

屋面保温材料一般多选用空隙率大、表观密度和导热系数小的材料。保温材料有散料（炉渣、矿渣、膨胀蛭石、膨胀珍珠岩等）、整体类（水泥炉渣、水泥膨胀蛭石、水泥膨胀珍珠岩及沥青膨胀蛭石、沥青膨胀珍珠岩等）和板块类（加气混凝土、泡沫混凝土、聚苯乙烯、泡沫塑料板和岩棉板等块材或板材）。实际应用中，要根据使用要求、气候条件、屋顶结构形式、当地资源、工程造价等综合考虑选择。

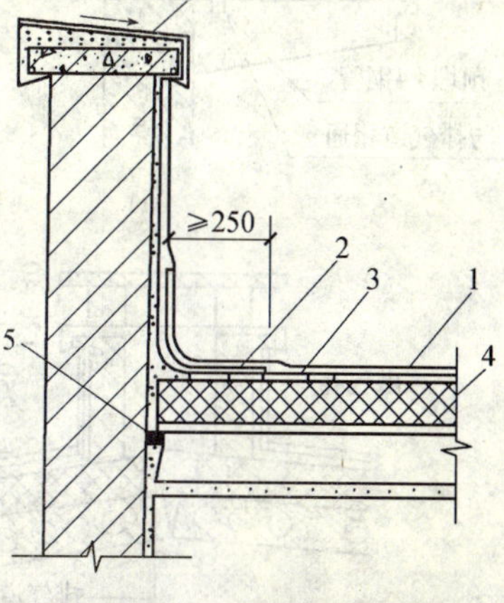

图 1-3-96　泛水构造

1—涂膜防水层；2—有胎体增强材料的附加层；3—找平层；4—保温层；5—密封材料；6—防水处理

（2）保温层的设置

根据保温层在屋顶的具体位置有正铺法、倒铺法两种方式。

正铺法是将保温层放置在结构层之上、防水层之下而形成封闭式保温层的一种屋面做法。当采用正铺法做屋面保温层时，宜做找平层。倒铺法是将保温层设置在防水层之上，形成敞露式保温层的一种屋面做法。当采用倒铺屋面保温时，宜做保护层，保护层可采用混凝土等板材、水泥砂浆或卵石。构造做法如图 1-3-97 所示。

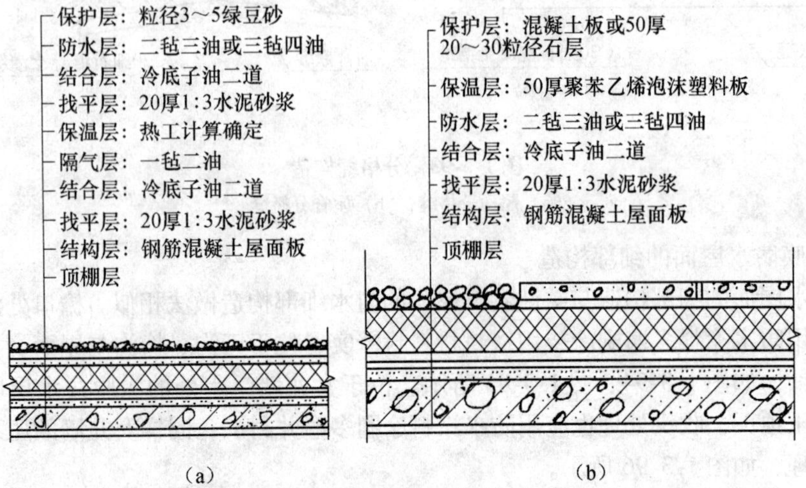

图 1-3-97　平屋顶保温屋面构造层次

（a）正铺法保温屋面；（b）倒铺法保温屋面

在冬季，由于室内外温差较大，室内水蒸气将随热气流上升向屋顶内部渗透，聚集在吸湿能力较强的保温材料内，容易产生冷凝水，使保温材料受潮，从而降低保温材料效果；同时，冷凝水遇热膨胀，使卷材起鼓损坏。为了避免上述现象，必须在保温层下设置一道防止室内水蒸气渗透的隔蒸汽层。隔汽层可选用防水卷材或防水涂料。隔汽层一方面阻止了外界水蒸气渗入保温层，另一方面也使施工时残留在保温材料和找平层内的水气无法散出。为解决这一问题须在保温层中设排气出口，排气出口应设排气管，排气管设置在结构层上，穿过保温层的壁管应打排气孔，如图 1-3-98 所示。

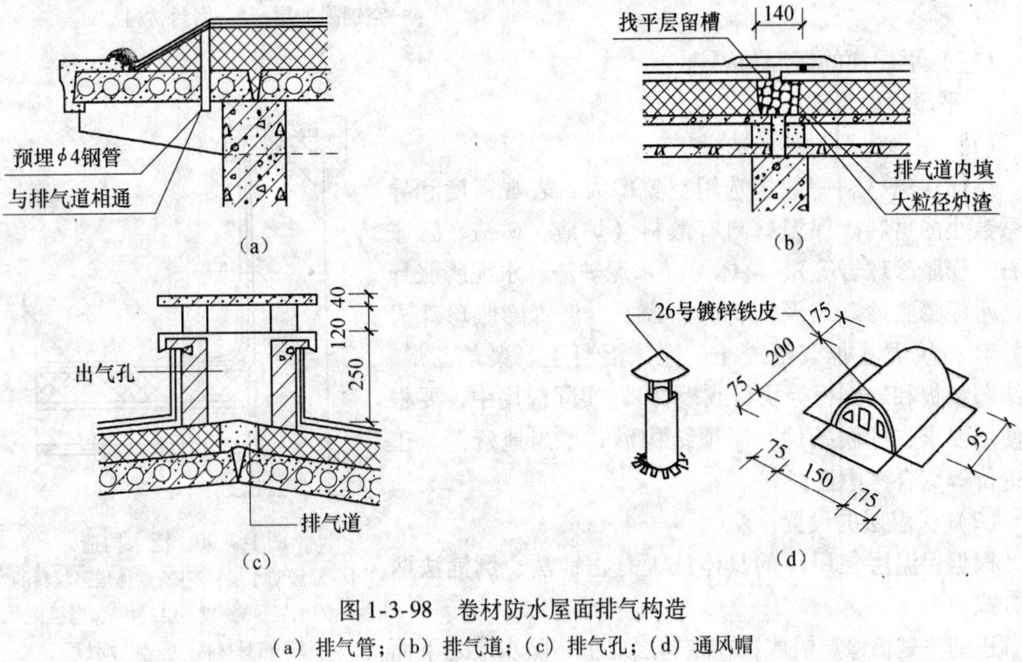

图 1-3-98　卷材防水屋面排气构造

（a）排气管；（b）排气道；（c）排气孔；（d）通风帽

2. 平屋顶的隔热

炎热地区夏季太阳辐射大，会使屋顶温度急剧升高，为减轻高温对室内的影响，平屋顶须设降温隔热层或采取降温措施，常用的做法有以下几种：

（1）通风隔热屋面。通风隔热屋面是指在屋顶设置通风间层，使上层起遮挡阳光的作用，利用风压和热压作用带走热量，从而达到降温目的。架空隔热屋面是常用的一种通风隔热屋面，架空隔热层高度宜为 100 ~ 300mm，架空板与女儿墙的距离不宜小于250mm，如图 1-3-99 所示。

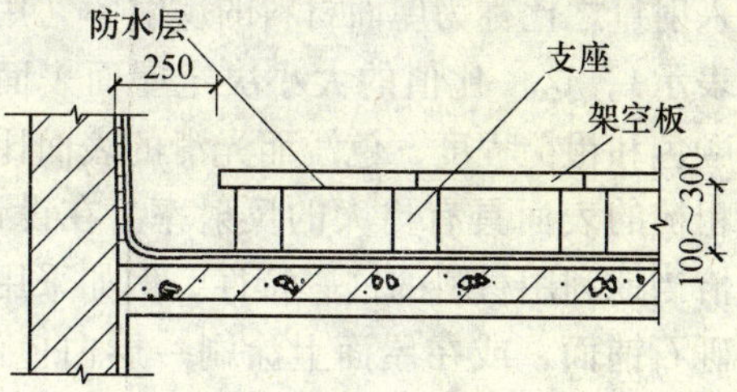

图 1-3-99　架空隔热屋面构造

（2）蓄水隔热屋面。蓄水隔热屋面是指在屋顶蓄积一层水，利用水蒸发时需要大量的汽化热，从而大量消耗晒到屋面的太阳辐射热，以达到降温隔热的目的。蓄水屋面宜采用整体现浇混凝土，蓄水区间用混凝土做成分仓壁，壁上留过水孔，使各蓄水区的水层连通，如图 1-3-100（a）、（b）所示，但在变形缝的两侧应设计成互不连通的蓄水区。为避免暴雨时蓄水深度过大，应在蓄水池外壁上均匀布置若干溢水孔，溢水孔的上部高度应距分仓墙顶面 100mm。为便于检修时排除蓄水，应在池壁根部设泄水孔。溢水孔和泄水孔均应与排水檐沟或水落管连通，如图 1-3-100（c）所示。

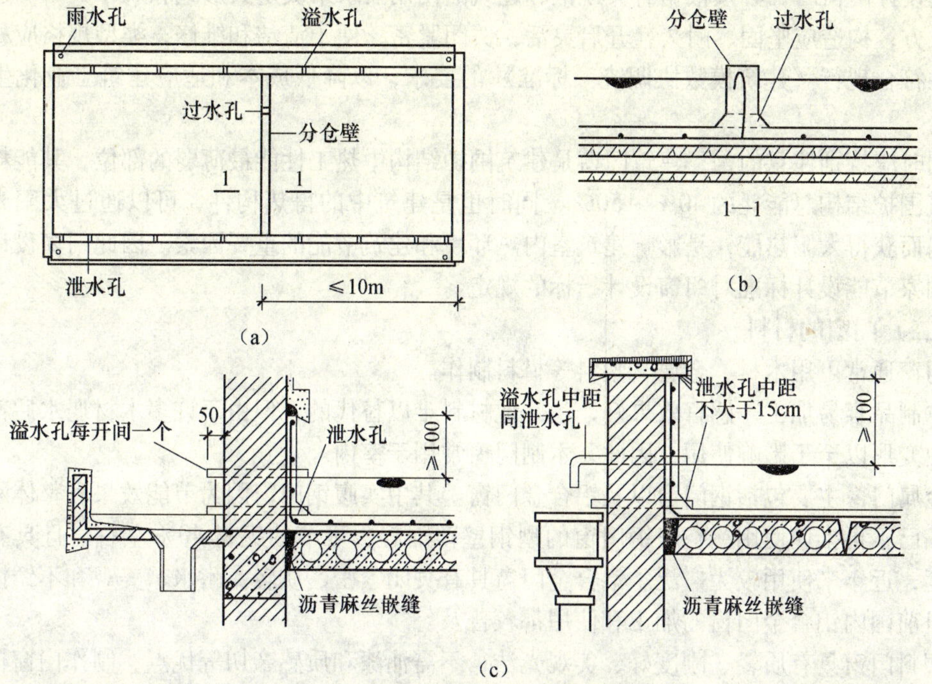

图 1-3-100　蓄水屋面构造

（a）平面布置；（b）分仓壁构造；（c）溢水孔构造

（3）种植隔热屋面。种植隔热屋面是在屋顶上种植植物，利用植物的蒸腾和光合作用，吸收太阳辐射热，从而达到降温隔热的目的。种植屋面的构造可根据不同的种植介质确定，与刚性防水屋面基本相同，如图 1-3-101 所示。

（4）反射隔热屋面。反射降温隔热是屋面受到太阳辐射后，一部分辐射热量为屋面材料所吸收，另一部分被反射出去。反射的辐射热与入射量之比称为屋面材料的反射率（用百分比表示），这一比值的大小决定屋面表面材料的颜色和粗糙程度，色浅而光滑的表面比色深而粗糙的表面具有更大的反射率。在设计中，应恰当地利用材料的这一特性，例如采用浅色的砾石铺面，或在屋面上涂刷一层白色涂料，对隔热降温均起到显著作用。

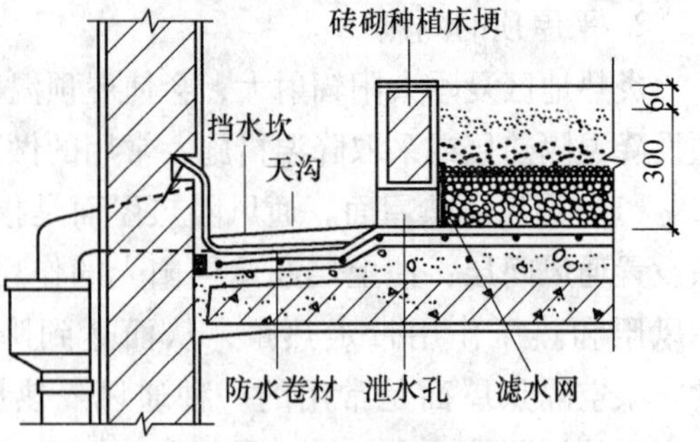

图 1-3-101　种植屋面构造

第六节　门　　窗

一、概述

（一）门窗的作用

门窗是建筑中的一个重要组成部分。门的主要功能是交通联系，也兼有通风和采光作用，窗主要是供采光和通风使用，它们均属于建筑的围护构件。

在设计门窗时，必须根据有关规范和建筑的使用要求来决定其形式和尺寸大小。造型要美观大方，构造应坚固、耐久，开启灵活，关闭紧密，便于清洁和维修，类型规格应尽量统一，并符合现行《建筑模数协调统一标准》的要求，以降低成本和适应建筑工业化生产的需要。

同时应特别注意的是，建筑门窗是建筑围护结构中热工性能最薄弱的部位，其能耗约占到建筑围护结构总能耗的40%～50%，同时也是建筑中的得热构件，可以通过太阳光投射入室内而获得太阳热能，是影响建筑室内热环境和建筑节能的重要因素。因此门窗设计必须满足国家节能设计标准对门窗设计指标的规定。

（二）门窗的材料

门窗通常可用木材、金属、塑料等材料制作。

木制品容易加工，感官效果好，是其他材料难以替代的，但由于许多木材遇水后都会发生翘曲变形以至于影响使用，因此，木制门窗常用于室内。

金属门窗主要包括钢门窗以及铝合金门窗。其中实腹钢门窗因为节能效果和整体刚度都较差，已不再推广使用。空腹钢门窗的型钢壁薄而轻，可节约钢材40%左右，且具有更大的刚度，近年来使用较为广泛。铝合金门窗具有关闭紧密、质轻、耐水、美观和不锈蚀等优点，目前国内铝合金门窗的加工和使用都较普及。

塑料门窗具有质轻、刚度好、美观光洁、不需油漆和质感亲切等优点，制作门窗框时常在型材内腔加上钢或铝等加强材料，成为塑钢门窗，目前已成为受到推崇使用的产品类型。

（三）窗洞口大小的确定

窗洞口大小的确定方法有两种，一种是根据窗地比计算，另一种是根据玻地比计算。

1. 窗地比

窗地比是窗洞口面积与房间净面积之比。它是由建筑采光设计标准中，根据有代表性的典型计算条件计算出来的。主要建筑的窗地比最低值如表1-3-11所示。

窗地比最低值 **表 1-3-11**

建筑类别	房间或部位名称	窗地比
宿　舍	居室、管理室、公共活动室、公用厨房	1/7
住　宅	卧室、起居室、厨房	1/7
	厕所、卫生间、过厅	1/10
	楼梯间、走廊	1/14
托幼	音体活动室、活动室、乳儿室	1/7
	寝室、喂奶室、医务室、保健室、隔离室	1/6
	其他房间	1/8
文化馆	展览、书法、美术	1/4
	游艺、文艺、音乐、舞蹈、戏曲、排练、教室	1/5
图书馆	阅览室、装裱间	1/4
	陈列室、报告厅、会议室、开架书库、视听室	1/6
	闭架书库、走廊、门厅、楼梯、厕所	1/10
办　公	办公、研究、接待、打字、陈列、复印 设计绘图、阅览室	1/6

《民用建筑热工设计规范》（GB 50176—93）中规定：居住建筑各朝向的窗墙面积比，北向不大于0.25；东、西向不大于0.30；南向不大于0.35。

窗墙面积比指窗洞面积与房间立面单元面积（层高与开间定位线围成的面积）的比值。

2. 玻地比

窗玻璃面积与房间净面积之比叫玻地比。采用玻地比确定洞口大小时还需要除以窗子的透光率。透光率是窗玻璃面积与窗洞口面积之比。钢窗的透光率为80%～85%，塑料窗的透光率为80%，木窗的透光率为70%～75%。

采用玻地比决定窗洞口面积的只有中小学校，其最小数值如下：

教室、美术、书法、语言、音乐、史地、合班教室及阅览室	1:6
实验室、自然教室、计算机教室、琴房	1:6
办公室、保健室	1:6
饮水处、厕所、淋浴室、走道、楼梯间	1:10

下面通过两个实例说明窗地比与玻地比的应用。

【例1】　某住宅，其开间尺寸为3300mm，进深尺寸为5100mm，层高尺寸为2700mm，外墙厚360mm（偏轴，里120mm，外240mm），内墙厚240mm（轴线居中）。试决定南向居室窗洞口的大小。

【解】

（1）计算房间净面积：$(3300-2\times120)\times(5100-2\times120)=14871600$（$mm^2$）（$14.87m^2$）。

（2）计算窗洞口面积：$14.87\times1/7=2.12$（m^2）（最小值）。

（3）层高尺寸分析：2700mm中应扣除窗台所占尺寸900mm，窗上口所占尺寸400mm，窗洞口高度只能选取1400mm。

（4）开间尺寸分析：由于在抗震设防地区的窗间垛必须保证1200mm，这样窗洞口宽度的最大值为2100mm。

（5）计算最大洞口尺寸：$2.10\times1.40=2.94$（m^2）。

（6）求住宅南墙的最大开洞率：$2700\times3300\times0.35=3118500$（$mm^2$）（$3.12m^2$）。

（7）相关数字分析：窗洞口的最小值为$2.12m^2$，最大值为$3.12m^2$。从抗震要求考虑，

洞口的取用值为 $1800\times1400=2520000$（mm^2）（$2.52m^2$）或 $2100\times1400=2940000$（mm^2）（$2.94m^2$）。

（8）确定洞口取值并选取窗型：通过上述分析，窗洞口最后取值为 1800mm×1400mm 或 2100mm×1400mm。

【例2】 某中小学校教室，共3间，开间尺寸为3000mm，进深尺寸为6000mm，玻地比为1/6，层高尺寸为3600mm，外墙厚360mm（偏轴，里120mm，外240mm），内墙厚240mm（轴线居中）。试决定窗洞口的大小。

【解】

（1）计算房间净面积：$(9.00-0.24)\times(6.00-0.24)=50.45$（$m^2$）。

（2）计算窗玻璃净面积：$50.45\times1/6=8.41$（m^2）。

（3）计算窗洞口尺寸：若选钢窗，则洞口尺寸为 $8.41\div0.8=10.51$（m^2）；若选木窗，则洞口尺寸为 $8.41\div0.7=12.01$（m^2）（其中0.8为钢窗的透光率，0.7为木窗的透光率）。

（4）计算单个窗的洞口尺寸：每个钢窗所需洞口尺寸为 $10.51\div3=3.50$（m^2）；每个木窗所需洞口尺寸为 $12.01\div3=4.00$（m^2）。

（5）层高尺寸分析：在3600mm的层高尺寸中，应扣除窗台所占尺寸900mm，窗上口所占尺寸600mm，窗洞口高度尺寸的最大值为2100mm。

（6）开间尺寸分析：由于在抗震设防地区，窗间墙必须保证1200mm，这样窗洞口宽度的最大值为1800mm。

（7）决定窗洞口尺寸：通过以上分析可知，窗洞口尺寸为1800mm×2100mm，面积为 $3.78m^2$。当选择钢窗时，基本能够满足要求；而选择木窗时，则不能满足要求。

（四）窗的常用尺寸及代号

根据国家标准《建筑门窗洞口尺寸系列》（GB/T 5824—2008）的规定，窗洞口的宽度尺寸（mm）为600、700、800、900、1000、1100、1200、1300、1400、1500、1600、1700、1800、1900、2000、2100、2200、2300、2400、3000、3600、4200、4500、4800、5400、6000。窗洞口高度尺寸（mm）为：600、700、800、900、1000、1100、1200、1300、1400、1500、1600、1700、1800、2100、2400、2700、3000、3600、4200、4800、5400、6000。

窗洞口尺寸代号由四位数组成，如1524，其中前两位数15表示洞口宽度为1500mm，后两位数24表示洞口高度2400mm。

如华北地区建筑设计标准化办公室和西北地区建筑设计标准化办公室主编的《塑钢门窗》（88J13-1）标准图中，窗的代号：1815·WC，表示该窗洞口宽度为1800mm，洞口高度为1500mm，尾号拼音表示窗的型号及开启方式，如WC表示外开窗。

窗的材料代号为：木窗C、钢窗GC、铝合金窗LC、塑料窗SC。

（五）窗的选用与布置

1. 窗的选用

窗的选用应注意以下几点：

（1）面向外廊的居室、厨、厕窗应向内开，或在人的高度以上外开，并应考虑防护安全及密闭性要求。

（2）无论低、多、高层的所有民用建筑，除高级空调房间外（确保昼夜运转），均应设纱扇，并应注意走道、楼梯间、次要房间漏装纱扇而常进蚊蝇。

（3）高温、高湿及防火要求高时，不宜用木窗。

（4）用于锅炉房、烧火间和车库等处的外窗，可不装纱扇。

2. 窗的位置

窗的布置应注意以下几点：

（1）楼梯间外窗应考虑各层圈梁走向，避免冲突。

（2）楼梯间外窗作内开扇时，开启后不得在人的高度内突出墙面。

（3）窗台高度由工作面需要而定，一般不宜低于工作面（900mm）。如窗台过高或上部开启时，应考虑开启方便，必要时加设开闭设施。

（4）需做暖气片时，窗台板下净高、净宽需满足暖气片及阀门操作的空间需要。

（5）窗台高度低于800mm时，需有防护措施。窗前有阳台或大平台时可以除外。

（6）错层住宅屋顶不上人处，尽量不设窗，如因采光或检修需设窗时，应有可锁启的铁栅栏，以免儿童上屋顶发生事故，并可以减少屋面损坏及相互窜通。

（六）门洞口大小的确定

一个房间应该开几个门？每个建筑物门的总宽度应该是多少？类似这样的问题，一般是由交通疏散的要求和防火规范来确定的。设计时应该按照规范来选取。一般规定：公共建筑安全入口的数目应不少于两个；但房间面积在$120m^2$以下，可只设一个出入口。对于低层建筑，每层面积不大，人数也较少时，可以设一个通向户外的出口……门的宽度也要符合防火规范的要求。对于人员密集的公共场所，如剧院、电影院、礼堂、体育馆等，疏散门的宽度，一般可按每百人0.65～1.0m（宽度）选取；当人员较多时，出入口应分散布置。对于学校、商店、办公楼等民用建筑的门宽，可以按照表1-2-4决定。表中所列数值均为最低要求，在实际确定门的数量和宽度时，还要考虑到通风、采光、交通及搬运家具、设备等要求。

门洞的最小宽度取值为：

（1）住宅户门：900mm；

（2）住宅起居室（厅）门：900mm，卧室门：900mm；

（3）住宅厨房门：800mm；

（4）住宅厕所门：700mm；

（5）住宅阳台门：700mm；

（6）住宅单元门：1200mm；

（7）公共建筑外门：1200mm。

（七）门的常用尺寸及代号

1. 常用尺寸

根据国家标准《建筑门窗洞口尺寸系列》（GB/T 5824—2008）的规定。

门的宽度（mm）有700、800、900、1000、1200、1400、1500、1600、1800、2100、2400、2700、3000、3300、3600、3900、4200、4500、4800、5400、6000。其中700、900、1000为单扇门；1200、1500、1800为双扇门；2400、2700、3000为四扇门；3300及以上尺寸应为多扇门。

门的高度（mm）有1500、1800、2000、2100、2200、2300、2400、2500、2700、3000、3300、3600、3900、4200、4800、5100、5400、6000。其中2000、2100为无亮子门；2400、2700、3000、3300为有上亮子门。

2. 门的代号

门的材料代号为：木门M、钢木门GM、钢框木门G、铝合金门LM、塑钢门SM。

门的尺寸代号与前面所述窗的代号基本相同。

（八）门的选用与布置

1. 门的选用

门的选用应注意以下几点：

（1）一般公共建筑经常出入的向西或向北的门，应设置双道门或门斗，以避免冷风影响。外面一道用外开门，里面的一道门宜用双面弹簧门或电动推拉门。

（2）湿度大的门不宜选用纤维板门或胶合板门。

（3）大型营业性餐厅至备餐间的门，宜做成双扇上下行的单面弹簧门，带小玻璃。

（4）体育馆内运动员经常出入的门，门扇净高不得低于2200mm。

（5）托幼建筑的儿童用门，不得选用弹簧门，以免挤手碰伤。

（6）所有的门若无隔音要求，不得设门槛。

2. 门的布置

门的布置应注意以下几点：

（1）两个相邻并经常开启的门，应避免开启时相互碰撞。

（2）向外开启的平开外门，应有防止风吹碰撞的措施。如将门退进墙洞，或设门挡风钩等固定措施，并应避免开足时与墙垛腰线等突出物碰撞。

（3）门开向不宜朝西或朝北，以减少冷风对室内环境的影响。

（4）门框立口宜立墙里口（内开门）、墙外口（外开门），也可立中口（墙中），以适用方便、装修、连接的要求。

（5）凡无间接采光通风要求的套间内门，不需设上亮子，也不需设纱扇。

（6）经常出入的外门宜设雨罩，楼梯间外门雨罩下如设吸顶灯时，应防止被门扉碰碎。

（7）变形缝外不得利用门框盖缝，门扇开启时不得跨缝。

（8）住宅内门位置和开向，应结合家具布置考虑。

二、窗的分类和构造

（一）窗的分类

窗的类型很多，由于开启形式、使用材料和层数的不同，可以分为以下几种情况：

1. 以开启形式分

（1）平开窗：这是使用最为广泛的一种。平开窗可以内开亦可外开。

内开窗：玻璃扇开向室内。这种做法的优点是便于安装、修理及擦洗，在风雨侵袭时不易损坏。缺点是纱窗在外，容易锈蚀，不易挂窗帘，并且占据室内部分空间。这种做法适应于墙体较厚或在某些要求内开（如中小学）的建筑中采用。

外开窗：玻璃窗扇开向室外。这种做法的优点是不占室内空间，缺点是安装、修理及擦洗都很不便，而且容易受风的袭击、碰坏。高层建筑应尽量少用。

（2）推拉窗：这种做法的优点是窗扇开启不占室内空间。通常可以分为水平推拉窗和垂直推拉窗。水平推拉窗比较常见，构造简单。垂直推拉窗是用重锤通过钢丝绳平衡窗扇，构造较为复杂。

（3）旋转窗：这种窗的特点是窗扇沿一旋转轴旋转，实现开启。由于旋转轴的安装位置不同，分为上悬窗、中悬窗和下悬窗；也可以沿垂直轴旋转而成垂直旋转窗。

（4）固定窗：这是一种只供采光、不能通风的窗。

（5）百叶窗：这是一种以通风为主要目的的窗。由斜木片或金属片组成。多用于有特殊要求的部位。

各种窗型如图 1-3-102 所示。

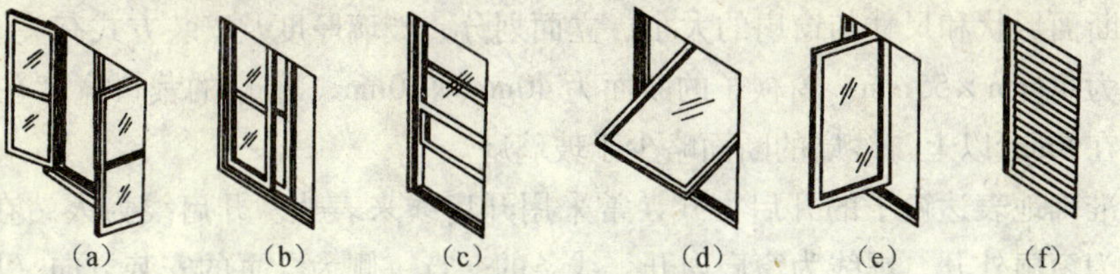

图 1-3-102　窗的类型

（a）平开窗；（b）水平推拉窗；（c）垂直推拉窗；（d）中悬窗；（e）立转窗；（f）百叶窗

2. 以使用材料分

（1）木窗：木窗是由含水率在18%左右的不易变形的木料制成，常用的有松木或与松木近似的木料。木窗加工方便，过去使用比较普遍。缺点是不耐久，容易变形。

（2）钢窗：钢窗是用热轧特殊断面的型钢制成的窗。断面有实腹与空腹两种。钢窗耐久、坚固、防火、挡光少，对采光有利，可以节省木材。其缺点是关闭不严，空隙大。现在已基本不用。特别是空腹钢窗已逐步取消。

（3）钢筋混凝土窗：这种窗的窗框部分采用钢筋混凝土做成，窗扇部分则采用木材或钢材。该窗制作比较麻烦，现在已基本不用。

（4）塑料窗：这种窗的窗框与窗扇部分均采用硬质塑料构成，其断面为空腹形，一般采用挤压成型。由于易老化和变形等问题已基本解决，故已得到大力推广。

（5）铝合金窗：主要用于商店橱窗等窗型。铝合金是采用铝镁硅系列合金钢材，表面呈银白色或深青铜色，其断面亦为空腹形，造价适中。

（二）窗的构造

1. 窗的部位名称

窗不论材料如何，一般均由窗框与窗扇两部分组成。下面以木窗为例，说明各组成部分的名称及断面形状。

图 1-3-103 为窗框构成图。窗框分为上槛、下槛（腰槛）、边框、中框等部分，其断面如图所示。

窗框的断面形状和尺寸与窗扇的层数、厚度、开启方式、裁口大小和当地风力有关。单层窗框的断面约为 60mm × 80mm，双层窗框约为 100 ~ 120mm，裁口宽度应稍大于窗扇厚度，深度应为 10 ~ 12mm。

图 1-3-104 为窗扇的构成图。它由上冒头、下冒头、窗棂子、边框（边梃）等部分组成，其断面如图所示。

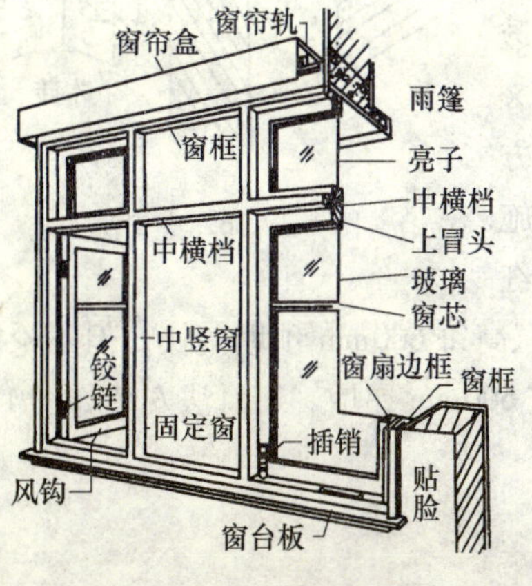

图 1-3-103　窗框构成

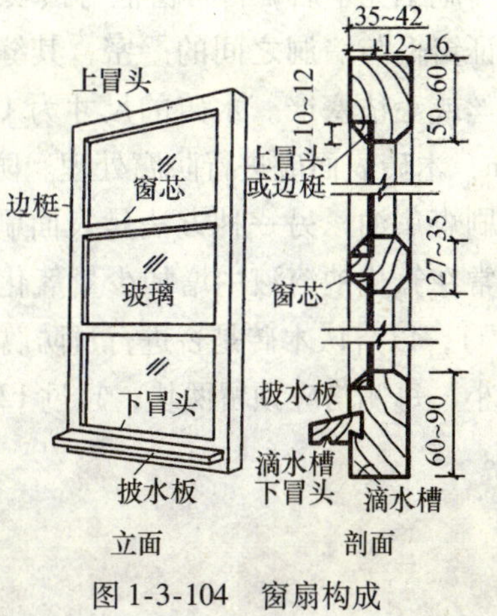

图 1-3-104　窗扇构成

窗扇断面形状和尺寸与窗扇的大小、立面划分、玻璃厚度及安装方式有关。边框和冒头的断面约为40mm×55mm。窗棂子的断面为40mm×30mm。窗扇的裁口宽度在15mm左右，裁口深度在8mm以上。纱扇的断面略少于玻璃扇。

为了准确地表达窗子的开启方式，常采用开启线来表达。开启线为人站在窗的外侧看窗，实线为窗扇外开，虚线为窗扇内开，线条的交点一侧为合页的安装方向（图1-3-105）。窗扇若平移，则用箭头来表示。

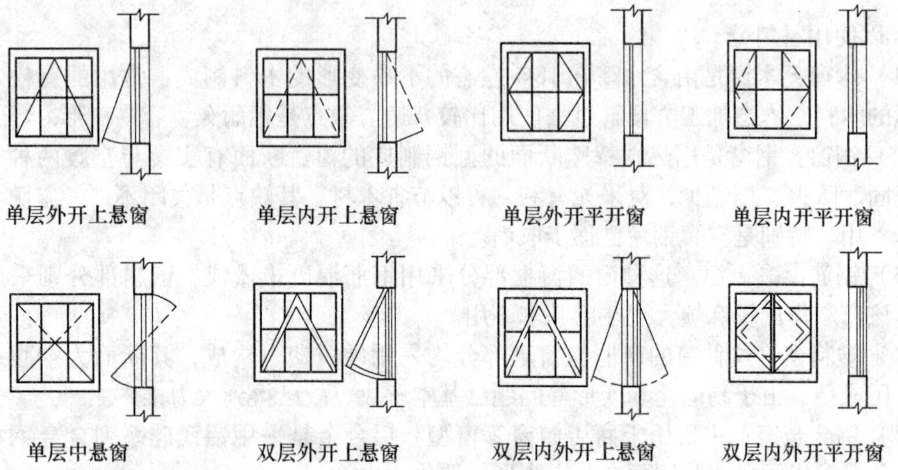

图1-3-105　窗开启线的表示方法

2. 窗的安装

窗的安装，包括窗框与墙的安装和窗扇与窗框的安装两部分。

窗框与墙的安装，分立口与塞口两种方法。立口是先立窗框，后砌墙体。为使窗框与墙连接牢固，应在窗框的上下槛各伸出120mm左右的端头，俗称“羊角头”。这种连接的优点是结合紧密，缺点是影响墙体砌筑速度。立口法安装如图1-3-106所示。塞口是先砌墙，在砌筑墙体时，预留窗洞口，同时预埋木砖，在墙体施工完毕后，再将窗框与预填木砖固定。同时，为保证窗框与墙洞之间的严密，其缝隙应用沥青浸透的麻丝或毛毡塞严。木砖的尺寸为120mm×120mm×60mm，木砖表面应进行防腐处理。防腐处理，一种方法是刷煤焦油，另一种方法是表面刷氟化钠溶液。施工时常在氟化钠溶液中增加少量氧化铁红（俗称“红土子”），以辨认木砖是否进行过防腐处理。木砖沿窗高每600mm预埋一块，但不论窗高尺寸大小，每侧均应预留两块；超过1200mm时，再按600mm递增。塞口法安装如图1-3-107所示。

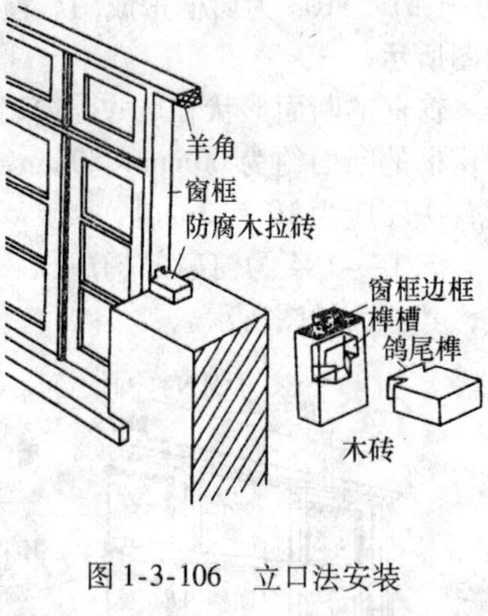

图1-3-106　立口法安装

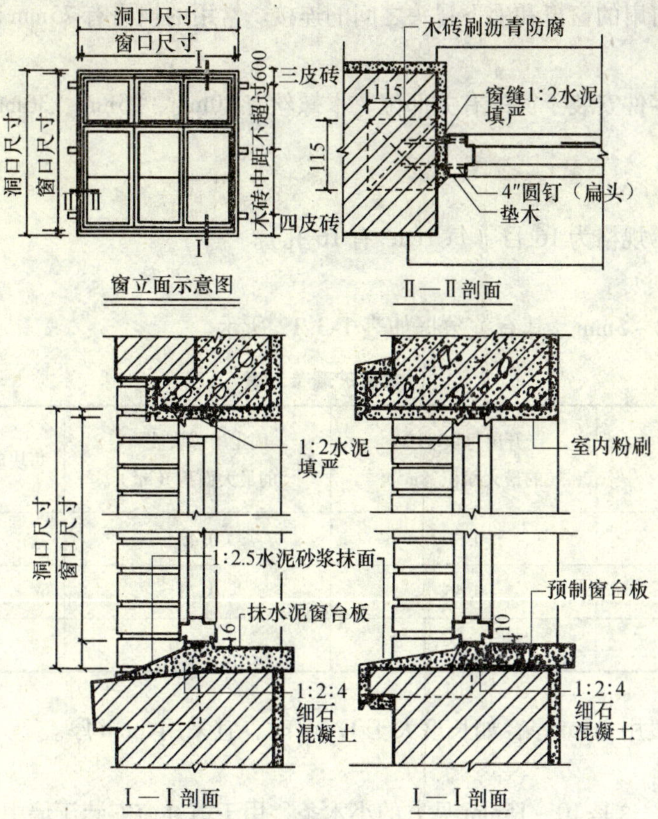

图 1-3-107　塞口法安装

窗扇与窗框的连接则是通过铰链（俗称“合页”）和木螺丝来连接的。

3. 窗的五金件

窗的五金零件有铰链、插销、窗钩、拉手及铁三角等。

（1）铰链

又称合页，是窗扇和窗框的连接零件，窗扇可绕铰链轴转动。铰链分固定和抽芯两种。抽芯铰链装卸窗扇方便，便于维修和擦洗玻璃。常用铰链规格有 50mm、75mm、100mm 等几种，按窗扇大小选用。

（2）插销

窗扇关闭后，由窗扇上部和下部的插销固定在窗框上。常用插销规格为 100mm、125mm、150mm。

（3）梃钩

又叫窗钩或风钩。用窗钩来固定开启后窗扇的位置。小窗可用50mm、75mm，大窗可用125mm、150mm 等规格。

（4）拉手

窗扇边框的中部可安装拉手，以利开关窗扇。其长度一般为 75mm。拉手有弓背和空心两种。

（5）铁三角

用它来加固窗扇的窗梃和上下冒头之间的连接。常用的规格有 75mm 和 100mm。

（6）木螺丝

用来把五金零件安装于窗的有关部位。木螺丝有 20mm、25mm、30mm、40mm 及 50mm 等规格。

（7）窗纱

窗纱为铁纱，规格为 16 目（每 $1cm^2$ 有 16 孔）。

（8）玻璃

玻璃厚度为 2～5mm，其有关数据如表 1-3-12 所示。

木窗玻璃参考表　　**表 1-3-12**

玻璃厚度（mm）	开扇每块玻璃的最大面积（m^2）	固定扇每块玻璃的最大面积（m^2）	每块玻璃最长边尺寸（mm）
2	0.35	0.45	900
3	0.55	0.70	1200
5	>0.55	>0.70	>1200

钢窗玻璃一般用 3mm 厚，如长度大于 1.2m 时，宜采用 5mm 厚。

4. 窗的附件

（1）压缝条：这是 10～15mm 见方的小木条，用于填补窗安装于墙中产生的缝隙，以保证室内的正常温度（图 1-3-108）。

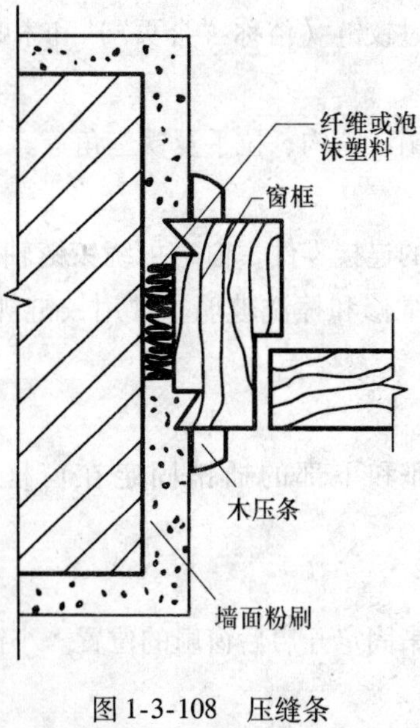

图 1-3-108　压缝条

（2）贴脸板：用来遮挡靠墙里皮安装窗扇产生的缝隙，其形状及安装方法如图 1-3-109 所示。

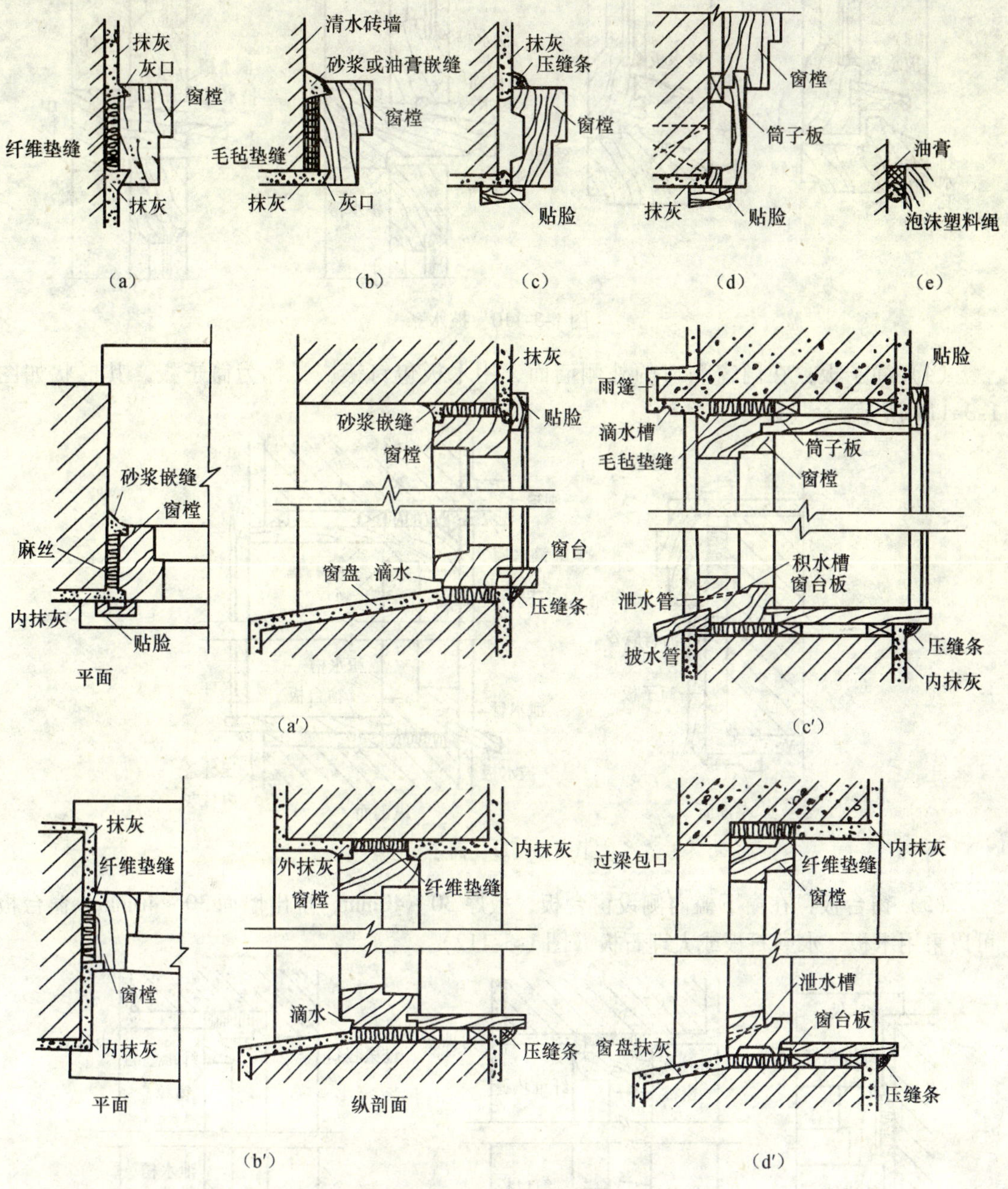

图 1-3-109　贴脸板

（a）窗樘做灰口抹灰；（b）灰口用砂浆或油膏嵌缝；

（c）灰缝做贴脸和压缝条盖缝；（d）墙面做筒子板和贴面；（e）泡沫塑料绳嵌缝；

（a′）窗与墙内平；（b′）窗在墙中部；（c′）窗与墙外平；（d′）窗设在外墙包口内

（3）披水条：披水条又称挡水条，其作用是防止雨水流入室内。一般内开窗设置在下口，外开窗设置在上口。其形状及安装方法如图 1-3-110 所示。

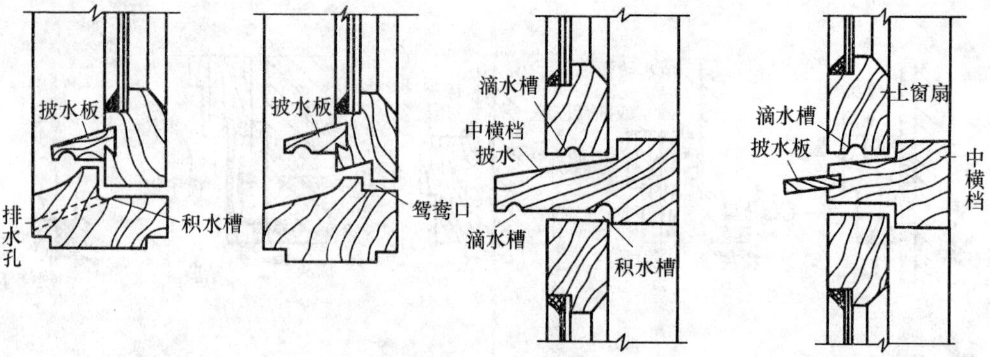

图 1-3-110　披水条

（4）筒子板：在门窗洞口的外侧墙面，用木板包钉镶嵌，称为筒子板。其形状如图 1-3-111 所示。

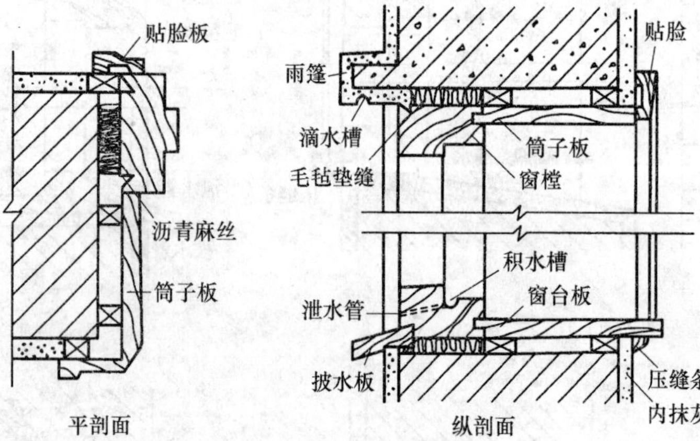

图 1-3-111　筒子板

（5）窗台板：在窗下槛内侧设窗台板，板厚 30～40mm，挑出墙面 30～40mm。窗台板可以采用木板、水磨石板或大理石板（图 1-3-112）。

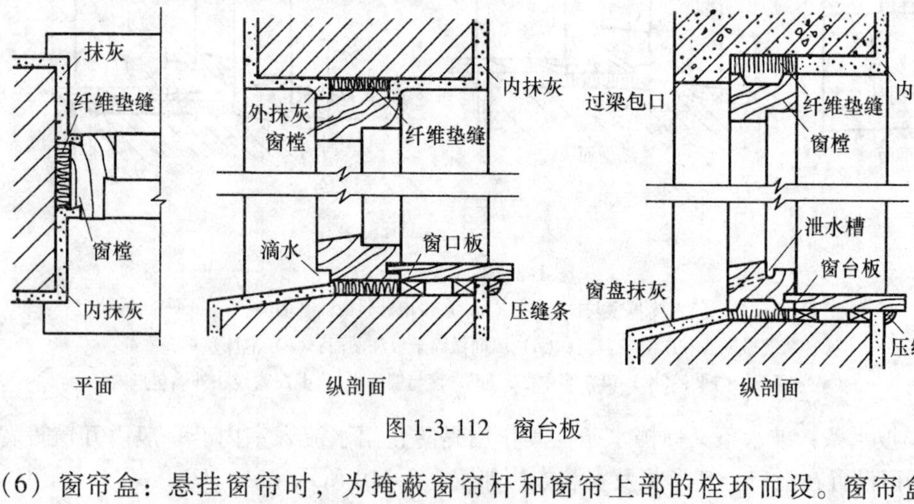

图 1-3-112　窗台板

（6）窗帘盒：悬挂窗帘时，为掩蔽窗帘杆和窗帘上部的栓环而设。窗帘盒三面用 25mm×100～150mm 木板镶成。窗帘杆有木、铜、铁等材料。一般用角钢或钢板伸入墙内，如图 1-3-113 所示。

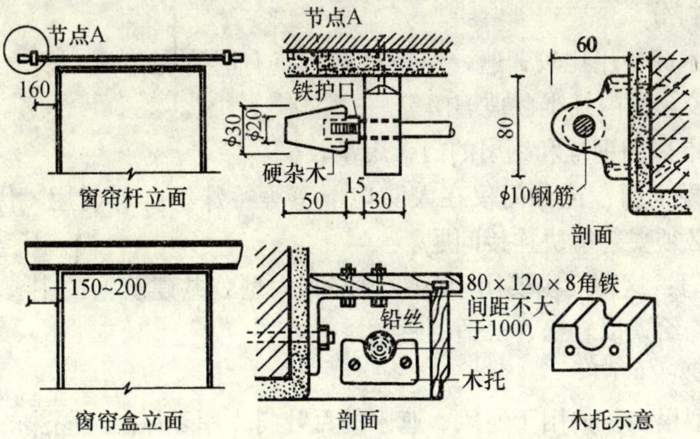

图 1-3-113　窗帘盒

三、门的分类和构造

（一）门的种类

门的类型很多，由于开启形式、所用材料及安装方式的不同，可以分为以下几种类型。

1. 以开启形式分

（1）平开门：平开门可以内开或外开，作为安全疏散门时一般应外开。在寒冷地区，为满足保温要求，可以做成内、外开的双层门。需要安装纱门的建筑，纱门与玻璃门为内、外开。

（2）弹簧门：又称自由门。分为单面弹簧门和双面弹簧门两种。这种门主要用于人流出入频繁的地方，但托儿所、幼儿园、养老院等类型建筑中经常出入的门，不可采用弹簧门，以免碰伤。弹簧门有较大的缝隙，冬季冷风吹入不利于保温。

（3）推拉门：这种门悬挂在门洞口上部的支承铁件上，然后左右推拉。其特点是不占室内空间，但封闭不严。

（4）旋转门：这种门呈十字形，安装于圆形的门框上，人进出时推门缓缓行进。这种门的隔绝能力强，保温、卫生条件好，常用于大型公共建筑的主要出入口。

（5）卷帘门：多用于商店橱窗或商店出入口外侧的封闭门。

（6）折门：又称折叠门。门关闭时，几个门扇靠拢一起，可以少占有效面积。

图 1-3-114 列举了几种门的外观图。

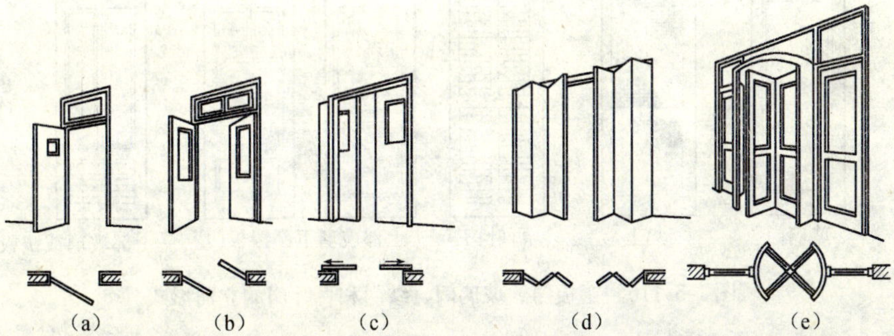

图 1-3-114　门的类型

(a) 平开门；(b) 弹簧门；(c) 推拉门；(d) 折叠门；(e) 旋转门

2. 以使用材料分

（1）木门：木门使用比较普遍，但重量较大，有时容易下沉。门扇的做法很多，如拼板门、镶板门、胶合板门及半截玻璃门等。

（2）钢门：指采用钢框和钢扇的门，用量较少。

（3）钢筋混凝土门：这种门仅在人防地下室等特殊场合有使用。优点是屏蔽性能好，缺点是自重大。必须妥善解决连接问题。

（4）铝合金门：这种门主要用于商业建筑和大型公共建筑物的主要出入口，表面呈银白色或深青铜色，给人以轻松、舒适的感觉。

3. 满足特殊要求的门

这种门的类型很多，如用于通风、遮阳的百叶门，用于保温、隔热的保温门，用于隔声的隔声门，以及防火门、防爆门等多种。近年，一些生产厂家整合门的多种功能把防盗、防火、防尘和隔热集中于一身，被称为“四防门”，体现了门正在向综合性的方向发展。

（二）门的各部名称

门不论采用什么材料，一般均由门框与门扇组成。下面以木门为例，说明各组成部分的名称及断面形状。

图 1-3-115 为门框的构造图，它由上槛、腰槛、边框、中框等部分组成。

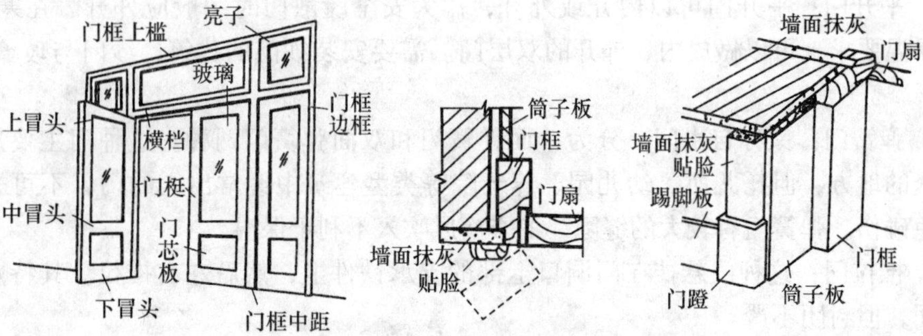

图 1-3-115　门框构造

门框的断面形状和尺寸由门扇的尺寸、开启方式及裁口大小等决定。门框的最小断面为 45mm × 90mm，裁口宽度应稍大于门扇厚度，裁口深度为 10 ~ 12mm。

图 1-3-116 为各种门扇的立面形式。

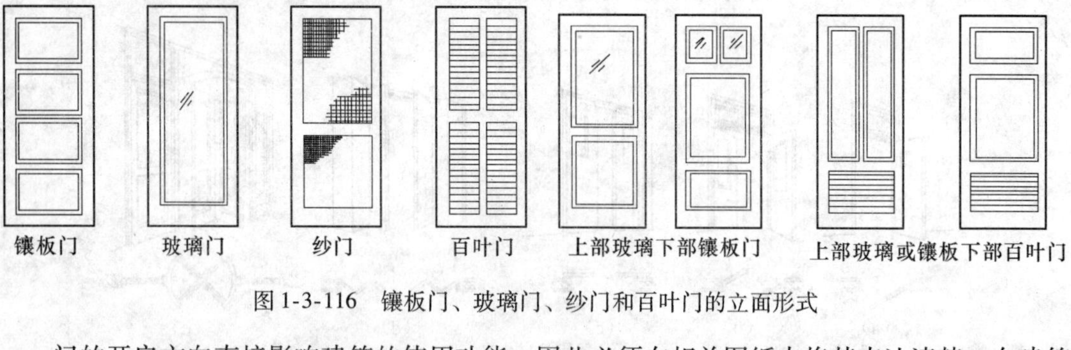

图 1-3-116　镶板门、玻璃门、纱门和百叶门的立面形式

门的开启方向直接影响建筑的使用功能，因此必须在相关图纸中将其表达清楚。在建筑平面图中，门的开启方式较易表达，一般用弧线或直线表示开启过程中门扇转动或平移的轨迹。

（三）门的构造

1. 夹板门

一般用于内门。浴室、厨房等潮湿房间不宜采用。夹板门内部是方木组成的木骨架，两面贴以胶合板。为节约木材，可使用纤维板代替胶合板，形成纤维板面门。为使夹板门内干燥，可在骨架内的横档留有$\phi 4 \sim \phi 6$的小孔。如需要提高门的保温隔声性能，可在夹板中间填入矿物毡。夹板门构造简单，表面平整，开关轻便，应用较为广泛。但不耐潮湿、日晒。夹板门上可以做小玻璃窗或百叶窗（图1-3-117）。

2. 镶板门

这种门由上、中、下冒头和边框组成骨架，中间镶入门芯板做成；也可以镶入玻璃，形成玻璃门。门芯板采用木板、胶合板、纤维板制成。下冒头的断面较上冒头大，底部应留有5mm的空隙。镶板门可用于室内或室外（图1-3-118）。

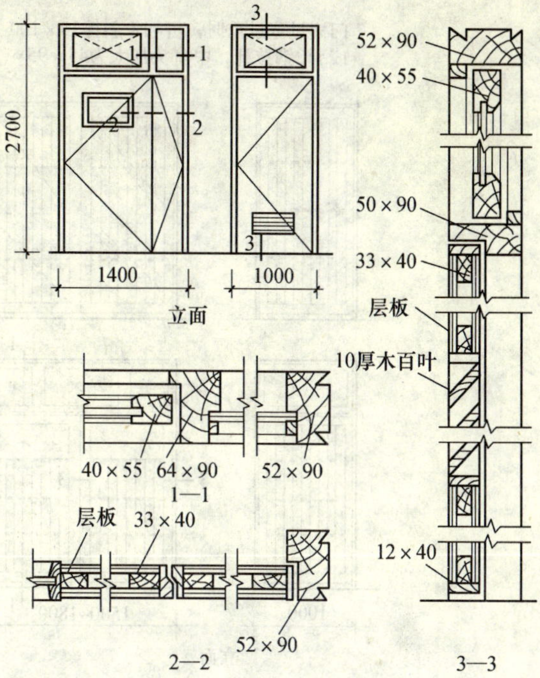

图1-3-117　夹板门

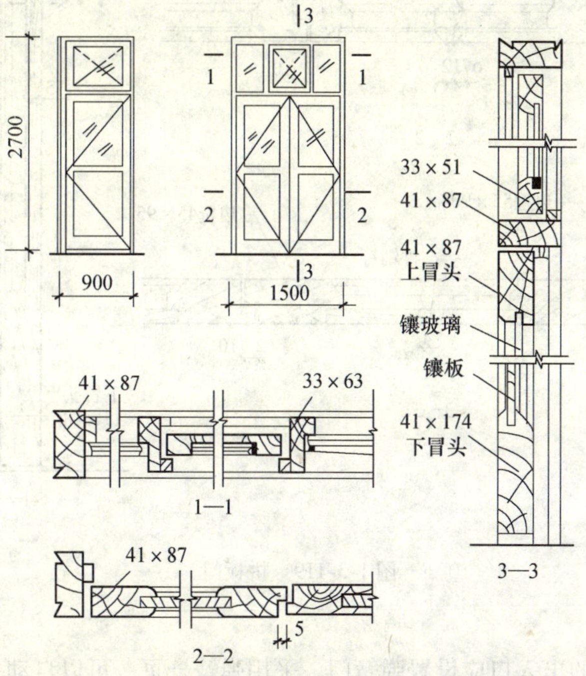

图1-3-118　镶板门的构造

3. 拼板门

这种门多用于外门或贮藏室、仓库的门，其做法与镶板门类似。制作时先作木框，将木拼板镶入。木拼板可以用15mm厚的木板，两侧留槽，用三夹板条穿入。木框四角要安装铁三角。门扇上部可以安装玻璃（图1-3-119）。

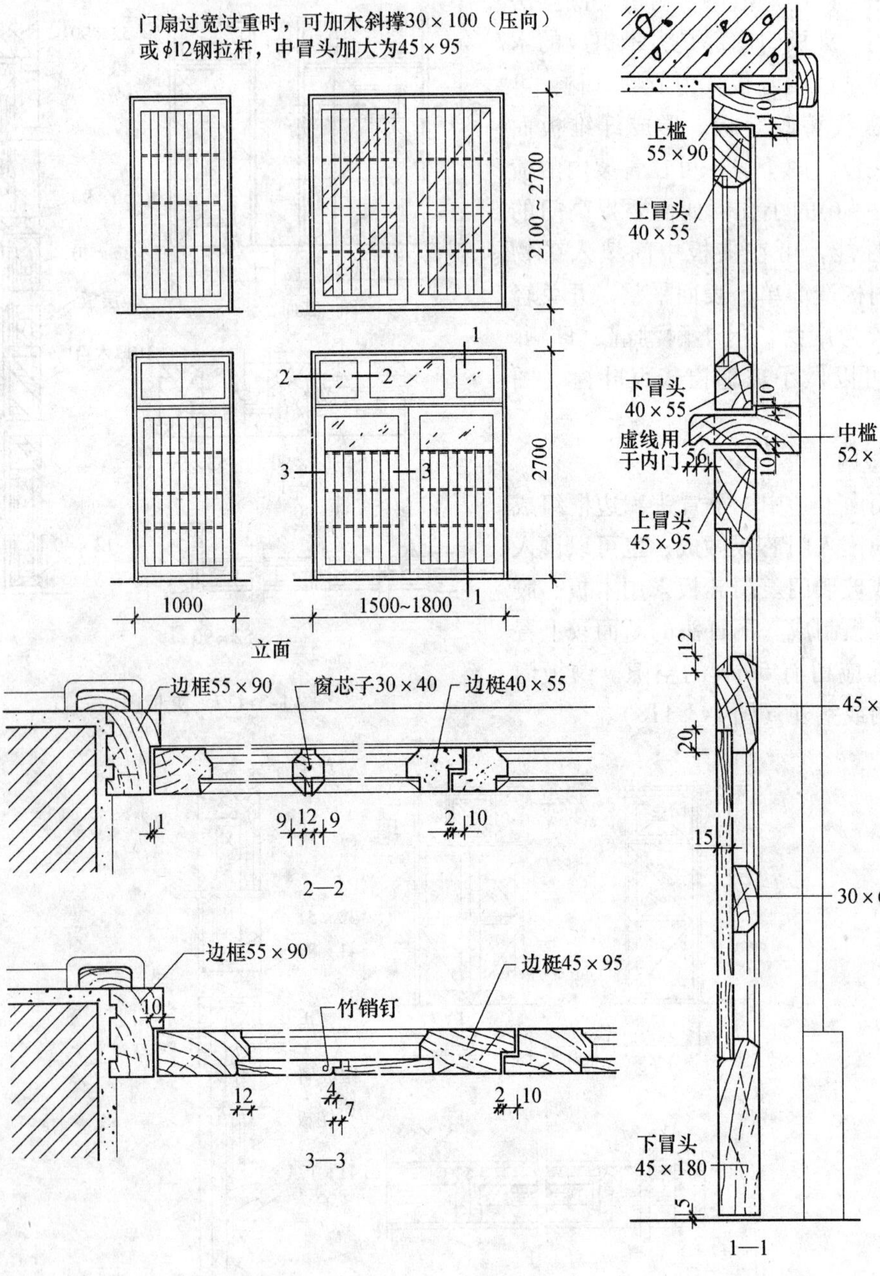

图1-3-119　拼板门

4. 弹簧门

在出入人流较多的出入口应设置弹簧门，采用弹簧合页，可以自动关闭。弹簧门的框料要相应增大，且不做裁口。为了适应人流多的特点，可以用玻璃或铝板作推板，或圆管扶手代替拉手，并在下冒头处钉以铝或铜踢脚板（图1-3-120）。

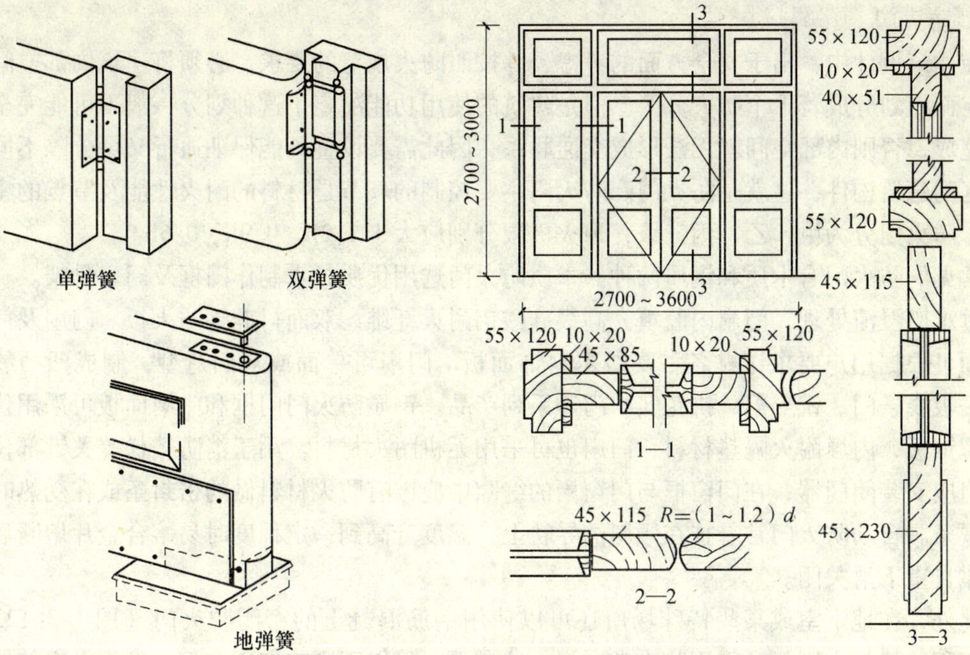

图 1-3-120　弹簧门

5. 纱门

纱门是为了便于通风、防止昆虫蚊蝇等飞入室内而设。其构造基本同镶板门，但框料稍小。铁纱、塑料纱是经常采用的面料。面料用木压条钉于框料上。纱门可装在外门的外侧或内侧。

6. 隔声门、冷藏门

这种门常采用多层复合结构，即在两层面板之间填以矿棉等材料，形成特制门（图 1-3-121）。

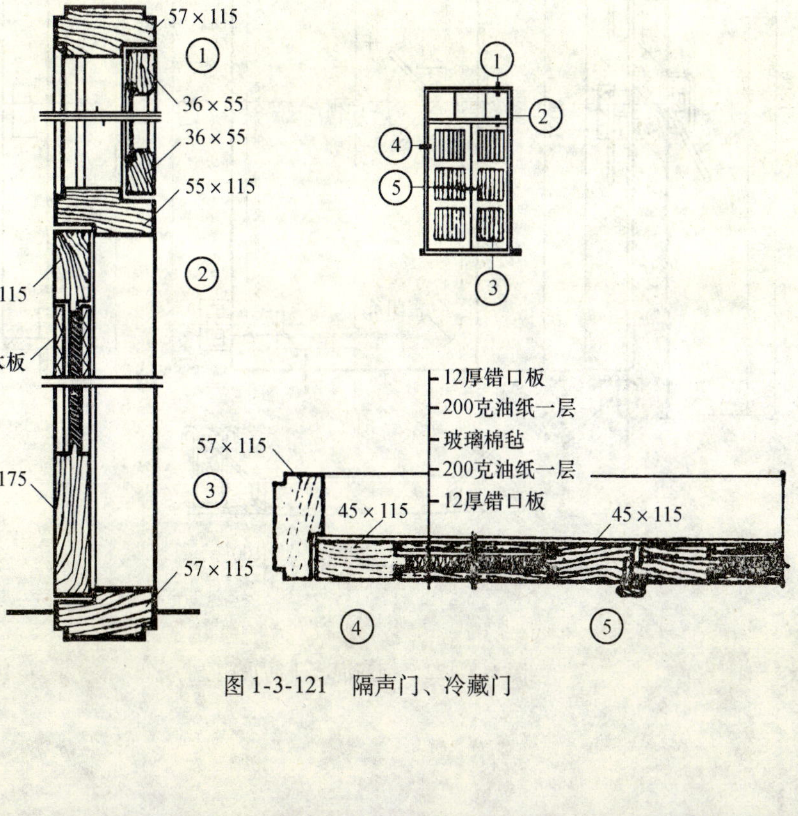

图 1-3-121　隔声门、冷藏门

7. 防火门

在建筑设计中，出于安全方面的考虑，并按照防火规范的要求，必须将建筑内部空间按每一定面积划分成若干个防火分区。但是建筑的使用功能决定了这种划分一般不可能完全由墙体完成，否则内部空间就无法形成交通联系，因此需要设置既能保证通行又可分隔不同防火分区的建筑构件，这就是防火门。防火门主要控制的环节是材料的耐火性能及节点的密闭性能。防火门分为甲、乙、丙三级，耐火极限分别应大于1.2h、0.9h、0.6h。

常见的防火门有木质和钢质两种。木质防火门选用优质杉木制作门框及门扇骨架。材料均经过难燃浸渍处理，门扇内腔填充高级硅酸铝耐火纤维，双面衬硅钙防火板。门扇及门框外表面可根据用户要求镶贴各种高级木料饰面板。门扇可单面或双面造型，制成凹凸线条门、平板线条门、铣形门、拼花实木门等系列产品。钢质防火门门框和门扇面板可采用优质冷轧薄钢板，内填耐火隔热材料，门扇也可采用无机耐火材料。用于消防楼梯等关键部位的防火门应安装闭门器，在门窗框与门窗扇的缝隙中应嵌有防火材料做的密封条或在受热时膨胀的嵌条。自动防火门常悬挂在倾斜的导轨上，温度升高到一定程度时易熔合金片熔断后门扇依靠自重下滑关闭。

此外，在地下室或某些特殊场所还可以使用钢筋混凝土的密闭防火门（图1-3-122）。在大面积的建筑中则经常采用防火卷帘门，这样平时可以不影响交通，而在发生火灾的情况下，可以有效地隔离各防火分区。

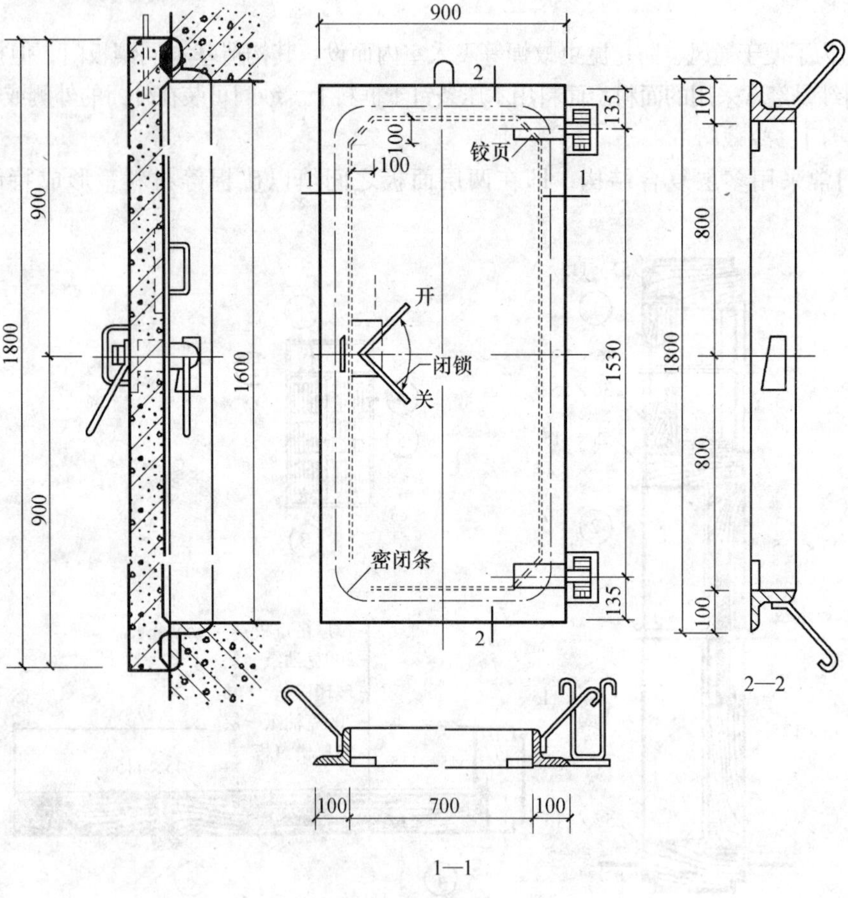

图1-3-122　钢筋混凝土防火门

8. 防射线门

放射线对人体有一定程度损害，因此对放射室要做防护处理。放射室内均须装置 X 光线防护门，主要镶钉铅板。铅板既可以包钉于门板外也可以夹钉于门板内。图 1-3-123 为防射线门的构造示意。

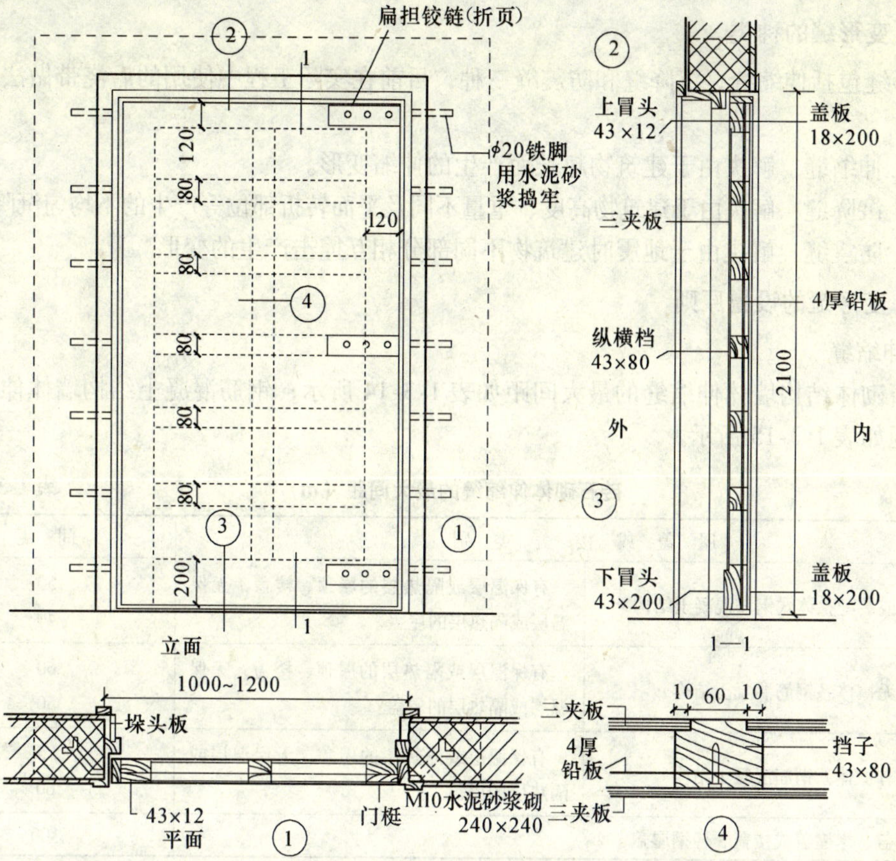

图 1-3-123　防射线门构造

（四）门的安装

门的安装包括门框与墙体的连接和门扇与门框的连接两部分，其做法与窗相似，这里不再重述。

（五）门的五金件

门的五金零件和窗相似，有铰链、拉手、插销及铁三角等，但规格较大。此外，还有门锁、门轧头、插销及弹簧合页等。

（六）玻璃

木门玻璃多用 3mm、5mm 厚，其有关数据如表 1-3-13 所示。

木门玻璃参考表　　**表 1-3-13**

玻璃厚度（mm）	开启门扇的每块玻璃		固定门扇最大玻璃面积（m^2）
	最大面积（m^2）	最长边尺寸（mm）	
3	0.35	800	0.65
5	>0.35	>800	>0.65

第七节　变　形　缝

变形缝是建筑中的一种安全防范措施。

一、变形缝的种类

变形缝包括伸缩缝、沉降缝和防震缝三种，目前在实际工程中使用的后浇带做法，也属于此类。

（1）伸缩缝：解决由于建筑物超长而产生的伸缩变形。

（2）沉降缝：解决由于建筑物高度、重量不同及平面转折部位等产生的不均匀沉降变形。

（3）防震缝：解决由于地震时建筑物不同部分相互撞击产生的变形。

二、变形缝的设置原则

1. 伸缩缝

砖石砌体结构墙体伸缩缝的最大间距如表 1-3-14 所示；钢筋混凝土结构墙体伸缩缝的最大间距如表 1-3-15 所示。

砖石砌体伸缩缝的最大间距（m）　　**表 1-3-14**

屋盖或楼盖类别		间距
整体式或装配整体式钢筋混凝土结构	有保温层或隔热层的屋顶、楼盖，无保温层或隔热层的屋盖	50 40
装配式无檩体系钢筋混凝土结构	有保温层或隔热层的屋顶、楼盖，无保温层或隔热层的屋盖	60 50
装配式有檩体系钢筋混凝土结构	有保温层或隔热层的屋盖，无保温层或隔热层的屋顶	75 60
瓦材屋盖、木屋盖或楼盖、轻钢屋盖		100

注：当有实践经验和可靠根据时，可不遵守本表的规定。

钢筋混凝土结构伸缩缝的最大间距（m）　　**表 1-3-15**

结构类型		室内或土中	露　天
排架结构	装配式	100	70
框架结构	装配式	75	50
	现浇式	55	35
剪力墙结构	装配式	65	40
	现浇式	45	30
挡土墙、地下室墙壁等类结构	装配式	40	30
	现浇式	30	20

2. 沉降缝

凡符合下列情况之一者，应设置沉降缝：

（1）当建筑物建造在不同的地基土壤上时；

（2）当同一建筑物相邻部分高度相差在两层以上或部分高度差超过 10m 以上时；

（3）当建筑物部分的基础底部压力值有很大差别时；

（4）在原有建筑物和扩建建筑物之间；

（5）当相邻的基础宽度和埋置深度相差悬殊时；

（6）在平面形状较复杂的建筑中，为了避免不均匀下沉，应将建筑物平面划分成几个单元，在各个部分之间设置沉降缝。

3. 防震缝

多层砌体房屋和底部框架、内框架房屋，遇下列情况之一应设置防震缝，且缝两侧均应设置墙体。

（1）房屋立面高差在6m以上；

（2）房屋有错层，且楼板高差较大；

（3）各部分结构刚度截然不同。

高层钢筋混凝土房屋宜避免采用不规则建筑结构方案，不设防震缝，当需要设置时，应符合建筑抗震设计规范的要求。

防震缝应将房屋分成若干个形体简单、结构刚度均匀的独立单元。

三、变形缝的宽度尺寸及构造要点

1. 伸缩缝

由于基础埋在土中，受温度变化的影响不大，故基础可不必设伸缩缝。伸缩缝的宽度为20～40mm。

2. 沉降缝

由于沉降缝的设缝目的是解决不均匀沉降变形，故应从基础开始断开。沉降缝的宽度按表1-3-16所列尺寸选取。

房屋沉降缝宽度 **表1-3-16**

地基性质	建筑物高度	沉降缝宽度（mm）
一般地基	$H<5$m	30
	$H=5\sim10$m	50
	$H=10\sim15$m	70
软弱地基	2～3层	50～80
	4～5层	80～120
	5层以上	不小于120
湿陷性黄土地基		≥30～70

3. 防震缝

防震缝的宽度应根据地震设防烈度和房屋高度确定。

多层砌体房屋和底层框架房屋、内框架房屋的防震缝宽度为50～100mm。

框架结构房屋的防震缝宽度应符合下列要求：

（1）房屋的高度在15m及15m以下时，取70mm。

（2）房屋的高度超过15m时：

设计烈度为6度，高度每增加5m，缝宽增加20mm；

设计烈度为 7 度，高度每增加 4m，缝宽增加 20mm；

设计烈度为 8 度，高度每增加 3m，缝宽增加 20mm；

设计烈度为 9 度，高度每增加 2m，缝宽增加 20mm。

高层建筑按建筑总高的 1/250 考虑（8 度区）。

防震缝应该沿建筑的全高设置，其两侧应布置墙，基础可以不设置防震缝。在地震设防的地区，沉降缝和伸缩缝应该符合防震缝的要求。

四、变形缝的盖缝处理

变形缝一般均通过墙、地面、楼板及屋顶等部分，这些部位均应作好盖缝处理。

（1）墙体内外表面：墙体外表面一般采用金属板作盖缝处理，墙体内表面可以采用金属板或木板作盖缝处理。

（2）地面：底层地面在缝隙两端用角钢封边进行过渡。

（3）楼板：楼板上部楼地面在缝隙两端用角钢作封边，并用橡胶垫或金属板过渡。楼板下部用木板或金属板过渡。

（4）屋顶：屋顶部分在缝隙两侧砌筑 120mm 厚砖墙，上部用铁皮或钢筋混凝土板覆盖，缝中填沥青麻丝。屋顶板下部与楼板下部做法相同。

各部分的盖缝处理如图 1-3-124 ~ 图 1-3-127 所示。

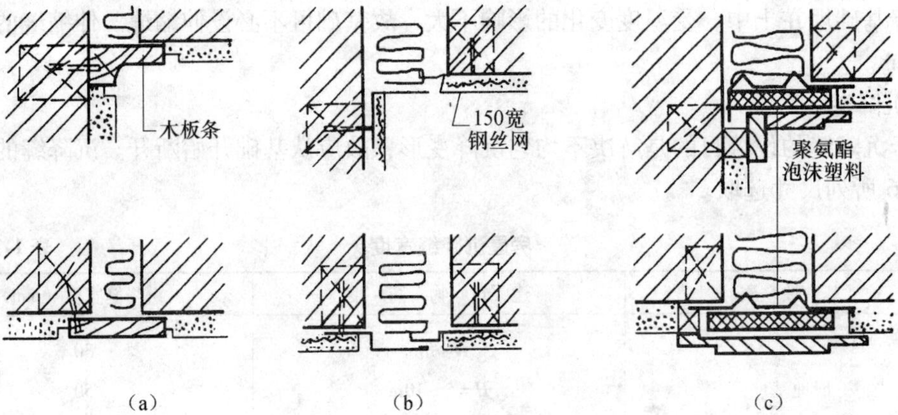

图 1-3-124　内墙面变形缝盖缝节点

（a）内墙伸缩缝盖缝；（b）内墙沉降缝盖缝；（c）内墙抗震缝盖缝

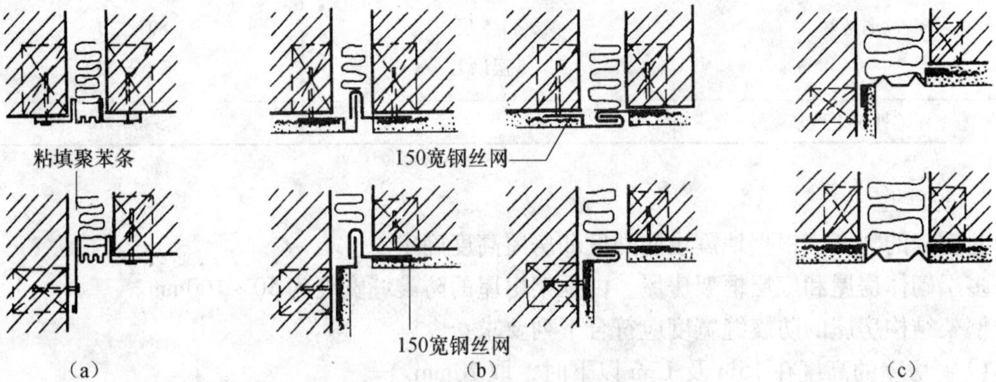

图 1-3-125　外墙面变形缝盖缝节点

（a）外墙伸缩缝盖缝；（b）外墙沉降缝盖缝；（c）外墙抗震缝盖缝

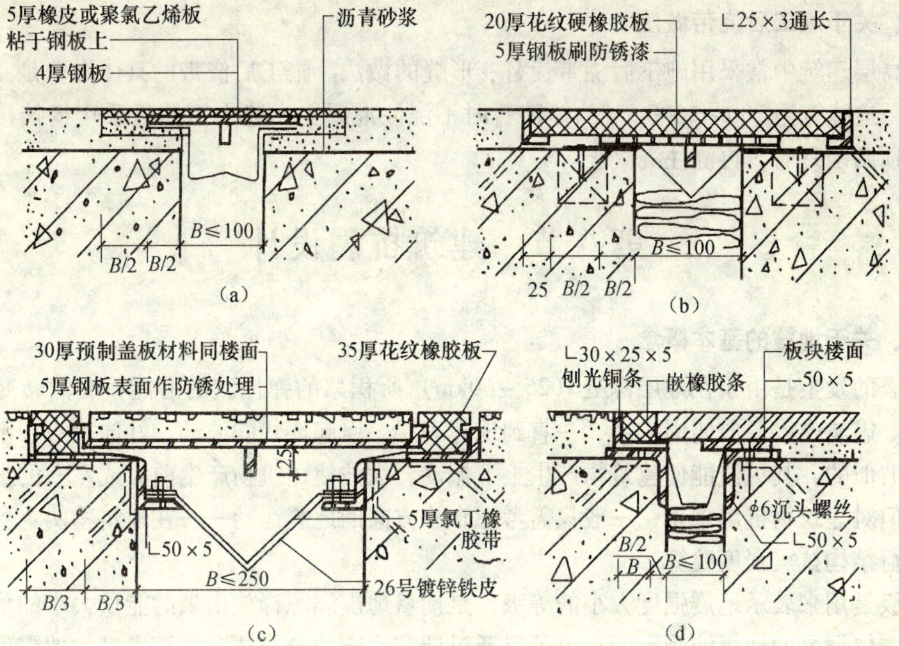

图 1-3-126　楼面变形缝盖缝构造

(a) 粘贴盖缝面板的做法；(b) 搁置盖缝面板的做法；

(c) 采用与楼板面层同样材料盖缝的做法；(d) 单边挑出盖缝板的做法

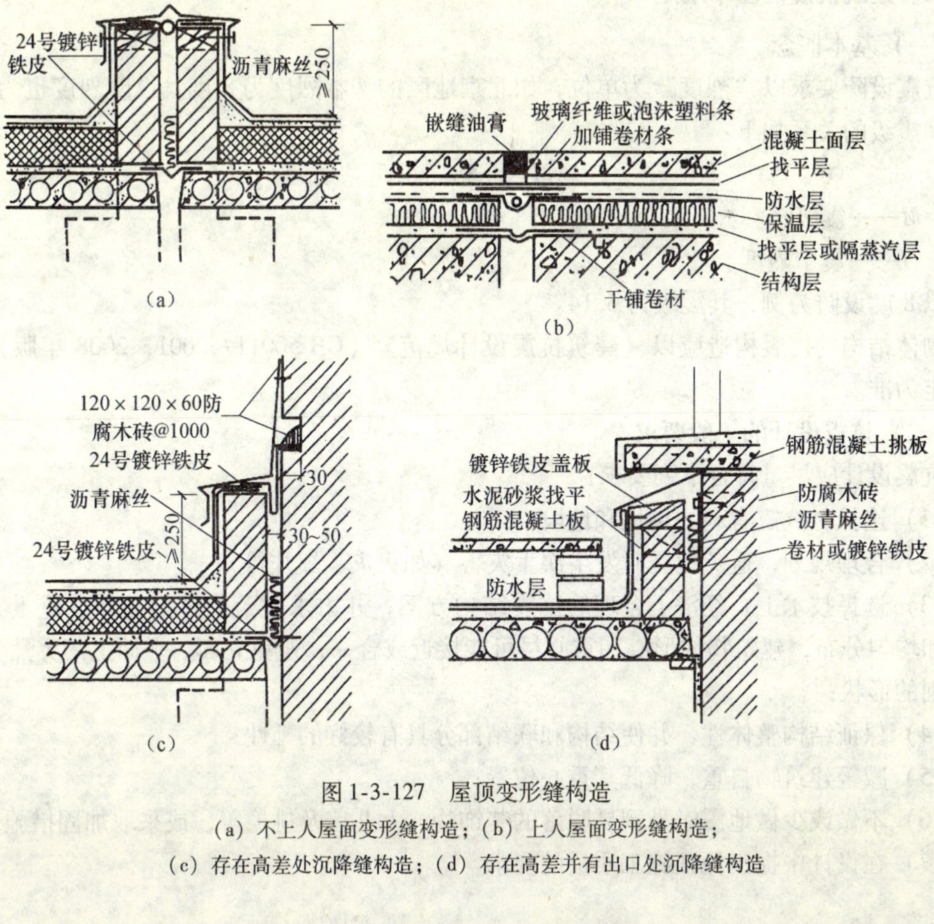

图 1-3-127　屋顶变形缝构造

(a) 不上人屋面变形缝构造；(b) 上人屋面变形缝构造；

(c) 存在高差处沉降缝构造；(d) 存在高差并有出口处沉降缝构造

五、关于施工后浇带做法

在高层建筑中常采用施工后浇带代替变形缝的做法。施工后浇带的具体做法是：每30～40m 留一道缝宽为700～1000mm 的缝隙暂时不浇注混凝土，缝中钢筋可采用搭接接头，在结构封顶两个月后，再浇注混凝土。

第八节　建筑抗震设计

一、关于地震的基本概念

地震的发生是由于在地层深处（25～60km）所积累的弹性波的潜能，突然转变为动能的结果。震波由震源向四周扩展，一直到地壳表层，引起环状的波动，好像投石于水中所形成的水波似的。其纵波能使建筑物产生上下振动，横波使建筑物产生前后或左右的水平侧向晃动。但对建筑物抗震来说，一般只需考虑水平方向的地震运动——在建筑物两个主轴方向分别进行结构抗震强度验算。

震级是用来表示地震强度大小的等级，是衡量地震震源释放出来的能量大小的量度，是根据地震仪记录的地震波测定的，也可以通过地震影响的分布情况推算出来。地震烈度是表示地面及建筑物受到破坏的程度。震中区的烈度最大，叫震中烈度。地震震级同震中烈度既有区别，又相互联系。

二、建筑抗震的基本规定

（一）基本概念

抗震设防要求以“烈度”为单位，如北京地区的基本烈度为8度，设防烈度也为8度。烈度和震级的关系如下：

$$M = 0.58I + 1.5$$

式中　M——震级；

　　　I——震中烈度。

以8度设防为例，其震级为6.14。

砌体结构的抗震构造应以《建筑抗震设计规范》（GB 50011—2001，2008年版）的有关规定为准。

（二）抗震设计的一般要求

抗震设计应尽量符合下列要求：

（1）选择对抗震有利的场地和地段；

（2）合理规划，避免地震时发生次生灾害（如火灾、爆炸等）；

（3）选择技术上、经济上合理的抗震结构方案，并力求建筑物体形简单，重量、刚度对称和均匀分布，建筑物的形心和重心尽可能接近或合一，避免立面、平面上的突然变化和不规则的形状；

（4）保证结构整体性，并使结构和联结部分具有较好的延性；

（5）减轻建筑物自重，降低其重心位置；

（6）不做或少做地震时易倒易脱落的装饰物、女儿墙及挑檐等，或采取加固措施；

（7）在设计中提出保证施工质量的要求。

（三）抗震设计的一般规定

1. 限制房屋总高度和层数

砌体结构房屋总高度和层数应以表 1-3-17 为准。

房屋的层数和总高度限值（m） 表 1-3-17

房屋类别		最小墙厚（mm）	烈度							
			6		7		8		9	
			高度	层数	高度	层数	高度	层数	高度	层数
多层砌体	普通砖	240	24	8	21	7	18	6	12	4
	多孔砖	240	21	7	21	7	18	6	12	4
	多孔砖	190	21	7	18	6	15	5	—	—
	小砌块	190	21	7	21	7	18	6	—	—
底部框架-抗震墙		240	22	7	22	7	19	6	—	—
多排柱内框架		240	16	5	16	5	13	4	—	—

房屋的总高度指室外地面到主要屋面板板顶或檐口的高度。半地下室从地下室室内地面算起；全地下室和嵌固条件好的半地下室应允许从室外地面算起；对带阁楼的坡屋面应算到山尖墙的 1/2 高度处。室内外高差大于 0.6m 时，房屋高度应允许比表中数值适当增加，但不应多于 1m。

普通砖、多孔砖和小砌块砌体承重的房屋层高不宜超过 3.6m，底部框架-抗震墙房屋的底部和内框架房的层高不宜超过 4.5m。

对于地震时使用功能不能中断或需尽快恢复的建筑，应参照表 1-3-17 的规定减少一层且建筑总高度应降低 3m。

2. 限制建筑体形高宽比

限制体形高宽比可以减少过大的侧移，保证建筑的稳定。砌体结构房屋总高度与总宽度的最大比值，应符合表 1-3-18 的有关规定。

房屋最大高宽比 表 1-3-18

烈度	6	7	8	9
最大高宽比	2.5	2.5	2.0	1.5

从表 1-3-18 中可以看出，若在 8 度设防区，建造高度为 18m 的砌体结构房屋，其宽度不应小于 9m。

单面走廊房屋的总宽度不包括走廊宽度。

3. 砌体结构房屋的结构体系要求

（1）应优先采用横墙承重，或纵横墙共同承重的结构体系。

（2）纵横墙的布置宜均匀对称，沿平面内宜对齐，沿竖向应上下连续，同一轴线的窗间墙宜均匀。

（3）楼梯间不宜设置在房屋的尽端或转角处。

（4）不宜采用无锚固的钢筋混凝土预制挑檐。

（5）烟道、风道及垃圾道等不应削弱墙体；当墙体被削弱时，应对墙体采取加强措施；不宜采用无竖向配筋的附墙烟囱及出层面的烟囱。

（6）教学楼、医院等横墙较少、跨度较大的房屋，宜采用现浇钢筋混凝土楼、屋盖。

4. 设置防震缝

在 8 度和 9 度设防区，符合下列情况之一时，宜设置防震缝。

（1）房屋立面高差在6m以上；

（2）房屋有错层，且楼板高差较大；

（3）各部分结构刚度、质量截然不同。

防震缝的两侧应设置墙体，缝宽可采用50～100mm。

5. 限制横墙最大间距

砌体结构横墙最大间距不应超过表1-3-19的规定。

房屋抗震横墙最大间距（m） **表1-3-19**

房屋类别		烈度			
		6度	7度	8度	9度
多层砌体	现浇或装配整体式钢筋混凝土楼、屋盖	18	18	15	11
	装配式钢筋混凝土楼、屋盖	15	15	11	7
	木楼、屋盖	11	11	7	4
底部框架-抗震墙	上部各层	同多层砌体房屋			—
	底层或底部两层	21	18	15	—
多排柱内框架		25	21	18	—

多层砌体房屋的顶层，最大横墙间距应允许适当放宽。

6. 限制房屋的局部尺寸

砌体结构房屋的局部尺寸应符合表1-3-20的有关规定。

房屋的局部尺寸限值（m） **表1-3-20**

部位	烈度			
	6	7	8	9
承重窗间墙最小宽度	1.0	1.0	1.2	1.5
承重外墙尽端至门窗洞边的最小距离	1.0	1.0	1.2	1.5
非承重外墙尽端至门窗洞边的最小距离	1.0	1.0	1.0	1.0
内墙阳角至门窗洞边的最小距离	1.0	1.0	1.5	2.0
无锚固女儿墙（非出入口处）的最大高度	0.5	0.5	0.5	0.0

局部尺寸不足时应采取局部加强措施弥补；出入口处的女儿墙应有锚固；多层多排柱内框架房屋的纵向窗间墙宽度，不应小于1.5m。

三、圈梁和构造柱

圈梁和构造柱是抗震设防的重要构造，可提高建筑物的整体性和抗震性、延性，从而提高抗震性能。

1. 圈梁

（1）圈梁的种类

在砌体结构中，圈梁常采用以下两种做法：

1）砖配筋圈梁。这种圈梁是在楼层标高的墙身上，在砌体灰缝中加入钢筋，其加设原则是：梁高4～6皮砖，钢筋不宜少于6ϕ6，钢筋水平间距不宜大于120mm，砂浆强度等级不宜低于M5，钢筋应分上下两层布置。如图1-3-128所示。

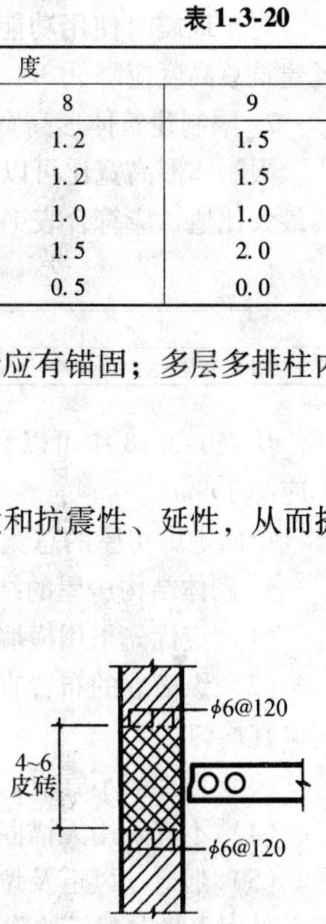

图1-3-128 砖配筋圈梁

2）现浇钢筋混凝土圈梁。这是在施工现场支模、绑钢筋，并浇注混凝土形成的圈梁。

（2）钢筋混凝土圈梁的设置原则

钢筋混凝土圈梁的设置原则如表1-3-21所示。

砖房钢筋混凝土圈梁的设置原则　　　　表 1-3-21

圈梁设置及配筋		设计烈度		
		6、7度	8度	9度
圈梁设置	沿外墙及内纵墙	屋盖处及每层楼盖处必须设置	屋盖处及每层楼盖处设置	同左
	沿内横墙	同上，屋盖处间距不应大于7m，楼盖处间距不应大于15m，构造柱对应部位	同上，屋盖处沿所有横墙且间距不应大于7m，楼盖处间距不应大于7m，构造柱对应部位	同上，各层所有横墙
配筋	最小纵筋	$4\phi10$	$4\phi12$	$4\phi14$
	最大箍筋间距（mm）	250	200	150

圈梁要求的间距内无横墙时，应在板或板缝中配筋替代圈梁。

（3）钢筋混凝土圈梁的有关问题

钢筋混凝土圈梁的宽度宜与墙厚相同，当墙厚不小于190mm时，其宽度可不小于墙厚的2/3，高度不应小于200mm。基础圈梁高度不应小于200mm，配筋不小于$4\phi12$。

钢筋混凝土圈梁在墙身上的位置应考虑充分发挥作用，并满足最小断面尺寸。外墙圈梁一般与楼板相平，内墙圈梁一般在板下。

图1-3-129表示了圈梁、楼板与墙体的结合构造。

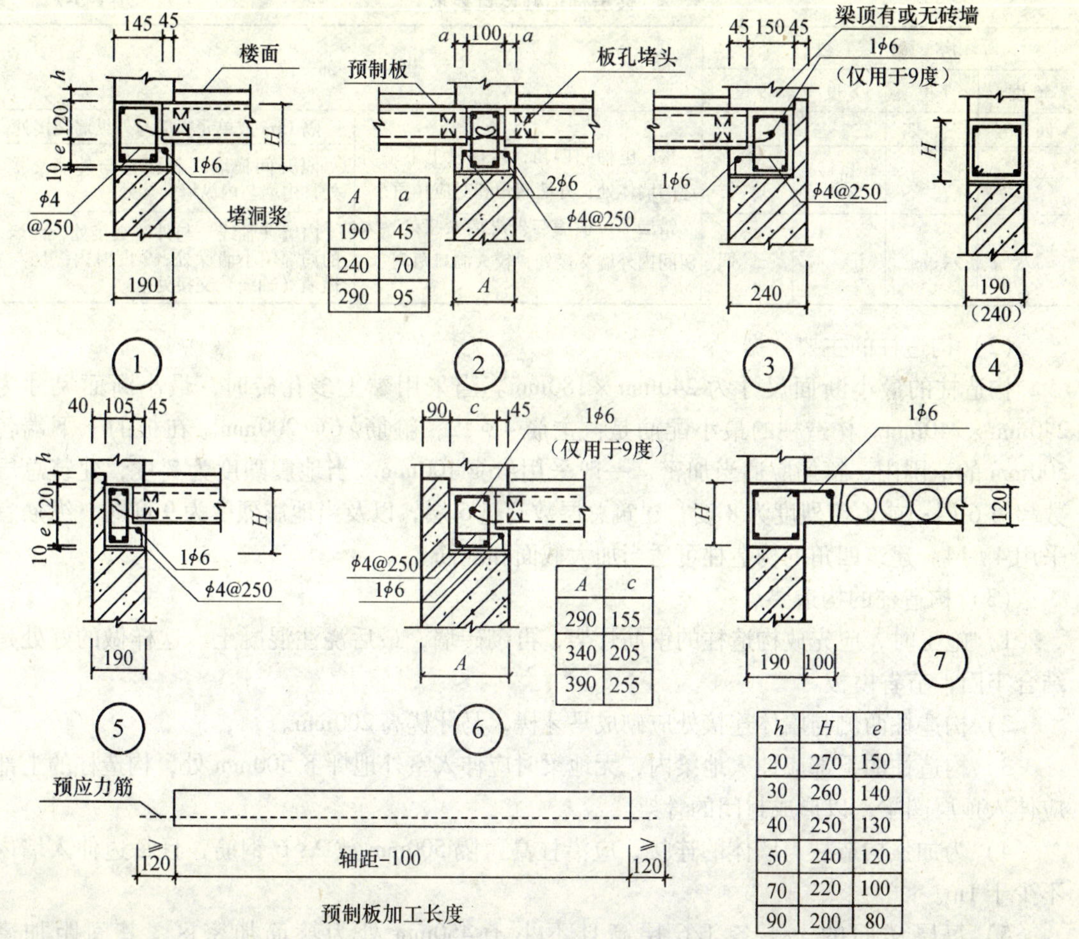

图 1-3-129　圈梁、楼板与墙体的结合构造

钢筋混凝土圈梁被门窗洞口截断时，应在洞口部位增设相同截面的附加圈梁。附加圈梁与圈梁的搭接长度不应小于其中到中垂直间距的两倍，并不得小于1m，如图1-3-130所示。

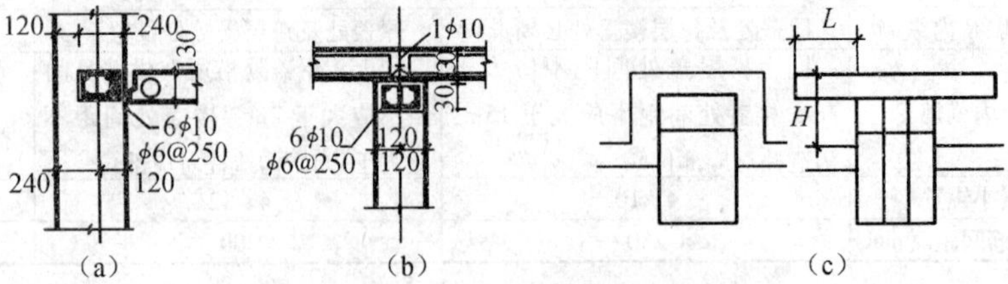

图1-3-130 钢筋混凝土圈梁

(a) 外墙圈梁与板平；(b) 内墙圈梁在板下；(c) 附加圈梁 $L=2.0H$

2. 构造柱

(1) 构造柱的加设原则

抗震8度设防时，构造柱一般加设在以下三个位置上，即外墙转角、内外墙交接处（包括内横墙外纵墙及内纵墙外横墙两部分）及楼梯间处。多层黏土砖房构造柱的设置要求如表1-3-22所示。

砖房构造柱设置要求 **表1-3-22**

房屋层数				设置部位	
6度	7度	8度	9度		
四、五	三、四	二、三		楼、电梯间四角，楼梯段上下端对应的墙体处；外墙四角和对应转角；错层部位横墙与外纵墙交接处，大房间内外墙交接处，较大洞口两侧	隔15m或单元横墙与外纵墙交接处
六、七	五	四	二		隔开间横墙（轴线）与外墙交接处，山墙与内纵墙交接处
八	六、七	五、六	三、四		内墙（轴线）与外墙交接处，内墙的局部较小墙垛处；9度时内纵墙与横墙（轴线）交接处

(2) 构造柱的主要数据

构造柱的最小断面尺寸为240mm×180mm。当采用黏土多孔砖时，最小断面尺寸为240mm×240mm。构造柱的最小配筋是：主筋4ϕ12，箍筋ϕ6@200mm。在板的上下端各500mm的范围内，箍筋应适当加密，一般采用ϕ6@100mm。当地震烈度为7度，建筑总层数超过6层；或地震烈度为8度，建筑总层数超过5层，以及当地震烈度为9度时，纵筋宜采用4ϕ14。建筑四角的构造柱可适当加大截面和配筋。

(3) 构造柱的构造要点

1) 施工时，应先放构造柱的钢筋骨架，再砌砖墙，最后浇注混凝土。这样做的好处是结合牢固，节省模板。

2) 构造柱两侧与墙体连接处应砌成马牙槎，马牙槎高200mm。

3) 构造柱的下部应伸入地梁内，无地梁时应伸入室外地坪下500mm处，构造柱的上部应伸入顶层圈梁，以形成封闭的骨架。

4) 为加强构造柱与墙体的连接，应沿柱高每隔500mm放2ϕ6钢筋，且每边伸入墙内不少于1m。

5) 每层楼面的上下各1/6层高且不小于450mm处为箍筋加密区，其间距加密至100mm。

构造柱的做法如图1-3-131所示，墙拉筋和构造柱剖面做法如图1-3-132所示。

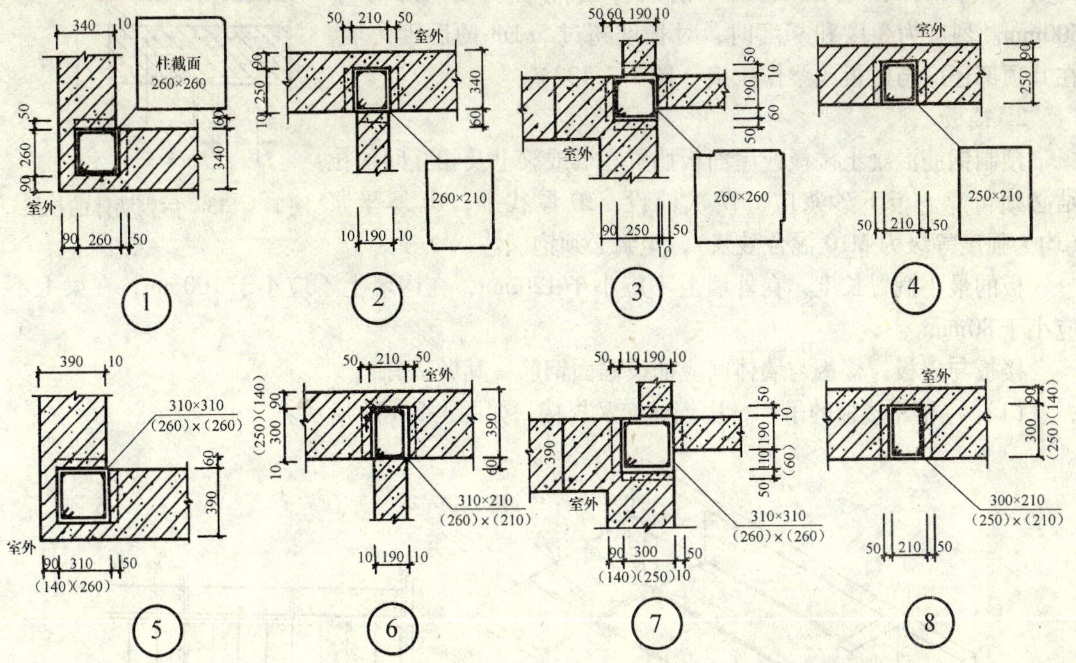

图 1-3-131　构造柱平面节点

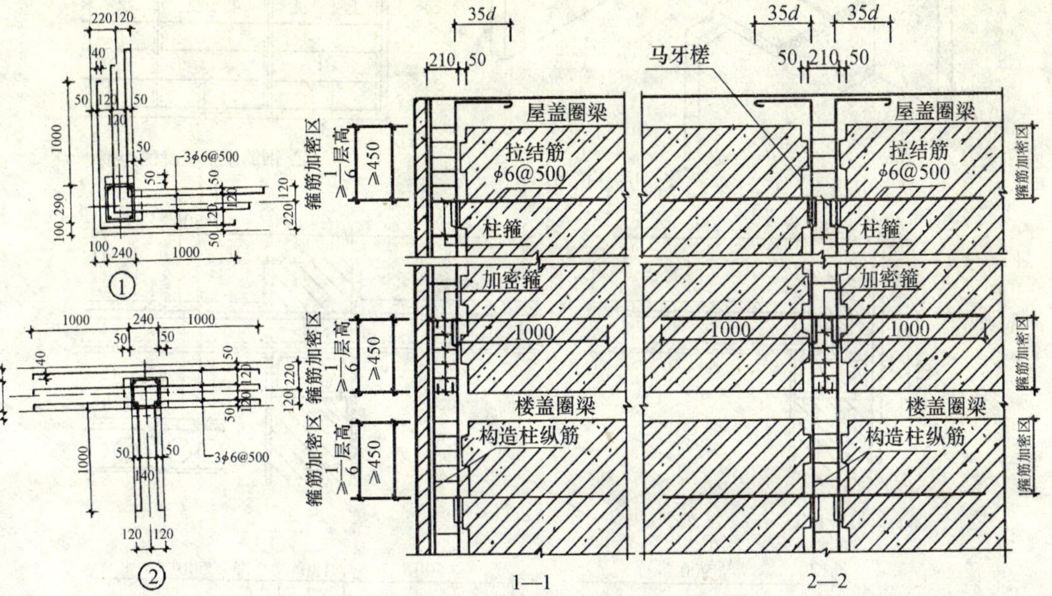

图 1-3-132　墙体拉筋的构造

四、其他锚固措施

1. 后砌砖墙与先砌墙体的拉接

砌体结构中的隔墙大多为后砌砖墙。在与先砌墙体连接时，应在先砌墙体内加设拉接钢筋。其具体做法是，上下间距每 500mm 加设 2ϕ6 钢筋，并在先砌墙体内预留凸岔（每 5 皮

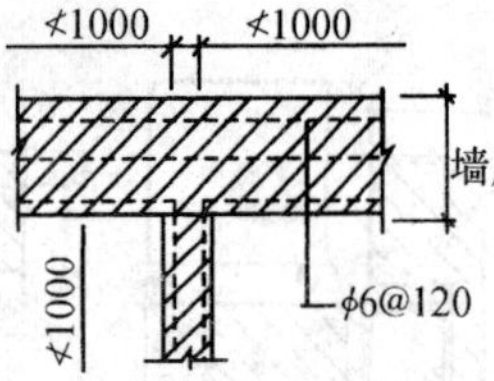

图 1-3-133　后砌墙体的拉接

砖留一块)，伸出墙面 60mm。钢筋伸出隔墙长度应不小于 500mm。烈度为 8 度和 9 度时，对长度超过 5.1m 的后砌砖墙，在其顶部还应与楼板或梁作拉接（图 1-3-133)。

2. 楼板

预制钢筋混凝土楼板或屋面板搁置在墙或梁上及相互间的拉结必须可靠。板下砂浆应分两次铺设，10 厚找平，10 厚坐浆（均为强度等级为 M10 混合砂浆)，坐浆必须饱满。

板的最小搁置长度，在外墙上不应小于 120mm，在内墙上不应小于 100mm，在梁上不应小于 80mm。

楼板与楼板，楼板与墙体间应加设锚固钢筋，其做法有：

(1) 将相邻楼板的吊环，用钢筋交叉焊接，如图 1-3-134 所示。

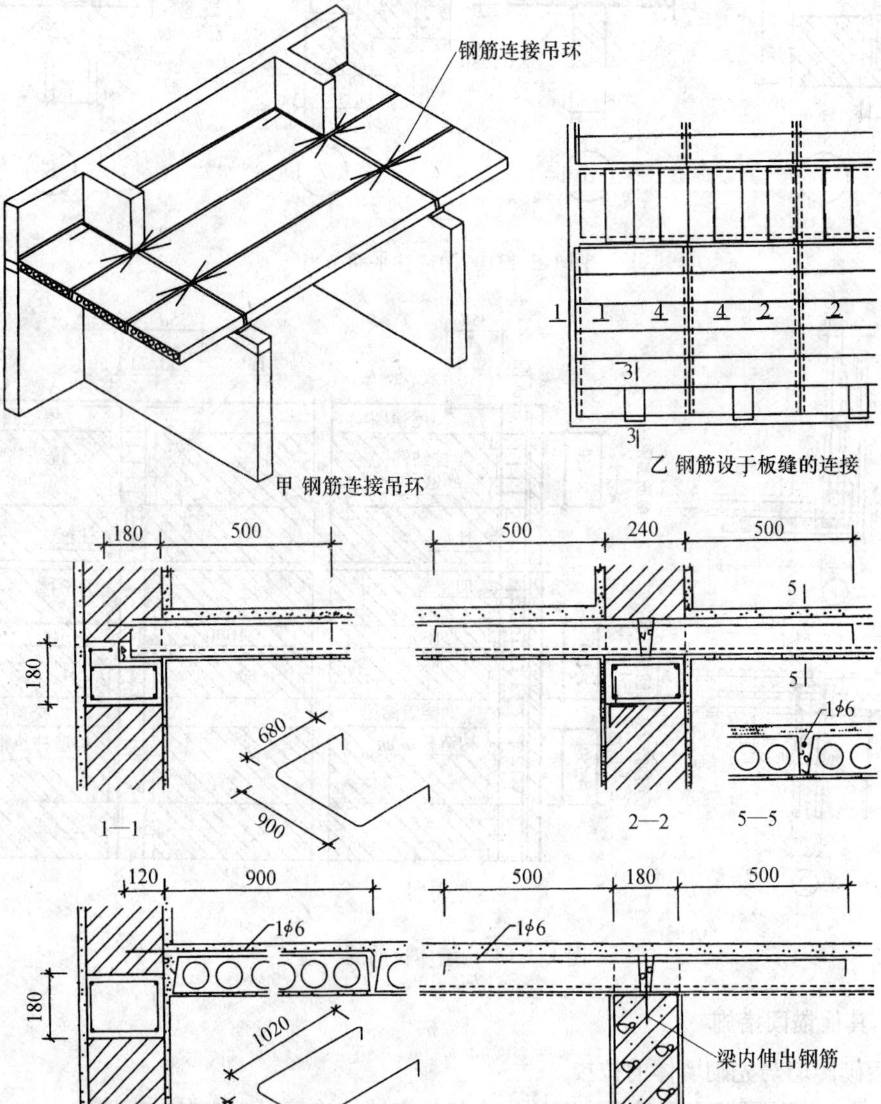

图 1-3-134　楼板与墙体的锚固

（2）采用锚固筋，施工时安放在板缝中，并用强度等级为 C20 细石混凝土填实。如图 1-3-134 所示。

板纵向拼缝，下口宽度不小于 10mm，亦不得大于 30mm，缝隙采用强度等级为 C20 细石混凝土填实。

横墙被内走廊截断处，两纵墙间应设置钢筋混凝土连系梁拉结。

（3）砌体女儿墙在人流出入口应与主体结构锚固，图 1-3-135 为女儿墙锚固构造。

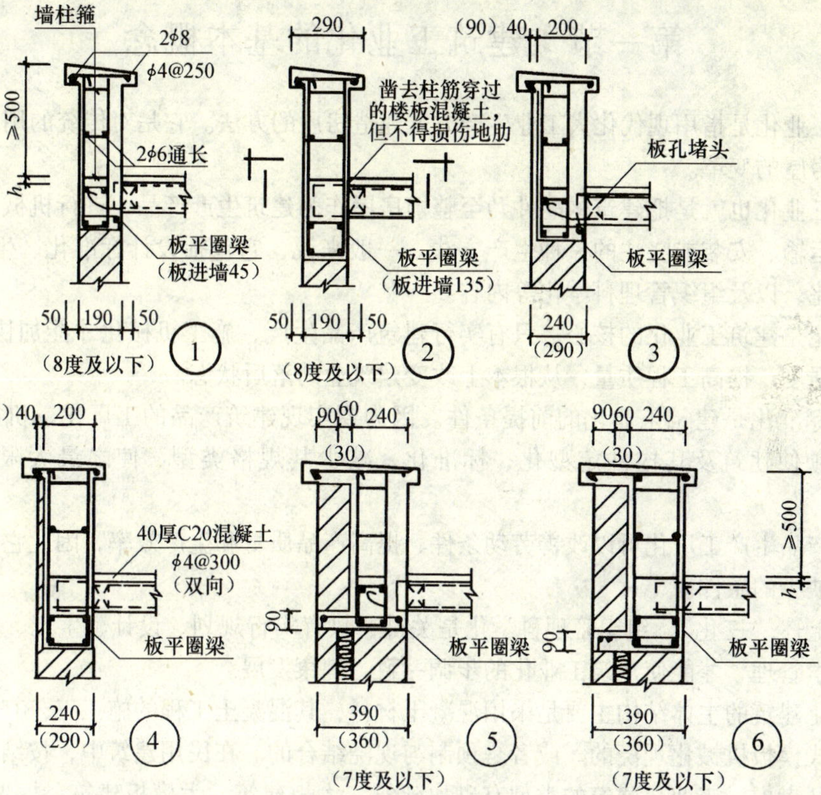

图 1-3-135　女儿墙的锚固构造

第四章　工业化建筑（一）

第一节　建筑工业化的基本概念

建筑工业化是指用现代化大工业生产方式建造房屋的方法。它是对传统的用手工业生产方法建造房屋的变革。

建筑工业化也就是把建筑构配件乃至整幢房屋作为建筑生产产品，进行机械化、工厂化的加工、运输、安装或浇注的一种生产方法。一般来说，它包括设计标准化、生产工厂化、施工机械化，以及组织管理科学化等内容。

机械化是建筑工业化的核心，只有实行建筑产品生产、施工机械化才能加快施工进度、降低劳动强度，提高工程质量，从根本上改变建筑业的落后状态。

设计标准化是建筑工业化的前提条件。因为要实现建筑产品的工厂化、机械化和批量生产，必须使建筑及其构件定型化、标准化，减少其规格类型，使之最大限度地统一、互换。

建筑产品生产工厂化可以改善劳动条件、提高产品质量和生产效率，因此它也是建筑工业化不可缺少的条件。

实现上述“三化”，组织管理科学化是关键，只有实行规划、设计、生产、施工的统一指挥和科学管理，才能使建筑工业化的步调一致，健康发展。

工业化建筑的主体结构主要是采用混凝土材料，其混凝土工程的施工工艺有：预制装配的，工具式模板机械化现浇的，或者是预制与现浇结合的。在民用建筑中，按结构和施工工艺综合特征考虑，工业化建筑的类型有砌块建筑、大板建筑、大模板建筑、框架轻板建筑、滑模建筑、升板建筑及盒子建筑等等。

随着科学技术的进步，建筑工业化的内容也在不断地充实，并发展到更高级的阶段。目前建筑工业化已从一般的标准设计走向发展工业化建筑体系的道路。所谓工业化建筑体系，是指某类或某几类建筑，从设计、生产工艺、施工方法到组织管理等各个环节配套，形成工业化生产的完整过程。

第二节　工业化建筑的基本体系

工业化建筑体系分为专用体系和通用体系两种。

专用建筑体系，被称为走房屋定型的途径。是以整幢房屋进行定型，再以定型房屋为基础进行构配件配套的一种体系，其产品是定型的房屋。这种体系的优点是，对某一定型房屋来说，其构件规格品种少，便于批量生产；缺点是，一种专用体系往往不能满足多方面的要求，而大量专用体系又造成构件规格品种在总的数量上大大增加。

通用建筑体系，是以通用构件为基础，进行多样化房屋组合的一种体系，其产品是定型构配件。这种体系的优点是，由于构配件可以互换和通用，设计易于做到多样化；构件的使用量大，便于组织专业化大批量生产。其构件的规格品种虽比一种专用体系多，但在总的数量上却可大大减少。

建筑工业化是我国建筑业的发展方向。我国建筑工业化是从20世纪50年代开始的，50多年来，试验和推广了各种类型的工业化建筑。如20世纪50年代开始的砌块建筑和大板建筑；60年代开始的升板建筑和滑模建筑；70年代兴起的大模板建筑和框架轻板建筑；80年代又进行了盒子建筑的试点。目前，各种工业化建筑体系在推广过程中正在逐步形成和完善。

第三节　建筑设备工程工业化

在建筑工业化的过程中，建筑设备工程（包括给水排水、卫生设备工程和采暖工程）的工业化也随之发展，其主要途径是发展工厂预制的组合设备元件。建筑设备工程的工业化，开始由工地现场预制装配，以后发展成加工厂预制设备单元。在国外已有专门生产这种设备单元的工厂，以商品供应市场。

给水排水和卫生设备工程的工业化，开始发展的是预制管井，即将在工厂加工好的一组管道排列、固定在金属框内，在现场组装后，框外再装墙板。以后又出现了把各种卫生设备管道预制装配在一起的预制设备墙板、预制卫生间以及预制的包括浴、厕、厨房在内的综合间（图1-4-1）。由于这种综合间多放在建筑物中央，故亦称为“心脏”单元。预制卫生间的结构材料，有钢筋混凝土板、钢丝网水泥板、金属板、胶合板、纤维板、石膏板、石棉水泥板及塑料板等。目前我国多采用钢丝网水泥预制卫生间。

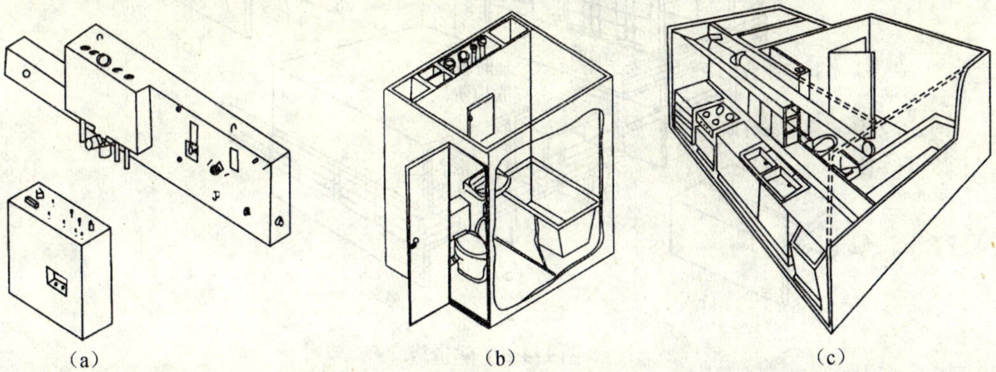

（a）　　　（b）　　　（c）

图1-4-1　建筑设备工程工业化示意

（a）预制设备墙板；（b）预制卫生间；（c）预制浴、厕、厨房综合间

第四节　工业化体系建筑简介

一、台模

台模一般与大模共同使用，它是在采用大模板浇注的墙体达到一定强度时，拆去大模，放入台模。在台模上放置楼板钢筋网，再浇注楼板。这种方法又称为“飞模”（图1-4-2）。

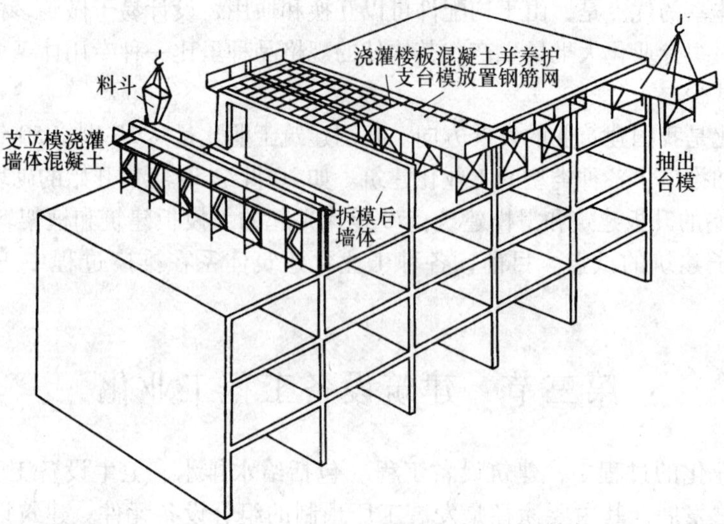

图 1-4-2　台模

二、隧道模

采用隧道模的目的是同时浇注内墙与楼板，其模板呈“Π”形。拆模时应先抽出模板，再起吊至下一个流水段（图 1-4-3）。

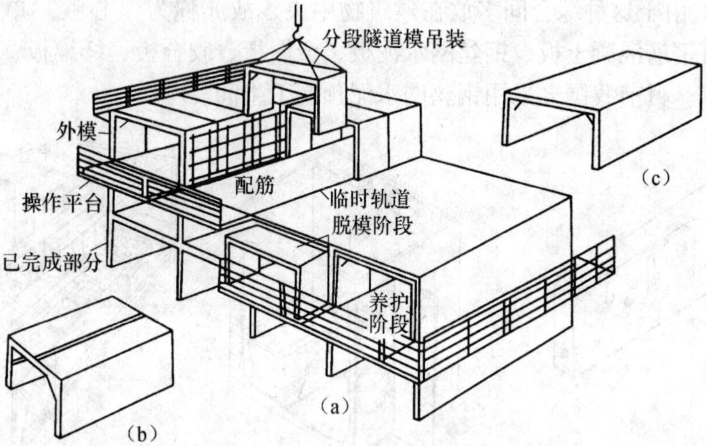

图 1-4-3　隧道模

（a）隧道模流水作业示意图；（b）分体隧道模；（c）整体隧道模

三、滑升模板

采用墙体内的钢筋作导杆，用油压千斤顶逐层提升模板，连续浇注墙体的施工方法称滑升模板。这种方法适用于简单的垂直形体及上下相同壁厚的建筑物，如烟囱、水塔、筒仓及 25 层以下的建筑物（图 1-4-4）。

四、升板升层

升板升层建筑是在房屋做完基础或底层地坪后，在底层地坪上重叠浇注各层楼板和屋顶板，插立柱子，并以柱子作导杆，用提升设备逐层提升。只提升楼板的叫升板，连同墙体一起提升的叫升层（图 1-4-5）。

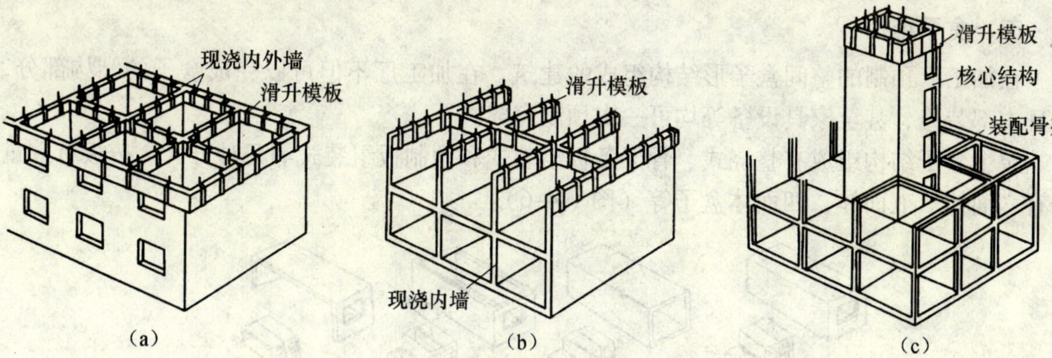

图 1-4-4　滑升模板

（a）内外墙滑升；（b）外墙及部分内墙滑升；（c）核心结构滑升

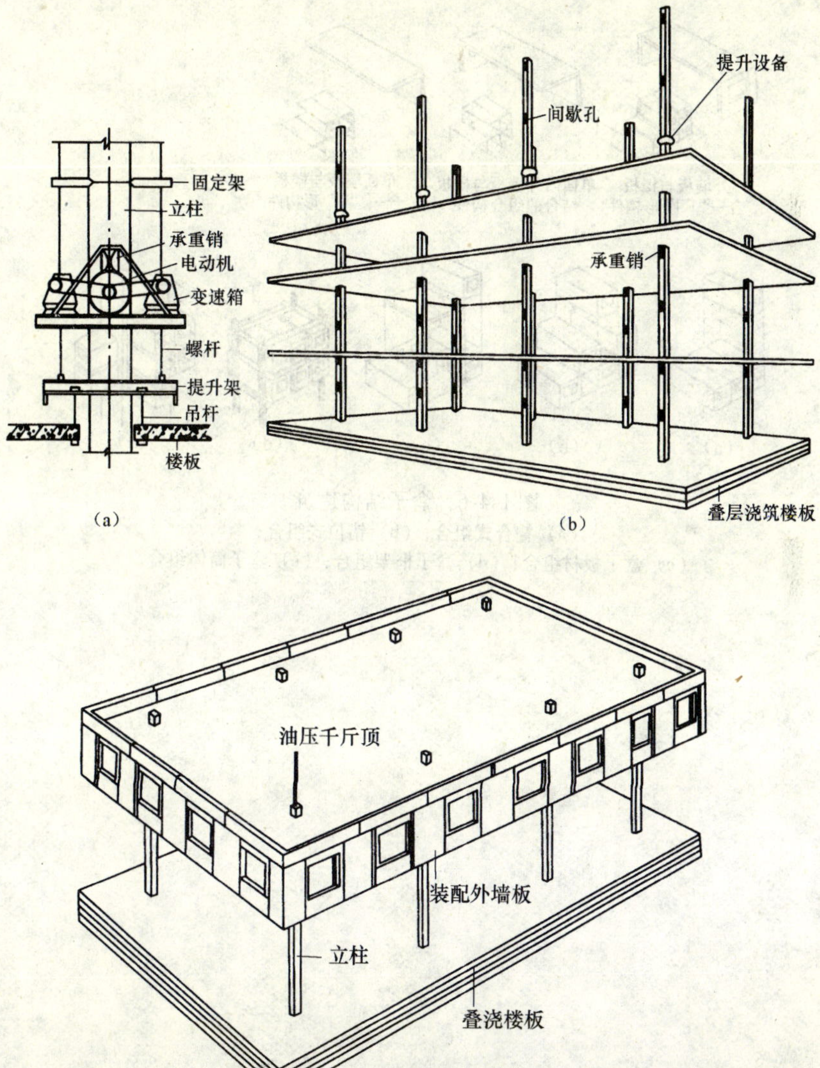

图 1-4-5　升板升层建筑

（a）提升设备；（b）升板建筑；（c）升层建筑

五、盒子结构

在加工厂预制的整间盒子形结构组成的建筑。在加工厂不但可以完成盒子的结构部分，而且内部装修，甚至家具设备等均可一次预制完成。

单个盒子结构组成有整浇式、骨架条板组装式和预制板组装式等几种方式。按板材数量分有六面体、五面体、四面体盒子等（图1-4-6）。

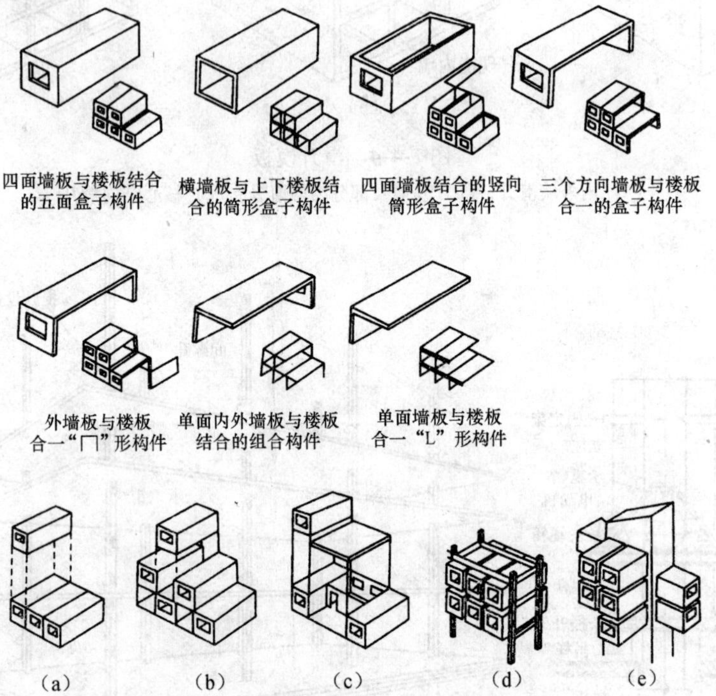

图1-4-6　盒子结构建筑
(a) 叠合式组合；(b) 错位式组合；
(c) 盒子板材组合；(d) 盒子框架组合；(e) 盒子筒体组合

第五章　工业建筑（一）

第一节　工业建筑的基本概念

一、工业建筑的特点

工业建筑是指用于从事工业生产的各种房屋（一般称厂房）。它与民用建筑一样，要体现适用、安全、经济和美观的方针；在设计原则、建筑用料和建筑技术等方面，两者也有许多共同之处。但由于生产工艺复杂多样，在设计配合、使用要求、室内采光、屋面排水及建筑构造等方面，工业建筑又具有如下特点：

（1）厂房的建筑设计是在工艺设计人员提出的工艺设计图的基础上进行的，建筑设计在适应生产工艺要求的前提下，应为工人创造良好的生产环境，并使厂房满足适用、安全、经济和美观的要求。

（2）由于厂房中的生产设备多，体量大，各部分生产联系密切，并有多种起重运输设备通行，致使厂房内部具有较大的敞通空间。

（3）当厂房宽度较大时，特别是多跨厂房，为满足室内采光、通风的需要，屋顶上往往设有天窗；为了屋面防水、排水的需要，还应设置屋面排水系统（天沟及水落管）。这些设施均使屋顶构造复杂。由于设有天窗，室内大都无顶棚，屋顶承重结构袒露于室内。

（4）在单层厂房中，由于跨度大，屋顶及吊车荷载较重，多采用钢筋混凝土排架结构承重；在多层厂房中，由于楼面荷载较大，广泛采用钢筋混凝土骨架承重。对于特别高大的厂房，或有重型吊车的厂房，或高温厂房，或地震烈度较高地区的厂房，宜采用钢骨架承重。

二、工业建筑的分类

工业生产的类别繁多，生产工艺不同，分类亦随之而异，在建筑设计中常按厂房的用途、内部生产状况及层数进行分类。

1. 按厂房的用途分

（1）主要生产厂房。指进行产品加工的主要工序的厂房。例如，机械制造厂中的铸工车间、机械加工车间及装配车间等。这类厂房的建筑面积较大，职工人数较多，在全厂生产中占重要地位，是工厂的主要厂房。

（2）辅助生产厂房。指为主要生产厂房服务的厂房。例如，机械制造厂中的机修车间、工具车间等。

（3）动力类厂房。指为全厂提供能源的和动力的厂房。如发电站、锅炉房、变电站、煤气发生站和压缩空气站等。动力设备的正常运行对全厂生产特别重要，故这类厂房必须具有足够的坚固性和耐久性以及妥善的安全措施和良好的使用质量。

（4）贮藏类建筑。指用于贮存各种原材料、成品或半成品的仓库。由于所贮物质的不同，在防火、防潮、防爆、防腐蚀及防变质等方面将有不同要求。设计时应根据不同要求按有关规范、标准采取妥善措施。

（5）运输类建筑。指用于停放各种交通运输设备的房屋，如汽车库、电瓶车库等。

2. 按车间内部生产状况分

（1）热加工车间。指在生产过程中散发出大量热量、烟尘等有害物质的车间，如炼钢、轧钢、铸工及锻压车间等。

（2）冷加工车间。指在正常温、湿度条件下进行生产的车间，如机械加工车间、装配车间等。

（3）有侵蚀性介质作用的车间。指在生产过程中会受到酸、碱、盐等侵蚀性介质的作用，对厂房耐久性有影响的车间。这类车间在建筑材料选择及构造处理上应有可靠的防腐蚀措施，如化工厂和化肥厂中的某些生产车间，冶金工厂中的酸洗车间等。

（4）恒温恒湿车间。指在温、湿度波动很小的范围内进行生产的车间。这类车间室内除装有空调设备外，厂房也要采取相应的措施，以减少室外气象对室内温、湿度的影响。如纺织车间、精密仪表车间等。

（5）洁净车间。指产品的生产对室内空气的洁净程度要求很高的车间。这类车间除对室内空气进行净化处理，将空气中的含尘量控制在允许的范围内以外，厂房围护结构应保证严密，避免大气灰尘的侵入，以保证产品质量。如集成电路车间、精密仪表的微型零件加工车间等。

车间内部生产状况是确定厂房平、剖、立面及围护结构形式和构造的主要因素之一，设计时应予充分注意。

3. 按厂房层数分

（1）单层厂房。单层厂房广泛地应用于各种工业企业，约占工业建筑总量的75%左右。它对具有大型生产设备、振动设备、地沟和地坑或重型起重运输设备的生产有较大的适应性，如冶金、机械制造等工业部门。单层厂房便于沿地面水平方向组织生产工艺流程，布置生产设备，生产设备和重型加工件荷载直接传给地基，也便于工艺改革。

单层厂房按跨数的多少有单跨与多跨之分。多跨大面积厂房在实践中采用的较多，其面积可达数万平方米，单跨用的较少。但有的生产车间，如飞机装配车间和飞机库常采用跨度很大（36~100m）的单跨厂房。

单层厂房占地面积大，围护结构面积多（特别是屋顶面积多），各种工程技术管道较长，维护管理费高。厂房偏长，立面处理单调。

（2）多层厂房。多层厂房对于垂直方向组织生产及工艺流程的生产企业（如面粉厂）和设备及产品较轻的企业具有较大的适应性，多用于轻工、食品、电子及仪表等工业部门。因它占地面积少，更适用于在用地紧张的城市建厂及老厂改建。在城市中修建多层厂房，还易于适应城市规划和建筑布局的要求。

（3）混合层次厂房。既有单层又有多层的厂房。

三、单层厂房结构组成

（一）结构组成

单层厂房的结构支承方式基本上可分为承重墙结构与骨架结构两类。仅当厂房跨度、高度、吊车荷载较小及地震烈度较低时才用承重墙结构；当厂房的跨度、高度、吊车荷载较大及地震烈度较高时，广泛采用骨架承重结构。骨架结构由柱基础、柱子、梁及屋架等组成，以承受各种荷载，这时，墙体在厂房中只起围护或分隔作用。

图1-5-1为装配式钢筋混凝土骨架组成的单层厂房。由图可知，厂房承重结构由横向骨架和纵向连系构件组成。横向骨架包括屋面大梁（或屋架）、柱子和柱基础。它承受屋顶、天窗、外墙及吊车荷载。纵向连系构件包括大型屋面板（或檩条）、连系梁和吊车梁等。它们能保证横向骨架的稳定性，并将作用在山墙上的风力和吊车纵向制动力传给柱子。此外，为了保证厂房的整体性和稳定性，往往还要在屋架之间和柱间设置支撑系统。组成骨架的柱子、柱基础、屋架及吊车梁等厂房的主要承重构件，关系到整个厂房的坚固性、耐久性及安全性，必须予以足够的重视。

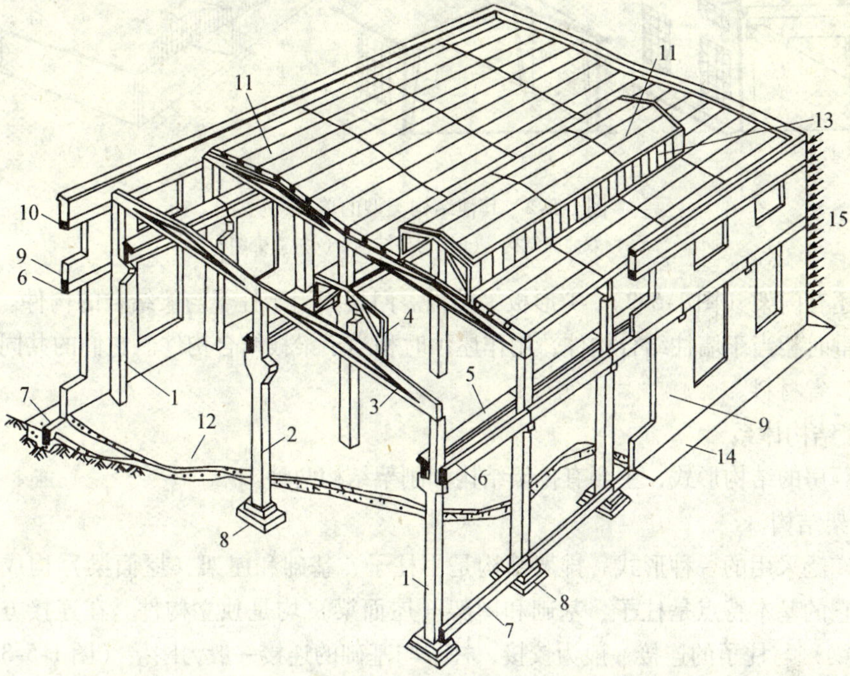

图1-5-1　单层厂房装配式钢筋混凝土骨架及主要构件

1—边列柱；2—中列柱；3—屋面大梁；4—天窗架；5—吊车梁；6—连系梁；7—基础梁；8—基础；9—外墙；10—圈梁；11—屋面板；12—地面；13—天窗扇；14—散水；15—风荷载

（二）结构类型

骨架结构按材料可分为砖石混合结构、钢筋混凝土结构和钢结构。选择时应根据厂房的用途、规模、生产工艺、起重运输设备、施工条件和材料供应情况等因素综合分析确定。

（1）砖石砌体结构。它由砖柱和钢筋混凝土屋架或屋面大梁组成，也有砖柱和木屋架，或轻钢组合屋架组成的。

混合结构构造简单，但承载能力及抗地震和振动性能较差，故仅用于吊车起重量不超过5t、跨度不大于15m的小型厂房。

（2）装配式钢筋混凝土结构。这种结构坚固耐久，可预制装配。与钢结构相比，这种结构可节约钢材，造价较低，故在国内外的单层厂房中广泛应用。但其自重大，抗地震性能不如钢结构。

（3）钢结构。它的主要承重构件全部用钢材做成。这种结构抗地震和振动性能好，构件较轻（与钢筋混凝土比），施工速度快。除用于吊车荷载重、高温或振动大的车间以外，对于要求建设速度快、早投产早受益的工业厂房，也可采用钢结构。目前，随着我国钢产量的稳步增长，已经有越来越多的厂房采用钢结构，尤其是国家重点建设项目和合资项目等。但钢结构易锈蚀，耐火性能差，使用时应采取相应的防护措施。

单层厂房承重结构除上述外，屋顶结构尚可用折板、壳体及网架等空间结构（图1-5-2）。它们的共同优点是传力受力合理，能较充分地发挥材料的力学性能，空间刚度好，抗震性能较强。其缺点是施工复杂，现场作业量大，工期长。

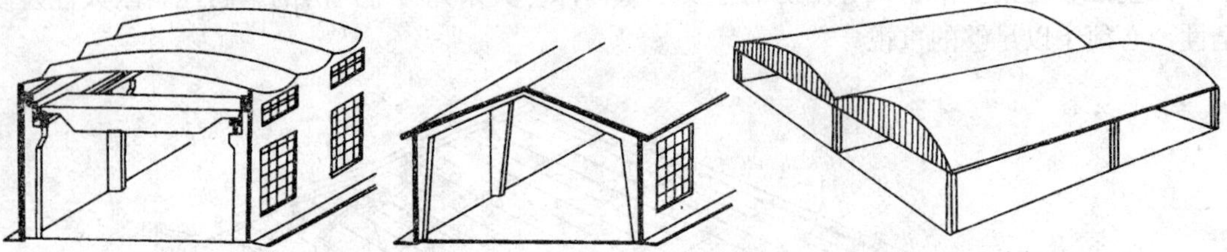

图1-5-2　其他结构类型的单层厂房

(a) 双曲壳结构；(b) 门架结构；(c) 筒壳结构

此外还有门架（图1-5-2）、T形板等结构。门架相当于柱子与梁结合的构件。T形板用作垂直承重时相当于墙柱结合构件，用作屋顶时相当于梁板结合构件。它们的共同特点是构件类型少，省材料。

（三）结构体系

单层厂房的结构形式，主要有排架结构和刚架结构两种。

1. 排架结构

这是广泛采用的一种形式。排架结构是由柱子、基础和屋架（屋面梁）构成的一种骨架体系。它的基本特点是柱子、基础和屋架（屋面梁）均是独立构件。在连接方式上，屋架（屋面梁）与柱子的连接一般为铰接，柱子与基础的连接一般为刚接（图1-5-3）。

排架和排架之间，通过吊车梁、连系梁（墙梁或圈梁）及屋面板等构成支承系统，其作用是保证排架的横向稳定性。

2. 刚架结构

这种做法是将屋架（屋面梁）与柱子合并成为一个构件。柱子与屋架（屋面梁）连接处一般为一整体刚性节点，柱子与基础的连接节点一般为铰接节点（图1-5-4）。

图1-5-3　排架结构

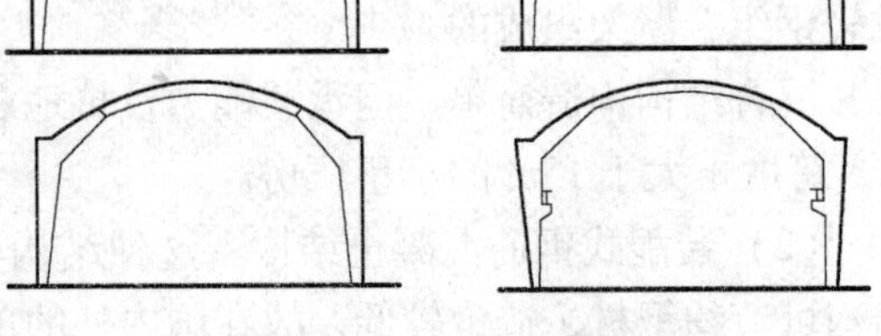

图1-5-4　刚架结构

（四）荷载传递

单层工业厂房中的荷载，可以分为动荷载和静荷载两大类。动荷载主要由吊车运行时的起动和制动力构成，此外还有地震荷载、风荷载等。静荷载一般包括建筑物的自重、吊车的自重、雪荷载和积灰荷载等。上述荷载的传递路线可以分为竖向荷载、横向水平荷载和纵向水平荷载三部分。其传递路线如图 1-5-5、图 1-5-6 和图 1-5-7 所示。

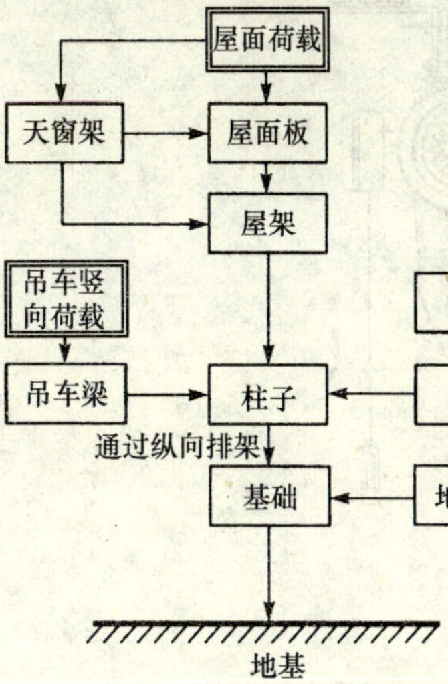

图 1-5-5　竖向荷载

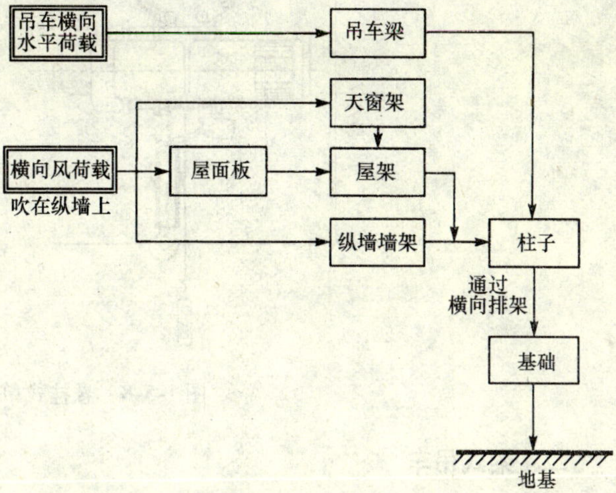

图 1-5-6　横向水平荷载

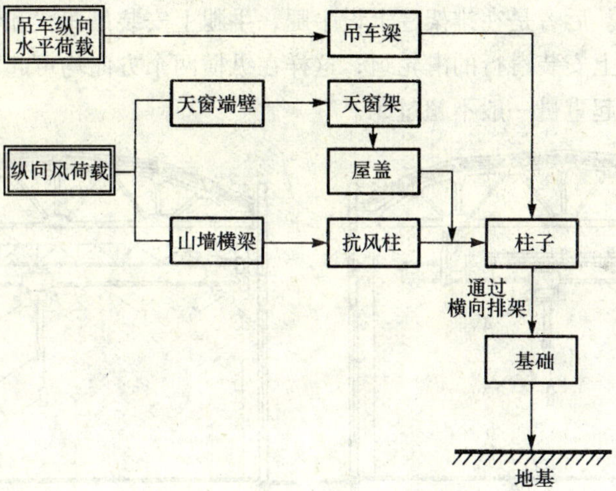

图 1-5-7　纵向水平荷载

第二节　工业建筑中的起重运输设备

起重吊车是单层工业厂房中一种使用广泛的起重运输设备，它包括单轨电动葫芦、梁式吊车和桥式吊车等。

一、单轨悬挂式吊车

如图 1-5-8 所示，在厂房的屋架下弦悬挂单轨，吊车安装在单轨上，吊车按单轨线路运行起吊重物。单轨悬挂式吊车按操纵方法有手动及电动两种，吊车由运行部分和起升部分组成，可布置成直线或曲线。轨道转弯半径不小于 2.5m，起重量不大于 5t。它操纵方便，布置灵活。由于单轨悬挂式吊车安装在屋架下弦，因此对屋盖结构的刚度要求较高。

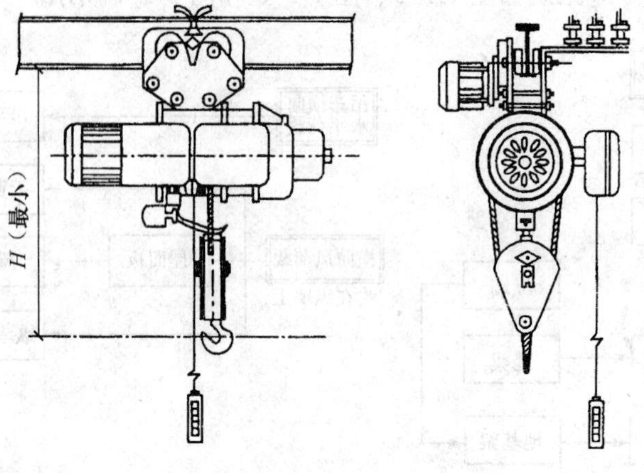

图 1-5-8　悬挂式单轨吊车

二、梁式吊车

梁式吊车由起重行车和支承行车的横梁组成，分为悬挂式吊车和支承梁式吊车两种（图 1-5-9）。前者在屋架承重结构下悬挂梁式钢轨，钢轨平行布置为两行直线，在两行钢轨上设有可滑行的单梁。后者是在排架柱上设牛腿，牛腿上安装吊车梁和钢轨，钢轨上设有可滑行的单梁，在单梁上安装滑行的滑轮组，这样在纵横两个方向均可起重。梁式吊车适用于小型起重量的车间，起重量一般不超过 5t。

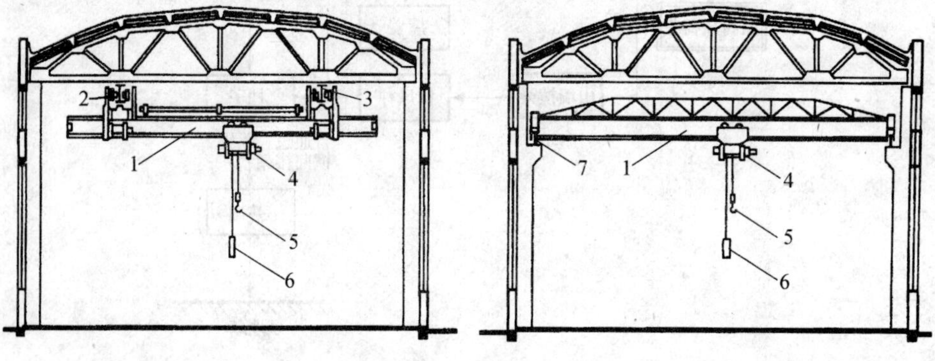

图 1-5-9　梁式吊车

（a）悬挂梁式吊车；（b）支承在梁上的梁式吊车

1—钢梁；2—运行装置；3—轨道；4—提升装置；5—吊钩；6—操纵开关；7—吊车梁

三、桥式吊车

它由桥架和起重小车组成。桥架支承在吊车梁上。桥架沿厂房长度方向运行，起重小车沿厂房宽度方向运行。桥式吊车的起重量为 5～350t，适用于 12～36m 跨度的厂房。桥式吊车的吊钩有单钩、主副钩（即大小钩，表示方法是分数线上为主钩的起重量，分数线下为副钩的起重量，如 50/20、100/25 等）和软钩、硬钩之分。软钩为钢丝绳挂钩，硬钩为铁臂支承的钳、槽等（图 1-5-10）。

桥式吊车按工作的重要性及繁忙程度分为轻级、中级和重级工作制，用 J_c 来代表。J_c 表示吊车的开动时间占全部生产时间的比率。轻级工作制 J_c 为 15% ~ 25%，中级工作制 J_c 为 25%，主要用于机械加工和装配车间等；重级工作制 $J_c > 40\%$，主要用于冶金车间和工作繁忙的其他车间。工作制对结构强度影响较大。桥式吊车的支承轮子，沿吊车梁上的轨道纵向往返行驶，起重小车则在桥架上往返行驶。它们在起动和刹车时产生较大的冲切力，因而在选用支承桥式吊车的吊车梁时必须注意这些影响。

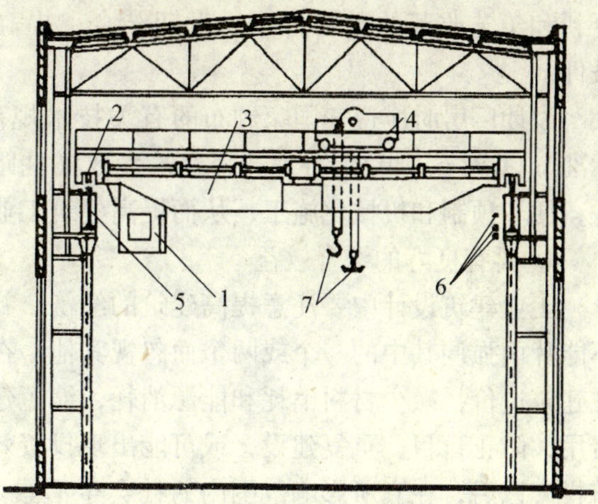

图 1-5-10　桥式吊车

1—吊车司机室；2—吊车轮；3—桥架；4—起重小车；5—吊车梁；6—电线；7—吊钩

桥式吊车的吊车跨度用 L_k 表示，厂房跨度用 L 表示。L 与 L_k 之间的差值为 1000 ~ 2000mm，常用的数值为 1500mm。

第三节　工业建筑设计概述

一、影响工业建筑设计的因素

1. 满足生产工艺的需要

工业建筑设计应满足生产工艺的需要，这是设计工作的基本因素。因为生产工艺的需要体现了使用功能的要求，它对厂房的面积、柱距、跨度及平剖面形式等都有着直接的影响。例如，有时在柱距中布置大型设备，一般柱距是满足不了这种需求的，这时需要抽掉一根或几根柱子，柱距可达 12 ~ 24m。又如精密仪器车间要求室内恒温、恒湿、洁净，因而建筑上宜采用多层密闭厂房。棉纺厂为避免断纱，要求室内温湿度稳定，故除有空调设施外，建筑上常采用北向锯齿形天窗，以避免阳光直射。

2. 应创造良好的生产环境

工业生产中往往会产生高温、烟尘等有害因素，因此，厂房应具有良好的生产环境，以保证工人健康和提高劳动生产率。创造良好的生产环境，不仅限于消除生产中的有害因素，还应保障良好的声、光、热环境质量，并具有完善的厂房内部设计以及必须的生活福利设施。设计中应根据厂房生产状况的不同，采取不同的对策加以解决。例如对高温车间，应采用合理的厂房剖面形式，使通风顺畅，以排除热量及有害气体；噪声较大的生产车间，应从工艺设备及建筑方面采取消、减及隔声措施。

3. 应满足有关技术要求

设计中要解决的技术问题很多，首先要对安全问题予以足够的重视，即厂房应具有必要的坚固耐久性能，以在外力、温湿度变化及化学侵蚀等各种不利因素作用下确保安全。对于有火灾或爆炸危险的厂房，应具有可靠的防火防爆设施以及安全疏散措施。

厂房建筑应具有一定的灵活应变能力。在满足当前使用的基础上，适当考虑今后设备更新和工艺改革的需要，使远近期结合，提高通用性，并为以后的厂房改造和扩建提供条件。

设计厂房时应遵守国家颁布的有关技术规范与规程。例如，根据《厂房建筑模数协调标准》（GBJ 6—86），合理选择建筑参数（柱距、跨度及高度），以便采用通用的建筑构配件，便于预制和机械化施工，从而提高建筑工业化的水平。

4. 要有良好的综合效益

工业建筑设计中要注意提高建筑的经济、社会和环境的综合效益，三者之间不可偏废，不能片面强调其中的一个或两个而忽视其他。在经济效益方面，既要注意节约建筑用地，降低建筑造价，减少材料消耗和能源消耗，缩短建设周期，又要有利于降低经常性维修和管理费用，防止盲目、重复建设，或可能出现投资效果差的现象。在社会效益方面，应使工业建筑投产以后，在它所影响范围内的社会生活素质（包括人口素质、国民收入、文化福利及社会安全等方面）发生有利的变化。在环境效益方面，应使工业建筑投产以后，在它所影响范围内的环境质量，符合国家有关部门规定的质量标准。要综合治理废渣、废水和废气，控制生产噪声，注意保持生态平衡。

5. 应注意建筑美观

工业建筑在适用、安全和经济的前提下，把建筑美与环境美列为设计的重要内容，美化室内外环境，创造良好的工作条件。具体设计时，应根据厂房的生产特征及重要性、厂房在厂区或城市环境中的地位等不同情况分别加以处理。

二、单层厂房平面设计

厂房的平面、剖面和立面设计是不可分割的整体，设计时必须统一考虑。在设计平面的同时要考虑剖面和立面的设计问题，但为叙述方便和设计的先后顺序，现分项叙述。

1. 生产工艺和建筑平面设计的关系

在设计配合上，厂房建筑平面设计和民用建筑平面设计是有区别的，民用建筑平面设计主要是由建筑设计人员完成，而厂房的平面设计是先由工艺设计人员进行工艺平面设计，建筑设计人员在生产工艺平面图的基础上进行厂房的建筑平面设计❶。

厂房的平面设计除首先满足生产工艺的要求外，建筑设计人员在平面设计中应尽可能使厂房平面形式规整、合理、简单，以便减少占地面积，节能和简化构造处理；同时厂房的建筑设计还应符合《厂房建筑模数协调标准》（GBJ 6—86）的要求；正确地解决厂房的采光和通风；妥善处理安全疏散及防火措施等。这些问题解决的合理与否，不仅直接影响厂房的使用质量，而且也影响着厂房的建筑造价和建设速度。而这些问题的解决，有时和工艺设计产生矛盾。因此，为妥善解决这个矛盾，使厂房平面设计达到适用、经济、合理，就需要工艺和建筑设计人员（有时还需结构、卫生工程技术人员参加）密切合作，充分协商，全面考虑才能取得。

2. 平面形式及其特点

厂房平面形式与生产工艺流程和生产特征有直接关系。在建筑实践中常用的厂房平面形

❶ 在国外，有的国家将厂房设计分两类：一类，厂房建筑处理受生产工艺制约性较强，建筑方案要充分反映其生产工艺特点（水、火电站，冶金工业的主要生产车间，选矿厂，水泥厂等）；一类，受工艺制约性较小，厂房的建筑处理可能是多方案的（机械制造、轻工、精密仪表等）。在很多情况下，这类厂房设计可以不先进行工艺设计，而直接选用通用厂房。这些通用厂房是在充分分析大量生产工艺基础上设计成的。

式有矩形、方形、L形和山形等（图1-5-11）。

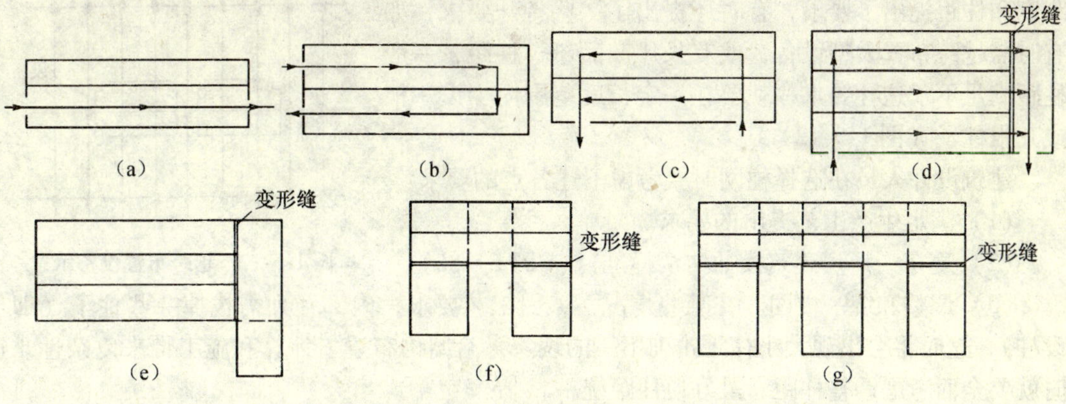

图1-5-11　厂房平面形式

矩形平面中最简单的是单跨，它是构成其他平面形式的基本单位。当生产规模较大，要求厂房面积较多时，常用多跨组合的平面，其组合方式多随工艺流程而异。有的将跨度平行布置，有的将跨度相垂直布置。平行跨布置适用于直线式的生产工艺流程，即原料由厂房一端进入，产品由另一端运出（图1-5-11a）。同时，它也适用于往复式的生产工艺流程（图1-5-11b、c）。这种平面形式较其他形式平面各工段之间靠得较紧，运输路线短捷，工艺联系紧密，工程管线较短；形式规整，占地面积少；整个厂房柱顶及吊车轨顶标高相同，结构、构造简单，造价省，施工快；在宽度不大的情况下室内采光通风都较容易解决。跨度相垂直布置适用于垂直式的生产工艺流程，即原料从厂房一端进入，经过加工最后到装配跨装配成成品或半成品出厂（图1-5-11d）。这种平面形式的优点是工艺流程紧凑，零部件至总装配的运输路线短捷。其缺点是在跨度垂交处结构、构造复杂，施工麻烦。生产特征也影响着厂房的平面形式。例如，有些车间（如机械工业的铸钢、铸铁、锻工等车间）在生产过程中散发出大量的热量及烟尘。此时，在平面设计中应使厂房具有良好的自然通风，厂房不宜太宽。当宽度不大时（3跨以下）可选用矩形平面。但当跨数大于3跨时，如仍用矩形平面则必将影响厂房的自然通风，故一般将其一跨或两跨和其他跨相垂直布置，形成L形（图1-5-11e）。当产量较大，产品品种较多，厂房面积很大时，则可采用冂形或山形平面（图1-5-11f、g）。为避免浪费，可利用两翼间的室外地段做露天仓库。

L、冂、山形平面的特点是厂房各部宽度不大，厂房周长较长，可以在较长的外墙上设置门窗，使室内的采光通风条件良好，有利于改善室内劳动条件。但这种形式平面都有纵横跨垂交，垂交处构件类型增多，构造复杂。如半封闭庭院堆物较高时则影响室内通风和采光。此外，由于平面形式复杂，地震时易引起结构破坏，为避免这种破坏，不得不设防震缝。同时，外墙长度较长，造价及维修费均较高，室内各种工程管线也较长。因此，这种平面形式，如无特殊工艺需要，在工程实践中已趋于少用。

3. 柱网的选择

在厂房中，为支承屋顶和吊车须设柱子，为确定柱位，在平面图上要布置定位轴线。在纵横定位轴线相交处设置柱子。柱子在平面上排列所形成的网格称之为柱网。柱子纵向定位轴线间的距离称之为跨度，横向定位轴线间的距离称之为柱距。柱网的选择实际上就是决定厂房的跨度和柱距。

工艺设计人员在设计时，根据工艺流程和设备布置对跨度和柱距提出了要求，有时还提出了一些特殊要求，如有时需越跨布置大型设备，或有长尺产品越过柱距，一般柱距满足不了这种要求，就要在一定长度范围内少设一根或几根柱子（图 1-5-12）。

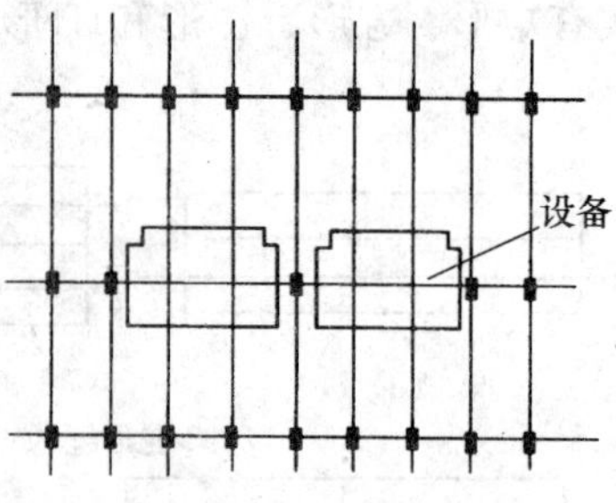

图 1-5-12　越跨布置设备示意

建筑设计人员在选择柱网时要考虑下述各点的要求：

（1）满足生产工艺提出的要求。

（2）遵守《厂房建筑模数协调标准》（GBJ 6—86）。

（3）调整和统一柱网。在某些情况下，因工艺要求，内部柱列需拔掉一些柱子（即不设柱），这时将会出现大小柱距排列不一的现象，给结构布置、计算和施工带来复杂性。这时就要全面考虑调整柱距，最好使柱距统一。

（4）尽量扩大柱网，提高厂房的通用性和经济合理性。

1）扩大柱网能提高厂房的通用性：近代工业生产要求厂房具有较大的通用性。国内外生产实践证明，厂房内部的生产工艺流程和生产设备不可能是一成不变的，随着科学技术的发展，新技术的采用，每隔一个时期就需要更新设备和重新组织生产线。为使厂房能适应生产工艺改变和更新设备的需要，厂房要有通用性，即厂房不仅满足现在生产的要求，而且还能适应将来生产的需要。厂房通用性的具体标志之一，就是要有较大的柱网。

2）扩大柱网能扩大生产面积，节约用地：扩大柱网不仅提高厂房的通用性，而且还能扩大生产面积。因为小柱网柱子多，柱子本身占有的面积就多，同时，每个柱子周围都有一块不好利用的面积，又不能布置基础较深的设备。因此，扩大柱网可便于布置设备，扩大生产面积，相应地也可缩小厂房的建筑面积，节约用地，相应地也降低了建筑造价。

3）扩大柱网能加快建设速度：扩大柱网可减少厂房的构件数量（表 1-5-1），在施工条件允许时将显著加快施工进度。

平面为 144m×72m 单层厂房各种柱网构件数　　**表 1-5-1**

构件名称	柱网				
	6×12	6×18	12×12	12×18	12×24
屋架或屋面大梁	150	100	78	52	39
柱	177	142	117	106	84
基础	177	142	117	106	84
总计	504	384	312	264	207

4）扩大柱网能提高吊车的服务范围：在有桥式吊车的厂房中扩大厂房跨度，可增加吊车服务范围。因吊车起重量愈大，其吊钩的极限位置到墙内表面的距离就愈远（图 1-5-13）。因此吊车的服务范围也就愈小，即出现了所谓“死角”。如吊车起重量为 75/15t 时，其活动面积在跨度为 12m 时为 52%，18m 时为 68%，24m 时为 76%。

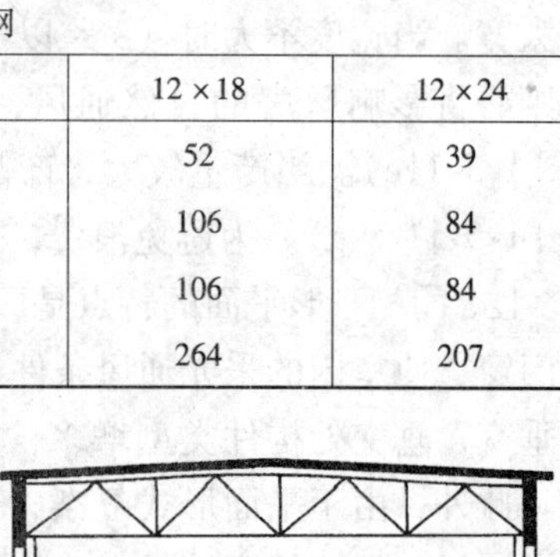
图 1-5-13　桥式吊车吊钩极限位置示意

根据以上分析和《厂房建筑模数协调标准》（GBJ 6—86）的规定，在我国的建筑实践中常用的柱网有：

在有起重量不大于5t的悬挂式吊车和无吊车的厂房为6m×18m，6m×24m，12m×18m，也可采用12m×24m；在有桥式吊车的厂房中，起重量不大于50t时为6m×18m，6m×24m，6m×30m，6m×36m，12m×18m，12m×24m，12m×30m，12m×36m。

三、单层厂房剖面设计

（一）生产工艺对剖面设计的影响和建筑设计的任务

单层厂房的剖面设计是在平面设计的基础上进行的。生产工艺不仅影响厂房平面形式，也影响着厂房的剖面形式。生产设备体形、工艺流程、生产特点、加工件的大小和重量以及垂直起重运输工具的种类和起重量等都直接影响厂房的剖面形式。

为保证生产的正常进行及为工人创造良好、舒适的生产环境，在厂房剖面的建筑设计中要做到：在满足生产工艺要求的前提下，经济合理地确定厂房高度及有效利用和节约空间，妥善地解决厂房的天然采光、自然通风和屋面排水；合理地选择围护结构形式及其构造，使厂房具有良好的围护功能（保温、隔热、防水）。

（二）厂房高度的确定

厂房高度是由地坪面到屋顶承重结构下表面的垂直距离。如屋顶承重结构是倾斜的，则厂房高度是由地坪面到屋顶承重结构最低点的垂直距离。

1. 柱顶标高的确定

（1）无吊车厂房：柱顶标高是根据最大生产设备的高度和其安装、检修时所需的净空高度确定。还应考虑到，避免由于单层厂房跨度大、高度低时易产生压抑感。从卫生角度考虑，确定厂房高度时，还应遵守卫生标准的要求，应保证每人占有空气量不小于13m^3，面积不小于4m^2。柱顶标高还应符合扩大模数3M数列，砌体结构厂房的柱顶标高可符合1M数列。

（2）有吊车厂房（图1-5-14）：其柱顶标高应按下式计算求得，即：

$$H = H_1 + h + C_h$$

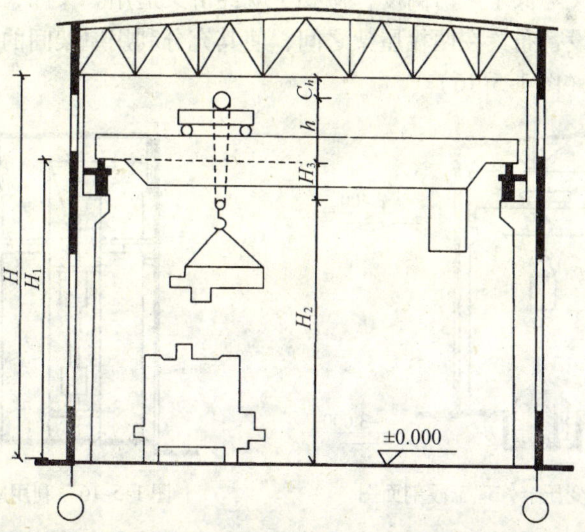

图1-5-14　厂房高度的确定

式中　H——柱顶标高，应符合3M数列。

H_1——吊车轨顶标高，由工艺设计人员提出。

h——轨顶至吊车上小车顶部的高度，根据吊车起重量由吊车规格表中查出。

C_h——屋架下弦底面至吊车小车顶面的安全空隙，这主要是考虑到：屋架下弦及支撑可能产生的下垂挠度；柱列基础纵横向可能产生的不均匀沉降及构件制作时可能产生的误差影响吊车的正常运行。此间隙尺寸，按国家标准，并根据吊车起重量可取 300mm、400mm 及 500mm。如屋架下弦悬挂有管线等其他设施时，此空隙尺寸还需另加。

从图中可知：

$$H_1 = H_2 + H_3$$

式中 H_2——柱牛腿标高，为减少柱的尺寸规格类型，应符合扩大模数 3M 数列。如牛腿标高大于 7.2m 时，应符合扩大模数 6M 数列。

H_3——吊车梁高、吊车轨高及垫层厚度之和。

由于吊车梁的高度、吊车轨高及其固定方案的不同，计算所得出的轨顶标高（H_1）可能与工艺设计人员所提出的轨顶标高有差值。最后轨顶标高的确定应以等于或大于工艺设计人员提出的轨顶标高为依据而定。H_1 值重新确定后，再进行 H 值的计算。

为适应设备更新和重新组织生产工艺流程，提高厂房的通用性，有时把厂房高度有意提高一些，以资储备。

厂房高度对造价有直接影响。因此在确定厂房高度时，要注意有效地节约并利用厂房的空间，这是降低建筑造价的有效途径之一。如对个别的高大设备或个别要求高空间的操作环节采取个别处理，不使其影响整个厂房的高度。图 1-5-15 是某厂房的变压器修理工段的剖面图，在修理大型变压器芯子时，须将芯子从变压器外壳中抽出，如将变压器放在地坪面上操作，则吊车轨顶标高 H_1 需 11m，若用这个高度确定整个厂房或整个跨长的轨顶标高，那就要抬高整个厂房的高度，使造价增高。后经建筑设计人员和工艺设计人员共同研究，在该工段修一个 3m 深的地坑，将变压器放在坑内抽芯操作，轨高 8.4m 就够了。这样处理既满足了修理操作要求，又降低了厂房高度，做到了既经济又适用。又如，在不影响吊车运行的情况下，把某些高大设备布置在两榀屋架之间，使其充分利用屋架间的空间，避免提高整个厂房高度，减少浪费（图 1-5-16）。

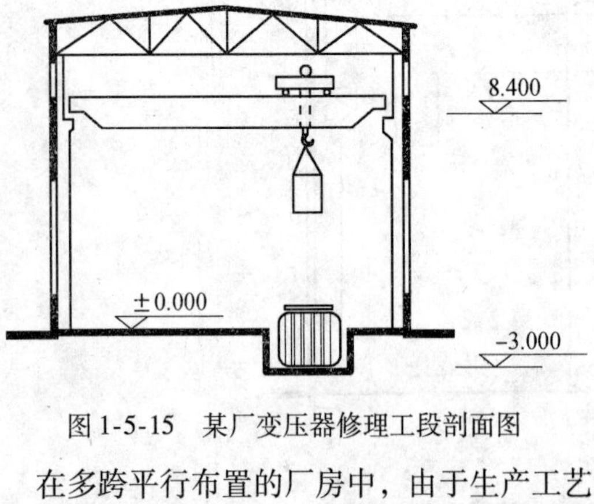

图 1-5-15　某厂变压器修理工段剖面图

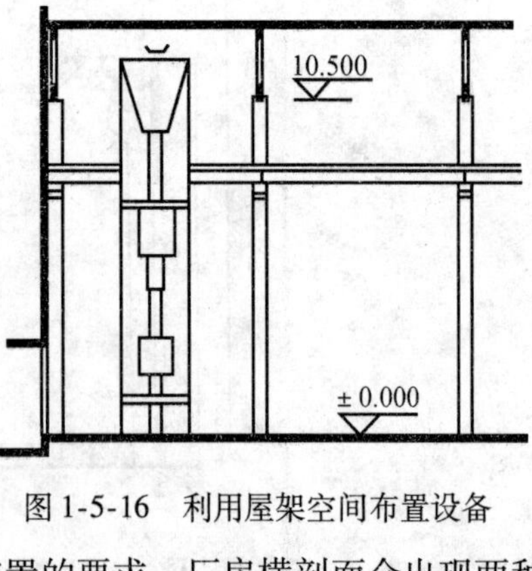

图 1-5-16　利用屋架空间布置设备

在多跨平行布置的厂房中，由于生产工艺和设备布置的要求，厂房横剖面会出现两种或两种以上的柱顶标高及厂房横剖面高低错落的现象。

这种剖面形式，在屋面上易积尘、积雪，影响采光，有时还可能出现屋面超载现象。这种剖面也不利于工艺改革，影响厂房的通用性。

从建筑经济角度，设高差要增加造价，有时采取把低部抬高或高部拉平较设高差经济，但这只有在抬高低部所增造价低于或等于设高差的造价时才是合适的。

根据上述情况，我国《厂房建筑模数协调标准》（GBJ 6—86）规定，在采暖和不采暖的多跨厂房中，高差值等于或小于1.2m时不设高差（有空调要求的除外）。在不采暖的多跨厂房中，高跨一侧仅有一个低跨，且高差值等于或小于1.8m时，也不设高差。实践证明，有高差的剖面形式也不利于抗震。因此有人建议，在有地震设防要求时，高差不大于2.4m时宜做成等高。

当厂房各跨平行布置并设有高差时，宜尽量将同高跨集中布置，形成高低跨组，避免高低跨间隔布置，形成凹凸形的屋顶形式，使构造复杂，低跨处积雪和灰尘。

2. 室内地坪标高的确定

在一般情况下，单层厂房室内地坪与室外地面须设置高差，以防雨水侵入室内。但为了便于运输工具进出厂房和不加长门口坡道的长度，这个高差又不宜太大，一般取150mm。

在通常地形较平坦的情况下，为便于工艺布置和生产运输，整个厂房地坪取一个标高。但在山区建厂时，应依山就势，因地制宜，选择厂房地坪标高，具体做法有两种情况：

1）当厂房跨度平行等高线布置，地形坡度又较大时，若工艺条件许可，可将厂房不同跨度的地坪标高分别布置在不同的台阶上，以节省土石方及基础工程量。

2）当跨度垂直等高线布置，地形坡度又较陡时，若工艺条件许可，可将同一跨度地坪分段布置在不同标高的台阶上，也可将局部做成两层。

第二篇　知识拓展部分

第一章　概论（二）

第一节　建筑模数协调统一标准

为了使建筑制品、建筑构配件及其组合件实现工业化大规模生产，使不同材料、不同形式和不同制造方法的建筑构配件、组合件具有较大的通用性和互换性，实现减少构件类型、统一构件规格的目的，1973 年我国颁布了《建筑统一模数制》（GBJ 2—73）。1986 年对上述规范进行了修订、补充，并更名为《建筑模数协调统一标准》（GBJ 2—86）重新颁布，作为设计、施工、构件制作及科研的尺寸依据。《建筑模数协调统一标准》包括以下几点内容：

一、基本模数

它是建筑模数协调统一标准中的基本数值，用 M 表示，1M＝100mm。主要用于层高系列。

二、扩大模数

它是导出模数的一种。其数值为基本模数的倍数。扩大模数按 3M（300mm）、6M（600mm）、12M（1200mm）、15M（1500mm）、30M（3000mm）、60M（6000mm）取用。主要用于开间（柱距）和进深（跨度）系列。

三、分模数

它是导出模数的另一种。其数值为基本模数的分倍数。为了满足细小尺寸的需要，如缝隙尺寸和制品尺寸。分模数按 1/2 M（50mm）、1/5 M（20mm）、1/10 M（10mm）取用。

四、模数数列

它是以基本模数、扩大模数和分模数为基础，按照一定的数值展开方法扩展成的一系列尺寸（表 2-1-1）。

模数数列（mm）　　**表 2-1-1**

基本模数	扩大模数						分模数		
1M	3M	6M	12M	15M	30M	60M	1/10 M	1/5 M	1/2 M
100	300	600	1200	1500	3000	6000	10	20	50
200	600	1200	2400	3000	6000	12000	20	40	100
300	900	1800	3600	4500	9000	18000	30	60	150
400	1200	2400	4800	6000	12000	24000	40	80	200
500	1500	3000	6000	7500	15000	30000	50	100	250
600	1800	3600	7200	9000	18000	36000	60	120	300
700	2100	4200	8400	10500	21000		70	140	350
800	2400	4800	9600	12000	24000		80	160	400
900	2700	5400	10800		27000		90	180	450

续表

基本模数	扩大模数						分模数		
1M	3M	6M	12M	15M	30M	60M	1/10M	1/5M	1/2M
1000	3000	6000	12000		30000		100	200	500
1100	3300	6600			33000		110	220	550
1200	3600	7200			36000		120	240	600
1300	3900	7800					130	260	650
1400	4200	8400					140	280	700
1500	4500	9000					150	300	750
1600	4800	9600					160	320	800
1700	5100						170	340	850
1800	5400						180	360	900
1900	5700						190	380	950
2000	6000						200	400	1000
2100	6300								
2200	6600								
2300	6900								
2400	7200								
2500	7500								
2600									
2700									
2800									
2900									
3000									
3100									
3200									
3300									
3400									
3500									
3600									

（1）水平基本模数的数列幅度：为1M至20M，它主要应用于门窗洞口和构配件断面尺寸。

（2）竖向基本模数的数列幅度：为1M至36M，它主要应用于建筑物的层高、门窗洞口和构配件断面尺寸。

（3）水平扩大模数的数列幅度：3M时为3M至75M；6M时为6M至96M；12M时为12M至120M；15M时为15M至120M；30M时为30M至360M；60M时为60M至360M，必要时幅度不限。水平扩大模数主要应用于建筑物的开间或柱距、进深或跨度、构配件尺寸和门窗洞口尺寸。

（4）竖向扩大模数的数列幅度：用于竖向尺寸的扩大模数仅为3M和6M两个。但可以不受数列幅度的限制，它主要应用于建筑物的高度、层高和门窗洞口尺寸。

（5）分模数的数列幅度：1/10M时为1/10M至2M；1/5M时为1/5M至4M；1/2M时为1/2M至10M。分模数主要应用于缝隙、构造节点和构配件的断面尺寸。

五、《建筑模数协调统一标准》

《建筑模数协调统一标准》（GBJ 2—86）中还规定了有关模数协调原则，包括模数化空间网格，定位轴线与定位线，模数化楼层、房间、楼板层高度，单轴线定位与双轴线定位，构配件和组合件的定位等内容。限于篇幅，设计时可查阅有关条文。

第二节　建筑适应性设计的基本原理

一、人体尺度和人体活动所需的空间尺度

建筑物中家具、设备的尺寸，踏步、窗台、栏杆的高度，门洞、走廊、楼梯宽度和高度，以及各类房间的高度和面积大小，都和人体尺度以及人体活动所需的空间尺度直接或间接有关。因此人体尺度和人体活动所需的空间尺度，是确定建筑空间的基本依据之一。我国成年男子和女子的平均高度分别为1670mm和1560mm，人体尺度和人体活动所需的空间尺度如图2-1-1所示。

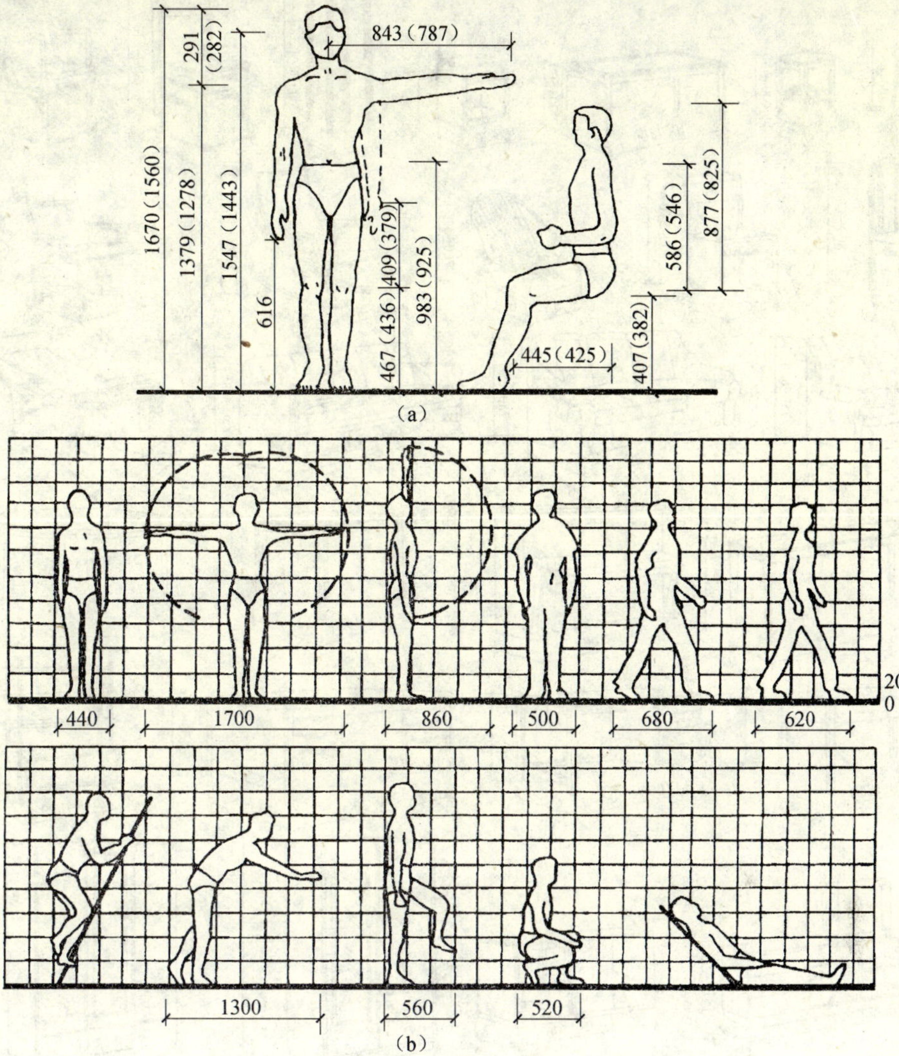

图2-1-1　人体尺度和人体活动所需的空间尺度

(a) 人体尺度（括号内为女子人体尺度）；(b) 人体活动所需空间尺度

近年来在建筑设计中日益重视人体工程学的运用。人体工程学是运用人体计测、生理心理计测和生物力学等研究方法，综合地进行人体结构、功能、心理等问题的研究，用以解决人与物、人与外界环境之间的协调关系，并提高效能。建筑设计中人体工程学的运用，将使确定空间范围，始终以人的生理、心理需求为研究中心，使空间范围的确定，具有定量计测的科学依据（图2-1-2）。

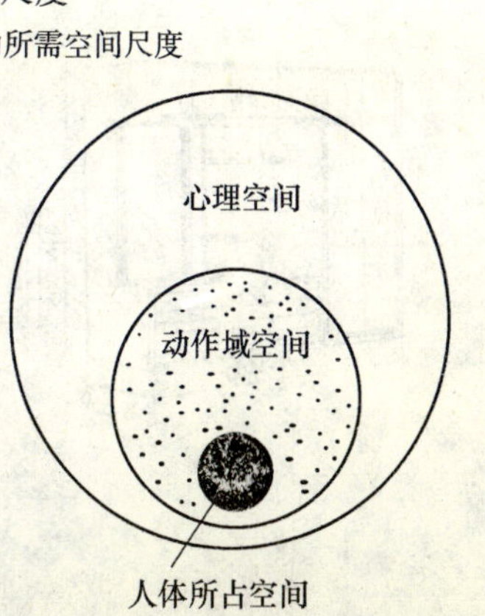

图2-1-2　单人所需空间范围示意

二、家具、设备的尺寸及其使用空间

家具、设备的尺寸，以及人们使用这些家具和设备时所必需的活动空间和使用状态空间，也是考虑建筑内部空间尺寸的重要依据。常见家具的尺寸如图 2-1-3 所示。

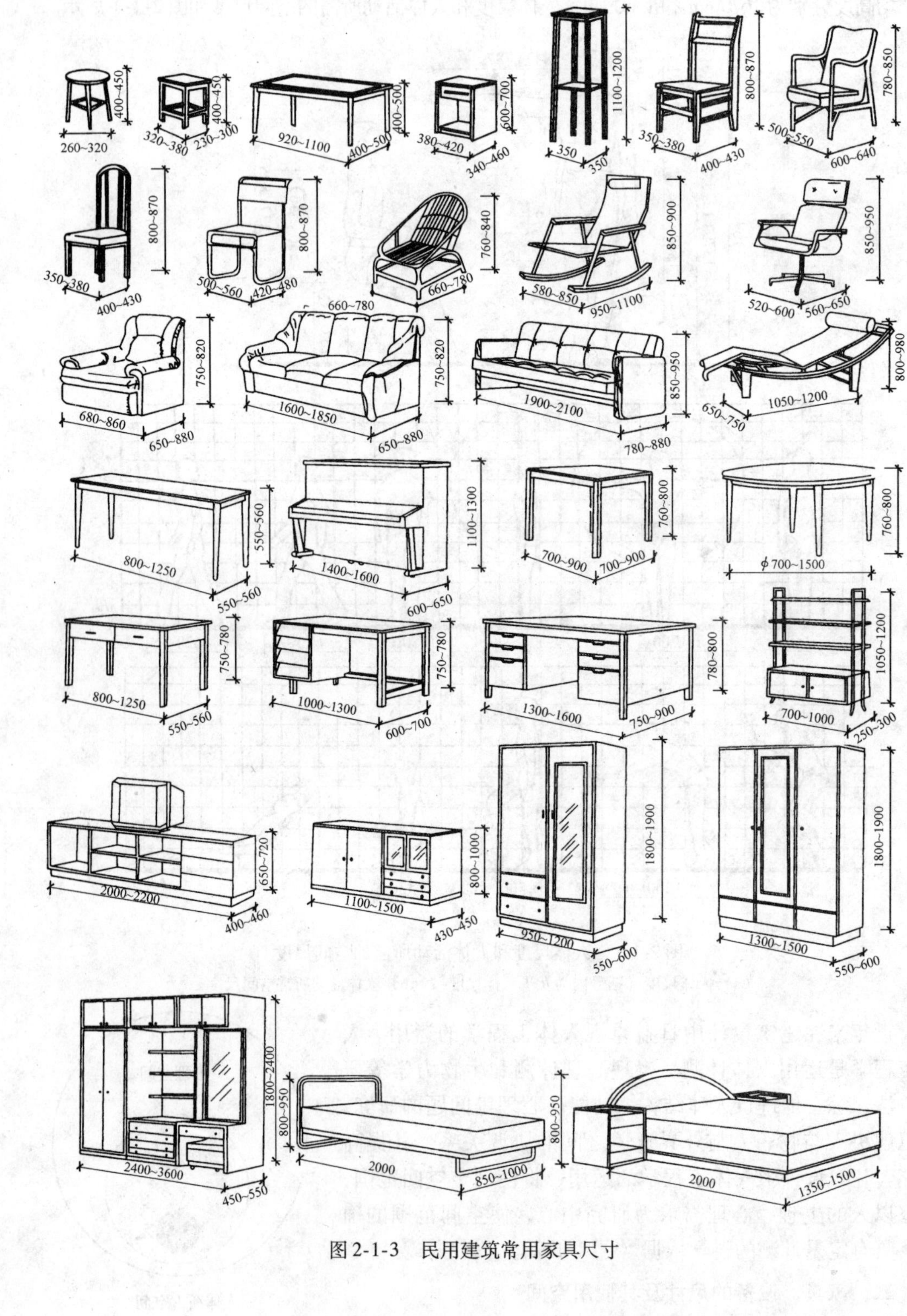

图 2-1-3　民用建筑常用家具尺寸

第二章　建筑设计基础（二）

第一节　建筑平面组合设计

建筑平面的组合，实际上是建筑空间在水平方向的组合。这一组合必然导致建筑物内外空间和建筑形体，在水平方向予以确定。因此在进行平面组合设计时，可以及时勾画建筑物形体的立体草图，考虑这一建筑物在三度空间中可能出现的空间组合及其形象，即从平面设计入手，但是着眼于建筑空间的组合。

建筑平面组合设计的主要任务是：

（1）根据建筑物的使用和卫生要求等，合理安排建筑各组成部分的位置，并确定它们的相互关系；

（2）组织好建筑物内部以及内外之间的交通联系；

（3）综合结构布置、施工方法和所用材料等因素，合理掌握建筑标准，注意美观要求；

（4）考虑总体规划的要求，密切结合基地环境等平面组合的外在条件，注意节约用地和环境保护等问题。

本节将着重叙述建筑平面组合的功能分析，平面组合和结构布置的关系。对于基地环境对平面组合的影响，以及平面组合中要考虑的建筑艺术等问题，将不予涉及。

建筑平面功能分析和组合方式应考虑以下几个方面内容：

一、各类房间的主次、内外关系

一幢建筑物，根据它的功能特点，各个房间相对说来总是有主有次。平面组合时，要根据房间使用要求的主次关系，合理安排它们在平面中的位置。如对于工作和生活主要用房，应考虑设置在朝向好、比较安静的位置，以取得较好的日照、采光及通风等条件，并且应在出入和疏散方便、人流导向比较明确的部位。

建筑物中各类房间或各个使用部分，有的与外来人流联系比较密切和频繁，例如医院门诊的挂号、问讯等房间需要布置在靠近人流来往的地方或出入口处。有的主要是内部活动用房，例如商店的行政办公、生活用房，医院药库等主要考虑内部联系方便（图 2-2-1）。

在建筑平面组合中，分清各个房间使用的主次、内外关系，有利于确定它们在平面中的具体位置。

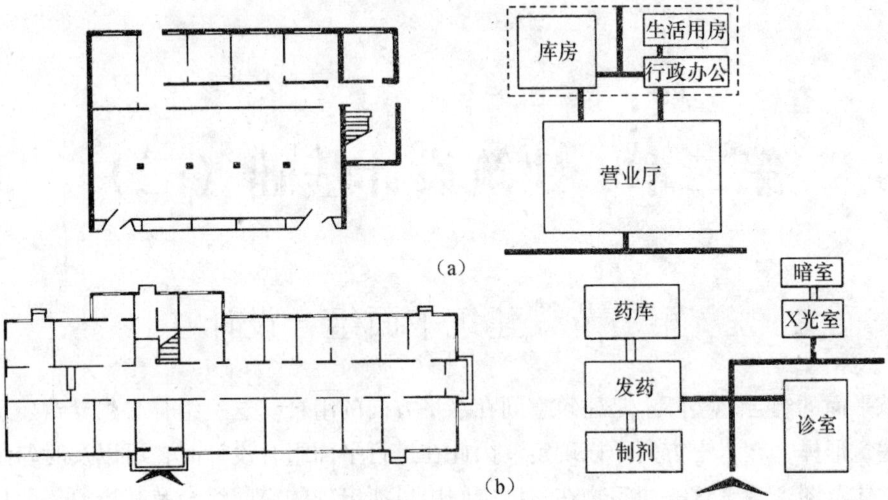

图 2-2-1　平面组合中房间的内外关系

(a) 商店平面；(b) 门诊所平面

二、功能分区以及它们的联系和分隔

当建筑物中房间较多，使用功能又比较复杂的时候，这些房间可以按照它们的使用性质

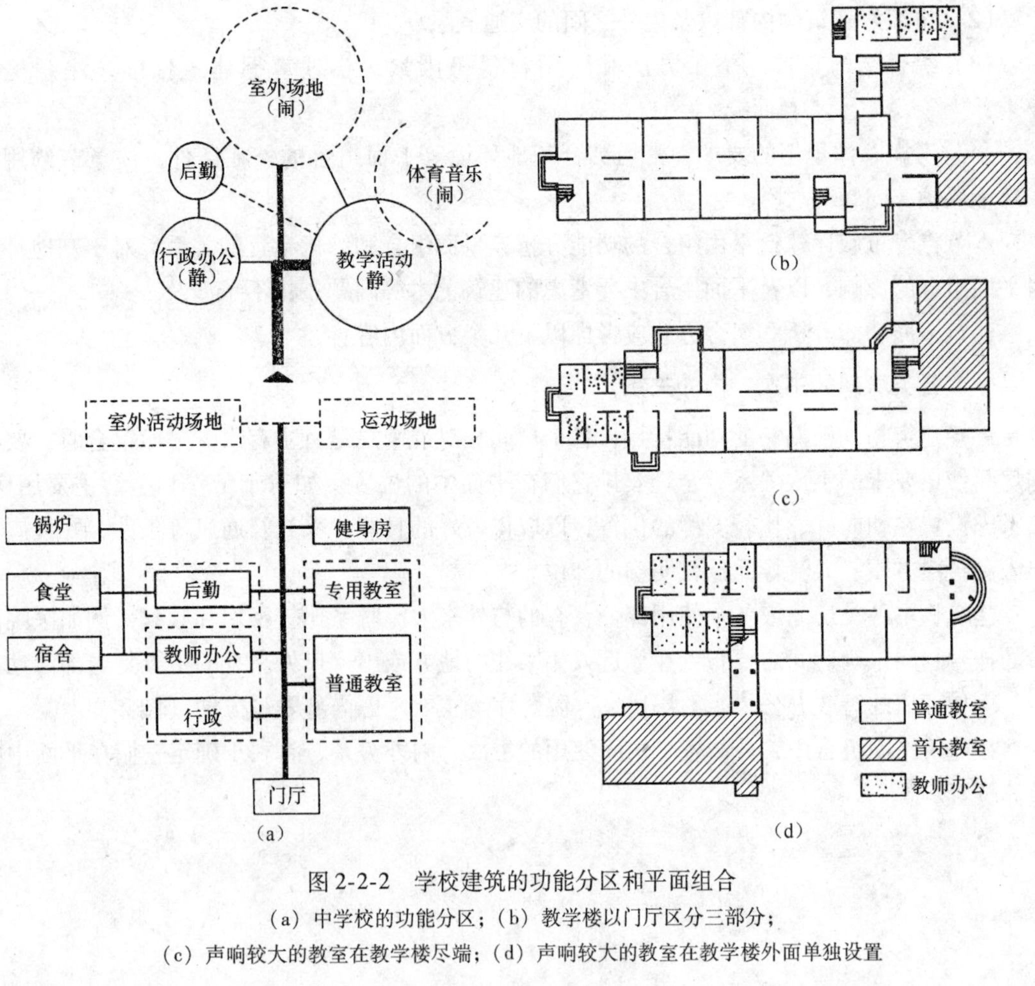

图 2-2-2　学校建筑的功能分区和平面组合

(a) 中学校的功能分区；(b) 教学楼以门厅区分三部分；

(c) 声响较大的教室在教学楼尽端；(d) 声响较大的教室在教学楼外面单独设置

以及联系的紧密程度，进行分组分区。通常，借助于功能分析图（图 2-2-2a）能够比较形象地表示出建筑物的各个功能分区，并能形象地表达它们之间的联系或分隔要求以及房间的使用顺序。建筑物的功能分区，首先是把使用性质相同或联系紧密的房间组合在一起，以便平面组合时，能从几个功能分区之间大的关系来考虑，同时还需要具体分析各个房间或各区之间的联系和分隔要求，以确定平面组合中各个房间的合适位置。例如学校建筑，可以分为教学活动、行政办公以及生活后勤等几部分。教学活动和行政办公部分既要分区明确，避免干扰，又要考虑联系方便。对于使用性质同样属于教学活动部分的普通教室和音乐教室，由于音乐教室上课时对普通教室有一定的声响干扰，它们虽属同一个功能区中，但是在平面组合中却又要求有一定的分隔（图 2-2-2b、c、d）。

以上例子说明，建筑平面组合需要在功能分区的基础上，深入分析各个房间或各个部分之间的联系和分隔要求，使平面组合更趋合理。

三、房间的使用顺序和交通路线分析

建筑物中不同使用性质的房间或各个部分，在使用过程中通常有一定的先后顺序，例如门诊部分从挂号、候诊、诊疗、记账或收费到取药的各个房间；车站建筑中的问讯、售票、候车、检票、进入站台上车，以及出站时由站台经过检票出站等；平面组合时要很好地考虑这些前后顺序（图 2-2-3）。有些建筑物对房间的使用顺序没有严格的要求，但是也应安排好室内的人流通行面积，尽量避免不必要的往返交叉或相互干扰。

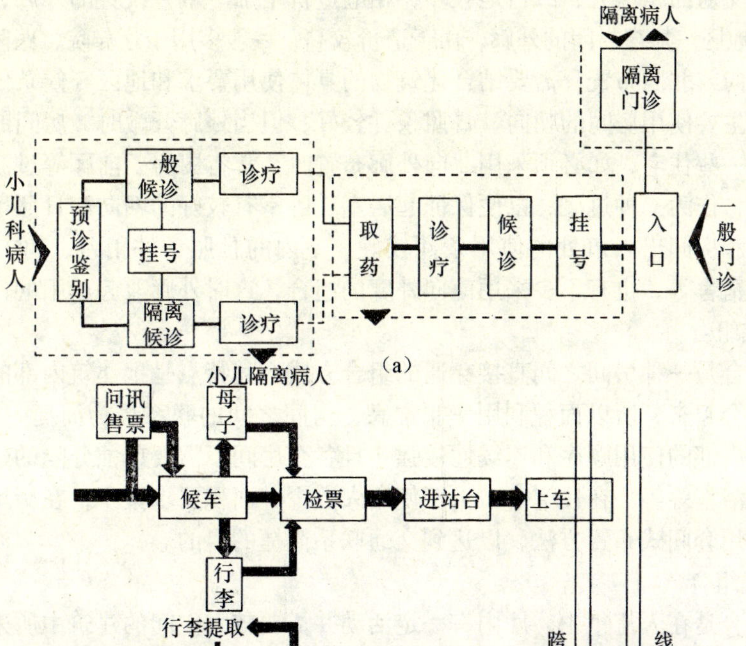

图 2-2-3　平面组合中的使用顺序及交通分析

（a）门诊所；（b）火车站

房间的使用顺序、联系和分隔要求，主要通过房间位置的安排以及组织一定方式的交通路线来实现。平面组合中要考虑交通路线的分工、连接或隔离。通常联系主要出入口和主要房间的是主要交通路线，人流较少的部分（如工作人员内部使用、辅助供应等）可用次要交通联系，门厅或过厅作为交通路线连接的枢纽。

四、建筑平面组合的几种方式

建筑物的平面组合，是综合考虑房屋设计中内外多方面因素，反复推敲所得的结果。建筑功能分析和交通路线的组织，是形成各种平面组合方式内在的主要根据，通过功能分析，初步形成的平面组合方式，大致可以归纳为以下几种：

1. 走廊式组合

走廊式组合是以走廊的一侧或两侧布置房间的组合方式，房间的相互联系和房屋的内外联系主要通过走廊。走廊式组合能使各个房间不被穿越，较好地满足各个房间单独使用的要求。这种组合方式，多用于房间面积不大，同类房间多次重复的建筑中，例如办公、学校、旅馆及宿舍等。

走廊两侧布置房间的为内廊式，这种组合方式平面紧凑，走廊所占面积较小，房屋进深大，节省用地，但是有一侧的房间朝向差。当走廊较长时，其采光、通风条件较差，房间需要开设高窗或设置过厅，以改善走廊的采光和通风条件。

走廊一侧布置房间的为外廊式。房间的朝向、采光和通风都较内廊式好，但是房屋的进深较浅，辅助交通面积增大，故占地较多，相应造价增加。敞开设置的外廊，较适合于气候温暖和炎热的地区。加窗封闭的外廊，由于造价较高，一般多用于疗养院、医院等医疗建筑。

外廊应南向或北向布置，需要结合建筑物的具体使用要求和地区气候条件来考虑。北向外廊，可以使主要使用房间的朝向、日照条件较好，但当外廊开敞时，房间的北入口冬季常受寒风侵袭，一些住宅，如必须采用北向外廊布置时，常将厨房、前厅等过渡部分布置在外廊与居室之间，作为一种过渡，以便保证起居室、卧室有较好的朝向和日照条件。南向外廊的建筑，外廊和房间出入口处的使用条件较好，室内的日照条件稍差，南方地区的某些建筑，如学校、宿舍等，也有不少采用南向外廊的组合，这时外廊兼起遮阳的作用。

2. 套间式组合

套间式组合是一种房间之间直接穿通的组合方式。其特点是把建筑内部的交通联系面积和使用面积结合起来，所以面积利用率非常高，房间之间的联系最为简捷。这种组合方式，一般用于房间内部的使用顺序和连续性较强，且各个房间不需要单独分隔的建筑之中，如展览馆、车站、浴室等等。在住宅中，由于使用人数少，面积要求紧凑，在厨房、起居室、卧室之间也常采用套间式布置方法，以达到交通联系简捷的目的。

3. 大厅式组合

大厅式组合是在人流集中、厅内有一定活动并需要较大空间的建筑中所采用的一种建筑平面组合方式。这种组合方式，通常以一个面积较大、可供较多人活动及能满足一定视、听要求的大厅为主，再辅以其他辅助房间形成，例如剧院、会场、体育馆等建筑类型的平面组合。采用大厅式组合方式时，应保证各种人流通行的通畅安全，并应该导向明确，因此，其交通路线的组织，是一个比较突出的问题。另外，合理选择大厅的结构方式以及大厅的覆盖和围护结构也极为重要。

以上三种建筑平面的组合方式，并不是绝对的，程式化的，在实际的建筑设计中，结合建筑各部分功能分区的特点，也经常形成以一种组合方式为主，局部结合其他组合方式的灵活布置，即综合式的组合布局。随着建筑使用功能的发展和变化，平面组合的方式也会有一定的变化。

第二节　建筑剖面组合设计

一、建筑剖面的组合方式

建筑剖面的组合方式，主要是由建筑物中各类房间的高度、剖面形状、使用要求及结构布置特点等因素决定的。剖面的组合方式大体上可以归纳为以下几种：

1. 单层

单层建筑便于房屋中各部分人流或物品和室外直接联系，它适应于覆盖面及跨度较大的结构布置，一些顶部要求自然采光和通风的房屋，也常采用单层的剖面组合方式。单层房屋的主要缺点是用地很不经济。如把1幢5层住宅和5幢单层的平房相比，在日照间距相同的条件下，用地面积要增加2倍左右（图2-2-4），道路和室外管线设施也都相应增加。

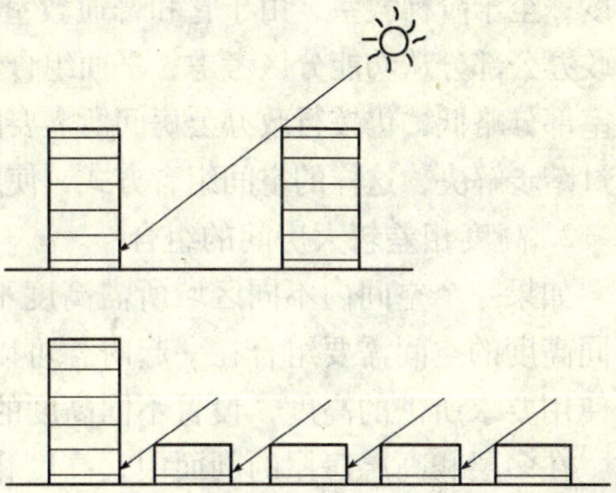

图2-2-4　单层和多层房屋的用地比较

2. 多层和高层

多层建筑的室内交通联系比较紧凑，适应于有较多相同高度房间的组合，垂直交通通过楼梯联系。多层剖面的组合应注意上下层墙、柱等承重构件的对应关系，以及各层之间相应的面积分配。许多单元式平面的住宅和走廊式平面的学校、宿舍、办公及医院等房屋的剖面，大多采用多层的组合方式。

高层建筑能在占地面积较小的条件下，提供最大的使用面积。这种组合方式有利于室外辅助设施和绿化等的布置。但是，高层建筑的垂直交通需用电梯联系，管道设备等设施也较复杂，费用较高。由于高层房屋承受侧向风力的问题比较突出，因此通常以框架结合剪力墙体或将电梯间、楼梯间和设备管线组织在竖向筒体中，以加强房屋的刚度。

3. 错层和跃层

错层是在建筑物纵向或横向剖面中，房屋几部分之间的楼地面，高低错开。它主要适应于结合坡地地形建造住宅、宿舍以及其他类型的房屋。

房屋剖面中的错层高差，通常有以下几种解决方法：

（1）利用室外台阶解决错层高差。

（2）利用楼梯间解决错层高差。即通过选用楼梯梯段的数量（如二梯段、三梯段等），调整梯段的踏步数，使楼梯平台的标高和错层楼地面的标高一致。这种方法能够较好地结合地形，灵活地解决纵横向的错层高差。

跃层剖面的组合方式多用于住宅建筑中，这些房屋的公共走廊每隔1~2层设置一条，每个住户可有前后相通的一层或上下层的房间，住户内部以小楼梯上下联系。跃层住宅的特点是节约公共交通面积，各住户之间的干扰较少，由于每户都有两个朝向，因此通风条件好；但跃层房屋的结构布置和施工比较复杂，通常每户所需的面积较大，居住标准要高一些。

二、建筑空间的组合与利用

在前面，我们已经初步分析了建筑空间在水平方向的组合关系以及结构布置等有关内容，下面我们将着重分析房间的空间组合以及建筑空间利用等问题。

（一）建筑空间的组合

1. 高度相同或高度接近的房间组合

高度相同、使用性质接近的房间，如教学楼中的普通教室和实验室，住宅中的起居室和卧室等，可以组合在一起。高度比较接近，使用上关系密切的房间，考虑到房屋结构构造的经济合理和施工方便等因素，在满足室内功能要求的前提下，可以适当调整房间之间的高差，尽可能统一这些房间的高度。例如对于教学楼设计，其中教室、阅览室、贮藏室以及厕所等房间，由于结构布置时从这些房间所在的平面位置考虑，要求组合在一起，因此可把它们调整为同一高度；至于阶梯教室，由于它和普通教室的高度相差较大，故可采用单层附建于教学楼主体；行政办公部分从功能分区考虑，平面组合上和教学活动部分有所分隔，这部分房间的高度可比教室部分略低，仍按行政办公房间所需要的高度进行组合，它们和教学活动部分的层高高差，通过踏步解决，这样的空间组合方式，使用上能满足各个房间要求，也比较经济。

2. 高度相差较大房间的组合

如果一个空间内不同区域所需高度不同，或若干不同高度的空间需要组合在一起时，可以根据房间实际使用要求所需的高度，设置不同高度的屋顶。

在多层和高层房屋的剖面中，高度相差较大的房间可以根据不同高度房间的数量多少和使用性质，在房屋垂直方向进行分层组合。例如旅馆建筑中，通常把房间高度较高的餐厅、会客、会议等部分组织在楼下的一、二层或顶层，旅馆的客房部分相对来说高度要低一些，可以按客房标准层的层高组合。高层建筑中通常还把高度较低的设备房间组织在同一层，成为设备层（图 2-2-5）。

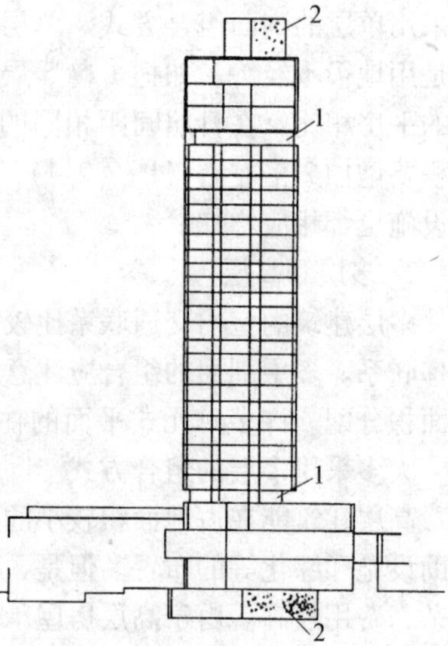

图 2-2-5　有设备层的高层建筑剖面

1—设备层；2—机房

3. 楼梯在剖面中的位置

楼梯在剖面中的位置，是和楼梯在建筑平面中的位置以及建筑平面的组合关系紧密联系在一起的。

由于采光通风等要求，通常楼梯沿外墙设置，进深较大的外廊式房屋，由于采光通风容易解决，楼梯可在中部。在建筑剖面中，要注意梯段坡度和房屋层高、进深的相互关系，也要安排好人们在楼梯下出入或错层搭接时的平台标高。

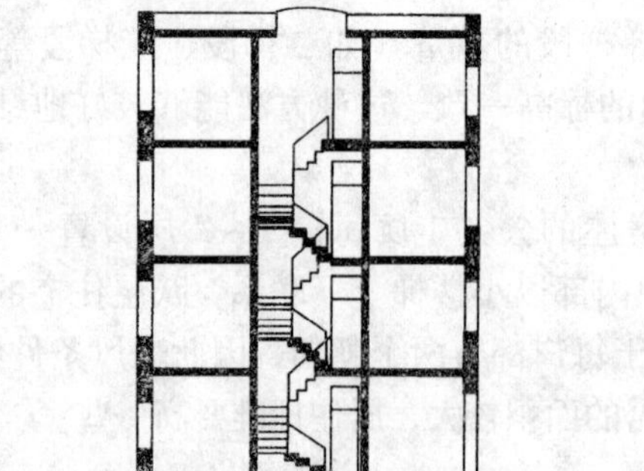
图 2-2-6　楼梯井顶部采光

当楼梯在房屋剖面的中部时，须用一定措施解决楼梯的采光通风问题。多层住宅为了节约用地，加大房屋的进深，当楼梯设置在房屋中部时，可在楼梯边安置小天井，以解决楼梯和中部房间的采光、通风问题；低层房屋（如 4 层以下）也可以在楼梯上部的屋顶开设天窗，通过梯井采光（图 2-2-6）；住宅建筑户内联系的小楼梯或一些公共建筑大厅中的楼梯，常采用开敞式楼梯。

（二）建筑空间的利用

充分利用建筑物内部的空间，实际上是在建

筑占地面积和平面布置基本不变且不影响正常使用的情况下，起到了扩大使用面积的作用，充分发挥了房屋投资的经济效果。

1. 房间内的空间利用

在人们室内活动和家具设备布置等必需的空间范围以外，可以充分利用房间内其余部分的空间。例如在住宅卧室中利用床铺上部的空间设置吊柜；在厨房中设置搁板、壁龛和贮物柜；在居室内设置到顶的组合柜；在图书馆中净高较高的阅览室内设置夹层等等做法，均可以充分利用室内空间。

在我国许多地方民居中，常充分利用房间内山尖部分的空间，在山尖部分设置搁板、阁楼，甚至把沿街的楼房局部出挑，以充分利用并争取使用空间（图 2-2-7）。这些优秀的传统设计手法，有许多值得我们借鉴之处。

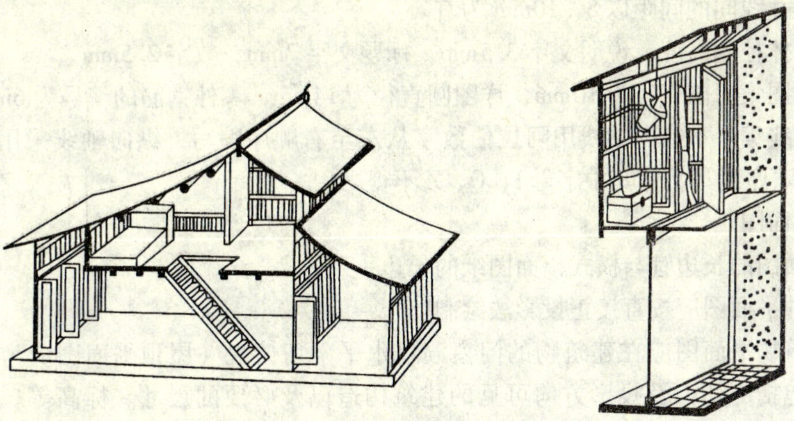

图 2-2-7　地方民居中的空间利用

2. 走廊、门厅和楼梯间的空间利用

由于建筑物整体结构布置的需要，房屋中的走廊通常和层高较高的房间高度相同，这时走廊的上部，可以作为设置通风、照明设备和铺设管线的空间；一些公共建筑的门厅和大厅，由于人流集散和空间处理等要求，当厅内净高较高时，也可以在厅内的部分空间中设置夹层或走廊，以扩大门厅或大厅内的活动面积和交通联系面积，也可用于暗设管线。

楼梯间的底部和顶部，通常都有可以利用的空间。当楼梯间底层平台下不作出入口用时，平台以下的空间可作贮藏或厕所等辅助房间；楼梯间顶层平台以上的空间高度较大时，也能用作贮藏室等辅助房间，但是须增设一个梯段，以通往楼梯间顶部的小房间（图 2-2-8）。

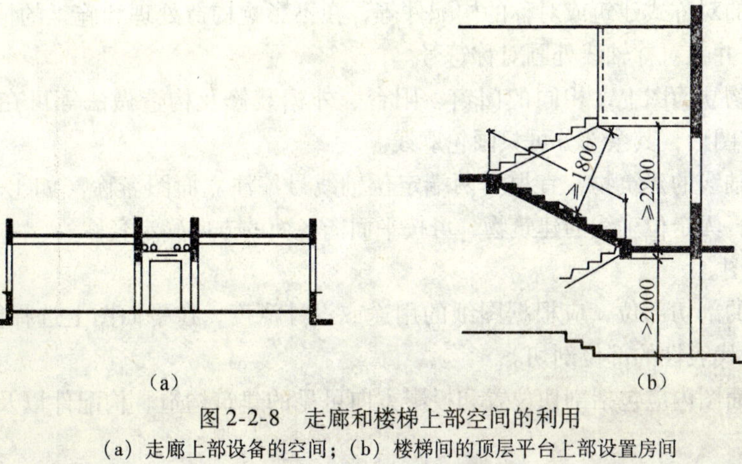

（a）　　（b）

图 2-2-8　走廊和楼梯上部空间的利用

（a）走廊上部设备的空间；（b）楼梯间的顶层平台上部设置房间

第三节　建筑制图简介

一、基本规定

（1）尺寸，一般图形以“mm”为单位，总平面图以“m”为单位并取两位小数。

（2）标高，以“m”为单位，一般图形应精确至小数点后三位，如 ±0.000；总平面图应精确至小数点后两位，如 49.25。

（3）轴线圆的直径不小于 8mm，亦不宜大于 10mm。

（4）指北针的圆，其直径为 24mm，指针尾部宽度宜取 3mm。

（5）尺寸线间的间距以 8～10mm 为宜。

（6）字体控制高度：说明文字 3.5mm，标题文字 7mm，数字 2.5mm。

（7）详图索引圆直径为 10mm，详图圆直径为 14mm，零件钢筋的编号为 6mm。

（8）轴线编号，横向轴线用阿拉伯数字从左至右顺序编写，纵向轴线采用大写拉丁字母从下至上顺序编写，但其中字母 I、O、Z 不得采用。

（9）平面图。

1）平面图的长边宜与横式幅面图纸的长边一致。

2）各种平面图应按直接正投影法绘制。

3）建筑物平面图应在建筑物的门窗洞口水平剖切俯视（屋顶平面图应为屋面以上俯视），图内包括剖切面及投影方向可见的建筑构造以及必要的尺寸、标高等。如需表示高窗、通气孔、槽、地沟及起重机等不可见部分，则应以虚线绘制。

4）建筑物平面图宜注写房间的名称或编号。

5）平面较大的建筑物，可分区绘制平面图，但应绘制组合示意图。

6）顶棚平面图如用直接正投影法不易表达清楚，可用镜像投影法绘制，但应在图名后加注“镜像”二字。

（10）立面图。

1）各种立面图应按直接正投影法绘制。

2）建筑立面图内应包括投影方向可见的建筑外轮廓线和建筑构配件、墙面做法及必要的尺寸和标高等。

3）较简单的对称式建筑或对称的构配件等，在不影响构造处理和施工的情况下，立面图可绘制一半，并在对称轴线处画对称符号。

4）在建筑物立面图上，相同的门窗、阳台、外檐装修及构造做法等可在局部重点表示，绘出其完整图形，其余部分可只画轮廓线。

5）有定位轴线的建筑物，宜根据两端定位轴线号编注立面图名称（如①—②立面图、Ⓐ—Ⓔ立面图）；无定位轴线的建筑物，可按平面图各面的方向确定名称。

（11）剖面图。

1）剖面图的剖切部位，应根据图纸的用途或设计深度，在平面图上选择能反映全貌、构造特征以及有代表性的部位剖切。

2）各种剖面图内应包括剖切位置和投影方向可见的建筑构造、构配件以及必要的尺寸和标高等。

3）平面图上剖切符号的剖视方向宜向左、向上。

（12）其他规定。

1）指北针应放在建筑物主要平面图旁的明显位置上，所指方向与总图一致。

2）零配件详图与构造详图宜按直接正投影法绘制。

3）零配件外形或局部构造的立体图应画成轴测图。

4）不同比例的平、剖面图，其抹灰层、楼地面及材料图例的省略画法应符合下列规定：

①比例大于1:50的平、剖面图，应画出抹灰层与楼地面的面层线，并宜画出材料图例。

②比例等于1:50的平、剖面图，宜画出楼地面的面层线，抹灰层的面层线应根据需要而定。

③比例小于1:50的平、剖面图，可不画抹灰层，但宜画出楼地面的面层线。

④比例为1:100或1:200的平、剖面图，可画简化的材料图例（如砖墙涂红，钢筋混凝土涂黑等），但宜画出楼地面的面层线。

⑤比例小于1:200的平、剖面图可不画材料图例，剖面图的楼地面面层可根据需要而定。

⑥相邻的立面图或剖面图宜绘制在同一水平线上，图内相互有关的尺寸及标高宜标在同一竖直线上。

（13）尺寸标注。

1）尺寸分为定位尺寸、定量尺寸和总尺寸三种，绘图时应根据设计深度和图纸用途确定所需注写的尺寸。

2）建筑物平、立、剖面图，宜标注室内地坪、室外地坪、楼地面、地下层地面、阳台、平台、檐部、门、窗及台阶等处的标高。

3）楼地面、地下层地面、楼梯、阳台、平台及台阶等处的高度尺寸及标高，应按下列规定注写：

①平面图及其详图注写完成面的标高。

②立、剖面图及其详图注写完成面的标高及高度方向的尺寸。

③其余部位注写毛面尺寸及标高。

4）标注建筑平面图各部位的定位尺寸，宜标注与其最邻近的轴线间的尺寸。标注建筑剖面各部位的定位尺寸，宜标注其所在层次内的尺寸。

二、各种图形应该表示与标注的内容

（一）平面图包括的内容及应标注的内容

1. 应包括的内容

（1）表明建筑物的平面形状、房间布置和朝向，应包括房间、走道、楼梯、电梯、厕所及卫生间等。有设备的房间如教室、厕所、浴室及盥洗室等应画出设备位置。

（2）表明墙体、柱子的做法，画出门窗位置及门的开启方向，表示出台阶、散水、花台、坡道、雨水管、暖气管沟、检查井及采光井等投影。

（3）表示剖面图的剖切位置与剖视方向，外墙剖面图的剖切位置也可以在平面图中画出。

（4）表明室内地坪标高，首层还应表示室外地坪标高，首层平面图应绘有方向标志。

（5）表示出外专业对土建专业的要求，如配电盘、消火栓和预留洞口等位置。

（6）应绘有轴线、轴线编号及尺寸线。

（7）各种投影可见部分只表示一次。如首层表示台阶、散水、花台和管沟等；二层则表示雨罩、阳台等；顶层平面应表示出屋顶出人孔（虚线）的位置。

2. 应标注的内容

（1）建筑物的各部分尺寸，纵、横方向均应标注三道尺寸，即门窗洞口、墙垛与轴线的关系尺寸、轴线间尺寸及总外包尺寸。

（2）内门的尺寸及其定位尺寸（洞口与临近墙体轴线的关系）。

（3）每道墙均应有墙厚尺寸，标注与轴线的关系尺寸，柱子应有断面尺寸及与轴线的关系尺寸。

（4）注出轴线编号，横向墙体用阿拉伯数字顺序编写，纵向墙体用大写拉丁字母书写（其中I、O、Z除外）。

（5）注出房间名称或以编号形式注出（应在图外注出编号含义）。

（6）标高以“m”为单位，精确至小数点后三位，尺寸以“mm”为单位。图中不必注出“m”、“mm”等字样。

（7）标注门、窗代号，可以选用标准图号，也可以自行编号。采用后者时，应在门窗表中注明出处。

（8）墙体外侧构造做法（散水、台阶、雨罩、挑檐、窗台等）的尺寸。

（9）剖面图的剖切位置及编号，可用1—1、A—A、I—I等方式注写。

（10）其他必须注出的问题，如材料图例、详图索引等。

（二）剖面图包括的内容及应标注的内容

1. 应包括的内容

（1）表明建筑物的层次及层间关系（窗台、窗口、窗上部）。

（2）表明墙体、楼层、檐部、散水、台阶及楼梯等构造关系，特别注意过梁、承重梁和圈梁等不得遗漏。

（3）画出轴线并进行编号。

（4）选择好地面、楼面、顶棚、踢脚、墙裙、内墙面、屋面、散水、台阶的构造做法及代号。

（5）详图索引代号。

2. 应标注的内容

（1）垂直方向的尺寸，包括外部尺寸与内部尺寸两部分。外部尺寸为三道，即窗台、窗口和窗上部，室内外高差及细部尺寸（意义同墙段与洞口尺寸）；室内外高差及层间尺寸（意义同轴线间尺寸）；总外包尺寸（总高度，从室外地坪至檐部）。内部尺寸为门、高窗等的尺寸。

（2）水平方向的尺寸，只注轴线间尺寸，轴线圆内应编号。

（3）室内地坪、室外地坪、各层楼面及檐口顶部的标高。

（4）注出各处做法的代号。

（5）标注出必要的详图索引编号。

（6）其他必须注出的问题，如材料图例、详图索引等。

（三）立面图包括的内容及应标注的内容。

1. 应包括的内容

（1）立面图应以表示建筑的外形轮廓为主，但是也需要表达清楚门窗、阳台、雨罩、台阶、室外楼梯、花坛、勒脚、檐口等的形式。

（2）表示出立面各部位的装修做法代号。

2. 应标注的内容

（1）两端轴线编号。

（2）垂直方向上的三道尺寸，即分尺寸、层高尺寸及总外包尺寸（参考剖面图）。

（3）标注出室外地坪、首层地面、各层楼面、顶板结构上表面、檐口和屋脊上皮的有关相对标高。

（4）标注材料做法代号及详图索引代号。

（四）总平面图包括的内容及应标注的内容

1. 应包括的内容

（1）新建筑物的平面形状、建筑的层数（组合体型时应按部位标注）、总体面积（按单体标注）、首层地坪的绝对标高值及主要出入口的位置等。

（2）原有建筑物、构筑物、拟建建筑物及拆除建筑物的轮廓。

（3）新建道路与原有道路、拟建道路、绿地、花池及水池等。

（4）纵向坡度、绝对标高值及方向标志等。

2. 应标注的内容

（1）新建建筑物的外包尺寸及与基地原有建筑、道路、场地等的关系尺寸。

（2）基地尺寸（以“m”为单位，精确至小数点后两位）。

（3）室外整坪的标高（以“m”为单位，精确至小数点后两位）。

（4）首层地坪的绝对标高值。

（5）道路尺寸，出入口位置及其尺寸，方向标志等。

（五）外墙详图包括的内容及应标注的内容

1. 应包括的内容

外墙详图以墙身剖面为主，必要时还应配以外墙平面图及立面图。外墙剖面的内容是：

（1）室内外地坪交接处做法。该处节点必须表明基础墙的厚度、室内地坪的位置以及明沟、散水、坡道（或台阶）、墙身防潮层、首层地面、暖气管沟等的做法；并且必须表明踢脚、勒脚、墙裙等部位的装修做法；本层窗台范围的全部内容，包括门窗过梁、室内窗台、室外窗台等的做法，也是必须表示的内容。

（2）楼层处节点做法。该处节点的表达范围，包括从下层窗过梁至上层吊顶棚范围内的各种构件、部位的做法；其间包括属于下层的雨罩、遮阳板、楼板、圈梁、阳台板、阳台栏板或栏杆，以及属于上层的楼地面、踢脚、墙裙、内外窗台、窗帘盒（杆）、吊顶棚；也包括相应范围的内外墙面做法等。当若干楼层做法完全一致时，应标出若干层的楼面标高。（按标高层画）

（3）屋顶檐口处做法。该处节点应该表明自顶层窗过梁到檐口、女儿墙上皮范围内的全部内容。根据具体情况，可能包括下述全部或部分内容：

顶层门窗过梁、圈梁、窗帘盒、窗帘杆、雨罩、遮阳板、顶层屋顶板、屋架、屋面、檐口、女儿墙、天沟、排水口、集水斗或雨水管等。

2. 应标注的内容

（1）墙与轴线的关系尺寸，轴线编号、墙厚或梁宽。

（2）标注出细部尺寸，其中包括散水宽度、窗台高度、窗上口尺寸、挑出窗口过梁、挑檐的细部尺寸、挑檐板的挑出尺寸、女儿墙的高度尺寸、层高尺寸及总高度尺寸。

（3）标注出主要标高。其中包括室外地坪、室内地坪、楼层标高及顶板标高。

（4）应标出室内地面、楼面、吊顶、内墙面、踢脚、墙裙、散水、台阶、外墙面、内墙面、屋面及突出线脚的构造做法代号。

（六）楼梯详图包括的内容及应标注的内容

楼梯详图包括楼梯平面、剖面及节点构造三大部分。

1. 应包括的内容

（1）楼梯平面。一般包括三个，即首层、标准层和顶层平面。在这些图中，应该包括楼梯段、休息板、楼梯井、楼层平台及窗、门位置等，并注有楼梯间的墙厚及轴线编号。

（2）楼梯剖面。表明休息板和楼层标高，各跑楼梯的构造、步数、构件的搭接做法，楼梯栏杆的式样和扶手高度，楼梯间门窗洞口详图索引及材料图例。

（3）楼梯详图。一般包括踏步防滑、底层踏步、栏杆、栏板及扶手连接、休息板处护窗栏杆、顶层扶手入墙等。在这些节点中应注明式样、高度、尺寸和材料等细部要求。

2. 应标注的内容

（1）楼梯平面。应标出休息板、楼梯段的宽度；标出梯井宽度尺寸、楼梯段水平投影长度、首层及楼层的平面标高、楼梯的上下方向（以 ±0.000 及各层地面为起点）及上下步数、墙厚及与轴线的关系；标出门窗编号或代号、轴线圆及编号、剖切线等。

（2）楼梯剖面。应标出室内地面、室外地面、楼地面、休息板的标高及做法代号，栏杆高度、进深尺寸及轴线圆等。

（3）楼梯详图。应标出详细尺寸及做法层次等。

（七）门窗表

门窗数量表的表头格式如表 2-2-1 所示。

门窗数量表 **表 2-2-1**

代 号	尺 寸		数 量					备 注
	宽度	高度	一层	二层	三层	四层	总计	

备注中应注出选自标准图号及开启形式特点等。

（八）材料做法表

房间材料做法表的表头格式如表 2-2-2 所示。

房间材料做法表 **表 2-2-2**

做法部位 / 房间名称	楼地面	底层地面	顶 棚	内墙面	踢 脚	墙 裙

三、常用图例

1. 建筑材料图例（表2-2-3）

摘自《房屋建筑制图统一标准》（GB/T 50001—2001）。

建筑材料图例 **表2-2-3**

序号	名称	图例	备注
1	自然土壤		包括各种自然土壤等
2	夯实土壤		
3	砂、灰土	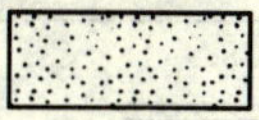	靠近轮廓线绘较密的点
4	砂砾石、碎砖三合土	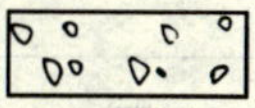	
5	石材	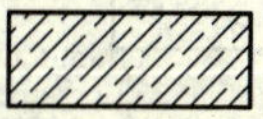	
6	毛石	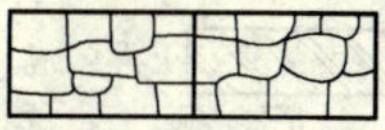	
7	普通砖	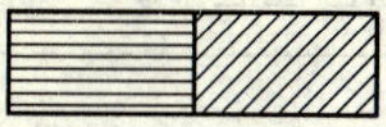	包括实心砖、多孔砖、砌块等砌体。断面较窄，不易绘出图例线时，可涂红
8	耐火砖	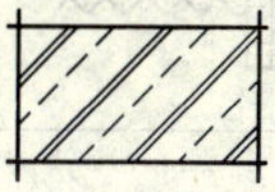	包括耐酸砖等砌体
9	空心砖	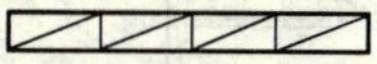	指非承重砖砌体
10	饰面砖		包括铺地砖、马赛克、陶瓷锦砖、人造大理石等
11	焦渣、矿渣	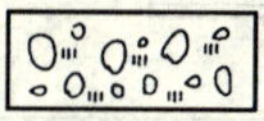	包括与水泥、石灰等混合而成的材料
12	混凝土	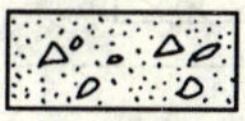	1. 本图例指能承重的混凝土及钢筋混凝土 2. 包括各种强度等级、骨料、添加剂的混凝土 3. 在剖面图上画出钢筋时，不画图例线 4. 断面图形小，不易画出图例线时，可涂黑
13	钢筋混凝土		
14	多孔材料		包括水泥珍珠岩、沥青珍珠岩、泡沫混凝土、非承重加气混凝土、软木、蛭石制品等

续表

序 号	名 称	图 例	备 注
15	纤维材料	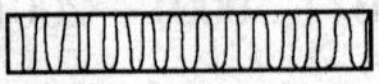	包括矿棉、岩棉、玻璃棉、麻丝、木丝板、纤维板等
16	泡沫塑料材料	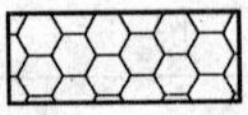	包括聚苯乙烯、聚乙烯、聚氨酯等多孔聚合物类材料
17	木 材	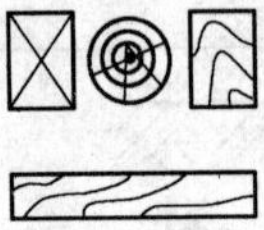	1. 上图为横断面，上左图为垫木、木砖或木龙骨 2. 下图为纵断面
18	胶合板	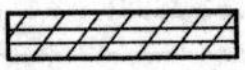	应注明为××层胶合板
19	石膏板	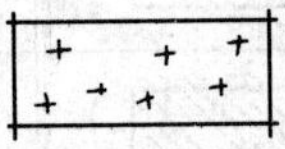	包括圆孔、方孔石膏板、防水石膏板等
20	金 属		1. 包括各种金属 2. 图形小时，可涂黑
21	网状材料	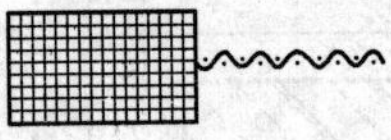	1. 包括金属、塑料等网状材料 2. 应注明具体材料名称
22	液 体	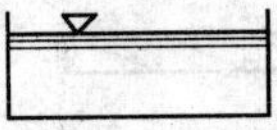	应注明具体液体名称
23	玻 璃		包括平板玻璃、磨砂玻璃、夹丝玻璃、钢化玻璃、中空玻璃、加层玻璃、镀膜玻璃等
24	橡 胶		
25	塑 料		包括各种软、硬塑料及有机玻璃等
26	防水材料		构造层次多或比例较大时，采用上面图例
27	粉 刷		本图例采用较稀的点

注：序号1、2、5、7、8、13、14、18、20、25图例中的斜线、短斜线和交叉斜线等一律为45°。

2. 构造及配件图例（表 2-2-4）

摘自《建筑制图标准》（GB/T 50104—2001）。

构造及配件图例 **表 2-2-4**

序号	名称	图例	说明
1	墙体	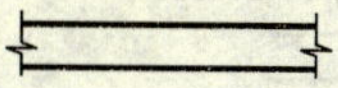	应加注文字或填充图例，表示墙体材料，在项目设计图纸说明中列材料图例表给予说明
2	隔断	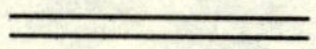	1. 包括板条抹灰、木制、石膏板、金属材料等隔断 2. 适用于到顶与不到顶隔断
3	栏杆		
4	楼梯	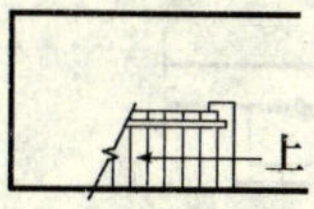 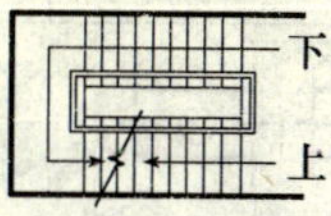 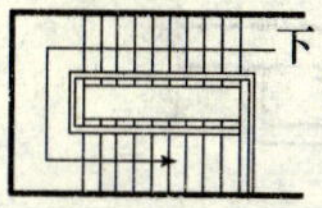	1. 上图为底层楼梯平面，中图为中间层楼梯平面，下图为顶层楼梯平面 2. 楼梯及栏杆扶手的形式和梯段、踏步数应按实际情况绘制
5	坡道	 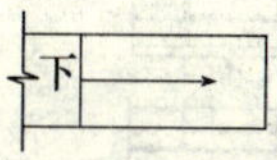 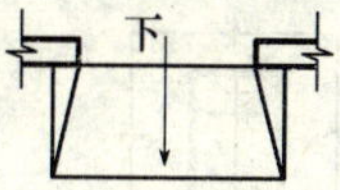 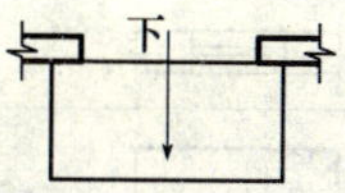	上图为长坡道，下图为门口坡道
6	平面高差	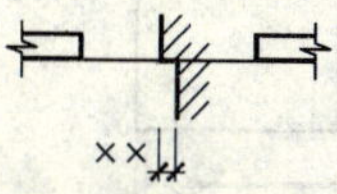	适用于高差小于 100 的两个地面或楼面相接处
7	检查孔	 	左图为可见检查孔 右图为不可见检查孔
8	孔洞	 	阴影部分可以涂色代替

续表

序号	名称	图例	说明
9	坑槽		
10	墙上留洞	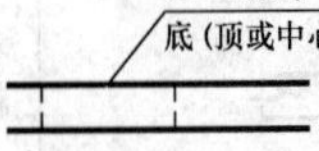	1. 以洞中心或洞边定位 2. 宜以涂色区别墙体和留洞位置
11	墙顶留槽		1. 以洞中心或洞边定位 2. 宜以涂色区别墙体和留洞位置
12	烟　道	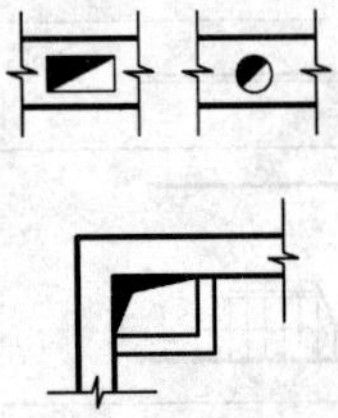	1. 阴影部分可以涂色代替 2. 烟道与墙体为同一材料，其相接处墙身线应断开
13	通风道	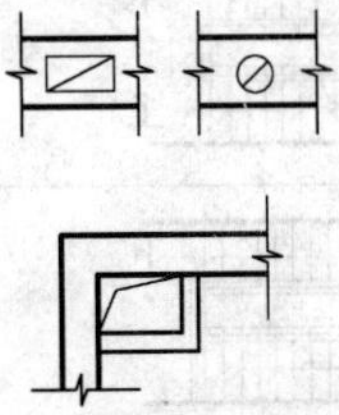	1. 阴影部分可以涂色代替 2. 烟道与墙体为同一材料，其相接处墙身线应断开
14	新建的墙和窗	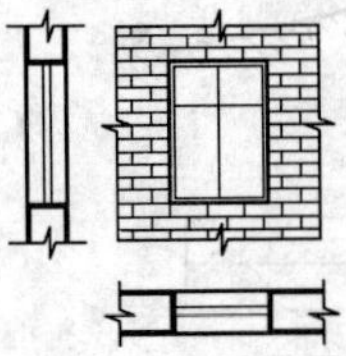	1. 本图以小型砌块为图例，绘图时应按所用材料的图例绘制，不易以图例绘制的，可在墙面上以文字或代号注明 2. 小比例绘图时，平、剖面窗线可用单粗实线表示
15	改建时保留的原有墙和窗	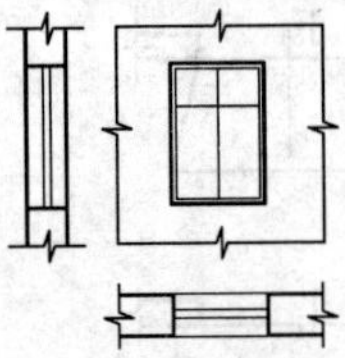	
16	应拆除的墙	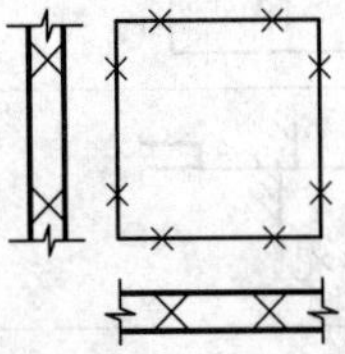	
17	在原有墙或楼板上新开的洞	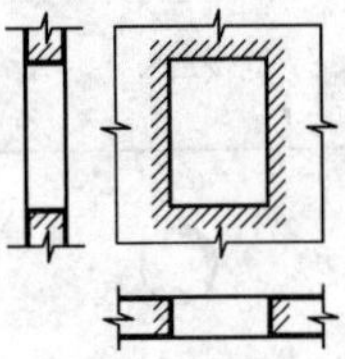	

续表

序号	名称	图例	说明
18	在原有洞旁扩大的洞	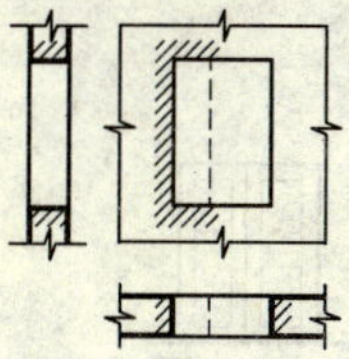	
19	在原有墙或楼板上全部填塞的洞	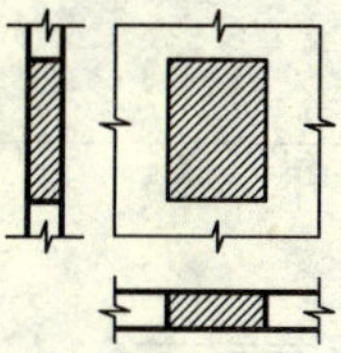	
20	在原有墙或楼板上局部填塞的洞	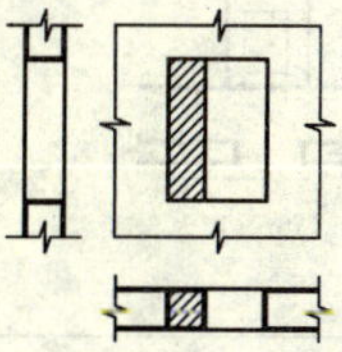	
21	空门洞	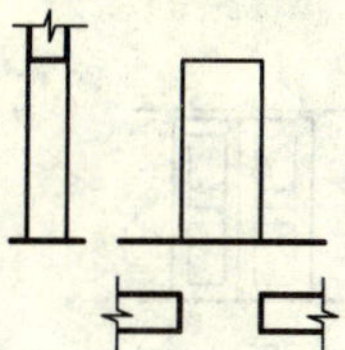 $h=$	h 为门洞高度
22	单扇门 （包括平开或单面弹簧）	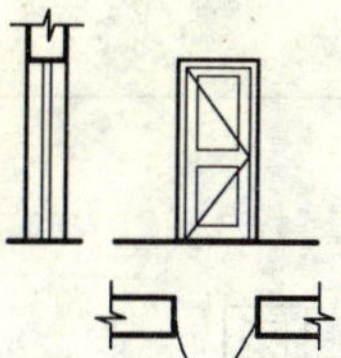	1. 门的名称代号用 M 2. 图例中剖面图左为外、右为内，平面图下为外、上为内 3. 立面图上开启方向线交角的一侧为安装合页的一侧，实线为外开，虚线为内开 4. 平面图上门线应 90° 或 45° 开启，开启弧线宜绘出 5. 立面图上的开启线在一般设计图中可不表示，在详图及室内设计图上应表示 6. 立面形式应按实际情况绘制
23	双扇门 （包括平开或单面弹簧）	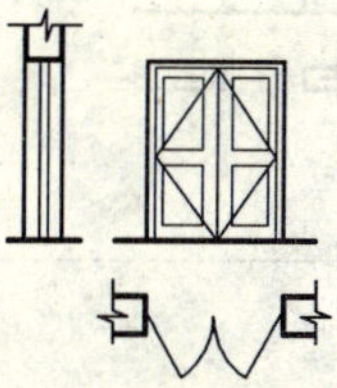	
24	对开折叠门	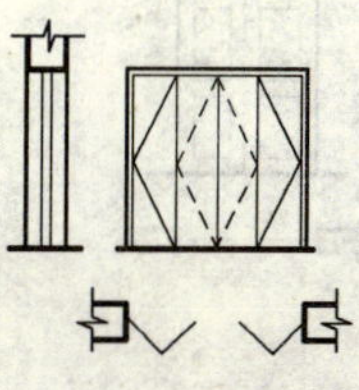	

序号	名称	图例	说明
25	推拉门	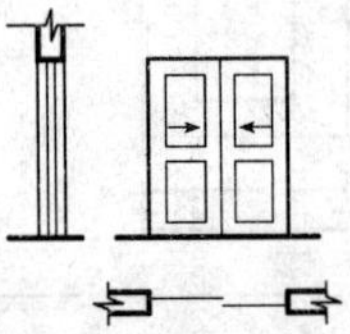	
26	墙外单扇推拉门	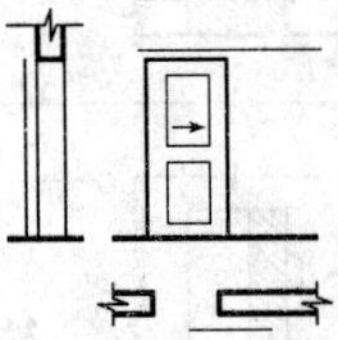	
27	墙外双扇推拉门	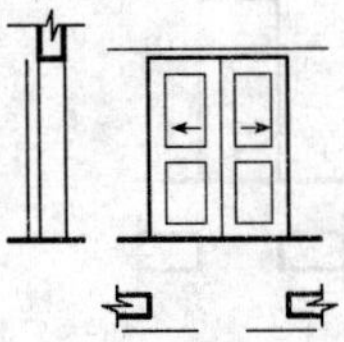	1. 门的名称代号用 M 2. 图例中剖面图左为外、右为内，平面图下为外、上为内 3. 立面形式应按实际情况绘制
28	墙中单扇推拉门	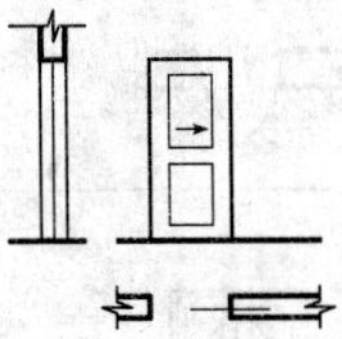	
29	墙中双扇推拉门	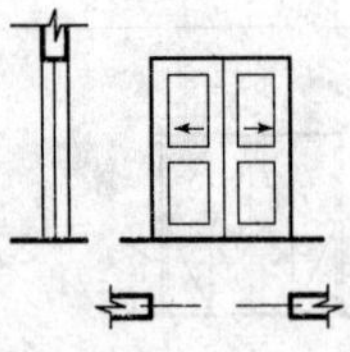	

续表

<table>
<tr><th>序号</th><th>名称</th><th>图例</th><th>说明</th></tr>
<tr><td>30</td><td>单扇双面弹簧门</td><td>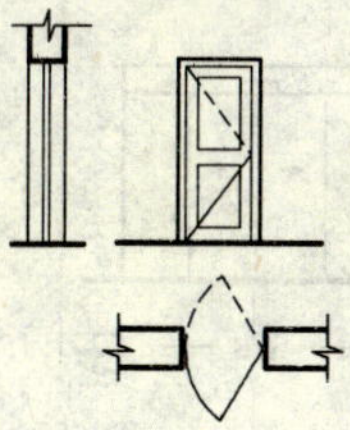</td><td rowspan="4">1. 门的名称代号用 M
2. 图例中剖面图左为外、右为内，平面图下为外、上为内
3. 立面图上开启方向线交角的一侧为安装合页的一侧，实线为外开，虚线为内开
4. 平面图上门线应 90°或 45°开启，开启弧线宜绘出
5. 立面图上的开启线在一般设计图中可不表示，在详图及室内设计图上应表示
6. 立面形式应按实际情况绘制</td></tr>
<tr><td>31</td><td>双扇双面弹簧门</td><td>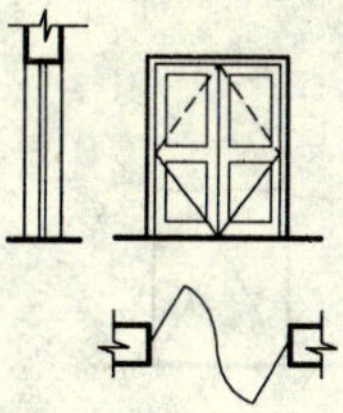</td></tr>
<tr><td>32</td><td>单扇内外开双层门
（包括平开或单面弹簧）</td><td>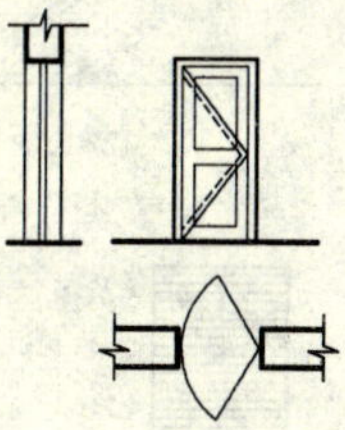</td></tr>
<tr><td>33</td><td>双扇内外开双层门
（包括平开或单面弹簧）</td><td>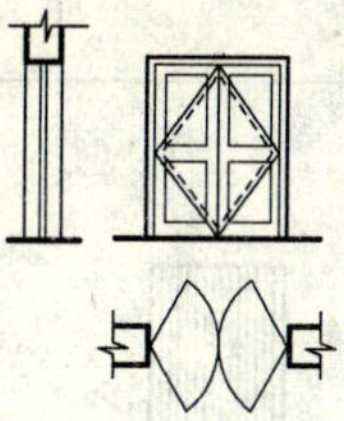</td></tr>
<tr><td>34</td><td>转　门</td><td>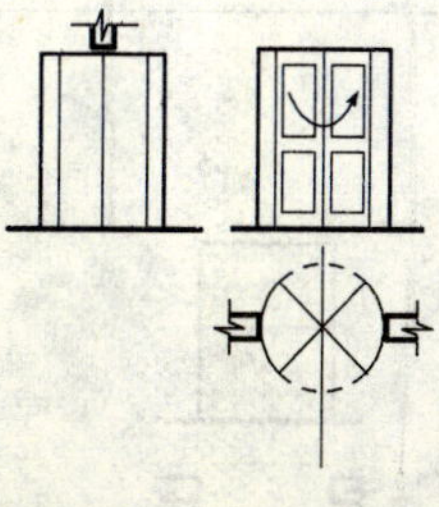</td><td>1. 门的名称代号用 M
2. 图例中剖面图左为外、右为内，平面图下为外、上为内
3. 平面图上门线应 90°或 45°开启，开启弧线宜绘出
4. 立面图上的开启线在一般设计图中可不表示，在详图及室内设计图上应表示
5. 立面形式应按实际情况绘制</td></tr>
</table>

续表

序号	名称	图例	说明
35	自动门	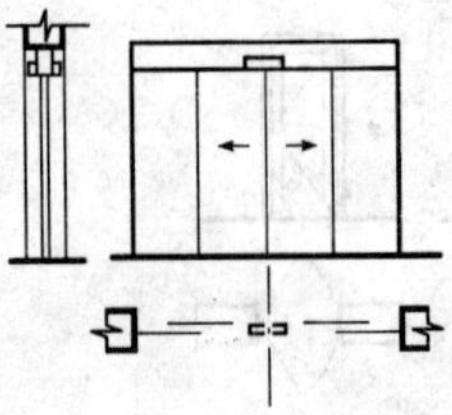	1. 门的名称代号用 M 2. 图例中剖面图左为外、右为内，平面图下为外、上为内 3. 立面形式应按实际情况绘制
36	折叠上翻门	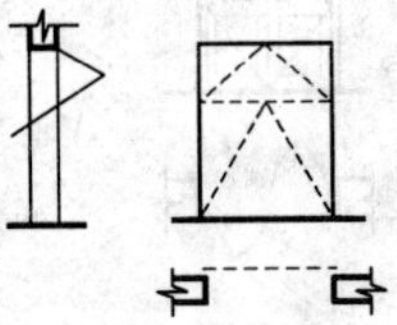	1. 门的名称代号用 M 2. 图例中剖面图左为外、右为内，平面图下为外、上为内 3. 立面图上开启方向线交角的一侧为安装合页的一侧，实线为外开，虚线为内开 4. 立面形式应按实际情况绘制 5. 立面图上的开启线设计图中应表示
37	竖向卷帘门	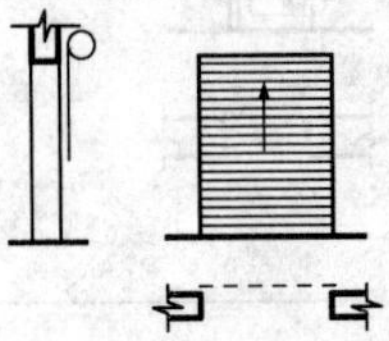	1. 门的名称代号用 M 2. 图例中剖面图左为外、右为内，平面图下为外、上为内 3. 立面形式应按实际情况绘制
38	横向卷帘门	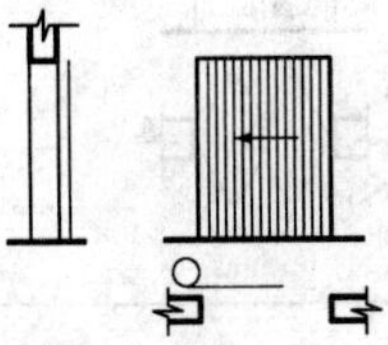	
39	提升门	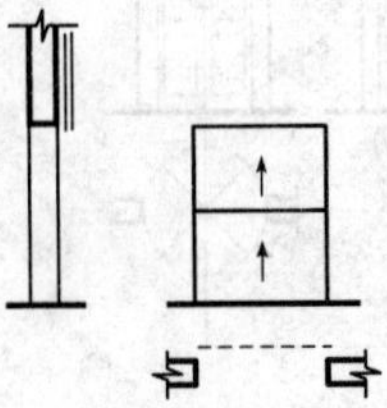	

续表

序号	名称	图例	说明
40	单层固定窗	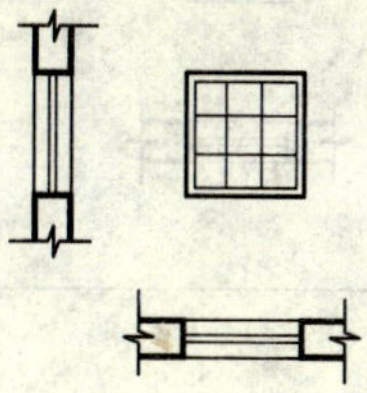	1. 窗的名称代号用 C 表示 2. 立面图中的斜线表示窗的开启方向，实线为外开，虚线为内开；开启方向线交角的一侧为安装合页的一侧，一般设计图中可不表示 3. 图例中，剖面图所示左为外、右为内，平面图所示下为外、上为内 4. 平面图和剖面图上的虚线仅说明开关方式，在设计图中不需表示 5. 窗的立面形式应按实际绘制 6. 小比例绘图时平、剖面的窗线可用单粗实线表示
41	单层外开上悬窗	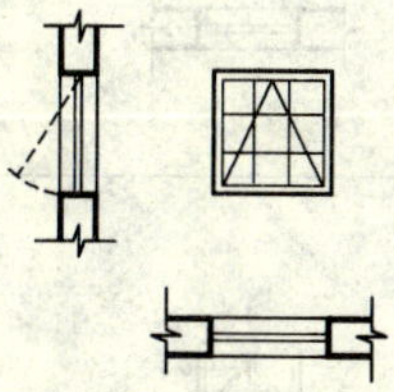	
42	单层中悬窗	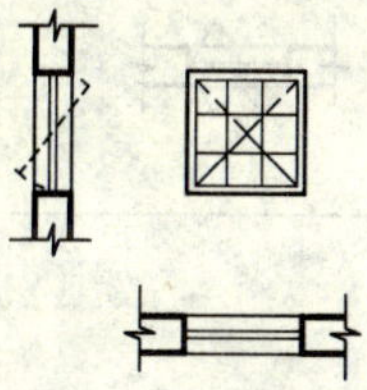	
43	单层内开下悬窗	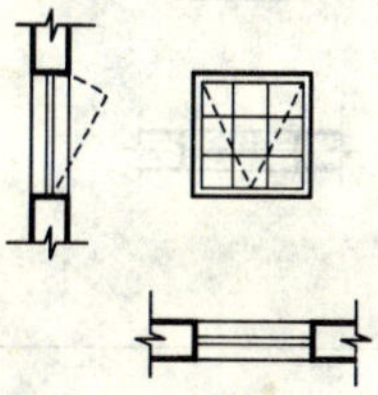	
44	立转窗	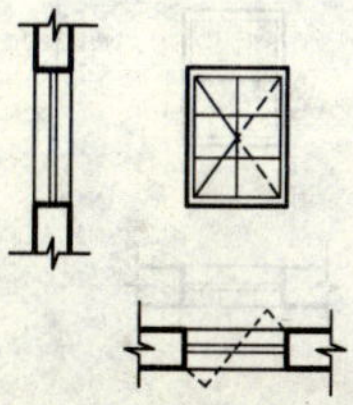	

续表

序号	名称	图例	说明
45	单层外开平开窗	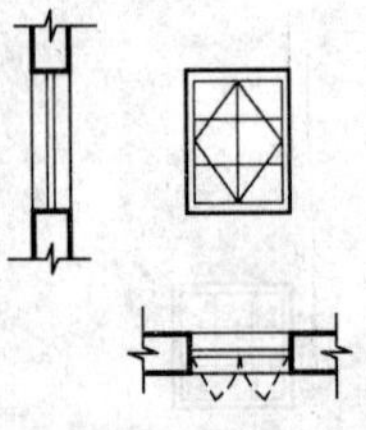	1. 窗的名称代号用C表示 2. 立面图中的斜线表示窗的开启方向，实线为外开，虚线为内开；开启方向线交角的一侧为安装合页的一侧，一般设计图中可不表示 3. 图例中，剖面图所示左为外、右为内，平面图所示下为外、上为内 4. 平面图和剖面图上的虚线仅说明开关方式，在设计图中不需表示 5. 窗的立面形式应按实际绘制 6. 小比例绘图时平、剖面的窗线可用单粗实线表示
46	单层内开平开窗	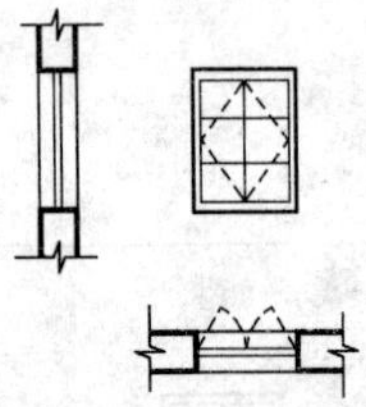	
47	双层内外开平开窗	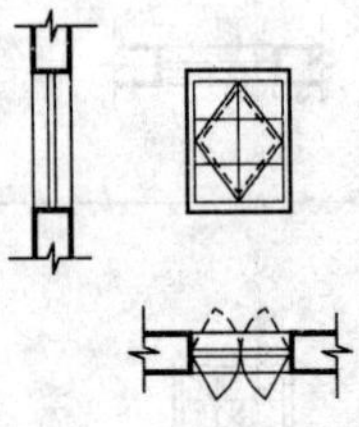	
48	推拉窗	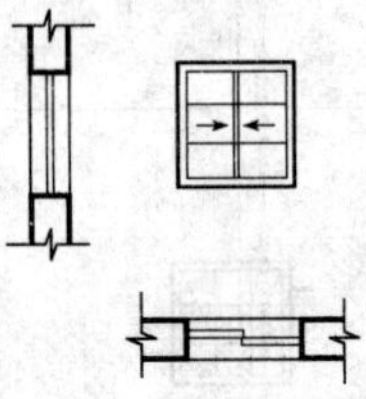	1. 窗的名称代号用C表示 2. 图例中，剖面图所示左为外、右为内，平面图所示下为外、上为内 3. 窗的立面形式应按实际绘制 4. 小比例绘图时平、剖面的窗线可用单粗实线表示
49	上推窗	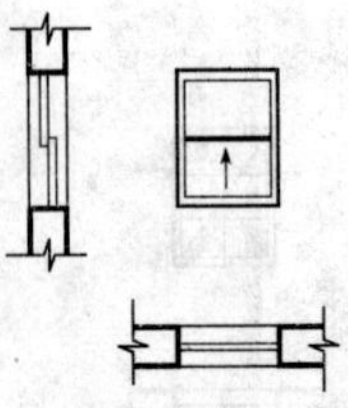	

续表

序号	名称	图例	说明
50	百叶窗	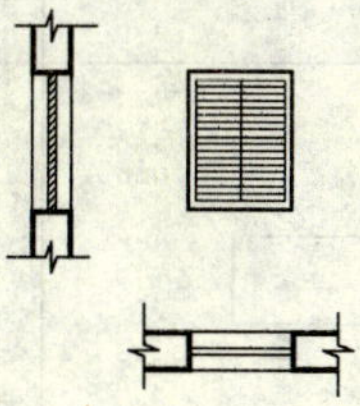	1. 窗的名称代号用 C 表示 2. 立面图中的斜线表示窗的开启方向，实线为外开，虚线为内开；开启方向线交角的一侧为安装合页的一侧，一般设计图中可不表示 3. 图例中，剖面图所示左为外、右为内，平面图所示下为外、上为内 4. 平面图和剖面图上的虚线仅说明开关方式，在设计图中不需表示 5. 窗的立面形式应按实际绘制
51	高　窗	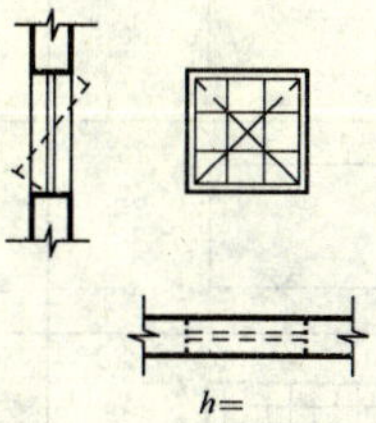	1. 窗的名称代号用 C 表示 2. 立面图中的斜线表示窗的开启方向，实线为外开，虚线为内开；开启方向线交角的一侧为安装合页的一侧，一般设计图中可不表示 3. 图例中，剖面图所示左为外、右为内，平面图所示下为外、上为内 4. 平面图和剖面图上的虚线仅说明开关方式，在设计图中不需表示 5. 窗的立面形式应按实际绘制 6. h 为窗底距本层楼地面的高度
52	电　梯	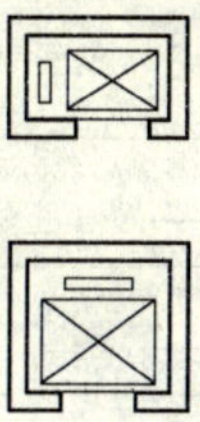	1. 电梯应注明类型，并绘出门和平衡锤的实际位置 2. 观景电梯等特殊类型电梯应参照本图例按实际情况绘制
53	自动扶梯	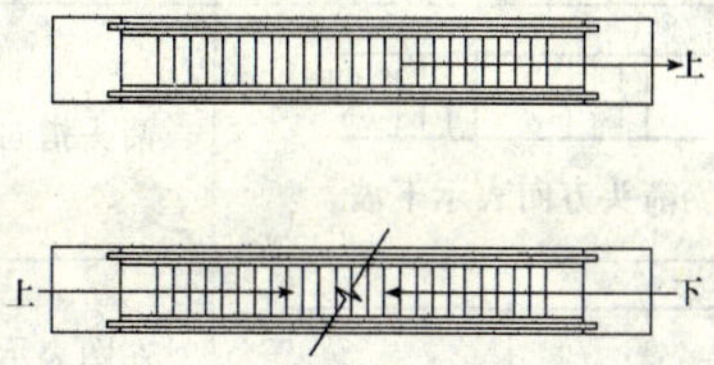	1. 自动扶梯和自动人行道、自动人行坡道可正、逆向运行，箭头方向为设计运行方向 2. 自动人行坡道应在箭头线段尾部加注上或下
54	自动人行道及 自动人行坡道	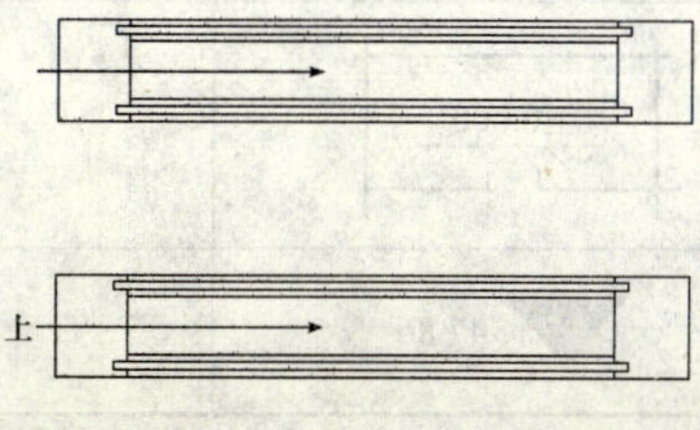	

3. 总平面图图例（表2-2-5）

摘自《总图制图标准》（GB/T 50103—2001）。

总平面图图例 **表2-2-5**

序号	名称	图例	说明
1	新建的建筑物	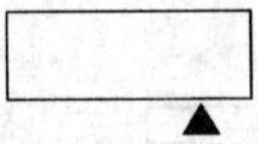	1. 需要时，可用▲表示出入口，可在图形内右上角用点数或数字表示层数 2. 建筑物外形（一般以 ±0.00 高度处的外墙定位轴线或外墙面线为准）用粗实线表示。需要时，地面以上建筑用中粗实线表示，地面以下建筑用细虚线表示
2	原有的建筑物	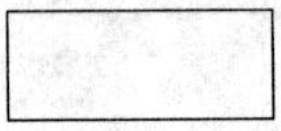	1. 应注明拟利用者 2. 用细实线表示
3	计划扩建的预留地或建筑物		用中虚线表示
4	拆除的建筑物	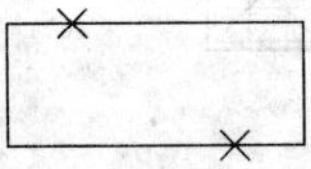	用细实线表示
5	铺砌场地	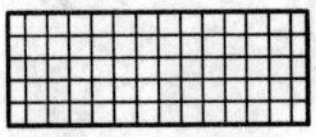	
6	烟　囱		实线为烟囱下部直径，虚线为基础，必要时可注写烟囱高度和上、下口直径
7	围墙及大门	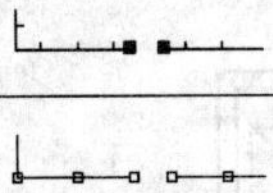	上图为实体性质的围墙，下图为通透性质的围墙，若仅表示围墙时不画大门
8	挡土墙	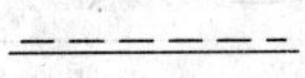	被挡土在“突出”的一侧
9	台　阶	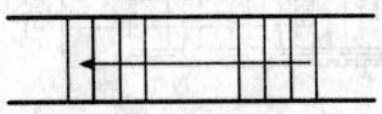 箭头方向表示下坡	箭头指向表示向下
10	坐　标	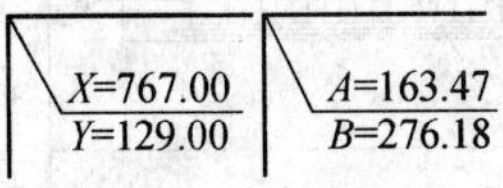	左图表示测量坐标 右图表示建筑坐标
11	室内标高	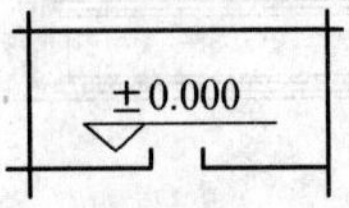	
12	室外整坪标高		

第三章　工业建筑（二）

第一节　单层厂房定位轴线的确定

为了提高厂房建筑的装配化程度，提高设计标准化、构件工厂化和施工机械化的水平，1974 年国家建委颁布了《厂房建筑统一化基本规则》（TJ 6—74）。1986 年国家计委对上述规则进行了修订，重新颁布了《厂房建筑模数协调标准》（GBJ 6—86），作为单层厂房和多层厂房的设计依据。本节只扼要介绍单层工业厂房的有关内容。

一、尺寸规定

1. 跨度

厂房的跨度在 18m 及 18m 以下时，取 30M 数列；18m 以上时，取 60M 数列。常用的跨度为 9m、12m、15m、18m、24m、30m、36m。若工艺有特殊要求时，亦可采用 21m、27m、33m 的跨度。

2. 柱距

一般取 60M 数列（图 2-3-1）。

3. 厂房高度

不论有吊车或无吊车的厂房，自地面至柱顶的高度均取 3M 数列。

有吊车的厂房，自地面至支承吊车梁的托座面的标志高度应为 3M 数列（图 2-3-2）。

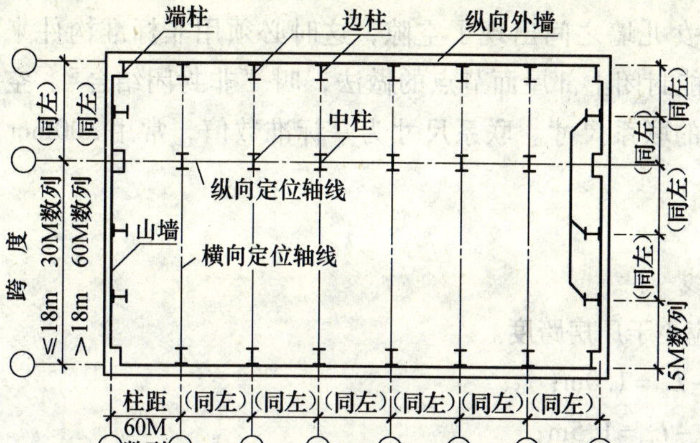

图 2-3-1　厂房的柱距与跨度

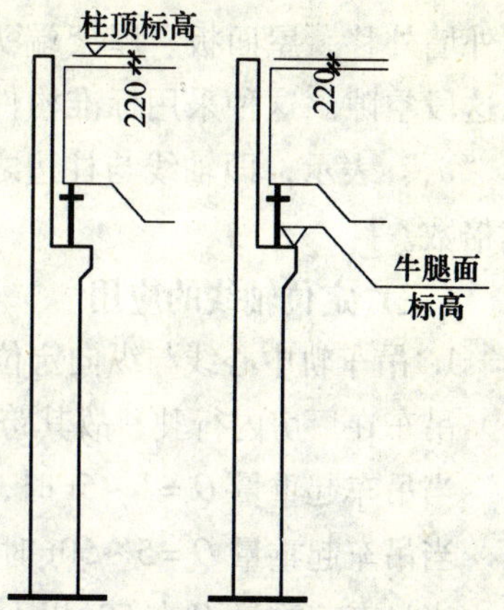

图 2-3-2　厂房的高度表示

当设有不同起重量吊车的多跨等高厂房中，各跨支承吊车梁的托座面高度应尽量相同。

二、厂房定位轴线的确定

定位轴线是确定厂房主要承重构件相互关系及其标志尺寸的基础。正确划分定位轴线对控制各种构件的准确位置，为施工放线和设备安装提供准确的依据。

单层工业厂房的定位轴线有横向定位轴线、纵向定位轴线和垂直定位轴线三部分。即与厂房宽度方向平行的轴线为横向定位轴线；与厂房长度方向平行的轴线为纵向定位轴线；与厂房高度方向平行的轴线为垂直定位轴线。

（一）横向定位轴线的设置

横向定位轴线，除伸缩缝处的柱子和端柱以外，均通过柱截面的几何中心。这时每一根柱子轴线都通过了由柱子基础、屋架中心线及其上部两块屋面板的搭接缝隙中心。横向定位轴线之间的标志尺寸，表明了纵向承重构件，如屋面板、吊车梁、连系梁等一些构件的标志尺寸。

在伸缩缝处，左柱与右柱的中心线均规定与横向定位轴线的距离为600mm。伸缩缝的中心线与横向定位轴线相重合。

在山墙处，横向定位轴线与山墙的内缘重合。端部柱的中心线应自横向定位轴线内移600mm。

（二）纵向定位轴线的设置

1. 封闭结合的做法

外纵墙处的纵向定位轴线应通过边柱外缘、屋架外缘、屋面板的外缘和外墙的内缘。这时屋架用屋面板封顶，使墙、柱、屋架等紧密结合成完整而简单的构造做法。这种做法习惯称为“封闭结合”。一般适用于吊车的起重量小于或等于30t的厂房中。

中列柱的纵向定位轴线通过柱子截面的几何中心。

高、低跨柱处的纵向定位轴线应通过高跨柱子封墙的里皮，即封墙处柱子的外皮，这种做法也采用封闭结合的做法。

2. 非封闭结合的做法

非封闭结合的做法适用于吊车起重量在30t以上的厂房中。在构造做法上，由于边柱和外墙外移，屋面板、屋架端头和女儿墙之间出现了空隙，这时必须用非标准构件来填充这段空隙。这种采用标准构件不能封闭上部屋面节点的做法，叫“非封闭结合”。空隙用“a_c”表示，即轴线与柱边之间的联系尺寸。联系尺寸为一标准数值，常用300mm及其倍数。

（三）定位轴线的应用

1. 吊车轨中心线与纵向定位轴线

吊车在厂房内行驶，故其跨度应小于厂房跨度。

当吊车起重量 $Q=1\sim5t$ 时，$L-L_k=1.0m$；

当吊车起重量 $Q=5\sim50t$ 时，$L-L_k=1.5m$；

当吊车起重量 Q 在50t以上时，$L-L_k=2.0m$。

厂房的定位轴线至两侧吊车梁的中心线应分别保持500mm、750mm、1000mm的相等距离。

2. 高低跨柱定位轴线

若不等高跨间设纵向伸缩缝时，应设置双柱。高跨处封墙附于高跨柱上柱牛腿上，这时高跨依外纵墙的定位轴线进行处理，即封闭结合的处理方法。低跨部分则另沿低跨柱外缘设一轴线，这样两个定位轴线之间应加入一段尺寸，这个尺寸叫“插入距”。

高、低跨处亦可采用单柱处理。其纵向伸缩缝一般采用滚动支座。滚动支座又称“滚轴支座”。它的上端通过钢板与屋架（屋面梁）进行焊接，下端通过钢板与柱头预埋铁件焊牢。其间滚轴可以在允许的范围内滚动，起着伸缩变形的作用。

图2-3-3表示了插入距的做法，图2-3-4表示了滚轴支座的做法。

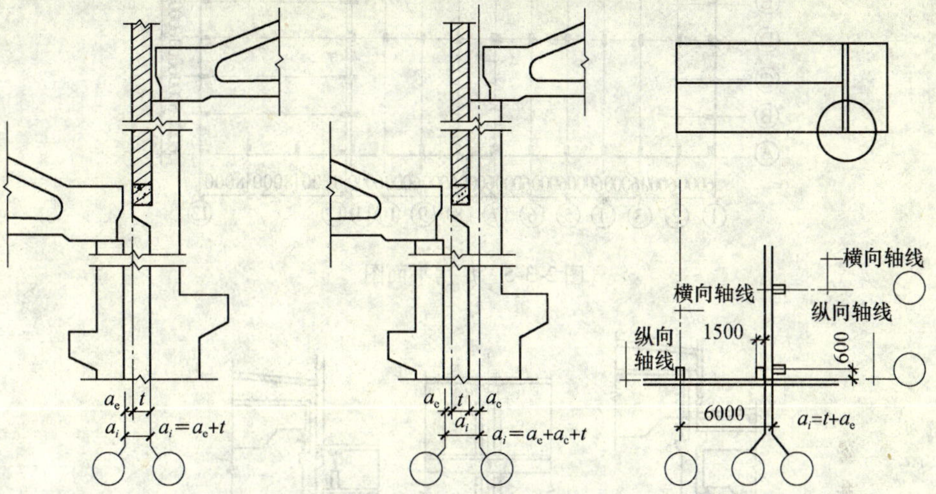

图2-3-3　厂房的插入距

a_i—插入距；a_c—联系尺寸；t—封墙厚；a_e—缝宽

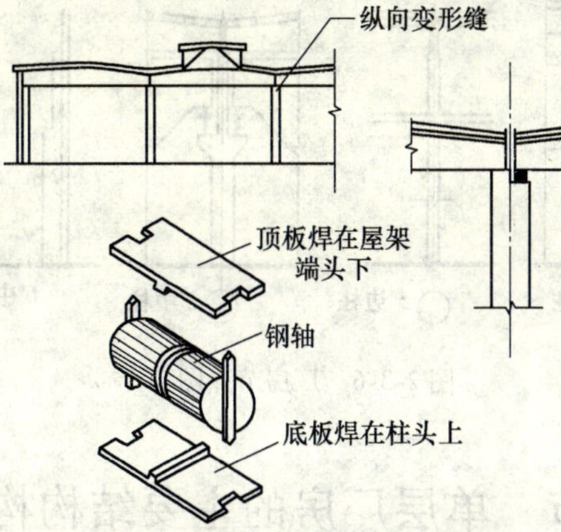

图2-3-4　滚轴支座的做法

高低跨不设伸缩缝时，做法同前述。

（四）纵横跨相交处的定位轴线

纵横跨相交处的定位轴线，可以看作两个分别为纵向跨间的端柱与横向跨间的边柱。纵跨部分属于横向定位轴线，横跨部分属于纵向定位轴线，轴线间应设插入距。插入距的宽度为墙厚加缝隙（用于封闭结合时），或墙厚加缝隙，再加联系尺寸（用于非封闭结合时）。

图2-3-5、图2-3-6为一具有纵横跨、低高跨的单层工业厂房，其节点为一般常见节点，具体做法如图示。

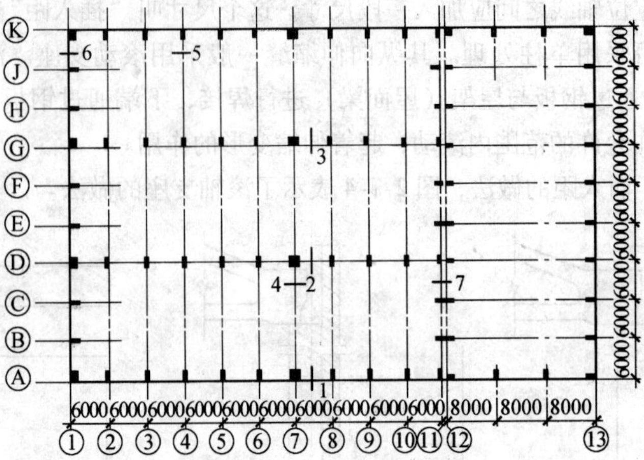

图 2-3-5　厂房平面图

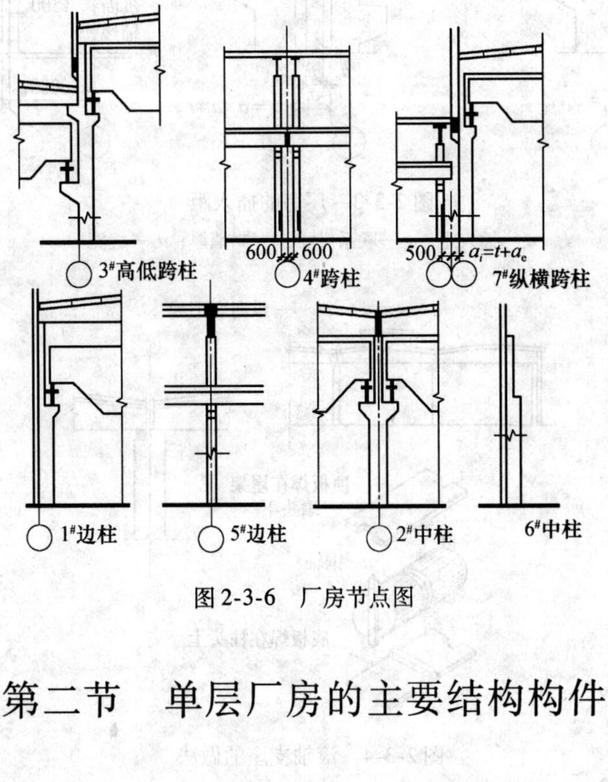

图 2-3-6　厂房节点图

第二节　单层厂房的主要结构构件

一、柱子

柱子是单层工业厂房的竖向承重构件，它承受垂直荷载和水平荷载，并与外墙相连接，因此在选型上十分重要。

二、柱子的种类

单层工业厂房中的柱子，主要采用钢筋混凝土柱、钢柱或砖柱。

柱子从位置上区分，有边列柱、中列柱、高低跨柱（以上均属于承重柱）和抗风柱（图 2-3-7）。

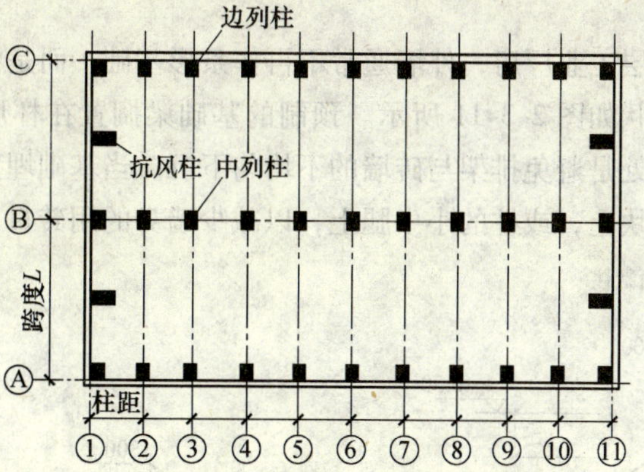

图 2-3-7　柱子的位置

砖柱的截面一般为矩形。钢柱和钢筋混凝土柱的截面类型有矩形、工字形、空心管柱和双肢柱（图 2-3-8）。可以根据厂房的高度、工艺要求及结构要求制作条件等决定柱的类型。

柱子是单层工业厂房的主要竖向承重构件，特别是钢筋混凝土柱应预埋好与屋架、吊车梁、柱间支撑的埋件，还要预留好与圈梁、墙体的拉筋（图 2-3-9）。

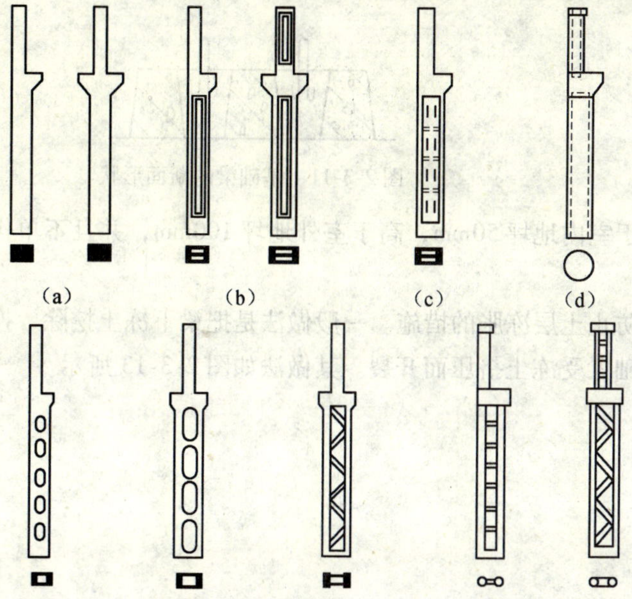

图 2-3-8　柱子的类型

（a）矩形柱；（b）工字形柱；（c）预制空腹板工字形柱；
（d）单肢管柱；（e）双肢柱；（f）腹杆双肢柱；
（g）斜腹杆双肢柱；（h）双肢管柱

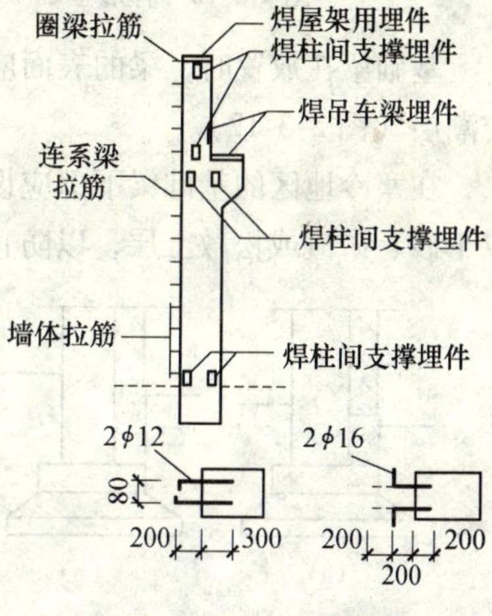

图 2-3-9　柱子的埋筋与埋件

三、基础与基础梁

1. 基础

单层工业厂房的基础主要采用独立基础。基础的剖面形状一般做成锥形或阶梯形，预留杯口，以便插入预制柱（图 2-3-10），也可在基础柱顶预埋件或锚栓以固定钢柱。

2. 基础梁

采用排架结构的单层工业厂房，外墙通常不再作条形基础，而是将墙砌筑在特制的基础梁上，基础梁的断面形状如图 2-3-11 所示。预制的基础梁搁置在杯形基础的顶面上，承担围护墙重。这样做的好处是避免排架与砖墙的不均匀下沉。当基础埋置较深时，可将基础梁放在基础上表面加的垫块上，或柱的小牛腿上，以减少墙身的用砖量。

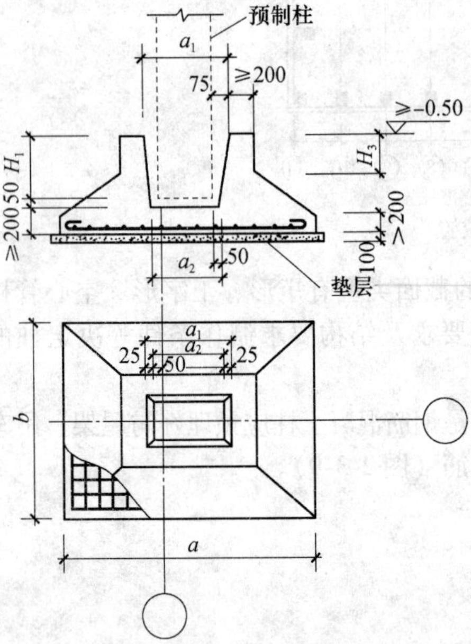

图 2-3-10　杯形基础

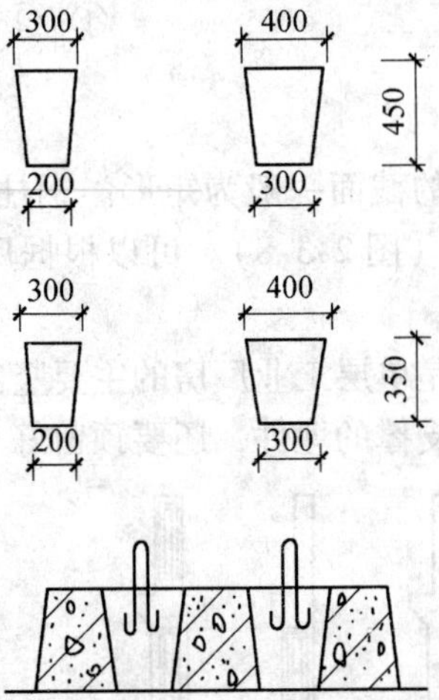

图 2-3-11　基础梁的断面形状

基础梁在放置时，梁的表面应低于室内地坪 50mm，高于室外地坪 100mm，并且不单作防潮层（图 2-3-12）。

在寒冷地区的基础梁下部应设置防止土层冻胀的措施。一般做法是把梁下冻土挖除，换以干砂、矿渣或松散土层，以防止基础梁受冻土挤压而开裂。其做法如图 2-3-13 所示。

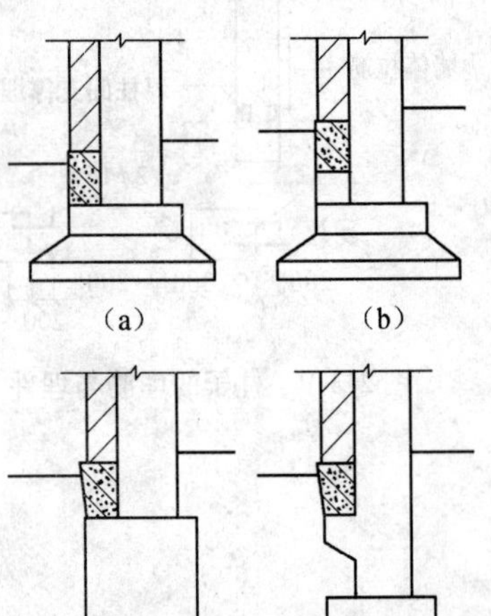

图 2-3-12　基础梁的放置

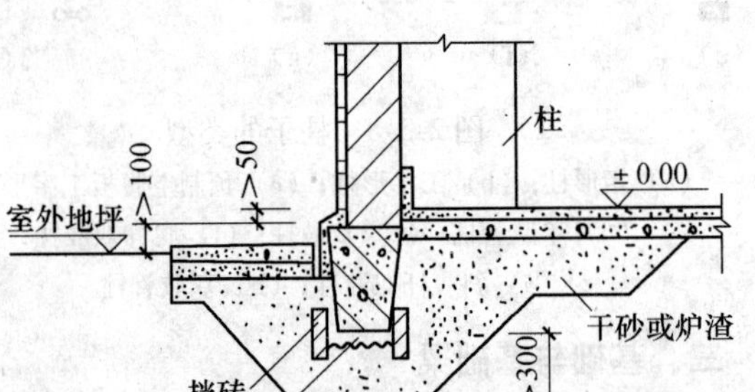

图 2-3-13　基础梁防冻措施

四、屋盖体系

单层工业厂房的屋盖起着围护和承重两种作用。它包括承重构件（屋架、屋面梁、托架和檩条）和屋面板两大部分（图 2-3-14）。

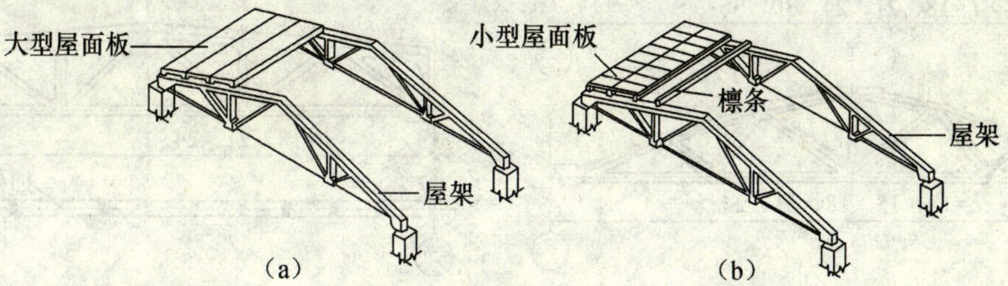

图 2-3-14　屋盖结构

（a）无檩体系；（b）有檩体系

1. 无檩体系

这是常用的一种做法。其做法是将大型屋面板直接放置在屋架或屋面梁上，屋架（屋面梁）放在柱子上。这种做法的整体性好，刚度大，可以保证厂房的稳定性，而且构件数量少，施工速度快，但自重较大。

2. 有檩体系

这种做法是将各种小型屋面板或瓦直接放在檩条上，檩条可以采用钢筋混凝土或型钢做成，檩条支承在屋架或屋面梁上。

（1）屋面大梁

屋面大梁断面呈 T 形和工字形两种形式，其腹板较薄故常称薄腹梁。屋面梁可用于单坡或双坡屋面，用于单坡屋面的跨度有 6m、9m、12m，用于双坡屋面的跨度有 9m、12m、15m、18m。

屋面大梁的坡度比较平缓，一般统一定为 1/10～1/12，适用于卷材屋面和非卷材屋面。屋面大梁可以悬挂 5t 以下的吊车。屋面大梁的特点是形状简单，制作安装方便，稳定性好，可以不加支撑，但它的自重较大（图 2-3-15）。

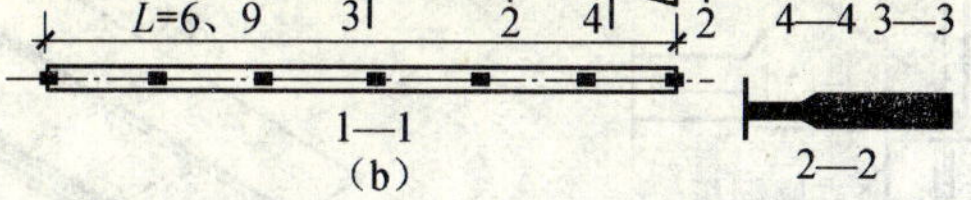

图 2-3-15　屋面大梁

（a）双坡屋面梁 12、15、18（m）；（b）单坡屋面梁跨度 6、9（m）

（2）屋架

当厂房跨度较大时就采用屋架，屋架可以采用钢结构、混凝土结构和木结构等。形状有折线形（图 2-3-16）、梯形（图 2-3-17）、三角形（图 2-3-18）、两铰拱（图 2-3-19）等。跨度可以是 12m、15m、18m、24m、30m、36m 等。屋面坡度视围护材料的类型确定，卷材防水屋面可以用 1/10～1/15，块材屋面可以用 1/2～1/6，压型钢板屋面可以用 1/2～1/20。

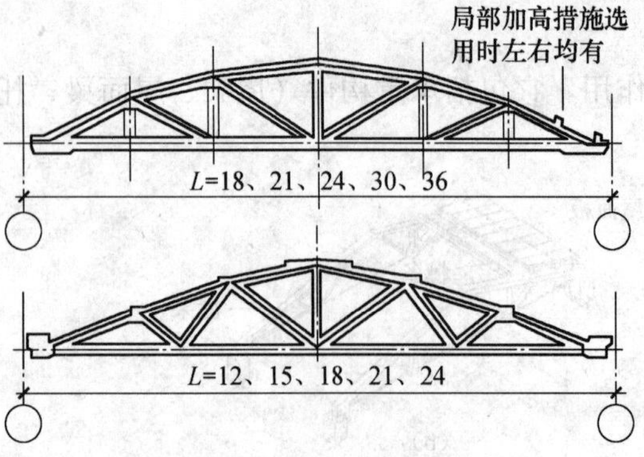

图 2-3-16　折线形屋架（m）

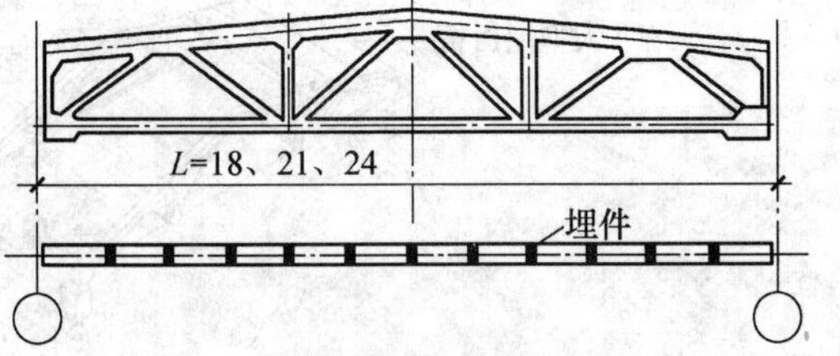

图 2-3-17　梯形屋架（m）

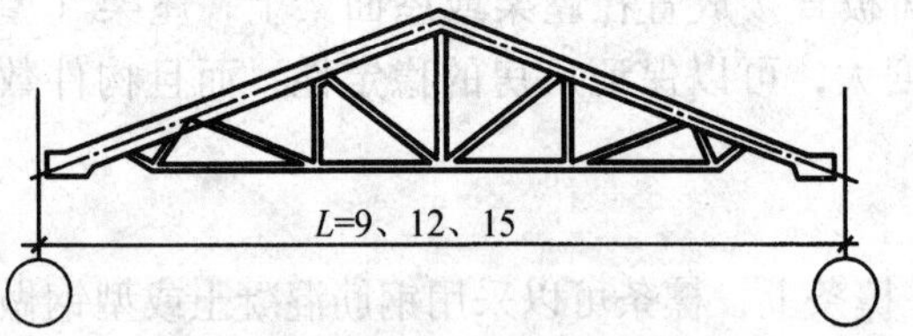

图 2-3-18　三角形组合屋架（m）

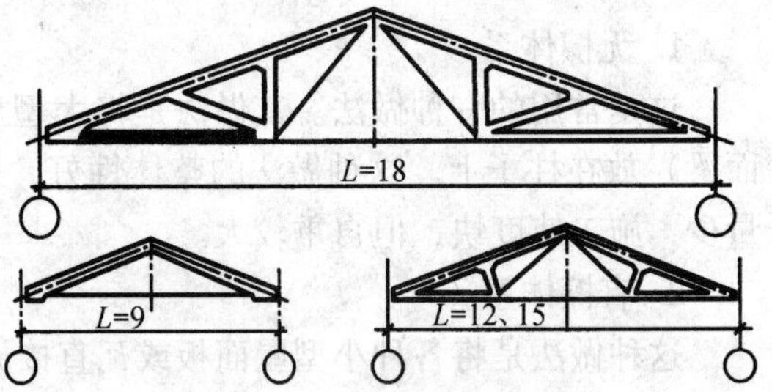

图 2-3-19　两铰拱屋架（m）

3. 屋架与柱子的连接

屋架与柱子的连接，一般采用焊接。即在柱头预埋钢板，在屋架下弦端部也有埋件，通过焊接连在一起。屋架与柱子也可以采用栓接。这种做法是在柱头预埋有螺栓，在屋架下弦的端部焊有连接钢板，吊装就位后，用螺母将屋架拧牢（图 2-3-20）。

4. 屋面板

单层工业厂房的屋面板类型很多，这里仅重点介绍预应力钢筋混凝土大型屋面板。

这是广泛采用的一种屋面板，它的标志尺寸为 1.5m × 6.0m，适用于屋架间距 6m 的一般工业厂房。这种板呈槽形，四周有边肋，中间有三道横肋，使用时槽口向下，屋顶面平整光滑。大型屋面板的四角有预埋铁件，提供了与屋架（屋面梁）的焊接条件。用于横向变形缝和山墙处的屋面板，预埋件距端部 600mm。需要安装雨水口时，只允许在板肋之间开洞（图 2-3-21）。

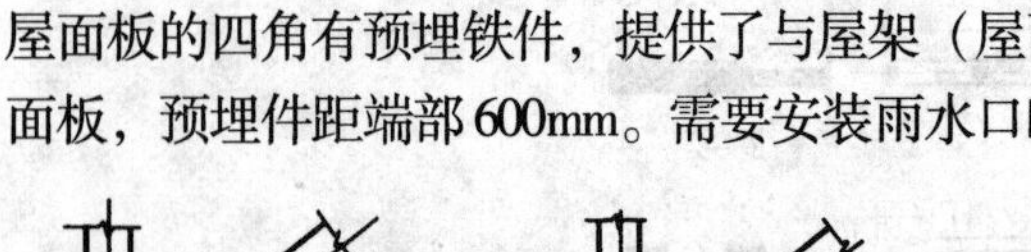

图 2-3-20　屋架与柱子的连接

（a）焊接；（b）螺栓连接

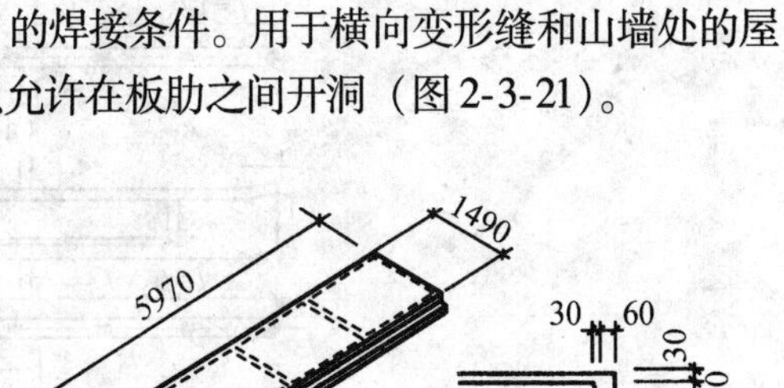

图 2-3-21　大型屋面板

与大型屋面板配合使用的还有一种檐口板，主要用于单层工业厂房的外檐处。檐口板的标志尺寸也是1.5m×6.0m，板的一侧有挑出尺寸为300mm和500mm的挑檐（图2-3-22）。

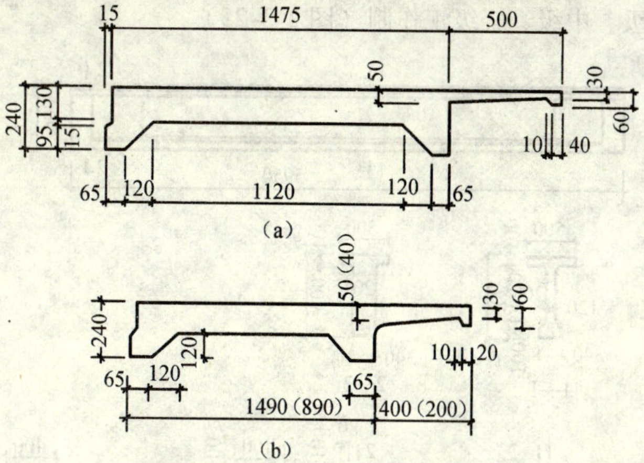

图2-3-22　带挑檐的大型屋面板

5. 托架

因工艺要求或设备安装的需要，柱距需作12m，而屋架（屋面梁）的间距和大型屋面板长度仍为6m时，应加设承托屋架的托架，通过托架将屋架上的荷载传给柱子。托架一般采用钢筋混凝土制作（图2-3-23）。

五、吊车梁

当单层工业厂房设有桥式吊车（梁式吊车）时，需要在柱子的牛腿处设置吊车梁。吊车在吊车梁上铺设的轨道上行走。吊车梁直接承受吊车的自重和起吊物件的重量，以及刹车时产生的水平荷载。吊车梁由于安装在柱子之间，它亦起到传递纵向荷载，保证厂房纵向刚度和稳定的作用。

（一）吊车梁的种类

1. T形吊车梁

T形吊车梁的上部翼缘较宽，扩大了梁的受压面积，安装轨道也方便。这种吊车梁适用于6m柱距及5～75t的重型工作制、3～30t的中级工作制、2～20t的轻级工作制。T形吊车梁的自重轻，省材料，施工方便。吊车梁的梁端上下表面均留有预埋件，以便安装焊接（图2-3-24）。梁身上的圆孔为电线预留孔。

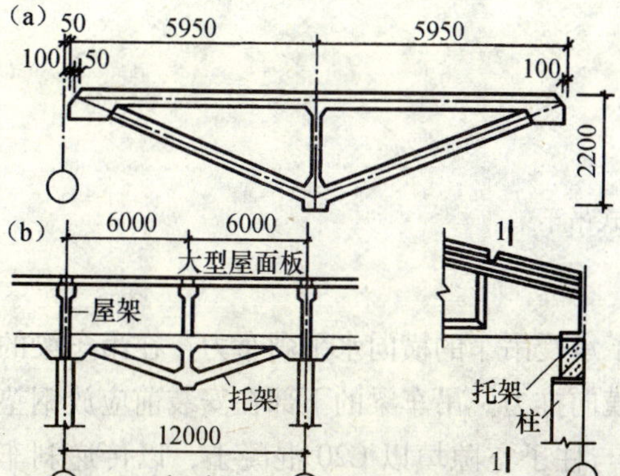

图2-3-23　钢筋混凝土托架

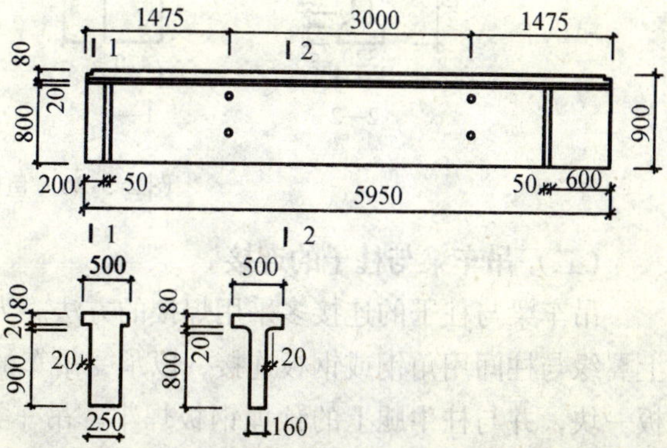

图2-3-24　T形吊车梁

2. 工字形吊车梁

工字形吊车梁为预应力钢筋混凝土制成，它适用于6m 柱距，12～30m 跨度的厂房及起重量为5～75t 的重级、中级、轻级工作制（图2-3-25）。

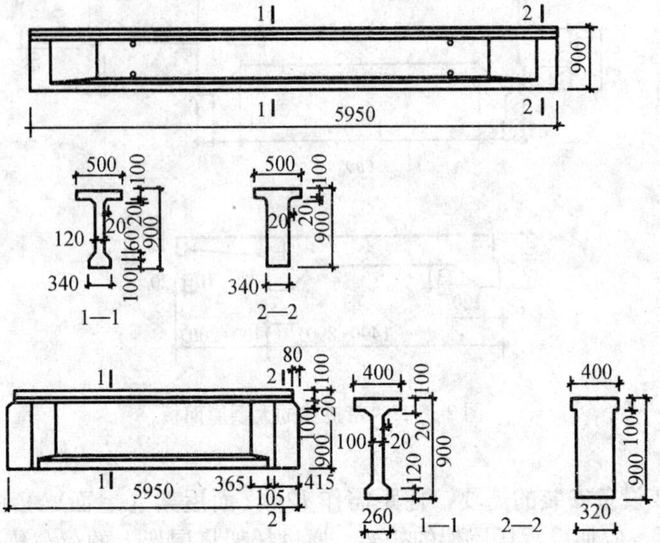

图2-3-25　工字形吊车梁

3. 鱼腹式吊车梁

鱼腹式吊车梁受力合理，腹板较薄，节省材料，能较好地发挥材料的强度。鱼腹式吊车梁适用于柱距为6m、跨度为12～30m 的厂房，起重量可达100t（图2-3-26）。

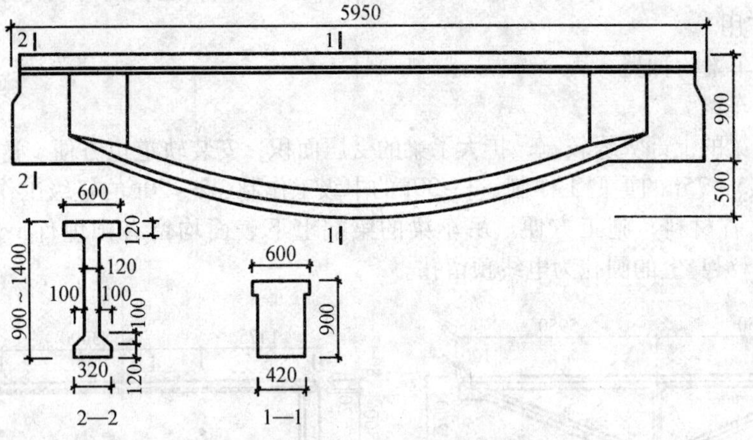

图2-3-26　鱼腹式吊车梁

（二）吊车梁与柱子的连接

吊车梁与柱子的连接多采用焊接的方法。为了承受吊车的横向水平刹车力，在吊车梁的上翼缘与柱间用角钢或钢板连接，以承受吊车的横向推力。吊车梁的下部在安装前应放钢垫板一块，并与柱牛腿上的预埋钢板焊牢。吊车梁与柱子空隙填以C20 混凝土，以传递刹车力（图2-3-27）。

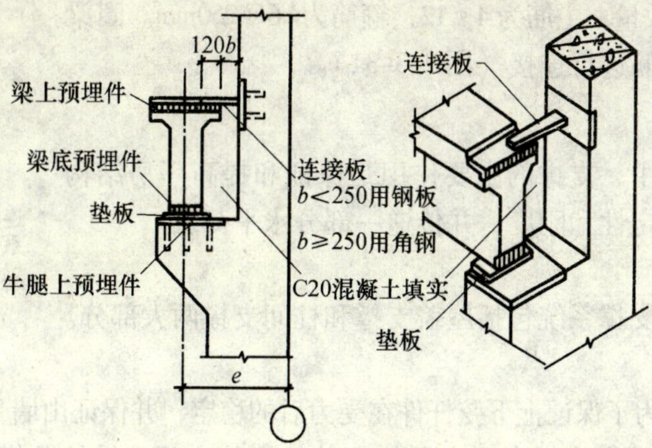

图 2-3-27　吊车梁与柱子连接

（三）吊车轨的安装与车挡

单层工业厂房中的吊车轨道一般采用铁路钢轨，其型号有 TG38、TG43、TG50（即 38、43、50kg/m 的钢轨）。也可以采用 QU70、QU80、QU100 型号的吊车专用钢轨。轨道与吊车梁的安装应通过垫木、橡胶垫等进行减震（图 2-3-28）。

为了防止在运行时刹车不及而撞到山墙上，应在吊车梁的末端设置车挡（止冲装置），连接方法如图 2-3-29 所示。

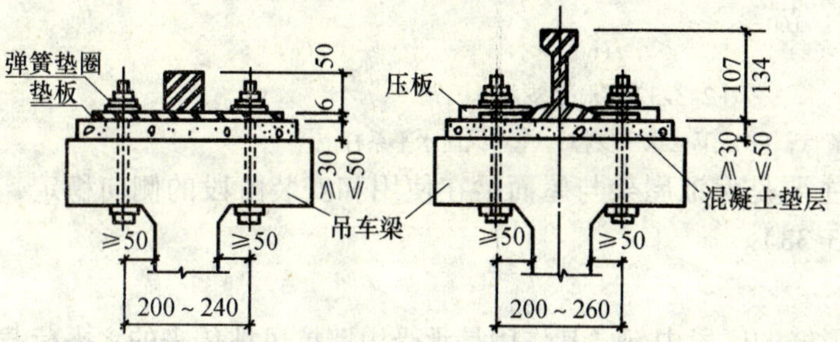

图 2-3-28　吊车轨的安装

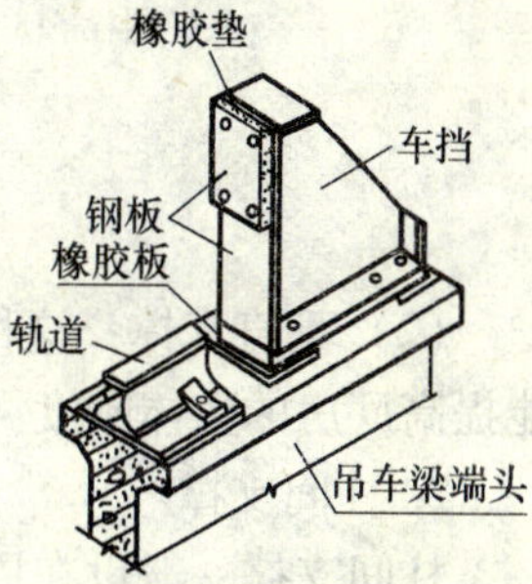

图 2-3-29　止冲装置

六、连系梁与圈梁

（一）连系梁

连系梁是厂房纵向柱列的水平连系构件，常做在窗口上皮上，并代替窗过梁。连系梁对增强厂房纵向刚度、传递风荷载有明显的作用。连系梁与柱子的连接，可以采用焊接或栓接，其截面形式有矩形和 L 形，分别用于 240mm 和 365mm 的砖墙中（图 2-3-30）。

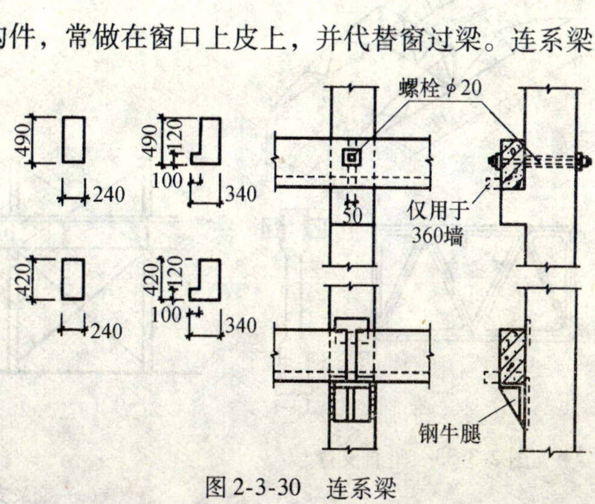

图 2-3-30　连系梁

（二）圈梁

圈梁的作用是将墙体同厂房的排架柱、抗风柱连在一起，以加强整体刚度和稳定性。圈梁应在墙体内，按照上密下疏的原则每 5m 左右加一道。其断面高度应不小于180mm，配筋数量，主筋为4ϕ12，箍筋为ϕ6@250mm。圈梁应与柱子伸出的预埋筋进行连接（图2-3-31）。

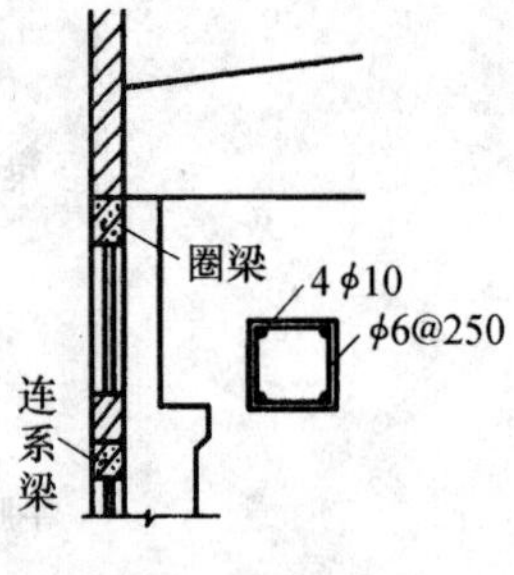

图2-3-31　圈梁

七、支撑系统

在单层工业厂房中，支撑的主要作用是保证和提高厂房结构和构件的承载力、稳定性和刚度，并传递一部分水平荷载。

（一）支撑系统

单层工业厂房的支撑系统包括屋盖支撑和柱间支撑两大部分。

1. 屋盖支撑

屋盖支撑主要是为了保证上下弦杆件在受力后的稳定，并保证山墙受到风力以后的传递。

（1）水平支撑：这种支撑布置在屋架上弦或下弦之间，沿柱距横向布置或沿跨度纵向布置。水平支撑有上弦横向水平支撑、下弦横向水平支撑、纵向水平支撑、纵向水平系杆等（图2-3-32）。

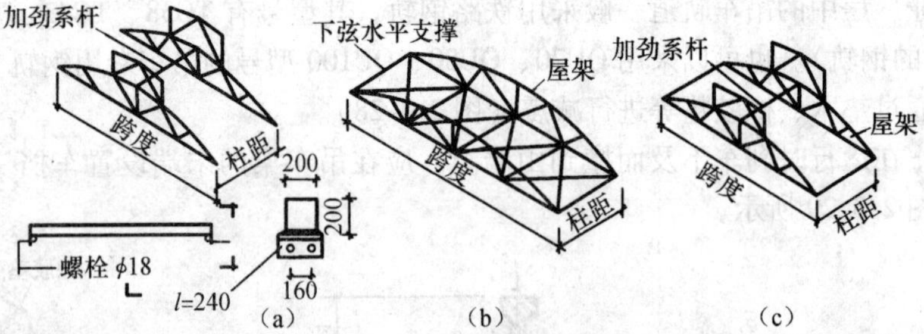

图2-3-32　水平支撑

（a）节点；（b）下弦水平支撑；（c）纵向水平系杆

（2）垂直支撑：这种支撑主要是保证屋架与屋面梁在使用和安装阶段的侧向稳定，并能提高厂房的整体刚度（图2-3-33）。

2. 柱间支撑

柱间支撑一般设在厂房变形缝的区段中部，其作用是承受山墙抗风柱传来的水平荷载及传递吊车产生的纵向刹车力，以加强纵向柱列的刚度和稳定性，是厂房必须设置的支撑系统。柱间支撑一般采用钢材制成（图2-3-34）。

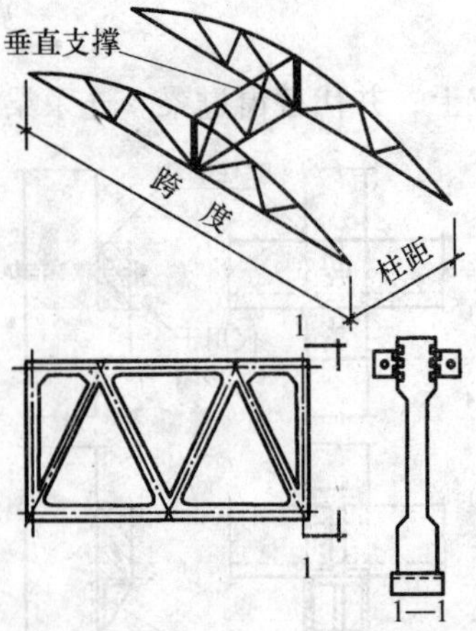

图2-3-33　垂直支撑

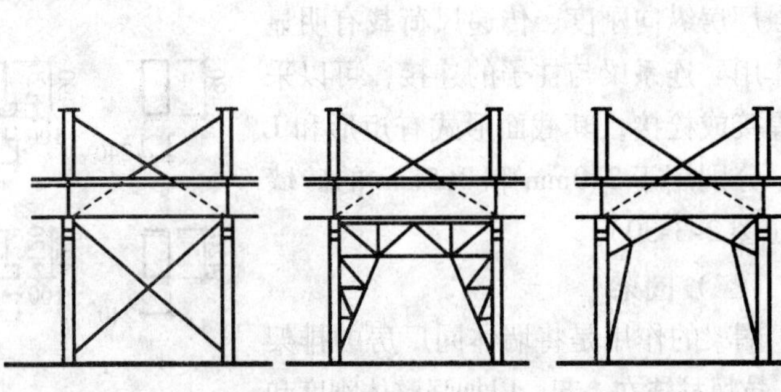

图2-3-34　柱间支撑

（a）交叉支撑；（b）门架支撑1；（c）门架支撑2

（二）抗风柱

在厂房的山墙外设置抗风柱，用以承受墙面上的风荷载，一部分风荷载由抗风柱上端通过屋盖系统传到纵向柱列上去，一部分由抗风柱直接传给基础。当厂房高度或跨度较大时，一般都设置钢筋混凝土抗风柱。在抗风柱外作砖墙。为了减少抗风柱的截面尺寸，可在山墙内侧设置水平抗风梁，作为抗风柱的支点。

抗风柱的间距，在不影响端部开门的情况下，取4.5m或6m。抗风柱的下端插入杯形基础内，柱上端应通过特制的弹簧板与屋架（屋面梁）作构造连接（图2-3-35）。

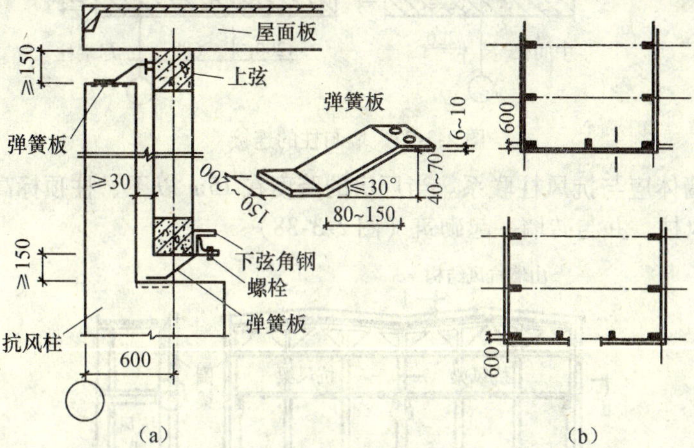

图2-3-35　抗风柱

（a）抗风柱与屋架的连接；（b）抗风柱的位置

第三节　单层厂房的主要围护构件

一、外墙

单层工业厂房的墙体包括厂房外墙和内部隔断墙。单层厂房的外墙由于本身的高度与跨度都比较大，要承受自重和较大的风荷载，还要受到起重运输设备和生产设备的震动，因此，墙身必须具有足够的刚度和稳定性。

（一）烧结砖墙

烧结砖墙在单层工业厂房中，除跨度小于15m，吊车吨位小于5t时，作为承重和围护结构之用外，一般只起围护作用。砖墙的厚度一般为240mm和365mm。其他砌体墙厚度200~300mm。

1. 墙体的位置（图2-3-36）

由于墙体属于承自重墙，墙下不单作条形基础，而是通过基础梁将砖墙的重量传给基础。当墙身的高度大于15m时，应加设连系梁来承托上部墙身。

墙身一般在柱子外侧，形成封闭结合。这种方法构造简单，施工方便。也可以把墙体砌在柱子中间，以增加排架的刚度，对抗震有利。

2. 烧结砖墙与柱子的连接

烧结砖墙和柱子必须有可靠的连接。一般做法是在水平方向与柱子拉牢。《建筑抗震设计规范》（GB 50011—2001，2008年版）规定：围护墙应与柱子牢固拉接，还应与屋面板、天沟

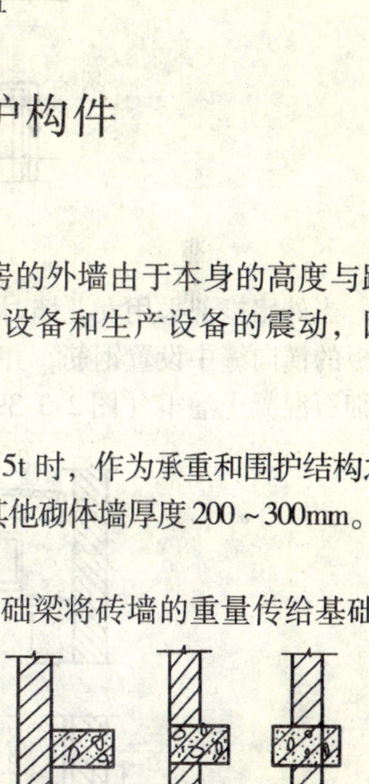

图2-3-36　墙体的位置

（a）墙在柱外皮；（b）墙齐柱外皮；（c）柱在墙中间

板或檩条拉接。拉接钢筋的设置原则是：上下间距为500～620mm，钢筋数量为2ϕ6，伸入墙体内部不少于500mm。当采用管柱时，应注意加强连接（图2-3-37）。

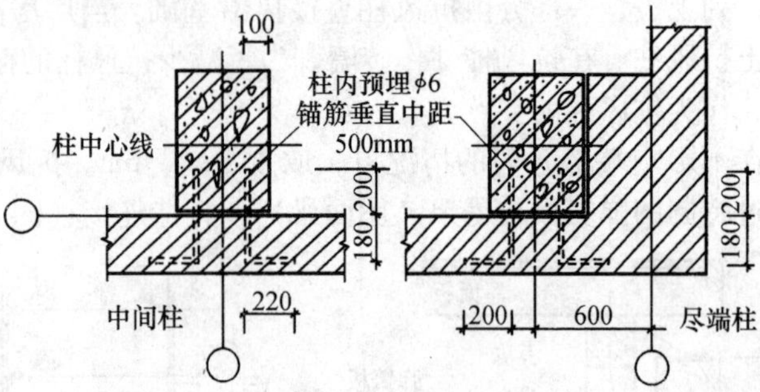

图2-3-37　墙与柱的连接

在山墙处的墙体应与抗风柱联系。当厂房的跨度在15m以下、柱顶标高在8m以下时，可以采用砖砌抗风柱，并与砖墙一起砌筑（图2-3-38）。

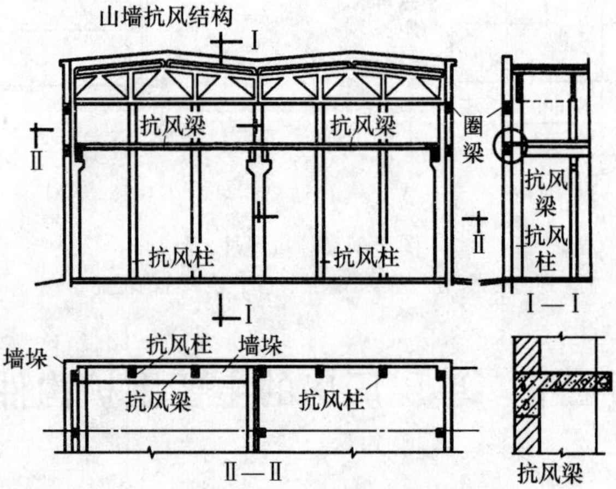

图2-3-38　山墙抗风结构

当外墙檐部采用女儿墙时，为保证女儿墙的稳定性，要采用可靠的拉接。其做法是在屋面板的横向缝中设置钢筋，并将钢筋两端与女儿墙内的钢筋拉接，形成工字形的主筋，然后用细石混凝土灌牢（图2-3-39）。

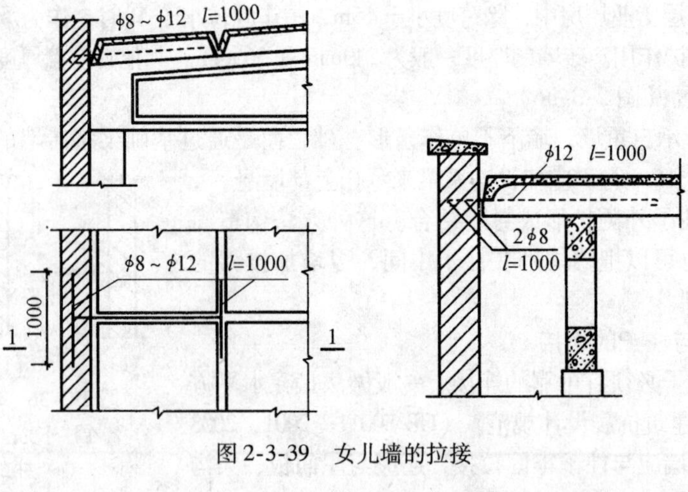

图2-3-39　女儿墙的拉接

3. 墙身变形缝

墙身变形缝包括伸缩缝、沉降缝和防震缝三种缝隙。

伸缩缝的缝宽一般为20～30mm，沉降缝的缝宽一般为50～70mm。

缝隙一般做成平缝。当墙身厚度较大，并有一定保温要求的车间，可以做成企口缝或高低缝，缝中应填以保温、耐腐蚀并有一定弹性的材料。

在进行抗震设防的地区，三种缝隙的宽度应满足建筑抗震设计规范的要求，即统一按防震缝的要求做（图2-3-40）。

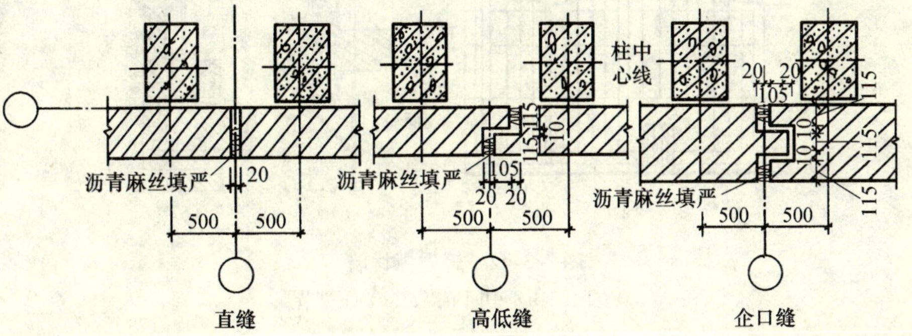

图2-3-40　墙身变形缝

为改革砖墙存在的缺点，块材墙得到了一定的发展。块材墙一般均利用轻质材料，如加气混凝土块，轻混凝土块等制成。

（二）大型板材墙

应用板材墙是墙体改革的重要措施之一。发展大型板材墙大仅能加快厂房建筑工业化、减轻劳动强度，还可充分利用工业废料、节省耕地、加快施工速度、减轻墙体质量和提高墙体抗震性能。因此板材墙已成为我国工业建筑广泛采用的外墙类型之一。目前主要存在的问题是生产这些墙板的工艺复杂，需要设计部门、施工部门及构件生产部门紧密协作，另外接缝构造复杂，质量不易保证。

单层工业厂房的大型墙板类型很多，按墙板的性能不同，有保温墙板和非保温墙板；按墙板本身的材料、构造和形状的不同，有钢筋混凝土槽形板、加气混凝土平板、粉煤灰硅酸盐混凝土墙板、钢丝网水泥板、预应力钢筋混凝土板等（图2-3-41）；按墙板在墙面位置不同分为檐下板、窗上板、窗下板、一般板、山尖板、勒脚板、女儿墙板等。

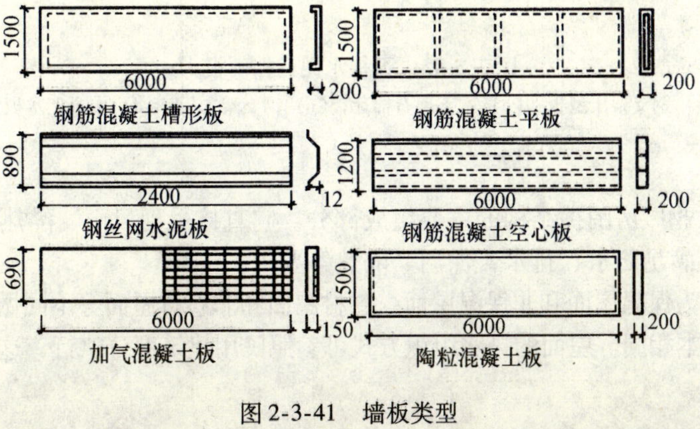

图2-3-41　墙板类型

（三）轻质板材墙

轻质板材墙适用于一些不要求保温、隔热的热加工车间、防爆车间和仓库的外墙。

轻质板材墙包括压型钢板、石棉水泥瓦、瓦楞铁皮、塑料墙板、铝合金板以及夹层玻璃等。

轻质墙板只起围护作用，墙板除传递水平风荷载外，不承受其他荷载。墙身自重也由厂房骨架来承担（图 2-3-42）。

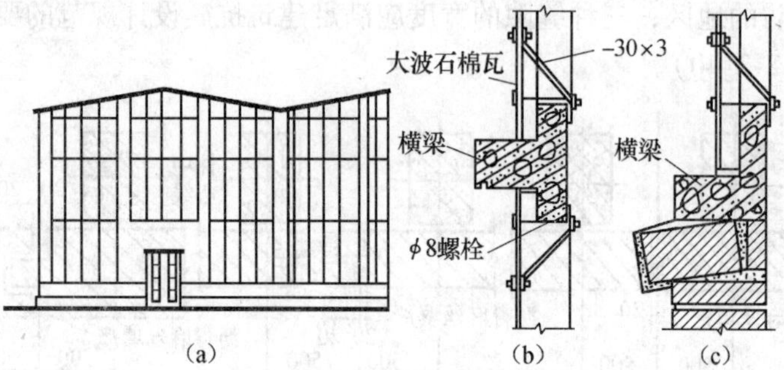

图 2-3-42　轻质板材墙

（a）立面；（b）中间节点；（c）下部节点

（四）开敞式外墙

在我国南方地区的热加工车间及某些化工车间，为了迅速排烟、散气和除尘，一般采用开敞式外墙或半开敞式外墙。

开敞式外墙的底半部用砌块砌矮墙，上部设开敞式挡雨板。图 2-3-43 为石棉水泥瓦挡雨板。

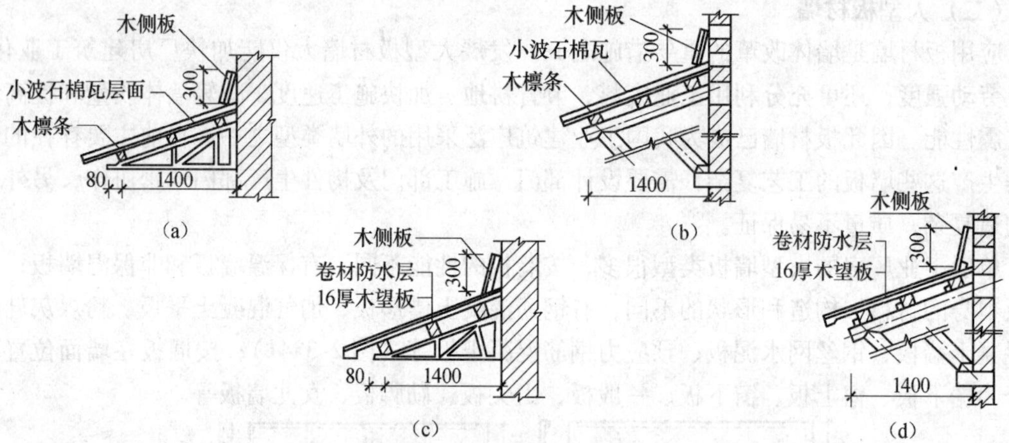

图 2-3-43　石棉水泥瓦挡雨板

（a）钢支架压型板；（b）木支架石棉瓦；（c）钢支架木板；（d）木支架木板

二、屋面

屋面是单层工业厂房围护结构的主要组成部分。它直接受到风雨、酷热、严寒等自然条件的影响，所以应满足防水、排水、保温、隔热等要求。

屋面的构造分为保温屋面和非保温屋面、卷材屋面和非卷材屋面等不同做法。屋面的构造层次与民用建筑基本相同。屋面的排水组织方式可参照民用建筑部分执行，这里不再赘述。

三、天窗

在大跨度和多跨的单层工业厂房中，为了满足天然采光和自然通风的要求，常在厂房的屋顶上设置各种类型的天窗。

天窗的类型很多，一般就其在屋面的位置常分为：上凸式天窗，常见的有矩形天窗、三角形天窗、M形天窗等；下沉式天窗，常见的有横向下沉式、纵向下沉式及井式天窗等；平天窗，常见的有采光罩、采光屋面板等（图2-3-44）。

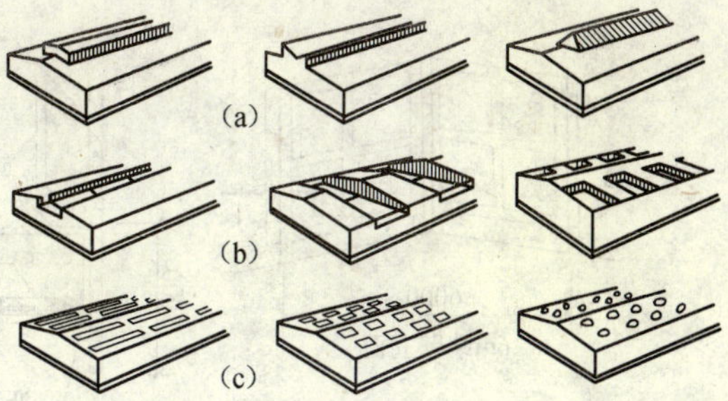

图2-3-44　天窗的类型

（a）上凸式；（b）下沉式；（c）平天窗

一般天窗都具有采光和通风双重作用。但采光兼通风的天窗，一般很难保证排气的效果，故这种做法只用于冷加工车间；而通风天窗排气稳定，多应用于热加工车间。

（一）上凸式天窗

上凸式天窗是我国单层工业厂房采用最多的一种。它沿厂房纵向布置，采光、通风效果均较好。下面以矩形天窗为例，介绍上凸式天窗的构造。

矩形天窗具有中等的照度，光线均匀，防雨较好，窗扇可开启以兼作通风，故在冷加工车间广泛应用。缺点是构件类型多，自重大，造价高。矩形天窗主要由天窗架、天窗屋面、天窗端壁、天窗侧板和天窗扇等构件组成（图2-3-45）。

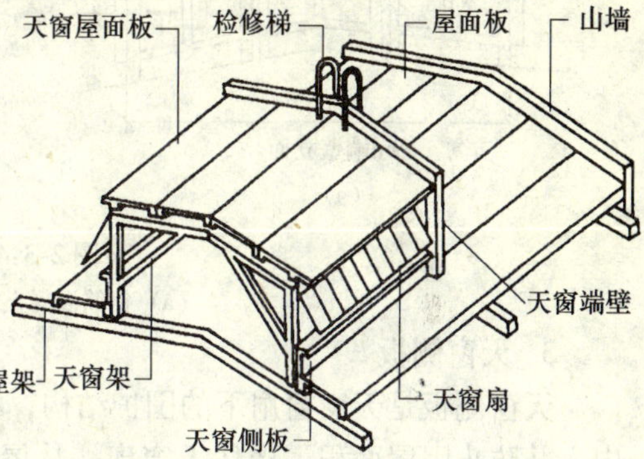

图2-3-45　矩形天窗的组成

1. 天窗架

天窗架是天窗的承重结构，它直接支承在屋架上弦上。天窗架的材料一般与屋架、屋面梁的材料一致。天窗架的宽度约占屋架、屋面梁跨度的1/2～1/3，同时也要照顾屋面板的尺寸。天窗扇的高度为天窗架宽度的0.3～0.5倍。

矩形天窗的天窗架通常用2～3个三角形支架拼装而成（图2-3-46）。

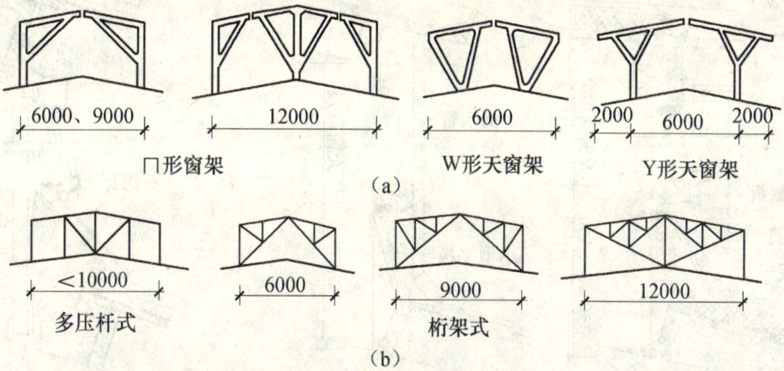

图2-3-46　矩形天窗的天窗架

（a）钢筋混凝土天窗架；（b）钢天窗架

2. 天窗端壁

天窗两端的承重围护构件称为天窗端壁。通常采用预制钢筋混凝土端壁板或石棉水泥瓦端壁（图2-3-47），前者用于钢筋混凝土屋架，后者多用于钢屋架。为了节省材料，钢筋混凝土天窗端壁常做成肋形板代替天窗架，支承天窗屋面板。端壁板及天窗架与屋架上弦的连接均通过预埋铁件焊接。

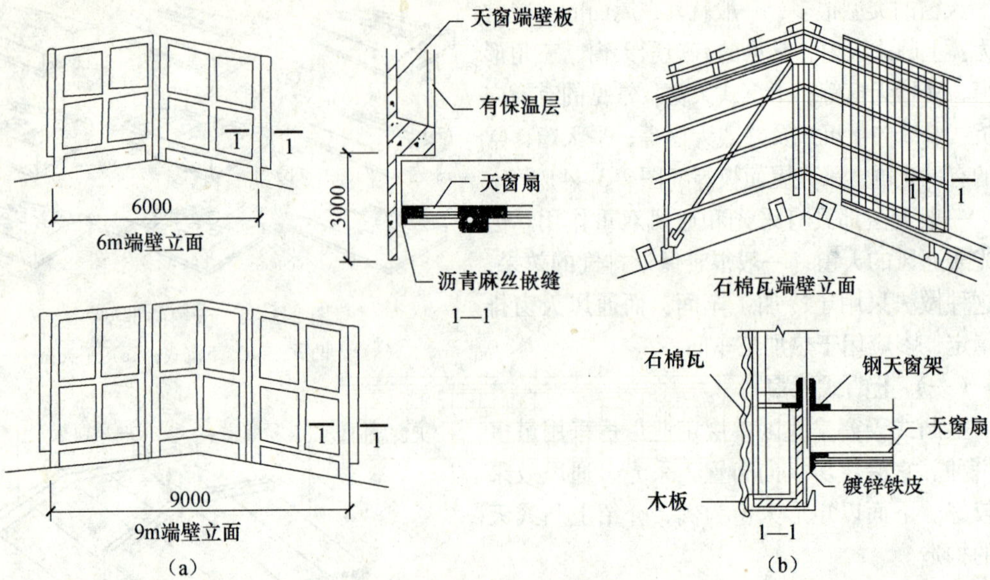

图 2-3-47　天窗端壁构造

（a）钢筋混凝土端壁；（b）石棉水泥瓦端壁

3. 天窗侧板

天窗侧板是天窗窗扇下的围护结构，相当于侧窗的窗台部分，其作用是防止雨水溅入室内，并防止因屋面积雪挡住天窗扇。从屋面至侧板上缘的距离一般为300mm，积雪较深的地区，可采用500mm。侧板的形式应与屋面板构造相适应。当屋面为无檩体系时，侧板可采用钢筋混凝土槽形板或钢筋混凝土小板，如图2-3-48（a）、（b）所示；当屋面为有檩体系时，侧板常采用石棉瓦、压型钢板等轻质材料，如图2-3-48（c）所示。

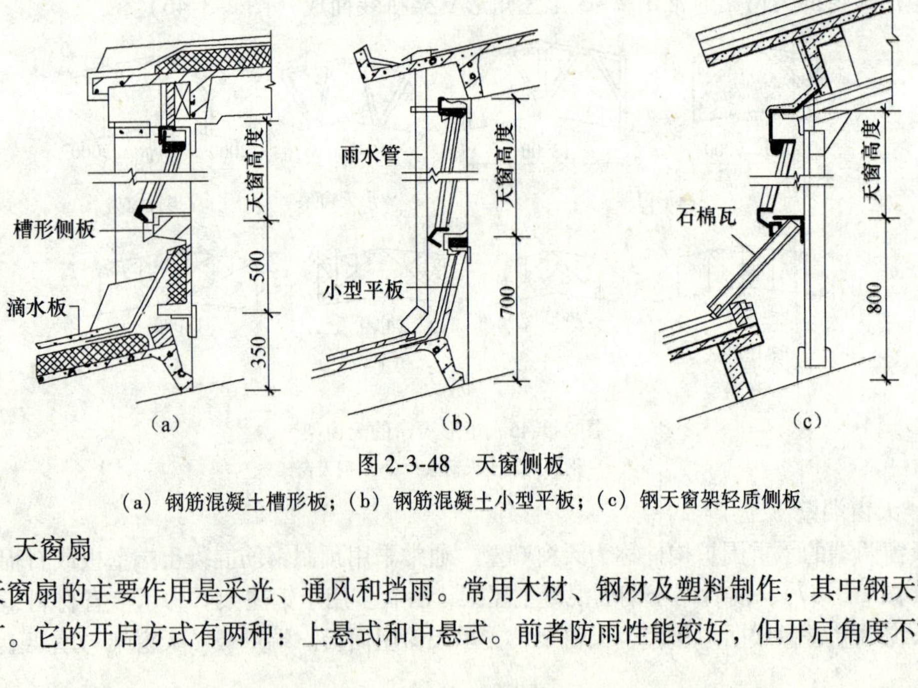

图 2-3-48　天窗侧板

（a）钢筋混凝土槽形板；（b）钢筋混凝土小型平板；（c）钢天窗架轻质侧板

4. 天窗扇

天窗扇的主要作用是采光、通风和挡雨。常用木材、钢材及塑料制作，其中钢天窗扇应用最广。它的开启方式有两种：上悬式和中悬式。前者防雨性能较好，但开启角度不能大于

45°，故通风较差；后者开启角度可达60°～80°，故通风流畅，但防雨性能欠佳。

（1）上悬式钢窗扇

我国J 815定型上悬钢天窗扇的高度有900mm、1200mm、1500mm三种。也可根据需要将它们组合成一排、二排、三排等不同高度的天窗扇。上悬式钢天窗扇可布置成通长式和分段式两种（图2-3-49）。通长式天窗扇是由两个端部固定的窗扇和若干个中间开启窗扇连接而成，开启扇的长度应根据采光、通风的需要和天窗开关器的启动能力等因素而定。分段窗扇是在每个柱距内设单独开关的窗扇，各窗扇可单独开启，其特点是开启与关闭灵活，但窗扇用钢量较多。不论是分段式还是通长式，在开启扇之间以及开启扇与天窗端壁之间，均须设置固定窗扇，起竖框的作用。

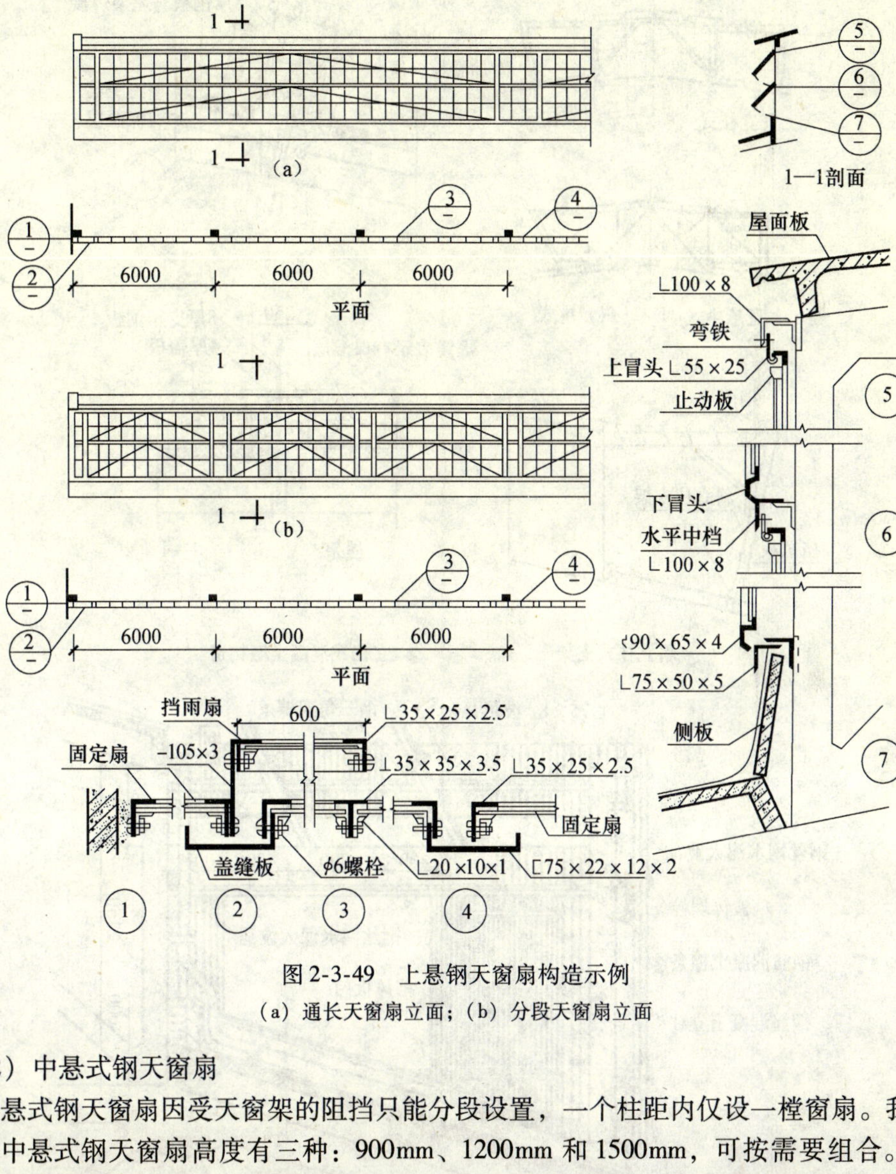

图2-3-49　上悬钢天窗扇构造示例

（a）通长天窗扇立面；（b）分段天窗扇立面

（2）中悬式钢天窗扇

中悬式钢天窗扇因受天窗架的阻挡只能分段设置，一个柱距内仅设一樘窗扇。我国定型产品的中悬式钢天窗扇高度有三种：900mm、1200mm和1500mm，可按需要组合。窗扇的上冒头、下冒头及边梃均为角钢，窗芯为T型钢，窗扇转轴固定在两侧的竖框上。

5. 天窗屋面

天窗屋面与厂房屋面相同，檐口部分采用无组织排水，把雨水直接排在厂房屋面上。檐口挑出尺寸为300~500mm。在多雨地区可以采用在山墙部位作檐沟，形成有组织的内排水。

6. 天窗挡风板

天窗挡风板主要用于热加工车间。有挡风板的天窗叫避风天窗。

矩形天窗的挡风板不宜高过天窗檐口的高度。挡风板与屋面板之间应留出50~100mm的空隙，既利于排水，又使风不容易倒灌。挡风板的端部应封闭，并留出供清除积灰和检修时通行的小门。

挡风板的立柱焊在屋架上弦上，并用支撑与屋架焊接。挡风板采用石棉板，并用特制的螺钉将石棉板拧于立柱的水平檩条上（图2-3-50）。

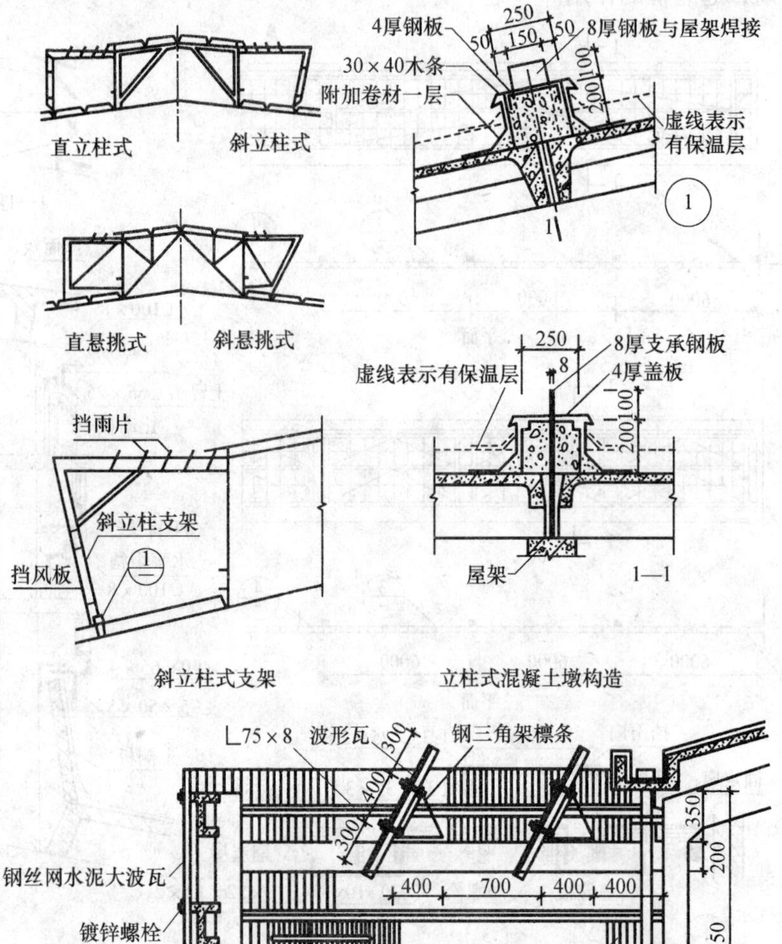

图2-3-50 天窗挡风板

（二）下沉式天窗

下沉式天窗是在拟设天窗的部位，把屋面板下移铺在屋架的下弦上，从而利用屋架上下弦之间的空间构成天窗。与矩形天窗相比，省去了天窗架和挡风板，降低了高度、减轻了荷载，但增加了构造和施工的复杂程度。

根据其下沉部位的不同，可分为纵向下沉、横向下沉和井式下沉三种类型。其中井式天窗构造最为复杂，最具有代表性。这里着重介绍井式天窗的构造做法。井式天窗是将屋面拟设天窗的屋面板下沉后铺在屋架下弦上，形成一个个凹嵌在屋架空间内的井状天窗（图2-3-51）。它具有布置灵活、排风路径短捷、通风性能好、采光均匀等特点。

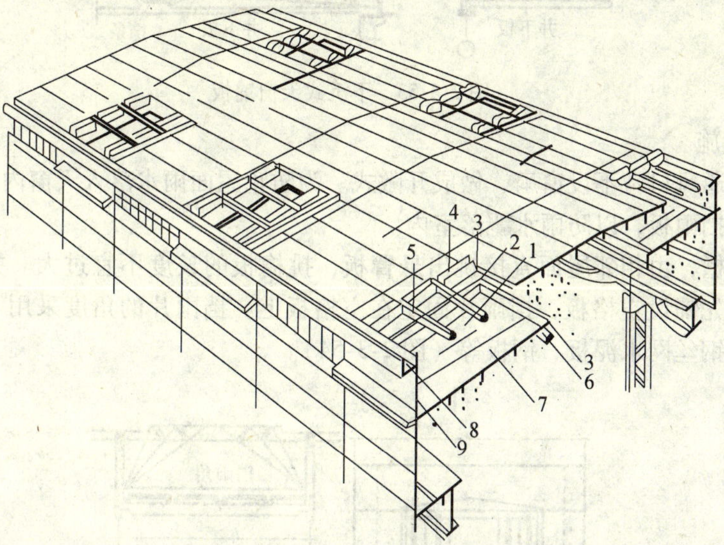

图 2-3-51　井式天窗示意图

1—水平口；2—垂直口；3—泛水口；4—挡雨片；5—空格板；6—檩条；7—井底板；8—天沟；9—挡风侧墙

1. 布置形式

井式天窗的基本布置形式可分为：一侧布置、两侧对称布置、两侧错开布置和跨中布置等几种（图2-3-52）。前三种称为边井式天窗，后一种称为中井式天窗。由基本布置又可排列组合成各种连跨布置形式。

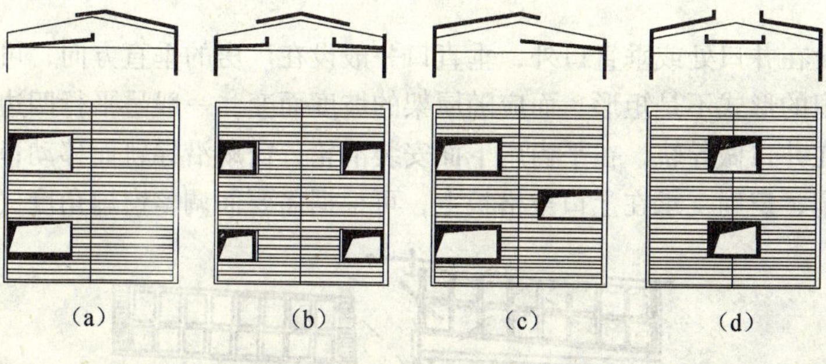

图 2-3-52　井式天窗基本布置形式

（a）一侧布置；（b）两侧对称布置；（c）两侧错开布置；（d）跨中布置

2. 井底板的铺设

天井式天窗的井底板位于屋架上弦，搁置方法有横向铺放与纵向铺放两种。

横向铺放是井底板平行于屋架摆放。铺板前应先在屋架下弦上搁置檩条，并应有一定的排水坡度。若采用标准屋面板时，其最大长度为6m。

纵向铺板是把井底板直接放在屋架下弦上，可省去檩条，增加天窗垂直口净空高度。但屋面有时受到屋架下弦节点的影响，故采用非标准板较好。

图2-3-53表明了上述两种做法。

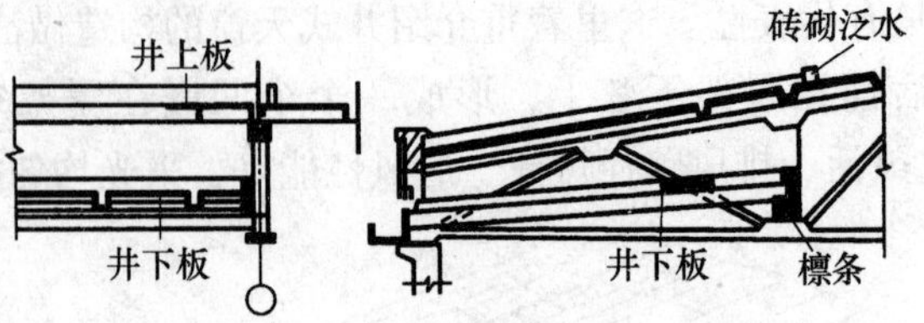

图2-3-53　下沉式天窗铺板

3. 挡雨措施

井式天窗通风口常不设窗扇，做成开敞式。为防止屋面雨水落入天窗内，敞开的口部应设挑檐，并设挡雨板，以防雨水飘落室内。

井上口挑檐，由相邻屋面直接挑出悬臂板，挑檐板的长度不宜过大。井上口应设挡雨片，在井上口先铺设空格板，挡雨片固定在空格板上。挡雨片的角度采用30°～60°，材料可用石棉瓦、钢丝网水泥板、钢板等（图2-3-54）。

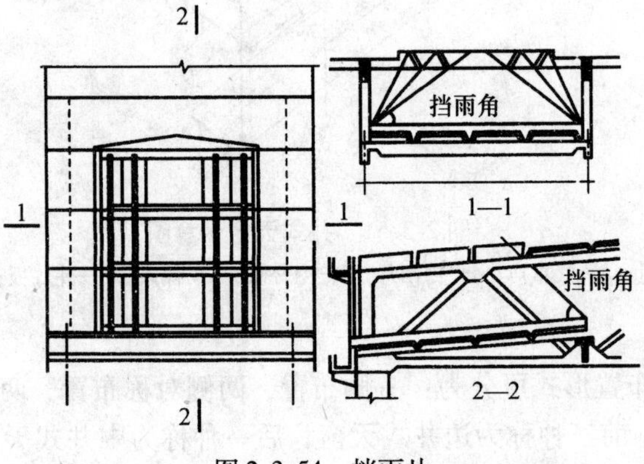

图2-3-54　挡雨片

4. 窗扇

窗扇可以设在井口处或垂直口外，垂直口一般设在厂房的垂直方向，可以安装上悬或中悬窗扇，但窗扇的形式不是矩形，而应随屋架的坡度而变，一般呈平行四边形。井上口窗扇的做法：可以在井口做导轨，在平窗扇下面安装滑轮，窗扇沿导轨而移动；另一种做法是在口上设中悬窗扇，窗扇支承在上口空格板上，可根据需要而调整窗扇角度（图2-3-55）。

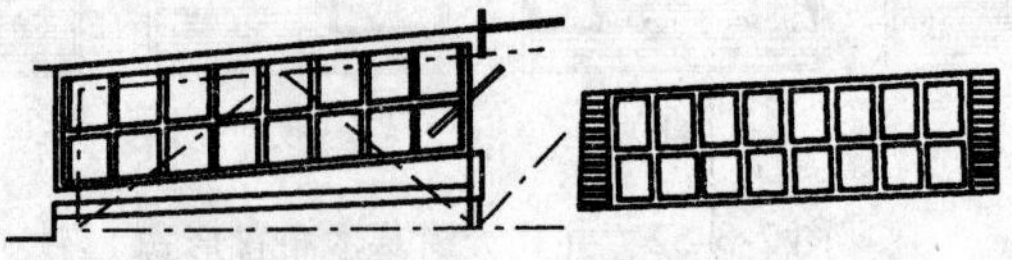

（a）　　　　（b）

图2-3-55　窗扇做法

（a）平行四边形窗扇；（b）矩形窗扇

5. 排水设施

天井式天窗因屋架上下弦分别铺有屋面，排水处理较复杂。排水方式有两大类，一为边井式外排水，如图2-3-56（a）、（b）、（c）、（d）所示；另一类为连跨内排水，如图2-3-56（e）、（f）所示。

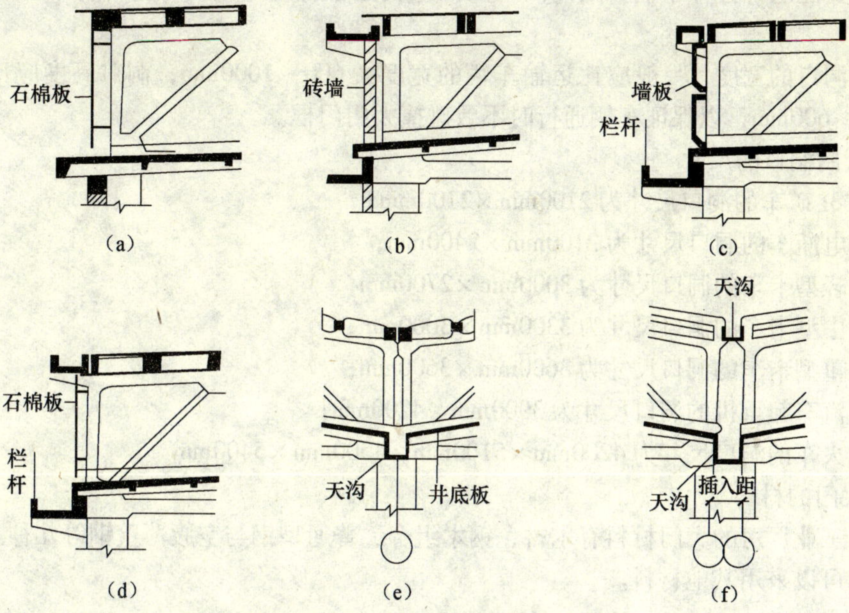

图2-3-56　下沉式天窗的排水设施

（a）边井式外排水的无组织排水；（b）边井式外排水的上层通长天沟；（c）边井式外排水的下层通长天沟；（d）边井式外排水的双层天沟；（e）连跨内排水的下层通长天沟；（f）连跨内排水的上、下通长天沟

（三）平天窗

平天窗是与屋面基本相平的一种天窗。平天窗有采光屋面板、采光罩、采光带等做法。下面介绍一种采光屋面板的构造实例。

采光屋面板的长度为6m，宽度为1.5m，它可以取代一块屋面板。采光屋面板应比屋面稍高，常作成450mm，上面用5mm的玻璃固定在支承角钢上，下面铺有铅丝网作为保护措施，以防玻璃破碎坠落伤人。在支承角钢的接缝处应用铁皮泛水遮挡（图2-3-57）。

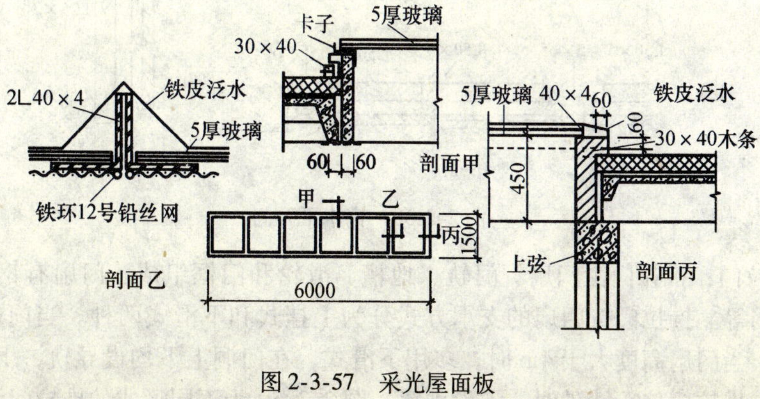

图2-3-57　采光屋面板

四、侧窗和大门

（一）大门

厂房、仓库和车库等建筑的大门，由于经常搬运原材料、成品、生产设备及进出车辆等原因，需要能通行各种车辆。大门洞口的尺寸决定于各种车辆的外形尺寸和所运输物品的大小。

大门洞口的宽度，一般应比运输车辆的宽度大 600 ~ 1000mm；洞口高度应比车体高度高出 400 ~ 600mm，以保证车辆通行时不致碰撞大门门框。

1. 大门洞口的尺寸

进出 3t 矿车的洞口尺寸为 2100mm × 2100mm；

进出电瓶车的洞口尺寸为 2100mm × 2400mm；

进出轻型卡车的洞口尺寸为 3000mm × 2700mm；

进出中型卡车的洞口尺寸为 3300mm × 3000mm；

进出重型卡车的洞口尺寸为 3600mm × 3600mm；

进出汽车起重机的洞口尺寸为 3900mm × 4200mm；

进出火车的洞口尺寸为 4200mm × 5100mm、4500mm × 5400mm。

2. 大门的材料

单层工业厂房的大门材料有木材、钢木组合、普通型钢与空腹薄壁钢等几种。门宽尺寸较大时，可以采用其他材料。

3. 大门类型

（1）平开门：平开门由门扇、门框及五金零件组成，洞口尺寸一般不宜大于3600mm × 3600mm。一般当门的面积大于 $5m^2$ 时，宜采用钢木或钢板制作。图 2-3-58 为常见的钢木大门的构造示例。

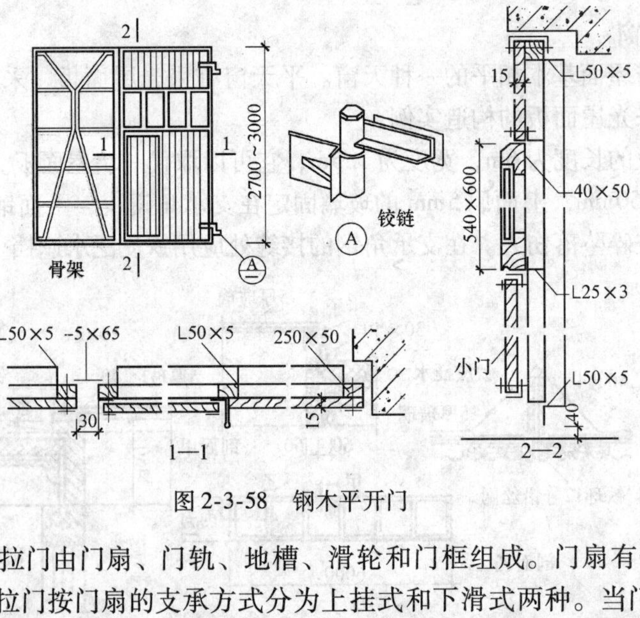

图 2-3-58　钢木平开门

（2）推拉门：推拉门由门扇、门轨、地槽、滑轮和门框组成。门扇有钢板门扇、空腹薄壁钢木门扇等。推拉门按门扇的支承方式分为上挂式和下滑式两种。当门扇高度小于 4m 时用上挂式；当门扇高度大于 4m 时，多用下滑式，在门洞上下均设导轨，下面的导轨承受门扇的质量。推拉门位于墙外时，需设雨篷。图 2-3-59 为不同形式的推拉门示例。

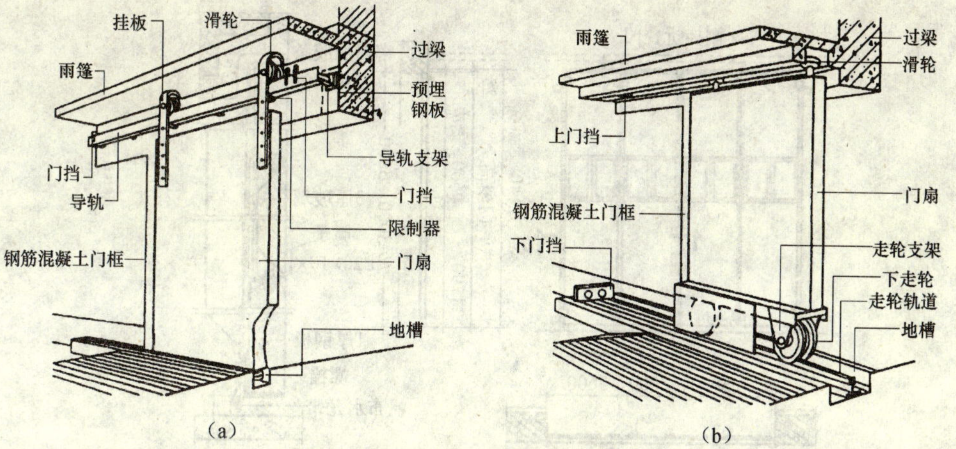

图 2-3-59　不同形式的推拉门

（a）上挂式；（b）下滑式

（3）卷帘门：卷帘门主要由帘板、导轨及传动装置组成。帘板由铝合金页板组成。页板的下部采用钢板和角钢增强刚度，并便于安装门锁。页板的上部与卷筒连接，开启时页板沿着门洞两侧的导轨上升并卷在卷筒上。门洞的上部安装传动装置，传动装置分为手动和电动两种。图 2-3-60 为电动式卷帘门示例。

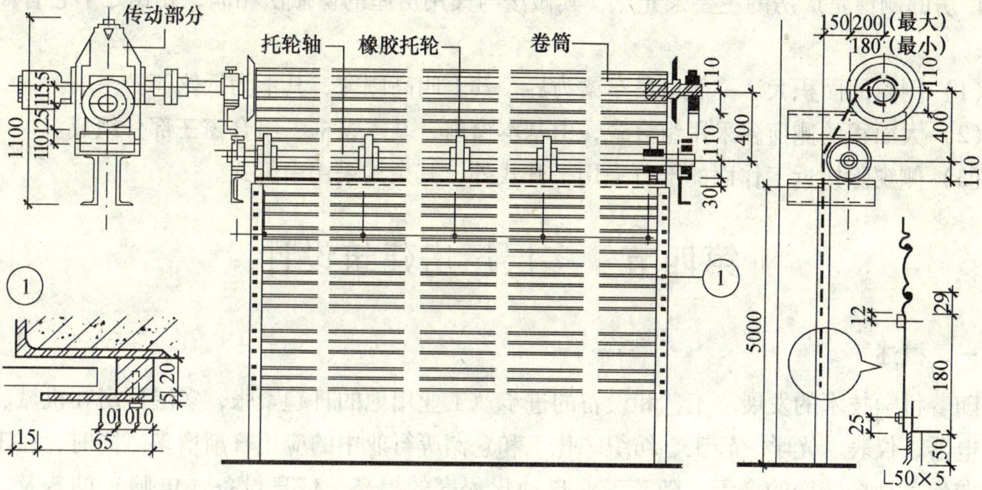

图 2-3-60　电动式卷帘门构造示意

（4）折叠门：这种门的上下均装有滑轮铰链，门洞上下导轨的水平位置应与墙面成一定的角度，使门扇开启后能全部折叠平行于墙面。折叠门有三种安装方式，即侧悬式、侧挂式和中悬折叠式。图 2-3-61 所示为侧挂式折叠门的构造示例。

4. 特点

单层工业厂房的大门，具有以下几个显著特点：

（1）厂房的门扇大于门框，门框一般由钢筋混凝土制成。

（2）厂房大门供货物出入，大门上附设小门供行人出入。

（3）门扇与门框的连接不用合页，而用特制的铰链。

（4）一组门框与门扇，一般由骨架和面板组成，很少有单一材料的门。

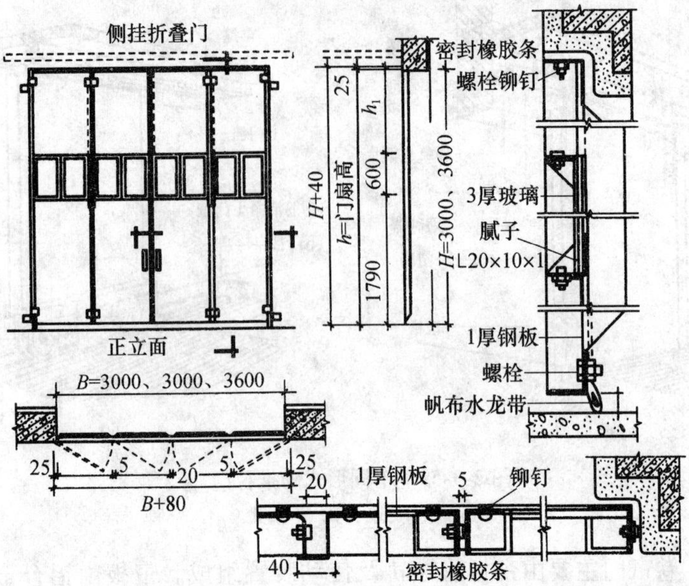

图 2-3-61　侧挂式折叠门

（二）侧窗

厂房的侧窗是厂房的主要采光点，其做法与民用房屋的窗做法相同，相比之下它有如下特点：

（1）侧窗的面积大。一般以吊车梁为界，其上叫高侧窗，其下为低侧窗。

（2）大面积的侧窗多采用组合式，由基本窗扇、基本窗框、组合窗三部分组成。

（3）侧窗除接近工作面的部分采用平开式外，其余均采用中悬式。

第四节　多层厂房建筑设计

一、概述

随着科学技术的发展、工艺和设备的进步及工业用地的日趋紧张，多层厂房在机械、电子、电器、仪表、光学、轻工、纺织、化工和仓储等行业中的应用日渐增多。同时，在工业社会向信息社会转变的今天，随着工业自动化程度的提高，信息设备（电脑）的普及，多层工业厂房在整个工业部门中所占的比重也越来越大。我国自 20 世纪 80 年代以来，随着改革开放和经济的发展，多层厂房的发展速度十分迅速。

（一）多层厂房的特点

和单层厂房相比，多层厂房有以下几个特点：

（1）建筑物占地面积小。这不仅节约用地，而且还降低了基础和屋顶的工程量，缩短了工程管线的长度，节约建设投资和维护管理费。

（2）厂房宽度较小，顶层房间可不设天窗，而用侧窗采光，屋面雨雪水排除方便，屋顶构造简单，且面积较小，有利于节省能源。

（3）交通运输面积大。这是由于多层厂房不仅有水平方向的运输系统，也有垂直方向的运输系统（如电梯间、楼梯间、坡道等）。这样就增加了用于交通运输的面积和体积。

（4）由于多层厂房在楼层上要布置设备，又受梁板结构经济合理性的制约，因而柱网尺寸较小，厂房的通用性也相应较小。

（5）在楼层上布置振动较大的设备时，结构计算和构造处理复杂。

（二）多层厂房的适用范围

（1）生产工艺流程适于垂直布置的企业。

（2）设备、原料及产品质量较轻的企业（楼面荷载小于20kN/m²，单件垂直运输小于3000kg）。

（3）生产上要求在不同层高上操作的企业，如化工厂的大型蒸馏塔、碳化塔等设备，高度比较高，生产又需在不同层高上进行。

（4）生产工艺对生产环境有特殊要求的企业。这主要是由于多层厂房层间房间体积小，容易解决生产所要求的特殊环境（如恒温恒湿、净化洁净、无尘无菌等）。属于这类企业的有仪表、电子、医药及食品类企业。

（5）建筑用地紧张及城建规划的需要。

（三）多层厂房的结构形式

厂房结构形式的选择，一般应该结合生产工艺及层数的要求进行，其次还应该考虑建筑材料的供应、当地的施工安装条件、构配件的生产能力以及基地的自然条件等。目前我国多层厂房承重结构按其所用材料不同有：

1. 砌体结构

有砖墙承重和内框架承重两种形式。前者包括有横墙承重及纵墙承重的不同布置。但因砖墙占用面积较多，影响工艺布置，因而内框架承重的混合结构形式，是目前使用较多的一种结构形式。

由于混合结构的取材和施工均较方便，又较经济，保温隔热性能较好，所以当楼板跨度在4～6m，层数在4～5层，层高在5.4～6.0m之间，在楼面荷载不大又无振动的情况下，均可采用混合结构。但当地基条件差，容易不均匀下沉时，选用时应加慎重。此外在地震区亦不宜选用。

2. 钢筋混凝土结构

钢筋混凝土结构是我国目前采用最广泛的一种结构。它的构件截面较小，强度大，能适应层数较多、荷重较大、跨度较宽的需要。钢筋混凝土框架结构，一般可分为梁板式结构和无梁楼板结构两种。其中梁板式结构又可分横向承重框架、纵向承重框架及纵横向承重框架三种。横向承重框架刚度较好，适用于室内要求分间比较固定的厂房，是目前经常采用的一种形式。纵向承重框架的横向刚度较差，需在横向设置抗风墙、剪力墙。但由于横向连系梁的高度较小，楼层净空较高，有利于管道的布置，一般适用于需要灵活分间的厂房。纵横向承重框架采用纵横向均为刚接的框架，厂房整体刚度好，适用于地震区及各种类型的厂房。无梁楼板结构，系由板、柱帽、柱和基础组成。它的特点是没有梁，因此楼板底面平整，室内净空可有效利用。它适用于布置大统间及需灵活分间布置的要求，一般应用于荷载较大的多层厂房及冷库、仓库等类的建筑。

3. 钢结构

钢结构具有质量轻、强度高、施工方便等优点，在国外应用较多。从目前的发展趋势来看，国内钢结构也正在推广应用。钢结构虽然造价较贵，但实践经验证明，它施工速度快，能使工厂早日投产（一般认为可提高速度一倍左右）。因此虽然建筑造价稍高，但可以从提早投产来补偿损失。

目前钢结构的主要趋向是采用轻钢结构和高强度钢材。采用高强度钢结构较普通钢结构可节约钢材 15% ~20%，造价降低 15%，减少用工 20% 左右。

二、多层厂房平面设计

多层厂房的平面设计首先应注意满足生产工艺的要求。其次，运输设备和生活辅助用房的布置、地基的形状、厂房方位等等都对平面设计有很大影响，必须全面、综合地加以考虑。

（一）生产工艺流程和平面布置

生产工艺流程布置是厂房平面设计的主要依据。生产流程布置的不同在很大程度上决定了多层厂房的平面形状和各层间的相互关系。

按生产工艺流向的不同，多层厂房的生产工艺流程的布置可归纳为以下三种类型（图 2-3-62）：

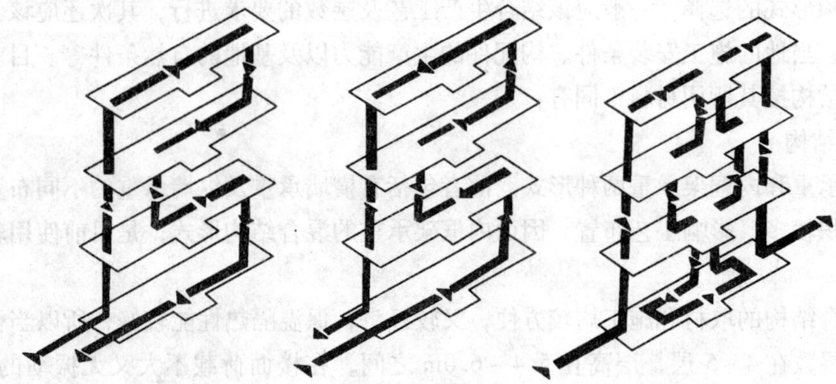

图 2-3-62　三种类型的生产工艺流程

1. 自上而下式

这种布置的特点是把原料送至最高层后，按照生产工艺流程的程序自上而下逐步进行加工，最后的成品由底层运出。这时常可利用原料的自重，以减少垂直运输设备的设置。一些粒状或粉状材料加工的工厂常采用这种布置方式。

2. 自下而上式

原料自底层按生产流程逐层向上加工，最后在顶层加工成成品。这种流程方式有两种情况：一是产品加工流程要求自下而上，如平板玻璃生产，底层布置熔化工段，靠垂直辊道由下而上运行，在运行中自然冷却形成平板玻璃；二是有些企业，原材料及一些设备较重，或需要有吊车运输等，同时，生产流程又允许或需要将这些工段布置在底层，其他工段依次布置在以上各层，这就形成了较为合理的自下而上的工艺流程。如轻工业类的手表厂、照像机厂或一些精密仪表厂的生产流程都是属于这种形式。

3. 上下往复式

这是有上有下的一种混合布置方式。它能适应不同情况的要求，应用范围较广。由于生产流程是往复的，不可避免地会引起运输上的复杂化。但它的适应性较强，是一种经常采用的布置方式。例如印刷厂，由于印刷车间印刷机和纸库的荷载都比较重，因而常布置在底层，其他车间如录排车间一般布置在顶层，装钉、包装一般布置在二层。为适应这种情况，印刷厂的生产工艺流程就采用了上下往复的布置方式。

在进行平面设计时，一般应注意：厂房平面形式应力求规整，以减少占地面积和围护结构面积，便于结构布置、计算和施工；并应根据生产需要，将一些技术要求相同或相似的工段布置在一起。如要求空调的工段和对防振、防尘、防爆要求高的工段可集中在一起；按通风日照要求合理安排房间朝向等等。一般说，主要生产工段应争取南北朝向。但对一些具有特殊要求的房间，如要求空调的工段为了减少空调设备的负荷，在炎热地区应注意避免太阳辐射热的影响；寒冷地区应注意减少室外低温及冷风的影响。

（二）平面布置的形式

由于各类企业的生产性质、特点、使用要求和建筑面积的不同，其平面布置形式也不相同，一般有以下几种布置形式：

1. 内廊式

中间为走廊，两侧布置生产房间和办公、服务房间。这种布置形式适宜于各工段面积不大，生产上既需相互紧密联系，但又不希望干扰的工段。各工段可按工艺流程的要求布置在各自的房间内，再用内廊（内走道）联系起来。对一些有特殊要求的生产工段，如恒温恒湿、防尘、防振的工段可分别集中布置，以减少空调设施，并降低建筑造价。

2. 统间式

当生产工段面积较大，各工序相互间又需紧密联系，不宜分隔成小间布置时，可采用统间式的平面布置。这种布置对自动化流水线的操作较为有利。在生产过程中如有少数特殊的工段需要单独布置时，可将它们加以集中，分别布置在车间的一端或一隅。

3. 大宽度式

为使厂房平面布置更为经济合理，亦可采用加大厂房宽度，形成大宽度式的平面形式。这时，可把交通运输枢纽及生活辅助用房布置在厂房中部采光条件较差的地区，以保证生产工段所需的采光与通风要求（图2-3-63a）。此外，对一些恒温恒湿、防尘净化等技术要求特别高的工段，亦可采用逐层围合的布置方法来满足各种不同精度的要求。这时的通道往往布置成环状，而沿着通道的外围尚可布置一些一般性的工段或生活行政辅助用房（图2-3-63b、c）。

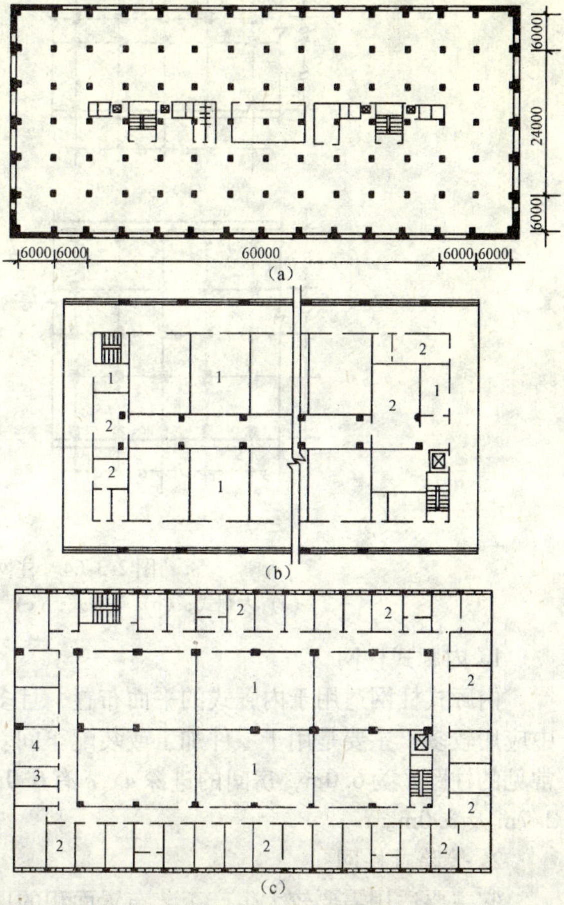

图2-3-63　大宽度式的平面布置

1—生产用房；2—办公、服务性用房；3—管道井；4—仓库

4. 混合式

混合式是由内廊式与统间式混合布置而成。依生产工艺需要可采取同层混合或分层混合的形式。它的优点是能满足不同生产工艺流程的要求，灵活性较大。缺点是施工较繁杂，结构类型较难统一，常易造成平面及剖面形式的复杂化，且对防震也不利。

（三）柱网（跨度、柱距）的选择

柱网的选择首先应满足生产工艺的需要，其尺寸的确定应符合《建筑模数协调统一标准》（GBJ 2—86）和《厂房建筑模数协调标准》（GBJ 6—86）的要求。同时还应考虑厂房的结构形式、采用的建筑材料和其在经济上的合理性及施工上的可能性。

根据《厂房建筑模数协调标准》（GBJ 6—86），多层厂房的跨度（进深）应采用扩大模数15M数列，宜采用6.0m、7.5m、9.0m、10.5m和12m。厂房的柱距（开间）应采用扩大模数6M数列，宜采用6.0m、6.6m和7.2m。内廊式厂房的跨度可采用扩大模数6M数列，宜采用6.0m、6.6m和7.2m。走廊的跨度应采用扩大模数3M数列，宜采用2.4m、2.7m和3.0m。

在工程实践中结合上述平面布置形式，多层厂房的柱网可概括为以下几种主要类型（图2-3-64）：

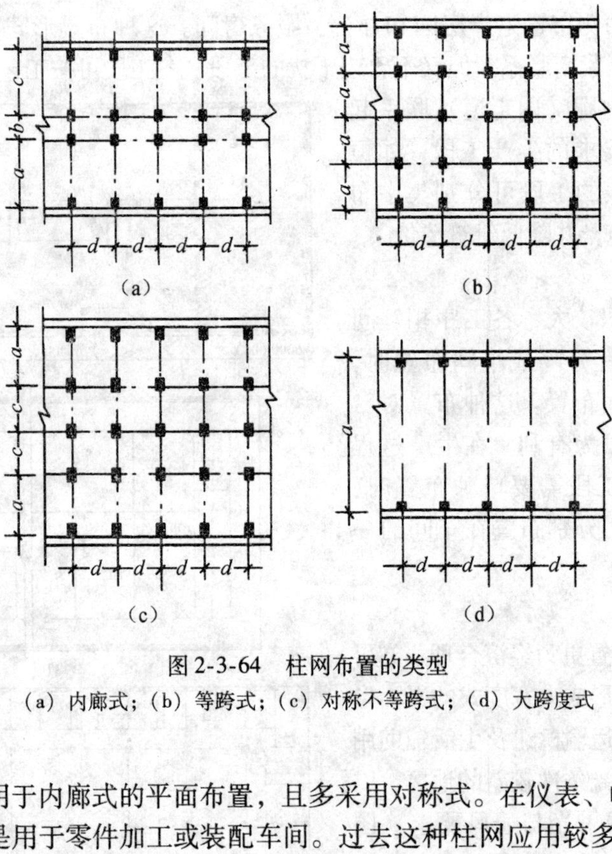

图2-3-64　柱网布置的类型

（a）内廊式；（b）等跨式；（c）对称不等跨式；（d）大跨度式

1. 内廊式柱网

内廊式柱网适用于内廊式的平面布置，且多采用对称式。在仪表、电子、电器等类企业中应用较多，主要是用于零件加工或装配车间。过去这种柱网应用较多，近年来有所减少。常见的柱距 d 为6.0m，房间的进深 a、c 有6.0m、6.6m及7.2m等；而走廊宽 b 则为2.4m、2.7m及3.0m。

2. 等跨式柱网

它主要适用需要较大生产工艺布置面积的厂房，底层一般布置机加工、仓库或总装配车间等，有的还布置有起重运输设备。适用于机械、轻工、仪表、电子、仓库等的工业厂房。这类柱网可以是两个以上连续等跨的形式。用轻质隔墙分隔后，亦可作内廊式的平面布置。

目前常采用的柱距 d 为6.0m，跨度 a 有6.0m、7.5m、9.0m、10.5m及12.0m等数种。

3. 对称不等跨柱网

这种柱网的特点及适用范围基本和等跨式柱网类似。常用的柱网尺寸（m）有（6.0+7.5+6.0）×6.0（仪表类），（1.5+6.0+6.0+1.5）×6.0（轻工类），（7.5+7.5+12.0+7.5+7.5）×6.0及（9.0+12.0+9.0）×6.0（机械类）等数种。

4. 大跨度式柱网

这种柱网由于取消了中间柱子，为生产工艺的变革提供更大的适应性。因为扩大了跨度（大于12m），楼层常采用桁架结构。这样，楼层结构的空间（桁架空间）可作为技术层，以布置各种管道及生活辅助用房。

除上述主要柱网类型外，在实践中根据生产工艺及平面布置等各方面的要求，也可采用其他一些类型的柱网，如（9.0+6.0）×6.0，（6.0~9.0+3.0+6.0~9.0+3.0+6.0~9.0）×6.0等。

无论国内或国外，多层厂房的柱网参数都有扩大的趋势（即向着扩大柱网的方向发展）。这主要是由于生产的不断变革，要求厂房的室内空间具有较大的应变能力，以便为生产的变革和发展创造条件。

（四）厂房宽度的确定

多层厂房的宽度一般是由数个跨度所组成。它的大小除应考虑基地的因素外，还和生产特点、建筑造价、设备布置以及厂房的采光、通风等有密切关系。不同的生产工艺、设备排列和其尺寸大小常常是决定多层厂房宽度的主要因素。例如某装配车间，同样是6m柱距，当车间宽度为17m（跨度组合为7.0m+3.0m+7.0m）时，只能布置一条生产流线；18m（跨度组合为9.0m+9.0m）时则可布置两条生产流线。因而厂房的宽度，除受生产工艺设备布置方式影响外，与跨度的数值及其组合方式也有着密切的关系，在具体设计中应加以具体分析比较。

对生产环境有特殊要求的工业企业，如净化要求高的精密类工业，常采用宽度较大的厂房平面，这时可把洁净要求较高的工段布置在厂房中间地段，在其周围依次布置洁净要求较低的工段，以此来保证生产环境上较高的要求。

就造价而言，在一般情况下，增加厂房宽度会相应地降低建筑造价。这是由于宽度增大时，与它相应的外墙和窗的面积增加不多，致使单位建筑面积的造价反而有所降低的缘故（图2-3-65）。因而在条件许可的情况下，一般可加大多层厂房的宽度，以得到较好的经济效果。

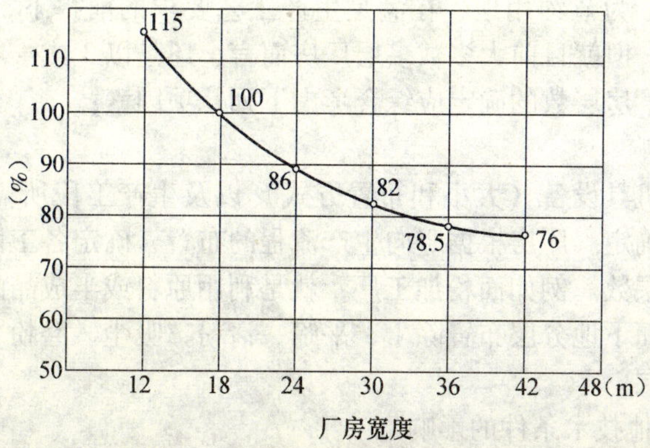

图2-3-65　多层厂房的宽度对承重和围护结构造价的影响

然而亦应注意较大宽度的厂房，会造成采光通风的不利，有时还会带来结构、构造上的困难。因而在具体设计中应通过综合分析比较后决定适宜的宽度数值。当采用双侧采光时，为满足工作时视力的要求，厂房宽度不宜过大，一般以 24～27m 为佳。在宽度大的厂房中，中间部分一般均需辅以人工照明来补足天然光线的不足。

三、多层厂房剖面设计

多层厂房的剖面设计应结合平面设计和立面处理考虑。它主要是研究和确定厂房的剖面形式、层数和层高、工程技术管线的布置和内部设计等有关问题。

（一）剖面形式

由于厂房平面柱网的不同，多层厂房的剖面形式亦是多种多样的。不同的结构形式和生产工艺的平面布置都对剖面形式有着直接的影响。在目前我国的多层厂房设计中，常采用的有图 2-3-66 所示的几种剖面形式。

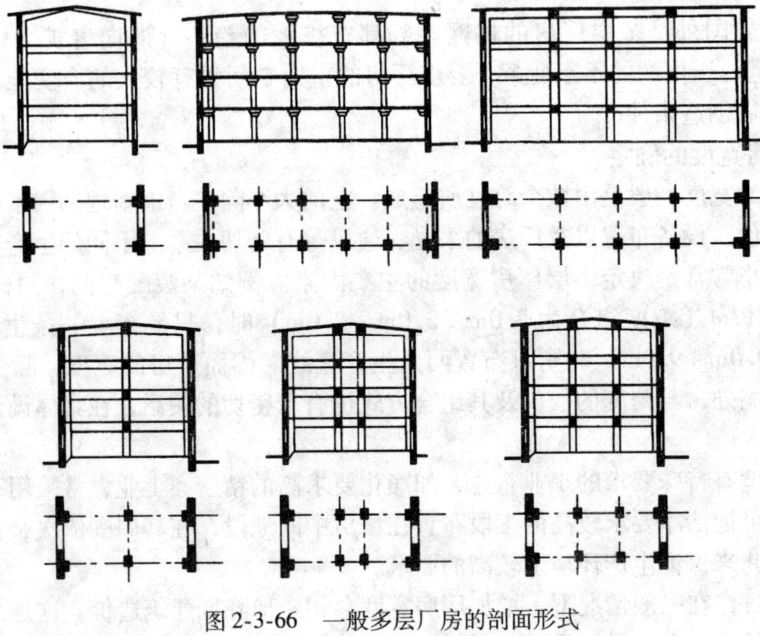

图 2-3-66　一般多层厂房的剖面形式

（二）层数的确定

多层厂房层数的确定与生产工艺、楼层使用荷载、垂直运输设施、地质条件及基建投资等因素均有密切关系。为节约用地，在满足生产工艺要求的前提下，可适当增加厂房的层数，向竖向空间发展。但就目前大多数多层厂房而言，还是以 3 或 4 层的居多。

在具体设计时，厂房层数的确定应综合考虑下列几项因素：

1. 生产工艺的影响

生产工艺流程、机具设备（大小和布置方式）以及生产工段所需的面积等方面在很大程度上影响着层数的确定。厂房根据竖向生产流程的布置，确定各工段的相对位置，同时相应地也确定了厂房的层数。例如面粉加工厂，就是利用原料或半成品的自重，用垂直布置生产流程的方式，自上而下地分层布置除尘、平筛、清粉、吸尘、磨粉、打包六个工段，相应地确定厂房层数为 6 层。

2. 城市规划及其他技术条件的影响

多层厂房布置在城市时，层数的确定还应符合城市规划、城市建筑面貌、周围环境以及工厂群体组合的要求。

当然，厂房层数的多少，还应考虑建厂地区的地质条件、建筑材料的供应、结构形式、建筑物的长度和宽度以及施工方法等因素。例如在地震区或地质条件较差的地区，厂房层数就不宜过多。总之应该根据各方面的因素进行全面分析比较后再加以确定。

3. 经济因素的影响

据国外研究的资料表明，经济层数的确定和厂房展开面积的大小有关；展开面积愈大，层数愈可提高。此外，合理层数和建筑的宽度及长度也有关系。如图 2-3-67 所示❶，以建筑宽度为 30m、长度为 120m 的单层厂房的单位面积造价为 100。图中曲线表示，以 3 ~4 层最为经济。当建筑宽度和长度增加时，经济的层数可为 4 ~5 层。层数再增多，一般是不经济的。图 2-3-68 为根据国内资料所绘成的曲线，表示经济层数和每 $1m^2$ 单位造价间的关系。

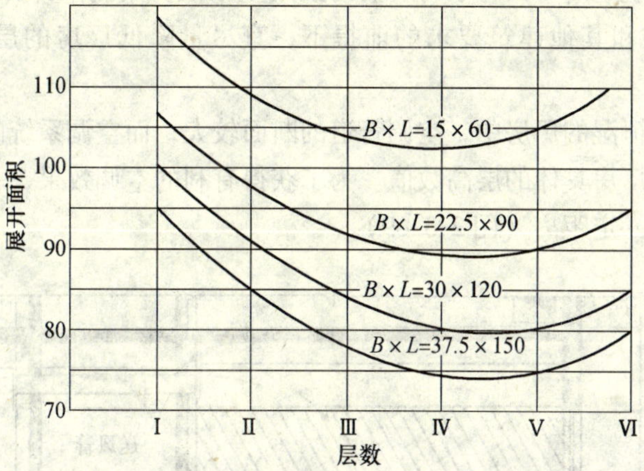

图 2-3-67　层数和厂房展开面积的关系（$B \times L$ = 厂房宽度 × 厂房长度）

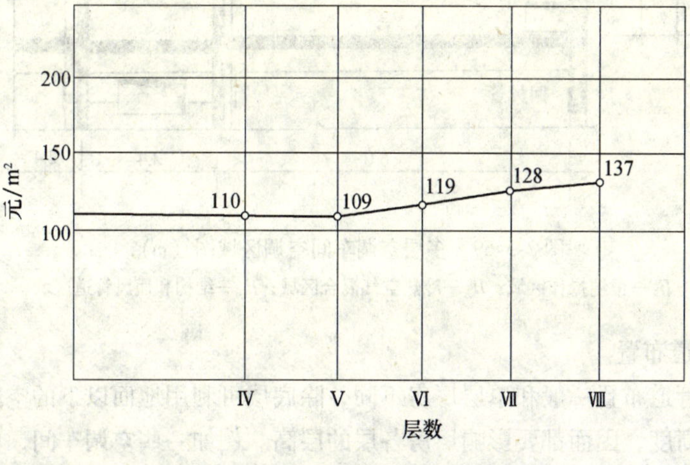

图 2-3-68　层数和单位造价的关系

（三）层高的确定

1. 层高和生产、运输设备的关系

多层厂房的层高在满足生产工艺要求的同时，还要考虑生产和运输设备（吊车、传送

❶ 见 B. B. 布尔格曼主编《多层定型生产厂房》一书。

装置等）对厂房层高的影响。一般在生产工艺许可的情况下，常把一些重量重、体积大、运输量繁重的设备布置在底层，这样就需相应地加大底层的层高。

2. 层高和采光的关系

多层厂房采用双侧采光的居多。有时因生产上的特殊需要，车间内部可采用空调及人工照明。从采光要求来看，建筑宽度增加到一定范围，就需相应地增加厂房的层高才能满足采光的要求。但增加层高又会增大建筑造价，且采光面积不同又会影响建筑空间的组合和立面的处理，因此必须综合地加以分析研究这些因素。

3. 层高和通风关系

对于采用自然通风的车间，厂房净高应满足工业企业卫生规范的有关规定。如按每名工人所占有的车间容积规定的每人每小时所需的换气量数值，用此来计算或核算厂房的层高。一般在符合卫生标准和其他建筑要求的前提下，宜尽量降低厂房的层高，不随便增加其高度。

在某些要求恒温恒湿的厂房中，空调管道的断面较大，而空调系统的送回风方式又不尽相同，这些都会影响厂房具体的层高数值。为了获得有利的空调效果，一般送风口和工人操作地带之间还应保持一定距离（图 2-3-69）。

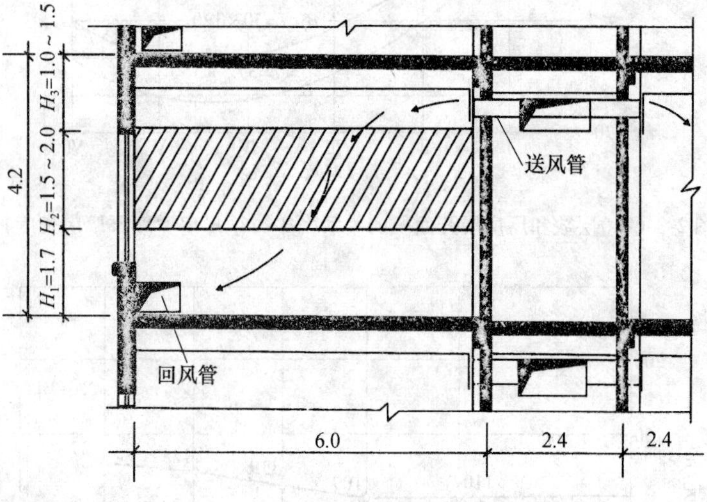

图 2-3-69　多层空调车间空调区域图（m）

H_1—恒温操作区域；H_2—冷热空气混合区域；H_3—结构和通风管道区域

4. 层高和管道布置

多层厂房的管道布置一般和单层厂房不同，除底层可利用地面以下的空间外，一般都需占有一定的空间高度，因而都要影响厂房各层的层高。例如一些空调车间，由于空调管道断面较大（高度有达 1.5 ~2.5m 的），这时管道的高度就成为决定层高的主要因素。

厂房内的管道布置，除采用结构内部布置的方式外（即利用空心板、空心梁的结构空隙布置管道），其他的布置方式一般都要影响厂房的层高。图 2-3-70 表示几种管道的布置方式。其中图（a）及（c）表示干管布置在底层或顶层的形式，这时就需加大底层或顶层的层高，以便能集中布置管道。图（b）及（d）则表示管道集中布置在各层走廊上部或吊顶层的情形，这时就需相应提高厂房的层高。

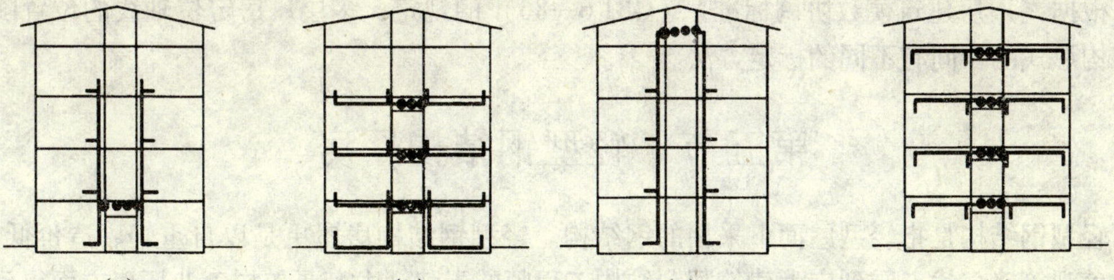

图 2-3-70　多层厂房的几种管道布置

5. 层高和室内空间比例

厂房的层高在满足生产工艺要求的前提下，还要兼顾到室内建筑空间比例的协调。例如内廊式和统间式的室内空间比例亦各不相同。前者由于分隔为小空间，室内空间高度比宜在1∶2以下较为合适；而后者为大空间，高宽比则可在1∶4以上。当然具体的高度，还要根据工程的实际情况和其他各种因素，进行比较后再行确定。

6. 层高的经济分析

影响厂房的层高除上述因素外，还应从经济角度予以考虑。从图2-3-71可以看到，层高和单位面积造价的变化是正比关系。即层高每增加0.6m，单位面积造价提高约8.3%左右。因此在决定层高的时候不能忽视经济的分析。

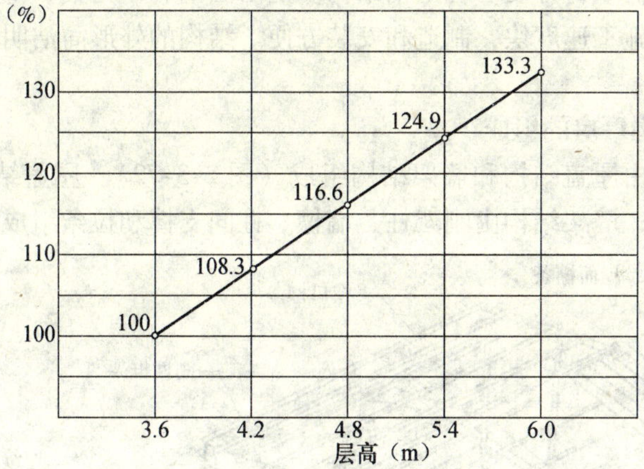

图 2-3-71　层高和单位造价的关系

（四）室内空间组织

多层厂房室内空间和人们日常生活中所习惯的室内空间有所不同。因为厂房空间的大小不仅是按照房间的高度和面积的适当比例来确定，而且主要还要满足生产所提出的各种要求，如要布置大小不一的设备，架设多种管道和行驶各种运输工具等。因此在进行平面、剖面设计及管道综合、设备布置时都要尽可能考虑室内空间的完整，尤其对人员较多、活动频繁的车间，更应保证具有足够舒畅的空间，以免造成杂乱压抑的感觉。对某些多层厂房来说，由于室内管线比较集中，因此统一安排和合理组织好管线的布置就成为室内空间处理的关键因素。

四、多层厂房定位轴线标定

多层厂房的平面定位轴线有纵向和横向两种。与厂房长度方向平行的轴线称为纵向定位轴线，与其垂直的轴线称为横向定位轴线，其编号原则和单层厂房相同。

根据《厂房建筑模数协调标准》（GBJ 6—86）的规定，多层厂房定位轴线的位置随厂房结构形式的不同有不同的标定方法。

第五节　轻型钢结构厂房

轻型钢结构是指轻型屋面下采用的钢结构。轻型钢结构房屋更是以自重轻、造价低廉、外形美观等诸多优点受到广大建筑师、结构工程师的青睐，尤其是单层工业厂房方面得到了迅速推广。本节主要介绍轻型钢结构厂房的构造。

一、轻型钢结构厂房特点与组成

（一）轻型钢结构厂房特点

轻型钢结构是相对于普通钢结构而言的，由圆钢、小角钢和薄壁型钢构成的结构。一般轻型钢结构房屋的屋面荷载较小，其结构构件的截面较小、较薄，较普通钢结构自重更轻，因而也更经济。同时，由于钢结构的材质均匀，计算理论精确，应力计算可靠，因而该结构安全可靠。从经济指标考虑，轻型钢结构也具有较大优势。轻型钢屋盖结构的用钢量一般为 $8 \sim 15\mathrm{kg/m^2}$，接近在相同条件下钢筋混凝土结构屋盖的用钢量，可以较大幅度减轻结构自重。门式拱架结构房屋用量也仅有 $13 \sim 25\mathrm{kg/m^2}$，与普通钢结构相比可节约钢材 30% ~ 50%。故轻型钢结构经济指标较好。

另外，轻型钢结构取材方便。轻型钢结构多是由圆钢、小角钢、薄壁型钢构成，能小材大用，且构造简单，施工速度快，制造和安装方便。结构的外形简洁明快，造型丰富，适应性强。

（二）轻型钢结构厂房的组成

轻型钢结构房屋由屋盖结构和墙架结构组成（图 2-3-72）。屋盖结构由刚架梁、檩条、屋盖支撑、拉条组成；墙架结构由刚架柱、墙檩、柱间支撑和拉条组成。

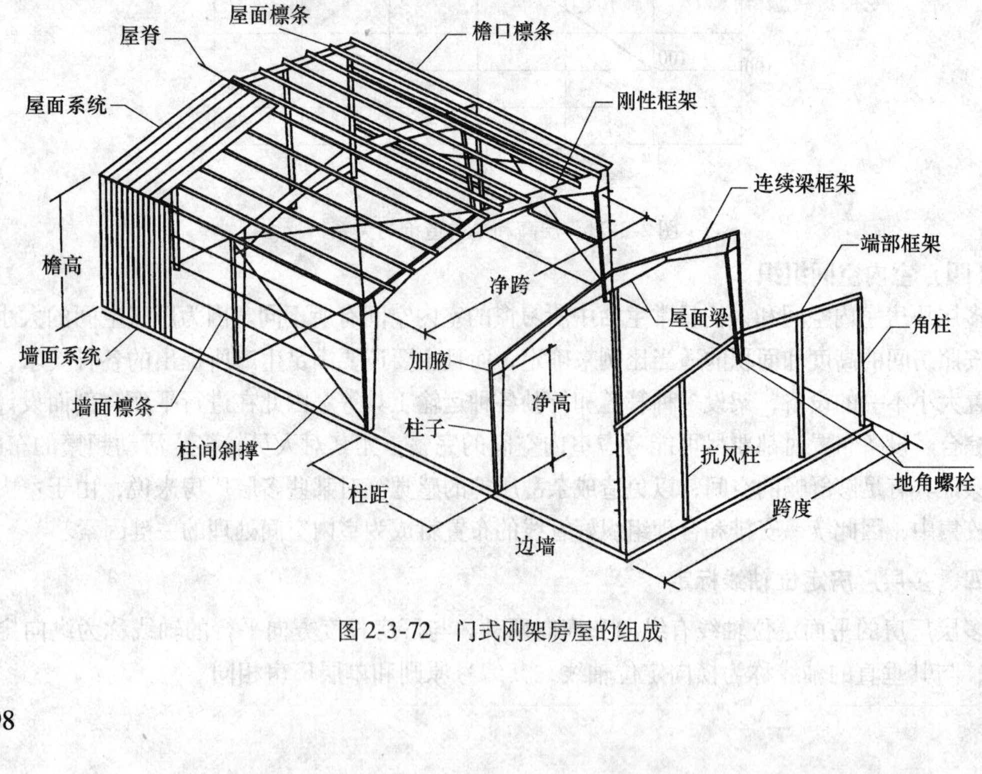

图 2-3-72　门式刚架房屋的组成

（三）轻型钢结构厂房的构件

1. 檩条

檩条的形式主要有实腹式、空腹式和桁架式等。一般应优先选用冷弯薄壁型钢檩条。檩条按部位区分为墙面檩条和屋面檩条。

2. 刚架

刚架有实腹式和格构式，而实腹式刚架多属于普通钢结构。实腹刚架刚度大，便于设置悬挂吊车和长途运输，构件规格少，安装方便。可以有效地利用刚架的高度，降低房屋的高度，建筑外观简洁美观，是轻钢结构房屋应用较多的一种结构形式。实腹式刚架的横截面一般为工字形；格构式的横截面为矩形或三角形。按结构选材分，有普通型钢、薄壁型钢、钢管、钢板焊接工字钢或高频焊接 H 型钢。按几何形状分，有双坡门架、单坡门架、折线形门架。按支承情况分，有铰接柱脚刚架和刚接柱脚刚架。

（1）实腹式门式刚架，适用于荷载小，跨度为 9～36m，柱高为 4.5～9.0m，无吊车或吊车起重量较小的钢结构房屋。当跨度不超过 15m，柱高不超过 6m，以及按塑性机理设计时，宜采用等截面；当跨度大于 15m，柱高 7m 以上或有吊车时，要用变截面。变截面也给构造连接及加工制造带来不便，但综合经济效益非常明显。

实腹门式刚架的梁、柱截面主要是工字形截面，有热轧工字型钢、H 型钢和用 3 块钢板焊成的组合工字钢。截面形式简单，受力性能好，在工程中应用广泛。焊接工字钢相对说要节约钢材。当跨度大时，工字钢截面的高度可以改变。多跨刚架的某些中柱可用冷弯薄壁方管。焊接工字型刚架梁高取跨度的 1/30～1/45，屋面坡度取 1/8～1/20。

（2）格构式门式刚架，通常用于荷载、跨度、柱高均较大的房屋，如跨度大于 18m，柱高 7m 以上，柱距大于 6m，或有吊车的房屋。当刚架内力较小时，宜采用等截面，其截面为单腹杆或双腹杆的矩形以及三腹杆的三角形。当刚架内力较大时，宜采用变截面。格构刚架的材料选择和截面组成比较灵活，组成形式可以因材制宜。材料可以用普通角钢、槽钢、冷弯薄壁槽钢、方钢管和无缝钢管。格构式刚架梁高取跨度的 1/15～1/25，屋面坡度取 1/8～1/20。

3. 屋架

轻型屋架主要有三角形屋架、三铰屋架和棱形屋架。受拉杆件多用圆钢，压杆可用小角钢和冷弯薄壁杆件。用钢量仅有 3～7kg/m^2，但节点多，制作工作量大。

4. 网架

钢网架屋盖是一种空间结构体系，整体性好，刚度大。它不仅适用于大型的公共建筑，同样也适用于中小跨度的轻型屋盖和一些特殊形体的建筑物。

5. 支撑

轻型钢结构厂房的支撑，宜采用张紧的十字交叉圆钢组成，用特制的连接件与梁柱腹板连接。连接件应适用不同的夹角。圆钢端部应有丝扣，或在中部设花篮螺丝，校正定位后将拉条张紧固定。

支撑的间距根据安装条件或荷载情况确定，一般取 30～40m，不大于 60m。且在每个温度区段或分期建设的区段中，应分别设置独立构成空间稳定结构的支撑体系。

二、轻型钢结构厂房的设计原则

轻型钢结构厂房必须满足生产工艺及使用功能要求，保证结构的安全性、适用性、技术的先进性、构造的合理性，同时还应考虑地质、气象、地形等自然条件的影响。满足上述要求的条件下，尽量降低造价，便于施工安装。

（一）轻型钢结构房屋设计要求

1. 工艺及使用要求

工业建筑要满足生产工艺要求，方便设备的正常运行使用。布置柱网和支撑时应留出必要的净空。同时应注意美观，方便使用。通风、采光、排水、消防等方面的要求也对结构布置有影响。

2. 技术要求

结构布置合理，节点构造简单，计算模型准确。结构体系应是稳定体系，设置必要的支撑系统，保证结构安装和使用阶段的可靠性。保证钢材的各项指标，选择合适可靠的连接方法，明确螺栓、焊条的型号，防护做法要满足防火、防腐、耐久等要求。

3. 经济要求

要选择经济合理的结构方案，要用料少，制造安装方便，工期短，降低使用阶段的维护费用。

（二）轻型钢结构厂房设计的内容

（1）平面设计，即布置柱网和变形缝；

（2）选择主要承重构件的形式和尺寸；

（3）布置屋盖结构；

（4）布置吊车梁；

（5）布置墙架；

（6）荷载统计、内力计算；

（7）构件、连接节点设计；

（8）绘制施工图。

三、轻型钢结构厂房的围护结构

轻型钢结构房屋应用最多的墙面与屋面材料是彩色压型钢板或太空板（由水泥发泡芯材及水泥面层组成的轻板），需要保温时，可采用夹层保温墙板或顶板。保温可用聚苯板、矿棉、玻璃棉等。

临时性建筑围护材料可以采用瓦楞铁、石棉瓦、玻璃钢瓦；透光屋顶可以用采光板等材料。以下主要介绍彩色压型钢板墙面、屋面。

（一）彩色涂层压型钢板

轻型彩钢板屋面、墙面可分为两大类，第一类为松散型组合体系，由外到内依次为外层、压型钢板、玻璃棉毡、铝箔布、檩条、内层压型钢板，其中内层可有可无，视装饰要求定。第二类为复合板体系，即将金属复合板直接固定到檩条上。复合板是用彩色涂层钢板做面层，泡沫材料做夹芯材料，通过特定的生产工艺复合而成的隔热保温夹芯板。芯材又分为聚氨酯和聚苯乙烯泡沫两种。彩色涂层钢板的强度高，防水，耐腐蚀，色泽鲜艳；而泡沫质量轻，保温性极佳，又可承受一定的剪力。它可以按建筑师的意图创造各种形体的建筑。选择夹芯板厚度时，应满足隔热、保温、承重、隔声等功能要求。

1. 夹芯板的热工性能

EPS 的隔热夹芯板是五层复合材料，即钢板—胶—聚苯板—胶—钢板，其各层的厚度比为0.5∶0.3∶100（取常用的厚度）∶0.3∶0.5。其中钢材的导热系数（λ）很大，达58.2W/(m·K)，热阻值为1.7×10^{-5}m·K/W，数值极小。胶的导热系数虽小，但厚度仅为聚苯板的0.6%。所以在考虑夹芯板本身的热阻值时，只计聚苯板。但聚苯板的容重不同，其热阻值也有差异。夹芯板所用聚苯板容重一般在16kg/m^{3}到20kg/m^3，λ值为0.034~0.037W/(m·K)。100mm厚度的热阻值为2.94。根据国家《民用建筑热工设计规范》（GB 50176—93）的规定，对于密度小于300kg/m^{3}的轻质复合墙板，在间歇供暖时附加60%~80%，100mm厚夹芯板的热阻值相应折减到1.84m·K/W，其保温效果远远超过49墙。

虽然夹芯板的热阻值比其他材料优越，但由于容重太小，稳定性差，蓄热系数很小，所以采用这种材料时不宜间歇供暖。

根据热工计算，选定外墙板厚度，以此厚度再加25mm作为屋面板厚度。因为屋面板直接在太阳光的照射下，工作条件差，且对每个房间而言，受热和散热面最大。尽管增加了厚度，但因只是泡沫板的增加，费用增加不大。墙板厚度一般不小于75mm，屋面板厚度不小于100mm。

2. 夹芯板的隔声性能

从隔声原理看，轻结构比重结构的隔声能力差，这是轻型围护结构的通病，也是随着轻型围护结构发展亟待研究的问题。对100mm厚夹芯板进行隔声试验，其隔声能力为19dB，隔声能力较差。当需要提高隔声能力时，要采取其他辅助措施，如双层墙中间填充松散吸声材料，加强拼装缝隙的密封等。

3. 夹芯板材的防火性能

夹芯板是由两层非燃烧材料（钢板）中间以难燃烧材构成。自熄聚苯乙烯泡沫板燃烧性能的氧指数值达到32以上。在做屋面和墙面时，表面钢板与内承重结构由螺栓、自攻螺丝或铆钉连接起来，整个屋面或墙面是由金属板或金属配件与外界隔开的，聚苯乙烯不得外露。

选择玻璃棉厚度时，也应满足隔热、保温、隔声要求。玻璃棉多以容重划分等级，在轻钢结构房屋中用容重16kg/m^3，厚度有50mm、75mm、100mm等。

铝箔布是一个包装和密封材料，保温效果与铝箔布的铺贴质量有较大的关系。所以铝箔布要铺贴均匀平整，边缝要用铝箔布胶带粘牢，防止水蒸气进入玻璃棉。

彩色压型钢板多是用拉铆钉或自攻螺丝固定到墙檩或屋面檩上。檩距即为钢板的跨度，可以依此跨度和建设地点的雨、雪、风荷载等条件，选择钢板的厚度或波峰的形式。

（二）彩色涂层压型钢板屋面、墙面构造

压型钢板屋面和墙面构造，主要解决的问题是：固定点要牢靠，联接点要密封，门窗洞口要做防排水处理。较合理的构造设计固然重要，同时高质量的施工也非常重要。屋面板、墙面板安装质量是决定轻钢结构房屋使用效果的重要环节。

墙板构造如图2-3-73所示；墙板转角构造如图2-3-74所示；包角、堵板、墙角构造如图2-3-75所示；窗洞口构造如图2-3-76所示；屋脊构造、顶板搭接如图2-3-77所示；混合墙泛水如图2-3-78所示；山墙泛水、单坡屋脊泛水如图2-3-79所示；挑檐檐口如图2-3-80所示；自由排水檐口如图2-3-81所示；天沟排水檐口如图2-3-82所示；管道出屋面如图2-3-83所示。

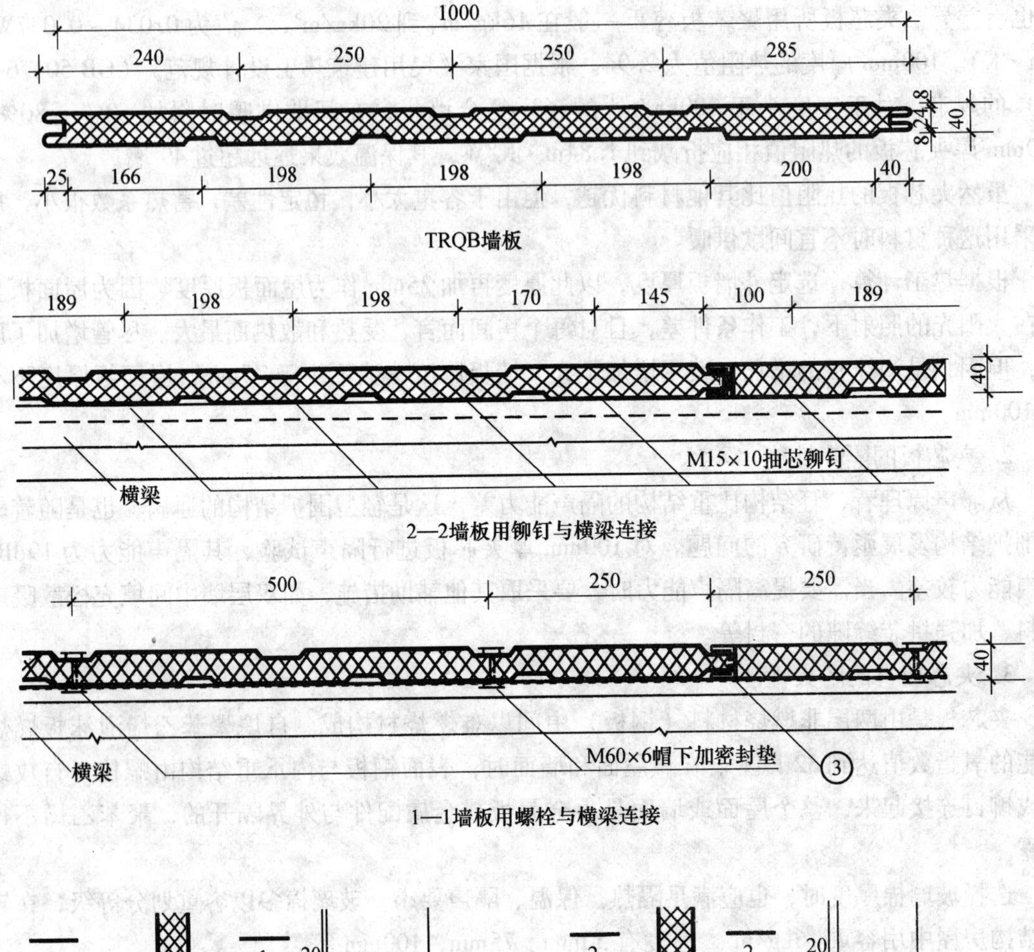

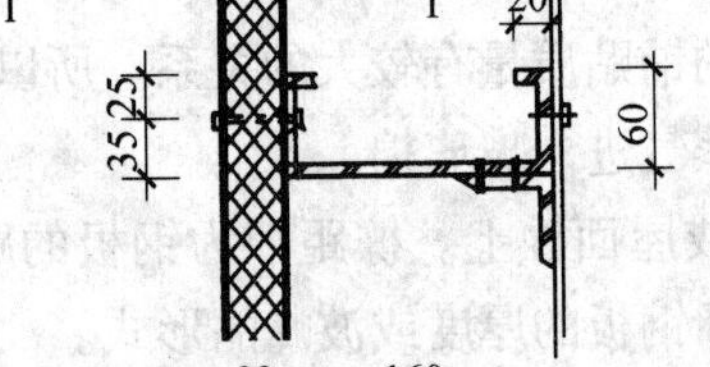

说明：

1.铆钉均为通用抽芯铆钉。凡缝隙均用密封胶填实；

2.夹芯墙板外层用0.5厚彩色涂层钢板；

3.夹芯墙板内用聚苯乙烯泡沫，厚40、60、80。

图 2-3-73　墙板构造

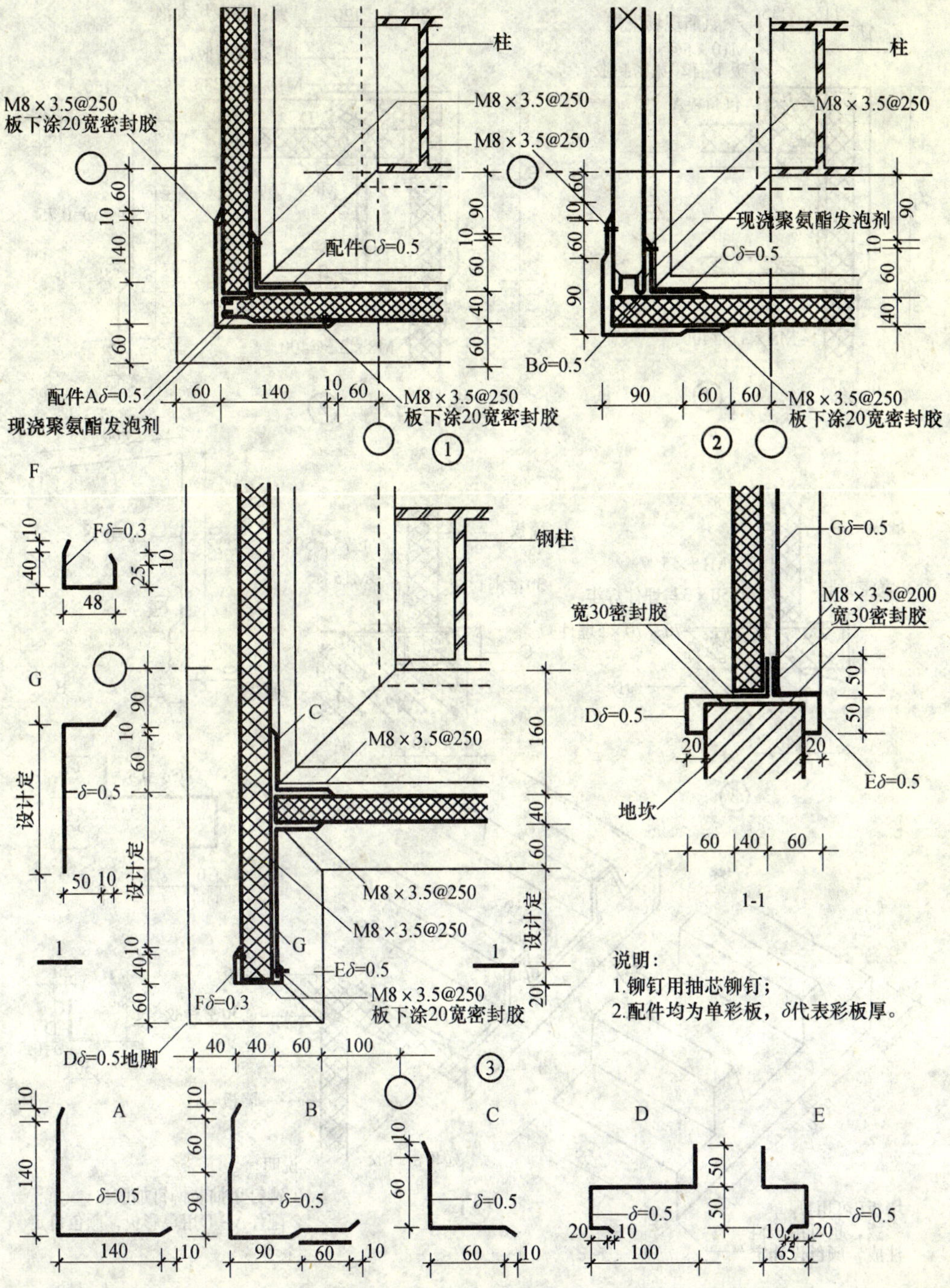

图 2-3-74　墙板转角构造

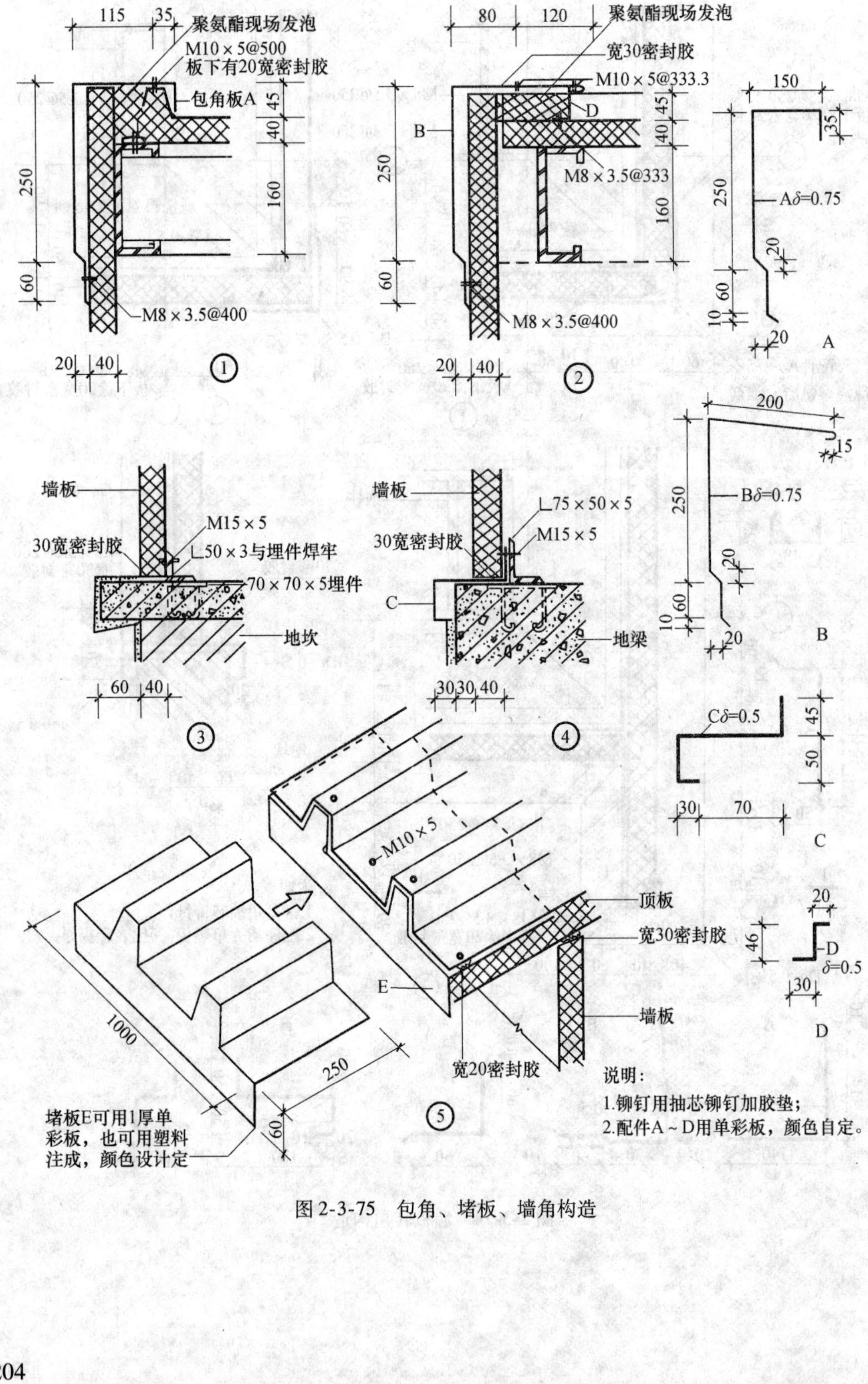

图 2-3-75　包角、堵板、墙角构造

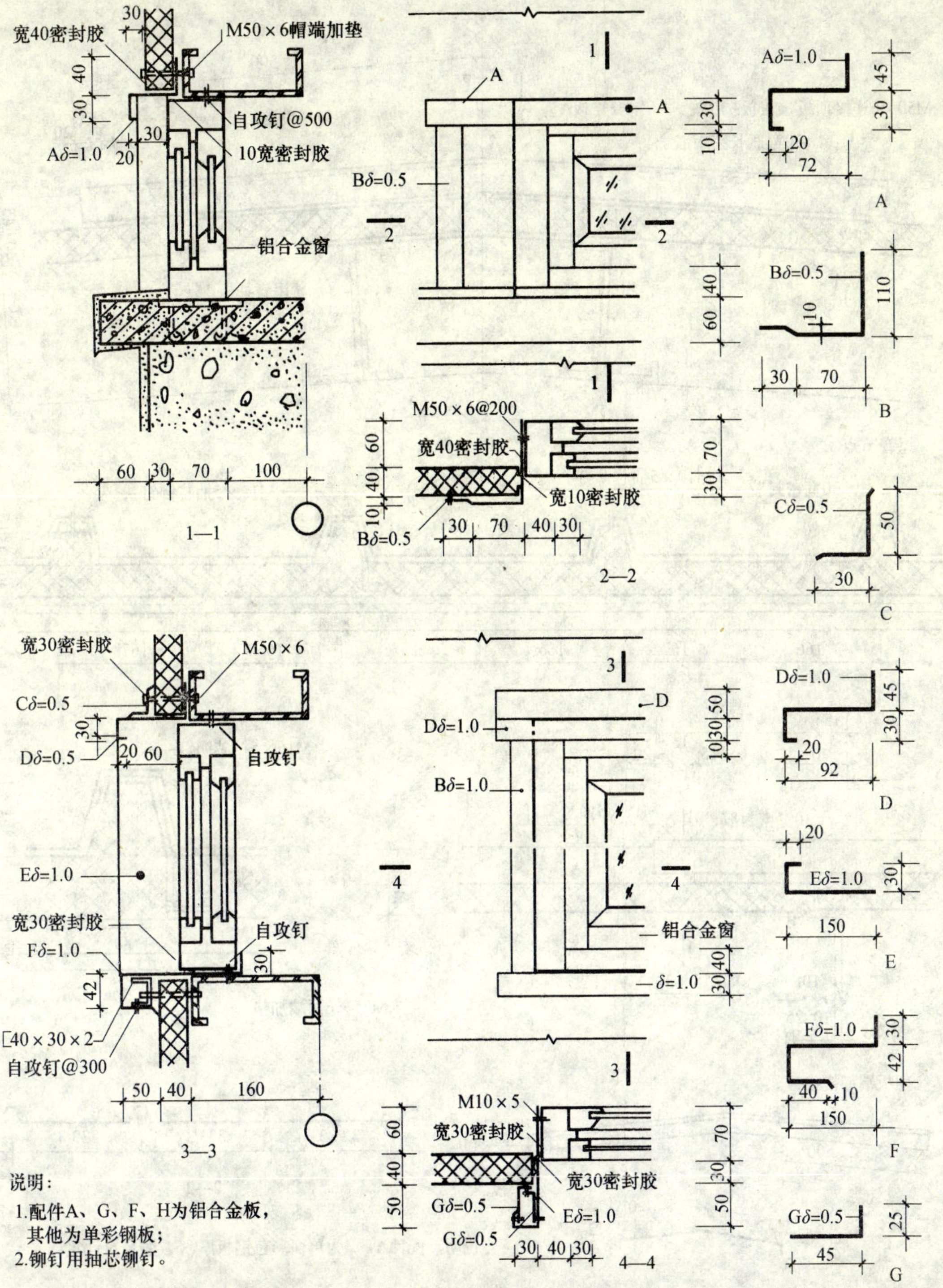

说明：

1.配件A、G、F、H为铝合金板，其他为单彩钢板；

2.铆钉用抽芯铆钉。

图 2-3-76　窗洞口构造

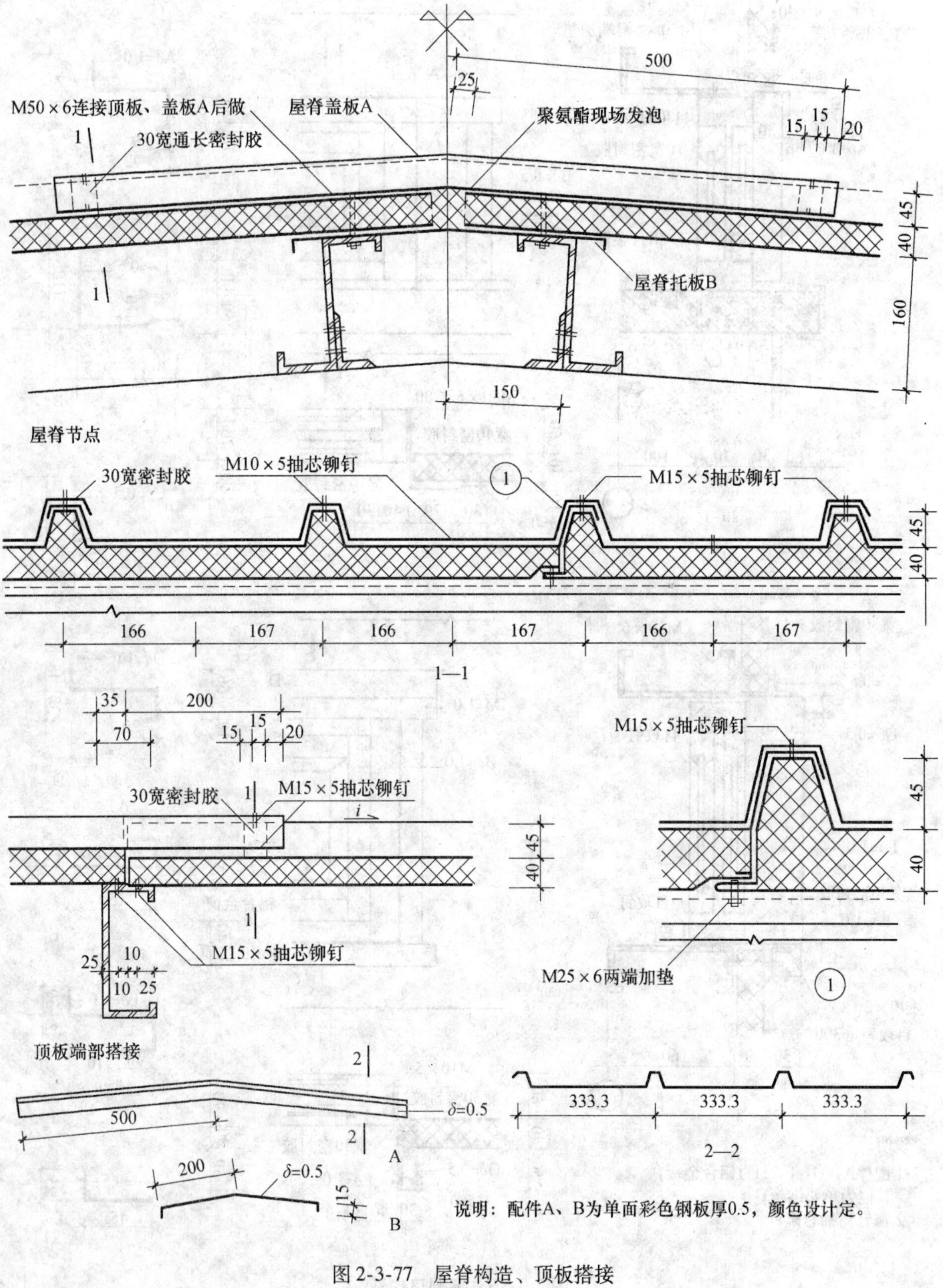

说明：配件A、B为单面彩色钢板厚0.5，颜色设计定。

图 2-3-77　屋脊构造、顶板搭接

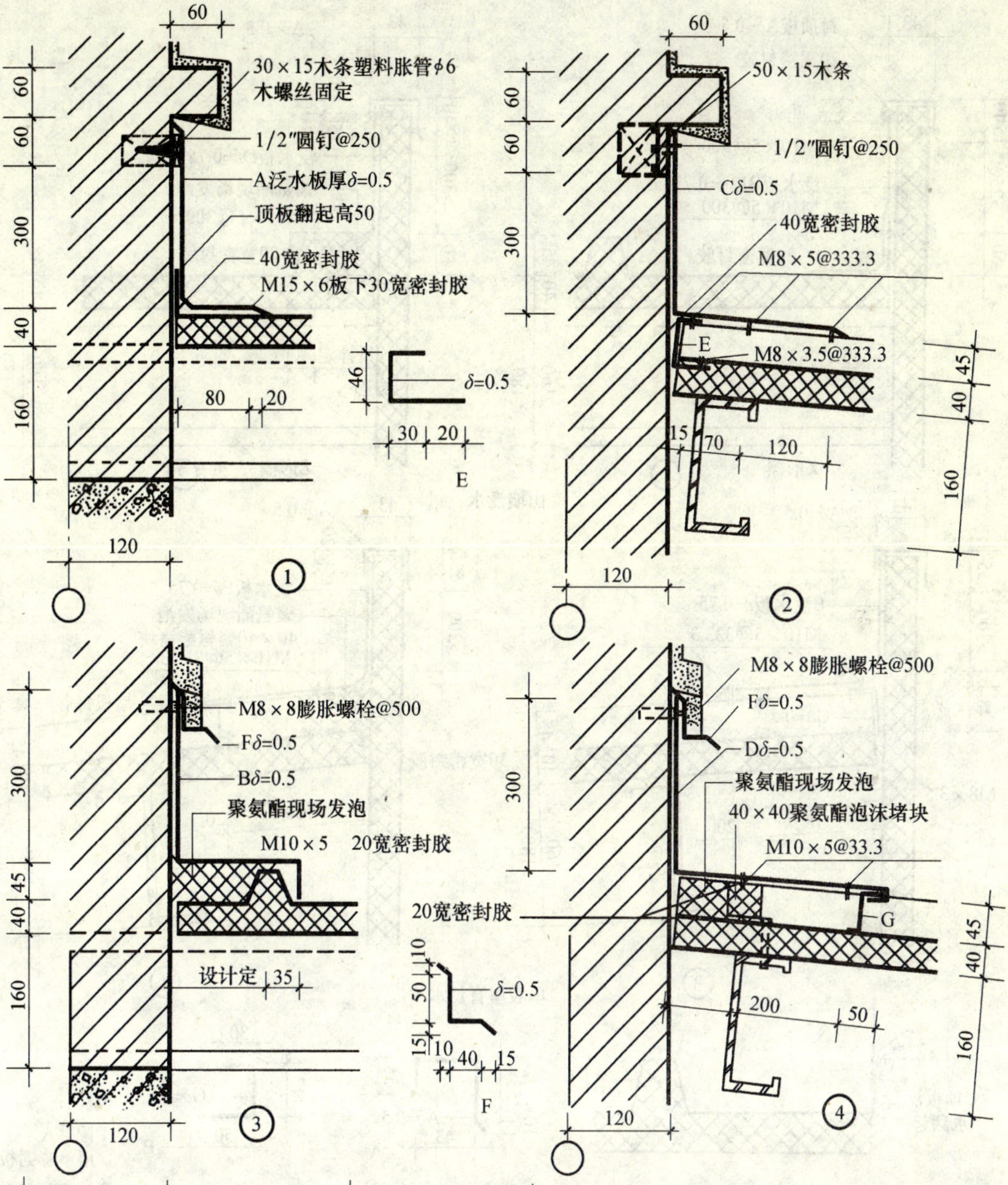

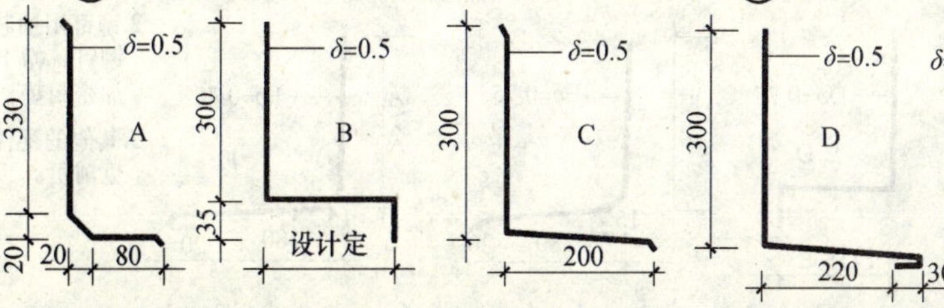

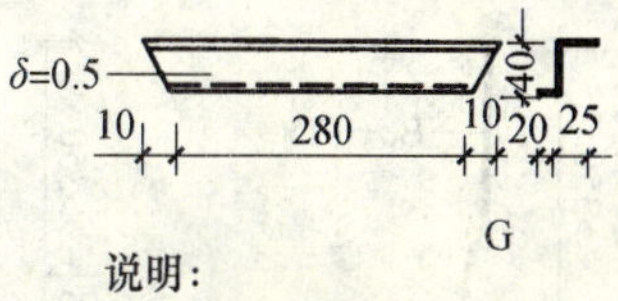

说明：

1.铆钉用抽芯铆钉；

2.混合墙材料设计定。

图 2-3-78 混合墙泛水

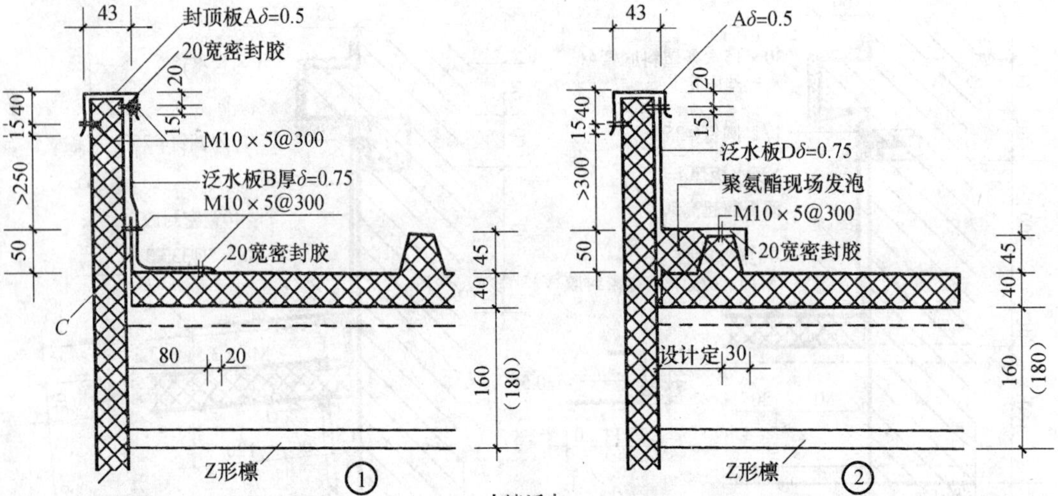

山墙泛水

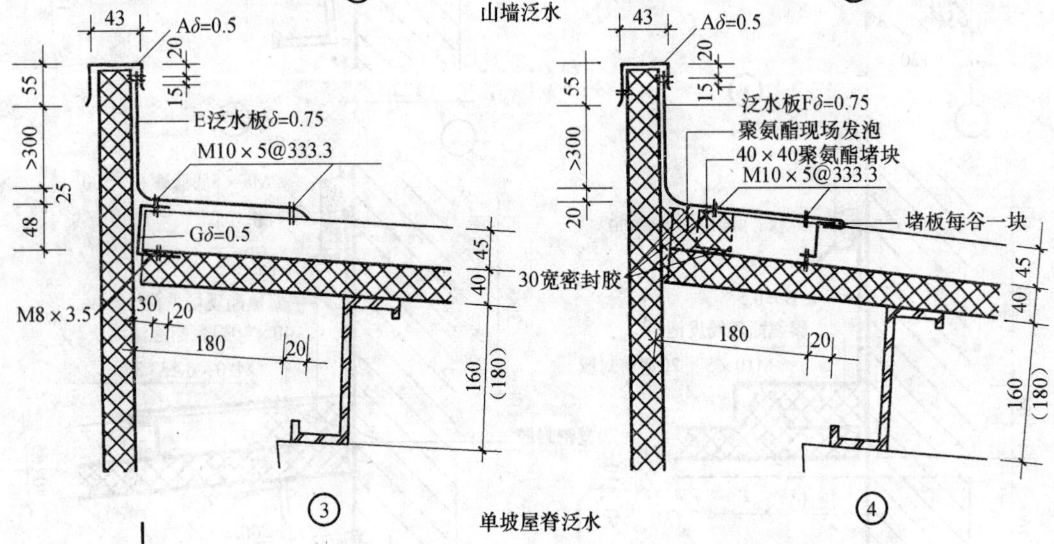

单坡屋脊泛水

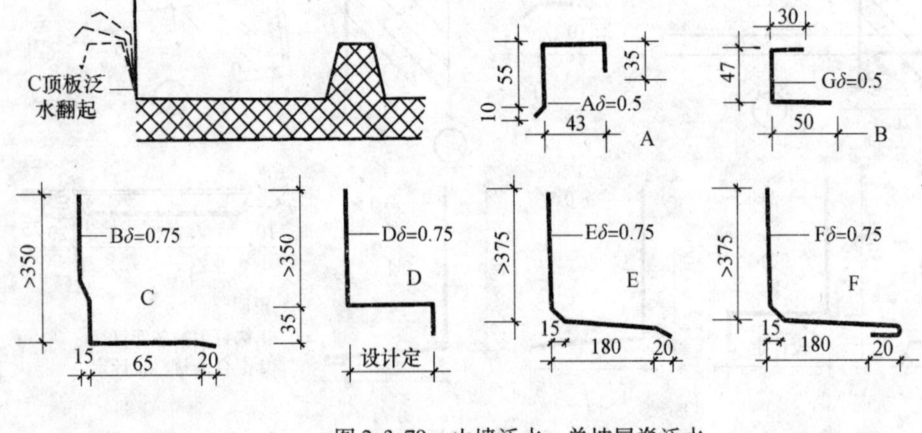

说明：

1.配件A ~ G用单彩钢板；

2.铆钉用抽芯铆钉，帽下加密封垫；

3.其他的配件见前页。

图 2-3-79　山墙泛水、单坡屋脊泛水

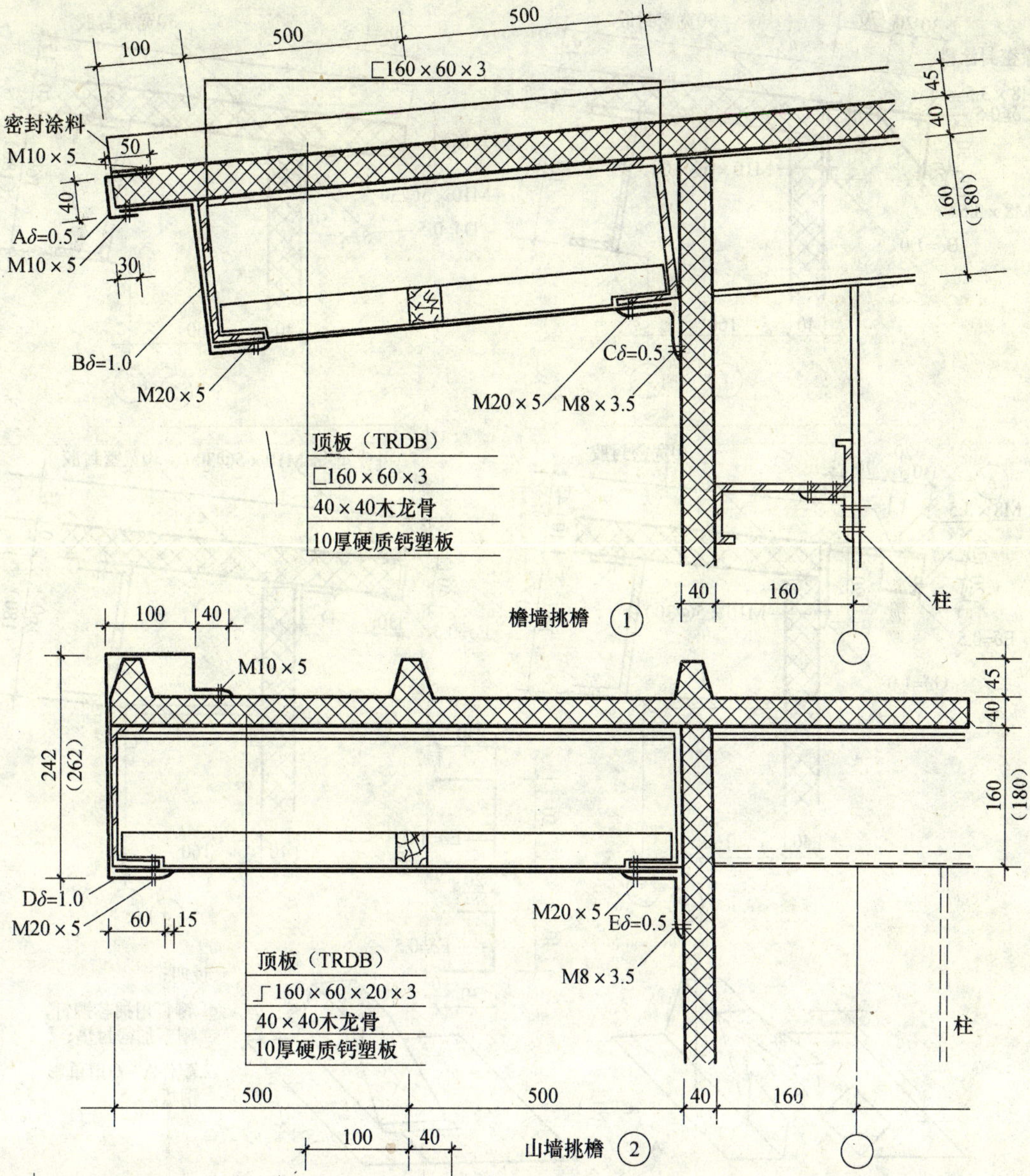

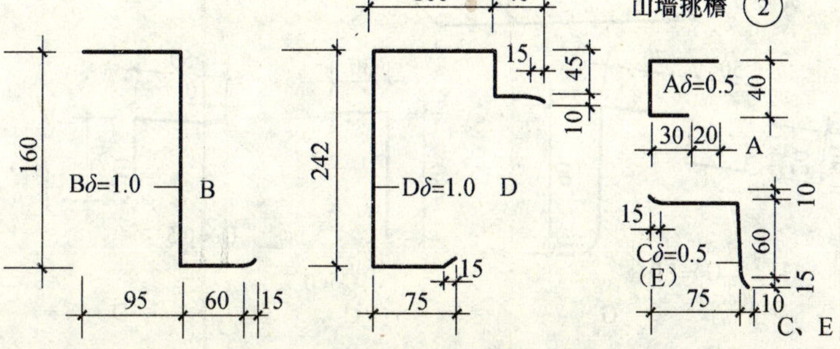

说明：

1.配件A～E为单面彩色钢板，颜色设计定；

2.E与C的制造尺寸相同，E为直角C为锐角；

3.铆钉用抽芯铆钉。

图2-3-80　挑檐檐口

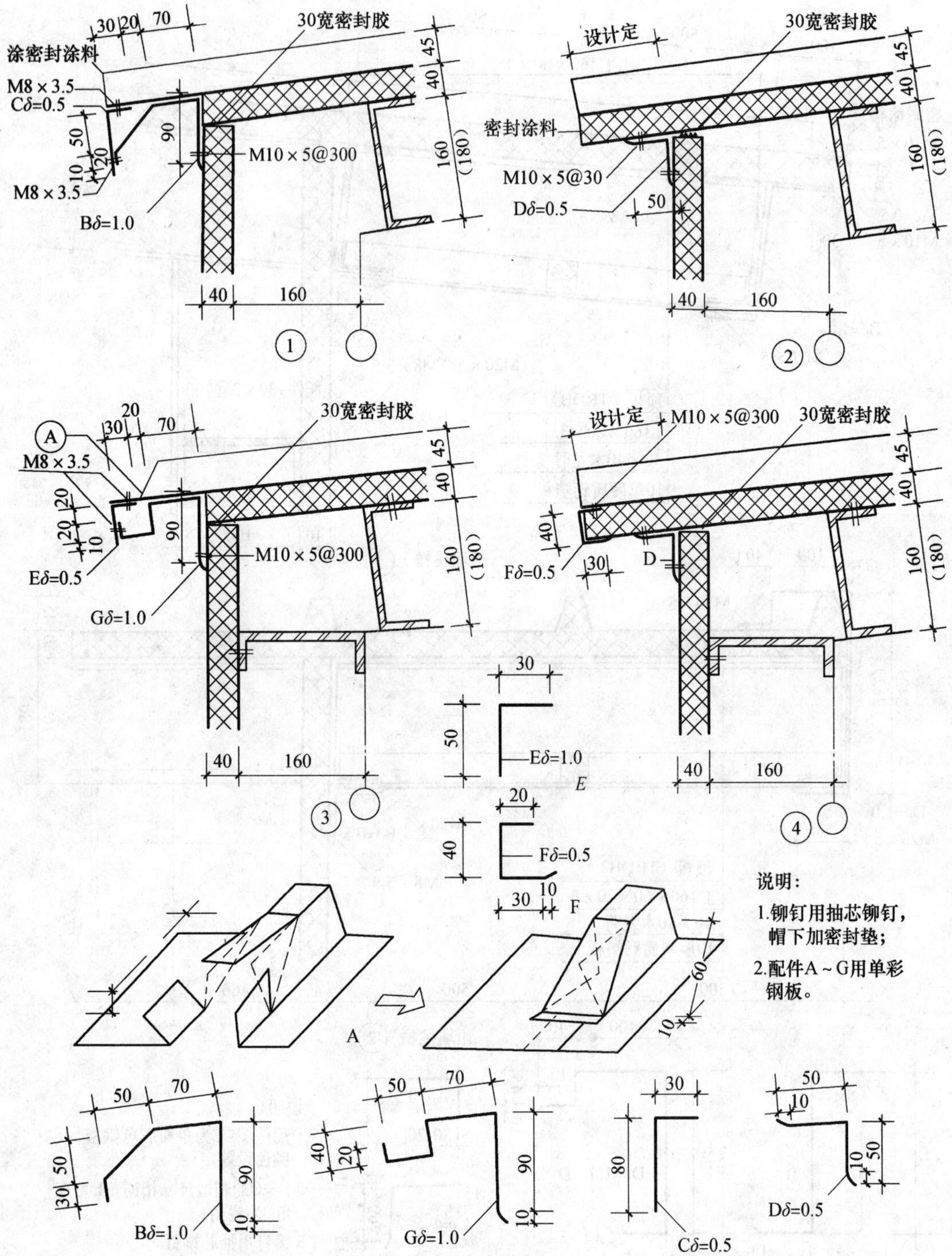

说明：

1.铆钉用抽芯铆钉，帽下加密封垫；

2.配件A ~ G用单彩钢板。

图 2-3-81　自由排水檐口

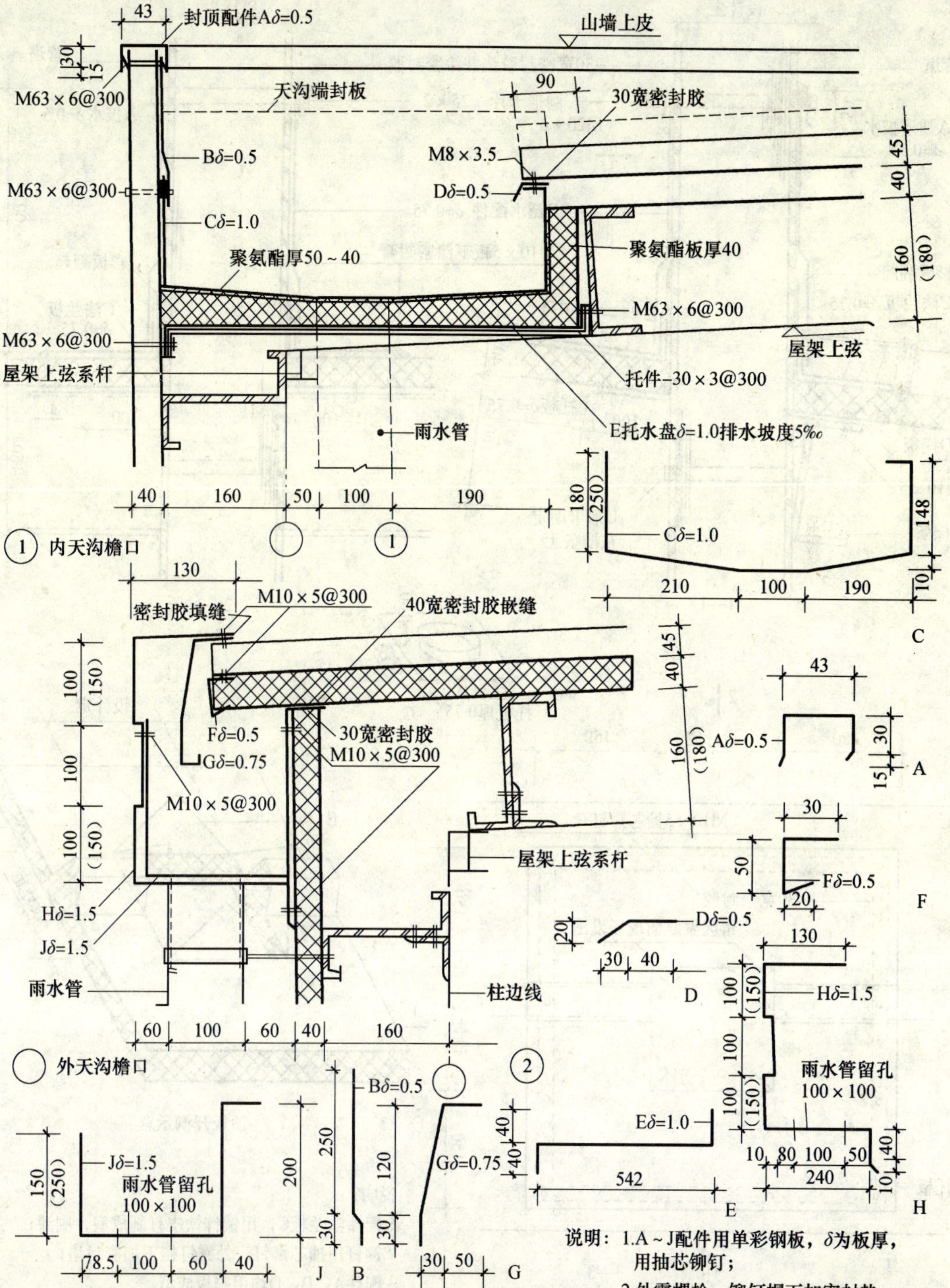

说明：1.A～J配件用单彩钢板，δ为板厚，用抽芯铆钉；

2.外露螺栓，铆钉帽下加密封垫。

图 2-3-82　天沟排水檐口

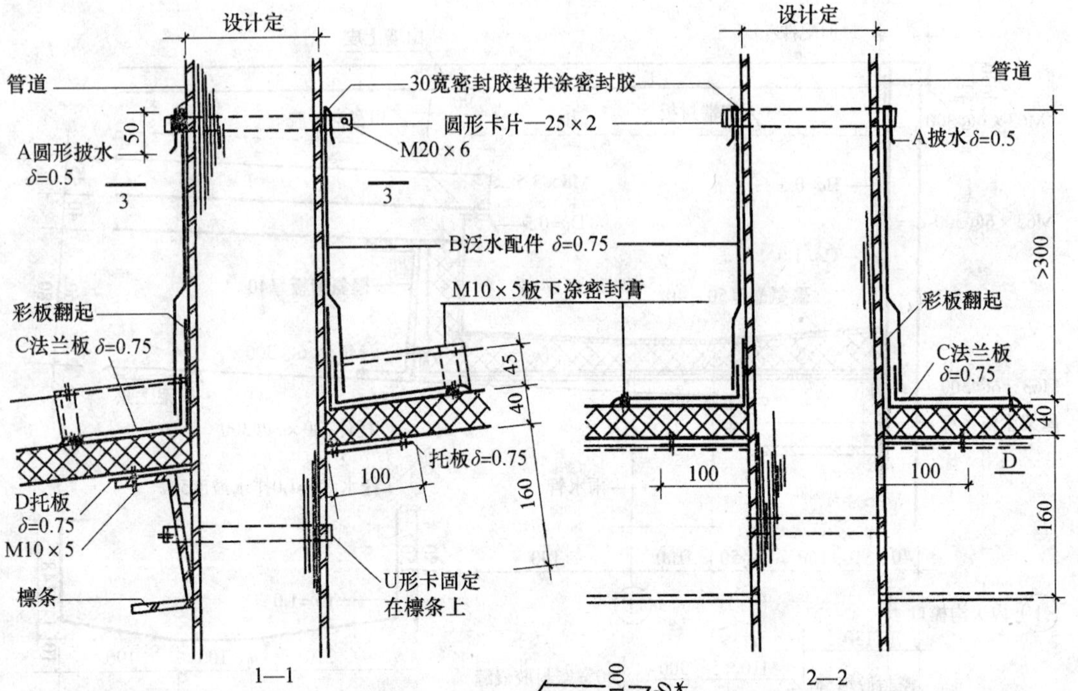

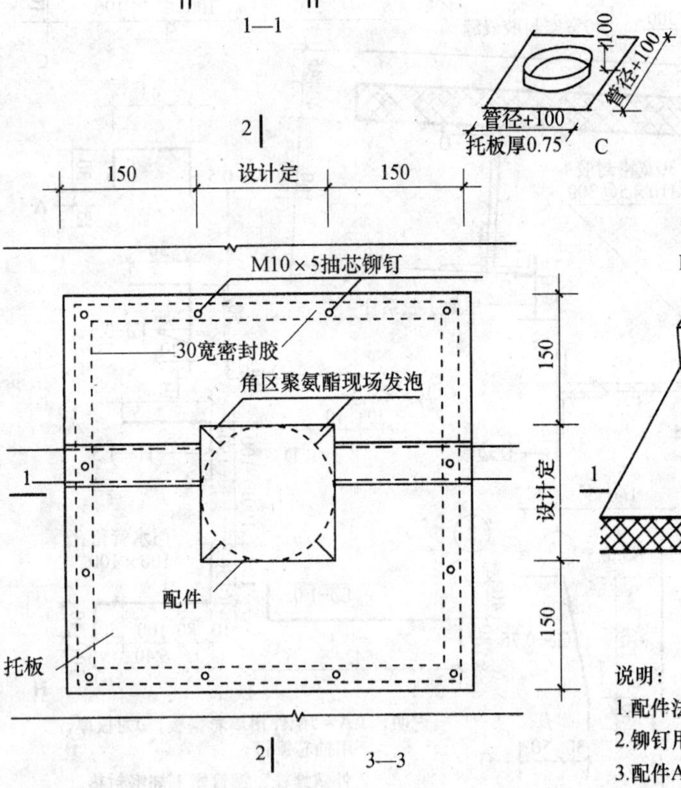

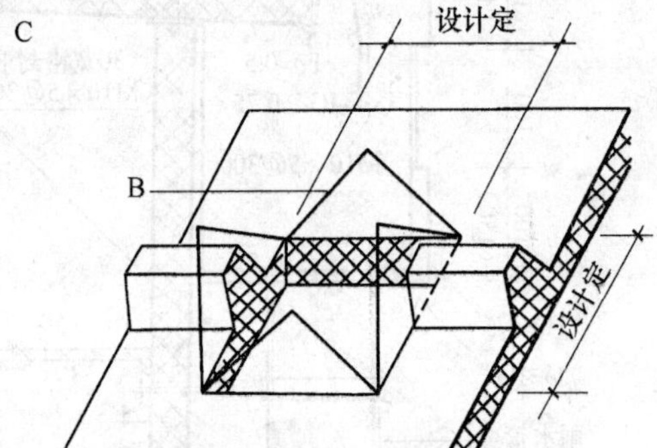

说明：

1.配件法兰板C，用镀锌铁皮打制成型，刷漆；

2.铆钉用抽芯铆钉，外露钉帽下加密封垫；

3.配件A、B、D均用彩板成型。

图 2-3-83　管道出屋面

四、轻型钢结构厂房的涂装

钢结构的缺点是耐腐蚀性差，耐热不耐火。但是随着科技的进步，钢结构经过涂装之后，完全可以达到相应的耐久性要求和防火要求。

（一）钢结构防腐

1. 防护层分类

采用防护层防止金属腐蚀是目前应用最多的方法。常用的保护层有以下几种：

（1）金属保护层。金属保护层是用具有阴极或阳极保护作用的金属或合金，通过电镀、喷镀、化学镀、热镀和渗镀等方法，在需要防护的金属表面上形成金属保护层（膜）来隔离金属与腐蚀。如镀锌钢材，锌在腐蚀介质中因它的电位较低，可以作为腐蚀的阳极而牺牲，铁则作为阴极而得到了保护。金属镀层多用在轻工、仪表等制造行业上，钢管和薄铁也常用镀锌的方法。

（2）化学保护层。化学保护层是用化学或电化学方法，使金属表面上生成一种具有耐腐蚀性能的化合物薄膜，以隔离腐蚀介质与金属接触，从而防止对金属的腐蚀。如钢铁的氧化、铝的电化学氧化以及钢铁的磷化或钝化等。

（3）非金属保护层。非金属保护层是用涂料、塑料和搪瓷等材料通过涂刷和喷涂等方法，在金属表面形成保护膜，使金属与腐蚀介质隔离，从而防止金属的腐蚀。如钢结构、设备、桥梁、交通工具和管道等的涂装都是利用涂层来防止腐蚀的，目前国内外基本采用涂装方法进行防护。

涂装方法选取主要包括：钢材表面除锈方法的选择和除锈质量等级的确定、涂料品种的选择、涂层结构和涂层厚度的设计。涂装过程中各因素对涂层质量的影响如表 2-3-1 所示。

涂装各因素对涂层质量的影响　　表 2-3-1

因　素	影响程度（%）
表面处理（除锈质量）	49.5
涂层厚度（涂装道数）	19.1
涂料品种	4.9
其他（施工与管理等）	26.5

2. 锈蚀等级

（1）钢材表面分 A、B、C、D 四个锈蚀等级，除文字叙述外，还有 4 张锈蚀等级的典型照片，以共同确定锈蚀等级。

（2）钢材表面锈蚀等级，其文字部分叙述如下：

A 级——全面地覆盖着氧化皮而几乎没有铁锈的钢材表面；

B 级——已发生锈蚀，并且部分氧化皮已经剥落的钢材表面；

C 级——氧化皮剥落或可以刮除，有少量点蚀的钢材表面；

D 级——氧化皮已因锈蚀而全面剥离，并且已普遍发生点蚀的钢材表面。

3. 喷射或抛射除锈等级

(1) 喷射或抛射除锈分四个等级，除文字叙述外，还有 14 张除锈等级标准照片，以共同确定除锈等级。除锈等级以字母 Sa 表示。分别为 Sa1、Sa2、Sa2. 5、Sa3。

(2) 钢材表面除锈前，应清除厚的锈层、油脂和污垢；除锈后应清除钢材表面上的浮灰和碎屑。

喷射或抛射除锈等级，其文字部分叙述如下：

Sa1——轻度喷射或抛射除锈。钢材表面应无可见的油脂或污垢，并且没有附着不牢的氧化皮、铁锈和油漆涂层等附着物。附着物是指焊渣、焊接飞溅物和可溶性盐等。附着不牢是指氧化皮、铁锈和油漆涂层等能以金属腻子刀从钢材表面剥离掉，即可视为附着不牢。

Sa2——彻底喷射或抛射除锈。钢材表面无可见的油脂、污垢，氧化皮、铁锈等附着物已基本清除，其残留物应是牢固附着的。

Sa2. 5——非常彻底喷射或抛射除锈。钢材表面无可见油脂、污垢、氧化皮、铁锈和油漆涂层等附着物，任何残留的痕迹仅是点状或条纹状的轻微色斑。

Sa3——使钢材表观洁净的喷射或抛射除锈。钢材表面无可见的油脂、污垢、铁锈和油漆涂层等附着物，该表面应显示均匀的金属光泽。

4. 手工和动力工具除锈等级

(1) 手工和动力工具除锈，可以采用铲刀、手锤或动力钢丝刷、动力砂纸盘或砂轮等，以字母“St”表示。

(2) 钢材表面除锈前，应清除厚的锈层、油脂和污垢。除锈后应清除钢材表面上的浮灰和碎屑。

手工和动力工具除锈等级，其文字部分叙述如下：

St2——彻底手工和动力工具除锈。钢材表面应无可见的油脂和污垢，并且没有附着不牢的氧化皮、铁锈和油漆涂层等附着物。

St3——非常彻底手工和动力工具除锈。钢材表面应无可见的油脂和污垢，并且没有附着不牢的氧化皮、铁锈和油漆涂层等附着物。除锈应比 St2 更为彻底，底材显露部分的表面应具有金属光泽。

5. 火焰除锈等级

(1) 火焰除锈以字母“F1”表示。

(2) 钢材表面除锈前，应清除厚的锈层。火焰除锈应包括在火焰加热作业后，以动力钢丝刷清除加热后附着在钢材表面的产物。

火焰除锈等级，其文字叙述如下：

F1——火焰除锈。钢材表面应无氧化皮、铁锈和油漆层等附着物，任何残留的痕迹应仅为表面变色（不同颜色的暗影）。

6. 钢材表面锈蚀等级和除锈等级的目视评定

(1) 评定钢材表面锈蚀等级和除锈等级应在良好的散射日光下，或在照度相当的人工照明条件下进行。检查人员应具有正常的视力。

（2）待检查的钢材表面应与相应的照片进行目视比较。照片应靠近钢材表面。

（3）评定锈蚀等级时，以相应锈蚀较严重的等级照片所标示的锈蚀等级作为评定结果；评定除锈等级时，以与钢材表面外观最接近的照片所示的除锈作为评定结果。

7. 涂料品种的选择

涂料经施工后，在钢材表面上形成涂层，隔离腐蚀介质对钢材的腐蚀。但隔离的程度，即防护效果，因选用涂料品种的不同而不同。涂料选用正确，涂层具有较长时期的防护作用和较高的防护效果；选用不当，则防护作用时间短和防护效果低。因此，进行涂装设计时，正确选择涂料品种是保证涂层防护效果的关键因素。涂料品种的选择取决于对涂料性能的了解程度、预测环境对钢结构及其涂层的腐蚀情况以及经济条件。

（1）掌握各种涂料的性能。涂料种类很多，性能各异。进行涂装设计时，如何选用适合各种具体腐蚀条件的涂料，首先应了解和掌握各类涂料的基本特征和适用条件，才能大致地确定选用哪一类涂料。每一类涂料都有许多品种，而每一品种的性能又各不相同，所以必须了解每一品种的性能之后才能作出较正确的选择。

（2）各种大气与相适应的涂料种类。涂装的钢结构在使用过程中，除受大气腐蚀（温度、湿度的影响）外，更主要受环境空气（含腐蚀介质的影响）和条件（温度、湿度的影响）的腐蚀。但由于涂料的性能不同，适于各类大气腐蚀的程度也不相同。各种大气与相适应的涂料种类如表 2-3-2 所示。

各种大气与相适应的涂料种类 **表 2-3-2**

油漆类型	城镇大气	工业大气	化工大气	海洋大气	高温大气
酚醛漆	△				
醇酸漆	√	√			
沥青漆			√		
环氧树脂漆			√	△	△
过氯乙烯漆				△	
丙烯酸漆			√	√	
聚氨酯漆			√	√	△
氯化橡胶漆			√	△	
氯磺化聚乙烯漆			√	√	
有机硅漆			√		√

注：√—可用；△—尚可用。

（3）各种涂料与相适应的除锈等级。涂料的各程序是相互制约的，各种涂料与相适应的除锈等级如表 2-3-3 所示。

各种底漆与相适应的除锈等级　　表 2-3-3

各种底漆	喷射或抛射除锈			手工除锈		酸洗除锈
	Sa3	Sa $2\frac{1}{2}$	Sa2	St3	St2	Sp-8
油基漆	—	1	1	2	3	1
酚醛漆	—	1	1	3	3	1
醇酸漆	—	1	1	2	3	1
磷化底漆	—	1	1	2	4	1
沥青漆	—	1	1	2	3	1
聚氨酯漆	—	1	2	3	4	2
氯化橡胶漆	—	1	2	3	4	2
氯磺化聚乙烯漆	—	1	2	3	4	2
环氧漆	—	1	1	2	3	1
环氧煤焦油	—	1	1	2	3	1
有机富锌漆	—	1	2	3	4	3
无机富锌漆	1	1	2	4	4	4
有机硅漆	1	2	3	4	4	2

注：1—好；2—较好；3—可用；4—不可用。

8. 涂层结构和涂层厚度

(1) 涂层结构

1) 涂层结构形式

①底漆—中间漆—面漆，如红丹醇酸防锈漆—云铁醇酸中间漆—醇酸磁漆。

特点：底漆附着力强、防锈性能好；中间漆兼有底漆和面漆的性能，是理想的过渡漆，特别是厚浆型的中间漆，可增加涂层厚度；面漆防腐、耐候性好。底、中、面结构形式，既发挥了各层的作用，又增强了综合作用。这种形式为目前国内外采用较多的涂层结构形式。

②底漆—面漆，如铁红酚醛底漆—酚醛磁漆。

特点：只发挥了底漆和面漆的作用，明显不如上一种形式。这是我国以前常采用的形式。

③底漆和面漆是一种漆，如有机硅漆。

特点：有机硅漆多用于高温环境，因没有有机硅底漆，只好把面漆也作为底漆用。

2) 涂层的配套性

①在进行涂装设计时，必须考虑各层作用的配套性。由于底漆、中间漆和面漆的性能不同，在整个涂层中的作用也不同。底漆主要起附着和防锈的作用，面漆主要起防腐蚀作用，中间漆的作用介于两者之间。所以底漆、中间漆和面漆都不能单独使用，只有配套使用，才能发挥最好的作用和获得最好的效果。

②要考虑各层涂料性能的配套性。由于各种涂料的溶剂不相同，选用各层涂料时，如配套不当，就容易发生互溶或“咬底”的现象。如选用油基性的底漆，配用含有强溶剂的中间漆或面漆，就有可能产生渗色或咬起底漆现象。

③注意各层烘干方式的配套性。面漆的硬度应与底漆基本一致或略低些，如硬度较高的短油度合成树脂面漆涂在硬度较低的油性底漆上，则容易引起面漆的早期裂开。

④注意各层烘干方式的配套，在涂装烘干型涂料时，底漆的烘干温度（或耐温性）应高于或接近面漆的烘干温度，反之易产生涂层过烘干现象。

（2）涂层厚度

钢结构涂装设计的重要内容之一是确定涂层厚度，涂层厚度的确定，应考虑以下因素：

1）钢材表面原始状况；

2）钢材除锈后的表面粗糙度；

3）选用的涂料品种；

4）钢结构使用环境对涂料的腐蚀程度；

5）预想的维护周期和涂装维护的条件。

涂层厚度，一般是由基本涂层厚度、防护涂层厚度和附加涂层厚度组成。

基本涂层厚度，是指涂料在钢材表面上形成均匀、致密、连续漆膜所需的最薄厚度（包括填平粗糙度波峰所需的厚度）。

防护涂层厚度，是指涂层在使用环境中，在维护周期内受到腐蚀、粉化、磨损等所需的厚度。

附加涂层厚度，是指因以后涂装维修困难和留有安全系数所需的厚度。

涂层厚度根据需要来确定，过厚虽然可增强防腐力，但附着力和机械性能都要降低；过薄易产生肉眼看不到的针孔和其他缺陷，起不到隔离环境的作用。钢结构涂装涂层厚度可参考表 2-3-4 确定。

钢结构涂装涂层厚度（μm） **表 2-3-4**

油漆类型	基本涂层和防护涂层					附加涂层
	城镇大气	工业大气	化工大气	海洋大气	高温大气	
醇酸漆	100～150	125～175				25～50
沥青漆			150～210	180～240		30～60
环氧漆			150～200	75～225	150～200	25～50
过氯乙烯漆			160～200			20～40
丙烯酸漆		100～140	120～160	140～180		20～40
聚氨酯漆		100～140	120～160	140～180		20～40
氯化橡胶漆		120～160	140～180	160～200		20～40
氯磺化聚乙烯漆		120～160	140～180	160～200	120～160	20～40
有机硅漆					100～140	20～40

（二）钢结构防火

我国目前按建筑设计防火规范进行钢结构防火设计。国家标准《建筑设计防火规范》（GB 50016—2006）、《高层民用建筑设计防火规范》（GB 50045—95，2005 年版）对建筑物的耐火等级及相应的构件应达到的耐火极限均有具体规定（表 2-3-5），在设计时，只要保证钢构件的耐火极限大于规范要求的耐火极限即可。

钢结构耐火极限 **表 2-3-5**

构件名称	耐火极限（h）
无保护层的钢柱	0.25
有保护层的钢柱：	
（1）金属网抹 M5 砂浆保护，厚度（mm）为：25	0.80
（2）用加气混凝土做保护层，厚度（mm）为：40	1.00
50	1.40
70	2.00
80	2.33
（3）用 C20 混凝土做保护层，厚度（mm）为：25	0.80
50	2.00
100	2.85
（4）用普通黏土砖做保护层，厚度（mm）为：120	2.85
（5）用陶粒混凝土做保护层，厚度（mm）为：80	3.00
（6）用薄涂型钢结构防火涂料做保护层，厚度（mm）为：5.5	1.00
7.0	1.50
（7）用厚涂型钢结构防火涂料做保护层，厚度（mm）为：15	1.00
20	1.50
30	2.00
40	2.50
50	3.00
无保护层的钢梁、钢屋架	0.25
钢梁有钢丝网抹灰粉刷，保护层厚度（mm）为：10	0.50
20	1.00
30	1.25

目前钢结构构件常用的防火措施主要有防火涂料和构造防火两种类型。

（1）防火涂料。钢结构防火涂料分为薄涂型和厚涂型两类，对室内裸露钢结构、轻型屋盖钢结构及有装饰要求的钢结构，当规定其耐火极限在 1.5h 以下时，应选用薄涂型钢结构防火材料。室内隐蔽钢结构、高层钢结构及多层厂房钢结构，当其规定耐火极限在 1.5h 以上时，应选用厚涂型钢结构防火涂料。

（2）构造形式。钢结构构件的防火构造可分为外包混凝土材料、外包钢丝网水泥砂浆、外包防火板材、外喷防火涂料等几种构造形式。喷涂钢结构防火涂料防火与其他构造方式相比较，具有施工方便，不过多增加结构自重、技术先进等优点，目前被广泛应用于钢结构防火工程。

第三篇 细节深化部分

第一章 概论（三）

第一节 影响建筑构造的因素

一座建筑物建成并投入使用后，要经受自然界中各种因素的影响。为了提高建筑物对外界各种影响的抵御能力，延长建筑物的使用寿命，以便更好地满足使用功能的要求，在进行建筑构造设计时，必须充分考虑各种因素对它的影响，以便根据影响程度，来提供合理的构造方案。对建筑物可能产生影响的因素很多，归纳起来大致包括以下几方面：

一、外力作用的影响

作用到建筑物上的外力称为荷载。荷载有静荷载（如建筑物的自重）和动荷载之分。动荷载又称活荷载，如人流、家具、设备荷载等。荷载的大小是结构设计的主要依据，也是结构选型的重要基础，它决定着构件的尺度和用料，而构件的选材、尺寸、形状等又与构造密切相关，所以在确定建筑构造方案时，必须考虑荷载的影响。

在外荷载中，风荷载的影响不可忽视，风荷载往往成为高层建筑水平荷载方面的主要因素，特别是在沿海地区，影响更大。此外，地震荷载是目前自然界中对建筑物影响最大、也最严重的一种因素。我国是多地震国家之一，地震分布也相当广，因此必须引起重视。在构造设计中，应根据各地区的实际情况，予以设防。

二、自然气候的影响

我国幅员辽阔，各地区地理环境不同，大自然的条件也多有差异。由于南北纬度相差较大，从南方到北方，气候差别悬殊。因此，气温的变化，太阳的热辐射，自然界的风、霜、雨、雪等等，均构成了影响建筑物使用功能和建筑构件使用寿命的因素。有的因材料热胀、冷缩而开裂，严重的遭到破坏；有的出现渗、漏水现象；还有的因室内过冷或过热而不适于工作等等，总之均影响到建筑物的正常使用。为防止由于大自然条件的变化而造成建筑物构件的破坏和保证建筑物的正常使用，在建筑构造设计时，应针对所受影响的性质与程度，对各有关部位采取必要的防范措施，如防潮、防水、保温、隔热、设变形缝、设隔蒸汽层等等，以防患于未然。

三、人为因素和其他因素的影响

人们所从事的生产和生活活动，也会造成对建筑物的影响，如机械振动、化学腐蚀、战争、爆炸、火灾、噪声等，都属于人为因素的影响，因此，在进行建筑构造设计时，必须针对各种可能的因素，从构造上采取隔振、防腐、防爆、防火、隔声等相应的措施，以避免建筑物及其使用功能遭受不应有的损失和影响。

另外，鼠、虫等也能对建筑物的某些构、配件造成危害，如白蚂蚁等对木结构的影响等，因此，也必须引起重视。

四、技术因素的影响

技术因素的影响是指建筑材料、建筑结构类型、建筑施工方法等建筑技术条件对于建筑物的设计与建造的影响。随着这些技术的发展与变化，建筑构造的做法也在改变。例如砌体结构建筑构造的做法与过去的砖木结构有明显的不同。同样，钢筋混凝土建筑构造体系又与砌体结构建筑构造有很大的区别等等。所以建筑构造做法不能脱离一定的建筑技术条件而存在。

五、建筑标准的影响

建筑标准一般包括装修标准、设备标准、造价标准等方面。标准高的建筑，装修质量好，设备齐全，档次较高，但造价也相对较高，反之则较低；标准高的建筑，构造做法考究，反之则一般。不难看出，建筑构造的选材、选型和细部做法均与建筑标准有密切的关系。一般情况下，大量性建筑多属于一般标准的建筑，构造做法也多为常规做法。而大型公共建筑，标准要求较高，构造做法复杂，尤其是对美观因素考虑较多。

第二节　建筑构造设计原则

一、必须满足建筑使用功能要求

由于建筑物使用性质和所处条件、环境的不同，其对建筑构造设计的要求也不同。如北方地区要求建筑在冬季能保温；南方地区则要求建筑在夏季能通风、隔热；对要求有良好声环境的建筑物则要考虑吸声、隔声等。总之为了满足使用功能需要，在构造设计时，必须综合有关技术知识，进行合理的设计，以便选择、确定最经济合理的构造方案。

二、必须有利于结构安全

建筑物除根据荷载大小、结构的要求确定构件的必须尺寸外，对一些零、部件的设计，如阳台、楼梯的栏杆，顶棚、墙面、地面的装修，门、窗与墙体的结合以及抗震加固等，都必须在构造上采取必要的措施，以确保建筑物在使用时的安全。

三、必须适应建筑工业化的需要

为了提高建设速度，改善劳动条件，保证施工质量，在构造设计时，应大力推广先进技术，选用各种新型建筑材料，采用标准设计和定型构件，为构、配件的生产工厂化、现场施工机械化创造有利条件，以适应建筑工业化的需要。

四、必须讲求建筑经济的综合效益

在构造设计中，应注意建筑物的整体效益问题，既要注意降低建筑造价，减少材料的能源消耗；又要有利于降低正常运行、维修和管理的费用，考虑其综合经济效益。另外，在提倡节约、降低造价的同时，还必须保证工程质量，绝不可为了追求效益而偷工减料，粗制滥造。

五、必须注意美观

构造方案的处理还要考虑造型、尺度、质感、纹理、色彩等艺术和美观问题。如有不当，往往会影响建筑物的整体效果。因此，亦需事先周密考虑。

总之，在构造设计中，全面考虑坚固适用，技术先进，经济合理，美观大方，是最基本的原则。

第三节　建筑物的基本结构体系

结构是指建筑物的承重骨架，是建筑物赖以支承的主要构件。建筑材料和建筑技术的发展决定着结构形式的发展，而建筑结构形式的选用对建筑物的使用以及建筑形式又有着极大的影响。

大量性民用建筑的结构形式，根据建筑物的使用规模、构件所用材料及受力情况的不同等，而有着不同的形式。

按建筑物本身使用性质和规模的不同，可分为单层、多层、大跨和高层建筑等。这些建筑中，单层及多层建筑的主要结构形式又可分为墙承重结构、框架承重结构。墙承重结构是指由墙体来作为建筑物承重构件的结构形式，而框架结构则主要是由梁、板、柱作为承重构件的结构形式。

大跨建筑常见的结构形式有拱结构、桁架结构以及网架、薄壳、折板、悬索等空间结构形式。

按结构构件所使用材料的不同，目前有木结构、砌体结构、钢筋混凝土结构和钢结构之分。砌体结构是指在一座建筑中，其主要承重构件分别采用多种材料所制成，如砖与木、砖与钢筋混凝土等等。这类建筑中，以砖与钢筋混凝土混合使用居多，称为砖混结构，它是我国目前多层建筑的主要结构形式之一。其特点是可根据各地情况，因地制宜，就地取材，降低造价。钢筋混凝土结构是指建筑物的主要承重构件均采用钢筋混凝土制成。由于钢筋混凝土的骨料也可就地取材，耗钢量少，加之水泥原料丰富，造价亦较便宜，防火性能和耐久性能好，而且混凝土构件既可现浇，又可预制，为构件生产的工厂化和安装机械化提供了条件。所以钢筋混凝土结构是运用较广的一种结构形式，也是我国目前多、高层建筑所采用的主要结构形式。

钢结构则是指建筑物的主要承重构件采用钢材制作的结构。它具有强度高、构件质量轻，且平面布局灵活，抗震性能好，施工速度快等特点。由于钢材造价较高，目前主要用于大跨度、大空间以及高层建筑中，随着钢铁工业的发展，今后钢结构在建筑上的应用必将日趋扩大。此外，轻型冷轧薄壁型材及压型钢板的发展，也使得轻钢结构在低层以及多、高层建筑的围护结构中得以广泛应用。

第二章 民用建筑构造（二）

第一节 地基与基础

一、基础埋深的确定原则

基础埋深由以下原则决定：

（1）建筑物的特点及使用性质：建筑物的特点指的是多层建筑还是高层建筑，高层建筑的基础埋深是地上建筑物总高的1/10左右，而多层建筑则依据地下水位及冻土深度来确定埋深尺寸。

（2）地基土的好坏：土质好、承载力高的土层可以浅埋，土质差、承载力低的土层则应该深埋。

（3）地下水位的影响：土壤中地下水含量的多少对承载力的影响很大。一般应尽量将基础放在地下水位之上。这样做的好处是可以避免施工时排水，还可以防止或减轻地基土的冻胀。

（4）冻结深度的影响：土层的冻结深度由各地气候条件决定，如北京地区为0.8~1m，哈尔滨则为2m。建筑物的基础若放在冻胀土上，冻胀力会把房屋拱起，产生变形。解冻时，又会产生陷落。一般应将基础的灰土垫层部分放在冻结深度以下。

（5）相邻房屋或建筑物基础的影响：当新建房屋的基础埋深小于或等于原有房屋的基础埋深时，可不考虑相互影响。若新建房屋的基础埋深大于原有房屋的基础埋深时，应考虑相互影响（图3-2-1）。具体做法是应该满足下列条件：

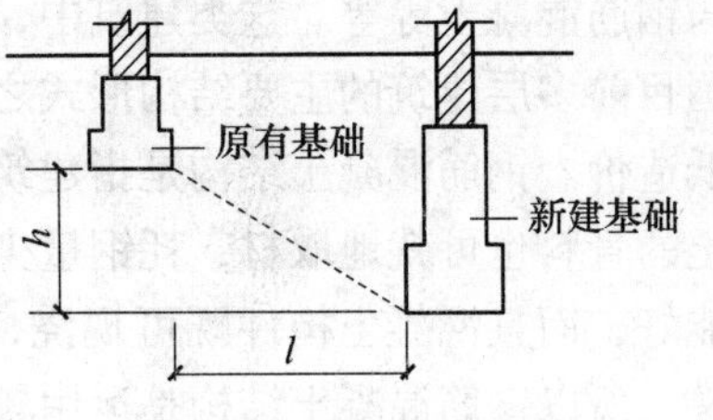

图3-2-1 相邻基础的关系

$$\frac{h}{l} \leqslant 0.5 \sim 1 \quad \text{或} \quad l = (1 \sim 2)\,h$$

式中 h——新建与原有建筑物基础底面标高之差；

l——新建与原有建筑物基础边缘的最小距离。

二、基础宽度的确定原则

影响基础底面宽度确定的因素有：基础以上墙体和楼层传下来的总荷载ΣF_k；基础埋置深度范围内的基础自重和附土层重G_k；修正后的地基承载力特征值f_a（图3-2-2）。当轴心荷载作用时，承受力计算公式如下：

$$p_k = \frac{\Sigma F_k + G_k}{A} \leqslant f_a$$

式中 p_k——相应于荷载效应标准组合时，基础底面处的平均压力值（kN/m^2）；

ΣF_k——相应于荷载效应标准组合时，上部结构传至基础顶面的竖向力值（kN）；

G_k——基础自重（G_k'）和基础周围的土重（G_k''），由 b，h，$\bar{\gamma}$ 相乘而得（其中 b 为基础底面宽度；h 为基础自重计算高度；$\bar{\gamma}$ 为基础和周围土重的平均值，一般取 $2kN/m^3$）；

A——基础底面面积（m^2）；

f_a——修正后的地基承载力特征值（kPa）。

当基础为条形基础时，可截取单位长度（一般取1m）来计算，因而可以直接求出基础宽度 A。

表3-2-1和表3-2-2分别提供了砌体结构房屋承重墙与非承重墙下条形基础的最小宽度，可供参考。

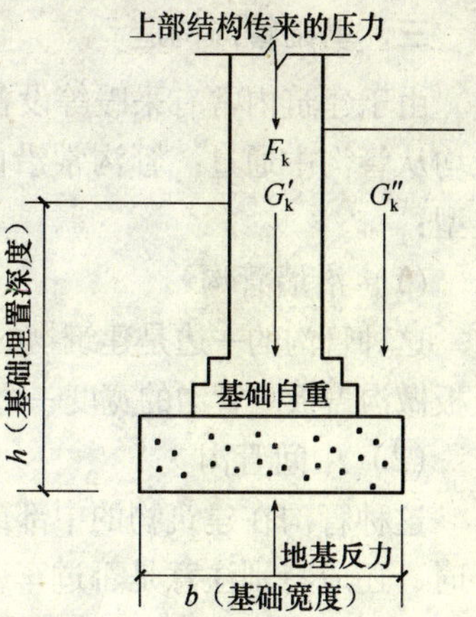

图3-2-2 基础底面积的决定

砌体结构房屋承重墙下条形基础宽度 B（m） **表3-2-1**

房屋总层数 \ 地基耐压力（kN/m^2）	80	100	120	140	160	180	200
1层	0.70	0.70	0.70	0.70	0.70	0.70	0.70
2层	1.20	0.85	0.70	0.70	0.70	0.70	0.70
3层	1.80	1.30	1.00	0.85	0.70	0.70	0.70
4层	—	1.70	1.35	1.10	1.00	0.80	0.70
5层	—	—	1.70	1.40	1.20	1.00	0.90
6层	—	—	—	1.65	1.40	1.20	1.10

注：（1）本表适用于层高为3m、开间为3～3.6m，一般荷载等级的建筑；

（2）本表的基础埋深为1.5m，如埋深＞1.5m，［P］≤$120kN/m^2$ 时，基础宽度应适当增加，加宽数值由计算确定。

砌体结构房屋非承重墙下条形基础宽度 B（m） **表3-2-2**

房屋总层数 \ 地基耐压力（kN/m^2）	80	100	120	140	160	180	200
1层	0.70	0.70	0.70	0.70	0.70	0.70	0.70
2层	0.70	0.70	0.70	0.70	0.70	0.70	0.70
3层	1.30	0.90	0.70	0.70	0.70	0.70	0.70
4层	—	1.25	1.00	0.80	0.70	0.70	0.70
5层	—	—	1.20	1.00	0.85	0.70	0.70
6层	—	—	—	1.20	1.20	0.90	0.80

注：（1）表中所列墙厚为360mm，双面抹灰，无门窗洞口；

（2）如墙厚为240mm，表中所列基础宽度可以相应减少20%；

（3）如墙有门窗洞口时，表中所列基础宽度可相应减少20%；

（4）任何情况下基础宽度不得小于0.70m。

三、基础管沟构造

由于建筑内常有采暖等设备，这些设备的管线，在室外埋在地下，进入建筑物之后，一般均从管沟中通过。管沟常沿内、外墙布置，也有从建筑物中间通过的。管沟一般有三种类型：

（1）沿墙管沟

这种管沟的一边是建筑物的基础墙，另一边是管沟墙，沟底用灰土垫层，沟顶用钢筋混凝土板做沟盖板。管沟的宽度一般为1000～1600mm，深度为1000～1700mm（图3-2-3）。

（2）中间管沟

这种管沟在建筑物的中部或室外，一般由两道管沟墙支承上部的沟盖板。这种管沟在室外时，还应特别注意是否过车，在有汽车通过时，应选择强度较高的沟盖板（图3-2-4）。

（3）过门管沟

当暖气的回水管线走在地上，遇有门口时，应将管线转入地下通过，需做过门管沟。这种管沟的断面尺寸为400mm×400mm，上铺沟盖板（图3-2-5）。

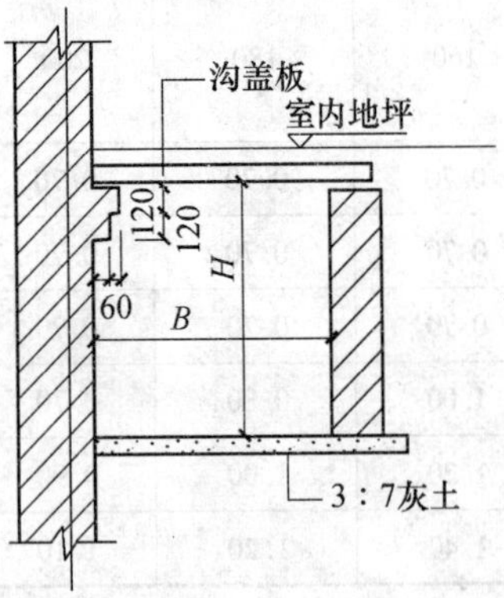

图3-2-3　沿墙管沟

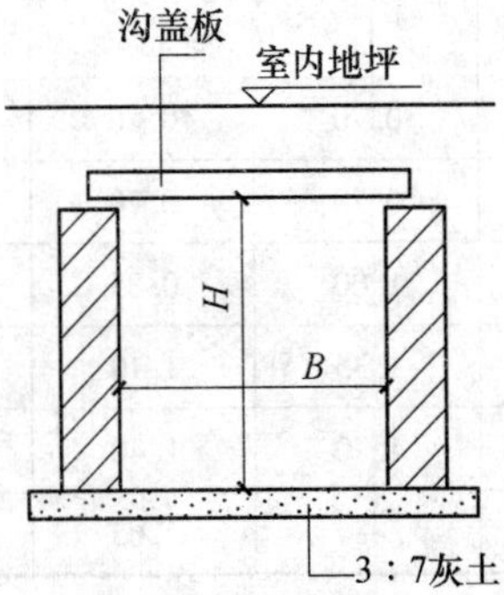

图3-2-4　中间管沟

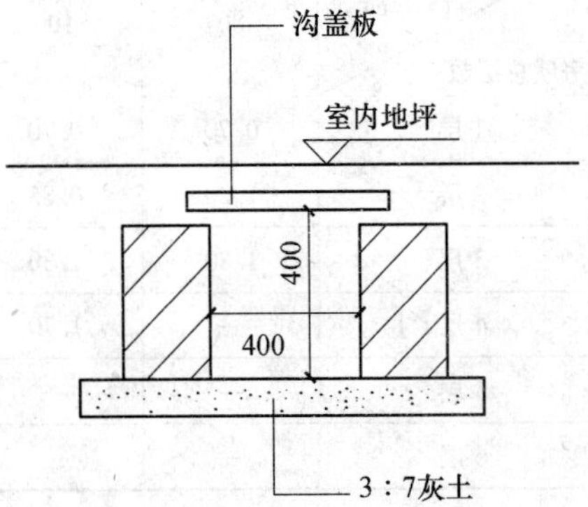

图3-2-5　过门管沟

在设计和选用管沟时，一般应注意以下几个问题：

（1）管沟墙的厚度

基础管沟墙一般与沟深有关，选用时可以从表3-2-3中查找。

管沟墙厚度、深度、砂浆强度等级参考表　　**表3-2-3**

埋深（mm）	室内管沟		室外不过车管沟		室外过车管沟		注
	墙厚（mm）	砂浆强度等级	墙厚（mm）	砂浆强度等级	墙厚（mm）	砂浆强度等级	
$H\leqslant1000$	240	M2.5	240	M2.5	240	M5	砖的强度等级一律为≥MU7.5
$H\leqslant1200$	240	M2.5	240	M2.5	360	M5	
$H\leqslant1400$	360	M2.5	360	M2.5	360	M5	
$H\leqslant1700$	—	—	360	M5	360	M5	

（2）沟盖板

沟盖板分为室内沟盖板、室外不过车沟盖板、室外过车沟盖板等几种规格，北京地区的沟盖板有以下几种情况，如表3-2-4所示。

沟盖板的规格尺寸 **表 3-2-4**

代 号	形 状	L(mm)	B(mm)	D(mm)	应 用
GB10.1	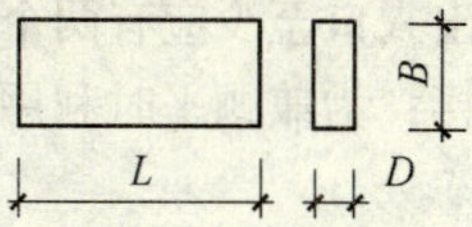	1200	600	60	室内
GB12.1		1400	600	60	
GB16.1		1800	600	60	
GB12.2	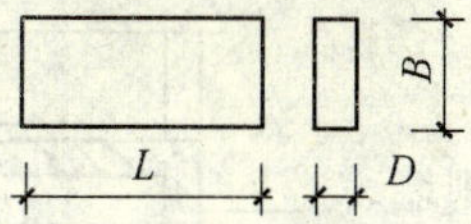	1400	600	100	室内、室外不过车
GB16.2		1800	600	100	
GB12.3	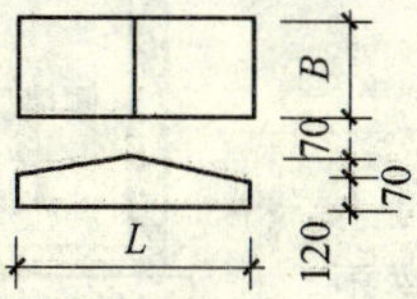	1400	600	120～190	室外过车
GB16.3		1800	600		

注：GB—沟盖板，10—1000mm，1—板形。

（3）管沟穿墙洞口

在管沟穿墙洞口和管沟转角处应增加过梁或做砖券（图 3-2-6）。

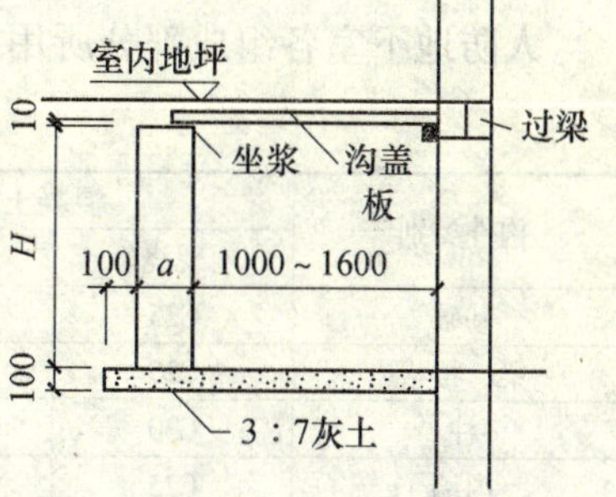

图 3-2-6 管沟穿墙洞口

四、地下室的构造

建筑物首层下部的空间叫地下室。

（一）地下室的分类

1. 按使用性质分

（1）普通地下室：普通的地下空间。一般按地下楼层进行设计。

（2）人防地下室：有人民防空要求的地下空间。人防地下室应妥善解决紧急状态下的人员隐蔽与疏散，应有保证人身安全的技术措施。

2. 按埋入地下深度分

（1）全地下室：全地下室是指地下室地坪面低于室外地坪面的高度超过该房间净高 1/2 者。

（2）半地下室：半地下室是指地下室地坪面低于室外地坪面高度超过该房间净高 1/3，且不超过 1/2 者。

（二）人防地下室的等级

人防地下室按其重要性分为甲类（以预防核武器为主）和乙类（以预防常规武器为主）人防地下室及居住小区内结合民用建筑异地修建的甲、乙类单建掘开式人防工程设计。《人民防空地下室设计规范》（GB 50038—2005）中对人防地下室的抗力分级作了如下规定：

甲类：4 级（核 4 级）、4B 级（核 4B 级）、5 级（核 5 级）、6 级（核 6 级）、6B 级（核 6B 级）。

乙类：5 级（常 5 级）、6 级（常 6 级）。

人防地下室用以预防现代战争对人员造成的杀伤，主要预防冲击波、早期核辐射、化学毒气以及由上部建筑倒塌形成的倒塌荷载。对于冲击波和倒塌荷载主要通过结构厚度来解决；对于早期辐射防护应通过结构厚度及相应的密闭措施来解决；对于化学毒气防护应通过密闭措施及通风、滤毒来解决。

为解决上述问题，人防地下室的平面中应有防护室、防毒通道（前室）、通风滤毒室、洗消间及厕所等；为保证疏散，地下室的房间出口应不设门，而以空门洞为主；与外界联系的出入口应设置防护门、密闭门或防护密闭门；地下室的出入口至少应有两个。其具体做法是一个与地上楼梯连通，另一个与人防通道或专用出口连接；为兼顾平时利用，做到平战结合，可在外墙侧开有采光窗，并设置采光井。

（三）人防地下室的组成及有关要求

1. 人防地下室的组成

人防地下室属于箱形基础的范围，由顶板、底板、侧墙、门窗及楼梯等组成，如图 3-2-7 所示。

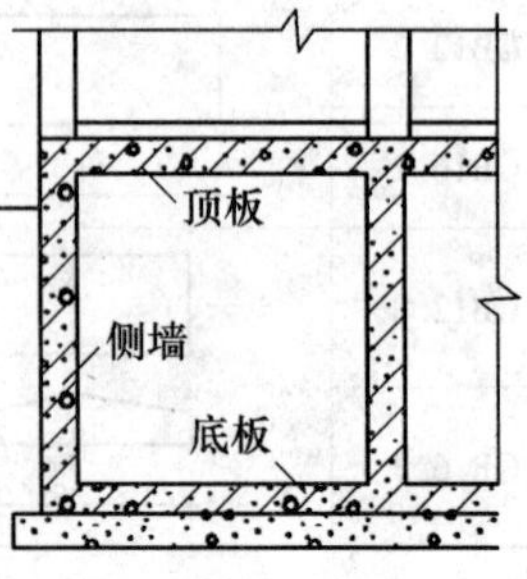

图 3-2-7　人防地下室的组成

2. 人防地下室的空间高度

用作人员掩蔽的防空地下室的掩蔽面积标准应按每人 1.0m^2 计算，室内地面至顶板底面高度不应低于 2.2m，梁下净高不应低于 2.0m。

3. 人防地下室的材料选择和厚度决定

人防地下室各组成部分所用材料、强度等级及厚度如表 3-2-5、表 3-2-6 所示。

材料强度等级　　**表 3-2-5**

构件类别	混凝土		砌体			
	现浇	预制	砖	料石	混凝土砌块	砂浆
基础	C25	—	—	—	—	—
梁、楼板	C25	C25	—	—	—	—
柱	C30	C30	—	—	—	—
内墙	C25	C25	MU10	MU30	MU15	M5
外墙	C25	C25	MU15	MU30	MU15	M7.5

注：（1）防空地下室结构不得采用硅酸盐砖和硅酸盐砌块；

（2）严寒地区，饱和土中砖的强度等级不得低于 MU20；

（3）装配填缝砂浆的强度等级不应低于 M10；

（4）防水混凝土基础底板的混凝土垫层，其强度等级不应低于 C25。

结构构件最小厚度（mm）　　**表 3-2-6**

构件类别	材料种类			
	钢筋混凝土	砖砌体	料石砌体	混凝土砌块
顶板、中间楼板	200	—	—	—
承重外墙	250	490（370）	300	250
承重内墙	200	370（240）	300	250
临空墙	250	—	—	—
防护密闭门门框墙	300	—	—	—
密闭门门框墙	250	—	—	—

注：（1）表中最小厚度不包括甲类防空地下室防早期核辐射对结构厚度的要求；

（2）表中顶板、中间楼板最小厚度系指实心楼面，如为密肋板，其实心截面不宜小于 100mm，如为现浇空心板，其板顶厚度不宜小于 100mm，且其折合厚度均不应小于 200mm；

（3）砖砌体项括号内最小厚度适用于乙类防空地下室和核 6 级、核 6B 级甲类防空地下室；

（4）砖砌体包括烧结普通砖、烧结多孔砖以及非黏土砖砌体。

4. 地下室的防潮与防水做法

地下室的防潮、防水做法取决于地下室地坪与地下水位的相对位置关系。

当设计最高地下水位低于地下室底板标高300～500mm，且地基范围内的土壤及回填土无形成上层滞水可能时，一般采用防潮做法。

当设计最高地下水位高于地下室底板标高，或有地面水下渗的可能时，应尽可能采用防水做法。

地下室防水工程分为四个等级。地下工程的防水等级，应根据工程的重要性和使用中对防水的要求，按表3-2-7选定（摘自《地下工程防水技术规范》GB 50108—2008）。

地下室防水工程设防表 **表3-2-7**

防水等级	一 级	二 级	三 级	四 级
适用范围	人员长期停留的场所；因有少量湿渍会使物品变质、失效的贮物场所及严重影响设备正常运转和危及工程安全运营的部位；极重要的战备工程、地铁车站	人员经常活动的场所；在有少量湿渍的情况下不会使物品变质、失效的贮物场所及基本不影响设备正常运转和工程安全运营的部位；重要战备工程	人员临时活动场所；一般战备工程	对渗漏水无严格要求的工程
防水标准	不允许漏水，结构表面无湿渍	不允许漏水，结构表面可有少量湿渍； 工业与民用建筑：总湿渍面积不应大于总防水面积（包括顶板、墙面、地面）的1/1000；任意100m^2防水面积上的湿渍不超过2处，单个湿渍的最大面积不大于0.1m^2； 其他地下工程：总湿渍面积不应大于总防水面积的2/1000；任意100m^2防水面积上的湿渍不超过3处，单个湿渍的最大面积不大于0.2m^2；其中，隧道工程还要求平均渗水量不大于0.05L/（m^2·d），任意100m^2防水面积上的渗水量不大于0.15L/（m^2·d）	有少量漏水点，不得有线流和漏泥砂； 任意100m^2防水面积上的漏水点数不超过7处，单个漏水点的最大漏水量不大于2.5L/（m^2·d），单个湿渍的最大面积不大于0.3m^2	有漏水点，不得有线流和漏泥砂； 整个工程平均漏水量不大于2L/（m^2·d）；任意100m^2防水面积上的平均漏水量不大于4L/（m^2·d）
设防做法	多道设防。其中应有一道钢筋混凝土结构自防水和一道柔性防水，其他各道可采取其他防水措施	两道设防。一般为一道钢筋混凝土结构自防水和一道柔性防水	可采用一道设防或两道设防。也可对结构做抗水处理，外做一道柔性防水层	一道设防。也可做一道外防水层
选材要求	1. 自防水钢筋混凝土 2. 优先选用合成高分子卷材（橡胶型） 3. 增加其他防水措施，如架空层或夹壁墙等	1. 自防水钢筋混凝土 2. 合成高分子卷材（橡胶型）一层，或高聚物改性沥青防水卷材	合成高分子卷材（橡胶型）一层或高聚物改性沥青防水卷材	高聚物改性沥青防水卷材

（1）防水做法

防水做法的材料选用，通常有以下四种：

1）防水混凝土

①有普通防水混凝土和掺外加剂（如加气剂、减水剂、三乙醇胺、氯化铁防水剂，明矾石膨胀剂和 U 型混凝土膨胀剂等）防水混凝土两类，属刚性防水。

②普通防水混凝土和掺防水剂混凝土有较好的防渗性能，但不能抗裂，因此在一定条件下能达到防水目的。为防止混凝土可能出现裂渗，必要时，还应附加外包柔性防水层。

③掺膨胀剂的收缩补偿混凝土，不仅提高了防渗性能，而且有良好的抗裂性能，防水效果更好。

④掺 UEA 的防水混凝土，适用于各种地下防水工程，具有结构自防水，做法简单，防水可靠，施工方便，经济耐久等优点，还能适应任何形状复杂（如有桩基或有外伸地梁等）的工程，形成严密的整体防水结构，是其他外包式防水做法所无法达到的。

⑤在遭受剧烈震动、冲击和侵蚀性环境中（混凝土耐蚀系数小于 0.8）应用时，应附加柔性防水层或附加防蚀性好的保护层。

⑥采用防水混凝土，对结构强度、厚度、抗渗等级、配筋、保护层厚度、垫层、变形缝、施工缝等都有一定要求，应遵照有关专门技术规定，并同结构专业共同商定。

2）卷材防水

①有改性沥青卷材和高分子卷材（三元乙丙橡胶卷材、三元乙丙/丁基橡胶卷材、氯化乙烯/橡胶共混卷材、再生胶丁苯胶卷材、SBS 卷材、APP 卷材等）。

②属柔性防水，适用于结构有微量变形的工程。

③适用于抗一般地下水化学侵蚀，不宜用于地下水含矿物油或有机溶液处。

④卷材防水层一般做在围护结构外侧（迎水面），并应连续铺贴形成整体。铺贴卷材的胶结材料应与选用的卷材相适应，防水层的外侧应做保护层（一般砌砖墙或作聚苯板保护）。

⑤新型沥青防水卷材品种很多，已形成低、中、高的档次系列，由各种不同的胎基、涂盖面料、覆面材料（用于屋面时）组成，应根据不同功能、不同用途、不同耐用年限、不同施工方法选用。

3）涂料防水

①种类有水乳型（普通乳化沥青、再生胶沥青、水性石棉厚质沥青、阴离子合成胶乳化沥青、阳离子氯丁胶乳化沥青），溶剂型（再生胶沥青）和反应型（聚氨酯涂膜）涂料。

②能防止地下无压水（渗流水，毛细水等）及≤1.5m 水头的静压水的侵入。

③适用于新建砖石或钢筋混凝土结构的迎水面（应用水泥砂浆找平或嵌平）作专用防水层，或新建防水混凝土结构在迎水面作附加防水层，以加强防水、防腐能力；或已建防水或防潮建筑外围结构的内侧作补漏措施。

④不适用或慎用于含有油脂、汽油或其他能溶解涂料的地下环境。

⑤涂料和基层须有良好粘结力，涂料层外侧应做保护层（砂浆或砖墙）。

4）水泥砂浆防水

①常用做法有多层普通水泥砂浆及掺外加剂水泥砂浆防水层两种，属刚性防水。

②适用于主体结构刚度较大，建筑物变形小及面积较小（不超过 300m^2）的工程。

③不适用于有侵蚀性、有剧烈震动的工程。

④一般条件下作内防水为好，地下水压较高时，宜增做外防水。防水层高度应高出室外地坪 0.15m，但对钢筋混凝土内墙、柱，可只高出地下室地面 0.5m。

上述四种做法，以前两种做法应用较多。

（2）防潮做法

1）一般仅考虑防止土壤毛细管水、地面水下渗而形成的无压水渗透问题。

2）如为混凝土结构，因其有一定的自防潮作用，不必再做防潮处理。

3）如为砖砌体结构，必须做防潮层，可抹防水砂浆或抹普通水泥砂浆外加防水涂料。一般做在墙身外侧面，应同墙基水平防潮层相连接，如图 3-2-8 所示。

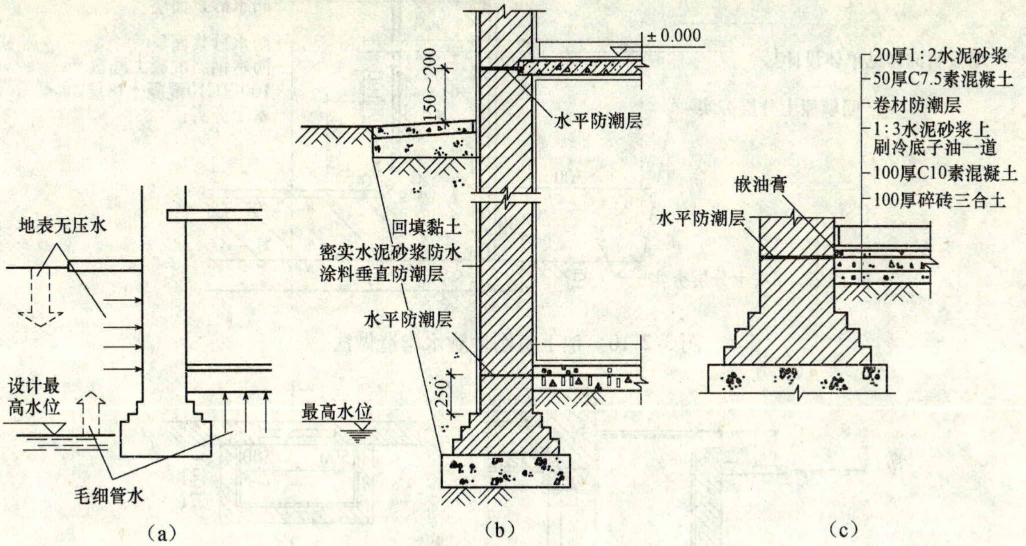

图 3-2-8　地下室的防潮处理

（a）水压情况；（b）防潮层构造；（c）地下室地坪防潮

4）对防潮要求高的工程，宜按防水做法设计。

图 3-2-9、图 3-2-10 为地下室柔性和刚性防水的典型构造做法。

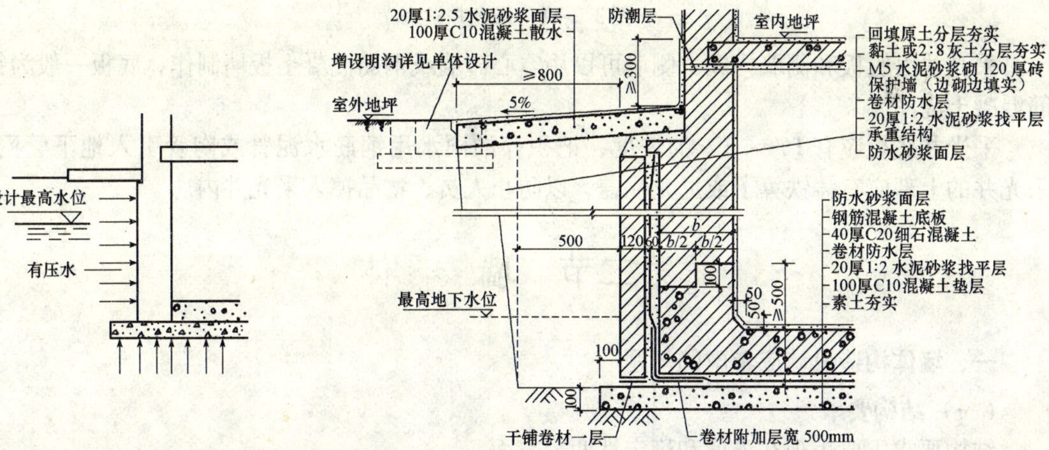

图 3-2-9　地下室柔性防水构造做法

（a）水压情况；（b）防水构造做法

5. 采光井的做法

为考虑地下室平时利用，在采光窗的外侧一般设置采光井（图 3-2-11）。一般每个窗子单独做一个，也可以将几个窗井连在一起，中间用墙分开。

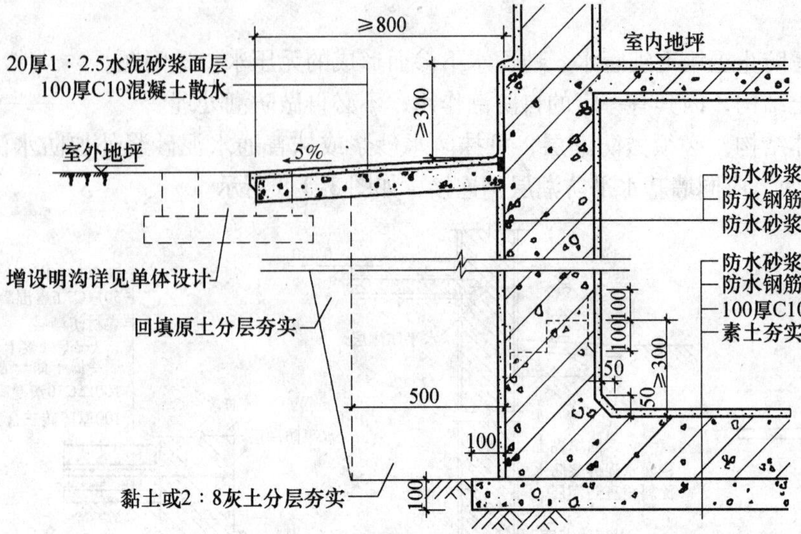

图 3-2-10　地下室刚性防水构造做法

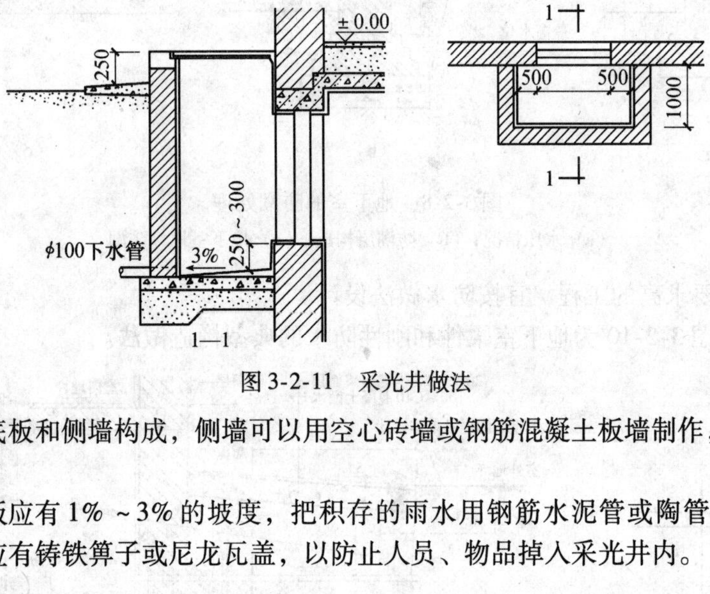

图 3-2-11　采光井做法

采光井由底板和侧墙构成，侧墙可以用空心砖墙或钢筋混凝土板墙制作，底板一般为钢筋混凝土浇注。

采光井底板应有 1% ～3% 的坡度，把积存的雨水用钢筋水泥管或陶管引入地下管网。采光井的上部应有铸铁箅子或尼龙瓦盖，以防止人员、物品掉入采光井内。

第二节　墙　　体

一、墙体构造设计应考虑的问题

（一）结构要求

结构要求主要表现在强度和稳定性两个方面。

1. 强度

烧结砖墙的强度评价一般采用验算的方法进行。但必须注意的是，烧结砖墙的强度实质上是砌筑形成体的强度，它取决于砌体材料和砌筑材料的强度等级。《砌体结构设计规范》（GB 50003—2001）中规定，烧结普通砖、烧结多孔砖的强度等级有 MU30（30MPa）、MU25（25MPa）、MU20（20MPa）、MU15（15MPa）、MU10（10MPa）。砌筑砂浆的强度等级有 M15（15MPa）、M10（10MPa）、M7.5（7.5MPa）、M5（5MPa）、M2.5（2.5MPa）。

烧结砖砌体的抗压强度设计值如表 3-2-8 所示。

烧结普通砖和烧结多孔砖砌体的抗压强度设计值（MPa） **表 3-2-8**

砖强度等级	砂浆强度等级					砂浆强度
	M15	M10	M7.5	M5	M2.5	0
MU30	3.94	3.27	2.93	2.59	2.26	1.15
MU25	3.60	2.98	2.68	2.37	2.06	1.05
MU20	3.22	2.67	2.39	2.12	1.84	0.94
MU15	2.79	2.31	2.07	1.83	1.60	0.82
MU10	—	1.89	1.69	1.50	1.30	0.67

受压构件的承载力可按下式计算：

$$N \leqslant \varphi \cdot f \cdot A$$

式中 N——荷载设计值产生的轴向力；

φ——高厚比 β 和轴向力的偏心距 e 对受压构件承载力的影响系数，按《砌体结构设计规范》（GB 50003—2001）规定采用；

f——砌体抗压强度设计值；

A——截面面积，对各类砌体均按毛截面计算；对带壁柱墙，其翼缘宽度按规范规定采用。

通过上式可以看出，提高受压构件的承载力的方法有两种：

（1）加大截面面积或加大墙厚。这种方法理论上可取，但不经常采用。

（2）提高砌体抗压强度的设计值。这种方法是墙体采用同一厚度，在不同部位通过改变砌体材料和砌筑材料的强度等级来达到不同的承载要求。

2. 稳定性

砖墙的稳定性一般采取验算高厚比的方法进行。根据《砌体结构设计规范》，（GB 50003—2001），其公式为：

$$\beta = \frac{H_0}{h} \leqslant \mu_1 \cdot \mu_2 \cdot [\beta]$$

式中 H_0——墙、柱的计算高度；

h——墙厚或矩形柱与 H_0 相对应的边长；

μ_1——自承重墙允许高厚比的修正系数；

μ_2——有门窗洞口墙允许高厚比的修正系数；

$[\beta]$——墙、柱的允许高厚比，其数值如表 3-2-9 所示。

墙、柱的允许高厚比 $[\beta]$ 值 **表 3-2-9**

砂浆强度等级	墙	柱
M2.5	22	15
M5	24	16
≥M7.5	26	17

从上式中可以看出，砂浆强度等级愈高，则允许高厚比值愈大。提高墙体的稳定性可以降低墙、柱的高度，亦可以加大墙厚、加大柱子断面。

（二）保温要求

墙体的保温要求，主要表现在墙体阻止热量传递的能力及防止在墙体表面和内部产生凝结水的能力两大方面。在建筑物理学上，该部分内容属于建筑热工设计部分，我们将在第四篇做一定的论述。一般应以《民用建筑热工设计规范》（GB 50176—93）为准，这里介绍一些基本知识。

1. 建筑热工设计分区及要求

目前，全国划分为五个建筑热工设计分区。

（1）严寒地区：累年最冷月平均温度低于或等于－10℃的地区，如黑龙江和内蒙古的大部分地区。设计要求为充分满足冬季保温要求，一般可不考虑夏季防热。

（2）寒冷地区：累年最冷月平均温度高于－10℃、小于或等于0℃的地区，如东北地区的吉林、辽宁，华北地区的山西、河北、北京、天津及内蒙古的部分地区。这个地区应以满足冬季保温设计要求，部分地区兼顾夏季防热。

（3）夏热冬冷地区：最冷月平均温度为0～10℃，最热月平均温度为25～30℃。如陕西、安徽、江苏南部、广西、广东、福建北部地区。这个地区必须满足夏季防热要求，适当兼顾冬季保温。

（4）夏热冬暖地区：最冷月平均温度高于10℃，最热月平均温度为25～29℃。如广东、广西、福建南部地区和海南省。这个地区必须充分满足夏季防热要求，一般可不考虑冬季保温。

（5）温和地区：最冷月平均温度为0～13℃，最热月平均温度为18～23℃。如云南全省和四川、贵州的部分地区。这个地区的部分地区应考虑冬季保温，一般可不考虑夏季防热。

2. 冬季保温设计要求

（1）建筑物宜设在避风、向阳地段，尽量争取主要房间有较多日照。

（2）建筑物的外表面积与其包围的体积之比（体型系数）应尽可能地小。平、立面不宜出现过多的凹凸面。

（3）室温要求相近的房间宜集中布置。

（4）严寒地区居住建筑不应设冷外廊和开敞式楼梯间；公共建筑主入口处应设置转门、热风幕等避风设施。寒冷地区居住建筑和公共建筑宜设置门斗。

（5）严寒和寒冷地区北向窗户的面积应予控制，其他朝向的窗户面积不宜过大。应尽量减少窗户缝隙长度，并加强窗户的密闭性。

（6）严寒和寒冷地区的外墙和屋顶应进行保温验算，保证不低于所在地区要求的总热阻值。

（7）热桥部分（主要传热渠道）应通过保温验算，并作适当的保温处理。

3. 夏季防热设计要求

（1）建筑物的夏季防热应采取环境绿化、自然通风、建筑遮阳和围护结构隔热等综合性措施。

（2）建筑物的总体布置，单体的平、剖面设计和门窗的设置应有利于自然通风，并尽量避免主要使用房间受东、西日晒。

（3）南向房间可利用上层阳台、凹廊、外廊等达到遮阳目的。东、西向房间可适当采用固定式或活动式遮阳设施。

（4）屋顶，东、西外墙的内表面温度应通过验算，以保证满足隔热设计标准要求。

（5）为防止潮霉季节地面泛潮，底层地面宜采用架空做法。地面面层宜选用微孔吸声材料。

（三）防震要求

在地震区对建筑墙体的抗震设防要求请参阅本书第一篇第三章第八节有关内容。

（四）隔声要求

关于建筑隔声设计有关知识，请参阅本书第四篇第一章第三节有关内容。

二、普通混凝土小型空心砌块墙体构造

混凝土小型空心砌块是以碎石或卵石为粗骨料制作的混凝土，空心率为25%～50%的

小型空心砌块。其孔洞有单排孔、双排孔和多排孔之分。适用于低层和多层混凝土小型空心砌块住宅建筑及相近的民用建筑承重墙体与隔墙墙体。

（一）普通混凝土小型空心砌块的规格

普通混凝土小型空心砌块的常见尺寸为190mm×190mm×390mm，辅助块尺寸为190mm×190mm×90mm和90mm×190mm×190mm等。普通混凝土小型空心砌块的一部分规格尺寸示例如图3-2-12所示。

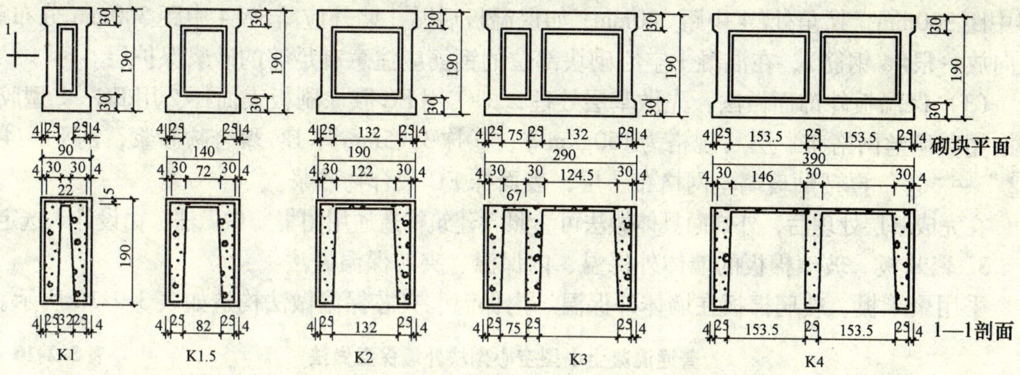

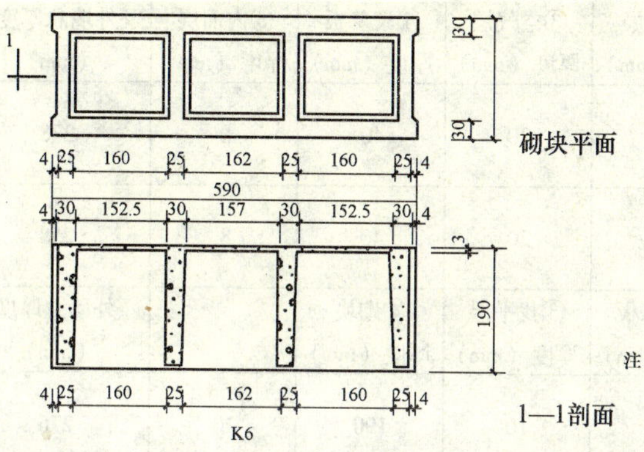

混凝土小型空心砌块规格表

砌块编号	规格（长×宽×高）	备注
K1	90×190×190	
K1.5	140×190×190	
K2	190×190×190	
K3	290×190×190	
K4	390×190×190	标准砌块
K6	590×190×190	用于内外墙"T"字节点、"L"形节点、"+"字节点

注：1.表中砌块尺寸为实际尺寸，建筑标注尺寸加10mm。
2.编号示意：K为块，数字为标注长度尺寸的首位值，如K1为100mm。

图3-2-12　普通混凝土小型空心砌块

（二）普通混凝土小型空心砌块的保温

墙体的节能技术为墙体外保温、内保温、夹芯保温构造，主要采用形式为500～600级强度3～4MPa的加气混凝土砌块外保温，250～300级强度1.0～1.5MPa的保温砌块外保温（如聚苯水泥板或珍珠岩保温板），以及采用聚苯板、玻璃棉板的墙体外保温、内保温、夹芯保温。

1. 加气混凝土砌块外保温做法

（1）外墙混凝土小型空心砌块应与加气混凝土保温砌块在砌筑外墙时同时砌筑，不得将保温砌块在主体结构完成后再外贴，加气混凝土保温块应由各层圈梁分层承托。

（2）加气混凝土保温砌块，应采用AM—1或BJ—1专用砂浆或其他专用砂浆砌筑，并与混凝土空心砌块贴砌。保温砌块竖缝灰缝的饱满度不得低于80%，水平缝灰缝的饱满度不得低于90%。专用砂浆是一种外加剂，在现场配制和搅拌时应符合产品说明书中的各项技术要求。

（3）根据结构设计拉接的要求，在砌块水平灰缝内每隔3皮高度（600mm）位置应配置3ϕ4拉接钢筋网片（两根放置在砌块部位，另一根放置在保温块部位），施工时不得漏放。在混凝土空心砌块部位放置的钢筋网片，应注意有足够的砂浆保护层。

（4）加气混凝土砌块的外表面抹灰，应严格按做法表选材及按有关顺序操作。

2. 轻质板材（如聚苯水泥板或珍珠岩保温板等）外保温做法

（1）外墙混凝土小型空心砌块与保温板之间的连接构造，可以随砌随贴，也可以主体结构完工后外贴（一般为后贴）。

（2）保温板与主体结构的构造原则：一是应由圈梁部位分层承托，二是保温板应用专用砂浆与混凝土空心砌块墙粘贴（粘贴为点粘，点粘上下间距约150～200mm），三是每隔3皮混凝土空心小砌块高度，应与保温板水平灰缝一致的灰缝内放3ϕ4钢筋拉接（分布筋为ϕ4中距300mm，拐角处ϕ4中距200mm；如保温板后贴，墙外应露出ϕ4中距300mm分布筋，纵向放一根ϕ4钢筋），在混凝土空心砌块部位的钢筋应注意有足够的砂浆保护层。

（3）保温板外饰面做法：先做基层处理，即①用EC胶涂刷板表面；②用EC—1型胶满贴涂塑玻璃丝网格布一层（规格为150g/m^2）；③抹3～5mm厚EC聚合物砂浆，刮平；④按“②”～“③”再粘贴玻璃丝网格布一层，表面抹EC聚合物砂浆。

在完成基层处理后，外饰面具体做法可参照《建筑构造通用图集》中做法，由设计人选定。

3. 聚苯板、玻璃棉板的墙体外保温、内保温、夹芯保温做法

采用聚苯板、玻璃棉板在墙体外保温、内保温、夹芯保温做法构造如表3-2-10所示。

普通混凝土小型空心砌块外墙保温做法　　　　**表3-2-10**

外墙内保温构造	①外面层厚度（mm）	②砌块厚度（mm）	③空气层厚度（mm）	④聚苯板厚度（mm）	⑤内面层厚度（mm）	外墙总厚度（mm）
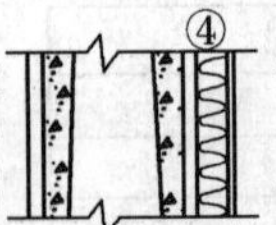	20	190	20	40	8	278
		190	20	40	8	258
外墙外保温构造	①外面层厚度（mm）	②聚苯板厚度（mm）	③找平层厚度（mm）	④砌块厚度（mm）		外墙总厚度（mm）
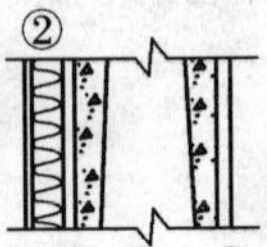	6	50	10	190	20	276
	10	50	10	190	20	280
外墙夹芯保温构造	①砌块厚度（mm）	②聚苯板厚度（mm）	③砌块厚度（mm）	④内面层厚度（mm）		外墙总厚度（mm）
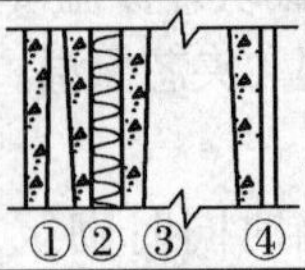	90	50	190	20		350
	90	45	190	20		345

（三）普通混凝土小型空心砌块的排列组合

砌块的排列应尽量采用390mm长的主砌块，少用辅助块。应上、下皮对孔、错缝搭砌。一般搭接长度为200mm，每两皮为一循环，当墙体长度为奇数时，采用290mm长的辅助块，此时搭接长度为100mm，并保证上下皮对孔。

在190mm厚墙体交接处和门、窗洞口处，砌块排列应考虑芯柱的位置与数量，保证芯柱沿墙身贯通，每层芯柱的第一皮砌块应选用设清扫口的芯柱块。

设计预留洞口、管线槽及门窗、设备等固定点及固定件应在墙体排块图上标注。

砌块的排块组合主要由三部分组成：

（1）各种开间的窗下墙排块（与承重墙的原则类似）。

（2）2.70m 和 2.80m 两种层高的剖面排块。

（3）窗间墙及阴阳角排块，这两部分的排块是根据各种开间、进深尺寸及可能出现的各种门窗尺寸进行排列组合。

图 3-2-13 ~ 图 3-2-15 为几种墙体砌块外保温的排列组合方法。

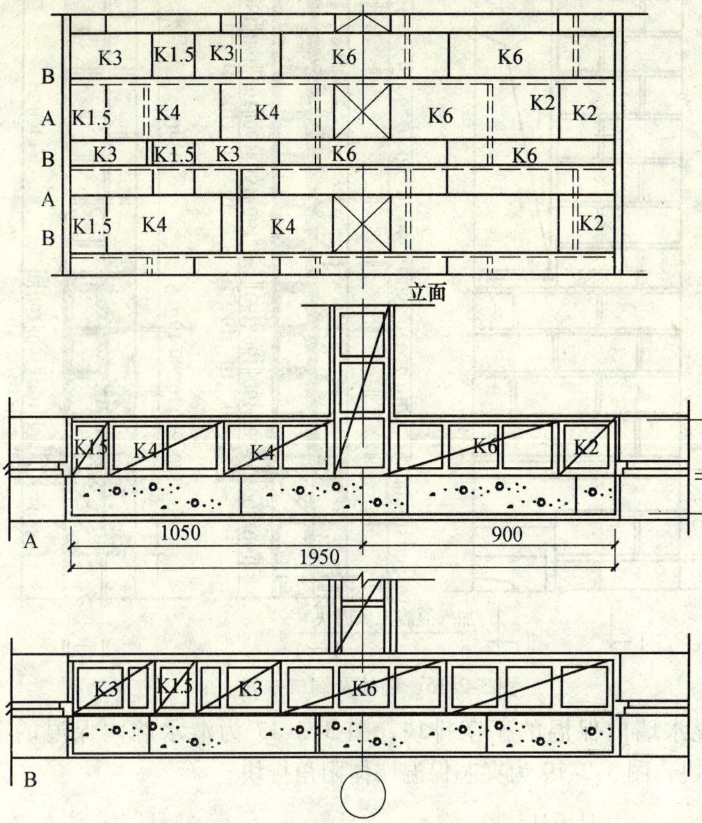

图 3-2-13　窗间墙排列

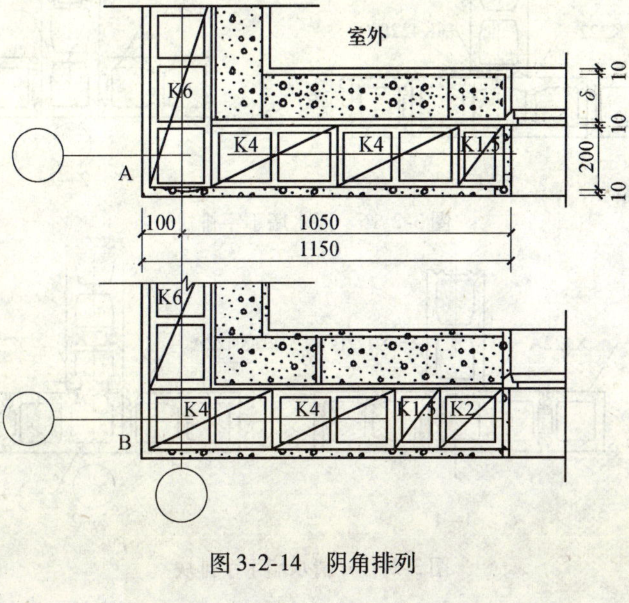

图 3-2-14　阴角排列

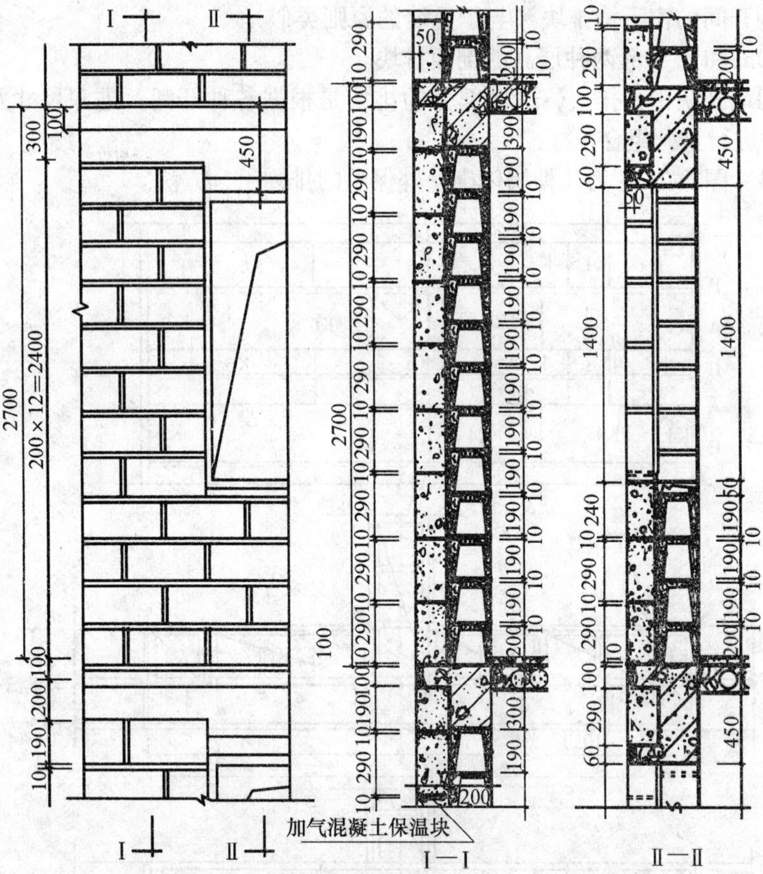

图 3-2-15　墙体及洞口排列

图 3-2-16 为混水墙内保温的丁字排块，图 3-2-17 为清水墙内保温的丁字排块，图 3-2-18为转角墙排块，图 3-2-19 为夹芯保温墙体阳角排块。

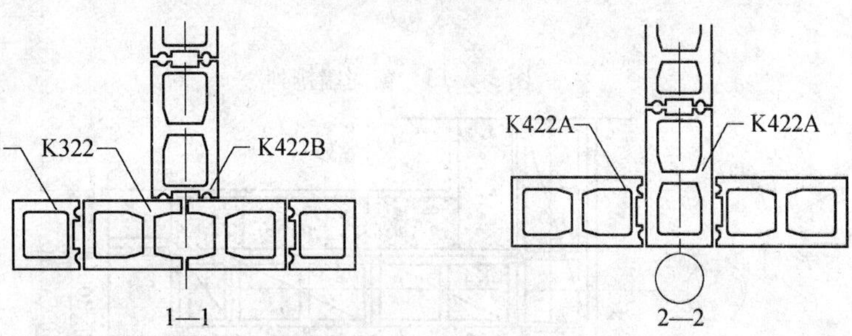

图 3-2-16　混水墙丁字排块

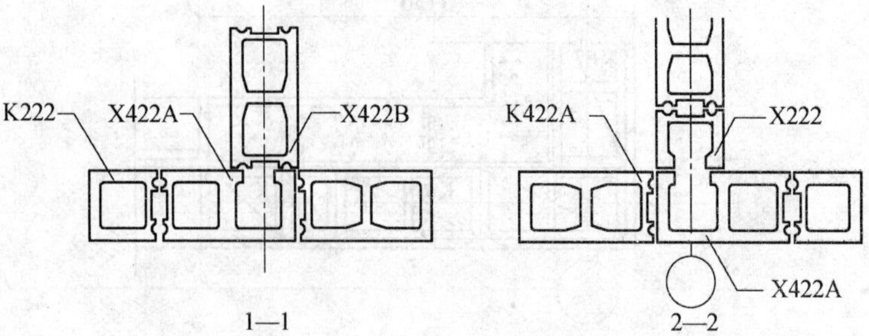

图 3-2-17　清水墙丁字排块

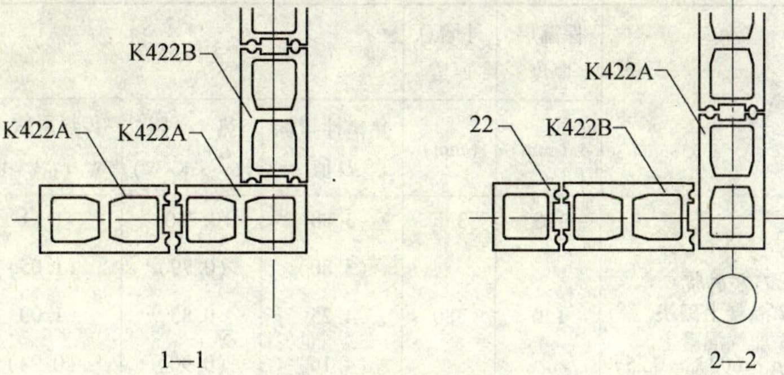

图 3-2-18　转角墙排块

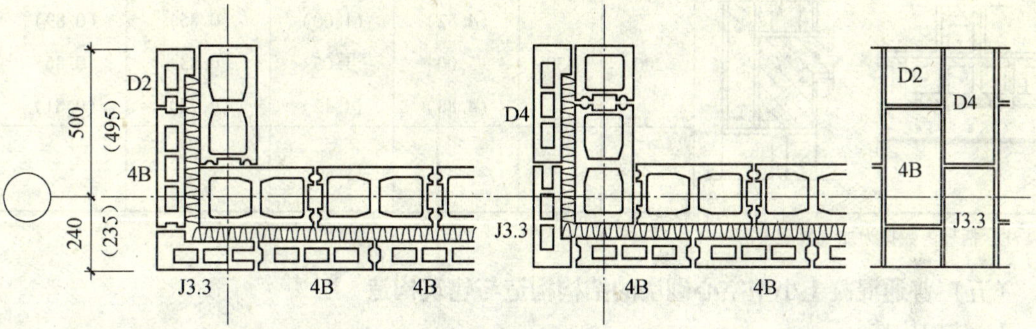

图 3-2-19　夹芯保温墙体阳角排块

（四）普通混凝土小型空心砌块外墙外保温的热工指标

普通混凝土小型空心砌块外墙外保温的热工指标如表 3-2-11 所示。

普通混凝土小型空心砌块外墙外保温热工指标　　**表 3-2-11**

外墙构造	保温层厚度 δ（mm）	外墙总厚度（mm）	主体部位			外墙平均传热系数 K_m [W/（m^2·K）]
			热惰性指标 D 值	热　阻（m^2·K/W）	传热系数 K_p [W/（m^2·K）]	
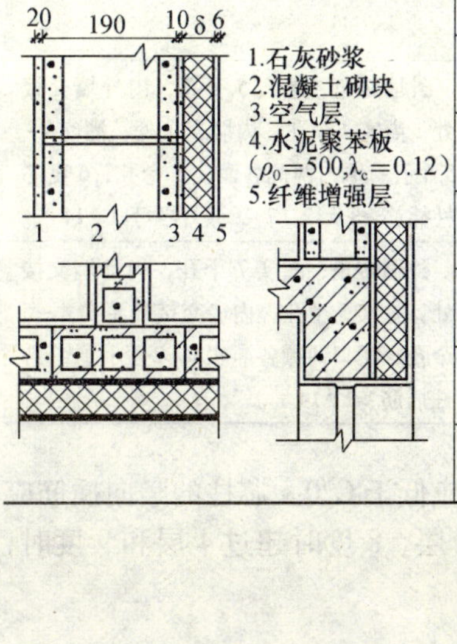	50	276	2.68	0.80	1.05	1.09
	60	286	2.84	0.88	0.97	1.01
	70	296	3.01	0.96	0.90	0.93
	80	306	3.17	1.05	0.83	0.86
	90	316	3.34	1.13	0.78	0.80
	100	326	3.51	1.21	0.74	0.76

续表

外墙构造	保温层厚度 δ（mm）	外墙总厚度（mm）	主体部位 热惰性指标 D值	主体部位 热阻（$m^2 \cdot K/W$）	主体部位 传热系数 K_p [$W/(m^2 \cdot K)$]	外墙平均传热系数 K_m [$W/(m^2 \cdot K)$]
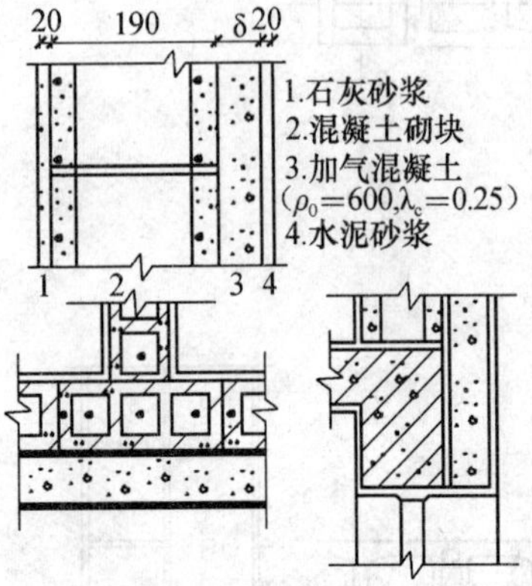	125	355	3.88	0.750	1.11	1.16
			(3.80)	(0.79)	(1.05)	(1.10)
	150	380	4.25	0.85	1.00	1.04
			(4.16)	(0.90)	(0.94)	(0.98)
	175	405	4.63	0.95	0.91	0.94
			(4.52)	(1.00)	(0.86)	(0.89)
	200	430	5.00	1.05	0.83	0.86
			(4.88)	(1.12)	(0.78)	(0.81)

注：括号内数据为加气混凝土。

（五）普通混凝土小型空心砌块的结构构造与建筑构造

1. 结构构造

（1）芯柱与拉接筋

6~8度设防的小砌块房屋，应按表3-2-12要求设置钢筋混凝土芯柱，对医院、教学楼等开间较大、横墙较少的房屋，应根据工程具体情况，按房屋增加一层后的要求设计芯柱。

小砌块房屋芯柱设置要求　　表3-2-12

房屋层数 6度	房屋层数 7度	房屋层数 8度	设置部位	设置要求
4、5	3、4	2、3	外墙转角，楼梯间四角，大房间内外墙交接处；隔15m或单元横墙与内纵墙交接处	外墙转角，灌实3个孔，内外墙交接处，灌实4个孔，6度插筋≥1ϕ12，7度、8度、9度插筋≥1ϕ14
6	5	4	外墙转角，楼梯间四角，大房间内外墙交接处，山墙与内纵墙交接处，隔开间横墙（轴线）与外纵墙交接处	
7	6	5	外墙转角，楼梯间四角，各内墙（轴线）与外墙交接处，8、9度抗震设防时，内纵墙与横墙（轴线）交接处和洞口两侧	外墙转角，灌实5个孔，内外墙交接处，灌实4个孔，内墙交接处，灌实4~5个孔，洞口两侧各灌实1个孔，6度芯柱插筋≥1ϕ12，7~9度不少于1ϕ14
	7	6	除上述要求外，横墙内芯柱间距不宜大于2m	外墙转角，灌实7个孔，内外墙交接处，灌实5个孔，内墙交接处灌实4~5个孔；洞口两侧各灌实1~2个孔，其芯柱插筋≥1ϕ14

芯柱截面不宜小于120mm×120mm。混凝土强度等级不应低于C20。芯柱的竖向插筋应贯通墙身且与圈梁连接，插筋不应小于1ϕ12，7度时超过5层、8度时超过4层和9度时，插筋不应小于1ϕ14。

芯柱宜在墙体内均匀布置，最大净距不宜大于2.0m。

芯柱应沿房屋层高贯通，并与各层圈梁整体现浇，在底层应伸入室外地面下500mm，或锚入浅于500mm的基础圈梁内，顶部在屋盖圈梁内锚固，其锚固长度为35d（d为主筋直径）。芯柱插筋应与每层圈梁顶面搭接，搭接长度为40d。

在墙体（或芯柱）与墙体交接处的水平灰缝中，应沿墙高每隔600mm设置一道拉接钢筋网片，网片可采用直径4mm的钢筋点焊而成，每边伸入墙内≥1000mm。

纵横墙应同时砌筑，当非承重隔墙后砌时，应沿墙高每隔600mm设置一道拉接钢筋网片。

芯柱与拉接筋构造如图3-2-20所示。

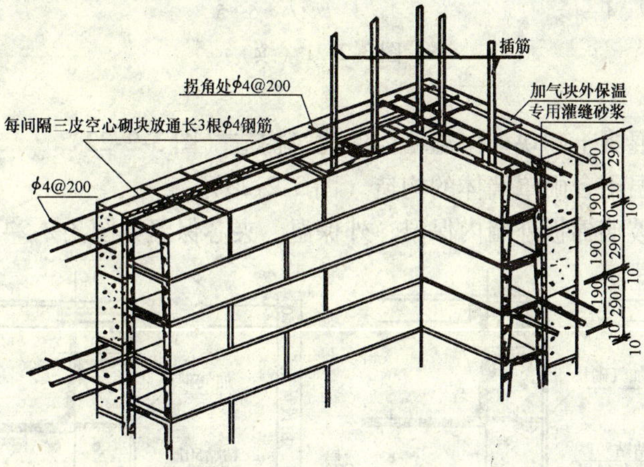

图3-2-20　芯柱与拉接筋

（2）圈梁

8度设防的小砌块多层房屋应在每层内外纵横墙体上设圈梁，当房屋建在软弱地基或不均匀地基上时，圈梁刚度应适当加强。

圈梁应连续地设在同一水平面上，并形成封闭状；当被洞口截断，不能在同一水平面闭合时，应做附加圈梁。

圈梁截面高度不应小于200mm，纵向钢筋：7度区≥4ϕ10，箍筋ϕ6@250；8度区≥4ϕ12，箍筋ϕ6@200，基础圈梁配筋不小于4ϕ12。

圈梁与楼板交接如图3-2-21所示。

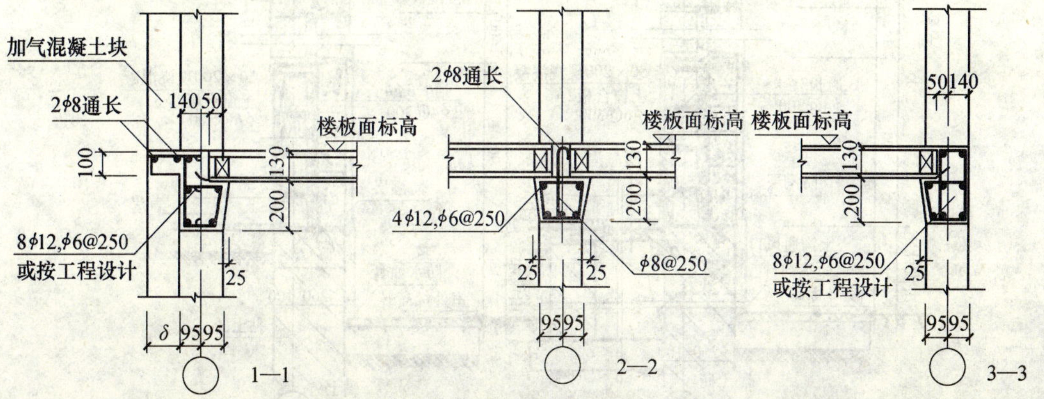

图3-2-21　板缝与圈梁

δ—保温层

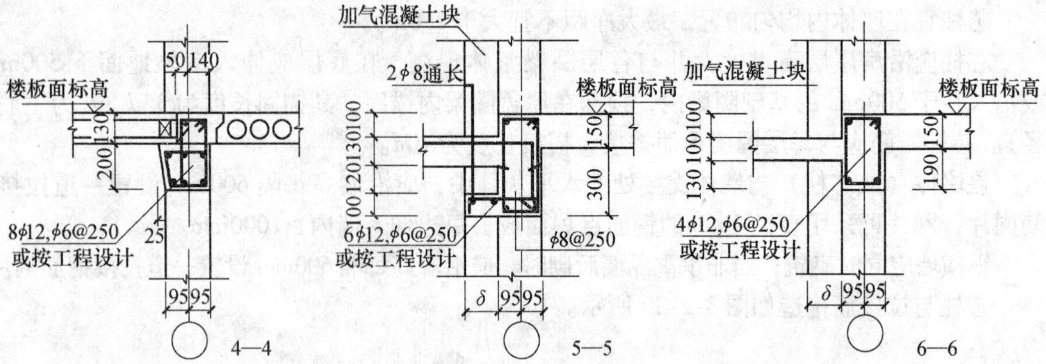

图 3-2-21（续）

2. 建筑构造

（1）外墙加气混凝土砌块外保温墙体的建筑构造（图 3-2-22）。

（2）砌块外保温阳台雨罩墙体的构造（图 3-2-23）。

（3）聚苯板、玻璃棉板外墙内保温、外保温、夹芯保温如图 3-2-24 和图 3-2-25 所示。

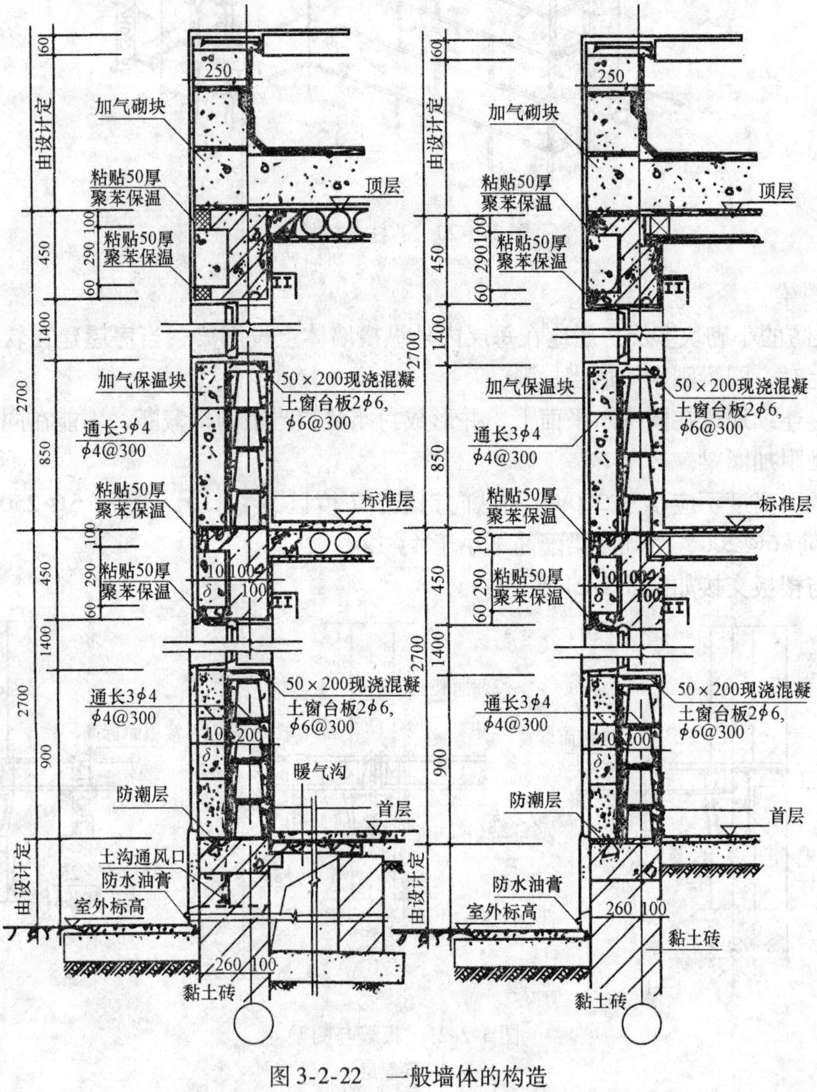

图 3-2-22　一般墙体的构造

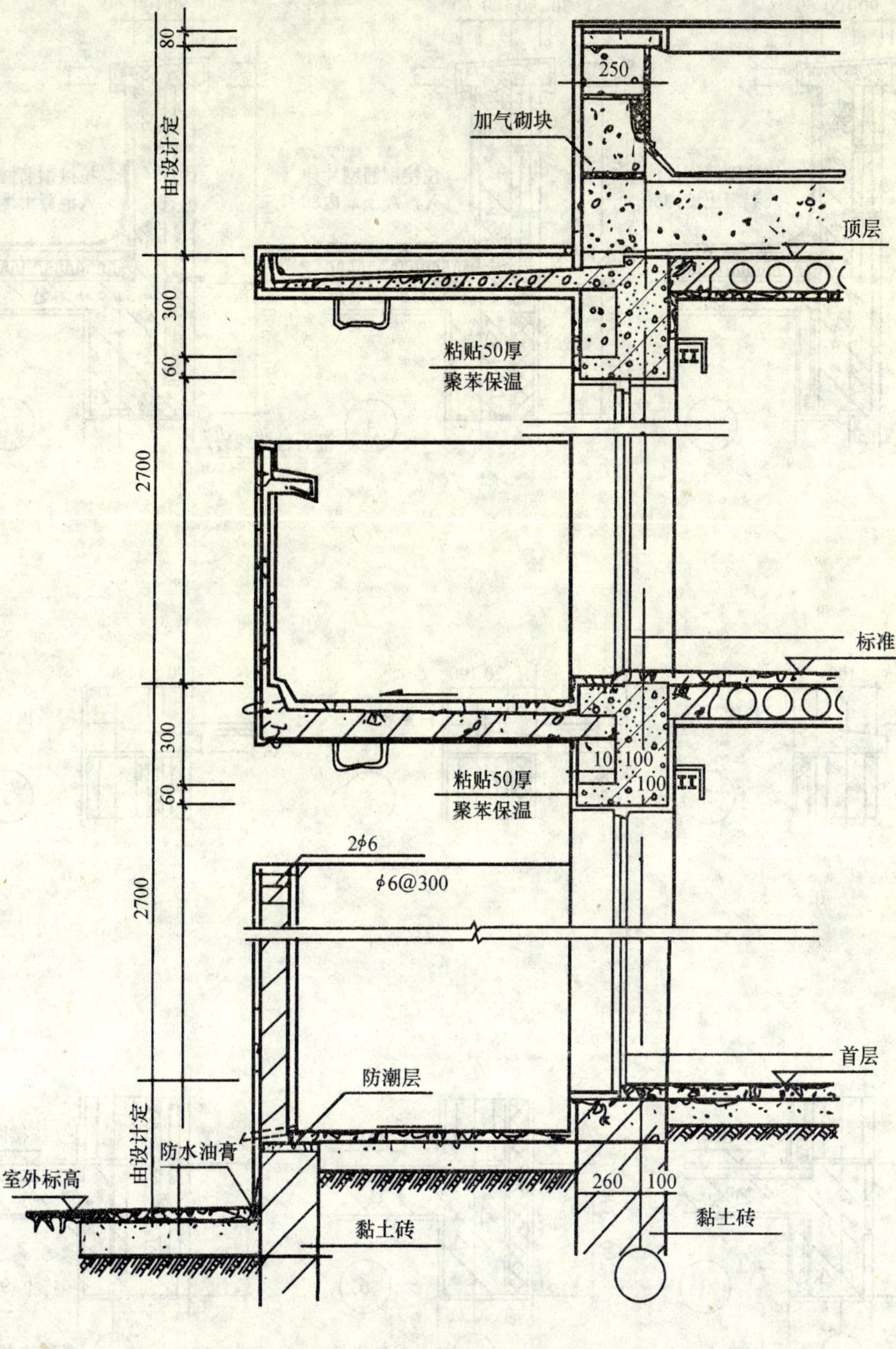

图 3-2-23　阳台雨罩墙体的构造

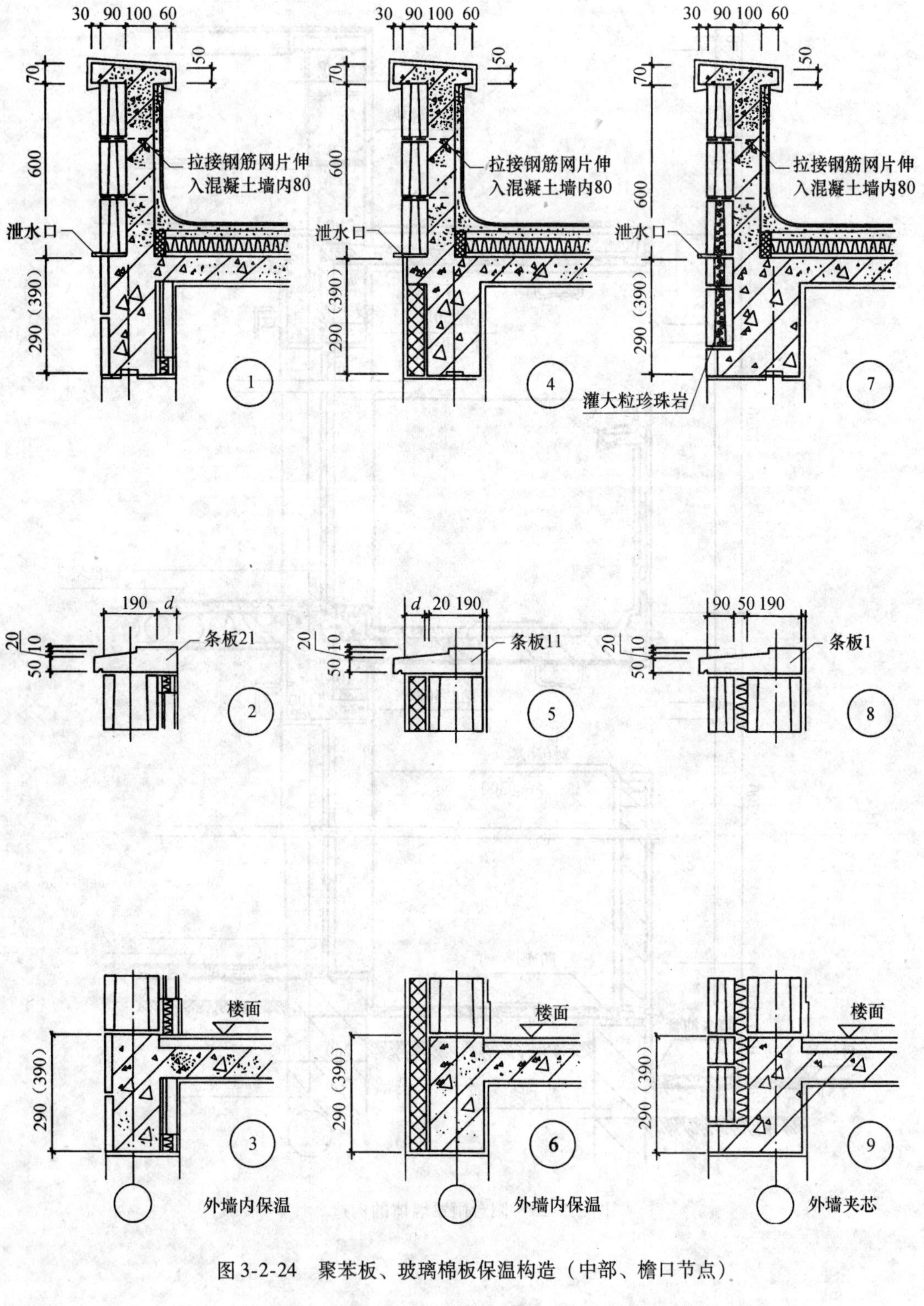

图 3-2-24　聚苯板、玻璃棉板保温构造（中部、檐口节点）

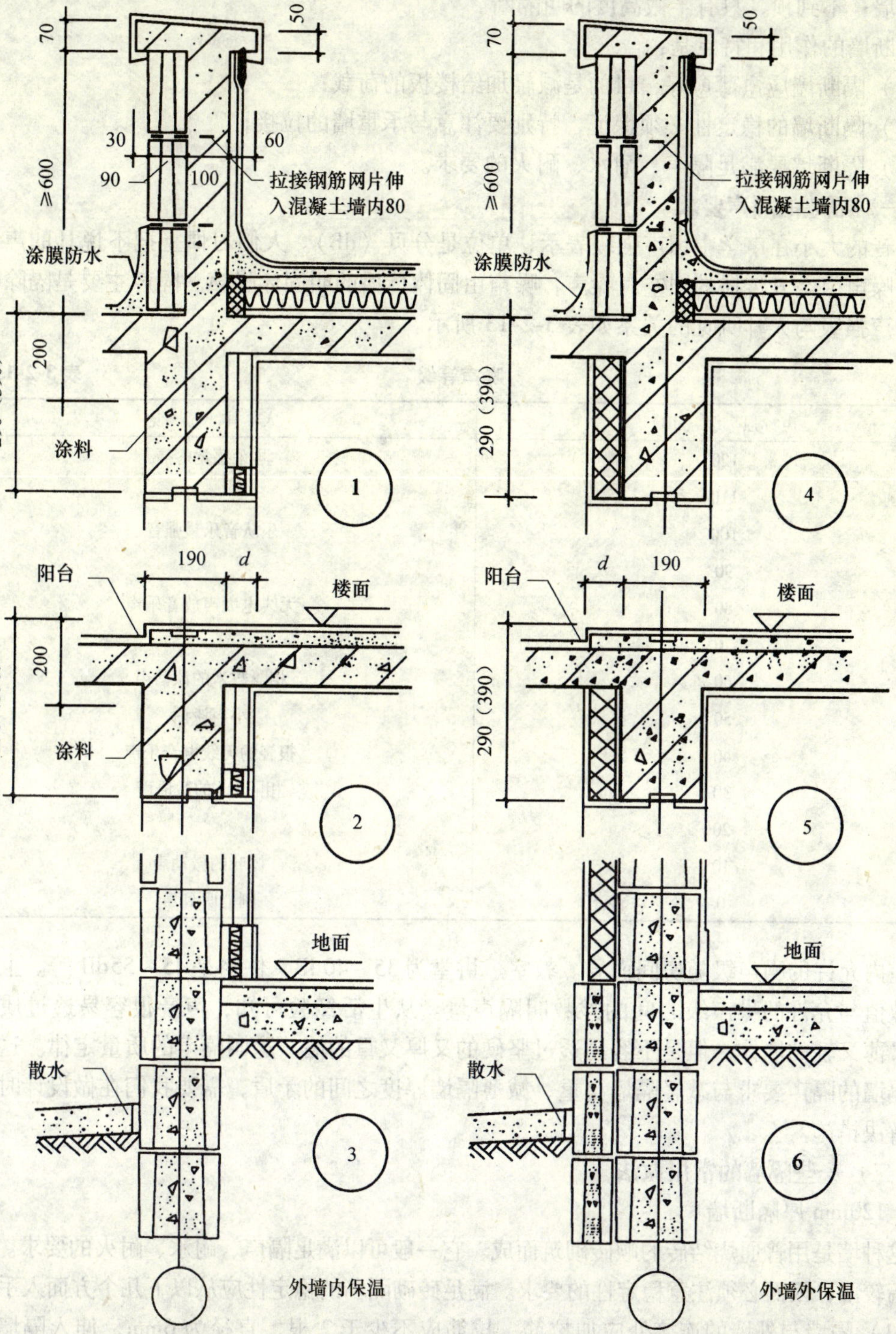

图 3-2-25　聚苯板、玻璃棉板保温构造（墙脚部位节点）

三、隔墙的构造

建筑中不承重，只起分隔室内空间作用的墙体叫隔断墙。通常人们把到顶板下皮的隔断墙叫隔墙；不到顶、只有半截高度的叫隔断。

隔断墙的作用和特点是：

（1）隔断墙应愈薄愈好，目的是减轻加给楼板的荷载；

（2）隔断墙的稳定性必须保证，特别要注意与承重墙的拉接；

（3）隔断墙要满足隔声、耐水、耐火的要求。

（一）隔墙的隔声要求

声音的大小在声学中用声强级表示，单位是分贝（dB）。人们习惯上把不悦耳的声音叫噪声。噪声由空气传播的叫空气噪声，噪声由固体传播的叫固体噪声。隔声主要是隔除空气噪声。声强级与人耳听觉的关系如表 3-2-13 所示。

噪声等级 **表 3-2-13**

声强级（dB）	人耳感觉
120	耳朵感觉疼痛
110	
100	乐队音乐最强音
90	
80	无线电大声放音乐声
70	
60	相隔数米的谈话声
50	小声谈话
40	很轻的无线电音乐声
30	相隔 1m 的微语声
20	
10	树叶的微动声
0	刚能听到声

室内允许的噪声级随房间而异。教室、讲堂为 35～40dB，住宅是 45～55dB 等。上表中所列数值与允许的噪声级之间的差数叫隔声量。从生活经验可知，声音很容易透过质地松软、又薄又轻的墙体，但是不容易透过坚硬的又厚又重的墙。这叫隔声的质量定律。这就产生了隔墙的隔声要求与减轻隔墙自重、减薄隔墙厚度之间的矛盾，需要我们在做设计时认真考虑解决措施。

（二）一些隔墙的常用做法

1. 120mm 厚隔断墙

这种墙是用普通烧结砖的顺砖砌筑而成。它一般可以满足隔声、耐水、耐火的要求。由于这种墙较薄，因而必须注意稳定性的要求。满足砖砌隔墙的稳定性应从以下几个方面入手：

（1）隔墙与外墙的连接处应加拉筋，拉筋应不少于 2 根，直径为 6mm，伸入隔墙长度为 1m。内外墙之间不应留直槎。

（2）当墙高大于 3m、长度大于 5.1m 时，应每隔 8～10 皮砖砌入一根 $\phi 6$ 钢筋（图3-2-26）。

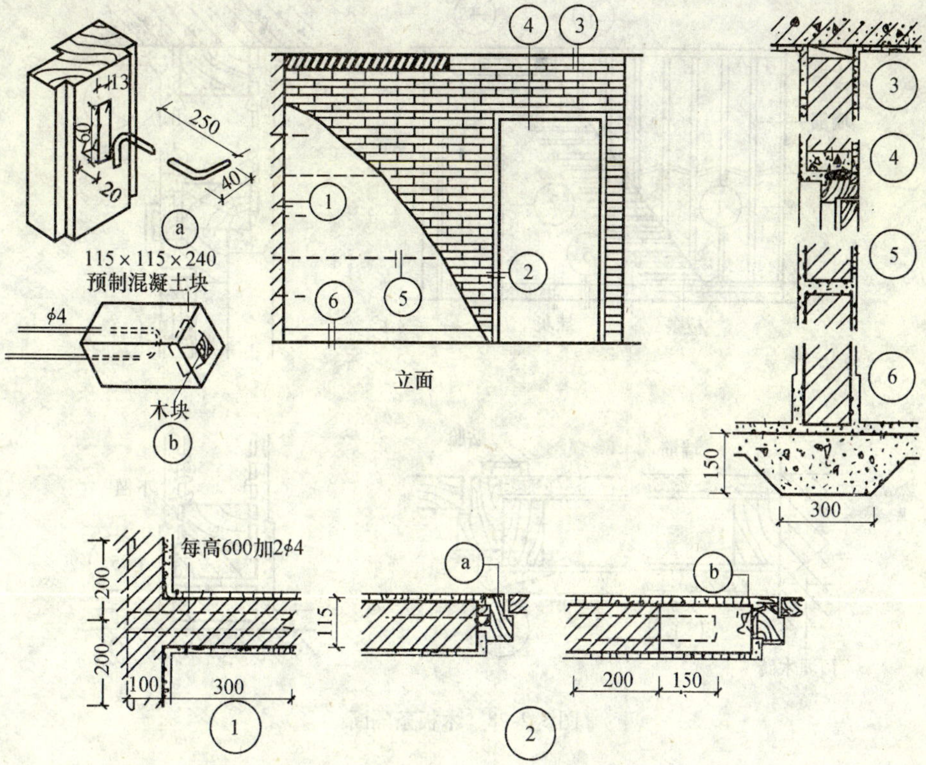

图 3-2-26　半砖隔断

（3）隔墙上部与楼板相接处，用立砖斜砌，使墙和楼板挤紧。

（4）隔墙上有门时，要用预埋铁件或用带有木楔的混凝土预制块，将砖墙与门框拉接牢固（图 3-2-27）。

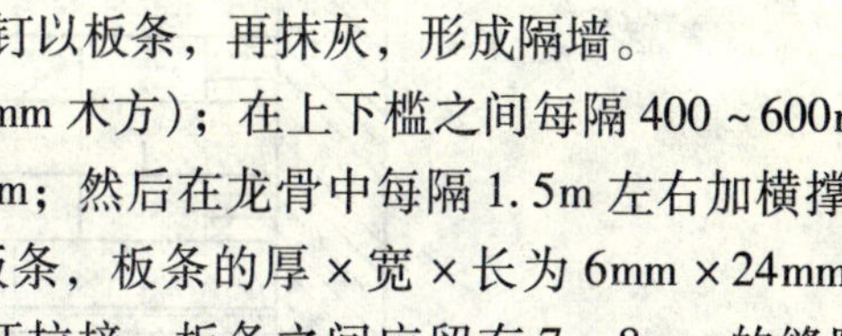

图 3-2-27　木砖

2. 木板条隔墙

木板条隔墙的特点是质轻、墙薄，不受部位的限制，拆除方便，因而也有较大的灵活性。

木板条隔墙的构造特点是用方木组成框架，钉以板条，再抹灰，形成隔墙。

方木框架的构造是：安上下槛（50mm×100mm 木方）；在上下槛之间每隔 400～600mm 立垂直龙骨，断面为 30mm×70mm～50mm×70mm；然后在龙骨中每隔 1.5m 左右加横撑或斜撑，以增强框架的坚固与稳定。龙骨外侧钉板条，板条的厚×宽×长为 6mm×24mm×1200mm。板条外侧抹灰时，为了便于操作和保证拉接，板条之间应留有 7～8mm 的缝隙。灰浆应以石灰膏加少量麻刀或纸筋为主，外侧喷白浆（图 3-2-28）。

在木板墙上设置门窗时，门窗洞口两侧的龙骨断面应加大，或采用双筋龙骨，以利加固。为了防潮防水，下槛的下部可先砌 3～5 皮砖。

3. 加气混凝土砌块隔墙

加气混凝土是一种轻质多孔的建筑材料。它具有体积质量小、保温效能高、吸声好、尺寸准确和可加工、可切割的特点。在建筑工程中采用加气混凝土制品可降低房屋自重，提高建筑物的功能，节约建筑材料，减少运输量，降低造价。

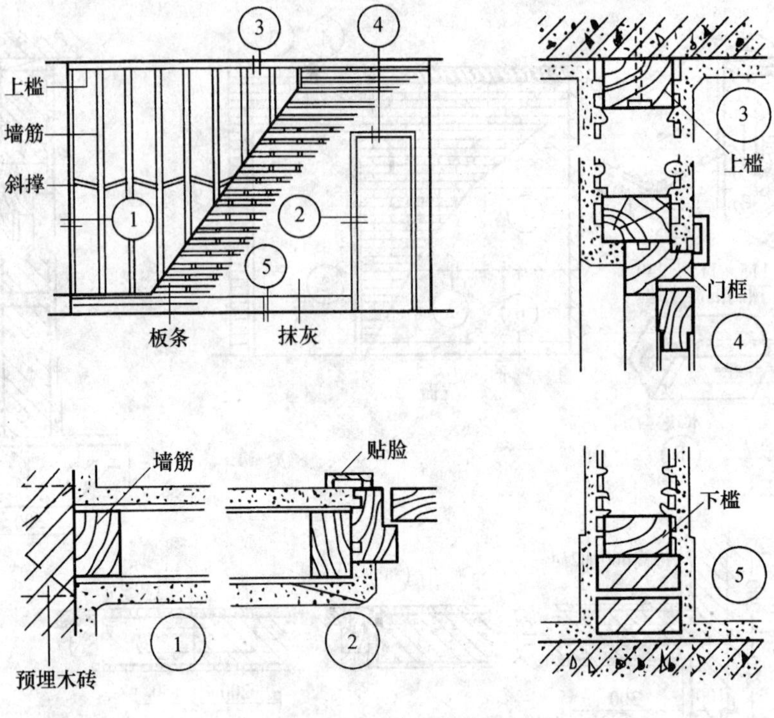

图 3-2-28　木板条隔断

加气混凝土砌块的尺寸为 75mm、100mm、125mm、150mm、200mm 厚，500mm 长。砌筑加气混凝土砌块时，应采用 1∶3 水泥砂浆，并考虑错缝搭接。为保证加气混凝土砌块隔墙的稳定性，应预先在其连接的墙上留出拉筋，并伸入隔墙中。钢筋数量应符合抗震设计规范的要求。具体做法同 120mm 厚砖隔墙。

加气混凝土隔墙上部必须与楼板或梁的底部钉紧，最好加木楔；如果条件许可，可以加在楼板的缝内，以保证其稳定（图 3-2-29）。

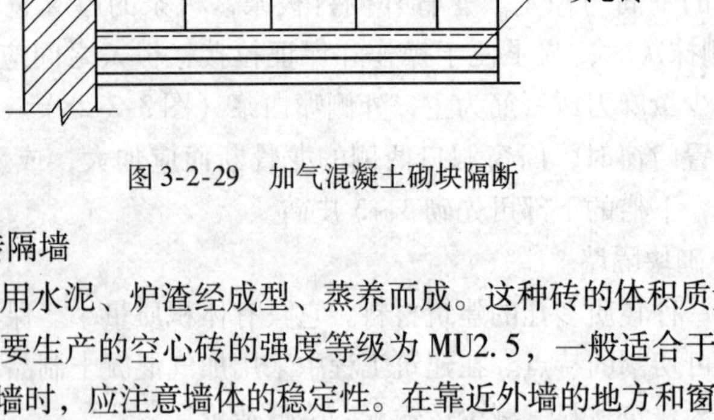

图 3-2-29　加气混凝土砌块隔断

4. 水泥焦渣空心砖隔墙

水泥焦渣空心砖采用水泥、炉渣经成型、蒸养而成。这种砖的体积质量小，保温隔热效果好。北京地区目前主要生产的空心砖的强度等级为 MU2. 5，一般适合于砌筑隔墙。

砌筑炉渣空心砖隔墙时，应注意墙体的稳定性。在靠近外墙的地方和窗洞口两侧，常采用黏土砖砌筑。为了防潮防水，一般在靠近地面和楼板的部位应先砌筑3~5皮砖（图3-2-30）。

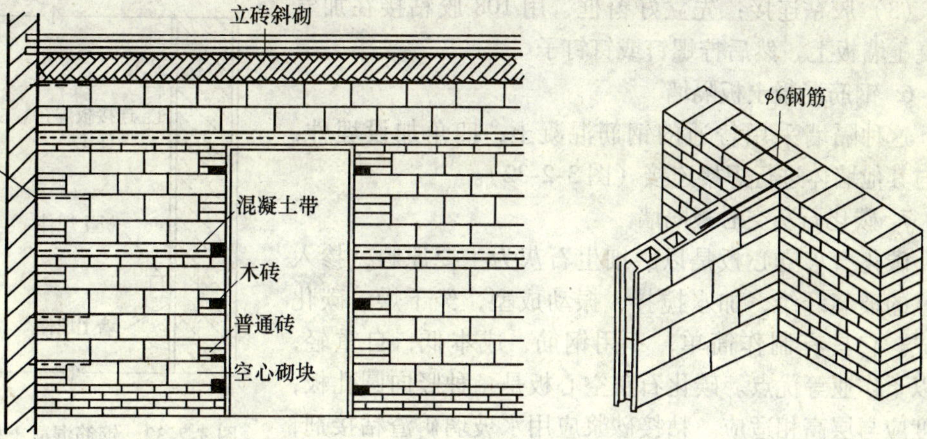

图3-2-30　水泥焦渣空心砖隔墙

5. 加气混凝土条板隔墙

加气混凝土条板厚100mm、宽600mm，具有质轻、多孔、易于加工等优点。加气混凝土条板之间可以用水玻璃矿渣粘接剂粘接，也可以用聚乙烯醇缩甲醛（108胶）粘接(图3-2-31)。

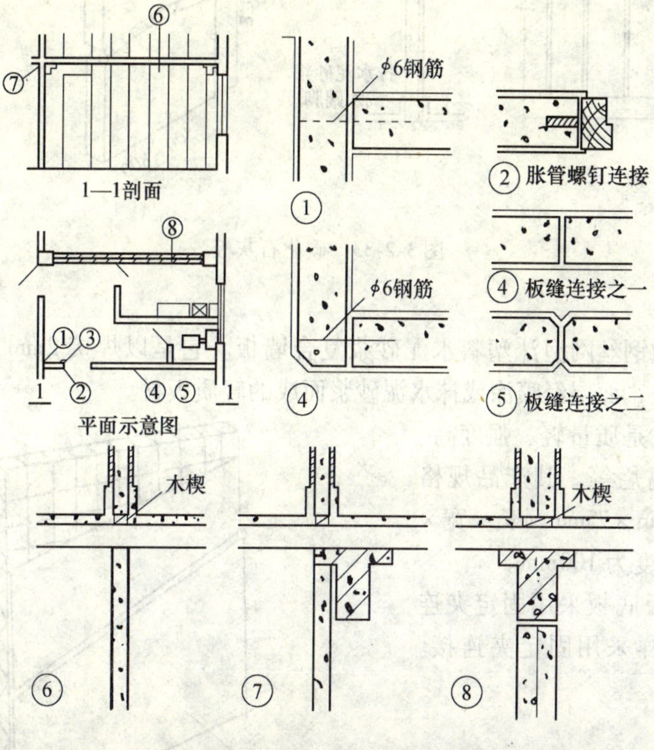

图3-2-31　加气混凝土条板隔墙

在加气混凝土隔墙上固定门窗框的方法有以下几种：

（1）膨胀螺栓法：在门窗框上钻孔，放胀管，拧紧螺钉或钉钉子。

（2）胶粘圆木安装：在加气混凝土条板上钻孔，刷胶，钉入涂胶圆木，然后立门窗框，并拧螺钉或钉钉子。

(3) 胶粘连接：先立好窗框，用108胶粘接在加气混凝土墙板上，然后拧螺钉或钉钉子。

6. 钢筋混凝土板隔墙

这种隔墙采用普通的钢筋混凝土，四角加设埋件，并与其他墙体进行焊接连接（图3-2-32）。

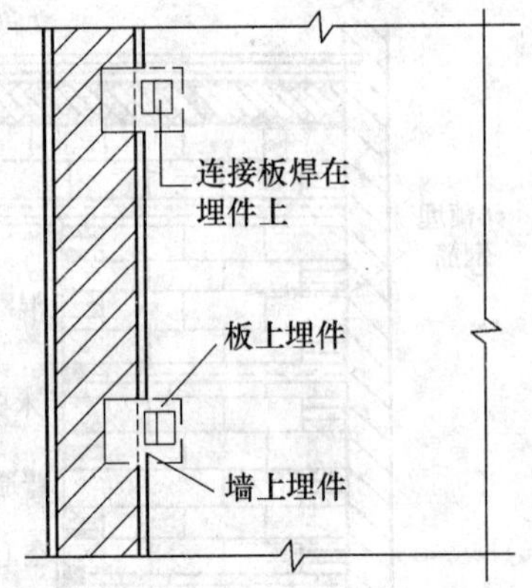

图3-2-32　钢筋混凝土板隔墙

7. 碳化石灰空心板隔墙

碳化石灰空心板是以磨细生石灰为主要原料，掺入少量的玻璃纤维，加水搅拌，振动成型，经干燥、碳化而成。它具有制作简单，不用钢筋，成本低，自重轻，可以干作业等优点。碳化石灰空心板是一种竖向圆孔板，高度应与层高相适应。粘接砂浆应用水玻璃矿渣粘接剂，安装以后应用腻子刮平，表面粘贴塑料壁纸。这种板的断面及安装节点如图3-2-33所示。

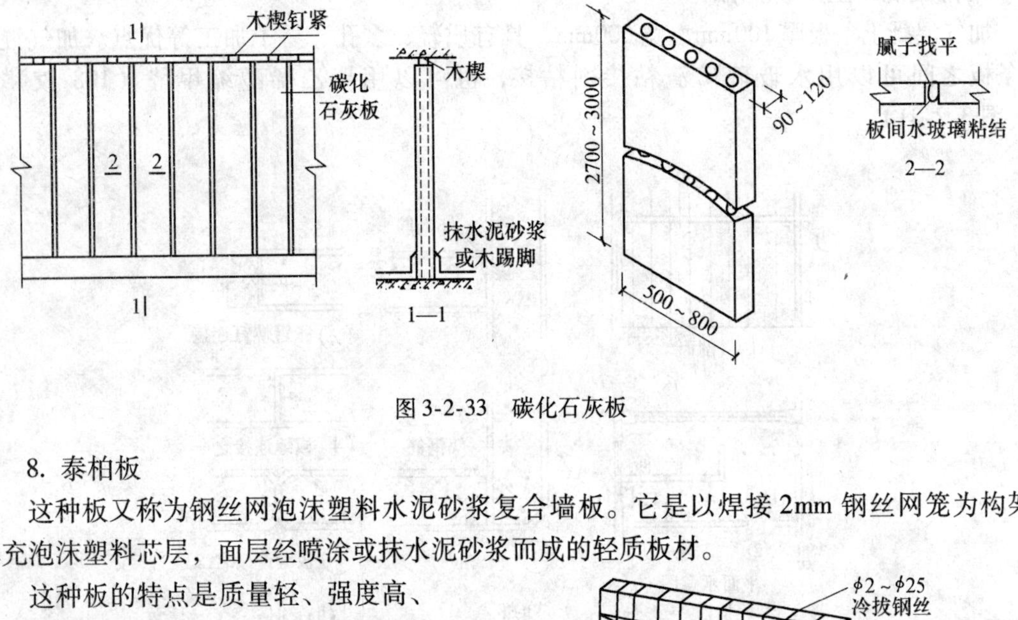

图3-2-33　碳化石灰板

8. 泰柏板

这种板又称为钢丝网泡沫塑料水泥砂浆复合墙板。它是以焊接2mm钢丝网笼为构架，填充泡沫塑料芯层，面层经喷涂或抹水泥砂浆而成的轻质板材。

这种板的特点是质量轻、强度高、防火、隔声、不腐烂等。其产品规格为2440mm×1220mm×75mm（长×宽×厚）。抹灰后的厚度为100mm。

泰柏板与顶板底板采用固定夹连接，墙板之间同样采用固定夹连接。（图3-2-34）。

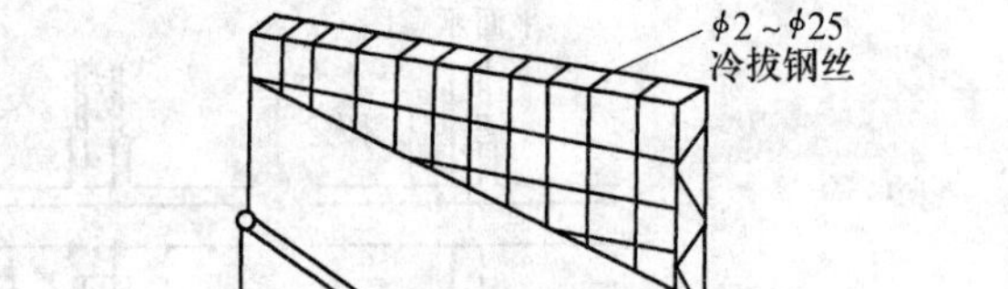

图3-2-34　泰柏板

9. GY板

这种板又称为钢丝网岩棉水泥砂浆复合墙板，它是以焊接2mm钢丝网笼为构架，填充岩棉板芯层，面层经喷涂或抹水泥砂浆而成的轻质板材。

GY 板具有质量轻、强度高、防火、隔声、不腐烂等性能。其产品规格为：长度 2400 ~ 3300mm，宽度 900 ~ 1200mm，厚度 55 ~ 60mm。

10. 纸面石膏板隔墙

纸面石膏板以石膏为主要原料，生产时在板的两面粘贴具有一定抗拉强度的纸，以增加板材搬运时的抗弯能力。纸面石膏板的厚度为 12mm，宽度为900 ~ 1200mm，长度为 2000 ~ 3000mm，一般使其长度恰好等于室内净高。纸面石膏板的特点是表观密度小（750 ~ 900kg/m^3）、防火性能好、加工性能好（可锯、割、钻孔、钉等）、可以粘贴、表面平整；但极易吸湿，故不宜用于厨房、厕所等处。目前也有耐湿纸面石膏板，但价格较高。

纸面石膏板隔墙属于立筋式隔墙，通常先立墙筋（骨架）后做面层，它的龙骨可以用木材、薄壁型钢（也称轻钢龙骨）等材料制作。其安装过程是先用螺钉将上槛、下槛（也称导向骨架）固定在楼板上，然后安装竖向龙骨，间距为 400 ~ 600mm，龙骨上留有走线孔，纸面石膏板用粘结剂或螺丝固定在龙骨上，板缝用贴缝纸后刮腻子，最后在表面装修（如裱糊壁纸、涂刷涂料、喷浆等）。

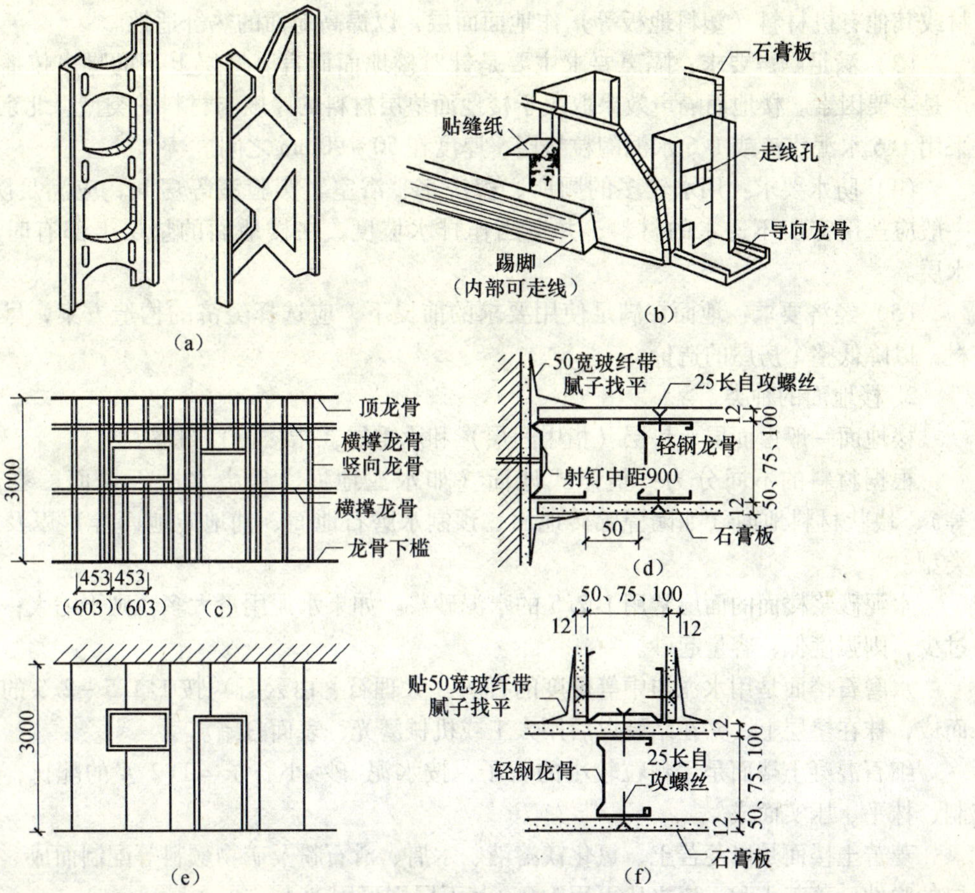

图 3-2-35　薄壁轻钢骨架隔墙

（a）薄壁轻钢骨架；（b）墙体组装示意；（c）龙骨排列；
（d）靠墙节点；（e）石膏板排列；（f）丁字隔墙节点

为提高轻质隔墙的隔声效果，安装时可以在骨架的空隙内填入吸声材料，同时将纵筋错开布置，使得吸声材料可以阻断两层面板与龙骨之间直接传声的通道。此外，做双层石膏板并将板间接缝错开布置的做法也相当有效，轻钢龙骨两面为双层石膏板且内填超细玻璃棉毡的轻质墙体，其隔声量可与240厚的砖墙相当。

第三节 楼 地 面

一、地面的组成与要求

地面包括底层地面与楼层地面两大部分。

1. 对地面的要求

各类建筑对地面的要求不完全相同，概括起来，一般应满足如下几个方面：

（1）坚固耐久要求：地面直接与人接触，家具、设备也大多都摆放在地面上，因而地面必须耐磨，行走时不起尘土、不起砂，并有足够的强度。

（2）减少吸热要求：由于人们直接与地面接触，地面直接吸走人体的热量，故应选用吸热系数小的材料作地面面层，或在地面上铺设辅助材料，用以减少地面的吸热。如采用木材或其他有机材料（塑料地板等）作地面面层，以提高地面的热舒适性。

（3）满足隔声要求：隔声要求主要是针对楼地面而言。楼层上下的噪声传播，固体噪声是主要因素。楼地面隔声效果取决于楼地面垫层材料的厚度与材料的类型。北京地区大多采用1∶6水泥焦渣或1∶6水泥陶粒垫层，厚度在50~90mm之间。

（4）防水要求：用水较多的厕所、盥洗室、浴室、实验室等房间，应满足防水要求。一般应选用密实不透水的材料，并适当作排水坡度。在楼地面的垫层上部有时还应作防水层。

（5）经济要求：地面在满足使用要求的前提下，应选择经济的构造方案，尽量就地取材，以降低整个房屋的造价。

2. 楼地面的种类

楼地面一般由面层、垫层（指中间层）和承重层（指楼板）组成。

根据材料的不同分为：整体式地面（如水泥地面、现浇水磨石地面、菱苦土地面等）、块状材料地面（如陶瓷锦砖地面、预制水磨石地面、铺地砖地面等）以及木地面等类型。

水泥砂浆楼面的面层常用1∶2.5的水泥砂浆。如果水泥用量太多，则干缩大；水泥用量过少，则强度低，容量起砂。

水磨石楼面是用水泥与中等硬度的石屑（大理石、白云石）按1∶1.5~2.5的比例配合而成，抹在垫层上，并在结硬以后用人工或机械磨光，表面打蜡。

细石混凝土楼面是用颗粒较小的石子，按水泥∶砂∶小石子=1∶2∶4的配比，拌合、浇制、抹平、压实而成。

菱苦土楼面是以菱苦土、氯化镁溶液、木屑、滑石粉及矿物颜料等配制而成。为增加面层的弹性，菱苦土和木屑之比可用1∶2；其下层则可用1∶4。

陶瓷锦砖楼面是铺贴小块的陶瓷锦砖，俗称马赛克。一般均把这种小瓷砖预先贴在牛皮纸上，施工时在刚性垫层上做找平层，用水泥砂浆或特制胶如903胶等粘贴。这种楼面质地坚实、光滑、平整、不透水、耐腐蚀，一般在厕所、浴室应用较多。

铺地砖楼面是用一种较大块的釉面砖（又称缸砖）铺设。这种砖强度高、平整、耐磨、耐水、耐腐蚀，常用水泥砂浆把它铺贴在地面的找平层上，亦可采用特制胶粘贴。

预制水磨石楼面是用1:3水泥砂浆将水磨石预制板铺贴在地面垫层上。

二、地面的基本构造

（一）楼地面构造要点

由于地面构造与施工工艺密切，这里只简要介绍一下构造要点及应注意的问题，具体构造做法可查阅各地的工程做法手册。

1. 整体楼地面

包括水泥砂浆、水磨石、菱苦土等做法。整体楼地面的垫层，大多采用50~90mm厚的1:6水泥焦渣，一般不用混凝土垫层。这样做的好处是可以减轻传给楼板的荷载，而且隔声效果较好。

整体楼地面的面层，一般应注意分格（分仓），其尺寸为500~1000mm不等。水泥砂浆面层可直接分格，水磨石面层可采用玻璃条、铜条、铝条进行分格，菱苦土面层可采用木条分格。面层分格是保证均匀变形，减少开裂的有效措施。

2. 块料楼地面

包括铺地砖、马赛克等做法。块料楼地面的垫层也多采用1:6水泥焦渣制作。

块料楼地面的面层，若为大块时（如预制水磨石板、铺地砖等），可直接采用不小于20mm厚的1:4干硬性水泥砂浆粘贴；若为小块时（如马赛克等）应先将面层材料拼接，并粘贴于牛皮纸上，施工后揭去牛皮纸，形成面层。

3. 铺贴楼地面

包括塑料地板、地毯等做法。铺贴楼地面的面层材料多为有机材料，如塑料地板等。

铺贴楼地面的垫层多为混凝土，经刮腻子找平后，才可铺贴。铺贴楼地面的铺贴用胶多为各类合成树脂胶，如XY401胶等。

4. 木楼面

包括条木地板、拼花木地板等做法。在构造做法上，分为单层长条硬木楼地面做法和双层硬木楼地面做法两种，均属于实铺式做法。

（二）底层地面构造要点

底层地面由面层、垫层和基层三部分组成。若面层为块状材料时，还需另设结合层。垫层材料及厚度如表3-2-14所示，面层的材料、厚度如表3-2-15所示，结合层的材料、厚度如表3-2-16所示（摘自《建筑地面设计规范》GB 50037—96）。

底层地面垫层的最小厚度 表3-2-14

垫层材料	最小厚度（mm）
砂、炉渣、碎石、卵石	60
四合土	80
灰土	100
混凝土	60
三合土	100
矿渣	80

面层厚度 **表 3-2-15**

面层名称	材料强度等级	厚度（mm）
混凝土（垫层兼面层）	≥C15	按垫层确定
细石混凝土	≥C20	30~100
聚合物水泥砂浆	≥M20	5~10
水泥砂浆	≥M15	20
铁屑水泥	M40	30~35（含结合层）
水泥石屑	≥M30	20
防油渗混凝土	≥C30	60~70
防油渗涂料	—	5~7
耐热混凝土	≥C20	≥60
沥青混凝土	—	30~50
沥青砂浆	—	20~30
菱苦土（单层）	—	10~15
（双层）	—	20~25
矿渣、碎石（兼垫层）	—	80~150
三合土（兼垫层）	—	100~150
灰土	—	100~150
预制混凝土板（边长≤500mm）	≥C20	≤100
普通黏土砖（平铺）	≥MU7.5	53
（侧铺）		115
煤矸石砖、耐火砖（平铺）	≥MU10	53
（侧铺）		115
水泥花砖	≥MU15	20
现浇水磨石	≥C20	25~30（含结合层）
预制水磨石板	≥C15	25
陶瓷锦砖（马赛克）	—	5~8
地面陶瓷砖（板）	—	8~20
花岗岩条石	≥MU60	80~120
大理石、花岗石	—	20
块石	≥MU30	100~150
铸铁板	—	7
木板（单层）	—	18~22
（双层）	—	12~18
薄型木地板	—	8~12
格栅式通风地板	—	高 300~400
软聚氯乙烯板	—	2~3
塑料地板（地毡）	—	1~2
导静电塑料板	—	1~2
聚氨酯自流平	—	3~4
树脂砂浆	—	5~10
地毯	—	5~12

注：（1）双层木地板面层厚度不包括毛地板厚，其面层用硬木制作时，板的净厚度宜为 12~18mm；

（2）本规范中沥青类材料均指石油沥青；

（3）防油渗混凝土的抗渗性能宜按照现行国家标准《普通混凝土长期性能和耐久性能试验方法》（GBJ 82—1985）进行检测，用 10 号机油为介质，以试件不出现渗油现象的最大不透油压力为 1.5MPa；

（4）防油渗涂料粘接抗拉强度为≥0.3MPa；

（5）铸铁板厚度系指面层厚度。

结合层厚度　　表 3-2-16

面层名称	结合层材料	厚度（mm）
预制混凝土板	砂、炉渣	20～30
陶瓷锦砖（马赛克）	1∶1 水泥砂浆	5
	或 1∶4 干硬性水泥砂浆	20～30
普通黏土砖、煤矸石砖、耐火砖	砂、炉渣	20～30
水泥花砖	1∶2 水泥砂浆	15～20
	或 1∶4 干硬性水泥砂浆	20～30
块石	砂、炉渣	20～50
花岗岩条石	1∶2 水泥砂浆	15～20
大理石、花岗石、预制水磨石板	1∶2 水泥砂浆	20～30
地面陶瓷锦砖（板）	1∶2 水泥砂浆	10～15
铸铁板	1∶2 水泥砂浆	45
	砂、炉渣	≥60
塑料、橡胶、聚氯乙烯塑料等板材	粘结剂	
木地板	粘结剂，木板小钉	
导静电塑料板	配套导静电粘结剂	

底层地面也分为整体面层、块料面层、铺贴面层和木地面等做法。底层地面除应满足楼地面的要求外，还需特别注意防潮问题，应对可能受潮的房间进行必要的防潮处理，通过设置防潮层、保温层、架空地层等措施加以预防。

底层地面的基层一般均为素土夯实及 3∶7 灰土（南方地区可采用三合土），潮湿地区改用卵石。垫层多采用强度等级为 C15 的混凝土，厚度为 50～100mm。面层的做法除底层木地面外，均与楼地面的做法相同。底层木地面的构造做法可参见第四篇第二章第一节的有关内容。

三、阳台和雨篷构造

1. 阳台

阳台是多层和高层建筑中人们接触室外的平台，主要供人们休息、活动、晾晒用。按照与外墙的相对位置分有凸阳台和凹阳台、半凸半凹阳台。凹阳台实为楼板层的一部分，构造和楼板层相同；而凸阳台的受力构件为悬挑构件，其出挑长度为 1.5m 左右，当挑出长度超过 1.5m 时，应做凹阳台或采取可靠的抗倾覆措施。

凸阳台的承重构件目前大都采用钢筋混凝土结构，按照施工方式分为现浇钢筋混凝土结构和预制钢筋混凝土结构。现浇钢筋混凝土结构凸阳台有三种结构类型（图 3-2-36），多用于阳台形状特殊及抗震设防要求较高的地区。预制钢筋混凝土结构凸阳台有四种结构类型（图 3-2-37），其施工速度快，但抗震性能较差，常用于抗震设防要求不高的地区。

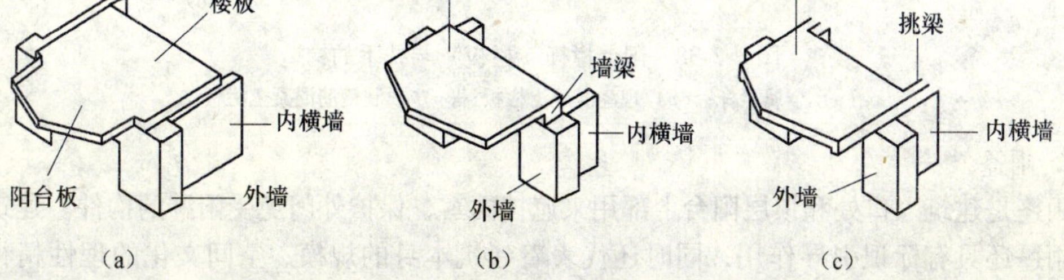

图 3-2-36　现浇钢筋混凝土凸阳台

（a）挑板式；（b）压梁式；（c）挑梁式

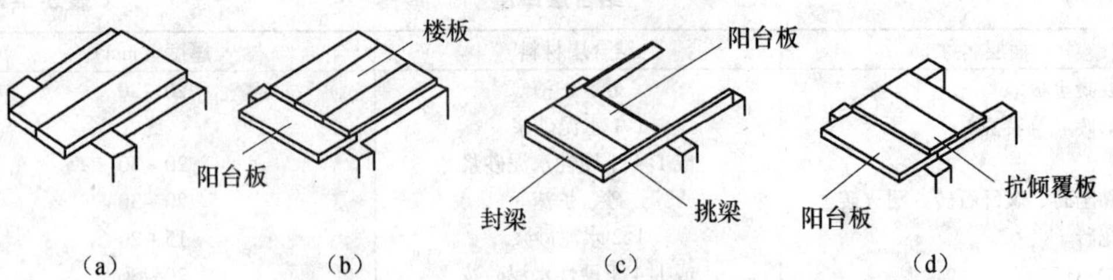

图 3-2-37　预制钢筋混凝土凸阳台

（a）楼板外伸式；（b）楼板压重式；（c）挑梁式；（d）抗倾覆式

阳台的栏杆（栏板）是为保证人们在阳台上活动安全而设置的竖向构件，要求坚固可靠，舒适美观。其净高应高于人们的重心，不宜小于1.05m，高层建筑的栏杆不小于1.1m，但不宜超过1.2m。栏杆离地面0.1m高度内不应留空；垂直杆件间的净距不应大于110mm。栏板有钢筋混凝土板和玻璃板等。钢筋混凝土栏板可与阳台板整浇在一起，也可借预埋铁件将预制板与阳台连接。图3-2-38所示为阳台栏杆（栏板）与扶手的构造。目前，玻璃栏板由于具有一定的通透性和装饰性，已逐渐用于一些住宅和公共建筑中。

为排除阳台上的雨水和积水，阳台必须采取一定的排水措施。阳台排水有外排水和内排水两种方式。外排水适用于低层和多层建筑，可在阳台一侧或两侧设排水口，阳台地面向排水口做1%～2%的坡，排水口内设置ϕ40～ϕ50镀锌钢管或塑料管（称水舌），外挑长度不小于80mm，以防雨水溅到下层阳台。内排水适用于高层建筑和高标准建筑，具体做法是在阳台内设置排水立管和地漏，将雨水直接排入地下管网，保证建筑立面美观。图3-2-39为阳台排水构造。

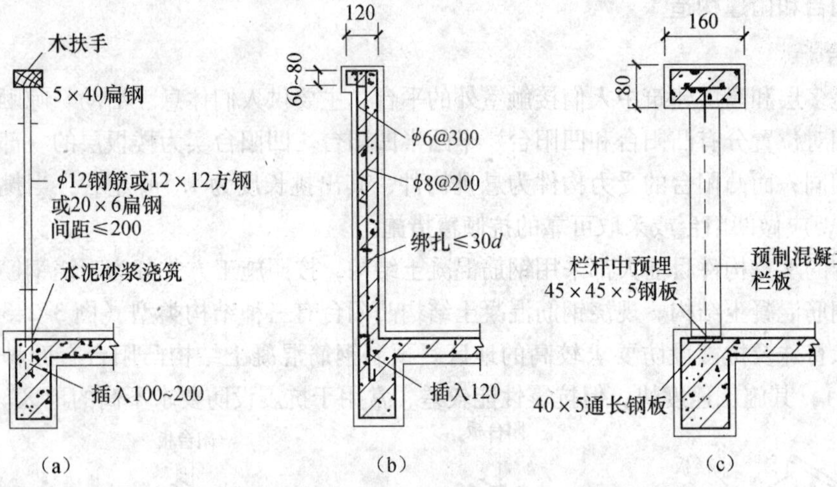

图 3-2-38　阳台栏杆（栏板）与扶手的构造

（a）金属栏杆；（b）现浇混凝土栏板；（c）预制钢筋混凝土栏板

2. 雨篷

雨篷是建筑入口处和顶层阳台上部用来遮挡雨雪、保护外门免受雨淋的构件。建筑入口处的雨篷还具有标识引导作用，同时还代表着建筑本身的规模、空间文化的理性精神。因此，主入口雨篷设计和施工尤为重要。现代建筑的雨篷形式多样，以材料和结构可分为钢筋混凝土雨篷、钢结构悬挑雨篷、玻璃采光雨篷及软面折叠多用雨篷等。

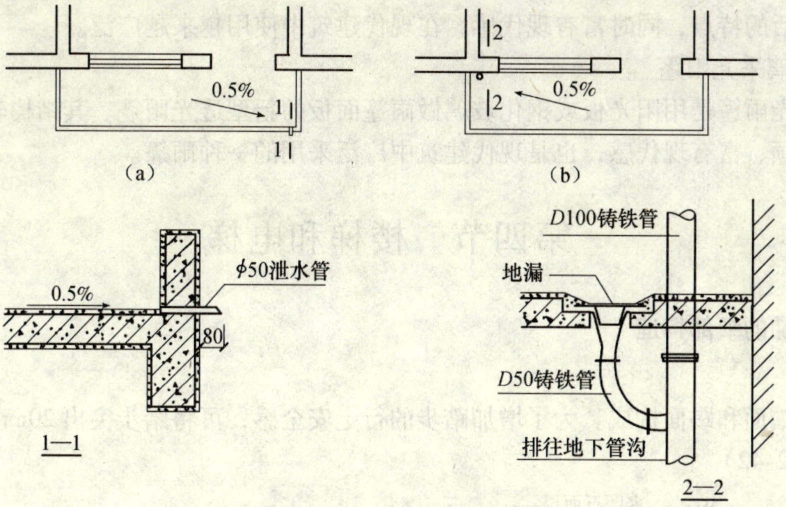

图 3-2-39　阳台排水构造

（a）水舌排水；（b）排水管排水

（1）钢筋混凝土雨篷

传统的钢筋混凝土雨篷，当出挑长度较大时，雨篷由梁、板、柱组成，其构造与楼板相同；当挑出长度较小时，雨篷与凸阳台一样做成悬臂构件，可做成现浇和预制两种形式。其中现浇雨篷又包括平板式和槽形板式，而预制雨篷则多为槽形板式，如图 3-2-40 所示。

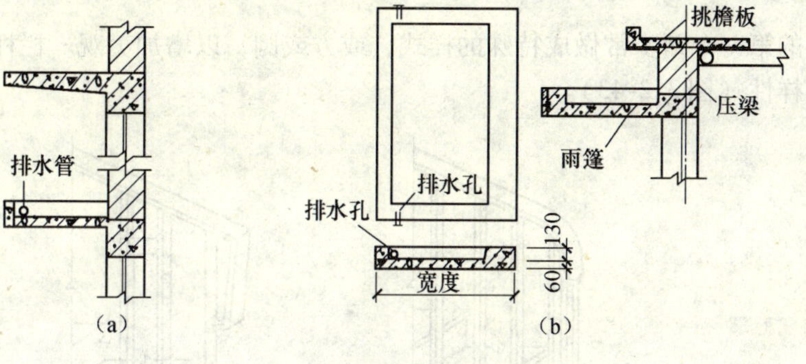

图 3-2-40　钢筋混凝土雨篷的形式

（a）现浇雨篷；（b）预制雨篷

雨篷在构造上要解决好两个问题：一是抗倾覆，保证使用安全；二是立面美观和排水。通常在板边砌砖或现浇混凝土形成向上的翻口，并留出排水孔，同时板面应用防水砂浆抹面，并向排水口做出 1% 的坡度。雨篷的排水做法可参见图 3-2-41。

（2）钢结构悬挑雨篷

钢结构悬挑雨篷由支撑系统、骨架系统和板面系统三部分组成。这种雨篷具有结构和造型简练、轻巧，施

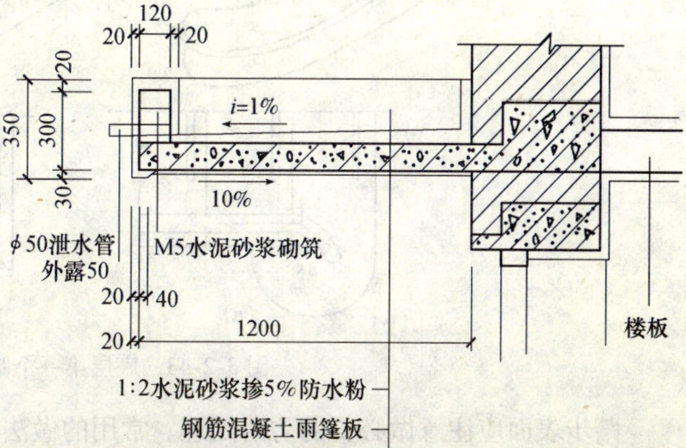

图 3-2-41　雨篷的排水构造

工便捷、灵活的特点，同时富有现代感，在现代建筑中使用越来越广泛。

(3) 玻璃采光雨篷

玻璃采光雨篷是用阳光板或钢化玻璃做雨篷面板的新型透光雨篷。其结构轻巧、造型美观、透明新颖、富有现代感，也是现代建筑中广泛采用的一种雨篷。

第四节 楼梯和电梯

一、楼梯的细部构造

1. 踏步

踏步由踏面和踢面构成。为了增加踏步的行走安全感，可将踏步突出20mm做成凸缘或斜面（图3-2-42）。

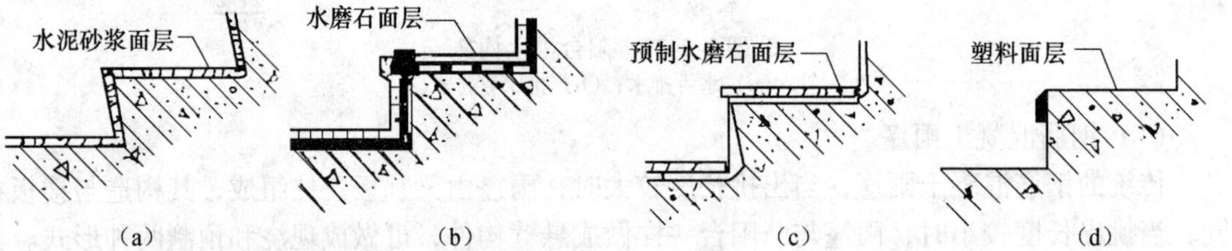

图3-2-42 踏步的表面形式

底层楼梯的第一个踏步常做成特殊的样式，或方或圆，以增加美观。栏杆或栏板也有变化，以增加多样性（图3-2-43）。

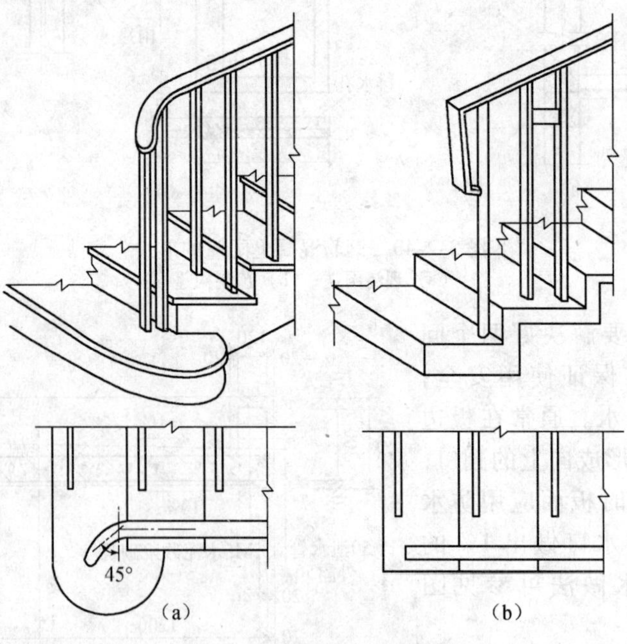

图3-2-43 底层第一个踏步详图

踏步表面应注意做必要的防滑处理。常用的做法与踏步表面是否抹面有关，如一般水泥砂浆抹面的踏步常不做防滑处理，而水磨石预制板或现浇水磨石面层一般采用水泥加金刚砂做的防滑条或金属防滑条（图3-2-44）。

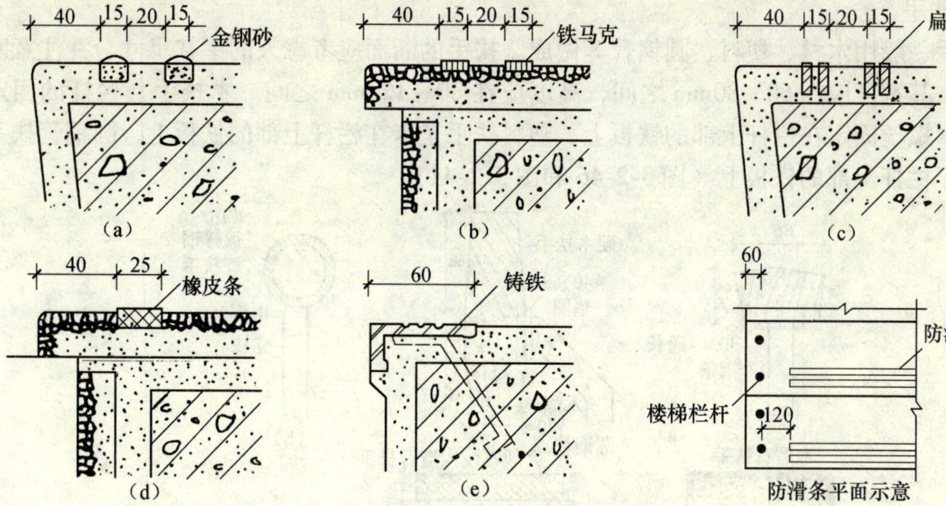

图 3-2-44 防滑条

2. 栏杆和栏板

栏杆和栏板均是楼梯中保护行人上下安全的围护措施。在现浇钢筋混凝土楼梯中，栏板可以与踏步同时浇注，厚度一般不小于 80 ~ 100mm。若采用栏杆，则栏杆应焊接在踏步表面的埋件上，或插入踏步表面的预留孔中。栏杆可以采用方钢或圆钢。方钢的断面应在 16mm × 16mm ~ 20mm × 20mm 之间，圆钢则以采用ϕ16 ~ ϕ18 为宜。连接用铁板应在 30mm × 4mm ~ 40mm × 5mm 之间（图 3-2-45）。

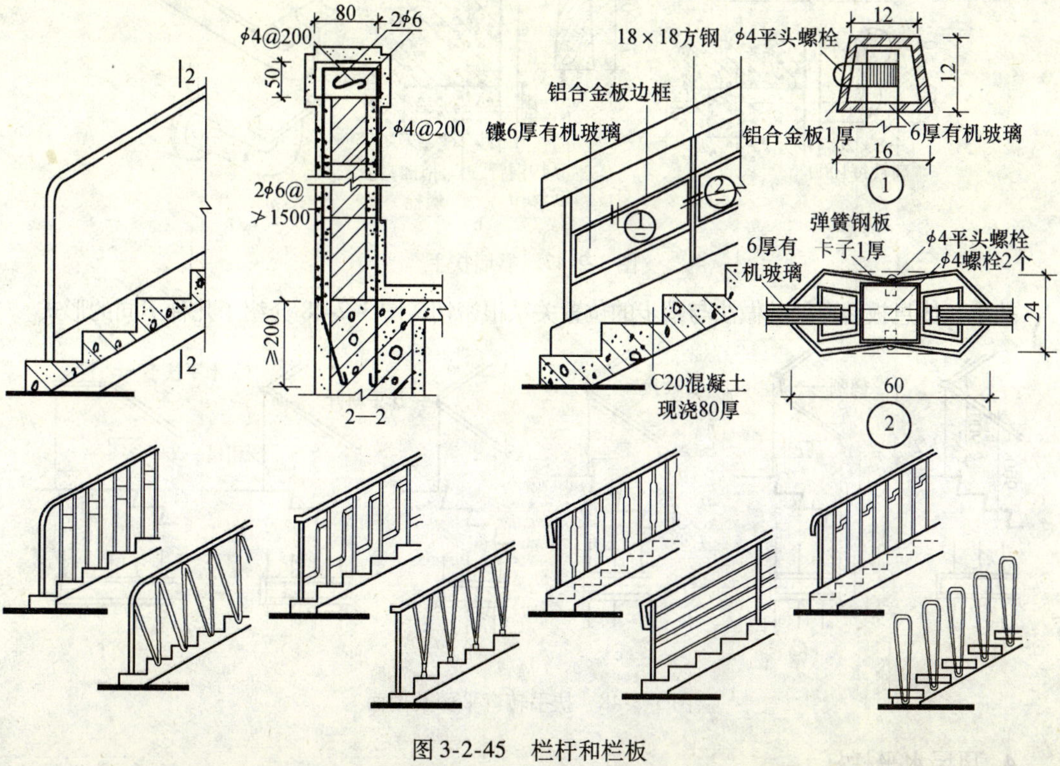

图 3-2-45 栏杆和栏板

3. 扶手

扶手一般用木材、塑料、圆钢管等做成。扶手的断面应考虑人的手掌尺寸，并注意断面的美观。其宽度应在60～80mm之间，高度应在80～120mm之间。木扶手与栏杆的固定常是通过木螺丝固定在栏杆上部的铁板上，塑料扶手是卡在栏杆上部的铁板上，圆钢管扶手则直接焊于栏杆上部的铁板上（图3-2-46和图3-2-47）。

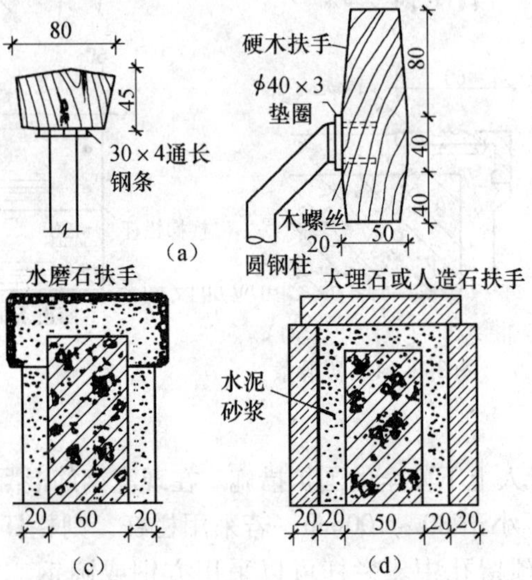

图3-2-46 扶手

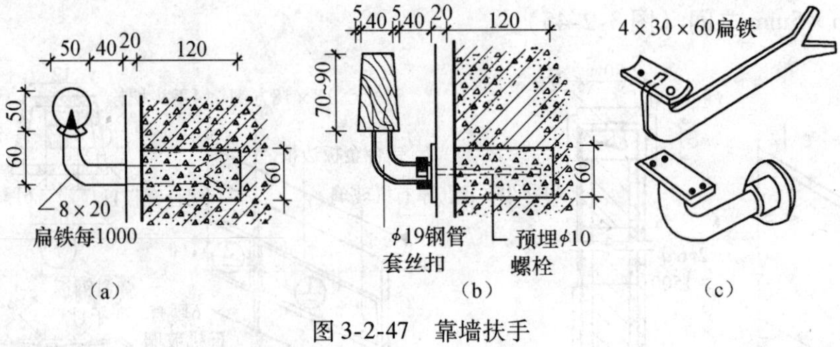

图3-2-47 靠墙扶手

扶手在休息板转弯处的做法与踏步的位置关系很密切，图3-2-48介绍了几种不同的形式。

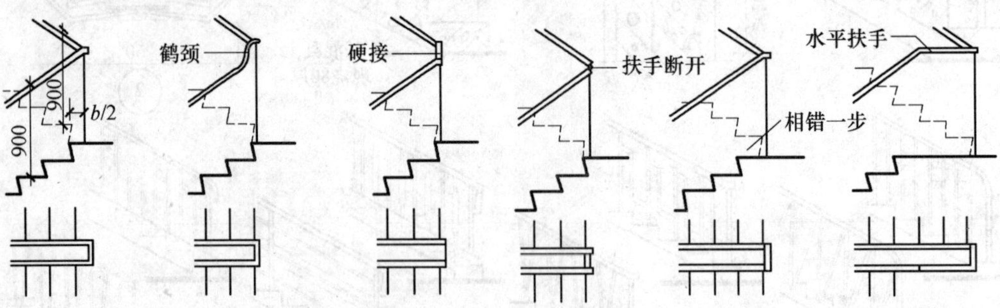

图3-2-48 扶手转弯平面及剖面

4. 顶层水平栏杆

在楼梯间的顶层，应加设水平栏杆，以保证人身的安全。顶层栏杆靠墙处，其固定方法是将弯成燕尾形的铁板伸入墙内，然后浇灌混凝土（图3-2-49），也可以将铁板焊于柱身铁件上。

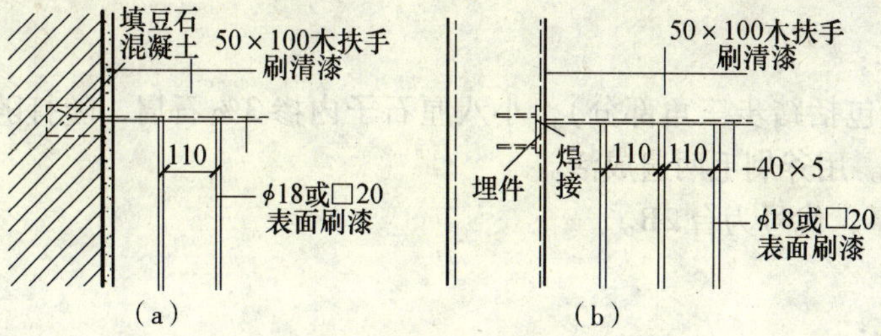

图3-2-49　顶层扶手入墙做法

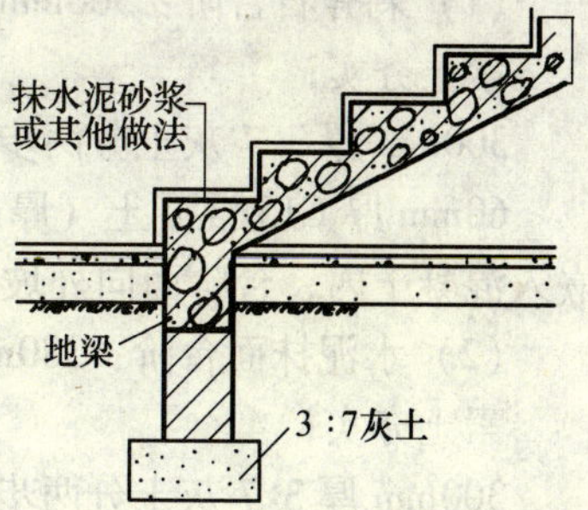

图3-2-50　首层踏步下的基础

5. 首层第一个踏步下的基础

首层第一个踏步下应有基础支撑。基础与踏步之间应加设地梁。地梁的断面尺寸应不小于240mm×240mm，梁长应等于基础长度（图3-2-50）。

二、台阶与坡道的构造

1. 台阶

台阶是联系室内外地坪或楼层平面标高变化部位的一种做法。底层台阶还要综合考虑防水、防冻等问题。楼层台阶要注意与楼层结构的连接。

室内台阶踏步宽度不宜小于300mm，踏步高度不宜大于150mm，踏步数不宜少于2级。

室外台阶应注意室内外高差，在踏步尺寸确定方面，可以略宽于对于楼梯踏步尺寸的要求。踏步的高度经常取100～150mm，宽度常取300～400mm，高宽比不宜大于1∶2.5。

台阶的长度应大于门的宽度，而且可做成多种形式，图3-2-51表示了一些常用做法。

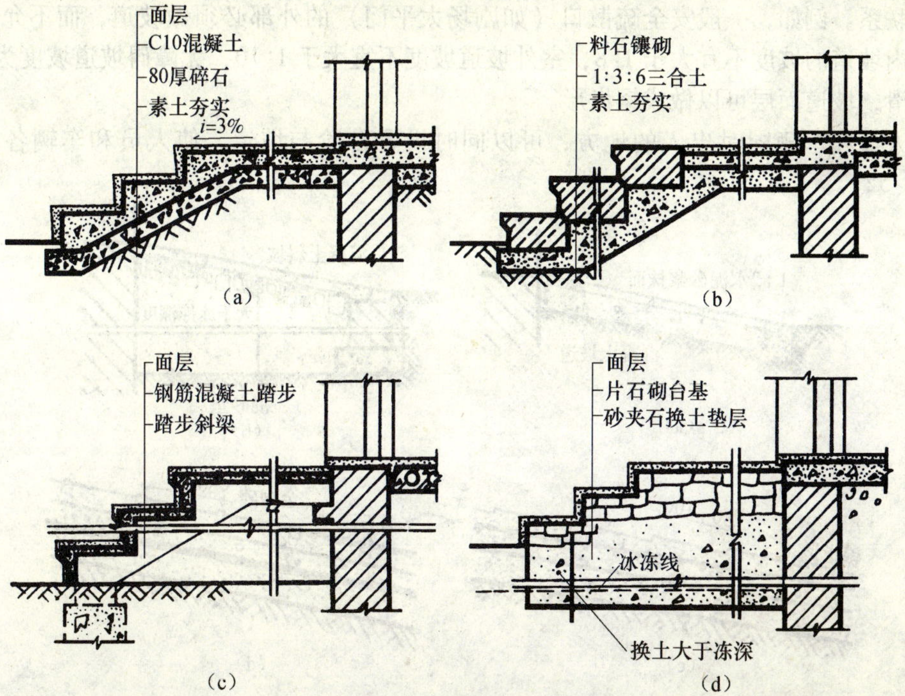

图3-2-51　台阶做法

（a）混凝土台阶；（b）石砌台阶；（c）钢筋混凝土架空台阶；（d）换土地基台阶

华北地区、西北地区常用的台阶做法如下（以88J1-1（2005）《工程做法》为准）：

（1）剁斧石台阶：360mm厚，代号为台5B。

素土夯实；

300mm厚3∶7灰土分两步夯实；

60mm厚C15混凝土（厚度不包括踏步三角部分），小八厘石子内掺3%石屑，随打随嵌入混凝土内，台阶面向外坡1%。用斧剁毛两遍成活。

（2）水泥抹面台阶：380mm厚，代号为台2B。

素土夯实；

300mm厚3∶7灰土分两步夯实；

60mm厚C15混凝土（厚度不包括踏步三角部分），台阶面向外坡1%；

素水泥浆一道（内掺建筑胶）；

20mm厚1∶2水泥砂浆抹面压光。

（3）铺地砖台阶：390mm厚，代号为台8B。

素土夯实；

300mm厚3∶7灰土分两步夯实；

60mm厚C15混凝土（厚度不包括踏步三角部分），台阶面向外坡1%；

素水泥浆一道（内掺建筑胶）；

20mm厚1∶3干硬性水泥砂浆粘结层；

撒素水泥面（洒适量清水）；

10mm厚铺地砖面层，干水泥擦缝。

2. 坡道

在车辆经常出入或不适宜作台阶的部位，可采用坡道来进行室内外或楼层平面标高变化部位的联系。例如，一般安全疏散口（如剧场太平门）的外部必须做坡道，而不允许做台阶。室内坡道的坡度不宜大于1∶8，室外坡道坡度不宜大于1∶10，无障碍坡道坡度为1∶12。为了防滑，坡道面层可以做成锯齿形。

在人员和车辆同时出入的地方，可以同时设置台阶与坡道，使人员和车辆各行其道（图3-2-52）。

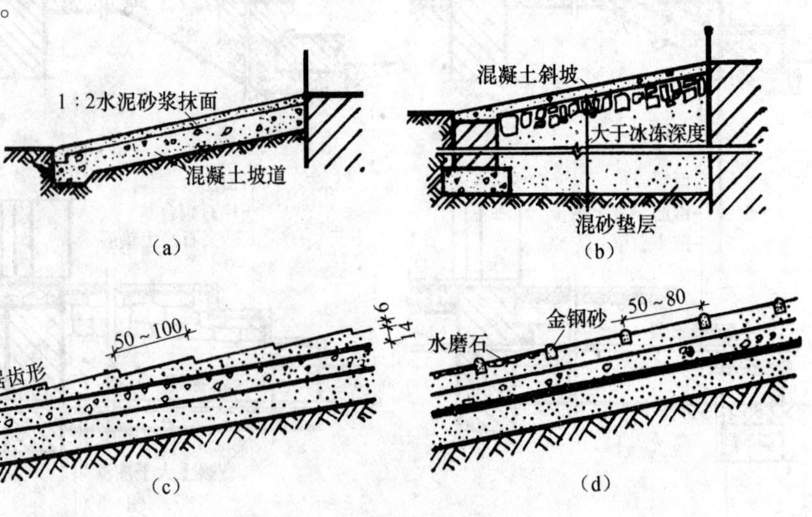

图3-2-52　坡道做法

（a）混凝土坡道；（b）换土地基坡道；（c）锯齿形坡道；（d）防滑条坡道

华北地区、西北地区常用的坡道做法如下（以88J1-1（2005）《工程做法》为准）：

（1）水刷豆石坡道：380～420mm厚，代号为坡1B。

素土夯实（坡度按工程设计）；

300mm厚3∶7灰土分两步夯实；

60～100mm厚C15混凝土；

素水泥浆一道（内掺建筑胶）；

20mm厚1∶2水泥豆石面层，用湿刷刷去水泥浆表面微露豆石，坡道两侧各留20mm宽不刷。

（2）水泥礓礤：385～425mm厚，代号为坡4B。

素土夯实（坡度按工程设计）；

300mm厚3∶7灰土分两步夯实；

70mm厚C20混凝土，分块690×440交错分缝；

30mm厚1∶2水泥砂浆面层，抹150mm宽、10mm深锯齿形礓礤。

三、电梯与自动扶梯

1. 电梯

电梯是建筑物内部解决垂直交通的另一种措施，在大型宾馆、医院、商店、写字楼均常常设置电梯，对于高层住宅则应该根据层数、人数和面积来确定是否设置。一台电梯的服务人数应在400人以上，服务面积在450～500m^2，服务层数应在10层以上，比较经济。

电梯的土建组成是由机房、井道和地坑三大构造部分组成；设备组成包括轿厢、平衡重、机房设备三部分；电梯井道内有轿厢，通过机房内的曳引机来运行人员和货物。

井道一般用钢筋混凝土浇注而成。在每层楼面应留出门洞，并设置专用门；在升降过程中，轿厢门和每层专用门应全部封闭，以保证安全。门的开启方式一般为中分推拉式或旁开的双折推拉式。

设置电梯的建筑，楼梯还应照常规做法设置。图3-2-53～图3-2-55和表3-2-17、表3-2-18是电梯的构造组成和产品规格。

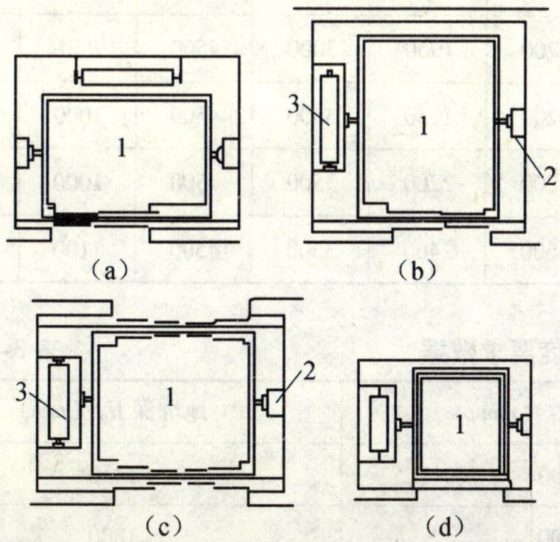

图3-2-53　不同种类的电梯井道平面内部

（a）普通客梯；（b）医用梯；（c）双开门货梯；（d）小型提物梯

1—轿厢；2—导轨及撑架；3—平衡重

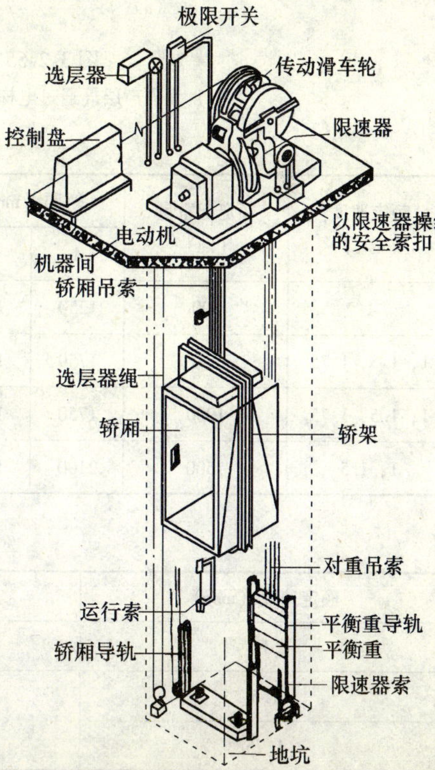

图3-2-54　电梯组成示意图

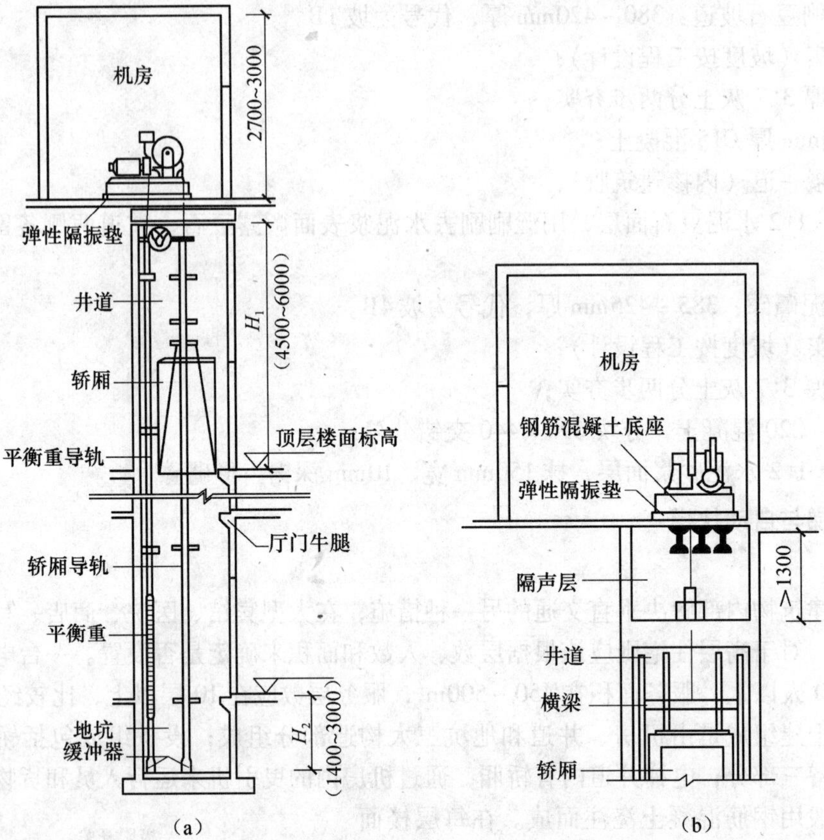

图 3-2-55　电梯机房隔振、隔声处理

（a）无隔声层（通过电梯门剖面）；（b）有隔声层（平行电梯门剖面）

常见客梯产品数据　　**表 3-2-17**

额定速度（m/s）	额定起重量（kg）	轿厢（mm）		井道（mm）		机房（mm）		厅门（mm）	
		A	B	A_1	B_1	A_2	B_2	M	M_i
1	500	1250	1450	1700	1950	3000	4500	750	900
1，1.5，1.75	750	1750	1450	2200	1950	3500	4500	1000	1200
1，1.5，1.75	1000	1750	1650	2200	2200	3500	4500	1000	1200
1，1.5	1500	2100	1850	2600	2400	3500	4500	1100	1300

常用电梯高度要求数据　　**表 3-2-18**

额定速度（m/s）	顶层高 H_1（mm）	地坑深 H_2（mm）
1	4600	1450
1.5	5300	1800
1.75	5500	2100

2. 自动扶梯

自动扶梯由电机牵引，梯级踏步连同扶手同步运行，机房一般搁置在地面以下。自动扶梯可以正逆运行，既可上升又可以下降，在机械停止运转时，可作为普通楼梯使用。图3-2-56～图3-2-57是自动楼梯示意图。

自动扶梯的坡度通常为30°～35°，基本尺寸如图3-2-58所示，型号规格如表3-2-19所示。

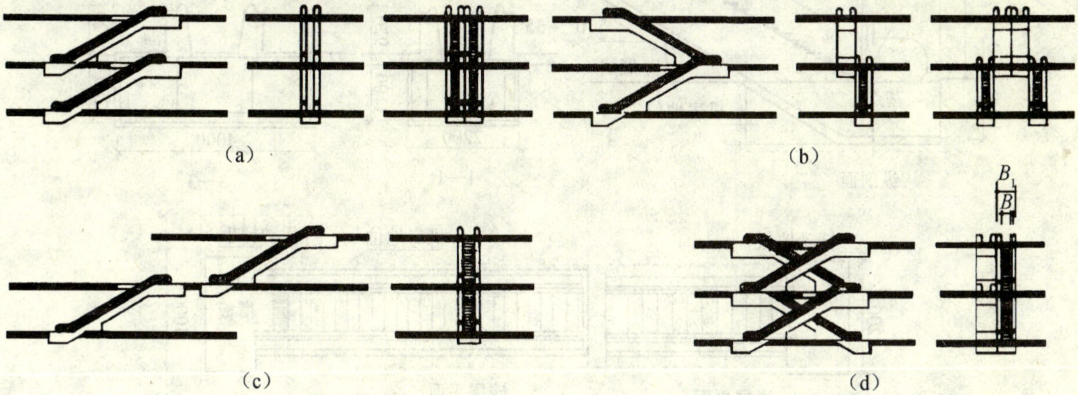

图3-2-56 自动扶梯的平面形式

(a) 平行排列式；(b) 交叉排列式；(c) 连贯排列式；(d) 集中交叉式

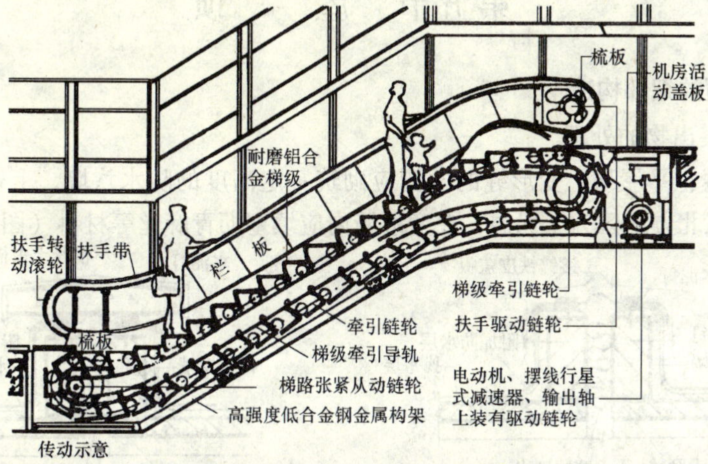

图3-2-57 自动扶梯构成示意图

自动扶梯型号规格（倾斜角均为30°） 表3-2-19

梯 型	输送能力（人/h）	提升高度（m）	速度（m/s）	楼梯宽度（mm）	
				净 宽	外 宽
单 人	5000	3～10	0.5	600	1350
双 人	8000	3～8.5	0.5	1000	1750

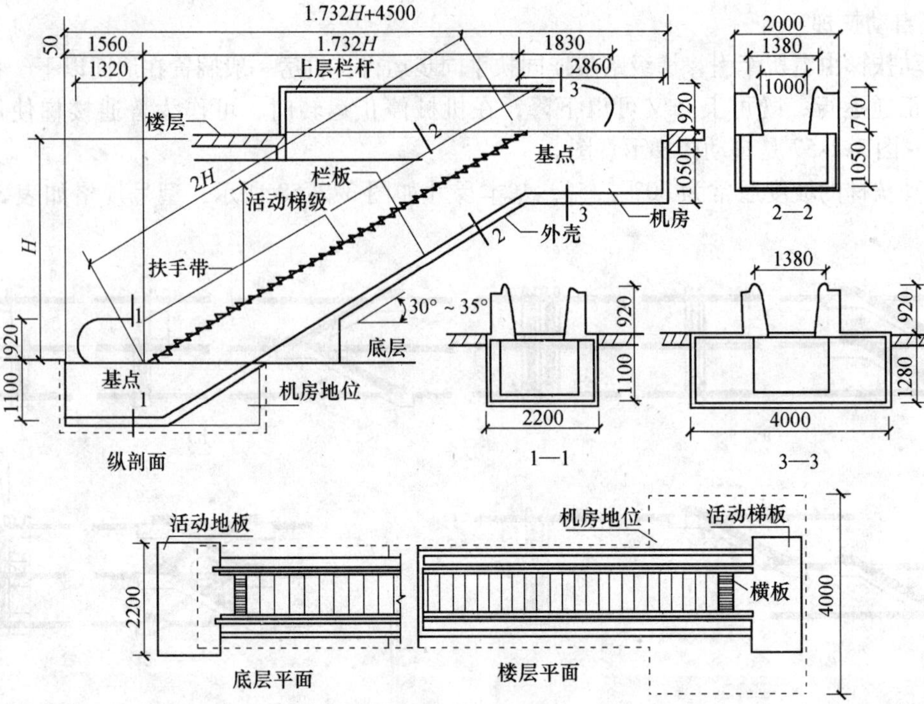

图 3-2-58　自动扶梯的基本尺寸

第五节　屋　　顶

一、平屋顶的细部构造

1. 平屋顶突出物的处理

（1）变形缝：平屋顶上变形缝的两侧应砌筑一定高度的防水坎墙，上盖混凝土板或铁皮遮挡雨水。在北方地区为了保温，在变形缝内应填塞沥青麻丝等材料（图 3-2-59）。

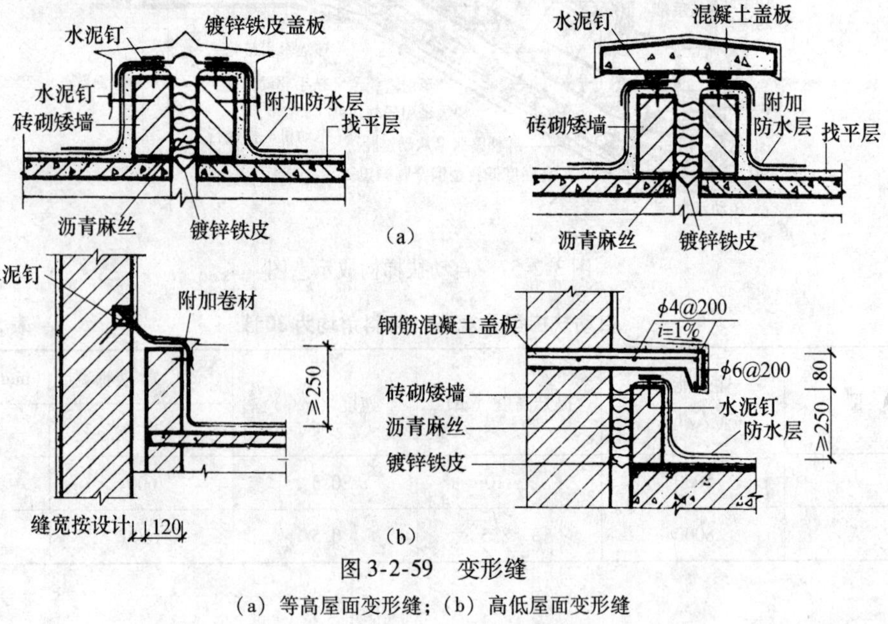

图 3-2-59　变形缝

（a）等高屋面变形缝；（b）高低屋面变形缝

（2）烟囱、管道：凡管道、烟囱等必须开孔的出屋面构件，为了防止漏水，应将卷材向上翻起，即应用泛水处理。泛水高度以超过250mm为宜（图3-2-60）。

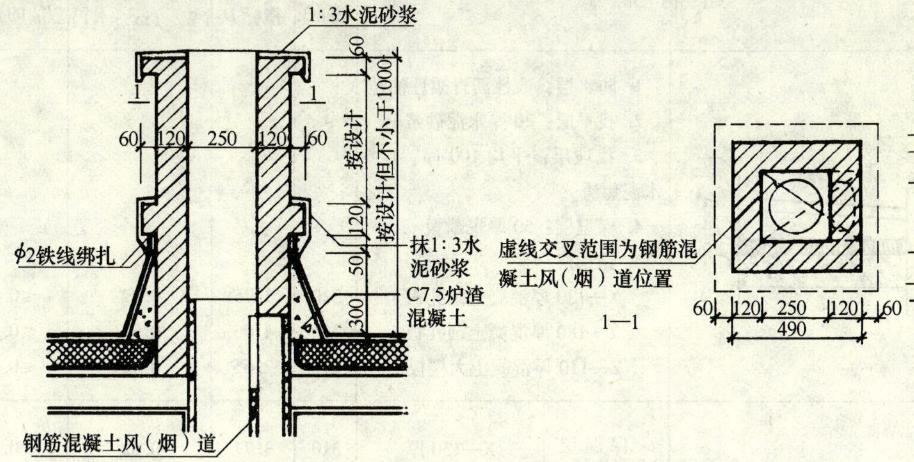

图3-2-60　烟囱、管道出屋面做法

（3）出人孔：平屋顶上的出人孔是为进行屋面检修而设，开洞尺寸应不小于700mm×700mm。为了防漏，也应将板边上翻，亦即做泛水。出人孔上应加盖板，以遮挡风雨（图3-2-61）。

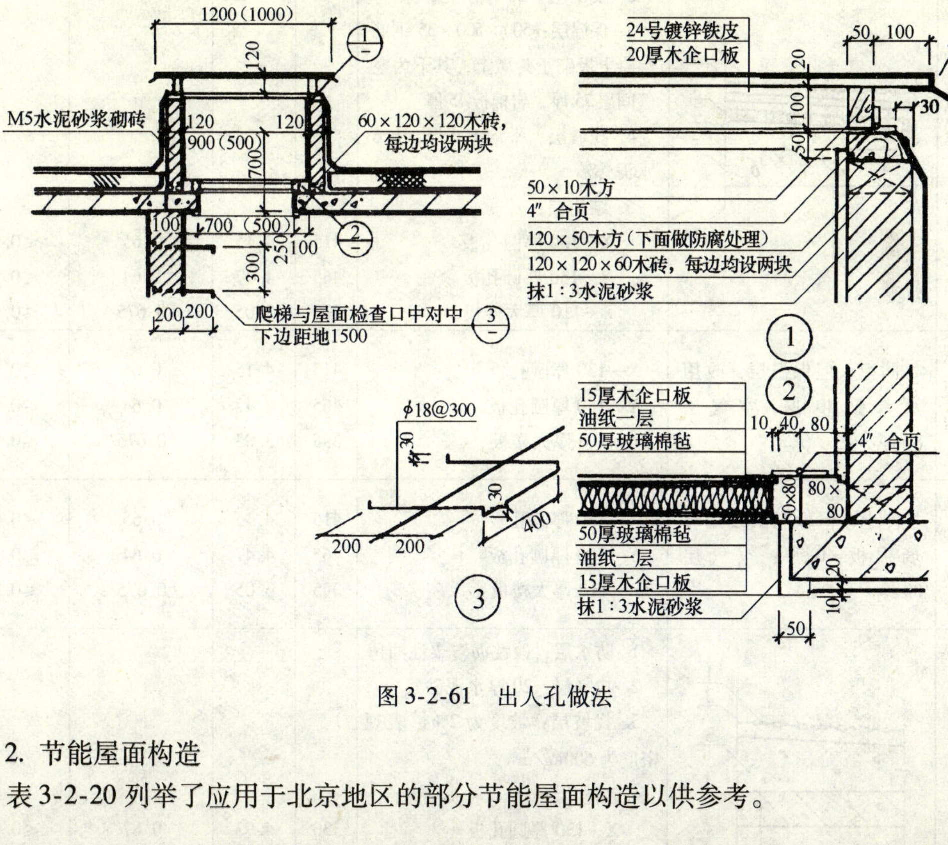

图3-2-61　出人孔做法

2. 节能屋面构造

表3-2-20列举了应用于北京地区的部分节能屋面构造以供参考。

北京地区节能屋面做法 表 3-2-20

序号	名称	结构形式		厚度（mm）	热惰性指标 D	总传热系数 K_0（W/（m^2·K））	（细则）对 K_0 的要求
1	聚苯板保温屋面	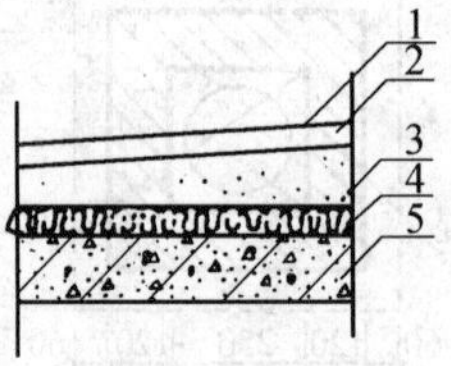	1. 防水层：改性沥青柔性油毡 2. 找平层：20 厚水泥砂浆 3. 找坡层：平均 100 厚，1:6 水泥焦渣 4. 保温层：50 厚聚苯板 5. 结构层：				
			X—130 厚混凝土圆孔板	310	3.75	0.72	≤0.91
			Y—180 厚混凝土圆孔板	360	4.06	0.71	≤0.91
			Z—110 厚混凝土大楼板	290	2.65	0.76	≤0.91
2	再生聚苯板保温屋面	同 上	保温层改为再生聚苯板，其余同上　X—130 厚	310	3.77	0.82	≤0.91
			Y—180 厚	360	4.10	0.87	≤0.91
3	架空型岩棉板保温屋面	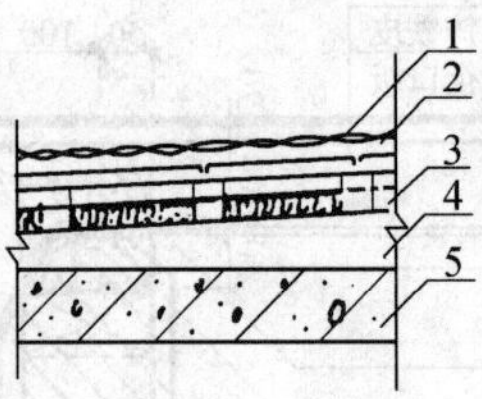	1. 防水层：改性沥青柔性油毡 2. 找平层：20 厚水泥砂浆 3. 保温层：500×500×35 钢筋混凝土板砌于砖墩上，其下为空气间层 75 厚，岩棉板 45 厚 4. 找坡层：平均 100 厚，1:6 水泥焦渣 5. 结构层：				
			X—130 厚圆孔板	415	4.15	0.65	≤0.97
			Y—180 厚圆孔板	465	4.47	0.64	≤0.97
			Z—110 厚大楼板	395	3.05	0.675	≤0.91
4	架空型聚苯板保温屋面	同上，但保温层，改用聚苯板 40 厚，空气层 80 厚	X—130 厚圆孔板	415	4.15	0.65	≤0.97
			Y—180 厚圆孔板	465	4.47	0.64	≤0.97
			Z—110 厚大楼板	395	3.05	0.675	≤0.91
5	架空型玻璃棉板保温屋面	同上，但保温层改用玻璃棉板 40 厚，空气层 80 厚	X—130 厚圆孔板	415	4.15	0.65	≤0.97
			Y—180 厚圆孔板	465	4.47	0.64	≤0.97
			Z—110 厚大楼板	395	3.05	0.675	≤0.91
6	浮石砂保温屋面	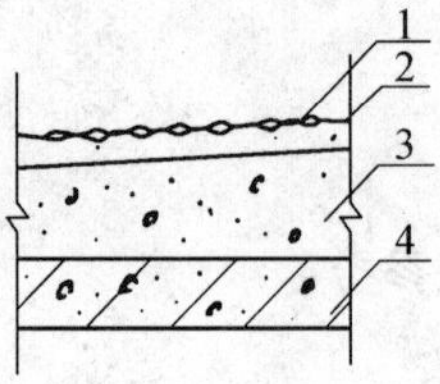	1. 防水层：改性沥青柔性油毡 2. 找平层：20 厚水泥砂浆 3. 找坡层：坡度为 2%，表观密度为 600kg/m^3 4. 结构层：				
			X—130 厚圆孔板	330	4.93	0.87	≤0.97
			Y—190 厚圆孔板	380	5.27	0.86	≤0.97

续表

序号	名称	结构形式		厚度（mm）	热惰性指标 D	总传热系数 K_0（W/（m^2·K））	（细则）对 K_0 的要求
7	低容重加气混凝土保温屋面	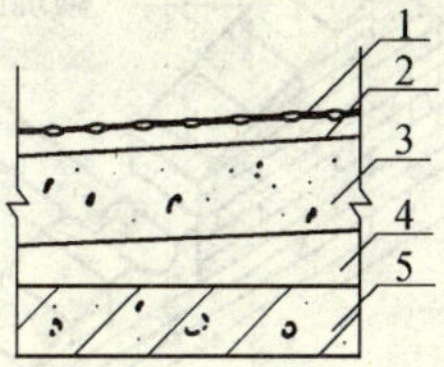	1. 防水层：改性沥青柔性油毡 2. 找平层：20 厚水泥砂浆 3. 保温层：150 厚、表观密度 400kg/m^3 加气混凝土块 4. 找坡层：平均 100 厚，1∶6 水泥焦渣 5. 结构层： X—130 厚圆孔板 Y—180 厚圆孔板	410 460	4.1 4.4	0.88 0.86	≤0.97 ≤0.97

二、坡屋顶的构造

坡屋顶的屋面坡度一般较大，雨水容易排除，因此屋面防水问题比平屋顶容易解决。在隔热和保温方面，也有其优越性。坡屋顶过去应用较多，目前由于木材供应紧张，很多建筑采用了平屋顶。一个可行的办法，是用钢材（尤其是轻钢型材）代替木材，做成坡屋顶。这样既可以解决木材缺乏的问题，又可以解决平屋顶存在的一些问题。目前，国内一些城市正在进行的住宅建筑平改坡试验，也表明了这样一种方向。

坡屋顶的组成一般是由承重结构和屋面两部分组成，必要时还有保温层、隔热层和顶棚等（图 3-2-62）。

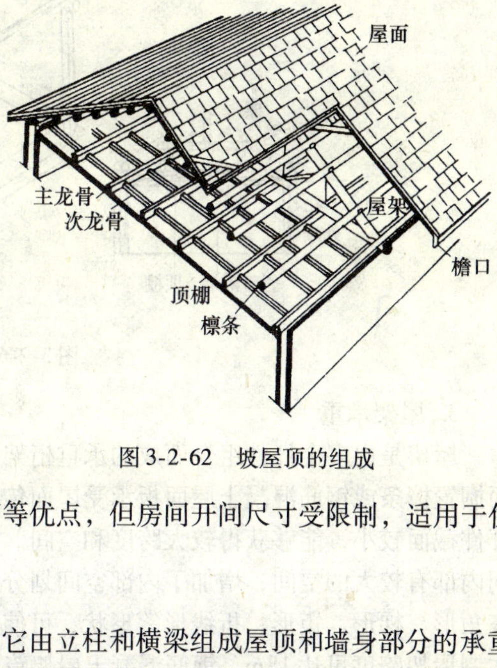

图 3-2-62　坡屋顶的组成

（一）坡屋顶的承重结构

坡屋顶的承重结构用来承担屋面传来的荷载，并把荷载传给墙或柱。其承重结构类型可分为横墙承重、梁架承重和屋架承重等。

1. 横墙承重

横墙承重是将横墙顶部按屋面坡度大小砌成三角形，在墙上直接搁置檩条或钢筋混凝土屋面板支撑屋面传来的荷载，这种承重方式又叫硬山搁檩（图 3-2-63）。横墙承重具有构造简单，施工方便，节约木材，有利于防火和隔声等优点，但房间开间尺寸受限制，适用于住宅、旅馆等开间较小的建筑。

2. 梁架承重

梁架承重是我国古代建筑的主要结构形式，它由立柱和横梁组成屋顶和墙身部分的承重骨架，檩条置于梁间承受屋面荷载并将一排排梁架联系起来形成整体骨架（图 3-2-64）。这种结构形式的内外墙均填充在木构架之间，不承受荷载，仅起分隔和围护作用。构架交接点为榫齿结合，整体性和抗震性较好。但消耗木材量较多，耐火性和耐久性均较差，维修费用高，现已很少采用。

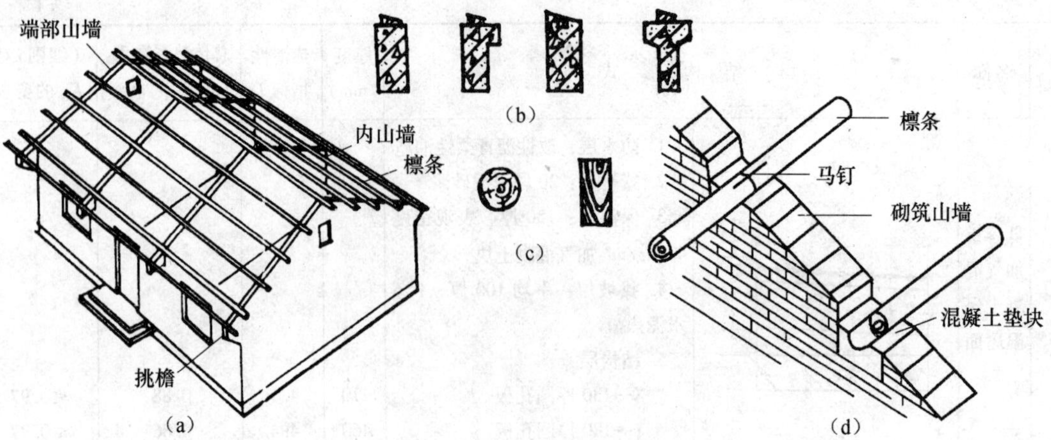

图 3-2-63　硬山承重体系

（a）轴测图；（b）钢筋混凝土檩条断面形式；

（c）木檩条断面；（d）木檩条的固定

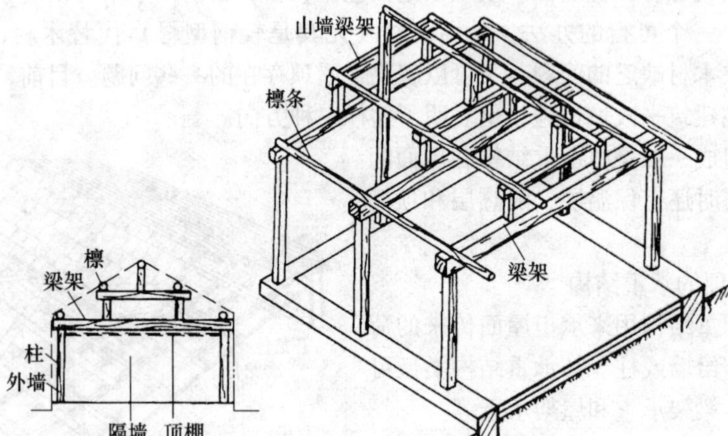

图 3-2-64　梁架结构

3. 屋架承重

屋架是由多个杆件组合而成的承重桁架。屋架承重是指屋架支撑在纵向外墙或柱上，上面搁置檩条或钢筋混凝土屋面板承受屋面传来的荷载。由于屋架中各杆件受力较合理，因而杆件截面较小，能够获得较大跨度和空间。屋架承重与横墙承重相比，可以省去横墙，使房间内部有较大的空间，增加了内部空间划分的灵活性。屋架根据排水坡度和空间要求，组成三角形、梯形、矩形、折线形等形状，可使用木材、钢材、钢筋混凝土等材料制作。其中，木制屋架跨度可达18m，钢筋混凝土屋架跨度可达24m，钢屋架跨度可达36m以上。如利用内纵墙承重，还可将屋架制成三支点或四支点，以减小跨度节约用材。这种承重方式多用于要求有较大空间的建筑，如食堂、教学楼等（图3-2-65）。

当房屋屋顶为平台转角、纵横交接、四面坡和歇山屋顶时，可制成异型屋架（图3-2-66）。

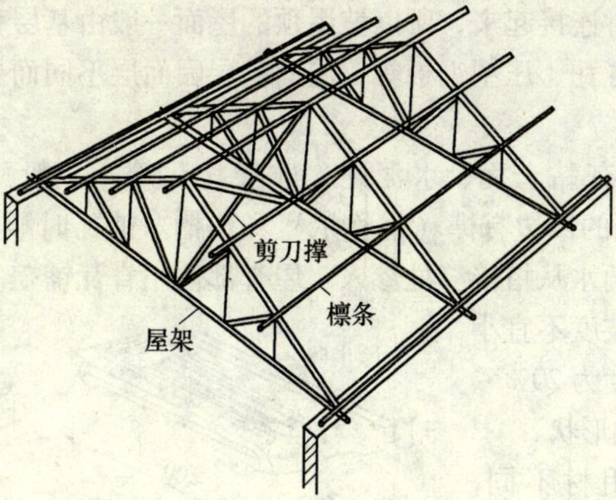

（a）

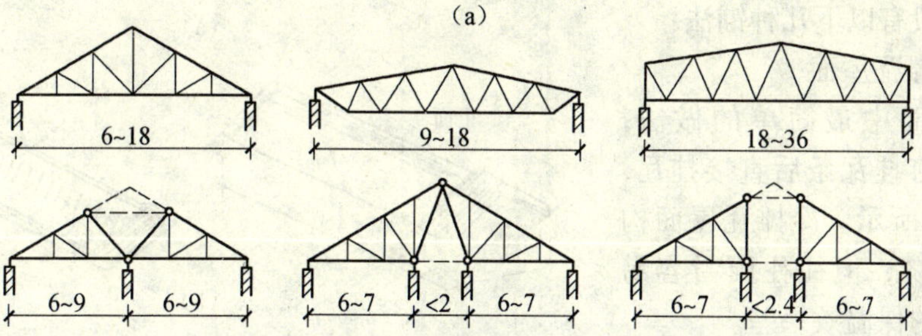

（b）

图 3-2-65　屋架结构（m）

（a）屋架承重示意；（b）常用屋架形式

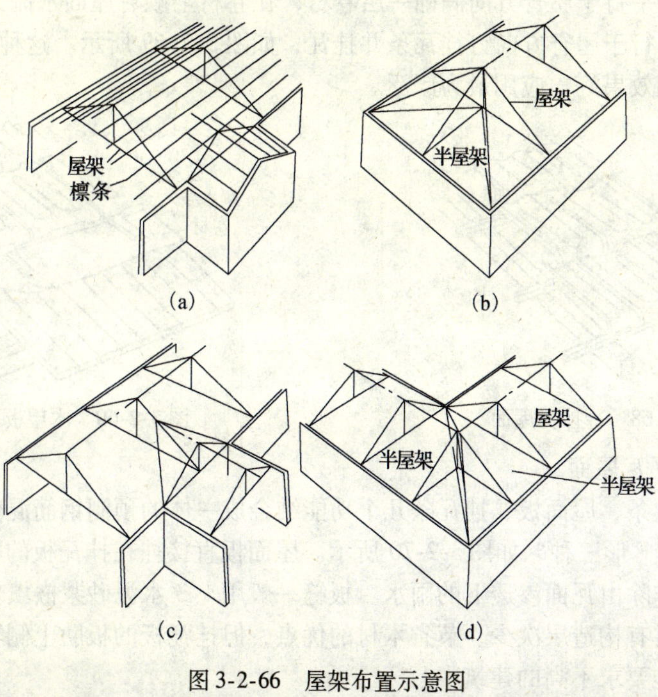

（a）　（b）

（c）　（d）

图 3-2-66　屋架布置示意图

（a）屋顶直角相交，檩条上搁置檀条；（b）屋顶直角相交，斜梁搁在屋架上；

（c）四坡顶端部，半屋架搁在全屋架上；（d）屋顶转角处，半屋架搁在全屋架上

（二）坡屋顶的屋面构造

由于屋面所使用的瓦材一般尺寸较小，强度较低，不能直接搁置在承重结构上，故常在

瓦材下面设置基层将瓦材连接起来，所以坡屋顶的屋面一般由基层和面层组成。工程中常用的面层材料有平瓦、沥青瓦、压型钢板等，屋面基层因面层不同而异。

1. 平瓦屋面

平瓦又称机平瓦，有黏土瓦、水泥瓦、硅酸盐瓦等，一般瓦长 380 ~ 420mm，瓦宽 230mm，净厚 20mm，瓦的四边有榫（俗称爪）和沟槽。铺瓦时顺着瓦的上下左右利用榫、槽相互搭扣密合，避免雨水从搭接缝处渗入。屋脊部位用脊瓦铺盖。为防止雨水从瓦缝处倒灌进室内，平瓦屋面的坡度不宜小于20%，适宜的排水坡度为20% ~ 50%。图3-2-67 为平瓦的形状。

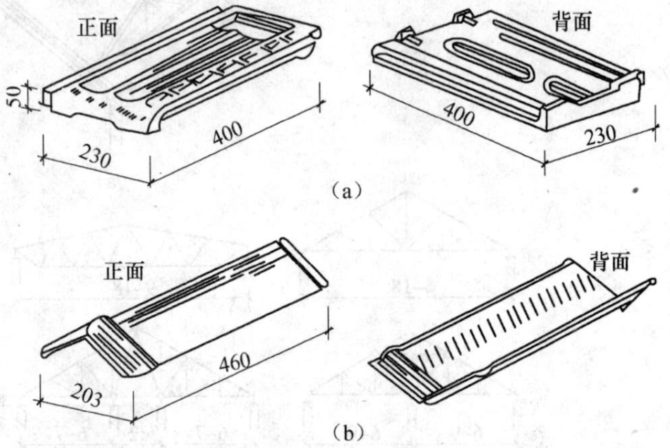

图 3-2-67　平瓦的规格

（a）平瓦；（b）脊瓦

根据使用要求和用材不同，平瓦屋面一般有以下几种铺法：

（1）冷摊瓦屋面

平瓦屋面中最简单的做法，即在椽条上钉挂瓦条后直接挂瓦，如图 3-2-68 所示。冷摊瓦屋面构造简单、经济，但往往雨雪容易飘入，屋顶的保温效果差。

（2）木望板平瓦屋面

为防止雨雪飘入瓦缝产生渗水，可在木望板上平行于屋脊方向满铺一层卷材，在卷材上顺着屋面水流方向钉顺水条，然后在顺水条上面平行于屋脊方向钉挂瓦条并挂瓦，如图 3-2-69 所示。这种屋面构造层次多，屋顶的防水、保温效果好，应用最为广泛。

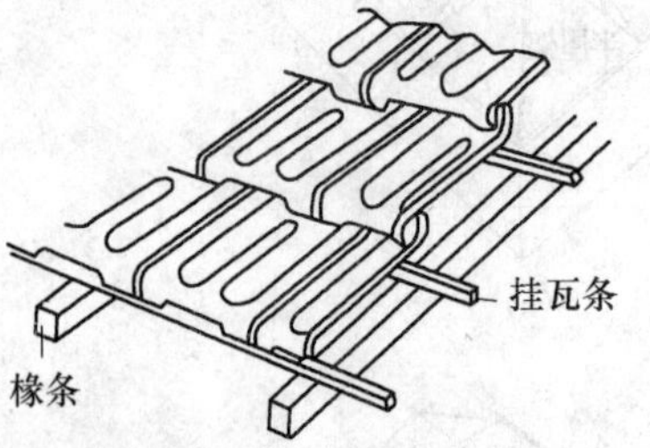

图 3-2-68　冷摊瓦屋面

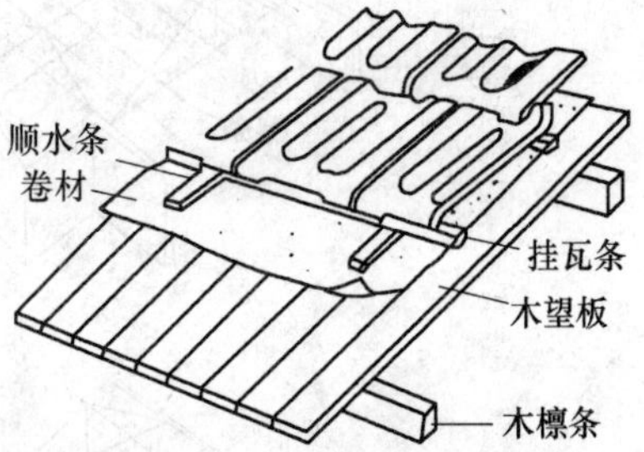

图 3-2-69　木望板平瓦屋面

（3）挂瓦板平瓦屋面

挂瓦板是把檩条、屋面板、挂瓦条几个功能结合成一体的预制钢筋混凝土构件，基本形式有双T、单T和F形三种，如图3-2-70 所示。屋面板直接挂在挂瓦板的肋间，板肋根部预留泄水孔，以便排除由瓦面渗透下的雨水。板缝一般用 1∶3 水泥砂浆嵌填。这种屋面挂瓦板即为屋面基层，具有构造层次少、节省木材的优点，但挂瓦板的板肋上侧容易积水导致雨水渗漏，多用于标准要求不高的建筑中。

（4）钢筋混凝土板平瓦屋面

有两种方式，一种是在钢筋混凝土板上的找平层上铺卷材一层，用压毡条钉在嵌入板缝内的木楔上，再钉挂瓦条挂瓦；另一种方式是在屋面板上粉刷防水水泥砂浆并贴平瓦，如图 3-2-71 所示。

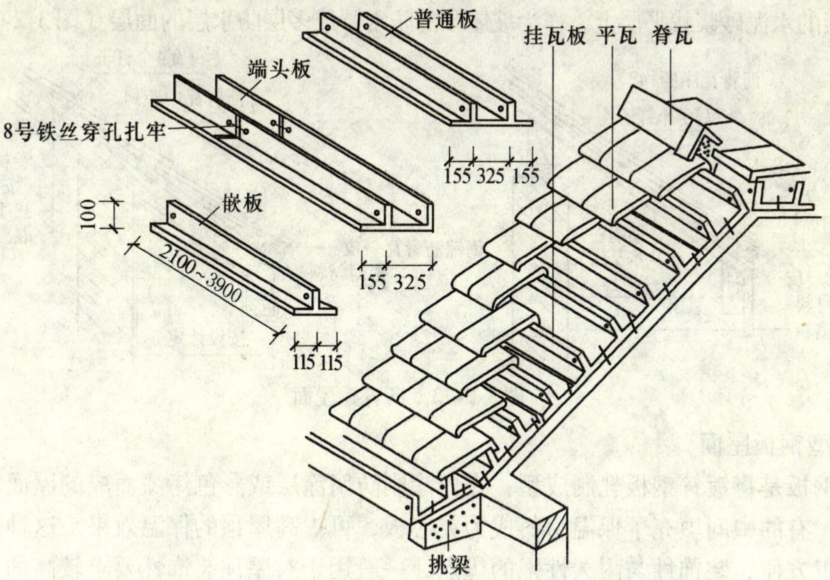

图 3-2-70 钢筋混凝土挂瓦板平瓦屋面

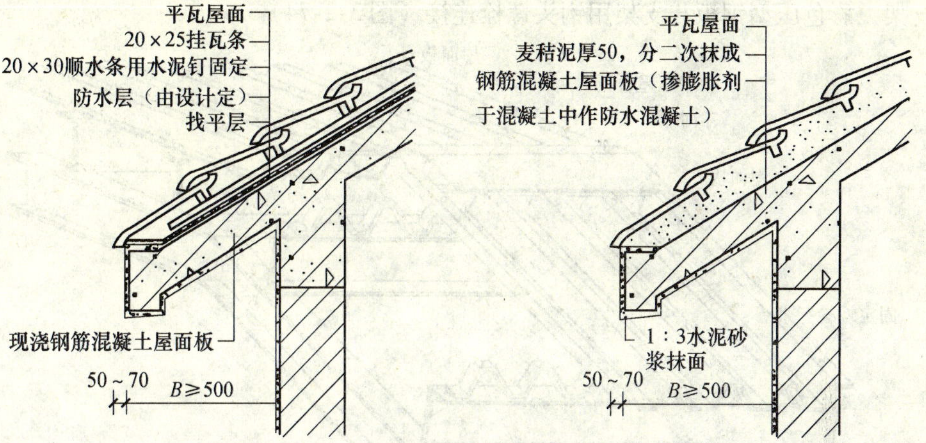

图 3-2-71 钢筋混凝土屋面板基层平瓦屋面

2. 玻纤胎沥青瓦屋面

玻纤胎沥青瓦是以玻璃纤维毡为胎基，经浸涂石油沥青后，一面覆盖彩色矿物粒料，另一面撒以隔离材料所制成的瓦状屋面防水片材，简称沥青瓦。它色彩丰富，造型多样，具有良好的防水、装饰功能，并具有质量轻，隔热保温性好，施工简便，综合成本低等优点，是目前国内外广泛应用于坡屋面的新型防水材料。图 3-2-72 为沥青瓦的规格尺寸。沥青瓦适用于排水坡度大于 20% 的坡屋面，可铺设在木板基层和

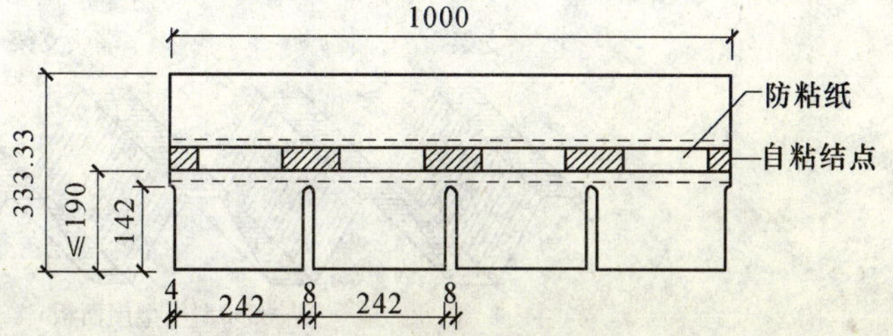

图 3-2-72 沥青瓦的规格

混凝土基层的水泥砂浆找平层上，作为坡屋顶的防水层或多层防水层的面层（图3-2-73）。

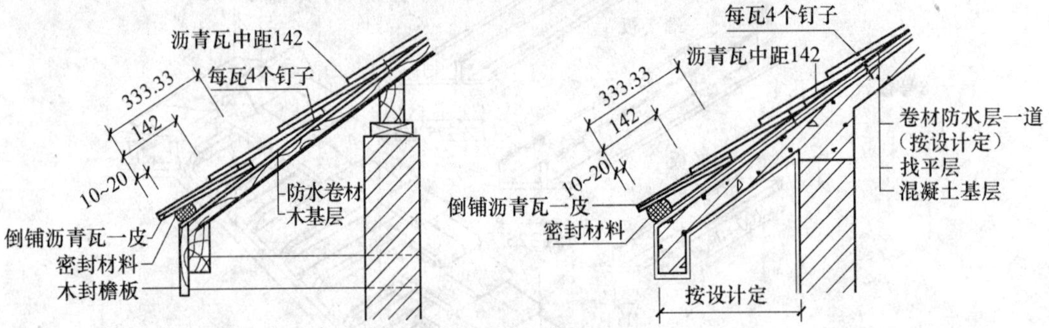

图3-2-73　沥青瓦屋面

3. 压型钢板屋面

压型钢板是将镀锌钢板轧制成型，表面涂刷防腐涂层或彩色烤漆而成的屋面材料，具有多种规格，有的中间填充了保温材料成为夹芯板，可提高屋顶的保温效果。这种屋面具有自重轻、施工方便、装饰性与耐久性强的优点，一般用于对屋顶装饰性要求较高的建筑中。压型钢板屋面一般与钢屋架相配合，先在钢屋架上固定工字钢或槽形檩条，然后在檩条上固定钢板支架，彩色压型钢板与支架用钩头螺栓连接（图3-2-74）。

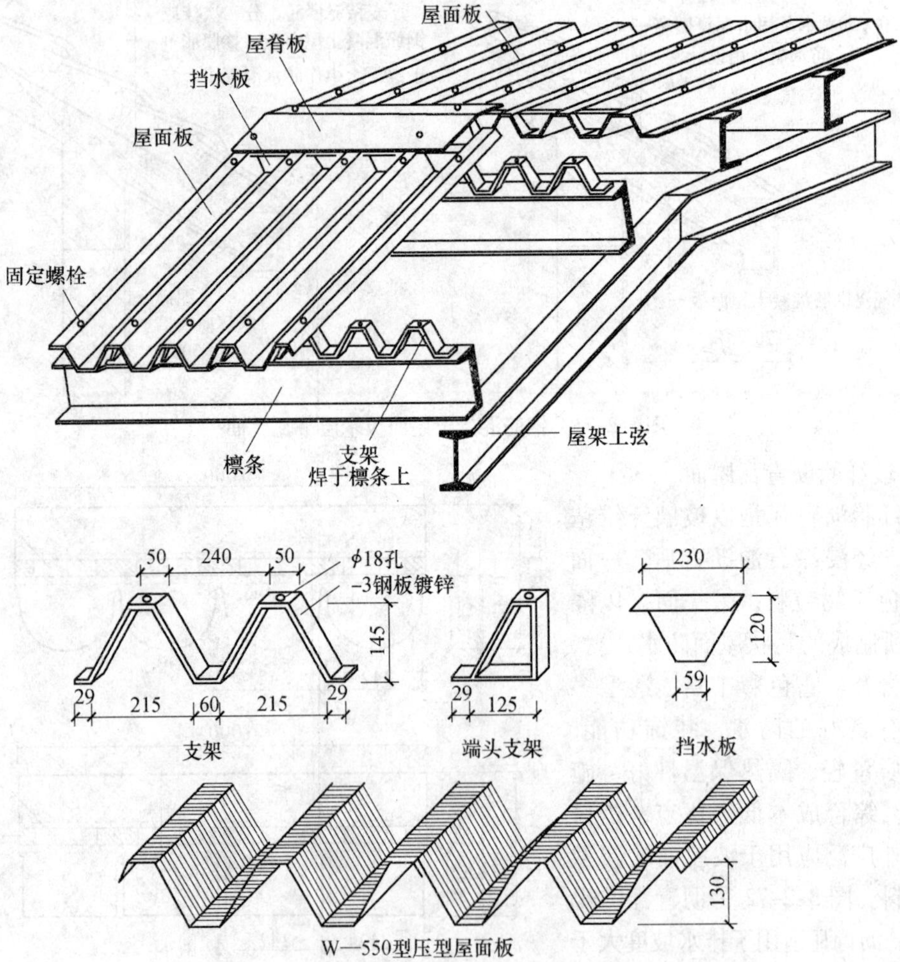

图3-2-74　梯形压型钢板屋面

4. 石棉水泥瓦屋面

石棉水泥瓦是在坡屋顶中经常采用的屋面材料。它的特点是自重轻、面积大、接缝少、价格低、防水性能好。这种瓦的表面呈波浪形，适用于坡度较小的屋顶。常见规格如下：

大波瓦：宽994mm，长2800mm，厚8mm；

中波瓦：宽745mm，长2400mm、1800mm、1200mm，厚6.5mm；

小波瓦：宽720mm，长1800mm，厚6mm；

脊瓦：宽230mm×2，长780mm，厚6mm。

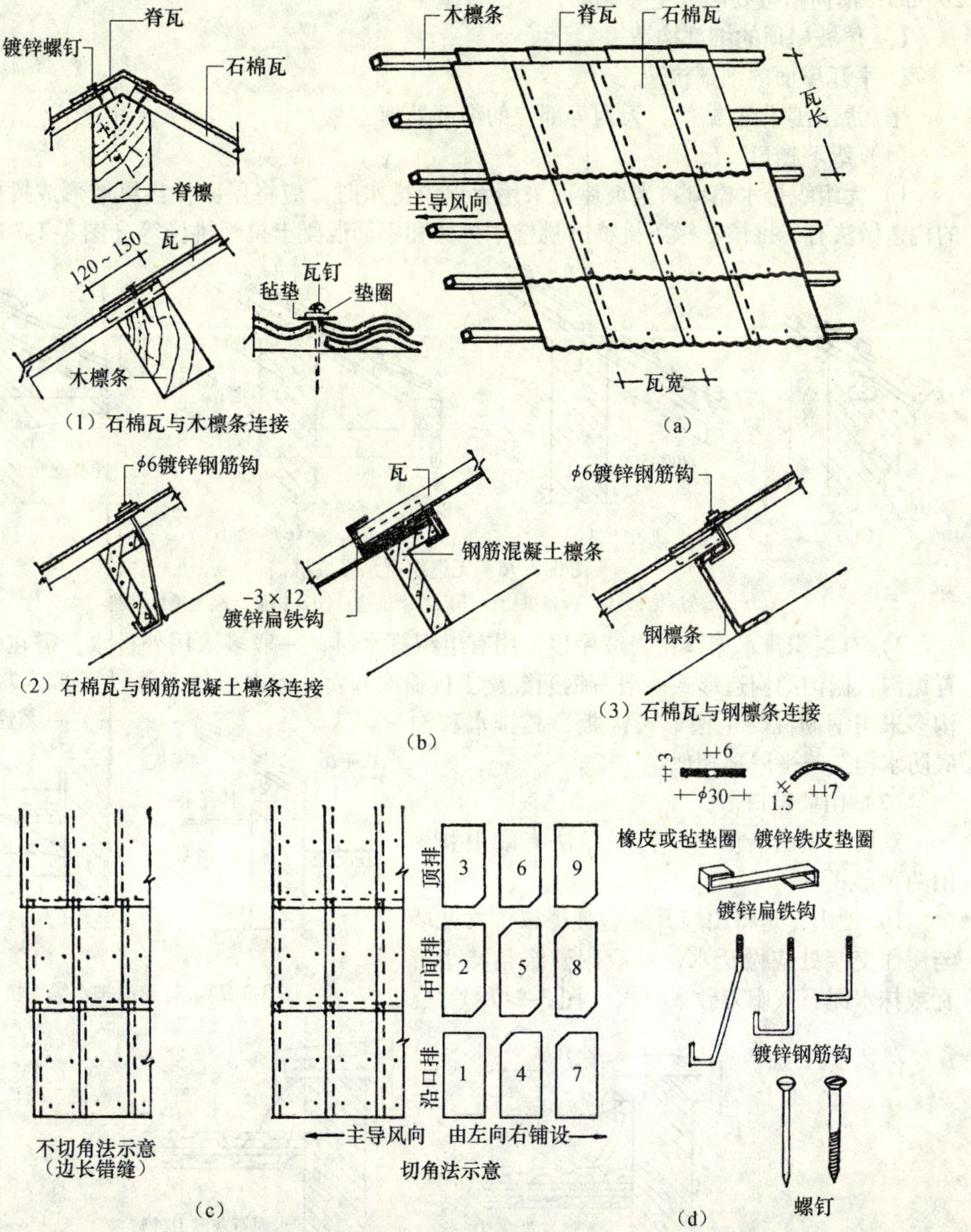

图3-2-75　石棉瓦屋面

（a）石棉瓦固定在檩条上示意图；（b）石棉瓦与檩条的连接；

（c）石棉瓦铺设方法；（d）石棉瓦与檩条连接铁件

水泥石棉瓦可以直接钉铺在檩条上，因此檩条的间距应与瓦条相适应；如檩条上有屋面板，则可不受此限制。瓦的上下搭接尺寸最少为100mm。瓦的横向搭接，通常大波瓦搭一波半，小波瓦搭一波半到二波半。另外，应该将上下两排瓦的搭接缝错开，以免出现四块瓦重叠的现象。瓦钉应加毡垫，钉在瓦的波峰处，并与檩条拧紧。在屋脊处还要加盖脊瓦（图3-2-75）。

5. 瓦垄铁皮屋面

瓦垄铁皮也是屋面经常采用的材料。它的形式、构造特点和水泥石棉瓦相似。这种板瓦的宽度一般为650～750mm，长度有1830mm、2134mm两种。瓦垄铁的上下尺寸搭接为80～200mm，横向搭接要顺着主导风向，搭压一垄半。

（三）坡屋顶的细部构造

1. 平瓦屋面的细部构造

平瓦屋面应做好檐口、天沟等部位的细部处理。

（1）纵墙檐口

1）无组织排水檐口：当坡屋面采用无组织排水时，应将屋面伸出纵墙形成挑檐，挑檐的构造做法有砖挑檐、椽条挑檐、挑檐木挑檐和钢筋混凝土挑板挑檐等（图3-2-76）。

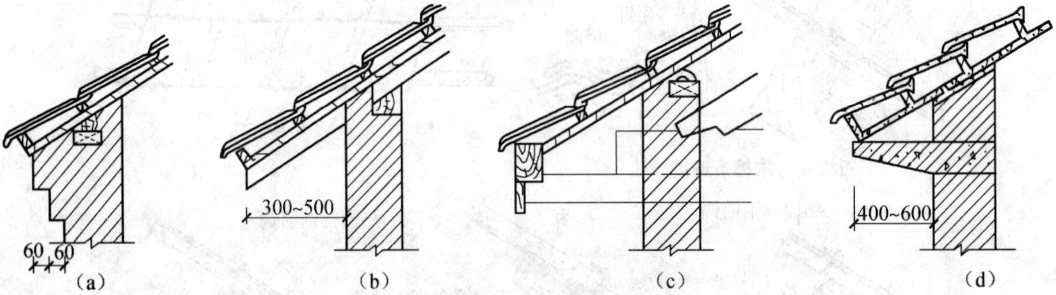

图3-2-76　无组织排水纵墙挑檐

（a）砖挑檐；（b）椽条挑檐；（c）挑梁挑檐；（d）钢筋混凝土挑板挑檐

2）有组织排水檐口：当坡屋顶采用有组织排水时，一般多采用外排水，需在檐口处设置檐沟，檐沟的构造形式一般有钢筋混凝土挑檐沟和女儿墙内檐沟两种（图3-2-77）。挑檐沟多采用钢筋混凝土槽形天沟板，其排水和沟底防水构造与平屋顶相似。

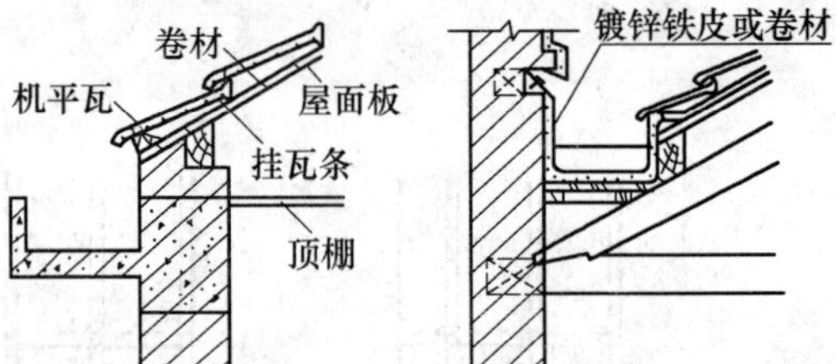

图3-2-77　有组织排水纵墙挑檐

（2）山墙檐口

双坡屋顶山墙檐口的构造做法有硬山和悬山两种形式。

1）硬山：是将山墙升起包住檐口，女儿墙与屋面交接处应做泛水，一般用砂浆粘结小青瓦或抹水泥石灰麻刀砂浆泛水（图3-2-78）。

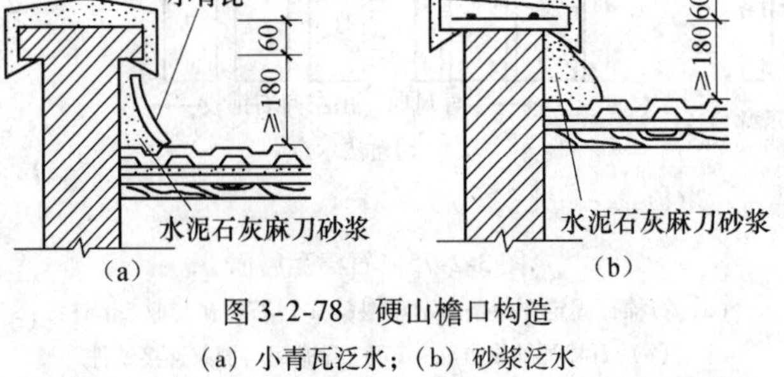

图3-2-78　硬山檐口构造

（a）小青瓦泛水；（b）砂浆泛水

2）悬山：是将檩条伸出山墙挑出，上部的瓦片用水泥石灰麻刀砂浆抹出披水线，进行封固。若屋面为木基层时，将檩条挑出山墙，檩条的端部钉木封檐板（又叫博风板），下部做顶棚进行处理（图 3-2-79）。

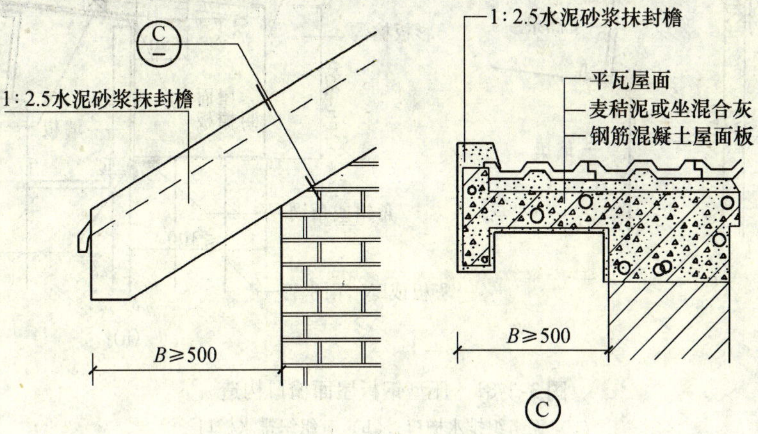

图 3-2-79 悬山檐口构造

（3）屋脊、天沟和斜沟构造

互为相反的坡面在高处相交形成屋脊，屋脊处应用 V 形脊瓦盖缝，如图 3-2-80（a）所示。在等高跨和高低跨屋面相交处会形成天沟，两个互相垂直的屋面相交处会形成斜沟。天沟和斜沟应保证有一定的断面尺寸，上口宽度应为 300～500mm，沟底一般用镀锌铁皮铺于木基层上，镀锌铁皮两边向上压入瓦片下至少 150mm，如图 3-2-80（b）所示。

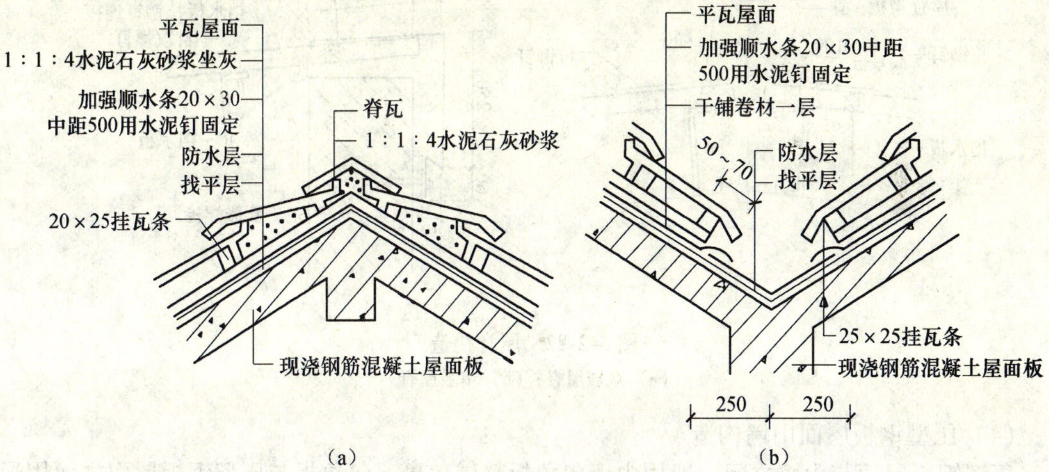

图 3-2-80 屋脊、天沟和斜沟构造

（a）屋脊；（b）天沟和斜沟

2. 压型钢板屋面的细部构造

（1）压型钢板屋面无组织排水檐口

当压型钢板屋面采用无组织排水时，挑檐板与墙板之间应用封檐板密封，以提高屋面的围护效果，如图 3-2-81（a）所示。

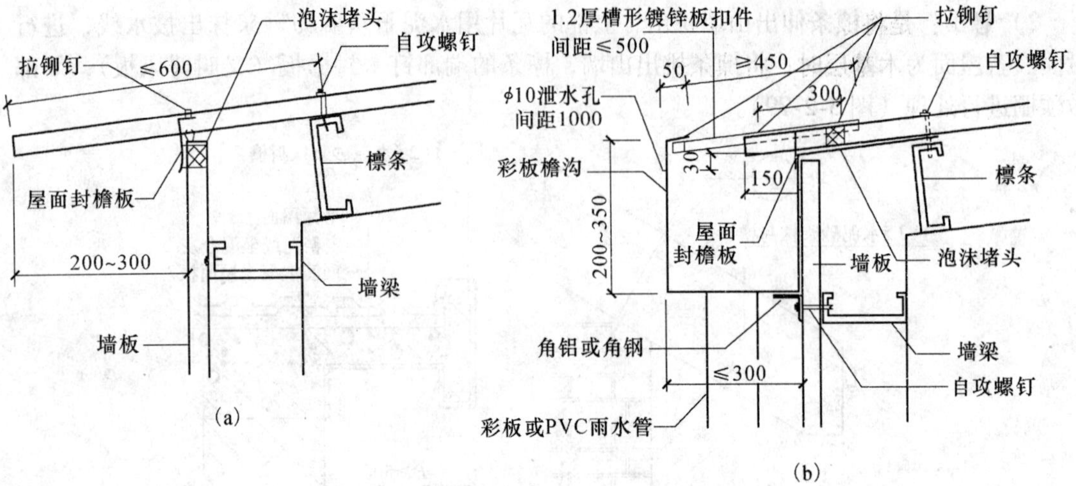

图 3-2-81　压型钢板屋面檐口构造

（a）无组织排水檐口；（b）有组织排水檐口

(2) 压型钢板屋面有组织排水檐口

当压型钢板屋面采用有组织排水时，应在檐口处设置檐沟。檐沟可采用彩板檐沟或钢板檐沟，当采用彩板檐沟时，压型钢板应伸入檐沟内，其长度一般为150mm，如图3-2-81（b）所示。

(3) 压型钢板屋面屋脊构造

压型钢板屋面屋脊构造分为双坡屋脊和单坡屋脊（图3-2-82）。

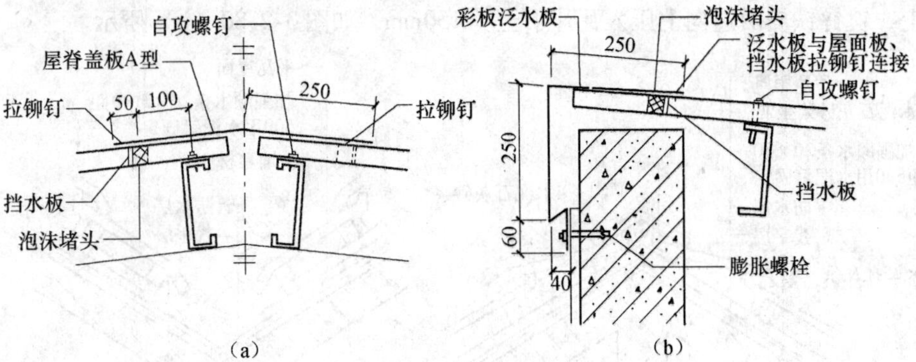

图 3-2-82　屋脊构造

（a）双坡屋脊；（b）单坡屋脊

(4) 压型钢板屋面山墙构造

压型钢板屋面与山墙之间一般用山墙包角板整体包裹，包角板与压型钢板屋面之间用通长密封胶带密封，如图3-2-83（a）所示。

(5) 压型钢板屋面高低跨构造

压型钢板屋面高低跨交接处，加铺泛水板进行处理，泛水板上部与高跨一侧外墙连接，高度不小于250mm，下部与压型钢板屋面连接，宽度不小于200mm，如图3-2-83（b）所示。

(四) 坡屋顶的屋顶平面图

两坡顶的建筑物，屋脊线在建筑物的宽度中间位置。四坡顶建筑物，正脊线在建筑物的宽度中间，斜脊线是从建筑物的角部成45°线引出。组合平面的坡屋顶，其脊、坡、檐、沟的关系如图3-2-84所示。

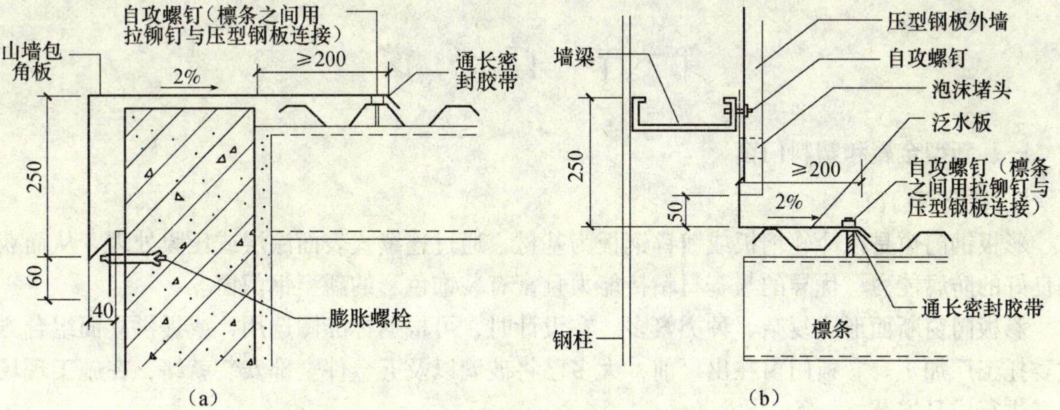

图 3-2-83　压型钢板屋面山墙和高低跨构造

（a）屋面山墙构造；（b）屋面高低跨构造

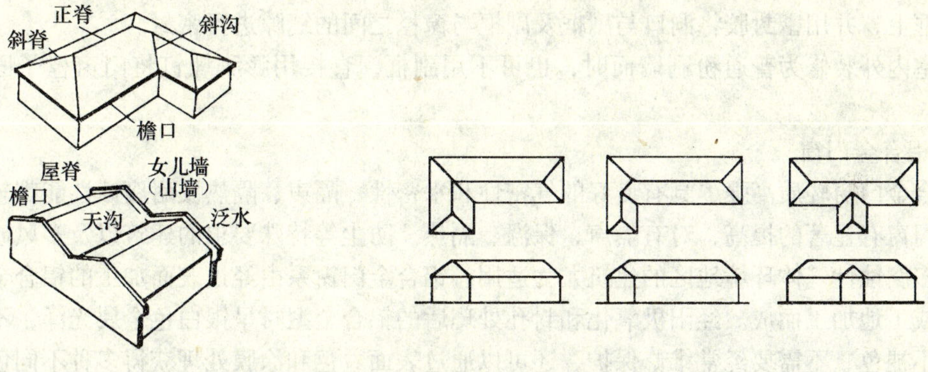

图 3-2-84　坡屋顶的屋顶平面图

（五）木屋架下的吊顶处理

木屋架下的吊顶棚，是在屋架下弦钉木吊杆，其断面为 50mm×50mm 或 40mm×60mm，长度则由室内要求的顶棚高度来决定。吊杆的下端钉 40mm×60mm 或 50mm×50mm 的木龙骨，中距 400～600mm，龙骨下钉 24mm×6mm 的木板条，板条间隔为 5mm 左右。然后用麻刀灰打底，白灰砂浆找平，纸筋灰罩面，表面喷浆。在龙骨的下部钉木丝板亦可，木丝板表面喷浆。

钢丝网吊顶是一种较好的做法。这种做法是在龙骨上钉好板条后，加钉一层钢丝网，然后用麻刀灰打底，混合砂浆找平，纸筋灰罩面，最后表面喷浆。

在室内空间高度不足的条件下，也可以不设吊杆，而将龙骨直接钉在屋架下弦上（图 3-2-85）。

采用钢木屋架或人字形屋架的吊顶，是把吊杆钉在屋架上弦上，当然也可以钉在檩条上，龙骨及抹灰的做法与前述相同。

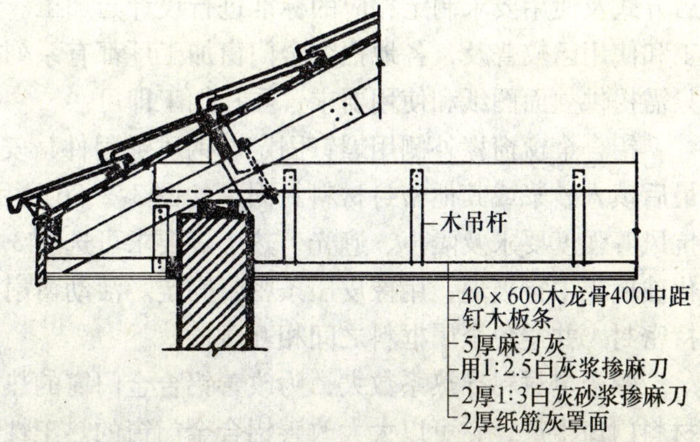

图 3-2-85　吊顶的构造

第六节 门 窗

一、新型金属和塑料门窗

1. 彩板钢门窗

彩板钢门窗是以冷轧钢板或镀锌钢板为基材，通过连续式表面涂层或压膜处理，从而获得良好的防腐能力、优异的与基材粘接能力且富有装饰色彩的新型钢门窗。

彩板门窗断面形式复杂、种类繁多。在设计时，可根据标准图选用，或提供立面组合方式委托工厂加工。彩板门窗在出厂前，大多已将玻璃以及五金件全部安装就绪，在施工现场仅需进行成品安装。

彩板门窗的安装视室内外粉刷装饰面层的不同而有差异。当外墙面为花岗岩、大理石或面砖等贴面材料时，应先安装副框，待室内外粉刷工程完工后，再将彩板门窗用自攻螺丝固定在副框上，并用密封胶将洞口与副框及副框与窗樘之间的缝隙进行密封。

当室内外装修为普通粉刷墙面时，也可不用副框，直接用膨胀螺钉将门窗樘子固定在墙上。

2. 铝合金门窗

铝合金门窗轻质高强，具有良好的气密性和水密性，隔声、隔热及耐腐蚀性能都较普通钢、木门窗有显著的提高，对有隔声、保温、隔热、防尘等特殊要求的建筑以及多风砂、多暴雨、多腐蚀性气体环境地区的建筑尤为适用。铝合金门窗系由经过表面加工的铝合金型材在工厂或工地加工而成。经阳极氧化和封孔处理后的铝合金型材呈银白色金属光泽，不需要涂漆、不褪色、不需要经常维修保护，还可以通过表面着色和涂膜处理获得多种不同色彩和花纹，具有良好的装饰效果，从而在世界范围内得到了广泛的应用。

常用铝合金门窗有推拉门窗、平开门窗、固定门窗、滑撑窗、悬挂窗、百叶窗、弹簧门、卷帘门等。各种门窗都用不同断面型号的铝合金型材和配套零件及密封件加工制成。在制作加工时应根据门窗的尺度、用途、开启方式和环境条件选择不同型式和系列的铝合金型材及配件精密加工，并经过严格的检验，达到规定的性能指标后才能安装使用。在铝合金门窗的强度、气密性、水密性、隔声性、防水性等诸项标准中，对型材影响最大的是强度标准，我国幅员辽阔，自然环境差异很大，应根据各地的基本风载和建筑物的体形、高度、开启方式及使用要求制定相应的标准进行设计与加工。目前，我国各大城市，铝合金门窗的加工和使用已较普及，各地铝合金门窗加工厂都有系列标准产品供选用，需特殊制作时一般也只需提供立面图纸和使用要求，委托加工即可。

铝合金窗窗樘外侧用螺钉固定着钢质锚固件，安装时与墙、柱中的预埋件焊接或铆固，最后填入砂浆或其他密封材料封固，如图 3-2-86 所示。铝合金门窗玻璃视玻璃面积大小和抗风等强度要求及隔声、遮光、热工等要求可选用 3～8mm 厚度的平板玻璃、镀膜玻璃、钢化玻璃或中空玻璃，用橡皮压条密封固定。活动窗扇四周都有橡胶或尼龙密封条与固定框保持密封，并避免金属框料之间相互碰撞。

铝合金材料导热系数大，为改善铝合金门窗的热工性能，已有一种塑料绝缘夹层的复合材料门窗生产，它可以大大改善铝合金门窗的热工性能。

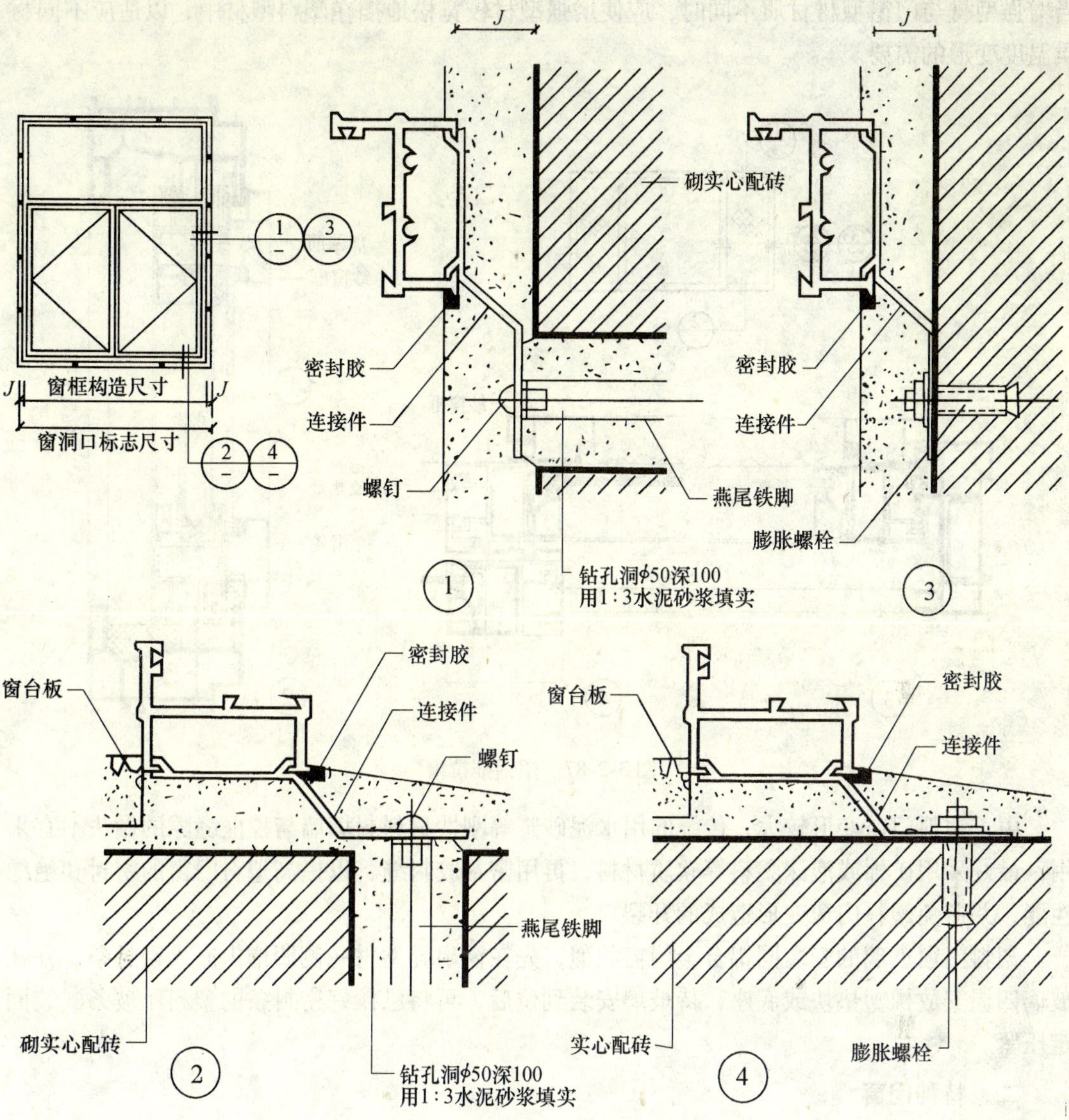

图 3-2-86　铝合金窗的安装构造

3. 塑料门窗

塑料门窗是采用添加多种耐候耐腐蚀等添加剂的塑料，经挤压成型的型材组装制成的门窗，它具有耐水、耐腐蚀、阻燃、抗冲击、不需表面涂装等优点，保温隔热性能也比钢和铝合金门窗好。塑料门窗的老化问题是影响塑料门窗推广使用的主要原因之一，但现代的塑料门窗均是改性混合体系的塑料制品，具有良好的耐候性，使用寿命可达 30 年以上。采用双色共挤出工艺生产出来的塑料门窗型材，可将耐老化性能好的聚丙烯酸酯类材料与 PVC 共挤成型，室外一侧为彩色的聚丙烯层，室内为白色的 PVC 层，从而获得装饰美观又耐老化的新型塑料门窗。

普通塑料门窗的抗弯曲变形能力较差，因此，尺寸较大的塑料门窗或用于风压较大部位时，需在塑料型材中衬加强筋来提高门窗的刚度（图 3-2-87）。加强筋可用金属型材，也可用硬质塑料型材。增强型材的长度应比门窗型材长度略短，以不妨碍门窗型材端部的联结，当增强型材与门窗型材材质不同时，应使增强型材较宽松地插在塑料型材中，以适应不同材质温度变形的需要。

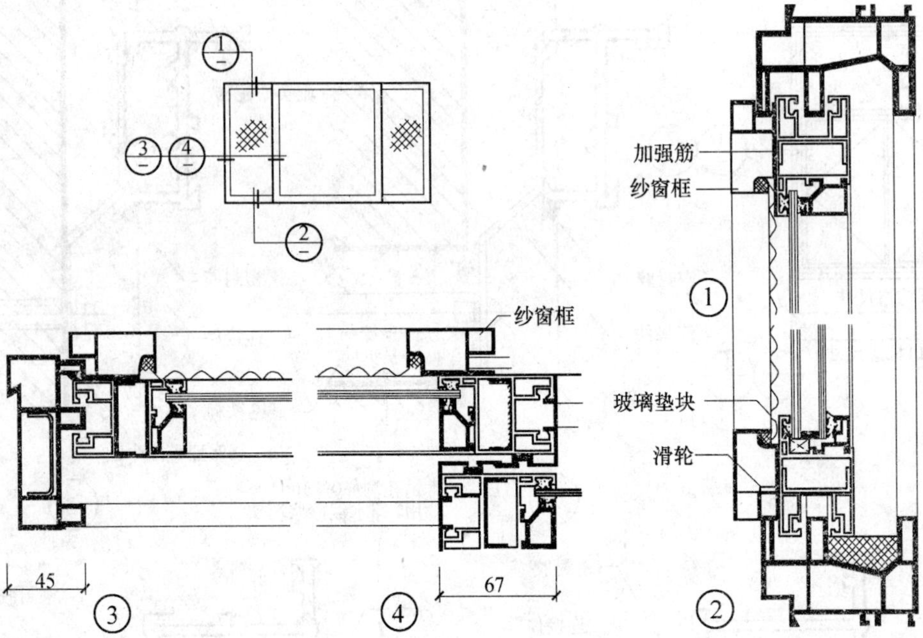

图 3-2-87　塑钢推拉窗

由于塑料门窗变形较大，传统的用水泥砂浆等刚性材料封填墙与樘框缝隙的做法不宜采用，最好采用矿棉或泡沫塑料等软质材料，再用密封胶封缝，以提高塑料门窗的密封和绝缘性能，并避免塑料门窗变形造成的开裂。

塑料门窗玻璃的安装同铝合金门窗相似，先在窗扇异型材一侧凹槽内嵌入密封条，并在玻璃四周安放橡塑垫块或底座，待玻璃安装到位后，再将已镶好密封条的塑料压玻条嵌装固定压紧。

二、特种门窗

1. 保温门窗

一般来说，处于严寒、寒冷地区建筑的门窗，以及冷库等特殊建筑的门窗，都应考虑安装使用保温门窗，以达到节能的目的。

对于保温门窗来讲，最基本的要求是关闭严密，因此，在门窗选型上，以固定门、窗为佳。当确有开启的需要时，可以考虑采用平开门窗，但一般不宜选用旋转门窗。

从提高保温隔热效果的角度讲，中空玻璃是保温门窗玻璃材料的最佳选择。但是，当采用普通玻璃，配以适当的构造措施时，也可以获得很好的效果，如可以采用单层窗扇的单扇双玻璃、双层窗扇的单玻双扇窗、双层窗扇 4 层玻璃的双玻双扇窗等等。当采用双层窗时，两窗扇间的净距一般宜为 50 ~ 100mm，最大应小于 150mm。这种双层窗做法，既适用于木窗，也适用于钢窗、塑钢窗等各种门窗。保温木窗的构造，如图 3-2-88 所示。

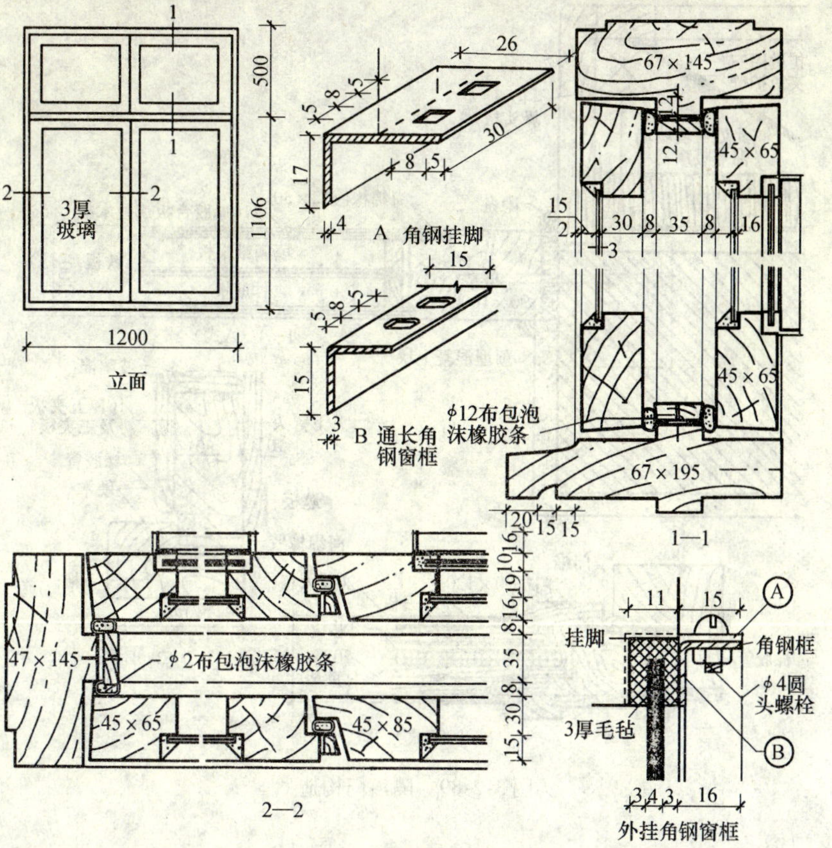

图 3-2-88 保温木窗构造

2. 隔声门窗

隔声门窗常被用于室内允许噪声级较低的房间中，例如播音室、录音室等等。在其他需要保证一定的音质，或希望没有过多噪声干扰的房间，也常常使用隔声门窗，如办公室、会议室、医院的治疗室等等。

一般建筑构件（包括门窗）的隔声能力与材料的表观密度、构件的构造形式、声波的频率等因素有关。门窗的隔声能力是随门窗构造形式、材料和密闭程度而变化的。在声波频率方面，一般低频的声波较高频的声波容易透入。下面是一些不同门窗的隔声能力介绍，以使大家对于隔声门窗的效果与材料、构造的关系有更多了解。

普通木门（门芯板 15mm 厚）的隔声能力在 19 ~ 25dB；钢门（6mm 厚）的隔声能力为 35dB；双道木门，间距 50mm 安装时，隔声能力可以增强至 30 ~ 34dB；而有隔声和密闭措施的单扇门的隔声能力可达 35 ~ 43dB。

一般窗的隔声能力为 20 ~ 30dB（玻璃厚 3mm 或 6mm）；双层窗的隔声能力为 25 ~ 35dB。多层玻璃窗的隔声能力为 35 ~ 40dB，单层或双层玻璃窗有隔声和密闭措施的情况下，隔声能力可增至 32 ~ 52dB。

隔声门窗的构造设计，除了要符合隔声要求之外，还须考虑防止共振、减少反射、吸声等问题。所以，一般应尽可能采用表观密度大的材料，并辅以能减少反射及能吸声的材料。对于门窗接缝处的密闭措施，也应仔细研究。图 3-2-89 为隔声门的构造，图 3-2-90 为门扇及密闭方式。

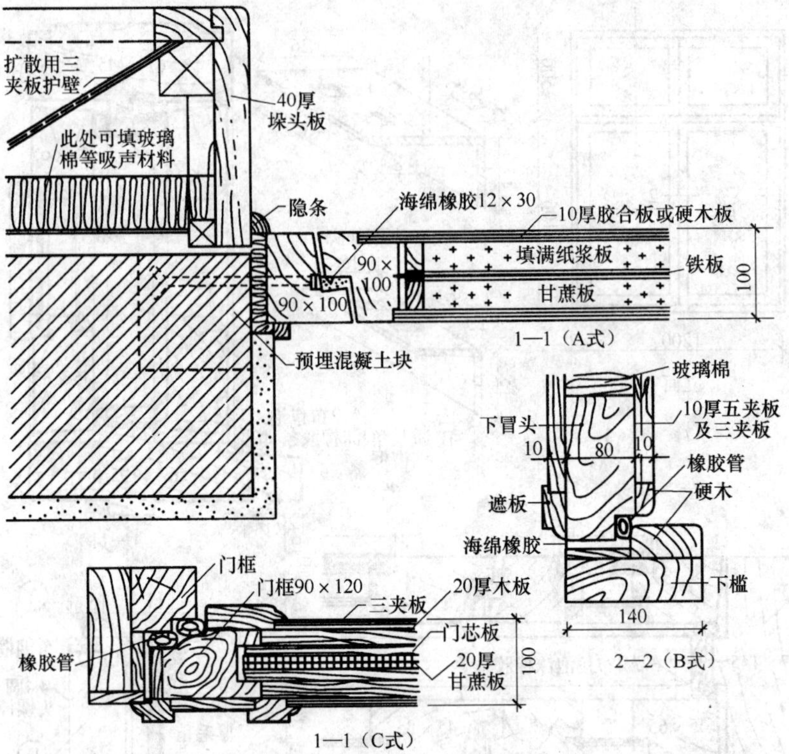

图 3-2-89　隔声门构造

3. 防火门窗

根据开启方式，防火门可以分为一般防火门和自动防火门两种。一般防火门包括平开式和推拉式两种。平开式防火门多用于民用建筑，而推拉式防火门则多用于工厂、仓库。

自动防火门通常用于仓库或工业车间。在构造上，自动防火门常悬挂于倾斜的导轨上，门宽应较门洞每边大出至少100mm以上，门旁另设平衡锤，用钢缆将门拉开在门空宕一边。钢缆另一端装置易熔性合金片，以易熔性材料焊接，连于门梃边上。易熔材料是一种含有铋、铅、锡、镉等的合金，熔点极低，一般在70℃以上时即熔化。当起火温度上升，合金片熔断，门就沿倾斜铁轨滑下，自动关闭。同时，应在门下角墙上装置门碰头，沿门设滑轨或导门滑轮（滑轮不应高出地面），使门能依方向下落，关后不致动荡。另外，还必须注意，自动防火门通常并不是独立设置的，而应同时另设推拉门一道，以备平时关闭之用。

防火窗一般应首选钢窗，在窗用玻璃方面，宜选用铅丝玻璃，以免玻璃破裂后掉下。其目的是防止火焰窜入室内，也防止火焰窜出窗外，从而向上蔓延。装置一层铅丝玻璃的防火窗，耐火极限为0.7～0.9h；双层为1.2h；如用钢化玻璃则仅为0.25h。防火窗也可装置自动关闭设备，这种自动防火窗大多装于仓库及有需要的民用建筑中。

图3-2-91所示，是一些防火门的构造做法及其对应的耐火极限。

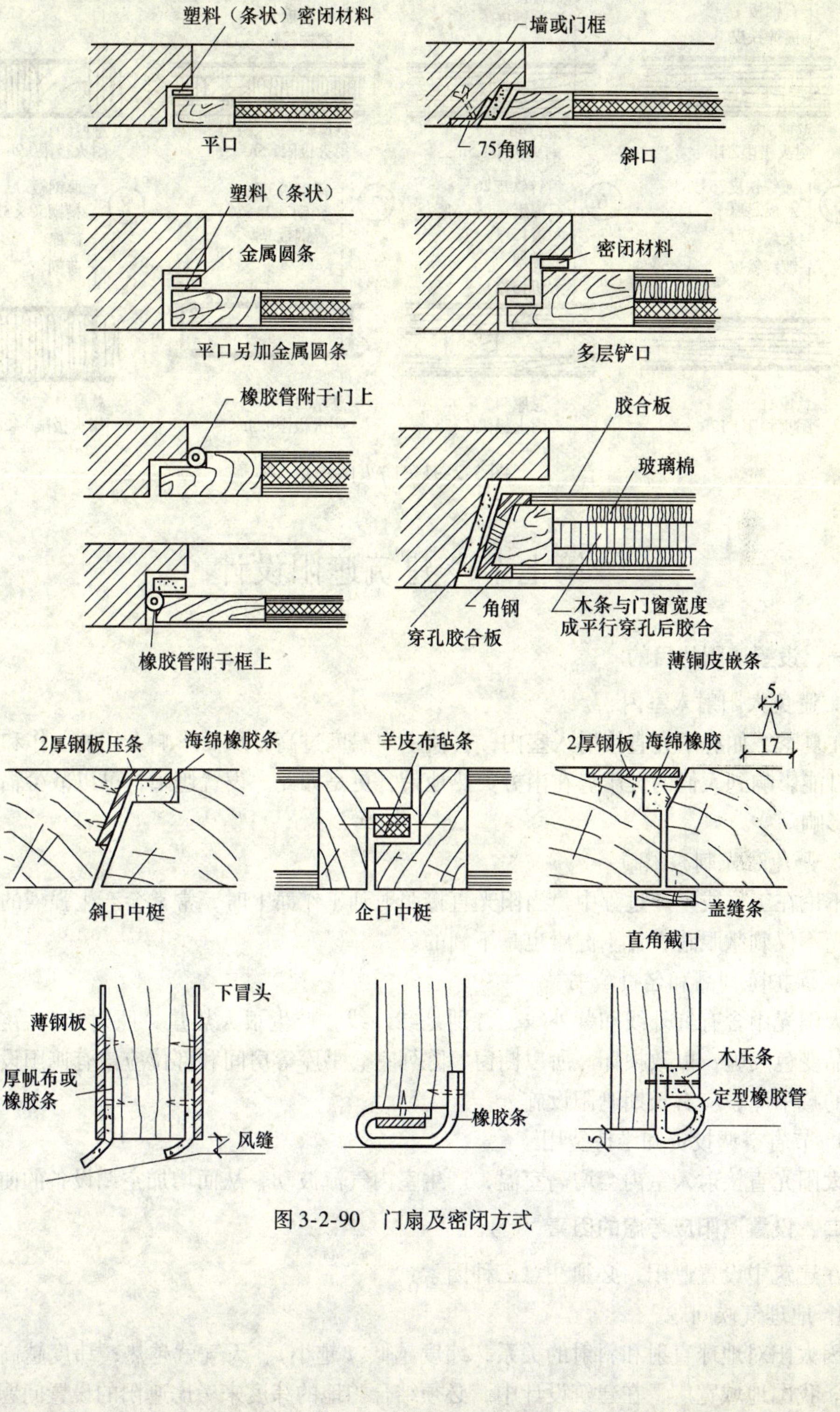

图 3-2-90　门扇及密闭方式

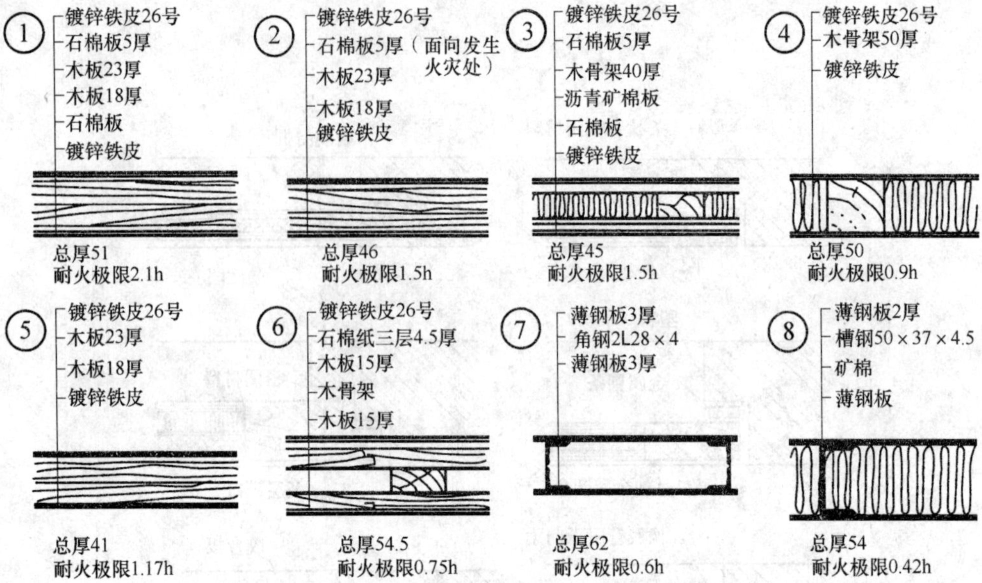

图 3-2-91　防火门构造

第七节　建筑遮阳设计

一、设置遮阳的目的

1. 避免太阳射入室内

在夏季，如有阳光直接射入室内，会使室内温度过高，从而影响人们的工作和生活，甚至有可能影响到人们的健康。在南方炎热地带，更是如此。设置遮阳，可以减少辐射热对室内的影响。

2. 避免眩光刺激眼睛

不论在工作或生产过程中，当阳光直接照射到工作面上时，常常会产生强烈的眩光，这种眩光不仅刺激眼睛，对于健康也是不利的。

3. 保护陈列品和名贵藏书

太阳光中含有红外线和紫外线，特别是红外线，产生很大热量，照射长久后会使纸张、陈列品变色发脆，以致损坏。所以橱窗、陈列室、书库等房间和部位应该有遮阳设计。特别名贵的藏书库，应有长期遮阳设施。

4. 节省空调投资和维持费用

太阳光直接射入室内会增高室温，产生室内气流波动，从而增加空调设备的使用费用。

二、设置遮阳应考虑的因素

在建筑中设置遮阳，必须注意三种因素：

1. 地理气候问题

因太阳对地球直射和斜射的关系，纬度越低（越小），天气就越热；纬度越高，天气就越冷。我国地域宽广，在建筑设计中，必须结合当地的纬度来考虑遮阳的设置问题。在低纬度地区，由于夏天较长而冬天较短，也就是气温较高的时候长，因此一般需要适当遮阳；中等纬度地区，由于其气候特征是夏天短而冬天较长，所以只在一些特殊情况下，如因建筑的朝向不佳或建筑在使用功能方面有特殊要求等，才考虑设置遮阳。至于高纬度的地方，则完全不必考虑设置遮阳设施的问题。

2. 窗口朝向问题

建筑的窗口朝向不同，太阳光进入室内的深度和时间长短也不同，因此，太阳辐射进入室内的热量也不相同。一般东、西朝向的窗传进的热量要比南窗高出近一倍。而通过东窗进入室内的热量及其引起室温增高的程度，一般较西窗（射进时间为下午3~4时）为低。因为当太阳辐射进入东窗时（射进时间为上午7~9时），室外气温比较低，而室内气温经过一夜时间的消散，聚热不多，所以也比较低。而当太阳辐射进入西窗时，则不论室内外气温均较东窗为高，因此，对室内温度的影响也就要比东窗大。所以，在西窗设置遮阳，是较为合理和必要的。

3. 建筑物房间性质问题

设置遮阳，尤其是固定式遮阳，肯定是要增加建筑投资的。因此，应充分考虑建筑的使用性质，从而决定设置遮阳与否。下述三点意见，可供设计时参考：

（1）凡是不允许太阳射入的房间，如书房、生产性车间，可考虑全年遮阳；

（2）公共建筑，为了防止辐射热过高可考虑季节性遮阳设施，或在某些朝向设置遮阳；

（3）居住建筑，除西向辐射热度较高者外，一般可以不考虑设置遮阳。

下列各项条件，也可以作为建筑是否需要设置遮阳的参考标准：

（1）室内气温在29℃左右或以上时；

（2）太阳辐射强度大于240kcal/（m^2·h）；

（3）阳光射进室内深度（内墙面起算）大于500mm时；

（4）阳光射进室内时间超过1h左右时。

三、遮阳的基本形式

遮阳的基本形式，大概可分为四种：即水平式、垂直式、综合式和挡板式。

1. 水平式遮阳

适宜于遮挡从窗顶上面射来的阳光，也就是高度角较大的太阳光，宜用于南向或南稍偏东、南稍偏西方向的房间。可以设计为单层或多层的，如图3-2-92（a）所示。在北回归线以南低纬度的地区，特别是在夏至前后几个月中，北向或接近该方向的窗口，有时也可采用。

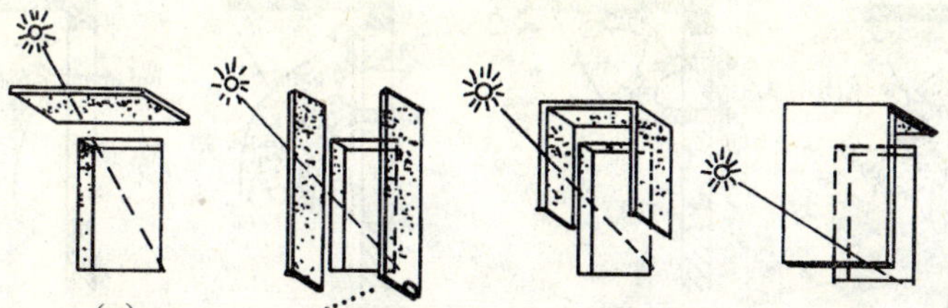

（a）　（b）　（c）　（d）

图3-2-92　遮阳板几种基本形式

（a）水平式遮阳；（b）垂直式遮阳；（c）综合式遮阳；（d）挡板式遮阳

2. 垂直式遮阳

适宜用来遮挡从窗户侧向射来的阳光，也就是适宜遮挡高度角较小的太阳光，常用在北回归线以南的低纬度地区的北向或接近该方向的窗户，如图 3-2-92（b）所示。

3. 综合式遮阳

这种遮阳是将水平遮阳和垂直遮阳两种方式组合起来形成的一种遮阳形式。这种遮阳可以每个窗户设置，称为个体式；也可以整个墙面做成整片，称为综合式。可以遮挡从顶部和侧面射来的太阳，也就是说，可以遮挡太阳高度角由高变到低过程中的阳光。适宜用于东向、西向或东南向、西南向窗户，也适于北回归线以南低纬度地区北向窗口遮阳，如图 3-2-92（c）所示。

4. 挡板式遮阳

这种遮阳特别用来遮挡平射过来的阳光，适用于东向、西向或接近该朝向的窗户，如图 3-2-92（d）所示。

以上各种遮阳均有固定式和活动式两种，后者可以调节日照、采光、通风，而且可用各种材料制作。在遮阳板做法上，也有实心板和百叶板等不同形式。图 3-2-93 为各种朝向采用遮阳的范畴，可供参考。

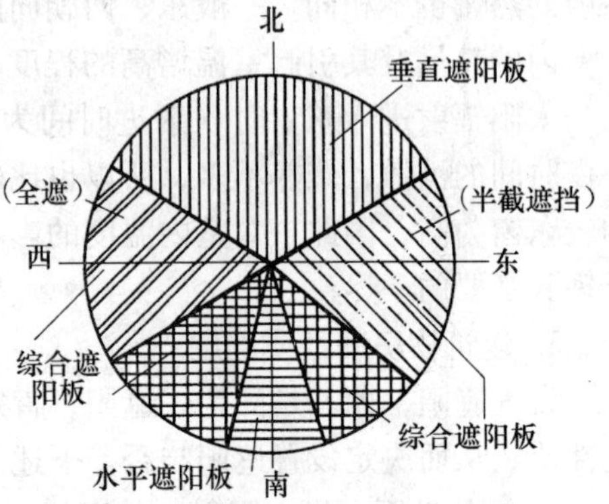

图 3-2-93　各种朝向采用遮阳板的范畴

此外，在建筑立面上采用各种大面积花格作为遮阳，也是一种非常常见的方法。花格的形式有八角套方、六角菱形、长方形等。整个花格墙仿佛花墙洞、漏窗一般，因此具有很好的装饰作用和遮阳效果。但是，这种花格墙对采光、通风有一定的影响，还有不易清洁的缺点。

遮阳的设计方法有计算法和图解法两种，图解法较便捷，计算法则较为精确。

四、遮阳的细部构造

（一）遮阳构造设计时应注意的事项

（1）水平遮阳出挑深度，应注意窗扇外开时的尺寸。

（2）水平遮阳板里口应与墙面离开少许，但不得使太阳射入。同时板底应略高于窗顶（约 150～200mm）。因为阳光照射后产生辐射热量，常在室外风压作用下吹向室内，这样设计有助于热量散失，如图 3-2-94 所示。

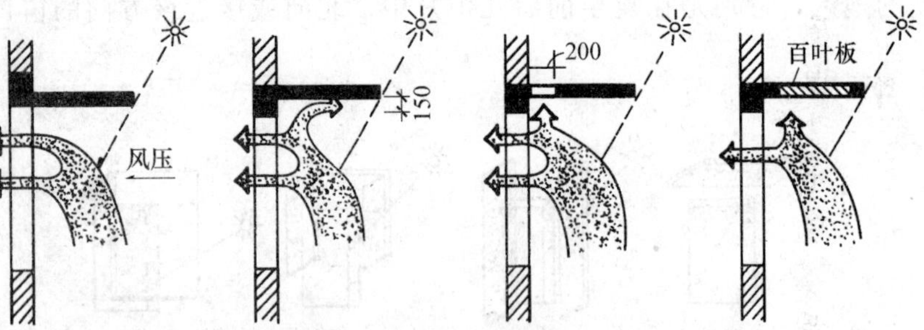

图 3-2-94　遮阳板下辐射热流入情况

（3）对于水平遮阳板，百叶板使热流上升散失效果比实心板好。但百叶板面须与太阳射线垂直，不使阳光由板隙射入。

（4）各种遮阳设施因构造方式、材料、装置位置，甚至色泽不同，对太阳辐射热透过系数亦不相同。遮阳板的太阳辐射透过系数 E 值愈小则其隔热效果愈佳（表 3-2-21）。

各种遮阳板的太阳辐射透过系数　　表 3-2-21

遮阳形式	朝向	构造说明	颜色	E 值
木百叶窗	西	双开木窗，装在窗口	白	0.07
铝合金软百叶	西	挂在窗口，百叶片成45°时	浅绿	0.08
木百叶挡板	西	装在窗外500mm处，顶部有水平百叶板	白	0.12
垂直活动木百叶窗页	西	装在窗外，百叶板面成45°	白	0.11
水平活动木百叶窗页	西	装在窗口，百叶板面成45°	白	0.14
竹　帘	西	装在窗外，竹条较密	米黄	0.21
嵌磨砂玻璃的垂直转窗或磨砂玻璃百叶	西	装在窗口	乳白	0.35
外廊加百叶挂帘	西	垂檐为木百叶	白	0.45
综合式遮阳	西南	木或钢筋混凝土的水平百叶加垂直挡板	白	0.26
折叠式帆布篷	东南	铁条支架装帆布篷全放下	浅色	0.25
水平遮阳板	南	木或钢筋混凝土百叶，百叶面成45°	白	0.38

（5）悬挂在室内外的各种活动软百叶，材料有木板、布、合金铝板（铝片反射力强，吸热量小）等。活动软百叶多悬于窗的内侧。但活动软百叶悬于室外时，只有30%的辐射热量流入室内，而当活动软百叶悬于室内时，流入室内的辐射热量可达到60%左右。

（6）实心水平遮阳板的里口与墙面连接处，为了防水应同雨篷一样高出板顶面至少一皮砖，防其渗水入墙。

（7）所有水平或垂直遮阳板，必须考虑垂直荷载和风力作用的影响，以防损坏。

总之，遮阳板既要减少太阳辐射热进入室内，又须注意结构坚固，更不能忽视遮阳对于立面的影响，应达到实用、坚固、美观。

（二）构造与细部

1. 水平百叶板式遮阳

水平百叶板式遮阳，系设于大面积窗户顶部的连续式水平遮阳。当遮阳挑出墙面尺寸过大时，可设法做成两层或多层遮阳板式样。也可将窗户总高分成上下两部分，中间以过梁挑出下层遮阳板，则需让出窗扇开启时所需的空间，如图3-2-95所示。

2. 综合遮阳板

如窗户较小，遮阳板左右离墙垛边挑出过多时；或因朝向（朝东或朝西）须遮挡来自顶部及从两侧射入的阳光，则需采用综合遮阳板。方法是将两端挑出部分折下为综合遮阳板，如图3-2-96所示。图3-2-97所示为综合遮阳板构造。

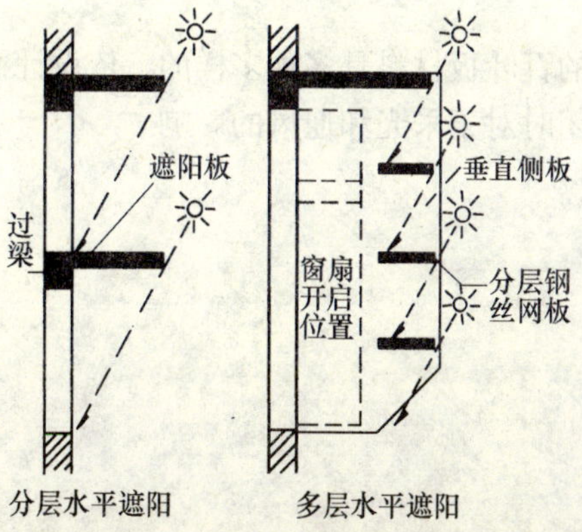

图3-2-95　分层水平遮阳板

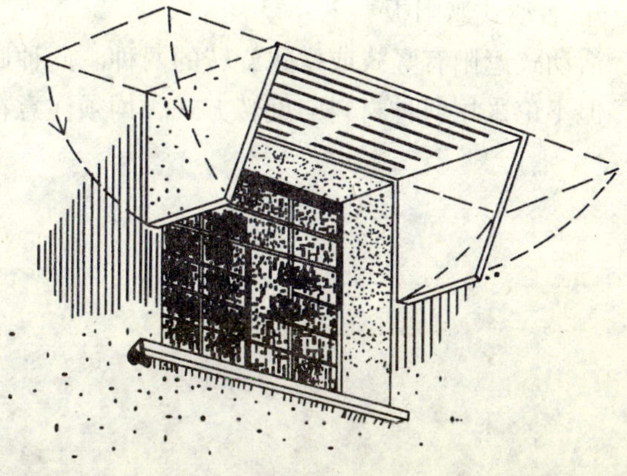

图3-2-96　水平遮阳折下为综合遮阳板示意

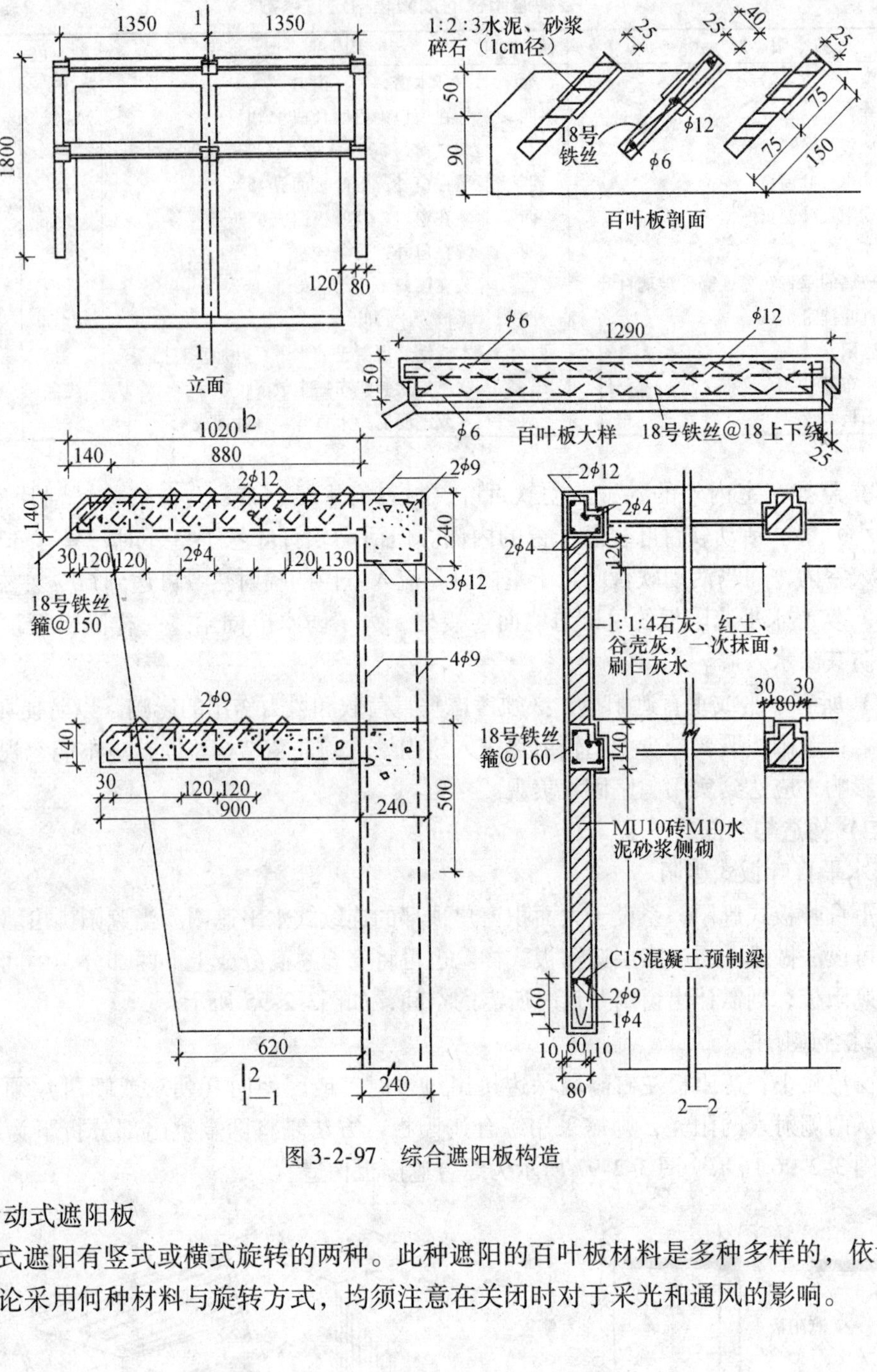

图 3-2-97　综合遮阳板构造

3. 活动式遮阳板

活动式遮阳有竖式或横式旋转的两种。此种遮阳的百叶板材料是多种多样的，依设计而定，但不论采用何种材料与旋转方式，均须注意在关闭时对于采光和通风的影响。

第四篇　专题讨论部分

第一章　建筑设计基础（三）

第一节　建筑装修构造设计

一、装修构造的基本类型

装修构造可分两大类：一类是通过覆盖在建筑构件的表面起保护和美化构件之用，称饰面构造或覆盖式构造。另一类是通过组装构成各种制品或设备，兼有使用功能和装饰作用，称配件构造或装备式构造。

（一）饰面构造——覆盖式构造

饰面构造的基本问题是处理两个面的连接构造方法。如在砖墙外面做一层木护壁板；在钢筋混凝土结构楼层上，加一层木地板，或在它的下面做一层矿棉板的吊顶棚，均属饰面构造。墙面与护壁板，钢筋混凝土楼层与木地板、吊顶棚之间的连接，是处理两个面的结合构造。

1. 饰面方向与构造

饰面因构件部位的不同而具有不同的方向。例如顶棚是处在楼层、屋面的下部，墙的饰面是处在墙的内、外两侧。因此，顶棚、墙面的饰面构造，具有防止脱落伤人的要求。地面饰面是铺贴在楼层上部，构造处理要求耐磨，如图 4-1-1 所示。由于所处部位不同，虽选用同样的材料，构造要求也将改变。如大理石墙面要求采用钩挂式的构造方法，大理石地面采用铺贴式构造即可。

2. 饰面构造基本要求

欲做好饰面构造应该解决：附着与剥落；厚度与分层；均匀与平整等三个问题。

饰面构造处理不当，面层材料与基层材料膨胀系数不一，粘结材料选择有误或受风化，将使面层出现剥落。饰面的剥落不仅影响美观，且会打伤行人，造成伤亡事故。因此，饰面构造首先要求附着牢固可靠，严防开裂剥落。

饰面层的厚度往往与材料的耐久性、坚固性成正比。但是饰面层厚度的增加，会带来构造方法与施工技术的复杂化。因此，要求进行分层施工或其他的加固构造措施。

饰面完工的质量鉴定，除了附着牢固外，还应该均匀而又平整。欲获得均匀而又平整的装修质量，往往要求反复分层操作。如硝基清漆，通过反复涂拭，才能获得均匀光亮的饰面。

名称	部位	构造要求	饰面作用和特性
顶棚	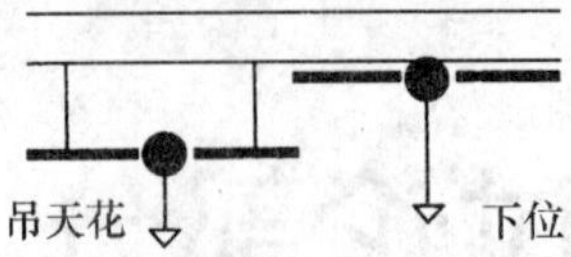	防止剥落	对一般室内照度起反射作用；大厅的顶棚对声音有反射或吸收作用；屋面下的顶棚有保温隔热作用。其他还有隐蔽设备管线之用
外墙面（柱面）	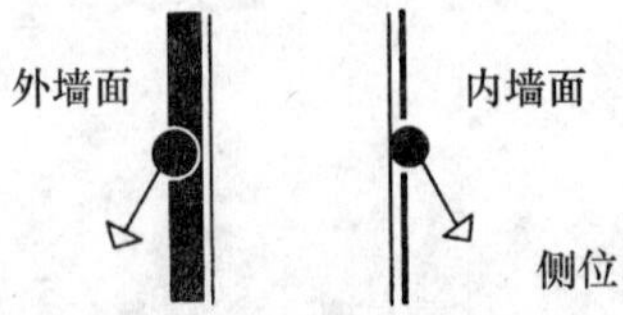	防止剥落	对外墙饰面起保护作用，要求具有耐风雨和大气侵蚀作用，要求不污染、易于清洁的特性
内墙面（柱面）			要求不挂灰、易清洁、有良好的接触感和舒适感；对光有良好的反射；在湿度大的房间应具有防潮、吸湿的性能
楼地面	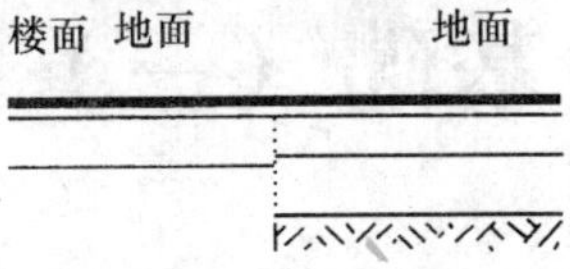	耐磨等	要求具有一定蓄热性能和行走的舒适感；有良好的消声性能；具有耐磨、不起尘、易清洁、耐冲击等特性。特殊用途地面还要求耐水、耐酸碱及油脂等特性

图 4-1-1　饰面部位和构造要求

3. 饰面构造的分类

饰面构造根据材料的加工性能和饰面部位特点可分三类：罩面类、贴面类和钩挂类，如图 4-1-2 所示。

构造分类		图形：墙面	图形：地面	说明
罩面	涂料		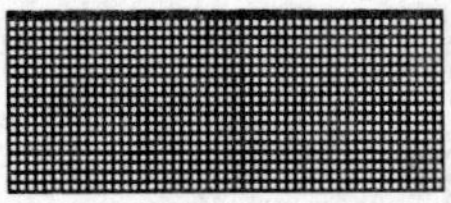	将液态粉末状涂料喷涂固定抹于构件表面。常用涂料有油漆、白灰、大白浆等。其他类似的覆盖层还有电镀、电化、搪瓷等
	抹灰		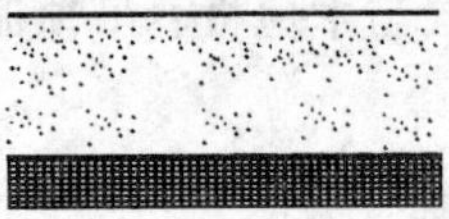	抹灰砂浆是由胶凝材料、细骨料和水（或其他溶液）拌合而成。常用的有石膏、白灰、水泥、镁质胶凝材料；有砂、细炉渣、石屑、大理石屑、陶瓷碎粒等，还有木屑、蛭石等骨料
贴面	铺贴	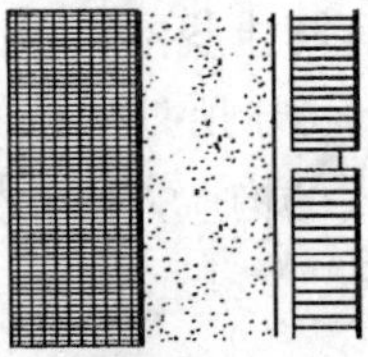	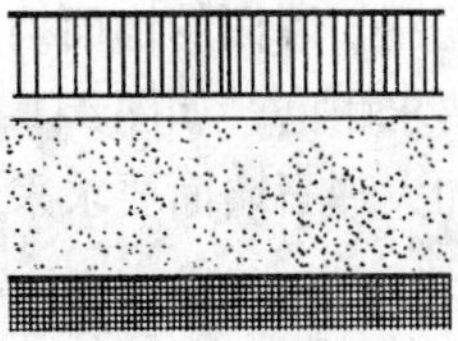	各种面砖、缸砖、瓷砖等陶土制品，厚度小于 12mm，面积小于 150mm×150mm，为了加强粘结力，在背面开槽，用水泥砂浆粘结在墙上。地面可用 20mm×20mm 小瓷砖至 500mm 见方大型石板用水泥砂浆铺贴
	胶结	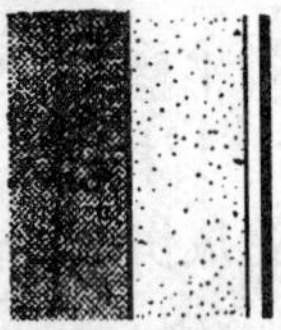	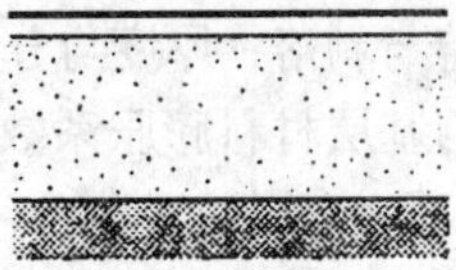	饰面材料呈薄片或卷材状，厚度在 5mm 以下，如粘贴于墙面的塑料壁纸、玻璃布、绸缎等；地面粘贴油地毡、橡胶板或各种塑料板等，可直接贴在找平层上
	钉嵌	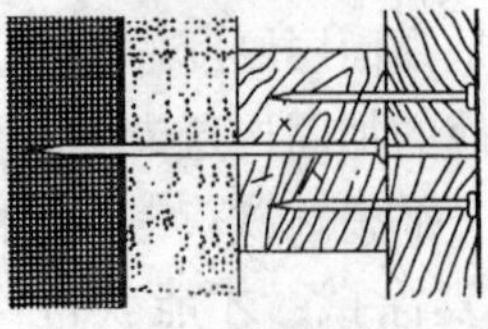	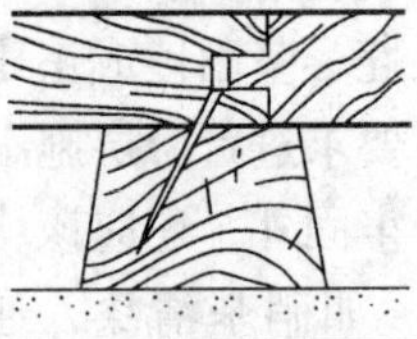	自重轻，或厚度小，面积大，如木制品，石棉板、金属板、石膏、矿棉、玻璃等可直接钉固于基层，或借助压条、嵌条、钉头等固定，也可用涂料粘贴

图 4-1-2　饰面构造的分类

构造分类		图形		说　　明
		墙面	地面	
钩	系	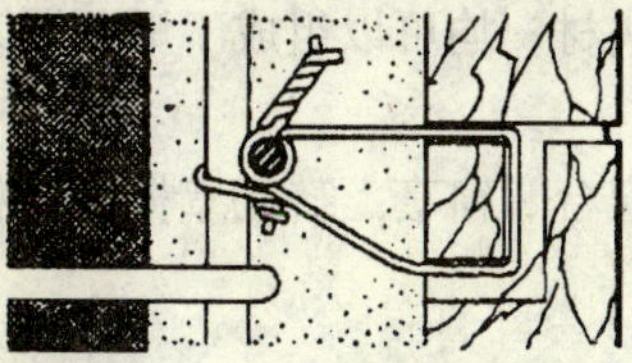		当饰面厚度为 20 ~ 30mm，面积约 $1m^2$ 的石料或人造石等，可在板材上方两侧钻小孔，用钢丝或镀锌铁丝将板材与结构层上的预埋铁件连接，板与结构间灌砂浆固定
挂	钩	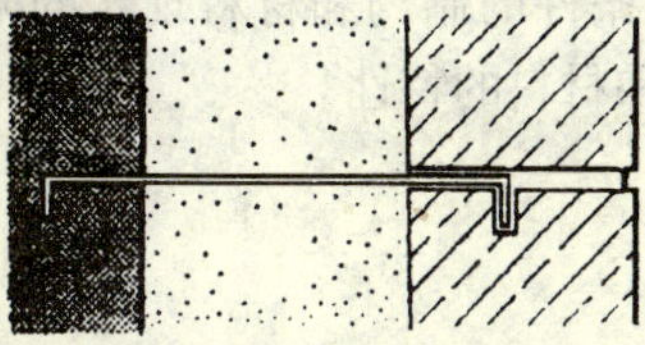		饰面材料厚 40 ~ 150mm 以上，常在结构层包砌。饰面块材上口可留槽口，用与结构固定的铁钩在槽内搭住。用于花岗石、空心砖等饰面

图 4-1-2　（续）

（二）配件构造——成型构造

根据材料的加工性能，配件的成型方法有三类：

1. 塑造与浇铸

（1）塑造：任何呈流态的液状材料，或在常温常压下呈可塑状态，经过一定的物理、化学变化过程，逐渐失去流动性和塑性而凝结成固体，制成具有一定强度的构件，称为塑造。

目前建筑装修上常用的可塑材料有水泥、石灰、石膏等。因为这一类材料取材方便，能在常温下进行物理、化学变化，还可与砂、石等地方材料胶凝成整体，可以根据使用要求做成具有不同强度、不同色彩、不同性能（防火、防水、吸声……等）的预制构件。

（2）铸造：生铁、铜、铝等可熔金属常采用铸造成型的工艺，在工厂制成各种花饰、零件，然后到现场进行安装。

塑造与铸造的基本程序：先制模胎，后制阴模（或砂型），用阴模或砂型再复制花饰或构件，如图 4-1-3 所示。

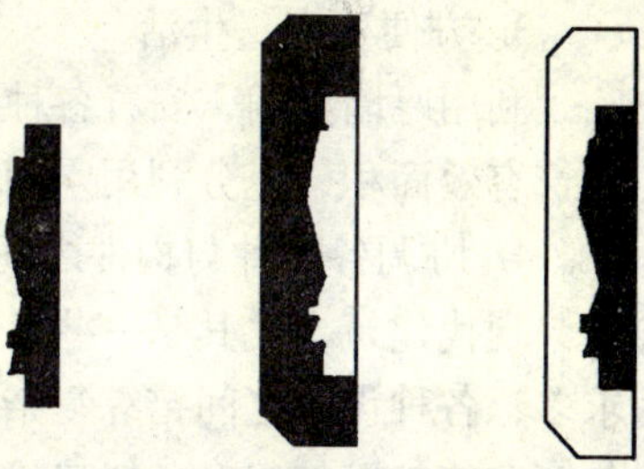

图 4-1-3　塑造铸造程序

2. 加工与拼装

木材与木制品具有可锯、刨、削、凿等加工性能，还能通过粘、钉、开榫等方法，拼装成各种配件。一些人造材料，如石膏板、碳化板、矿棉板、石棉板等具有与木材相类似的加工性能与拼装性能。金属薄板（铝板、镀锌钢板、各种钢板网等），具有剪、切、割的加工性能，并兼有焊、钉、卷、铆的结合拼装性能。

结合是拼装工序中的主要构造方法。结合方法种类繁多，如粘结用胶料，钉合用钉子，榫接用各种榫头等。

加工与拼装的构造在装修工程中应用很广，如壁橱、窗帘盒、暖气罩，以及各种木制的花格、隔断等配件。

3. 搁置与砌筑

水泥制品、陶土制品和玻璃制品等，往往通过一些粘结材料，将这些分散的块材，相互搁置垒砌，并胶结成完整的砌体。砌体的强度决定于块材本身和砌筑砂浆的力学性能。砌筑应使各块材相互搭接，上下、左右错缝，在受力时能均匀地传递，防止沿砂浆粘结部位开裂。

各种块材均可组合，砌筑成各种图案。用标准砖或块材，均可以组成丁顺相同，或丁顺成行间隔的砌式，还可组织成漏空的花格。

装修上常用搁置与砌筑构造的配件有花格、隔断、窗台、窗套、砖砌壁橱和搁板等。

二、装修构造设计的原则

装修是根据使用要求而设计的，但它也要受到经济条件的制约和材料现状的限制。因此，装修构造的选择依据主要是：功能要求、经济条件和材料的特性。

（一）功能要求

建筑装修的主要功能有

1. 保护建筑物的各种构件

建筑构件直接暴露在大气中，钢铁制品会由于氧化而锈蚀；水泥制品表面将受大气侵蚀而疏松；竹、木等有机纤维材料也会由于微生物的侵蚀而腐朽。在建筑上常用油漆、抹灰等覆盖式的装修构造进行处理，不仅可提高防水、防火、防锈、防酸碱的抵抗能力，还可保护建筑构件不直接受到机械外力的磨损。当覆盖层受到破坏，可以在不更换结构构件的条件下重做装修，使建筑物焕然一新，延长了使用年限。一些五金零件、管道沟槽、生产设备，通过覆盖层的构造处理之后，可以用普通碳钢代替不锈钢、铜、铝等，节约大量有色金属和贵重材料。由此可见，采用覆盖式的装修构造不仅具有保护建筑物的好处，还可起到增产节约的作用。

2. 改善生产、生活和工作环境

对建筑物室内外进行覆盖式构造装修，使建筑物易于清洗，不易污染，改善室内外清洁卫生条件，保持建筑物清新整洁的外观。同时，可增强反射率，提高室内与街道照度，丰富环境色彩，改善建筑物的热工、声学、光学等物理性能，为人们创造良好的生产、生活和工作环境。

3. 方便生产、生活

利用厚墙挖洞，安置各种搁板、壁橱；在多余的空间架设各种阁楼、吊柜，进一步提高建筑有效面积，充分利用空间，为生产、生活创造方便条件。

4. 协调各工种与构件之间的关系

现代建筑，尤其是一些有特殊要求的建筑或大型公共建筑，它们的结构空间大，功能要求多，各种设备之间错综复杂，装修的目的之一就是将各种设施进行有机的组织。如暖气片与窗台或护壁的组合；风口、窗帘盒、灯具与顶棚或墙面的组合。这样不仅可以减少这些装备所占据的空间，而且还可节省材料，同时也起了美化建筑物的作用。

装修工程是整个建筑施工的最后一道工序，应注意各工序、工种之间矛盾的协调。装修运用得当，构造方法合理，施工操作细致，可增加全工程的完整性和精确性。

（二）经济条件

建筑物的装修质量标准相差比较大。所用装修材料、构造方案、施工方法的不同对造价均产生很大影响。一般民用建筑的装修工程费用约占土建造价20%～30%，标准较高的工程可达40%～50%。如一般住宅，居室的抹灰墙面罩以内墙涂料，地面采用水泥砂浆抹光即可；而在一些特殊要求的宾馆居室，抹灰层仅作找平用，找平层上又粘贴各种壁纸，甚至做各种木护壁，在水泥地面上还要铺硬木地板或各种地毯等。涂料墙面与壁纸或木护壁的墙面、水泥地面与硬木地板或塑料地毡、地毯等，每平方米造价相差可达几十倍。

从施工工期来看，一般民用建筑装修工程约占整个施工过程的30%～40%，而高级装修的建筑可达50%，甚至更多些。如现浇水磨石与预制水磨石所需现场施工工期相差即很大，影响工程的投产使用。

有时在装修的施工过程中，在工程量、劳动量、造价以及工期等各方面看来好像是多花费了些，但从建成后的使用寿命、维修和折旧费来估算，可能还是经济的。因此，既要避免出现单纯追求艺术效果，片面提高工程质量标准，大量浪费资财的情况；又要反对片面节约，造成不合理使用，甚至影响使用年限，从而造成更大的损失。

装修并不是意味着多花钱和多用贵重材料，节约也不是单纯地降低标准。而装修构造设计也不仅是要求解决材料选择和做法选择问题，更重要的是在同样的经济和材料的条件下，甚至是用更少的造价和更价廉的材料，通过不同的构造处理手法，创造出更好的使用条件，取得更丰富多彩的装修效果。

（三）材料特性

装修材料是装修工程的物质基础。装修工程的质量、造价、做法等很大程度取决于能否正确地选择与合理地使用材料。

自然界里有许多性能优良、外观美丽的天然装修材料，如木材、石料等。但从可持续发展的角度来看，我们应进一步利用工业废料，扩大原料来源、寻找代用品、挖掘地方资源，提供更多的装修材料。如各种高分子合成材料，不仅具有美丽的外观，还具有轻质、高强、耐化学侵蚀、抗水、低导热、高绝缘等优良的物理、化学性能，又具有便于切割、粘贴、焊接、塑造的加工性能。这些材料可以制成各种带美丽花纹的漆布、壁纸、贴面、板材，用来代替木材、石料粘贴墙面或地面；可以塑造成各种管道、零件、花饰代替金属在工地进行安装；可以发泡、加气造成各种隔声、隔热的块材，搁置在顶棚或填嵌在墙里；可以液化制成各种涂料，在现场进行喷涂等等。

材料的物理、化学性能及使用性能是装修用料的选择依据，而加工性能却是构造做法变化的因素。如各种胶粘材料的出现和尼龙（或金属）膨胀螺栓的运用，可代替过去预埋件、预留孔的复杂构造，大大简化了固定装修的方法。

（四）装修构造设计与装修效果

装修构造设计属于建筑细部设计。装修效果直接反映设计质量，建筑设计的失败不少是由于细部处理及其构造方法不妥所致。因此，在整个设计过程中应预计完工后的装修效果。如颜料的调配过程应预想到施工后的色彩反映效果；材料质地不同在使用中出现的不同感觉；材料纹理的不同加工方法对外观所起的变化；构造上要求设缝、分块时对建筑物的尺度比例所起的调整作用；以及一些构配件的布置对建筑造型的影响等。这些都说明不同的装修构造将在一定程度上改变建筑外形。只有熟练地掌握装修构造方法和了解它们最后呈现的效果，才能获得完美的建筑。

（五）消防安全

为保障建筑内部装修的消防安全，贯彻“预防为主、防消结合”的消防工作方针，防止和减少建筑物火灾的危害，在装修设计中应满足《建筑内部装修设计防火规范》（GB 50222—95，2001版）的要求。

第二节 建筑热工基本知识

适宜的室内温、湿度状况是人们在室内生活和生产对建筑提出的基本要求。在外围护结构设计中，根据气候条件和使用要求的不同，合理解决围护结构的保温与隔热问题，是建筑构造设计的重要内容，对建筑节能具有十分重要的意义。

一、围护结构的传热

（一）传热方式与过程

热的移动有热对流、热传导和热辐射三种方式。其中热传导是指高温处之分子向低温处之分子连续不断地传送热能的现象，一般发生在物体内部。热对流是指流体中（如空气）一部分热量相对其他部分产生移动，同时发生热量的传递之现象。当流体因内部温度不同产生密度差而引起流动称自然对流；而借风力强迫其流动则称强制对流。热辐射则是指热能按电磁波的形态传递的现象。当温度较高的物质其分子振动激烈时释放出的波称辐射波，由辐射波传递热能的称辐射传热。

无论房间采暖方式如何，其所发散的热能将使室内空气发生对流而传热。同时热源的辐射可使室内墙体、顶棚等温度升高，于是出现室内外温度差，致使墙体由内表面向室外产生热流流动，这便是热传导现象。

由于室内外的温差，室内的热量通过对流、传导、辐射等方式，经过外围护结构向室外散失。温差越大，则散失的热量越多。为了保持室内一定的温度条件，就必须为室内不断地提供热源来补充由于传热而产生的热损失。热损失越大，则燃料的消耗也就越多。所以为了节能，就必须对围护结构采取相应的保温措施。

同时，通过围护结构的传热需经过三个过程，即吸热、传热和放热，如图 4-1-4 所示。

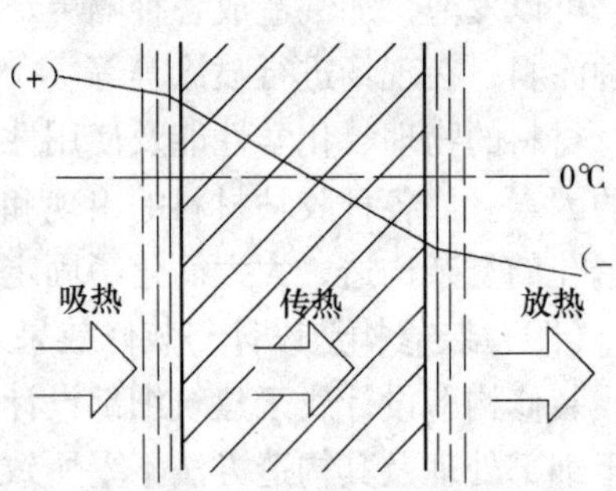

图 4-1-4 围护结构的传热过程

所谓吸热是指外围护结构的内表面从室内空气中吸热的过程；传热则是指在围护结构内部由高温向低温一侧传递热量的过程；放热则是指由围护结构的外表面向低温的空间散发热量的过程。

每一种传热过程都是三种基本传热方式的综合过程。吸热和放热属表面热转移，在表面热转移过程中，既有表面与附近空气之间的对流与导热，又有表面与周围其他表面之间的辐射传热。在结构本身的传热过程中，与结构本身的材料结构有关，对实体材料层则以导热为主，对空气层一般以辐射传热为主。

（二）围护结构的热阻

热量在传递过程中，会产生热损失。但热量的散失并不是一下子完全消失的，在不同的过程中，其损失程度也是不完全相同的。这说明在传热过程中会遇到各种阻力，使其热量不致突然消失。这种阻力称为热阻，以 R 表示。热量从围护结构的一侧传至另一侧时，会受到三方面的阻力：在内表面吸热阶段遇到的阻力称内表面换热阻，又称感热阻，以 R_i 表示；在围护结构内部所遇到的阻力称材料的热阻，以 R 表示；在外表面散热阶段所遇到的阻力称外表面换热阻，又称散热阻，以 R_e 表示。三者之和就是围护结构的传热阻，以 R_o 表示，即：

$$R_o = R_i + R + R_e \quad (1)$$

在建筑热工中，R_o 是衡量围护结构在稳定传热条件下保温隔热性能的一个重要的热工指标。R_o 越大，则通过围护结构所传出的热量就越少，这说明围护结构的保温性能很好。反之，R_o 越小，则通过围护结构所传出的热量就越多，这说明围护结构的保温性能差。

1. 围护结构的表面换热阻

根据围护结构表面状况和环境条件，其表面换热阻可从表4-1-1、表4-1-2中查出。

内表面换热系数 α_i 及内表面换热阻 R_i 值 **表4-1-1**

适用季节	表面特征	α_i [W/(m²·K)]	R_i (m²·K/W)
冬季和夏季	墙面、地面、表面平整或有肋状突出物的顶棚，当 $h/s \leq 0.3$ 时	8.7	0.11
	有肋状突出物的顶棚，当 $h/s > 0.3$ 时	7.6	0.13

注：(1) 表中 h 为肋高，s 为肋间净距。

(2) 本表摘自《民用建筑热工设计规范》(GB 50176—93)。

外表面换热系数 α_e 及外表面换热阻 R_e 值 **表4-1-2**

适用季节	表面特征	α_e [W/(m²·K)]	R_e (m²·K/W)
冬　季	外墙、屋顶、与室外空气直接接触的表面	23.0	0.04
	与室外空气相通的不采暖地下室上面的楼板	17.0	0.06
	闷顶、外墙上有窗的不采暖地下室上面的楼板	12.0	0.08
	外墙上无窗的不采暖地下室上面的楼板	6.0	0.17
夏　季	外墙和屋顶	19.0	0.05

注：本表摘自《民用建筑热工设计规范》(GB 50176—93)。

2. 围护结构材料层的热阻

在建筑工程中，常见的围护结构材料的组成方式，可分为单一材料层、多种材料复合层以及封闭空间层等几种形式。

(1) 单一材料层的热阻

单一材料层系指整个围护结构由一种实体材料所组成。如砖墙、钢筋混凝土、加气混凝土、陶粒混凝土、浮石混凝土墙或板等。其热阻可按下式计算。

$$R = \frac{\delta}{\lambda} \quad (2)$$

式中　R——材料层的热阻 (m²·K/W)；

δ——材料层的厚度 (m)；

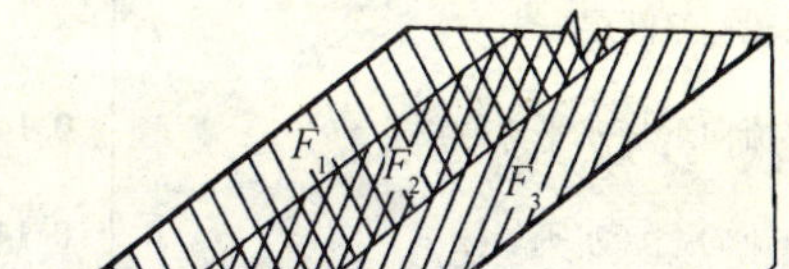

图4-1-5　多层复合结构

λ——该层材料的导热系数［W/（m·K）］。

（2）复合材料层的热阻

当围护结构内由两种以上材料构成时，则构件成为复合结构层，如图4-1-5所示，它系三种不同材料组合而成。其热阻可分别按各自单一材料层的情况，运用公式（2）计算其各分层部分的热阻。即：

$$R_1 = \frac{\delta_1}{\lambda_1}$$

$$R_2 = \frac{\delta_2}{\lambda_2}$$

$$R_3 = \frac{\delta_3}{\lambda_3}$$

式中 R_1，R_2，R_3——分别为不同层次材料的热阻；

δ_1，δ_2，δ_3——分别为不同层次材料层的厚度；

λ_1，λ_2，λ_3——分别为不同层次材料的导热系数。

最后根据以上三部分的热阻值，按下列公式求其加权平均热阻值，得：

$$\overline{R} = \frac{F_1 + F_2 + F_3 + \cdots}{\dfrac{F_1}{R_1} + \dfrac{F_2}{R_2} + \dfrac{F_3}{R_3} + \cdots} \tag{3}$$

式中 F_1，F_2，F_3⋯——分别为各部分在垂直热流方向的表面积（m^2）。

（3）封闭空气间层的热阻

不流动的空气或静置状态的空气介质导热系数非常小，因此在建筑设计中常可利用封闭的空气间层作为围护结构的保温层。在实际应用时，空气间层的热阻 R_K 可从表4-1-3查得。

空气间层热阻值 R_K（$m^2 \cdot K/W$） **表4-1-3**

位置、热流状况及材料特性	冬季状况 间层厚度（mm）				夏季状况 间层厚度（mm）			
	10	30	50	60以上	10	30	50	60以上
一般空气间层								
热流向下（水平、倾斜）	0.14	0.18	0.20	0.20	0.12	0.15	0.16	0.15
热流向上（水平、倾斜）	0.14	0.16	0.17	0.17	0.11	0.13	0.13	0.13
垂直空气间层	0.14	0.17	0.18	0.18	0.12	0.14	0.15	0.15
单面铝箔空气间层								
热流向下（水平、倾斜）	0.28	0.51	0.6	0.64	0.25	0.44	0.52	0.54
热流向上（水平、倾斜）	0.26	0.40	0.42	0.43	0.20	0.29	0.30	0.28
垂直空气层	0.26	0.44	0.49	0.50	0.22	0.34	0.37	0.37

注：本表摘自《民用建筑热工设计规范》（GB 50176—93）。

（三）材料的导热系数

材料的导热系数"λ"是衡量材料热工性能的重要指标。其物理意义是在稳态条件下，

1m 厚的材料，两侧表面温差为1℃，1h 内通过 $1m^2$ 面积传递的热量［W/（m·K)］。

材料的导热系数与材料的表观密度和孔隙率有关，表观密度大的材料，一般“λ”值亦大，如砖砌体的导热系数为0.81［W/（m·K)］，钢筋混凝土的导热系数为1.74［W/（m·K)］。表观密度轻的材料则“λ”值偏小。表观密度轻说明材料内孔隙率高，静置状态的空气起了作用，所以多孔、轻质的材料保温性能好，如加气混凝土导热系数为0.22［W/（m·K)］，膨胀珍珠岩的导热系数为0.07［W/（m·K)］。在建筑热工设计中，一般把“λ”值小于0.23W/（m·K）的材料称为保温、隔热材料。

（四）材料的传热系数

众所周知，热量通常由围护结构的高温一侧向低温一侧传递。散热量的多少与围护结构的传热面积、传热时间、内表面与外表面的温度差有关。一般可按下式求出散热量：

$$Q = K(\tau_n - \tau_w) \cdot F \cdot Z \tag{4}$$

式中 Q——围护结构传出热量（kW)；

K——围护结构的传热系数［kW/（m^2·K)］；

τ_n——围护结构内表面温度（℃)；

τ_w——围护结构外表面温度（℃)；

F——围护结构的面积（m^2)；

Z——传热的时间（h)。

传热系数 K，表示围护结构的不同厚度、不同材料的传热性能。总传热系数 K_o 由吸热、传热和放热三个系数组成，其数值为三个系数之和。这三个系数中的吸热系数和放热系数为常数，传热系数与材料的导热系数 λ 成正比，与材料的厚度 δ 成反比，即 $K=\frac{\lambda}{\delta}$。传热系数愈小，则围护结构的保温能力愈强。

（五）围护结构的最小总热阻值

围护结构的最小总热阻值由下式确定：

$$R_{o,\min} = \frac{(t_i - t_e) \cdot n}{[\Delta t]} \cdot R_i \tag{5}$$

式中 $R_{o,\min}$——围护结构最小总热阻值（m^2·K/W)；

t_i——冬季室内计算温度（℃)，一般居住建筑 $t_i=18$℃，托幼建筑 $t_i=20$℃；

t_e——围护结构冬季室外计算温度（北京地区冬季室外计算温度按围护结构的热惰性指标 D 分为四种类型，如表4-1-4所示，其他城市的 t_e 值可由规范附表中查得)；

n——修正系数，外墙、平屋顶 $n=1$，坡屋顶 $n=0.9$；

R_i——围护结构内表面换热阻（m^2·K/W)；

$[\Delta t]$——室内空气与围护结构内表面之间的允许温度差（℃)，居住建筑、幼儿园外墙为6，平屋顶为4，公共建筑为7。

北京地区围护结构冬季室外计算温度 t_e（℃）　　表4-1-4

类型	热惰性指标 D	t_e（℃）	类型	热惰性指标 D	t_e（℃）
Ⅰ	>6.0	-9	Ⅲ	1.6~4.0	-14
Ⅱ	4.1~6.0	-12	Ⅳ	≤1.5	-16

不同地区采暖居住建筑各部分围护结构传热系数限值如表4-1-5所示。

不同地区采暖居住建筑各部分围护结构传热系数限值[W/(m²·K)]

表 4-1-5

采暖期室外平均温度(℃)	代表性城市	屋顶		外墙		不采暖楼梯间		窗户(含阳台门上部)	阳台门下部门芯板	外门	地板		地面		推荐 DM 砖墙体厚度(mm)
		体形系数<0.3	体形系数>0.3	体形系数<0.3	体形系数>0.3	隔墙	户门				接触室外空气地板	不采暖地下室上部地板	周边地面	非周边地面	
2.0~1.0	郑州、洛阳、宝鸡、徐州	0.80	0.60	1.10 1.40	0.80 1.10	1.83	2.70	4.70 4.00	1.70	—	0.60	0.65	0.52	0.30	300 400
0.9~0.0	西安、拉萨、济南、青岛、安阳	0.80	0.60	1.00 1.28	0.70 1.00	1.83	2.70	4.70 4.00	1.70	—	0.60	0.65	0.52	0.30	350 400
-0.1~-1.0	石家庄、德州、晋城、天水	0.80	0.60	0.92 1.20	0.60 0.85	1.83	2.00	4.70 4.00	1.70	—	0.60	0.65	0.52	0.30	350 360 复合
-1.1~-2.0	北京、天津、大连、阳泉、平凉	0.80	0.60	0.90 1.16	0.55 0.82	1.83	2.00	4.70 4.00	1.70	—	0.50	0.55	0.52	0.30	400 360 复合
-2.1~-3.0	兰州、太原、唐山、阿坝、喀什	0.70	0.50	0.85 1.10	0.62 0.78	0.94	2.00	4.70 4.00	1.70	—	0.50	0.55	0.52	0.30	400 360 复合
-3.1~-4.0	西宁、银川、丹东	0.70	0.50	0.68	0.65	0.94	2.00	4.00	1.70	—	0.50	0.55	0.52	0.30	360 复合 360 复合
-4.1~-5.0	张家口、吐鲁番、鞍山、酒泉、伊宁	0.70	0.50	0.75	0.60	0.94	2.00	3.00	1.35	—	0.50	0.55	0.52	0.30	360 复合 390 复合
-5.1~-6.0	沈阳、大同、本溪、阜新、哈密	0.60	0.40	0.68	0.56	0.94	1.50	3.00	1.35	—	0.40	0.55	0.30	0.30	390 复合 390 复合

续表

采暖期室外平均温度（℃）	代表性城市	屋顶		外墙		不采暖楼梯间		窗户（含阳台门上部）	阳台门下部门芯板	外门	地板		地面		推荐 DM 砖墙体厚度（mm）
		体形系数 <0.3	体形系数 >0.3	体形系数 <0.3	体形系数 >0.3	隔墙	户门				接触室外空气地板	不采暖地下室上部地板	周边地面	非周边地面	
-6.1 ~ -7.0	呼和浩特、抚顺、大柴旦	0.60	0.40	0.65	0.50	—	—	3.00	1.35	2.50	0.40	0.55	0.30	0.30	390 复合 400 复合
-7.1 ~ -8.0	延吉、通辽、通化、四平	0.60	0.40	0.65	0.50	—	—	2.50	1.35	2.50	0.40	0.55	0.30	0.30	390 复合 400 复合
-8.1 ~ -9.0	长春、乌鲁木齐	0.50	0.30	0.56	0.45	—	—	2.50	1.35	2.50	0.30	0.50	0.30	0.30	390 复合 400 复合
-9.1 ~ -11.0	哈尔滨、牡丹江、佳木斯、安达	0.50	0.30	0.52	0.40	—	—	2.50	1.35	2.50	0.30	0.50	0.30	0.30	390 复合 400 复合
-11.1 ~ -14.5	海伦、博克图、海拉尔、满洲里	0.40	0.25	0.52	0.40	—	—	2.00	1.35	2.50	0.25	0.45	0.30	0.30	390 复合 400 复合

注：(1)此表按《民用建筑节能设计标准(采暖居住建筑部分)》JGJ 26—95 编制，节能目标为 50%；

(2)有的地区外墙传热系数限值有两行数据，上行数据与窗户传热系数限值 4.70 相对应，下行数据与窗户传热系数限值 4.00 相对应；按窗户传热系数限值选用窗户的形式和材料见《民用建筑热工设计规范》GB 50176—93；

(3)推荐 DM 砖墙体厚度每地区有两行数据，上行数据适用于外墙体形系数 <0.3，下行数据适用于外墙体形系数 >0.3，400 厚复合墙为 390 厚复合墙中保温材料加厚 10mm；

(4)建筑物的体形系数，是指建筑物与室外大气接触的表面积与其所包围的体积之比。外表面积中，不计入地面与不采暖楼梯间的内墙面积。

（六）围护结构厚度的计算

计算围护结构的厚度，必须确定以下两个基本数据：

（1）围护结构的最小总热阻值 $R_{o,min}$。

（2）围护结构所用材料的导热系数 λ 值及所求厚度以外的其他热阻值 $R-R_x$。

求出厚度以外，还要根据下列公式校核假定热惰性是否合理。多层围护结构热惰性 D 值的计算公式为：

$$D = R_1S_1 + R_2S_2 + \cdots + R_nS_n \tag{6}$$

式中 R——材料的热阻（$m^2 \cdot K/W$）；

S——材料的蓄热系数［（$W/(m^2 \cdot K)$］。

【例1】北京地区职工住宅，围护结构墙体采用砖墙，内侧抹有20mm厚的石灰砂浆，试求此墙的最小厚度。

按Ⅱ型取值时，$R_{o,min}=0.55m^2 \cdot K/W$；按Ⅰ型取值时，$R_{o,min}=0.495m^2 \cdot K/W$。

计算 R_o-R_x 的数值：

$R_o=R_i+R_t+R_x+R_e$，其中除 R_x 为未知数外，其他均为已知，即 $R_o=0.11+0.025+R_x+0.04$，将 R_x 移至等号左边，$R_o-R_x=0.11+0.025+0.04=0.175$（$m^2 \cdot K/W$）。

令 $R_{o,min}=R_o$ 即可求出所需墙体厚度（墙体的 $\lambda=0.81$）。

选用Ⅱ型试算：

$R_{o,min}=R_o$，将有关数值代入，即 $0.55=0.11+0.025+R_x+0.04$，移项后可得 $R_x=0.55-0.11-0.025-0.04=0.375$（$m^2 \cdot K/W$），再根据 $R_x=\frac{\delta_x}{\lambda_x}$ 的关系，代入有关数据，求出墙厚，即 $0.375=\frac{\delta}{0.81}$，移项后求出 $\delta=0.375\times0.81=0.304$（m）。

再用Ⅰ型试算：

$R_{o,min}=R_o-0.495-0.11-0.025-0.04=R_x=0.32m^2 \cdot K/W$，$R_x=\frac{\delta_x}{\lambda_x}$，代入有关数据后 $\delta_x=0.32\times0.81=0.259$（m）。

经过两次试算，我们可以看出，北京地区住宅外墙的厚度必须大于或等于0.259m，也就是说采用240mm墙厚是不够的。

通过两次试算，得出两个厚度，到底哪一个厚度更合适呢？这要通过校核热惰性来决定。当采用0.304m时，热惰性 $D=R_1S_1+R_2S_2=\frac{0.304}{0.81}\times10.53+\frac{0.02}{0.81}\times11.26=0.375\times10.53+0.025\times11.26=3.95+0.28=4.23$；当采用0.259m时，热惰性 $D=\frac{0.259}{0.81}\times10.53+\frac{0.02}{0.81}\times11.26=0.32\times10.53+0.025\times11.26=3.37+0.28=3.65$。（其中砖墙 $S=10.53$，石灰砂浆 $S=11.26$ 均从规范中查出。）

分析：当采用Ⅰ型设计时，墙厚为0.259m，热惰性 $D=3.65$（表4-1-4中规定 D 应大于6）；按Ⅱ型设计时，墙厚为0.304m，热惰性 $D=4.23$（表4-1-4中规定 D 在4.1～6.0之间）。不难看出，选用Ⅱ型设计是合理的。但考虑到墙厚必须符合砖的尺寸，因而北京地区住宅外墙的厚度应采用一砖半厚（365mm）。

（七）窗面积和层数的决定

在围护结构上开窗面积不宜过大，否则，热损失将会很大。窗和阳台门的总热阻应符合表 4-1-6 的规定。

窗和阳台门的总热阻值（$m^2 \cdot K/W$）　　表 4-1-6

窗和阳台门的类型	总热阻 R_o	窗和阳台门的类型	总热阻 R_o
单层木窗	0.172	双层金属窗	0.307
双层木窗	0.344	双层玻璃、单层窗	0.287
单层金属窗	0.156	商店橱窗	0.215

严寒地区各向窗，R_o 必须大于或等于 $0.307m^2 \cdot K/W$，因而必须采用双层木窗或双层钢窗。

寒冷地区除北向窗外，R_o 必须大于或等于 $0.156m^2 \cdot K/W$（单层钢窗或单层木窗）；北向窗 R_o 必须大于或等于 $0.307m^2 \cdot K/W$（双层钢窗或双层木窗）。

居住建筑各朝向的窗墙面积比，应符合以下规定：北向不大于 0.25；东、西向不大于 0.30；南向不大于 0.35。

窗的气密性必须良好，一般在两侧空气压差为 10Pa 的情况下，窗的空气渗透量，低层和多层为 $\leq 4.0m^3/(m \cdot h)$，在高层和中高层为 $\leq 2.5m^3/(m \cdot h)$。若达不到要求时，应加强气密措施。

（八）围护结构的蒸汽渗透

围护结构在内表面或外表面产生凝结水的现象是由于水蒸气渗透遇冷后而产生的。

由于冬季室内空气温度和绝对湿度都比室外高，因此，在围护结构的两侧存在着水蒸气分压力差。水蒸气分子由压力高的一侧向压力低的一侧扩散，这种现象叫蒸汽渗透。

材料遇水后，导热系数增大，保温能力会大大降低。为避免凝结水的产生，一般采取控制室内相对湿度和提高围护结构热阻的办法解决。

室内相对湿度是空气的水蒸气分压力与最大水蒸气分压力的比值。一般以 30% ~40% 为极限，住宅建筑的相对湿度以 40% ~50% 为佳。

（九）围护结构的保温构造

为了满足墙体的保温要求，在寒冷地区，外墙的厚度与做法应由热工计算确定。采用单一材料的墙体，其厚度应由计算确定，并按模数统一尺寸。

为减轻墙体自重，可以采用夹芯墙体，带有空气间层的墙体及外贴保温材料的做法。值得注意的是，外贴保温材料以布置在围护结构靠低温的一侧为好，而将体积质量大，蓄热系数也大的材料布置在靠高温的一侧为佳。这是因为保温材料体积质量小、孔隙多，导热系数小，则每小时所能吸收或散出的热量也愈少。而蓄热系数大的材料布置在内侧，就会使外表面材料的热量和少量变化对内表面温度的影响甚微，因而保温能力较强。保温墙体的构造如图 4-1-6 所示。

序号	名称	结构形式		墙体结构 墙体厚度（mm）	空气层厚度（mm）	保温层厚度（mm）	饰面层厚度（mm）	围护结构总厚度（mm）	计算用平均传热系数（$W/m^2 \cdot K$）
1	饰面聚苯板内保温复合外墙	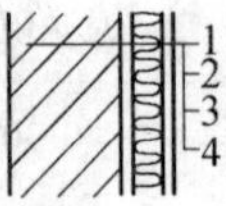	1. 砖墙 2. 空气层 3. 聚苯乙烯泡沫塑料 4. 饰面石膏	240	20	30	5	295	0.81
		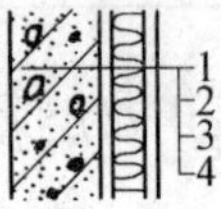	1. 钢筋混凝土墙 2. 空气层 3. 聚苯乙烯泡沫塑料 4. 饰面石膏	200	20	30	5	255	0.94
2	纸面石膏板内保温复合外墙	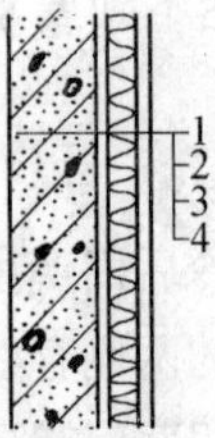	1. 钢筋混凝土墙 2. 空气层 3. 保温层 4. 内饰面层	180	50	40	12	282	0.77
						50		292	0.66
					60	（35）		287	0.92
						（50）		302	0.74
						50		302	0.66
				200	40	30	12	282	0.91
						（35）		287	0.91
						40		292	0.76
						50		302	0.65
						（50）		302	0.73
				250	20	30	12	312	0.90
						（35）		317	0.90
						40		322	0.75
						（50）		332	0.73
		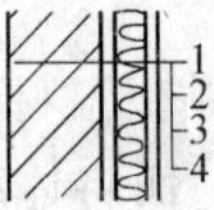	1. 砖墙 2. 空气层 3. 保温层 4. 内饰面层	240	20	20	12	292	0.90
						30		302	0.74
						（30）		302	0.80
				370	20	20	12	422	0.80
						（30）		432	0.72

图 4-1-6　保温墙体的构造

提高围护结构热阻值可采取下列措施：

1）采用轻质高效保温材料与砖、混凝土或钢筋混凝土等材料组成的复合结构；

2）采用体积质量为 500 ~ 800kg/m^3 的轻混凝土和体积质量为 800 ~ 1200kg/m^3 的轻骨料混凝土作为单一材料墙体；

3）采用多孔黏土空心砖或多排孔轻骨料混凝土空心砌块墙体；

4）采用封闭空气间层或带有铝箔的空气间层。

二、提高围护结构热阻的措施

（一）增加围护结构的厚度

从本节公式（2）中可知，围护结构的热阻与围护结构的厚度成正比关系。要想提高围护结构的热阻，可增加结构层厚度。但从结构和节约的角度来看，厚度增加，势必增加围护结构的自重，使结构和基础承受的荷载增大，同时材料的消耗量也增多。所以，虽然增加围护结构厚度能提高一定的热阻，但却是一种很不经济的办法。因此，若要增加围护结构的热阻，应从其他方面来寻求解决问题的方案。

（二）选择导热系数小的材料

欲要增加围护结构的热阻，比较行之有效的措施是选用导热系数小的保温材料来组成围护结构。

恰当地选择保温材料是一件较为复杂的工作。因为资料、手册中给出的导热系数值都是在某种特定条件下测得的。在选用时，只有选择那些与实际情况接近的数据，而且切实可行的材料，才能获得好的效果。

保温材料按其材质构造，可分为多孔的、板（块）状的和松散状的。从化学成分上看，有的是无机材料，如膨胀矿渣、泡沫混凝土、加气混凝土、陶粒、膨胀珍珠岩、膨胀蛭石、浮石、矿棉及玻璃棉等；有的是有机材料，如软木、木丝板、甘蔗板、稻壳等。随着化学工业的发展，各种塑料保温、隔热材料已成为最有发展前景的材料。此外，铝箔等反辐射热性能良好的材料也已在建筑保温、隔热工程上大显神威。

在选择材料过程中，必须全面考虑，既要考虑到材料本身的物理性能，也应了解材料的强度、耐久性、耐火性以及耐腐蚀的性能。同时，还应结合建筑物的使用性质、构造特点、施工工艺以及经济指标等因素，进行综合分析、比较，以便确定最优方案，达到理想的效果。

（三）合理选择围护结构的保温构造

为提高建筑物的保温性能，合理设计围护结构的构造方案极为重要。根据绝热处理方法的不同，保温构造大致有以下几种：

1. 单一材料的保温结构

这种方案是由一种导热系数小的材料所构成的结构。它构造简单，使用灵活，是较理想的保温结构。可是在一般情况下，外围护结构必须具有一定的承载能力，而许多保温材料大都强度较低，无法起到承受荷载的作用。因此对作为单一材料的围护结构，最理想的是采用轻质、高强的保温材料。这种材料有待于大力开发，如陶粒混凝土、浮石混凝土、加气混凝土等，它们具有密度小、导热系数小，而强度、耐久性高的特性。

2. 复合材料的保温结构

当轻质、高强材料尚缺的情况下，或采用单一构造处理有困难时，则可采用多层材料复合的办法解决。即利用不同性能的材料进行组合，构成既能承重又可保温的复合结构。在这种结构中，轻质材料专起保温作用，强度高的材料专门负责承重，让不同性质的材料各自发挥其功能，如图4-1-7（a）所示。在这种结构中，保温材料放置的位置是构造设计中必须

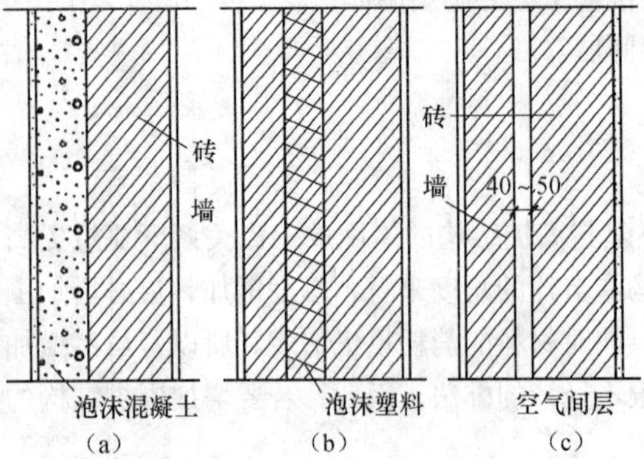

图 4-1-7　保温围护结构构造

（a）保温层在外侧；（b）夹芯构造；（c）利用空气间层

考虑的问题。由于系稳定传热，从保温效果考虑，较为理想的做法是将保温材料设置在靠围护结构的低温一侧（一般指室外一侧）为好。这是因为：

（1）保温材料设在低温一侧，能充分发挥保温材料的作用。因为材料孔隙多，导热系数小，单位时间内吸收或散失的热量小，保温效果显著。同时，将热容量大的结构材料放高温一侧，对房间内的热稳定性有利。因为材料蓄热系数越大，其表面温度波动越小。当供热不均匀，或室外气温变化较大时，可保证围护结构内表面的温度不至急剧下降，从而使室温也不至很快下降。

（2）保温材料放在外侧，使墙或屋顶的结构构件受到保护，避免了构件在较大温差应力作用下，缩短结构寿命的可能性。

（3）保温层放低温一侧，将减少保温材料内部产生水蒸气凝结的可能性。

不过保温材料放低温一侧，也有其不足之处。由于一些保温材料不能防水，且耐久性差，故当保温材料靠室外一侧时就必须加保护层，对墙面需另加防水饰面。同时对间歇采暖的房间，如影剧院、体育馆等，由于属临时供热，而又要求室温很快上升到所需标准，因而将保温材料放在内侧反而是有利的。

3. 夹层保温结构

在复合保温结构中，当保温层需要设置保护层时，对保护层既要能防水，又要能防止室外各种因素的侵袭。于是设计时常采用半砖墙或其他板材结构来处理，这时整个结构便成了夹芯构件，如图 4-1-7（b）所示。即在双层结构中夹保温材料。

夹芯层可以是保温材料，也可以夹空气间层（图4-1-7c）。空气间层的厚度一般以 40~50mm 为宜。作为起保温作用的空气间层，要求空气间层处于密闭状态，不允许在夹层两侧的结构层上开口、打洞。另外，为了提高空气层的保温能力，可利用强反射材料，粘贴在构件的内表面（或铺钉铝箔组合板）。它可以将散失出去的热量反射回来，从而达到保温的目的，如图 4-1-8 所示。

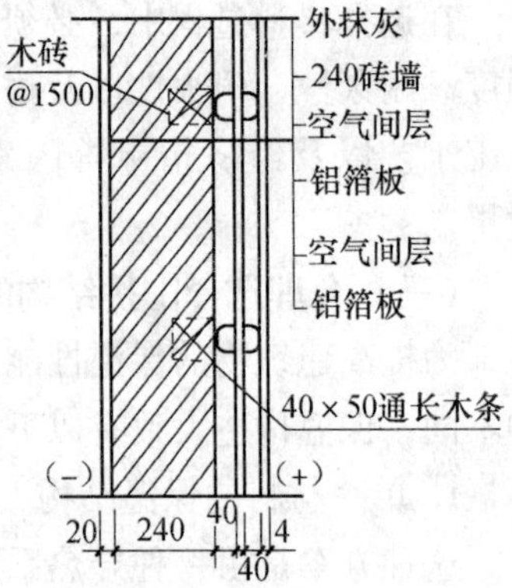

图 4-1-8　铝箔保温处理

4. 传热异常部位的保温构造

在外围护结构中，门窗洞口、结构转角处、钢筋混凝土框架柱、过梁、圈梁等传热异常的构件或部位，是保温的薄弱环节。为了减少室内热损失，设计中必须对这些部位采取相应的保温措施，以保证结构的正常热工状况和整个房间保温效果。根据不同构件和部位，应分别采取不同的措施。

对门窗洞口部位的保温措施详见前述有关内容，对墙上的其他构件主要是有关“冷桥”部位的保温问题。

由于结构上的需要，常在外墙中出现一些嵌入构件，如钢筋混凝土柱、梁、垫块、圈梁、过梁以及板材中的肋条等。在寒冷地区，热量很容易从这些部位传出去，因此这些部位的热损失比相同面积主体部分的热损失要多，所以它们的内表面温度比主体部分低。这些保温性能较低的部位通常称为“冷桥”或“热桥”，如图 4-1-9 所示。在冷桥部位最容易产生凝聚水。

为了防止冷桥部分内表面出现结露，应采取局部保温措施。图 4-1-10（a）所示是寒冷地区外墙中钢筋混凝土过梁部位的保温处理，将过梁截面作成 L 形，在外侧附加保温材料。图 4-1-10（b）所示是对框架柱的保温处理，当柱子位于外墙的内侧时，可不必另作保温处理，只有当柱的外表面与外墙面平齐或突出外面时，才对柱外侧作保温处理。

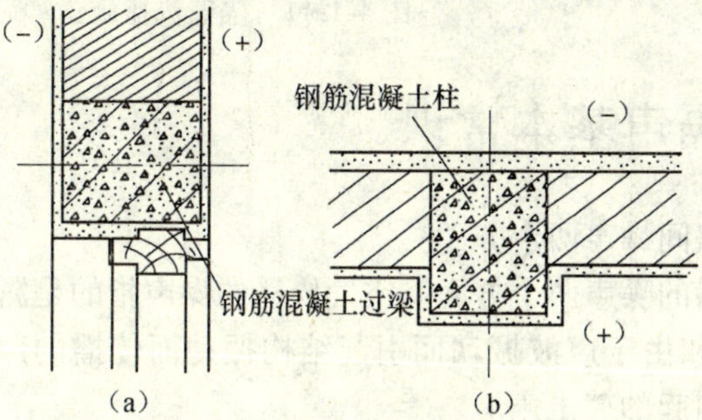

图 4-1-9　冷桥示意
(a) 过梁部位；(b) 柱子部位

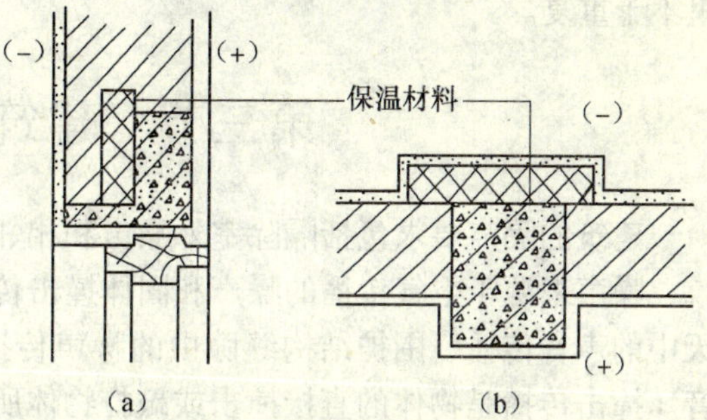

图 4-1-10　冷桥局部作保温处理
(a) 过梁部位；(b) 柱子部位

三、围护结构的蒸汽渗透

1. 蒸汽渗透现象

空气有湿空气、干空气之分，湿空气中含水蒸气。空气湿度越高，空气中水蒸气含量越大。空气中蒸汽含量的多少，可以用水蒸气分压力来表示。冬季，室内温度高，而室外温度低。由于室内烧饭、烧水等等，故室内空气中蒸汽含量高于室外，当围护结构两侧出现蒸汽分压力差时，则水蒸气分子便从分压力高的一侧通过围护结构向分压力低的一侧渗透扩散，这种现象被称为蒸汽渗透。

2. 蒸汽渗透带来的危害

冬季，由于围护结构两侧存在温度差，结构的两侧从内到外其温度是在不断变化的，水蒸气在围护结构透渗过程中，遇到露点温度时，蒸汽含量达到饱和并立即凝结成水，称为凝聚水，又称结露。如果蒸汽凝结发生在围护结构的表面，则称表面凝结；如果这种现象发生在围护结构的内部，使结构内部产生凝聚水，称内部凝结。当围护结构出现表面凝结时，将会使室内表面装修发生脱皮、粉化甚至生霉，会导致衣、物发霉，严重时会影响人体健康。当这种凝聚水产生在围护结构中的保温层内时，则会使保温材料内的空隙中充满水分。由于水的导热系数［约为 0.58W/（m·K)］远较空气的导热系数［约为 0.23W/（m·K)］高，致使保温材料失去保温能力，于是围护结构保温失败。同时，保温层受潮，将影响材料的使用寿命，因而将会带来一系列的问题。所以在建筑构造设计中，必须重视保温围护结构内蒸汽渗透以及内部凝结问题。

3. 保温围护结构的隔蒸汽措施

设计中最理想的状况是不出现表面凝结或内部凝结。但这种情况在采暖地区是不多见的。为防止在保温围护结构的内部产生凝聚水，在构造设计时，常在围护结构的保温层靠高温一侧，即蒸汽渗入的一侧，设一道隔蒸汽层，如图 4-1-11 所示。这样，可以使水蒸气流在抵达低温表面之前，其分压力已得到急剧下降，从而避免了内部凝结的产生。

设置隔蒸汽层，防止或控制内部凝结是目前保温构造设计中应用最普遍的一种措施。隔蒸汽材料一般采用沥青、卷材、隔蒸汽涂料以及铝箔等防潮、防水材料。

关于围护结构的隔热问题在前述有关部分已有阐述，这里不予重复。

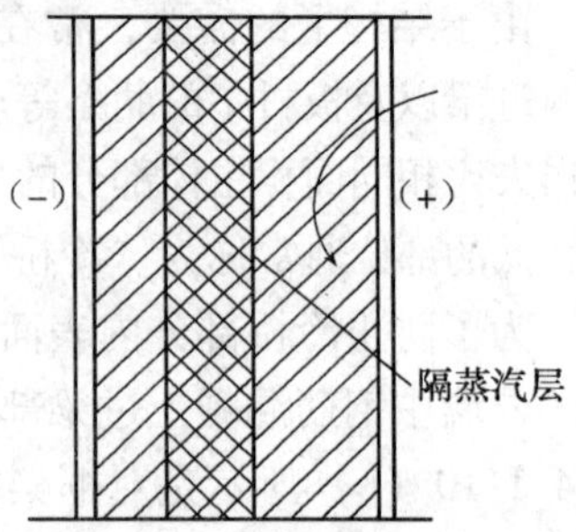

图 4-1-11　隔蒸汽措施

第三节　建筑隔声基本常识

建筑的隔声要求包括隔除室外噪声和相邻房间噪声两个方面。

噪声来源于空气传播的噪声和固体撞击传播的噪声两个方面。空气传播的噪声指的是露天中的声音传播、围护结构缝隙中的噪声传播和由于声波振动而引起结构振动而传播的声音。撞击传播是物体的直接撞击或敲打物体所引起的撞击声。

围护结构的平均隔声量可按下式求得：

$$R_a = L - L_o$$

式中　R_a——围护结构的平均隔声量（dB）；

L——室外噪声级（dB）；

L_o——室内允许噪声级（dB）。

（一）墙体隔声的等级标准

墙体隔声等级标准如表 4-1-7 所示。

隔声减噪设计标准等级　　**表 4-1-7**

特　级	一　级	二　级	三　级
特殊标准	较高标准	一般标准	最低标准

（二）噪声的声源

噪声的声源包括街道噪声、工厂噪声、建筑物内噪声等多方面，如表 4-1-8 所示。

各种场所的噪声　　**表 4-1-8**

噪声声源名称	至声源距离（m）	噪声级（dB）	噪声声源名称	至声源距离（m）	噪声级（dB）
安静的街道	10	60	建筑物内高声谈话	5	70～75
汽车鸣喇叭	15	75	室内若干人高声谈话	5	80
街道上鸣高音喇叭	10	85～90	室内一般谈话	5	60～70
工厂汽笛	20	105	室内关门声	5	75
锻压钢板	5	115	机车汽笛声	10～15	100～105
铆工车间		120			

（三）允许的噪声标准

各种建筑的允许噪声标准如表 4-1-9 所示。

一般民用建筑房间的允许噪声级 **表 4-1-9**

房间名称	允许噪声级（dB）	房间名称	允许噪声级（dB）
公寓、住宅、旅馆	35～45	剧院	30～35
会议室、小办公室	40～45	医院	35～40
图书馆	40～45	电影院、食堂	35～40
教室、讲堂	35～40	饭店	50～55

（四）墙体的隔声标准

围护结构空气声隔声标准如表 4-1-10 所示。

围护结构（隔墙和楼板）空气声隔声标准（计权隔声量 dB） **表 4-1-10**

建筑类别	部位	特级	一级	二级	三级
住宅	分户墙与楼板		≥50	≥45	≥40
学校	有特殊安静要求的房间与一般教室间的隔墙和楼板		≥50 ≥50	— —	— —
	一般教室与各种产生噪声的活动室间的隔墙和楼板		—	≥45	—
	一般教室与教室之间的隔墙与楼板		—	—	≥40
医院	病房与病房之间		≥45	≥40	≥35
	病房与产生噪声的房间之间		≥50	≥50	≥45
	手术室与病房之间		≥50	≥45	≥40
	手术室与产生噪声的房间之间		≥50	≥50	≥45
	听力测听室围护结构		≥50	≥50	≥50
旅馆	客房与客房之间隔墙	≥50	≥45	≥40	≥40
	客房与走廊之间隔墙（含门）	≥40	≥40	≥35	≥30
	客房的外墙（含窗）	≥40	≥35	≥25	≥20

（五）门窗的隔声量

门窗的隔声量，如表 4-1-11 所示。

门窗的隔声量 **表 4-1-11**

门窗的构造	隔声量（dB）
无弹性垫的普通结构双扇门，门芯板为胶合板	10～12
无弹性垫的普通结构单扇门，门芯板为胶合板	15
有弹性垫的普通结构双扇门，门芯板为胶合板	20
有弹性垫的多层门芯板的单扇门	26～30
单层玻璃窗	约 15～20
双层玻璃窗	约 25

（六）隔声构造

隔除噪声的方法包括采用实体结构、增设隔声材料和加做空气层等几个方面。

1. 实体结构隔声

构件材料的体积质量越大，越密实，其隔声效果也就愈高。双面抹灰的1/4砖墙，空气隔声量平均值为32dB；双面抹灰的1/2砖墙，空气隔声量平均值为45dB；双面抹灰的一砖墙，空气隔声量为48dB。

2. 采用隔声材料隔声

隔声材料指的是玻璃棉毡、轻质纤维板等材料，一般放在靠近声源的一侧。其构造做法如图4-1-12所示。

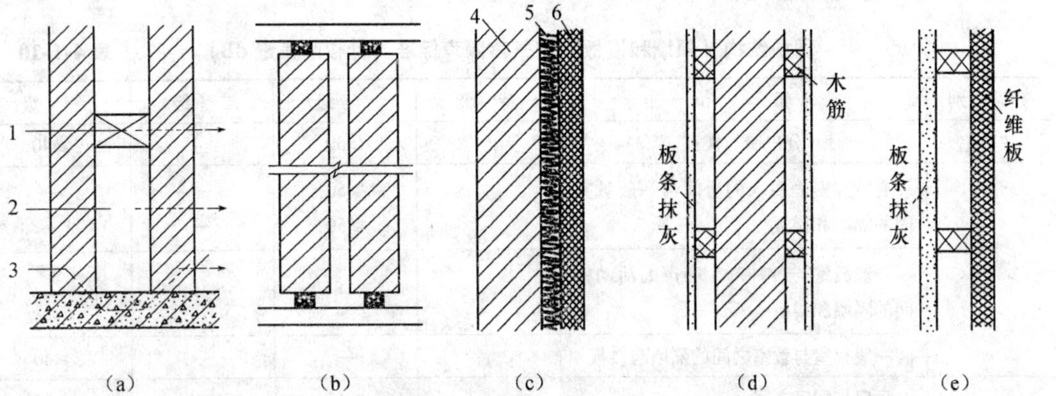

图4-1-12　夹层隔声墙构造

（a）影响双层墙隔声的因素；（b）双层墙的边缘作弹性垫可改善隔声量5~10dB；

（c）弹性层类似空气层可改善隔声量8~10dB；

（d）双面空气间层，隔声量为50dB；（e）单面空气间层，空气隔声量为35dB

1—声桥；2—空气层厚度；3—边界的联系情况；

4—≥115mm的砖墙或混凝土墙；5—弹性层，如玻璃棉毡；6—轻质纤维板

3. 采用空气层隔声

夹层墙可以提高隔声效果，中间空气层的厚度以80~100mm为宜。常见的建筑材料的隔声构造如表4-1-12所示。

常见建筑材料的隔声构造　　表4-1-12

材　料	做　法		隔声量（dB）
加气混凝土	厚75mm，双面抹灰	砌块	38.8
	厚100mm，双面抹灰	砌块	40.6
		条板	39.3
	厚150mm，双面抹灰	砌块	43
	厚200mm，双面抹灰	条板	43.2
	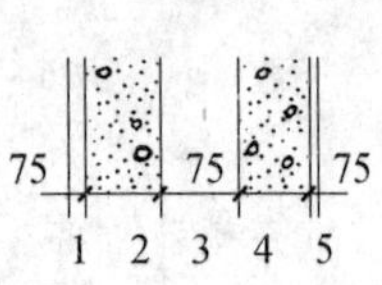 1—饰面层 2—条板 3—空气层 4—条板 5—饰面层	有拉结	48.8
		无拉结	54

续表

材 料	做 法	隔声量（dB）
石膏板	（详见 88J2《五》墙身）  1—双层石膏板 2—石膏龙骨 3—空气层 4—双层石膏板	45～47
	轻钢龙骨石膏板、中空或中填 40mm 厚岩棉（详见 88J2《六》墙身）	46～57
	（详见 88J2《七》墙身） 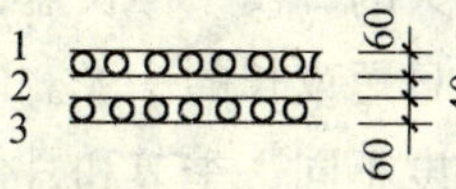 1—增强空心石膏条板 2—空气层 3—增强空心石膏条板	45
实心砖	厚 240mm，双面抹灰	52.4

第四节　建筑日照基本常识

大家都知道，地球是在自转和绕着太阳公转运行的。为研究方便，按相对运动的原理，假定地球不动，就形成“日出于东而落于西”的现象，绘成水平面图，而将太阳绘成沿着球形天球外壳运行着，见图 4-1-13。图中所注南北东西表示地平面，O 为观察点，在某一方位上太阳绕着天球运行至 L 点，当太阳在高度上与地平面所成的夹角，称为太阳高度角 h；同时该方位上与地平面正南线所成的夹角，称为太阳方位角 A。高度角以地平为零，向天顶方向为正。正午时太阳当空，太阳高度角最大；日出和日落时高度角较小。上午和下午的高度角是相对称的，例如上午 10 时和下午 2 时是相同的。太阳方位角以正南点 S 为 0°，从正南点起顺时针下午方位角为正值；逆时针方向，上午方位角为负值。例如下午 2 时同上午 10 时的太阳方位角绝对值是相等的，但下午是正值，上午是负值。

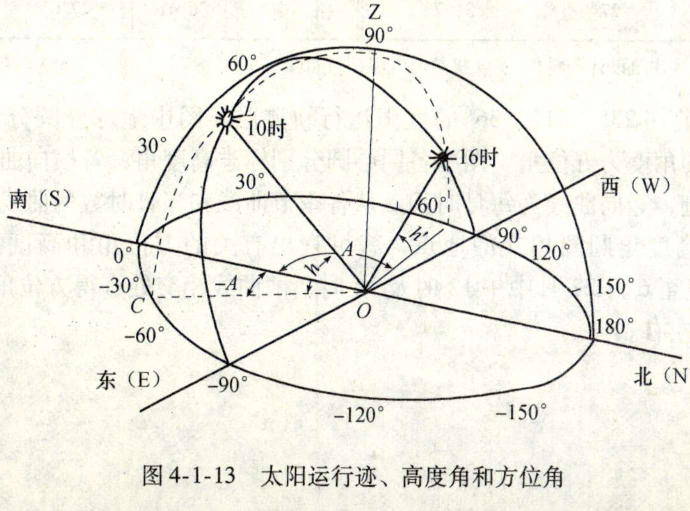

图 4-1-13　太阳运行迹、高度角和方位角

依照太阳运行规律，我国农历把全年分为 24 个节气，太阳从春分那天起，逐渐向北移，到夏至那天到达北回归线（北纬 23.5°）。太阳返身过来，又逐渐向南移到秋分回到了春分

那天的位置，所以春分和秋分这两天太阳在空中的位置是相同的。然后太阳继续南移，到冬至那天到达南回归线（南纬23.5°）。到达南回归线以后，太阳又回头过来，逐渐向北移动，重又回到春分、秋分那天的位置。太阳年复一年，重复地运行着。太阳运行在南、北回归线之间，所以称该纬度为回归线。

我国地处北半球，可以看到，在夏天太阳在天空位置高，太阳可以直射到头顶，于是感到气温热；到冬天太阳偏南而比较低，太阳斜射到地球，天气变冷了。在大暑到处暑（7月23日~8月24日前后）和谷雨到小满（4月21日~5月21日前后）这两个季节里太阳是比较靠近东出和西落；春分和秋分这两天的日夜一样长短；在夏至这一天是最日长夜短，以后就逐渐变为日短夜长，到了冬至是最日短夜长的一天。以后便反复变化着。

以上是太阳运行规律，除各地纬度不同，季节和月份不同，每日时间不同之外，太阳高度角和方位角的变化，也都影响着气温的变化。表4-1-13是我国气温较高的主要城市的纬度与最高气温数据，其最高气温时间一般都在阳历8月前后。

我国主要城市纬度与最高气温（℃） **表4-1-13**

主要城市	纬度	最热月平均气温	最热月13~14时平均气温	主要城市	纬度	最热月平均气温	最热月13~14时平均气温
南宁*	22°48′	29°	31.7°	武汉*	30°38′	28.6°	32.7°
广州	23°6′	28.3°	31.1°	合肥*	31°53′	28.5°	31.7°
桂林	25°15′	28.3°	31.5°	南京*	32°4′	28.1°	32.1°
长沙*	28°15′	29.6°	33.1°	西安*	34°15′	27.3°	31.2°
重庆*	29°30′	28.5°	32.7°	洛阳*	34°40′	27.4°	31.3°
成都	30°40′	25.5°	29.4°	青岛	36°4′	25.2°	27.3°
上海	31°12′	27°	31.7°	济南*	36°41′	27.6°	30.99°

注：本表部分摘自《建筑设计资料集》；*极热时气温超过40℃。

图4-1-14是北纬23°、31°、36°的太阳运行轨迹图，图中地球外圆分为东南西北等方向，沿外圆划分的角度为五位角。图中各同心圆分别标志高度角，各横向曲线分别标志各季节的太阳运行轨迹，竖向曲线为每日时间。从各季节曲线和当日时数两曲线相交处，再分别同方位角度线与高度角圆圈相交的地点，就可查出有关的方位角和高度角。例如在南京（图4-1-14b），夏至6月22日中午12时及16时，两曲线相交处查得方位角为0°及94°；高度角为80°及34°左右。

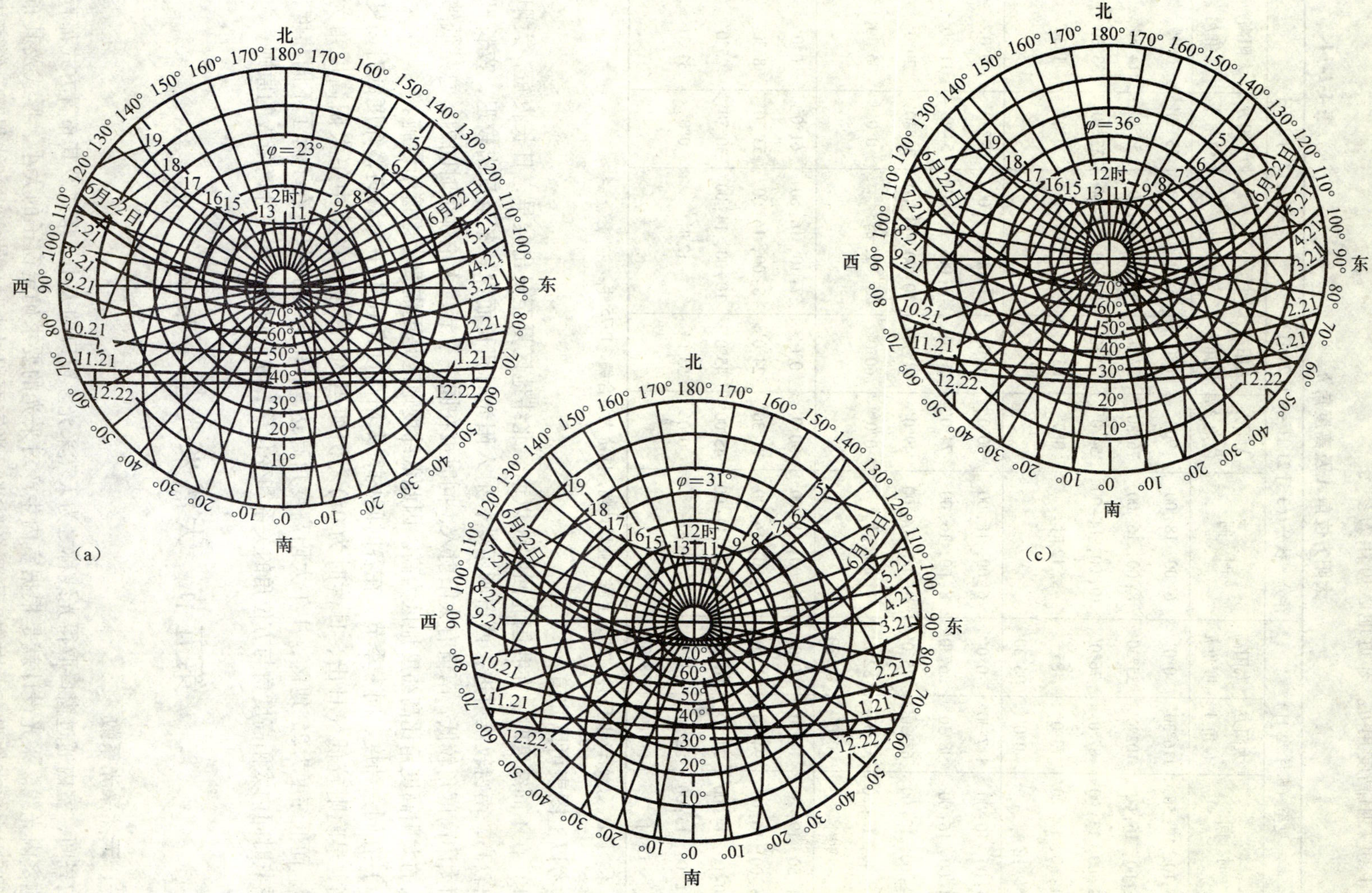

图4-1-14　太阳运行轨迹

（a）北纬23°，适用于广州、南宁、台南等地区；（b）北纬31°，适用于上海、南京、成都、武汉等地区；（c）北纬36°，适用于西宁、济南、青岛等地区

表4-1-14分别列出北纬25°、30°及35°三个地区，在每年不同季节和不同时间中的太阳方位角 A 和太阳高度角 h。邻近地区可作为参考。

太阳方位角 A 及高度角 h **表4-1-14**

北纬	夏至（6月22日）			春分、秋分（3月21日~9月24日）			冬至（12月22日）		
	时间	太阳方位角 A	太阳高度角 h	时间	太阳方位角 A	太阳高度角 h	时间	太阳方位角 A	太阳高度角 h
25°	5:10，18:56	116°30′	0°0′	6:00，18:00	90°	0°0′	6:50，17:00	63°30′	0°0′
	8:00，16:00	102°0′	35°30′	8:00，16:00	76°30′	27°0′	8:00，16:00	55°0′	14°30′
	11:00，13:00	87°0′	76°0′	10:00，14:00	54°0′	51°30′	10:00，14:00	33°30′	33°30′
	11:40，12:20	73°0′	85°	12时	0°0′	65°0′	12时	0°0′	41°30′
	12时	0°0′	96°30′						
30°	5:00，10:00	117°30′	0°0′	6:00，18:00	90°0′	0°0′	7:00，17:00	62°30′	0°0′
	8:00，16:00	98°30′	36°30′	8:00，16:00	74°0′	25°30′	8:00，16:00	54°0′	11°30′
	11:00，13:00	67°30′	75°0′	10:00，14:00	49°0′	48°30′	10:00，14:00	31°30′	29°0′
	11:40，12:20	35°30′	82°0′	12时	0°0′	60°0′	12时	0°0′	36°30′
	12时	0°0′	83°30′						
35°	4:50，19:10	119°0′	0°0′	6:00，18:00	90°0′	0°0′	7:10，16:50	61°0′	0°0′
	8:00，16:00	94°30′	37°0′	8:00，16:00	71°30′	24°0′	8:00，16:00	53°30′	8°30′
	10:00，14:00	74°20′	61°31′	10:00，14:00	45°00′	45°0′	10:00，14:00	30°30′	25°0′
	11:00，13:00	52°30′	73°30′	12时	0°0′	55°0′	12时	0°0′	31°31′
	12时	0°0′	78°30′						

注：本表摘自《建筑设计手册》“3”，上海工业设计院，同济大学合编，1975年。

参考以上图表可以知道：

（1）在不同纬度时，在我国北回归线以南，北纬地区夏至日出较早，日长夜短，太阳高度角较高，南窗较难射进，西窗则不然，射入阳光时间长而深。冬至日出较迟，夜长日短，而太阳高度角较低，南窗有太阳射入，同时虽在同一季节，无论哪个时间内，总是低纬度地区的太阳高度角比高纬度地区为高。因此低纬度地区是更需要考虑遮阳设施。

（2）在同一纬度、同一季节，在各时间内，太阳高度角在中午为最高，纬度低时高度角更高，早晚则较低（日出、日落时为0°）。例如当30°纬度，夏至中午太阳高度角为83°30′，而低纬度为25°地区，中午太阳高度角高达96°30′。因此只有在了解了不同纬度，不同季节时间内太阳高度角与方位角的关系和变化后，才能正确掌握设计遮阳板的原则。

第五节　天然采光基本常识

一、天然采光系数

白昼间，室内通过窗口取得光线称之为天然采光。窗口的大小、形式及其布置方式都直接影响室内光线。采光设计就是根据室内生产对采光的要求确定窗子的大小、形式及其布置，保证室内采光的强度、均匀度及避免眩光。当窗面积过小时，使室内光线很暗，给室内人的行走、工作造成困难，从而降低劳动生产率，影响工作质量，还容易造成工伤事故，也增加电能消耗。但也不能把窗面积开得过大，过大不仅提高建筑造价，而且冬夏季室外气候易影响建筑内部的气温状况，增加能源消耗。因此，为使采光设计做到适用、经济，设计时应根据生产性质及其对采光的要求，按采光系数的标准值进行设计。

照度是衡量照射在室内工作面上光线强弱的主要单位，即单位面积上所接受光通量[1]的多少，单位用勒克司（lx）表示。在 $1m^2$ 面积上均匀分布一个流明的光通量，其照度为一个勒克司（lx）。

前面提到，室内工作面上光线的强弱以照度（lx）表示。但天然光线，由于季节、天气（晴、阴、雾等）不同，一年之内，一日之内随时都在变化着，于是室内工作面上的照度也随之变化。在天然采光设计中不可能用这个变化不定的照度值作为采光设计的依据，而是用室内工作面上某一点的照度与同时刻室外露天地平面上照度的百分比表示，这个比值称之为采光系数（图 4-1-15）。用公式表示如下：

$$c = \frac{E_n}{E_w} \times 100\%$$

式中 E_n——室内工作面上某点的照度；

E_w——同一时刻露天地平面上的天空扩散光照射下的照度。

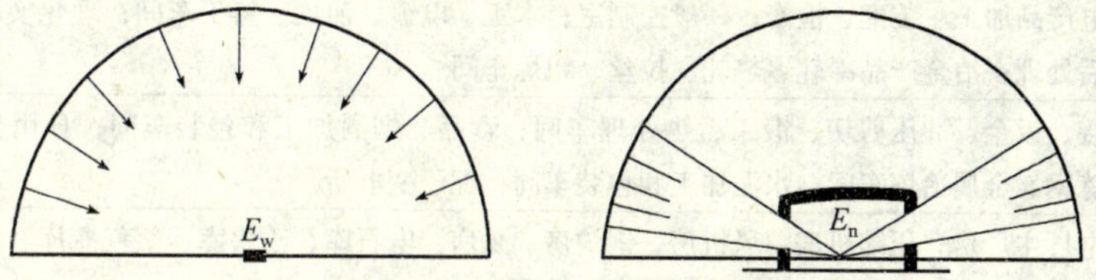

图 4-1-15　确定采光系数示意

为使采光系数具有代表性，c 值是假定天空全阴，即 10 级云量看不见太阳位置的天空。这样一来，不管室外照度如何变化，室内某点的采光系数是不变的。在采光设计中，以此不变的采光系数值作为建筑采光设计的标准。

建筑按照室内作业的精细程度，对采光的要求有所区别。我国《建筑采光设计标准》（GB/T 50033—2001）按工作的精细度分为五级（表 4-1-15）。

视觉作业场所工作面上的采光系数标准值　　**表 4-1-15**

采光等级	视觉作业分类		侧面采光		顶部采光	
	作业精确度	识别对象的最小尺寸 d（mm）	采光系数最低值 C_{min}（%）	室内天然光临界照度（lx）	采光系数平均值 C_{av}（%）	室内天然光临界照度（lx）
Ⅰ	特别精细	$d \leq 0.15$	5	250	7	350
Ⅱ	很精细	$0.15 < d \leq 0.3$	3	150	4.5	225
Ⅲ	精细	$0.3 < d \leq 1.0$	2	100	3	150
Ⅳ	一般	$1.0 < d \leq 5.0$	1	50	1.5	75
Ⅴ	粗糙	$d > 5.0$	0.5	25	0.7	35

注：表中所列采光系数标准值适用于我国Ⅲ类光气候区。采光系数标准值是根据室外临界照度为 5000lx 制定的。亮度对比小的Ⅱ、Ⅲ级视觉作业，其采光等级可提高一级采用。

[1] 光通量是指人的眼睛所能感受到的光辐射能量。其单位用流明（lm）表示（如一个 20W 的荧光灯约为 700lm）。

检验工作面上采光系数是否符合标准值，在建筑横剖面的工作面上取光照最不利点进行验算。如需验算整个建筑的光照情况，可多验几点，把各点连接起来，形成建筑的采光曲线，显示整个建筑的光照情况。单侧窗采光时，当视觉工作为Ⅰ、Ⅱ级，计算点取离侧窗的距离为工作面至窗上沿高度1.5倍处，不能满足标准值的工作区应辅以人工照明。若为单跨双侧窗采光时，计算点取跨中点。

工作面上照度差别大，视力反复适应则产生视觉疲劳，影响人们的正常操作，降低劳动生产率。为防止视觉疲劳，工作面上的光线要均匀。采光标准中规定了室内工作面的采光均匀比。采光均匀比是指工作面上的采光系数最低值和平均值之比。在顶部采光时，对Ⅰ-Ⅳ视觉工作不宜小于0.7。侧面采光时，由于照度变化很大，不可能均匀，所以未做规定。

表4-1-16列举了部分工作场所的采光等级，供参考。

生产车间和工作场所的采光等级举例 **表4-1-16**

采光等级	生产车间和工作场所名称
Ⅰ	特别精密机电产品加工、装配、检验车间，工艺品雕刻、刺绣、绘画车间
Ⅱ	很精密机电产品加工、装配、检验通讯网络、视听设备的装配与调试；纺织品精纺、织造、印染；服装裁剪、缝纫及检验；精密理化实验室、计量室主控制室；药品制剂
Ⅲ	机电产品加工、装配、检修；一般控制室；木工、电镀、油漆、铸工车间；理化实验室；造纸、石化产品后处理；冶金产品冷轧、热轧、拉丝、粗炼车间
Ⅳ	焊接、钣金、冲压剪切、锻工、热处理车间；食品、烟酒加工和包装车间；日用化工产品车间；炼铁、炼钢、金属冶炼车间；水泥加工和包装车间；配、变电所
Ⅴ	发电厂主厂房；压缩机房、风机房、锅炉房、泵房，电石库、乙炔库、氧气瓶库、汽车库、大中件贮存库；煤的加工、运输，选煤车间；配料间、原料间

二、采光面积的确定

在实际工作中，经常是根据建筑的采光、通风，立面处理等综合要求，先大致确定窗面积，然后根据建筑对采光的要求进行校核，验证其是否符合采光标准值。采光计算方法很多，设计时根据情况参考选用。我国《建筑采光设计标准》（GB/T 50033—2001）中规定，在建筑方案设计时，对于Ⅲ类光气候区的普通玻璃单层铝窗采光，其采光窗洞口面积可按表4-1-17所列窗地面积比估算。建筑尺寸对应的窗地面积比，可按该标准附录B的规定取值。

窗地面积比 A_c/A_d **表4-1-17**

采光等级	侧面采光		顶面采光					
	侧窗		矩形天窗		锯齿形天窗		平天窗	
	民用建筑	工业建筑	民用建筑	工业建筑	民用建筑	工业建筑	民用建筑	工业建筑
Ⅰ	1/2.5	1/2.5	1/3	1/3	1/4	1/4	1/6	1/6
Ⅱ	1/3.5	1/3	1/4	1/3.5	1/6	1/5	1/8.5	1/8
Ⅲ	1/5	1/4	1/6	1/4.5	1/8	1/7	1/11	1/10
Ⅳ	1/7	1/6	1/10	1/8	1/12	1/10	1/18	1/13
Ⅴ	1/12	1/10	1/14	1/11	1/19	1/15	1/27	1/23

注：民用建筑Ⅰ~Ⅳ级为清洁房间，取 $\rho_j=0.5$；Ⅴ级为一般污染房间，取 $\rho_j=0.3$。

工业建筑Ⅰ级为清洁房间，取 $\rho_j=0.5$；Ⅱ级和Ⅲ级为清洁房间，取 $\rho_j=0.4$；Ⅳ级为一般污染房间，取 $\rho_j=0.4$；Ⅴ级为一般污染房间，取 $\rho_j=0.3$。

非Ⅲ类光气候区的窗地面积比应乘以光气候系数 K。

ρ_j 为室内各表面反射比的加权平均值。

三、采光方式和采光窗的选择

采光方式有三种：侧面采光、上部采光、混合采光。侧面采光是利用开设在侧墙上的窗子进行采光；上部采光是利用开设在屋顶上的天窗进行采光；混合采光是这两种方式组合起来同时采光。

1. 侧面采光

侧面采光分单侧采光和双侧采光两种。当房间很窄时，可利用单侧采光。单侧采光光线不均匀，衰减幅度大，工作面上近窗点光线强，远窗点光线弱（距侧窗上沿 H 高两倍处点 c 值仅为近窗点的1/20左右），如图4-1-16所示。单侧采光的有效进深约为侧窗口上沿至工作面高度 H 的2倍，即 $B=2H$。侧窗上沿至工作面高度 H 越大，离窗较远点的光照将有所提高，如房间进深更大，超越单侧采光所能解决的范围时，就要辅以人工照明或用双侧采光。

沿侧墙纵向工作面上光线分布情况和窗子及窗间墙宽度有关。窗间墙愈宽，光线愈明暗不均，因而窗间墙不宜设得太宽，一般以等于或小于窗宽为宜。如沿墙工作面上要求光线均匀，可减少窗间墙的宽度和取消窗间墙做成带形窗。

2. 混合采光

当建筑很宽，侧窗采光不能满足整个建筑的采光要求时，则须在屋顶上开设天窗，采用混合采光方式。由于天窗形式不同，建筑剖面形式也不一样。矩形天窗是一种常见的剖面形式。这种天窗，当窗扇朝向南北时，室内光线均匀，直射光较少。由于玻璃面是垂直的，受污染程度小，易于防水。窗可开启，有一定的通风作用。目前在实际工作中采用得较多。

矩形天窗宽度对室内光线的均匀性有影响。加大天窗宽度能提高照度及光线均匀性，但也不能过宽，过宽会遮挡相邻天窗的采光，并增加造价；但宽度过小易使跨中照度升高，两侧照度显著下降，造成光线不均。合适的天窗宽度为1/2～1/3厂房跨度。两天窗的边缘距离 l 应大于相邻天窗高度和的1.5倍，即 $l>1.5(h_1+h_2)$，如图4-1-17所示。

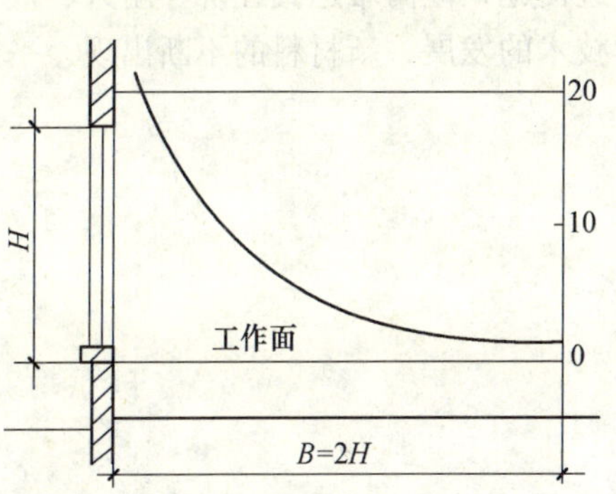

图4-1-16　单侧采光光线衰减示意

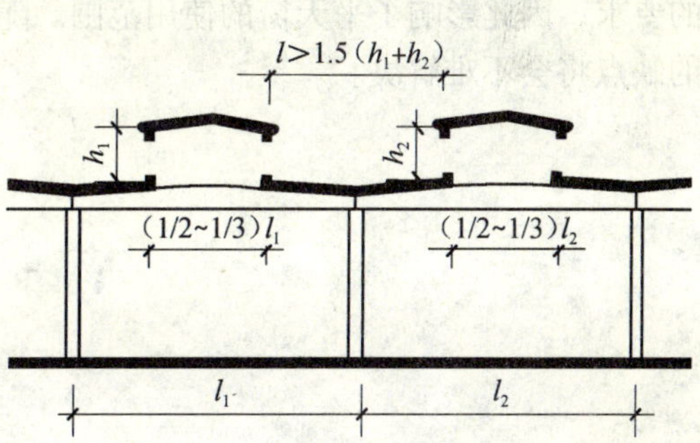

图4-1-17　天窗宽度与跨度的关系

矩形天窗的缺点是增加厂房的体积和屋顶承重结构的集中荷载，屋顶结构复杂，造价高，抗震性能不好。

当建筑采光要求较高和受建设地段条件的限制不得不将建筑纵轴南北向布置时，如仍用矩形天窗，会产生西晒，夏季室内过热。为避免这种现象，可采用横向天窗。这种天窗具有采光面大，效率高，光线均匀等优点。横向天窗有两种：一种是突出于屋面；一种是下沉于屋面。后者是将一个柱距或几个柱距内的屋面板下沉，支承在屋架下弦上，相邻屋面板仍支于屋架上弦上，利用两部分屋面板位置的高差（即屋架上下弦高差）作采光口，这种天窗称之为横向下沉式天窗（图4-1-18）。它比前者和纵向矩形天窗造价低。因此，这种天窗在实际中也常被采用。其缺点是：窗扇形式受屋架形式的限制，布置不灵活，有的窗扇不标准或构造复杂，建筑纵向刚度较差。

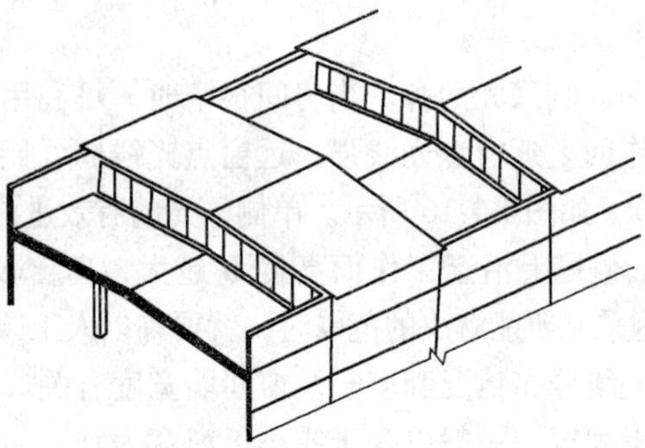

图4-1-18　横向下沉式天窗厂房

在有些建筑中，天窗主要是为采光而设，这时，为简化屋顶构造，减轻屋顶荷重，降低造价，可采用平天窗，即在屋面板直接设置水平或接近水平的采光口。这种天窗采光效率高，在采光面积相等时，平天窗在水平面上的照度比矩形天窗高2～3倍。即在同样采光标准要求下需要的采光面积为矩形天窗的1/3～1/2，可节约大量的玻璃面积。采光口可分采光板、采光罩和采光带三种。采光带可以纵向或横向布置。平天窗虽有上述优点，但还存在有待进一步解决的问题：如平天窗不能通风，如要通风在构造上还需采取通风措施；在采暖地区，由于玻璃热阻小，容易在玻璃面上结露，严重者有水滴下落；在炎热地区，通过平天窗透过大量的太阳辐射热，往往大于允许值的数倍；在直射阳光作用下工作面上眩光较重，影响工作。此外，平天窗在灰尘多、雨量较少的地区容易积尘和污染，使用几年以后采光效果大大降低。对平天窗的这些缺点目前虽有不同的改进措施，但尚难达到经济、耐久、效果好的要求，因此影响了平天窗的使用范围。随着科学技术的发展，新材料的不断出现，平天窗的缺点将会不难解决。

第二章　民用建筑构造（三）

第一节　建筑装修构造

建筑装修是在建筑主体工程结构的外表面，为了满足使用功能和环境营造的需要所进行的装设与修饰。

建筑装修材料，可以分为无机装修材料（铝合金、大理石、玻璃等）和有机装修材料（木材、竹材、有机高分子材料等）两大类。而建筑装修根据装修部位的不同，则可以分为外墙装修、内墙装修、地面装修、吊顶装修等。

建筑装修的作用首先是改善环境条件，满足各类建筑的功能要求；其次是保护结构，使建筑物的各部构件的寿命得以延长；再有就是装饰和美化建筑，充分表现建筑师所要展示的美学意图。

建筑装修应具有合理的耐久性。耐久性一般表现在与结构层的附着力及防止脱落、起皮、褪色、变质、锈蚀的能力上。

建筑装修还应针对不同建筑物的装修标准来选择装修材料与做法。建筑装修的质量标准、选用材料、构造做法等都与造价有关。据统计，一般民用建筑的装修费用约占土建造价的20%～30%，标准较高的工程，装修费用可达40%～50%。

一、墙面装修构造

（一）装饰抹灰墙面

1. 弹涂墙面

弹涂是采用一种专用的弹涂工具，将水泥彩色浆弹到饰面基层上的一种装饰做法。这种做法具有施工速度快、节约劳动力、装饰效果好等特点。它主要用于外墙装修中。

（1）弹涂墙面的基层：弹涂墙面的基层做法应根据基层材料的不同而变化。基层材料为砖墙时，一般采用12mm厚的水泥砂浆打底，亦用木抹子搓平；基层材料为混凝土墙时，应采用聚合物水泥砂浆修补，以保证墙面平整。

（2）弹涂墙面的面层：弹涂墙面的面层为聚合物水泥浆，它由粉料和胶粘剂等组成。面层厚度一般为3～5mm。

面层聚合物水泥浆料一般以普通水泥或白水泥为主要原料，以甲基硅树脂和缩丁醛材料为主要胶粘剂，以其他非水硬性粉料作填充剂或增白剂，加入少量颜料调制而成。

（3）弹涂墙面的罩面层：为保护弹涂墙面，防止污染，一般应在弹涂墙面的面层上喷涂罩面层。罩面层常用聚乙烯醇缩丁醛或甲基硅树脂，其厚度应薄一些为好。甲基硅树脂的配合比如表4-2-1所示。

甲基硅树脂配合成分　　表 4-2-1

材料名称	作　用	配合比	备　注
甲基硅树脂	粘结及面层保护	1000	
乙醇胺	固化剂	1~2	常　温
		2~3	冬　期

为防止弹涂墙面出现斑点、掉色和发白等弊病，在操作时应防止基层过于干燥，以免水分吸收过快，影响强度的增长。同时应防止在弹涂浆料中加入过多的颜料，加颜料过多会由于缺乏足够的水泥浆包裹颜料而“泛色”。此外，还应注意喷涂罩面层的时间，过早喷涂容易将色浆的湿气封闭在膜内，出现析白现象。

(4) 彩色弹涂墙面的构造层次：

1) 12mm 厚 1∶3 水泥砂浆打底，木抹子搓平或用聚合物水泥浆修补墙面，保持平整(仅限于混凝土墙面)；

2) 刷底色浆一道；

3) 3mm 厚彩色浆点；

4) 采用油喷枪或羊毛刷涂罩面剂一道。

彩色弹涂墙面的表面除常见的彩点以外，还有彩点平花（用木抹子压平压光）、仿花岗石、仿蘑菇石（用模板造型）等式样。

2. 滚涂墙面

滚涂是采用一种专用工具——橡皮辊，在事先抹好的聚合砂浆上滚出花纹而形成的一种墙面装修做法。滚涂墙面所用的聚合砂浆是在水泥砂浆中掺入一定量的有机胶粘剂而形成的。

滚涂墙面具有良好的保水性与粘结力，施工方法比较简便，容易掌握等优点，因而也是一种较好的外墙装修做法。

(1) 滚涂墙面的基层：滚涂墙面的基层做法应根据墙体的材料而选择。当墙体为砖墙时，应采用 12mm 左右的水泥砂浆打底，亦用木抹子搓平；当墙体为混凝土墙与加气混凝土墙时，一般应喷（刷）TG 胶浆一道，其配合比是 TG 胶∶水∶水泥 =1∶4∶1.5，并抹 12mm 厚 1∶1∶6 水泥石灰膏砂浆。也可以采用 6mm 厚 TG 砂浆打底扫毛及 6mm 厚 1∶1∶6 水泥石灰膏砂浆，木抹子搓平（TG 胶是一种新型胶粘剂，用于加气混凝土饰面层时，粘结力强，不起皮，不脱落）。

(2) 滚涂墙面的面层：在各类墙体上抹 3~4mm 厚的聚合物水泥砂浆，并用特制的橡皮辊滚出花纹。

(3) 滚涂墙面的罩面层：为防止滚涂墙面被污染，一般应喷涂罩面层。罩面层多采用甲基硅醇钠憎水剂。

滚涂墙面在建筑物的首层不宜采用。但由于这种做法不污染门窗，故可以在小面积上使用。

3. 拉毛墙面

拉毛是一种传统的墙面装修做法。拉毛按材料不同，可以分为水泥拉毛、油漆拉毛、石膏拉毛三类。按施工所用的工具和操作方法的不同，可以获得多样的表面。如用棕刷子进行拍打即形成大拉毛或小拉毛；用麻刷子（用白麻缠成）进行一点一带的操作可获得毛疙瘩状的饰面；用条筋进行拉毛，可以获得类似树皮状的花纹。

拉毛墙面可以应用于砖墙、混凝土墙、加气混凝土墙等的内、外装修。其特点是操作简单，价格低廉。

4. 扫毛抹灰墙面

扫毛抹灰墙面是装饰性抹灰的一种做法。它的装饰效果为仿天然石的外观，具有以假乱真的效果。

扫毛抹灰的面层是1∶1∶6的水泥石灰混合砂浆。抹在墙面上以后，用竹丝扫帚扫出装饰花纹。施工时应注意分块，分格木条宽一般为15mm，嵌入深度为6mm，分块后的墙面有利于按分块大小，横竖交叉扫毛，使表面富于质感变化。

扫毛墙面的厚度为20mm左右。扫出的条纹要横平、竖直，使其具有天然石材剁斧的纹理。

扫毛墙面工序简单、施工方便、容易掌握、造价低廉，造价仅为天然石材的3%左右。

（二）铺贴式墙面

1. 天然石材墙面

天然石材墙面包括花岗石墙面、大理石墙面和碎拼大理石墙面等几种做法。天然石材墙面具有庄重、典雅、富丽堂皇的效果，是墙面高级装修的做法之一。

（1）天然石材的种类：

1）花岗石：花岗石的抗压强度高，孔隙率和吸水率小，并具有抗腐蚀性和耐磨等特点，一般多用于室外装修。

2）大理石：大理石是指变质或沉积的碳酸盐类的岩石，如大理岩、白云岩、灰岩、砂岩、页岩和板岩等。大理石墙一般只用于室内，如果必须在室外采用时，应涂刷有机硅等涂料，以防止空气中的二氧化碳对大理石的腐蚀。

3）碎拼大理石：大理石生产厂裁割的边角废料，经过适当的分类加工，也是较高级的装修材料。采用碎拼大理石可以降低造价，装饰效果同样清新雅致，自然优美。

（2）天然石材的规格：由岩体中分离出来的石材叫荒料。荒料尺寸要适应于加工设备的加工能力。一般1m^3的石材荒料可以出20mm厚的板材20m^2左右。余下的边角可作碎拼石料使用。

我国目前常采用的石板的厚度为20mm。而目前国际上采用的薄板的厚度仅为7～10mm，使石材的铺贴面积增加了2～3倍，而且成本降低了许多。当然，由于板材的减薄，也带来了连接方法的变化。

（3）天然石材安装前的准备工作：天然石材在安装前必须根据设计要求核对石材品种、规格、颜色，进行统一编号。然后用电钻打好安装孔，较厚的板材应在其背面凿两条2～3mm深的砂浆槽。板材的阳角交接处，应做好45°的"倒角"，最后根据石材的种类及厚度，选择适当的连接方法。

（4）天然石材的安装：天然石材的安装必须牢固，防止脱落，常见的方法有以下三种：

1）拴挂法：这种做法的特点是在铺贴基层时，应拴挂钢筋网，然后用铜丝绑扎板材，并在板材与墙体的夹缝内灌以水泥砂浆，如图4-2-1所示。

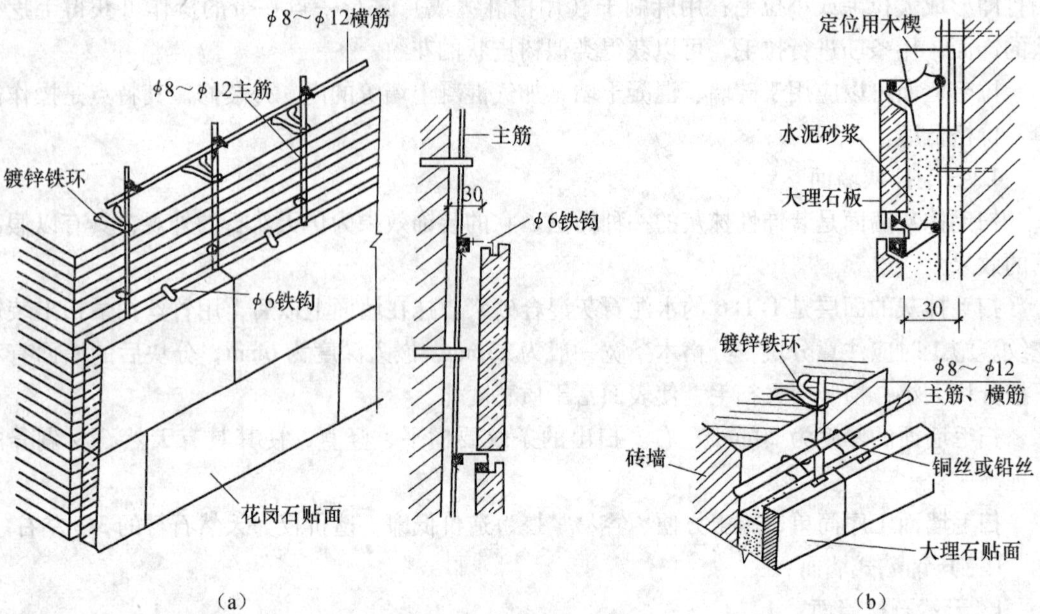

图 4-2-1　天然石板贴面

拴挂法的构造要求是：

①在墙柱表面拴挂钢筋网前，应先将基层剁毛，并用电钻打直径 6mm 左右，深度 60mm 左右的孔，插入ϕ6 钢筋，外露 50mm 以上并弯钩，穿入竖向钢筋后，在同一标高上插上水平钢筋，并绑扎固定。

②将背面打好眼的板材用双股 16 号钢丝或不易生锈的金属丝拴结在钢筋网上。

③灌注砂浆一般采用 1∶2.5 的水泥砂浆，砂浆层厚 30mm 左右。每次灌浆高度不宜超过 150～200mm，且不得大于板高的 1/3。待下层砂浆凝固后，再灌注上一层，使其连接成整体。

④最后将表面挤出的水泥浆擦净，并用与石材同颜色的水泥浆勾缝，然后清洗表面。

2）连接件挂装法：这种做法的特点是通过专用的连接件、扒钉等零件将石板与墙体连接。典型做法是在现浇混凝土中留出金属导槽，将连接件卡于导槽内，另一端插入板材表面的预留孔内，并在板材与墙体之间填以水泥砂浆。连接件应选用不锈钢零件，以防锈蚀，延长使用寿命。这种方法也可以用于砖墙的贴面，如图 4-2-2 所示。

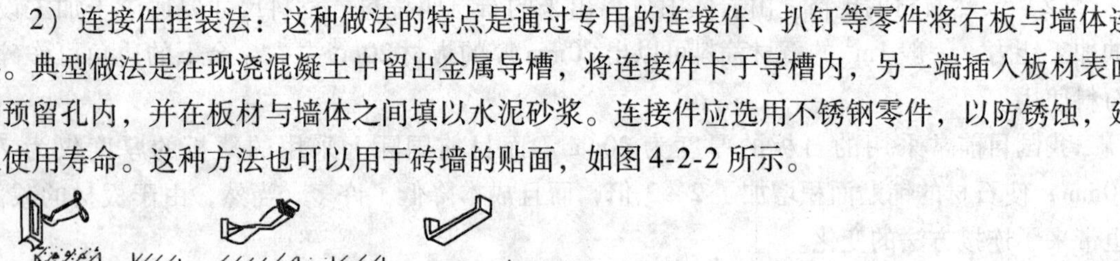

图 4-2-2　连接件挂装法

3）聚酯砂浆固定法：这种做法的特点是采用聚酯砂浆粘结固定。聚酯砂浆的胶砂比常为1:4.5~5.0，固化剂的掺加量随要求而定。施工时先固定板材的四角和填满板材之间的缝隙，待聚酯砂浆固化并能起到固定拉结作用以后，再进行灌缝操作。砂浆层一般厚20mm左右。灌浆时，一次灌浆量应不多于150mm高，待下层砂浆初凝后再灌注上层砂浆。

4）树脂胶粘结法：这种做法的特点是采用树脂胶粘结板材。它要求基层必须平整，最好是用木抹子搓平的砂浆表面，抹2~3mm厚的胶粘剂，然后将板材粘牢（胶粘剂为YJ-Ⅲ型）。

一般应先把胶粘剂涂刷在板背面的相应位置，尤其是悬空板材，涂胶必须饱满。施工时将板材就位、挤紧、找平、找正、找直后，应马上进行顶、卡固定，以防止脱落伤人。

2. 人造石材墙面

人造石材墙面包括水磨石、合成石材等。人造石材墙面可与天然石材媲美，但造价要低于天然石材墙面。人造石材板料的厚度为8~20mm，它经常应用于室内墙面、柱面、门套等部位的装修。人造石材墙面的安装方法与天然石材墙面基本相同，一般可根据板材的厚度而分别采用拴挂法和粘贴法。

3. 釉面砖墙面

（1）釉面砖的规格：釉面砖有粉红、蓝、绿、金砂釉、黄白、白等多种颜色，此外还有表面带立体图案的釉面砖。

釉面砖的规格较多，如200mm×200mm×12mm、150mm×75mm×12mm、75mm×75mm×8mm等。釉面砖要求质地坚固，吸水率不大于8%，色调柔和，耐水抗冻，经久耐用。并要注意表面平整、边缘整齐，棱角不得损坏，以保证铺贴质量。

（2）釉面砖的构造层次：

1）基层——当在砖墙上铺贴时，应先用8mm厚1:3水泥砂浆打底扫毛或划纹，然后刷素水泥浆结合层一道（内掺水泥质量3%~5%的108胶），抹12mm厚1:0.2:2水泥石灰膏砂浆。当在混凝土墙上或加气混凝土墙上铺贴时，应先涂刷TG胶浆一道（配合比是TG胶:水:水泥=1:4:1.5），抹6mm厚TG砂浆扫毛或划纹，刷素水泥浆一道，抹12mm厚1:0.2:2水泥石灰膏砂浆结合层（掺胶）。

2）缝的处理——贴完后用1:1水泥砂浆（细砂）勾缝。

（3）釉面砖的铺贴要求：铺贴方法应按设计要求进行。矩形外墙面砖分长边水平镶贴和长边垂直镶贴两种。接缝有1~3mm的密排缝和4mm以上的分离缝。

阳角处应是整块面砖，缝隙一般留在侧边，阳角也可以采用整砖对角粘贴法；阴角处成为拼接部位，如图4-2-3所示。

（三）板材墙面

板材墙面属于高级装修。板材的种类很多，常见的有木制板、金属板、石膏板、塑料板、铝合金板及其他非金属板材等。它不同于传统的抹灰装修及贴面装修，它是干作业法，其最大的特点是不污染墙面和地面。

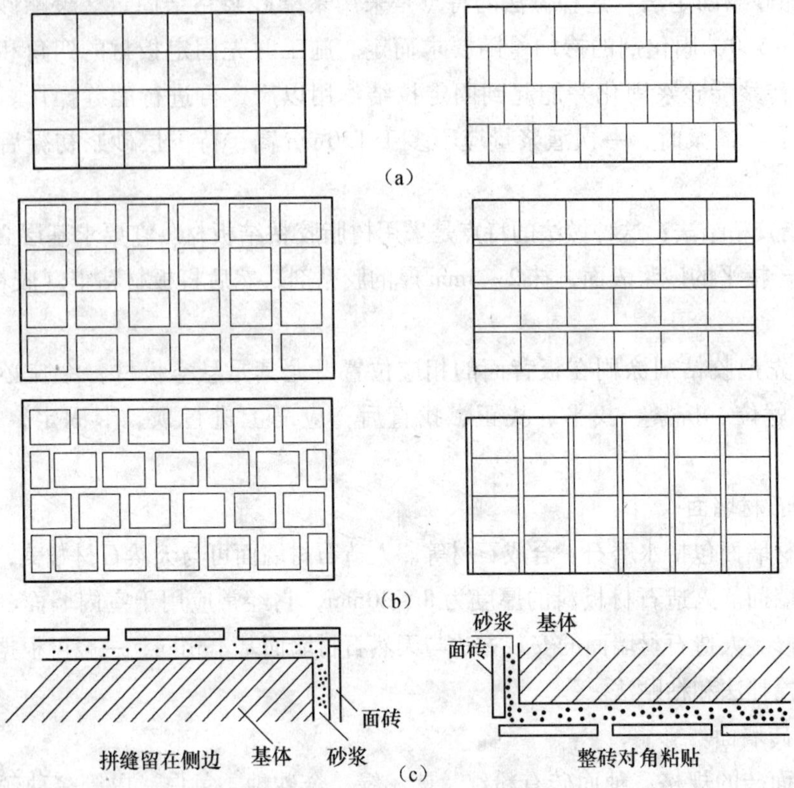

图 4-2-3 釉面砖的铺贴

(a) 密缝；(b) 离缝；(c) 面砖阳角做法

1. 木板墙面

木板墙面由木骨架和板材两部分组成。

(1) 木骨架：板材墙面不论是大面积墙面、柱面或门窗洞边的筒子板，都应以设计要求为准，事先应在墙体内预埋防腐木砖。用来固定墙筋（龙骨）的防腐木砖中距一般为500~1000mm。如图 4-2-4 (b) 所示，若墙体为混凝土墙，应加钉防腐木楔。钉防腐木楔时一般先用电钻钻孔，孔径不应小于20mm，深度不应小于60mm，然后将木楔打入。也可以采用直径为6mm 的膨胀螺栓、螺纹射钉等固定。

为防止板材变形（特别是受潮变形），一般应先在墙体上刷热沥青一道（或刷改性沥青一道），再干铺石油沥青油毡一层。

墙筋（龙骨）的断面为 40mm×40mm 或 50mm×50mm，与板材的接触面应刨光，其纵向、横向间距一般为 450~600mm。具体尺寸应按板材规格确定。墙筋（龙骨）与墙体接触面应刷防腐剂。墙筋（龙骨）用钉子钉于木砖上或木楔上。此外，还可以采用射钉等直接固定在混凝土墙上，射钉等的间距为 1000mm。

(2) 木板：一般采用 10mm 厚的木板，也可以采用 5mm 厚的胶合板，用暗钉钉于木骨架上。板材表面应刷油漆。一般做法为先刷润油粉一遍，刮腻子、刷底油、清漆四遍，最后磨退出色。也可以在木板或胶合板的表面打孔，穿孔位置及形状由设计人按声学要求选用。

木板或胶合板墙的根部，应作木踢脚。板材之间的接缝可采用压条、分离缝、高低缝等做法。阴角和阳角还可以对接或斜接，如图 4-2-4（d）、（e）、（f）、（g）、（h）所示。

木板或胶合板材墙的墙裙，应做好上端的封边或压顶。墙裙高度一般在 1000～1800mm 之间，如图 4-2-4（a）、（c）所示。

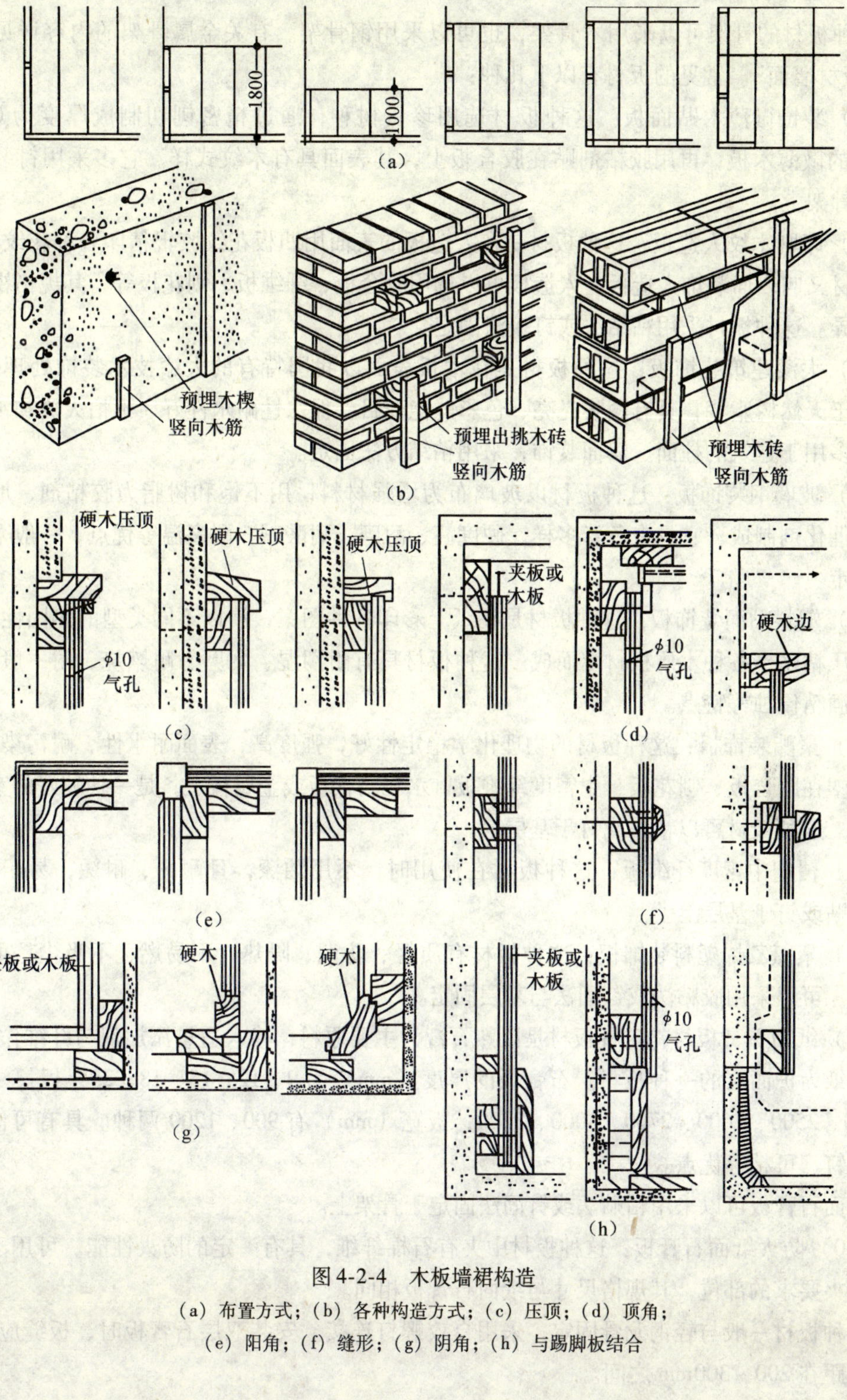

图 4-2-4 木板墙裙构造

（a）布置方式；（b）各种构造方式；（c）压顶；（d）顶角；

（e）阳角；（f）缝形；（g）阴角；（h）与踢脚板结合

有吸声要求的木板墙面，应在木板与墙筋（龙骨）之间填以玻璃棉、矿棉、泡沫塑料等吸声材料。在一些有反射声音要求的墙面，如录音室、播音室、录像室等，可采用胶合板做成断面形状为半圆形或其他形状的凸形墙面。

2. 装饰板材墙面

这种板材的骨架可以采用木骨架，也可以采用钢骨架。有关金属骨架的内容详见本节"金属板材墙面"。常见的板材有以下几种：

（1）装饰微薄木贴面板：这种板材选用珍贵树种，通过精密刨切制成厚度为0.2～0.5mm的微薄木板，再用胶粘剂贴在胶合板上，其表面具有木纹式样。它多采用钉装法固定在木骨架上。

（2）印刷木纹人造板：这种板材是在人造板的表面用凹板花纹胶辊精印各种花纹而成。这种板材又叫表面装饰人造板。人造板可以选用胶合板、纤维板、刨花板等，其规格视各厂产品而异。这种板材采用粘结法或钉接法固定。

（3）大漆建筑装饰板：这种板材是在木板表面以我国特有的大漆技术装饰处理而成。大漆属于天然树脂漆，具有漆膜光亮、色彩鲜艳夺目、保水性耐水性好、不怕火烫和水烫等优点。多用于建筑的柱面、墙面装饰，采用粘结方法固定。

（4）玻璃钢装饰板：这种板材以玻璃布为增强材料，用不饱和树脂为胶粘剂，加入固化剂、催化剂制成。它具有色彩多样，硬度高、耐磨、耐酸碱、耐高温等优点，一般采用粘结法固定。

（5）塑料贴面装饰板：这种板材是在纸上彩印各种图案，浸以不同类型的热固性溶液，经过热压粘贴于各种木质板材上而成。这种板材具有耐潮湿、耐磨、耐燃烧、耐一般酸碱、油脂及酒精侵蚀等特点。

（6）聚酯装饰板：这种板材的物理化学稳定性好，强度高，表面耐水性、耐污染性好，可以覆塑在胶合板、刨花板、中密度纤维板、水泥石棉板或金属板上，是一种较好的室内装饰材料。这种板材可以粘贴或钉于基层上。

（7）覆塑中密度纤维板：这种板材在使用时，不用油漆，且耐磨、耐烫，易于擦洗。可以粘贴或钉于基层上。

（8）聚氯乙烯塑料装饰板：这种板材有质轻、防潮、隔热、不易燃、不吸尘、可涂饰等优点。可以采用胶粘法或钉固法与基层固定。

（9）纸面石膏板材：这种板材是以熟石膏为主要原料，掺入适量添加剂与纤维作板芯，用牛皮纸为护面层的一种板材。石膏板的厚度（mm）为9、12、15、18、25，板长（mm）有2400、2500、2600、2700、3000、3300，板宽（mm）有900、1200两种。具有可刨、可锯、可钉、可粘等优点。

纸面石膏板可以采用粘贴法或钉固法固定于骨架上。

（10）防火纸面石膏板：这种板材中夹有石棉纤维，具有一定的防火性能。可用于建筑物有防火要求的部位，其规格尺寸与纸面石膏板相同。

这种板材一般与轻钢龙骨固定，采用自攻螺钉连接。安装双层石膏板时，板缝应错开，钉子间距在200～300mm之间。

3. 金属板材墙面

金属板材墙面由骨架及板材两部分组成。

（1）骨架

骨架有金属板材骨架（轻钢骨架）和木骨架两种，其构造方法可以参阅本书有关内容，这里不再重复。

（2）金属板材

1）彩色涂层钢板

彩色涂层钢板的原板为热轧钢板和镀锌钢板，表面分为有机涂层、无机涂层和复合涂层三种做法。常用的有机涂层为聚氯乙烯。此外还有聚丙烯酸酯、环氧树脂、醇酸树脂等。涂层与钢板的结合层有薄膜法和涂料覆盖法两种。

2）铝合金装饰板

铝合金装饰板有以下几种：

①铝合金花纹板。铝合金花纹板是采用防锈铝合金等坯料，用特制的花纹轧辊轧制而成。板材的花纹美观大方，肋高适中，不易腐蚀，防滑性能好，耐磨性能强。

铝合金花纹板的规格为：厚 1.5 ~ 7.0mm，长 2000 ~ 10000mm，宽 1000 ~ 2000mm。

②铝质浅花纹板。铝合金浅花纹板是我国特有的建筑装饰产品，这种板材花纹精巧别致，色泽美观大方，比普通铝合金板刚度提高 1/5。这种表面有立体图案和美丽色彩的板材，对白色光的反射率达 75% ~ 90%，热反射率达 85% ~ 90%。板材表面花纹呈小橘皮型、大菱形、小豆点型、小菱形点型、月季花型等，厚度在 0.25 ~ 1.2mm 之间。

③铝及铝合金波纹板。铝及铝合金波纹板主要用于墙面装修，有银白、古铜等多种颜色。这种板材有较强的反射能力，可以抵御大气中的各种污染。这种板材的厚度为 0.7 ~ 1.2mm，宽度为 820mm、1008mm，长度分别为 1700mm、3200mm、6200mm。铝及铝合金波纹板如图 4-2-5 所示。

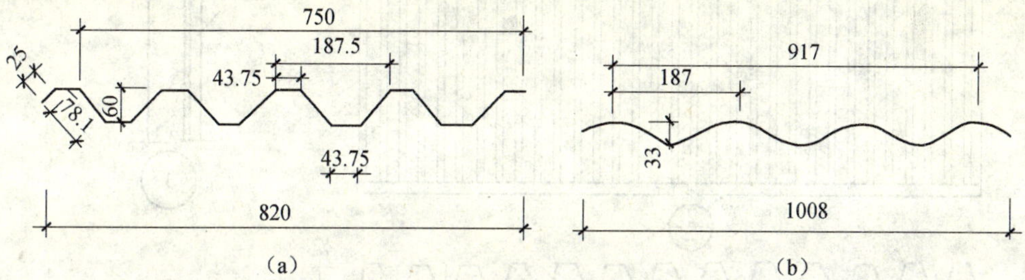

图 4-2-5　波纹板的板形

（a）V60 ~ 187.5 压型板（有效宽度系数 750/1070 = 70.1%，1070 为平板宽度）；

（b）W33 ~ 131 波纹板（有效宽度系数 917/1191 = 77%，1191 为平板宽度）

④铝及铝合金压型板。铝及铝合金压型板是目前世界上广泛利用的一种新型材料。这种板材有质量轻、外形美观、耐久、耐腐蚀、安装容易、施工速度快等优点。这种板材表面经过处理后可得彩色压型板。其断面形式如图 4-2-6 所示。这种板材的规格：厚度为 0.5 ~ 1.0mm，宽度为 100 ~ 1170mm，长度在 2000 ~ 6000mm 之间。

⑤铝及铝合金冲孔平板。铝及铝合金冲孔平板系各种铝合金平板经机械冲孔而成。它的特点是防腐性能好、光洁度高，有良好的消声性能。在有消声要求的专用建筑中，可以广泛

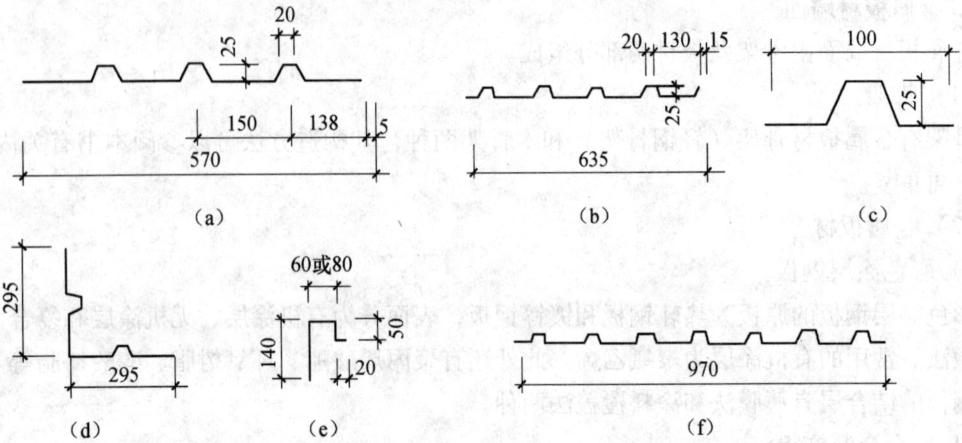

图 4-2-6　铝合金压型板的板型

（a）1 型压型板；（b）2 型压型板；（c）6 型压型板；（d）7 型压型板；（e）8 型压型板；（f）9 型压型板

（1，3，5 型断面相同；1 型 3 波，2 型 5 波，3 型 7 波）

采用。铝及铝合金冲孔板的板厚为 1.0～1.2mm，孔径为 6mm，宽度为 492～592mm，长度为 492～1250mm。

（3）金属板材的安装

金属板材与金属基层的连接主要靠螺栓、铆钉连接，其安装方法如图 4-2-7 所示。还可以采用扣接方法与墙筋（龙骨）连接，如图 4-2-8 所示。

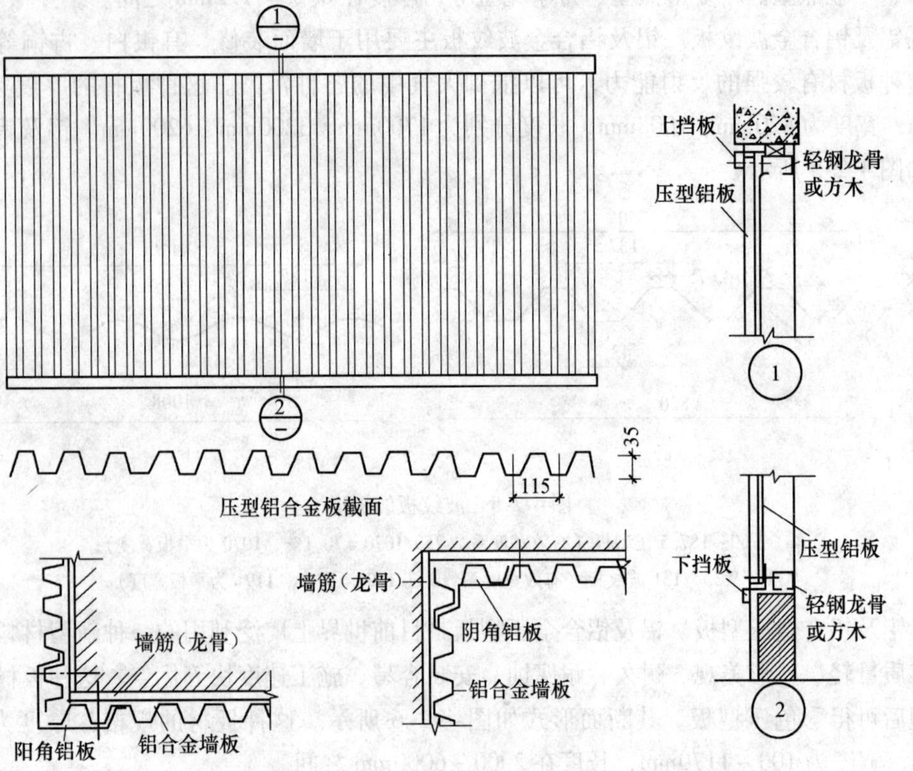

图 4-2-7　铝合金板材墙的安装

说明：压型铝板可以用螺栓、拉铆钉连接

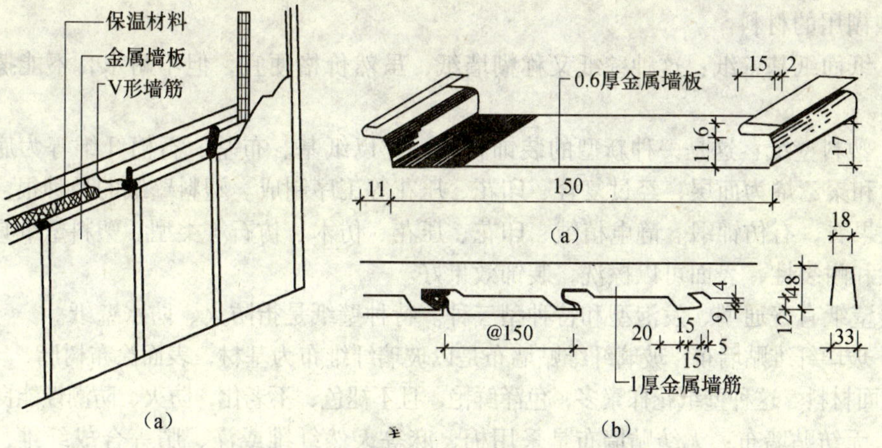

图 4-2-8　铝合金板材墙的扣接构造

（a）轻金属板墙面；（b）V 形轻金属墙筋

4. 玻璃墙面

玻璃墙面是选用普通平板玻璃及其他特制玻璃，如彩色玻璃、压花玻璃、磨砂玻璃、彩绘玻璃、不透明饰面玻璃等作的墙面。

玻璃墙面的构造是先在墙上立木筋，木筋纵横呈网格形，其间距视玻璃尺寸而定。木筋上做好木板或胶合板衬板。玻璃的固定方法有两种：一种是在玻璃上钻孔，用螺钉和橡皮垫直接钉于木筋上。另一种是用嵌钉或盖缝条，将玻璃卡住。盖缝条可以用硬木、塑料、铜铝等金属制成，连接方法如图 4-2-9 所示。此外，还可用胶粘剂粘贴于木筋上。

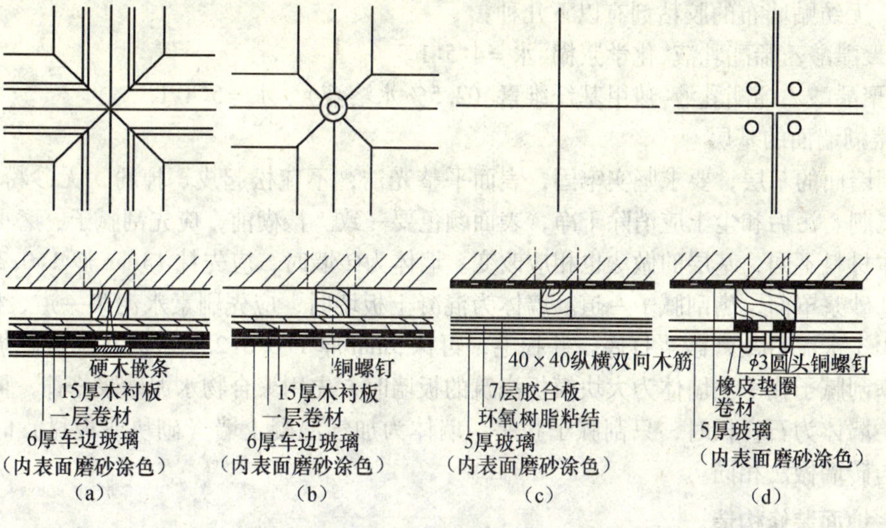

图 4-2-9　玻璃墙面

（a）嵌条；（b）嵌钉；（c）粘贴；（d）螺钉

安装玻璃砖应注意以下问题：墙或隔断上安装骨架，并与结构妥善连接。木骨架应在墙上留好木砖，钢骨架应与墙钉牢。玻璃砖应排列均匀整齐，表面平整，嵌缝的油灰或胶泥应饱满密实。安装玻璃墙时，宜在较低部位改用其他材料，以免玻璃破碎。

（四）裱糊墙面

裱糊墙面多用于内墙饰面，亦可用于顶棚饰面。

1. 裱糊用的材料

(1) 纸面纸基壁纸：这种壁纸又称糊墙纸，虽然价格便宜，但不耐水，不能擦洗，故很少采用。

(2) 塑料壁纸：这是一种新型的装饰材料。它以纸基、布基、石棉纤维等为底层，以聚氯乙烯和聚乙烯为面层，经过复合、印花、压花等工序制成。塑料壁纸的品种很多，从表面装饰效果看，有仿锦缎、静电植绒、印花、压花、仿木、仿石等类型。塑料壁纸具有一定的伸缩性和耐裂性，表面可以擦洗，装饰效果好。

塑料壁纸有普通型、发泡型和特种型三种。特种壁纸是指防火、防水壁纸。

(3) 玻璃纤维贴墙布：玻璃纤维贴墙布是以玻璃纤维布为基材，表面涂布树脂、印花而成的新型饰面材料。这种壁纸花样繁多，色泽鲜艳，且不褪色，不老化，防火、防潮性能良好。

(4) 无纺贴墙布：无纺贴墙布是采用棉、麻等天然纤维或涤、腈等合成纤维，经过无纺成型、上树脂、印制彩色花纹而成的一种新型较高级的饰面材料。

无纺贴墙布富有弹性，并有不易折断、表面光洁、不褪色、可擦洗等特点。

(5) 锦缎：锦缎是丝织物的一种。在三色以上纬丝织成的缎纹底上，织出绚丽多彩、典雅精致的花纹织物。这种材料柔软易变形，价格较贵，只适用于室内高级饰面裱糊用。

2. 裱糊用的胶粘剂

(1) 塑料壁纸、纸基壁纸所用的胶粘剂有如下几种：

1) 自制浆糊；

2) 墙纸胶粉: 水 =1:20，每千克可裱糊 $5m^2$ 墙面。

(2) 玻璃纤维布一般采用聚醋酸乙烯酯乳液: 羧甲基纤维素（2.5%水溶液）=6:4。

(3) 无纺贴墙布的胶粘剂有以下几种：

1) 聚醋酸乙烯酯乳液: 化学浆糊: 水 =4:5:1。

2) 聚醋酸乙烯酯乳液: 羧甲基纤维素（2.5%水溶液）: 水 =5:4:1。

3. 裱糊墙面的基层

裱糊墙面的基层，要求坚实牢固，表面平整光洁，不疏松起皮、掉粉，无砂粉、孔洞、麻点和飞刺。污垢和尘土应消除干净，表面颜色要一致。裱糊前，应先刮腻子、磨平。

墙体材料不同，基层的做法也相应改变。墙体为砖墙时，应先抹 13mm 厚 1:0.3:2.5 水泥石灰膏砂浆罩面，满刮腻子一道。墙体为混凝土板墙时，应先刷素水泥浆一道，抹 13mm 厚 1:0.3:3 水泥石灰膏砂浆打底，并扫毛，再抹 5mm 厚 1:0.3:2.5 水泥石灰膏砂浆罩面压光，亦满刮腻子找平。墙体为大块模板浇筑的板墙时，先用聚合物水泥砂浆修补，再满刮腻子两道。墙体为石膏板时，只刮腻子找平。墙体为加气混凝土墙（砌块或板材）时，其基层处理与砖墙做法相同。

二、地面装修构造

地面装修构造分为底层地面与楼层地面两大部分。常见的构造做法有整体地面、块料地面和其他类型地面（木地面、塑料地面等）。

（一）天然石材地面

天然石材地面包括花岗石地面和大理石地面。天然石材地面具有良好的抗压强度，质地坚硬、耐磨、色彩丰富、花纹美丽、装饰效果极佳，是理想的高级地面装修材料。

1. 花岗石地面

花岗石地面由基层、垫层和面层三部分组成。基层一般为素土夯实，在其上打 100mm

左右的 3∶7 灰土，或 150mm 厚卵石灌 M2.5 水泥白灰混合砂浆，垫层为 50～60mm 厚的混凝土，在其上做 20mm 厚 1∶3 水泥砂浆找平层。面层为 20mm 厚磨光花岗石铺面，板下用 30mm 厚 1∶3～1∶4 干硬性水泥砂浆结合层粘结，板缝用稀水泥浆擦缝。

花岗石楼面由承重层、垫层和面层三部分组成。承重层为钢筋混凝土楼板。为减少楼面荷载，提高隔声效果和铺设电线暗管的需要，垫层宜采用 1∶6 水泥焦渣，厚度 60～100mm，板下用 30mm 厚 1∶3～1∶4 干硬性水泥砂浆结合层粘结，板缝用稀水泥浆擦缝。

为提高花岗石楼面的防水性能，可以在焦渣垫层上抹 20mm 厚 1∶3 水泥砂浆找平，上刷冷底子油一道，也可以抹 20mm 厚 1∶3 水泥砂浆上涂水乳型橡胶沥青防水层（无纱布）；或采用四涂防水层（即三层玻璃丝布、四层 JG—2 防水材料）。

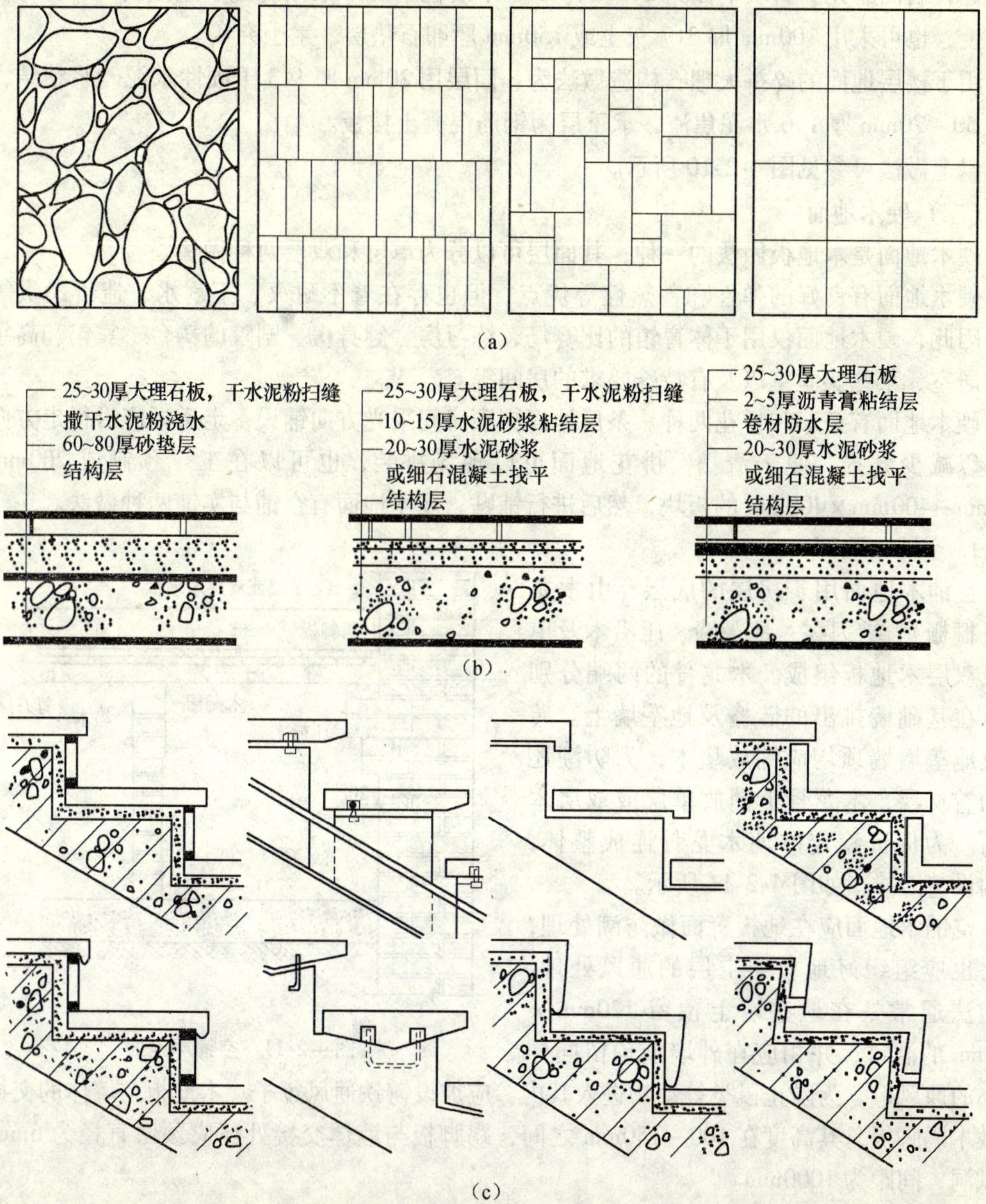

图 4-2-10 天然石材地面

（a）大理石平面形式；（b）构造层次；（c）踏步铺法

2. 大理石地面

大理石地面亦由基层、垫层和面层三部分组成。其基层和垫层作法与花岗石地面相同。面层为大理石板，其规格、颜色、花纹由设计人选定。粘结方法与花岗石地面相同。

大理石楼面与花岗石楼面的层次及材料完全相同。为提高大理石楼面的防水性能，可加作防水层。

3. 碎拼大理石地面

碎拼大理石地面可以用于底层与楼层地面。

用于底层地面的碎拼大理石的构造做法是：20mm 厚碎拼彩色大理石块，用 1∶2 水泥砂浆灌缝，表面磨光。石块下面为 20mm 厚 1∶3 干硬性水泥砂浆结合层。垫层为 50mm 厚 C10 混凝土，也可采用 100mm 厚 3∶7 灰土或 150mm 厚卵石垫层，素土夯实。

用于楼层地面的碎拼大理石构造做法为：面层用 20mm 厚 1∶3 干硬性水泥砂浆粘结，垫层为 50 ~70mm 厚 1∶6 水泥焦渣，承重层为钢筋混凝土楼板。

以上做法可参见图 4-2-10 所示。

（二）硬木地面

硬木地面是木地板做法的一种，其面层可以分为单层和双层两种做法。

硬木地面有良好的弹性和蓄热性等优点。但也存在着不耐火、不耐水、造价昂贵等缺点。因此，硬木地面仅用于体育馆的比赛场、练习房、健身房、剧院的舞台、宾馆和高级住宅的居室、某些实验室以及有特殊要求的房间等。

硬木地面有条形和拼花两种。条形地面应顺房间采光方向铺设，走道板应沿行走方向铺设，以减少磨损，便于清扫。拼花地面可以现场拼装，也可以在工厂预制成 200mm × 200mm ~400mm ×400mm 的板块，然后进行铺贴。硬木地面有空铺与实铺两种做法。

1. 空铺木地面

空铺木地面用于房屋的底层，由木龙骨（搁栅）、剪刀撑、地垄墙、压沿木及单层或双层木地板组成。木龙骨的两端分别支承在基础墙挑出的砖檐及地垄墙上。砖檐及地垄墙墙顶均应铺放垫木，为防潮还要加卷材层，木龙骨上铺放单层或双层木地面。为保证稳定并使木龙骨连成整体，应加设剪刀撑，如图 4-2-11 所示。

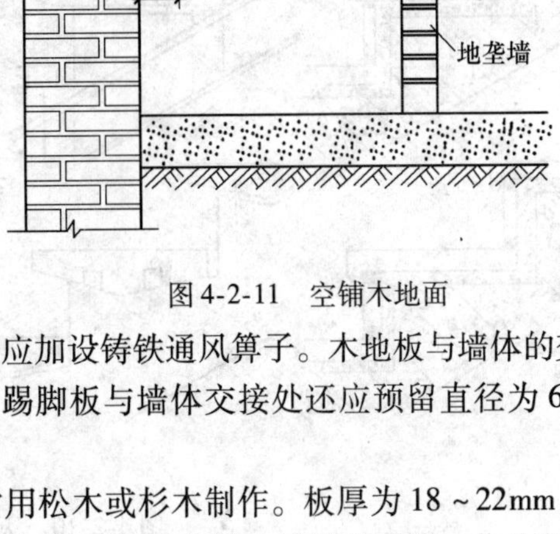

图 4-2-11　空铺木地面

空铺木地面应在地板背面做防潮处理，同时也应组织好地板架空层的通风处理。其做法通常是在地垄墙上预留 120mm × 120mm 的洞口，并相应在外墙上预留同样大小的通风口，为防止鼠类等动物进入其内，应加设铸铁通风箅子。木地板与墙体的交接处应做木踢脚板，其高度在 100 ~150mm 之间，踢脚板与墙体交接处还应预留直径为 6mm 的通风洞，间距为 1000mm。

双层木地面的底层为没有刨光的毛板，常用松木或杉木制作。板厚为 18 ~22mm，拼接时可用平缝或高低缝，缝隙不超过 3mm。面板与毛板之间应衬一层塑料薄膜，作为缓冲层。

面板与毛板的铺设方向应相互错开45°或90°安装。面板经常选用水曲柳、柞木、核桃木等质地优良、不易腐朽开裂的木材制作，一般呈企口形。

2. 实铺木地面

实铺木地面可以用于底层，也可以用于楼层。

（1）底层实铺木地面：底层实铺木地面是先进行素土夯实，其上打100mm厚3∶7灰土及40mm厚C10细石混凝土，随打随抹平。然后铺设一毡二油防潮层或水乳化沥青一布二涂（一层尼龙布，上下涂刷乳化沥青）防潮层。在防潮层上打50mm厚C15混凝土垫层，随打随抹，并在混凝土内预留Ω形ϕ6铁鼻子，间距为400mm，上拴50mm×70mm木搁栅，间距400mm，用10号镀锌钢丝与铁鼻子绑扎。搁栅之间装设50mm×50mm横撑，横撑间距800mm（搁栅及横撑应满涂防腐剂）。搁栅上铺钉22mm厚松木毛地板，背面刷防腐剂，毛地板呈45°斜铺。毛地板上铺卷材一层，随后钉50mm×20mm硬木条板或席纹拼花、人字纹拼花地板，表面刷清漆并打蜡（图4-2-12）。

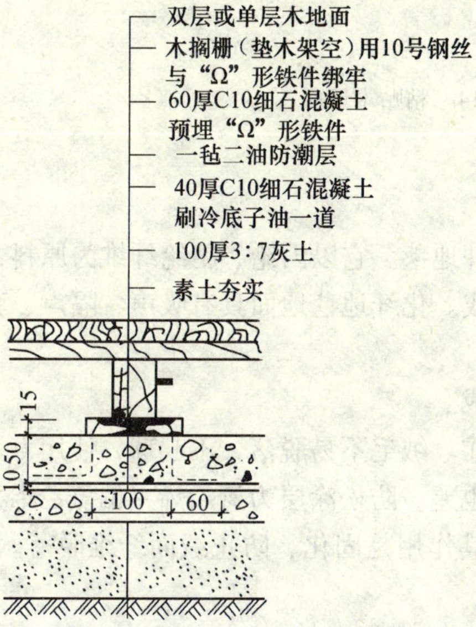

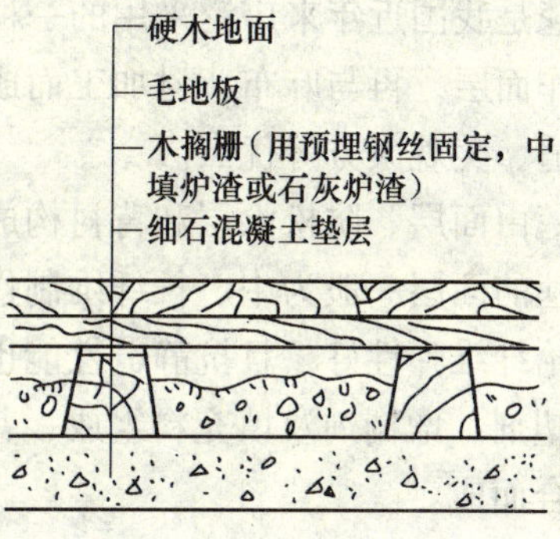

图4-2-12　实铺木地面

（2）楼层实铺木地面：这种做法的承重层为钢筋混凝土楼板，在现浇楼板或预制板缝中伸出ϕ6钢筋，绑扎ϕ6Ω形铁鼻子，做法与底层实铺木地面完全相同（图4-2-13）。

（3）粘贴式实铺木地面：这种做法是在钢筋混凝土楼板上，铺设70mm左右的水泥焦渣垫层，其配合比为1∶6。在垫层上抹20mm厚1∶2.5水泥砂浆找平层，然后用XY401胶或热沥青粘贴16～20mm厚硬木企口席纹拼花地板，表面刷油漆。粘贴式木地面用于底层时，应注意防潮处

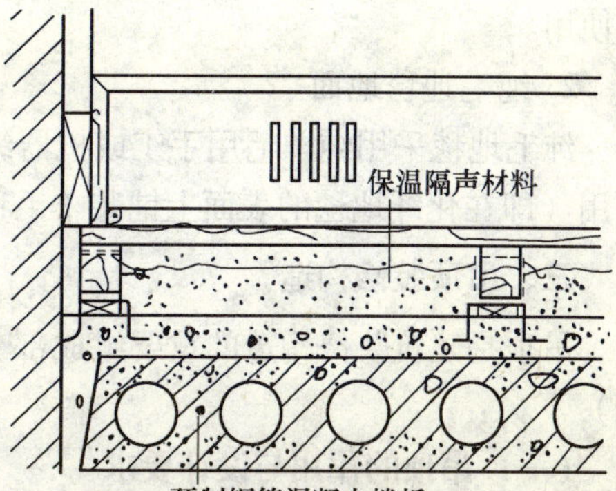

图4-2-13　木楼面做法

理。其防潮通常是在70mm混凝土垫层上涂刷冷底子油1～2道，找平层改用20mm厚沥青砂浆（图4-2-14）。

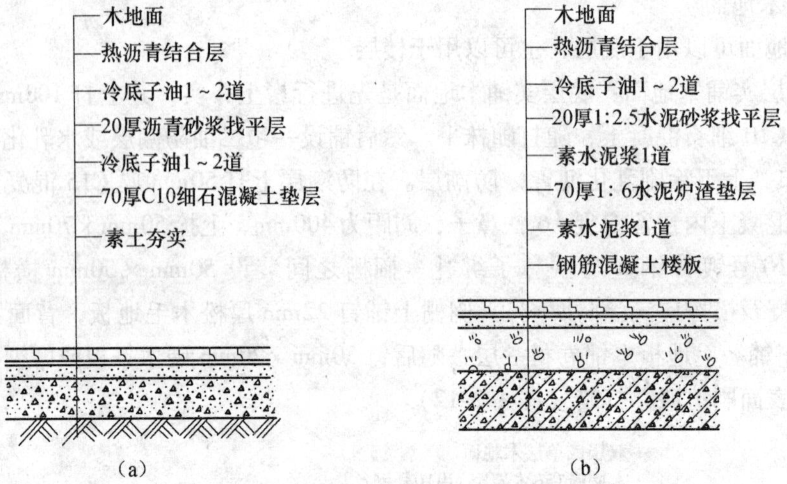

图4-2-14　粘贴木地面

（三）其他类型楼地面

1. 化纤地毯地面

化纤地毯是我国近年来广泛采用的一种地毯。它以丙纶、腈纶纤维为原料，采用簇绒法和机织法制作面层，再与麻布背衬加工而成。化纤地毯地面具有吸声、隔声、弹性好、保温好，脚感舒适、美观大方等优点。

化纤地毯由面层、防松涂层和背衬构成。

化纤地毯的面层一般为中、长纤维制作。绒毛不易脱落，不起球，使用寿命较长。丙纶纤维不如腈纶纤维弹性好，且抗静电性能也差。防松涂层为氯乙烯－偏氯乙烯共聚乳液为基料，添加增塑剂、增稠剂及填充料组成，其作用是固化、防止绒面纤维脱落。背衬为麻布，用胶粘剂复合而成。

化纤地毯的铺设分固定与不固定两种方式。铺设时可以满铺或局部铺设。采用固定铺贴时，应先将地毯与地毯接缝拼好，下衬一条100mm宽的麻布条，胶粘剂按0.8kg/m的涂布量使用。地面与地毯粘结时，在地面上涂刷120～150mm宽的胶粘剂，按0.05kg/m的涂布量使用。

2. 纯毛地毯地面

纯毛地毯采用纯羊毛用手工或机器编织而成。铺设方式多为不固定式，一般作为毯上毯使用（即在化纤地毯的表面上铺装羊毛毯）。

三、吊顶装修构造

吊顶是建筑装修构造的重要组成部分，可设置于楼板下，也可以设置于屋面板（或屋架）下。

（一）吊顶的作用与设计要求

（1）装饰和美化房间。

（2）满足音响效果的要求。对于有音响效果要求的建筑，如影院、剧场、音乐厅中的厅堂吊顶应满足音响方面的要求。吊顶的形式、做法应考虑吸声和反射的功能。

（3）满足照明方面的要求。房间中的灯具，一般应安装在顶棚上。因而顶棚上要充分考虑安装灯具的要求。若采用吸顶式安装，吊顶应配合灯具的位置设计；若采用吊杆式安装，吊顶应在结构层上做好拉结；若采用暗槽式安装，应充分考虑光线的反射。灯具的形式与安装方法是吊顶装饰的重要组成部分。

（4）封闭管线。为保证通风设备的安装，建筑中的通风管线设备，一般放在楼板或屋面板的下面，直接影响室内的装饰效果，故经常采用吊顶，将其封闭，形成暗装做法。此外，在等级较高的建筑中，烟感器、火灾报警器也多装于吊顶上。

（5）防火要求。

（6）承重要求。吊顶面层上有时要安装灯具、吊扇，有时要上人检修，因而要求吊顶应有一定的承载能力。

（二）吊顶的形式

常见的吊顶形式有如下几种：

1. 连片式

这种做法的特点是将整个吊顶做成平直或弯曲的连续体。常用于室内面积较小、层高较低或有较高的清洁卫生和光线反射要求的房间，如居室、手术室、教室和卫生间等（图4-2-15a）。

2. 分层式

在同一室内空间，根据使用要求，将局部吊顶降低或升高，构成不同形状、不同层次的小空间。利用错层来布置灯槽、送风口等设施。分层式吊顶适用于中型或大型室内空间。这种吊顶可以结合声、光、电、空调的要求，形成不同高度、不同反射角、不同效果的吊顶（图4-2-15b）。

3. 立体式

将整个吊顶按一定规律或图形进行分块，安装成具有凹凸变化而形成船形、锥形、箱形外观的预制块体。安装后，使吊顶具有良好的韵律感和节奏感。在布置时，还可以结合灯具、风口、消防等要求进行布置。它适于大厅和录音室中使用（图4-2-15c）。

4. 悬空式

这种做法是把杆件、板材或薄片吊挂在结构层下，形成搁栅状、井格状或自由状的悬空层。上部的天然光或照明灯光，通过悬挂件的漫反射或光影交错，使室内照度均匀、柔和，富于变化，并具有良好的深度感。这种做法常用于供娱乐用的房间，可以活跃室内气氛。如图4-2-15（d）所示。

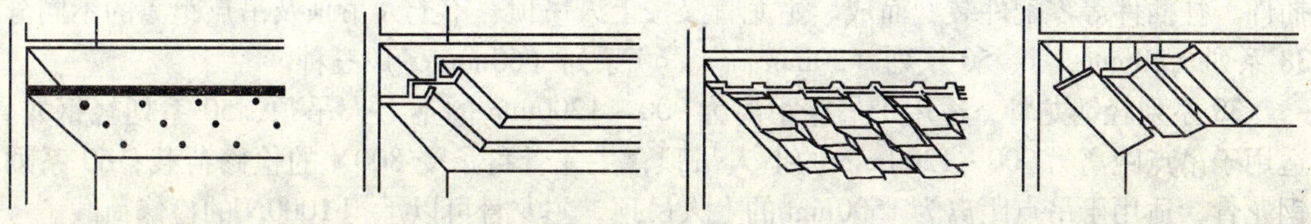

(a)　(b)　(c)　(d)

图4-2-15　吊顶棚形式示意图

（a）连片式；（b）分层式；（c）立体式；（d）悬空式

（三）吊顶的构造组成

吊顶由基层和面层两大部分组成。

（1）基层。基层承受吊顶棚的荷载，并通过吊筋传给屋顶或楼板承重结构。基层构件由吊筋、主龙骨（主搁栅）和次龙骨（次搁栅）组成。上人吊顶的检修走道应铺放在主龙骨上。

（2）面层。吊顶面层材料很多，大体可以分为传统做法与现代做法两大类。传统做法包括板条抹灰、苇箔抹灰、钢板网抹灰、木丝板、纤维板等。现代做法包括纸面石膏板、穿孔石膏吸声板、水泥石膏板（穿孔或不穿孔）、钙塑板、矿棉板、铝合金条板等。

吊顶的基本构造关系，如图 4-2-16 所示。

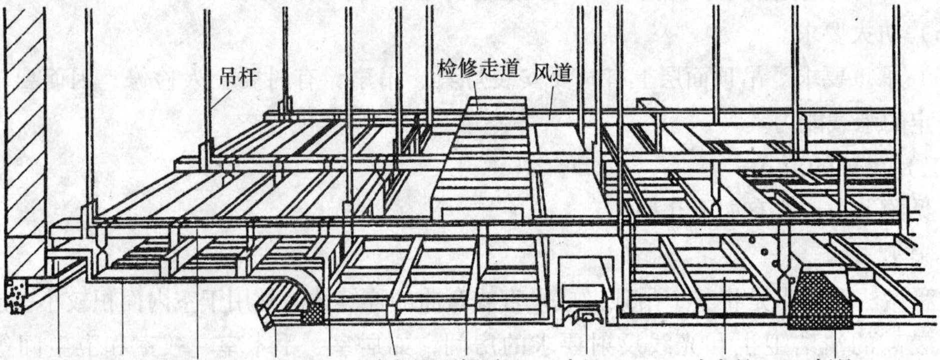

图 4-2-16　上人悬吊式顶棚

（四）吊顶基层构造

1. 木基层

（1）吊筋：吊筋一般采用$\phi 6$ 钢筋，上端固定于钢筋混凝土板缝中或檩条上，吊筋间距为 900 ~ 1200mm，吊筋前端应套丝扣，安装龙骨后用螺母固定。

（2）主龙骨：主龙骨的断面尺寸 50mm × 70mm ~ 70mm × 100mm，通过吊筋进行固定。沿墙龙骨应通过墙中的预埋木砖钉结固定。木砖尺寸为 120mm × 120mm × 60mm，间距为 1000mm 左右。

（3）次龙骨：次龙骨断面尺寸为 50mm × 50mm，间距为 300 ~ 600mm 之间。若采用传统做法时，中距为 450mm。次龙骨用 50mm × 50mm 方木吊挂钉在主龙骨上，再用 12 号镀锌铁丝每隔一道次龙骨绑扎一次。次龙骨与吊挂还可用$\phi 6$ 螺栓拧牢。

木基层做法如图 4-2-17 所示。

2. 金属基层

（1）轻钢龙骨：轻钢龙骨是用薄壁镀锌钢带压制而成。轻钢龙骨断面有 U 形和 T 形两大系列。现以 U 形系列为例作介绍。U 形系列由主龙骨、次龙骨、横撑龙骨、吊挂件、接插件、挂插件等零配件装配而成。主龙骨又按上人吊顶、不上人吊顶及吊点距离的不同分为 38 系列（38mm 高）、50 系列（50mm 高）、60 系列（60mm 高）三种。

38 系列轻钢龙骨，适用于吊点距离为 900 ~ 1200mm 的不上人吊顶，50 系列轻钢龙骨，适用于吊点距离为 900 ~ 1200mm 的上人吊顶；主龙骨可承受 800N 的检修荷载；60 系列轻钢龙骨，适用于吊点距离为 1500mm 的上人吊顶，主龙骨可以承担 1000N 的检修荷载。

吊杆一般为$\phi 8$ ~ $\phi 10$ 钢筋，双向间距均为 900 ~ 1200mm，吊杆一般与钢筋混凝土板内预留的$\phi 6$ 铁环挂接或焊接。不上人的吊顶也可以采用 10 号铁锌铁丝做吊挂。做法如图 4-2-18 所示。

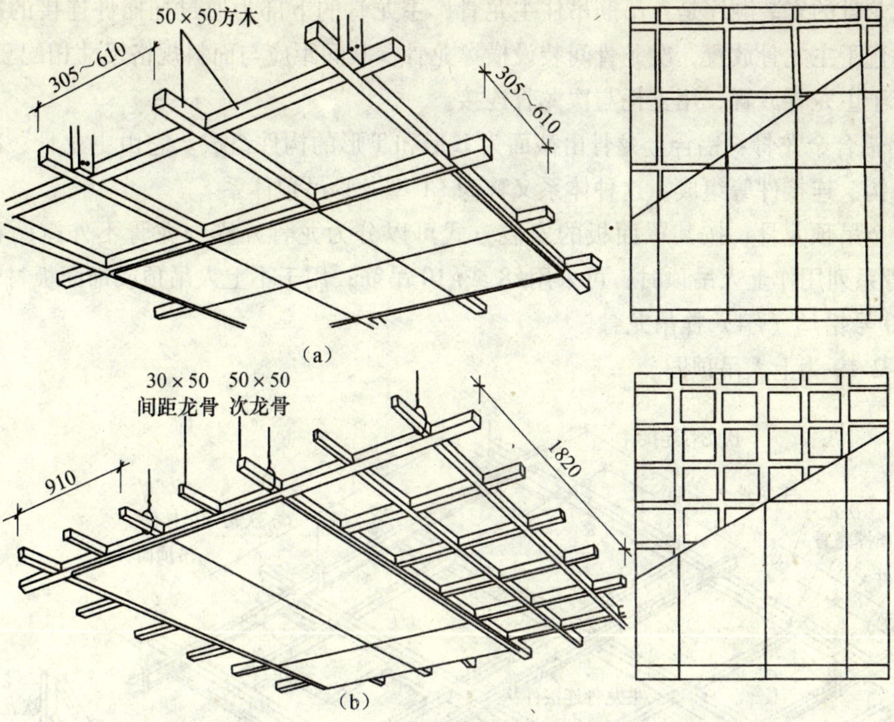

图 4-2-17　木基层做法

(a) 正方形；(b) 长方形

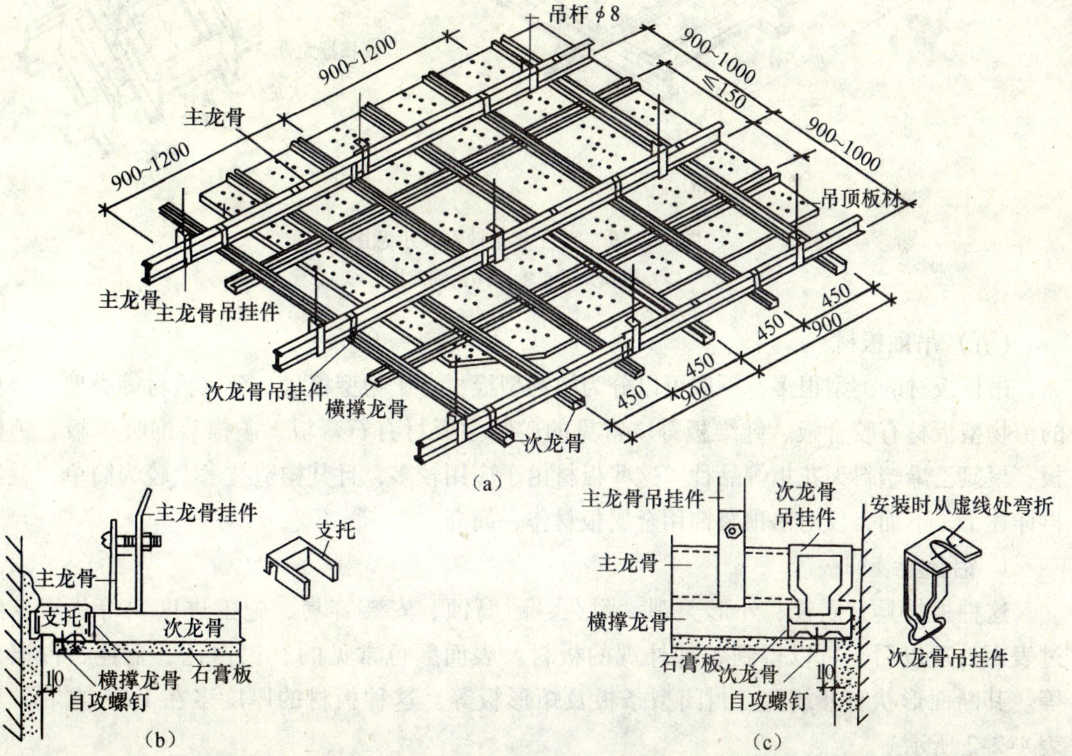

图 4-2-18　轻钢龙骨安装图

(a) 龙骨布置；(b) 细部构造之一；(c) 细部构造之二

吊顶龙骨的安装顺序是：吊筋吊住主龙骨，主龙骨的下部为通过挂插件连接的次龙骨。次龙骨垂直于主龙骨放置，次龙骨间装设横撑龙骨，其间距应与面料规格尺寸相配套。横撑龙骨平行于主龙骨放置，用支托与次龙骨连接。

（2）铝合金龙骨：铝合金龙骨由截面为L形和T形的构件组成。它由主龙骨、次龙骨、横撑、吊钩、连接件等组成。这种体系又称为LT型龙骨吊顶体系。

铝合金吊顶龙骨，按其罩面板的安装方式可以分为龙骨外露与龙骨不外露两种方式。LT型龙骨系列用作上人吊顶时，可采用$\phi 8$或$\phi 10$吊筋；用于不上人吊顶或饰面板材较轻时，可采用10号铅丝（$\phi 4$）拴吊龙骨。

图4-2-19为上人吊顶图。

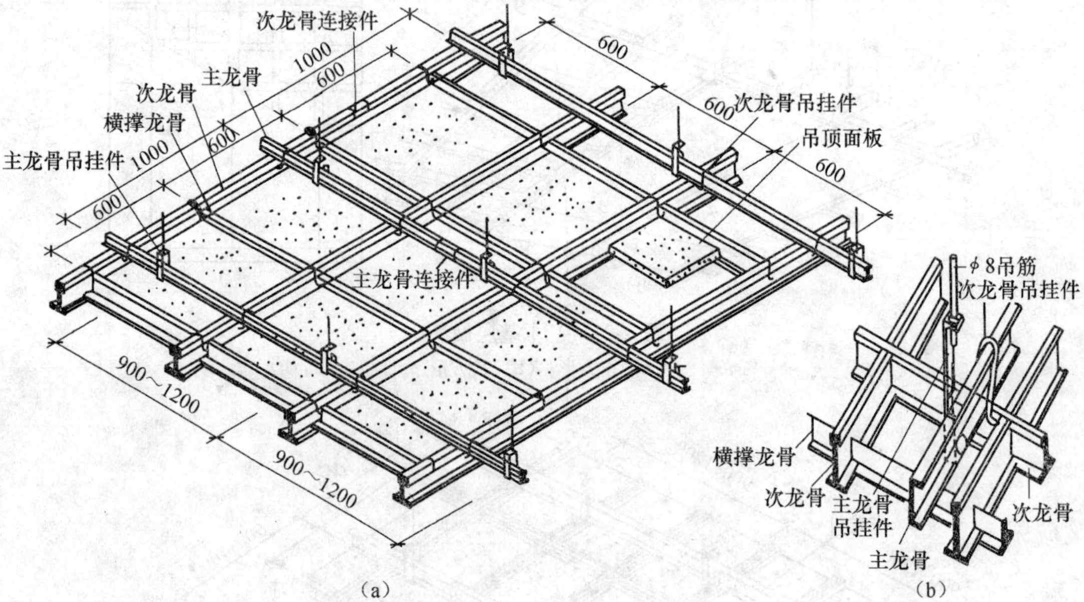

图4-2-19　铝合金龙骨安装示意图

（a）吊顶龙骨布置；（b）细部构造

（五）吊顶板材

吊顶板材的类型很多，一般可以分为植物型板材、矿物型板材、金属板材等类型。常见的植物型板材有胶合板、纤维板等。常见的矿物型板材有石膏板、矿棉装饰吸声板、钙塑板、聚氯乙烯塑料天花板等品种。这些板材由于应用较多，且其构造技术上较为简单，就不再详述了。下面，仅对吊顶装饰用金属板材作一简介。

1. 铝合金装饰板

这种板材具有质轻、外形美观、耐久、耐腐蚀、安装容易、施工进度快等优点。经过表面处理以后，可以得到各种外观的板材。表面颜色常见的有银白色、金色、古铜色等。其断面形状有开放型、封闭型条板及矩形板等。这种板材的厚度多在1mm左右，如表4-2-2所示。

铝合金吊顶板 **表 4-2-2**

板　型	截面型式	厚度（mm）
开放型		0.5～0.8
开放型		0.8～1.0
封闭型		0.5～0.8
封闭型	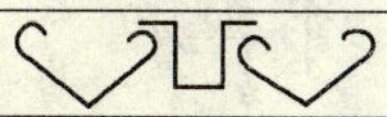	0.5～0.8
封闭型		0.5～0.8
方　板		0.8～1.0
方　板	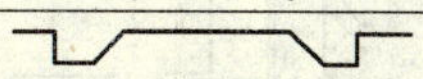	0.8～1.0
矩　形		1.0

2. 金属微孔吸声板

这种板材可采用不锈钢板、防锈铝板、电化铝板、镀锌铁板等。孔型有圆形、方形、三角形等多种形式。

这种板材具有质轻、高强、耐高温、耐高压、耐腐蚀、防火、防潮、造型美观、色泽优雅、立体感强等特点。

常见的规格有 500mm×500mm、750mm×500mm、1000mm×1000mm，厚度为 1mm 左右。

（六）吊顶板材与吊顶基层的连接

1. 植物板材与基层连接

植物类板材一般多采用钉子、木螺丝和木压条等与木基层连接。板与板之间可以密排，也可以拉开缝隙。若要求留缝时，缝宽应以 8～10mm 为宜。钉子间距一般在 100mm 左右。

2. 矿物板材的面层与吊顶基层的连接

（1）粘结法：采用粘结法时，应注意板材与基层之间的平整，去掉油污，并保持干净。

常用的胶粘剂有以下几种：

1）4115 建筑胶粘剂——这是以溶液聚合的聚醋酸乙烯为基料配以无机填料，经过机械作用而制成的一种常温固化单组分胶粘剂。它适用于粘接木材、石棉板、纸面石膏板、矿棉板、刨花板、钙塑板、聚苯乙烯泡沫板等。这种胶粘剂具有固体含量高、收缩率低、早强发挥快、粘结力强、防水、防冻、无污染等特点。

2）SG791 建筑轻板胶粘剂——这是以聚醋酸乙烯和建筑石膏调制而成的一种胶粘剂。适用于粘贴纸面石膏板、矿棉吸声板、石膏装饰板等。

3）XY—401 胶粘剂——这是由氯丁橡胶与酚醛树脂经搅拌使其溶解于乙酸乙酯和汽油的一种混合液，适用于石膏板、钙塑板等板材的粘结。

（2）钉子固定法：采用钉子固定法应区分板材的类别，并注意有无压缝条、装饰小花等配件，常用的钉子有圆钉、扁头钉、木螺钉(用于木龙骨)和自动螺钉(用于轻钢龙骨)等。

采用钉子固定法钉子间距应不大于 150mm，采用塑料小花可以增加装饰效果，在 4 块板的交角处加装饰小花，并钉接。压条有木压条、金属压条、塑料压条等。

3. 金属板材的面层与基层的连接

金属板材的面层与基层的连接一般采用卡口连接或钉子连接（图 4-2-20）。

（七）吊顶上的其他构造

吊顶上的其他构造包括灯具安装、灯槽、空调送风口、空调回风口、自动消防报警设备及吊顶检查孔的做法。

1. 灯具安装

吊顶上的灯具可以分散布置或集中布置。安装方法有吸顶式安装、吊杆式安装和吊线式安装、暗槽式安装等做法。

（1）吸顶式安装：这种做法是将灯具安装于吊顶面层的下表面。安装时灯位应单独设计，但其位置应是吊顶龙骨的交点处。灯具多用螺钉与吊顶龙骨钉结。

（2）吊杆式安装：这种做法适用于安装大型灯饰。由于这类灯具质量较大，必须把吊杆吊在楼板或屋面板上。通常的做法是在板下安装吊环，把吊杆拴在吊环上。吊杆穿透吊顶板时，应有法兰盘等装饰零件过渡。

（3）吊线式安装：这种做法通常悬挂质量较轻的灯具。吊线通常采用金属瓜子链和电线。吊线的端点应在龙骨的交点处。

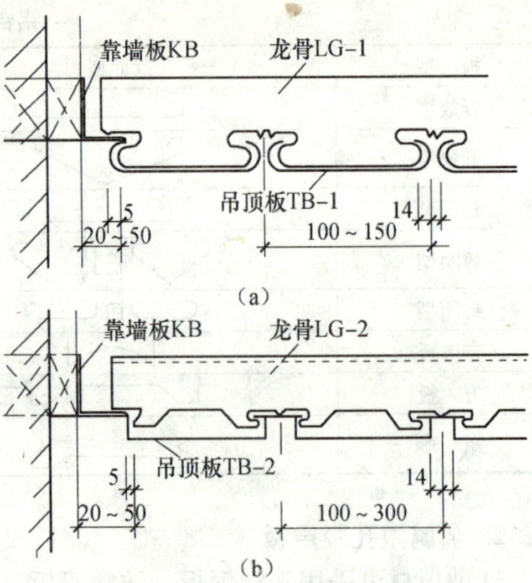

图 4-2-20　条板式铝合金顶棚

（a）开敞式铝合金吊顶的面板与卡条的连接；（b）封闭式铝合金吊顶的面板与卡条的连接

（4）暗槽式安装：这种做法应改变吊顶形状，形成灯槽。灯槽下边可覆盖整块透明或半透明玻璃，也可以装上塑料或铝板等制成的散光格片（图 4-2-21）。一般在分层式吊顶各层周边或墙面与顶棚相交处做灯槽，将灯具卧装于槽内，凭借顶棚和墙面来反射光线，可以避免眩光。这种做法多用于剧院、影院观众厅和公共建筑的各种大厅。

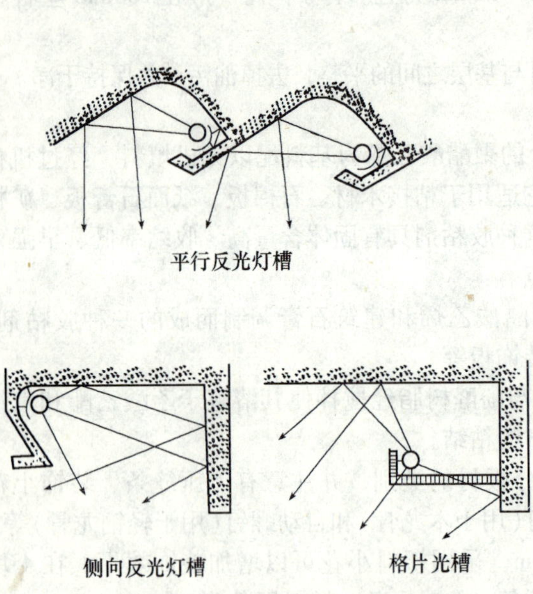

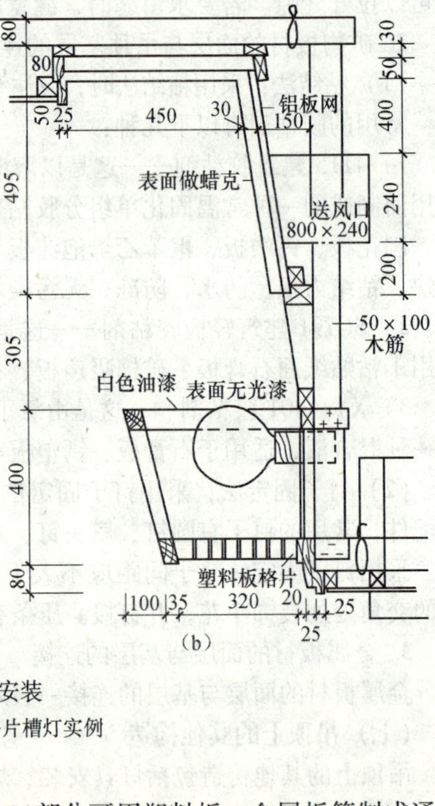

图 4-2-21　暗槽式安装

（a）反光槽类型；（b）带格片槽灯实例

2. 送、回风口

送、回风口构造与顶棚上灯具布置基本相同。孔口部分可用塑料板、金属板等制成通风箅子。图 4-2-22 介绍了送、回风口的几种做法。

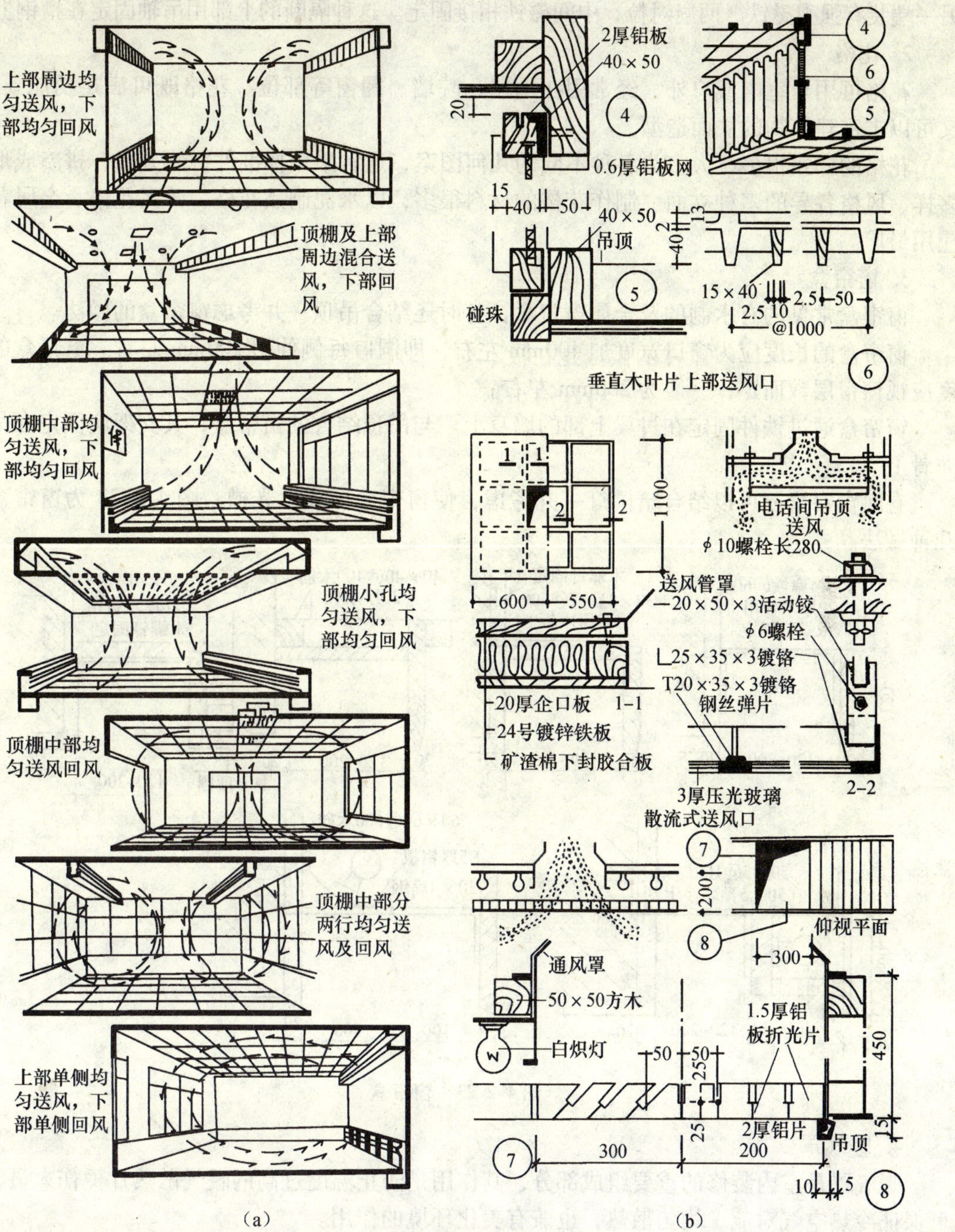

图 4-2-22　送、回风口做法

(a) 均匀送风的几种形式；(b) 折光式送风口

四、其他装修构造

1. 活动隔断

活动隔断是指可以移动、折叠的各种软、硬隔断。简易的活动隔断，如屏风等。高级民用建筑中多采用悬挂在楼板下的折叠式隔断。这种隔断以金属做成能折叠的支架，外面包人造革或化纤织物面层，折叠长度为180mm，厚度为150mm，一端通过槽钢固定于墙中的木砖上，另一端装有强力磁铁。两扇对拉，中间磁铁相接固定。这种隔断的上部用吊轴固定在槽钢上。

2. 花格

花格可用于室内或户外，经常用在围墙、院墙、漏窗等部位。花格既可满足功能要求，又可以丰富建筑物的立面造型。

花格的样式很多，大多为各种不同的几何图案，通常采用标准件拼装方式，拼凑成形态多样、风格各异的多种立面。制作花格的材料很多，以水泥制品花格、砖瓦花格、金属花格应用最广。

3. 窗帘盒

窗帘盒常见的有木制的及金属窗帘盒，有时还结合吊顶一并考虑窗帘盒的做法。

窗帘盒的长度应为窗口宽度加400mm左右，即洞口每侧伸出200mm左右。窗帘盒的深度应视窗帘层数而定，一般为200mm左右。

窗帘盒通过铁件固定在过梁上部的墙身上。与吊顶结合的窗帘盒，其支架应固定在吊顶龙骨上。

有时窗帘盒还可以结合暗槽灯一并考虑，使窗帘盒形成反光槽。图4-2-23为窗帘盒的几种做法。

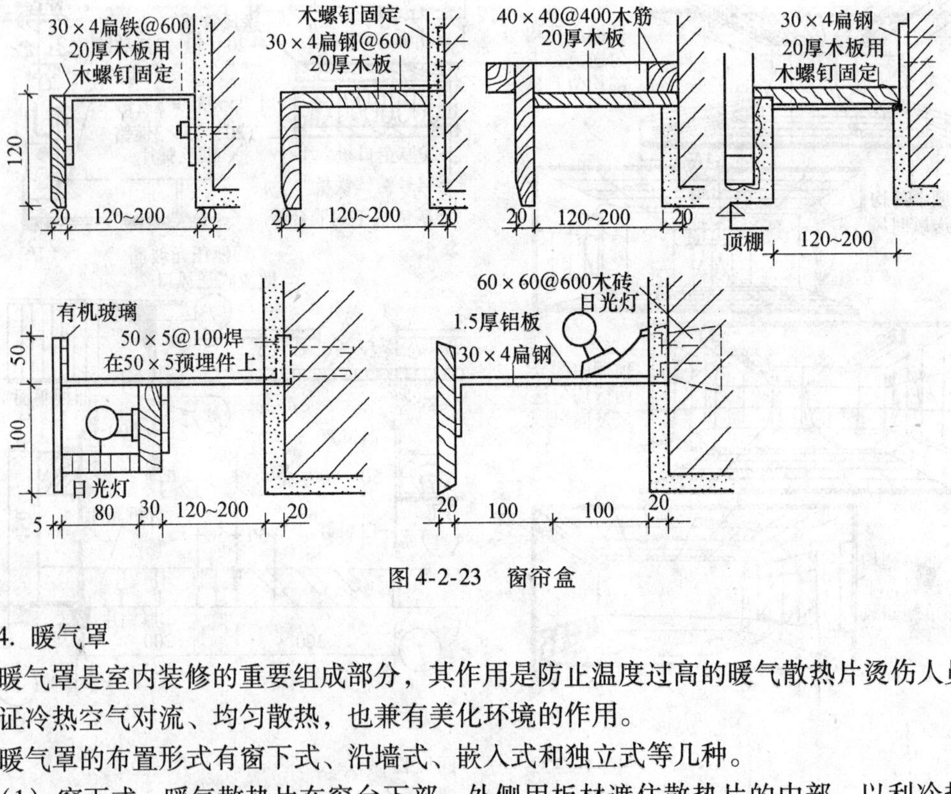

图4-2-23　窗帘盒

4. 暖气罩

暖气罩是室内装修的重要组成部分，其作用是防止温度过高的暖气散热片烫伤人员，亦可保证冷热空气对流、均匀散热，也兼有美化环境的作用。

暖气罩的布置形式有窗下式、沿墙式、嵌入式和独立式等几种。

（1）窗下式：暖气散热片在窗台下部，外侧用板材遮住散热片的中部，以利冷热空气对流。

（2）沿墙式：暖气散热片不是在窗下而是在墙侧边。这种暖气罩的顶部及侧边为百叶片，以利冷热空气交换。

（3）嵌入式：暖气散热片退入墙内，一般嵌入深度为120mm左右，其顶部可以是窗台板或侧墙，为保证通风换气，暖气片的正前方应为空透型罩片。

（4）独立式：暖气罩为独立的管状构件，下端开口为冷空气入口，上端设百叶片，为热空气出口。

暖气罩的材料常用木材和金属。木材暖气罩一般采用硬木条、胶合板、硬质纤维板等做成格片，也可以采用实心木板上下留有空隙的做法。木制暖气罩手感舒适，加工方便。金属暖气罩采用钢或铝合金等金属板材，表面打孔或采用金属格片，表面烤漆或搪瓷。金属暖气罩性能良好，坚固耐用。一般采用挂装、插装、钉接等连接做法与主体结构连接。

暖气罩做法如图 4-2-24 所示。

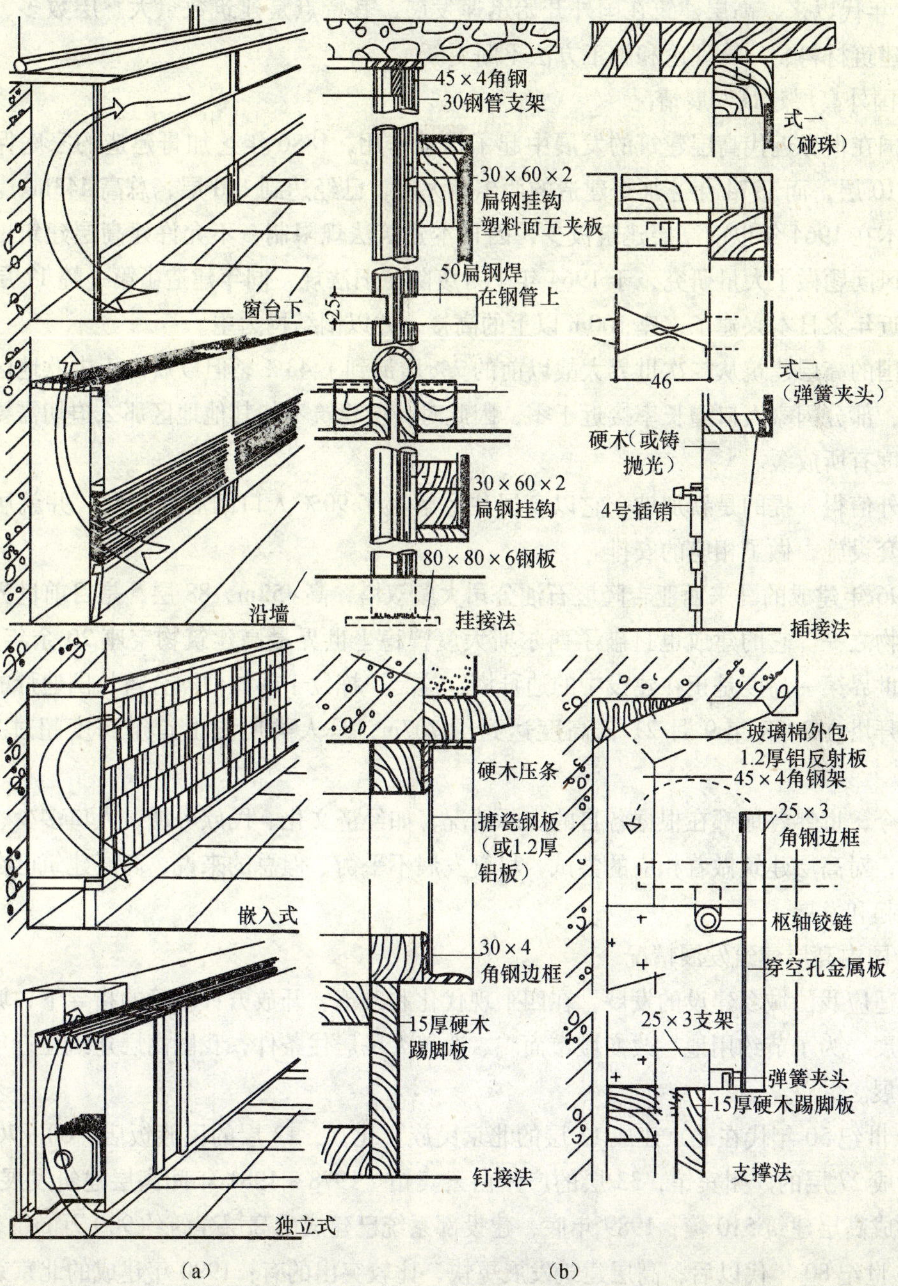

图 4-2-24　暖气罩做法

（a）布置方式；（b）各种构造方式

第二节 高层建筑

一、概述

（一）高层建筑的发展过程

随着工农业生产的迅速发展，城市人口的日益集中，城市建设用地的日趋紧张。自20世纪50年代以来，高层建筑在国外开始迅速发展，其特点是建筑数量大、层数多、结构体系新，建筑材料、计算理论和施工方法不断更新。

1. 国外高层建筑发展情况

美国在世界近代高层建筑的发展中起了推动作用，1886年芝加哥建造的家庭保险公司大楼为10层，而1974年芝加哥建造的西尔斯大厦，已经达到110层，总高443m。

日本在1964年以前高层建筑极少，因日本建筑法规限制，不允许建高层建筑。战后对抗震抗风问题做了大量研究，于1964年1月废除了旧法规，同年建造了第一幢17层新大谷饭店。近年来日本兴建了多座100m以上的高楼，并以钢结构为主。

英国的高层建筑从二次世界大战以前的7%增加到了43%，但以后由于中欧地区人口趋于稳定，部分国家人口增长率接近于零，因此对高层建筑不如其他地区那么迫切需要，所以发展速度有所放缓。

另外值得一提的是新加坡，它以高层住宅解决了90%人口的居住问题，并就居住区的一切配套设施，做了相应的安排。

1996年建成的马来西亚吉隆坡石油公司大厦双塔，高452m，88层，是目前世界上最高的建筑物之一。它的建成也打破了西尔斯大厦曾稳坐世界最高建筑物宝座20余年的历史。目前，世界第一高度是正在建设中的迪拜塔，这是一栋位于阿拉伯联合酋长国迪拜的摩天大楼。迪拜塔在2008年9月21日高度达到了707m，是人类历史上首个高度超过700m的建筑。

如今，世界各地都在根据各自的实际情况，如经济文化、民族习惯、人口多少、城市的发展等，对高层建筑做着相应的尝试，尽管发展不平衡，但总的来说，高层建筑已在世界范围内兴起和发展。

2. 国内高层建筑发展情况

为适应我国城乡建设的发展，在四个现代化和改革、开放方针政策的指导下，城乡建设迅速发展，为了节约用地、改变城市面貌、改善人民居住条件，我国高层建筑在近年来有了迅猛发展。

20世纪50年代在北京建成13层的北京民族文化宫，12层的民族饭店。60～70年代在广州建成27层的广州宾馆，33层的广州白云宾馆。1978～1981年间高层建筑发展更快，4年间建成高层建筑510幢，1989年底，建设部系统已建成的高层建筑约900万m^2。

20世纪80年代以后，高层建筑发展更快，比较突出的有：1990年建成的北京京广中心大厦，高208m、52层；1998年建成的上海金茂大厦（SOM事务所设计），高420m、88层；2003年在香港建成的香港国际金融中心第二期，高415m、共90层；2008年建成的位于北京CBD核心区的银泰中心，高249.9m、63层；2008年建成的上海环球金融中心（KPF建筑师事务所设计），高492.5m、101层等。

（二）高层建筑的分类

1. 按层数及高度分类

目前世界各国对高层建筑的划分标准均不一致，根据本国的具体情况，各自有不同的规定。

联合国教科文组织所属世界高层建筑委员会建议按高层建筑的高度分成四类：

第一类：	9~16层	（最高到50m）
第二类：	17~25层	（最高到75m）
第三类：	26~40层	（最高到100m）
第四类：	40层以上	（即超高层建筑）

目前，我国对高层建筑的定义有以下规定：

（1）《高层民用建筑设计防火规范》（GB 50045—95，2005年版）中规定，10层和超过10层的居住建筑和超过24m高的非单层其他民用建筑为高层建筑。

（2）《钢筋混凝土高层建筑结构技术规程》（JGJ 3—2002）中规定：“本规定适用于10层及10层以上，或房屋高度超过28m的非抗震设计和抗震设防烈度为6~9度的抗震设计高层民用建筑……。”按此规定>10层起算高层建筑。

（3）我国《民用建筑设计通则》（GB 50352—2005）规定：建筑高度超过100m的民用建筑为超高层建筑。

2. 按功能要求分类

高层办公楼；高层住宅；高层旅馆；高层商住楼；高层综合楼；高层科研楼；高层档案楼；高层电力调度楼。

3. 按体型分类

（1）板式高层建筑。建筑平面呈长条形的高层建筑，其体形如板状。

（2）塔式高层建筑。建筑平面长宽接近的高层建筑，其体形呈塔状。

4. 按防火要求分类

根据建筑的物使用性质、火灾危险性、疏散及扑救难度等因素分类。我国《高层民用建筑设计防火规范》（GB 50045—95，2005年版）将高层建筑分为一类和二类，具体可参见本书表1-1-5。

（三）高层建筑发展的原因和存在的问题

高层建筑的发展主要有以下几种原因：

（1）18世纪末的产业革命，使工业迅速发展，人口集中于城市，造成用地紧张，迫使建筑向高度发展。

（2）从城市管理及规划角度看，城市建筑向高度发展，可缩短各种工程管线、道路的长度。

（3）高层建筑增加了建筑的密集度，缩短了各部门相互间的距离，使横向和竖向联系结合起来。

（4）在相同的城市占地面积下，高层建筑可节约用地，提供更多的地面空间供美化、绿化使用，改善了城市小气候。

(5) 由于科学技术的发展，提供了轻质高强的建筑材料，各种水、暖、电、卫、自控的现代化设施与先进的施工技术及施工机械，为高层建筑的发展奠定了物质基础。

(6) 各种现代建筑思潮为高层建筑提供了理论依据。从城市空间组合和城市环境需要考虑，建造一定数量的高层建筑，对丰富建筑造型和改善城市面貌能起到有益的作用。

但是，毕竟高层建筑还是一个较新的事物，无论在建筑技术和建筑艺术的处理方面，或是带给人们心理和生理的影响方面，都还需要一一研究，妥善加以解决，使高层建筑逐步完善，真正能为改善城市面貌和为人类创造良好的生活与工作环境起到积极的作用。

二、侧向荷载对设计的影响

一般低层建筑主要是考虑它是否能安全而又可靠地承受竖向荷载，对侧向荷载的影响一般考虑为次要因素。对多层建筑，随着建筑高度的增加，除竖向荷载外，风和地震的侧向作用力对建筑物的影响也愈大。而高层建筑犹如一座烟囱，整幢建筑就像矗立在地面的悬臂梁，不仅要承受相当大的竖向荷载，同时还要承受很大的地震力、风力等侧向荷载，使建筑物底部出现很大的弯矩，如图 4-2-25 所示。结构受力的主要矛盾，由垂直荷载为主转向以水平作用为主的侧向荷载。

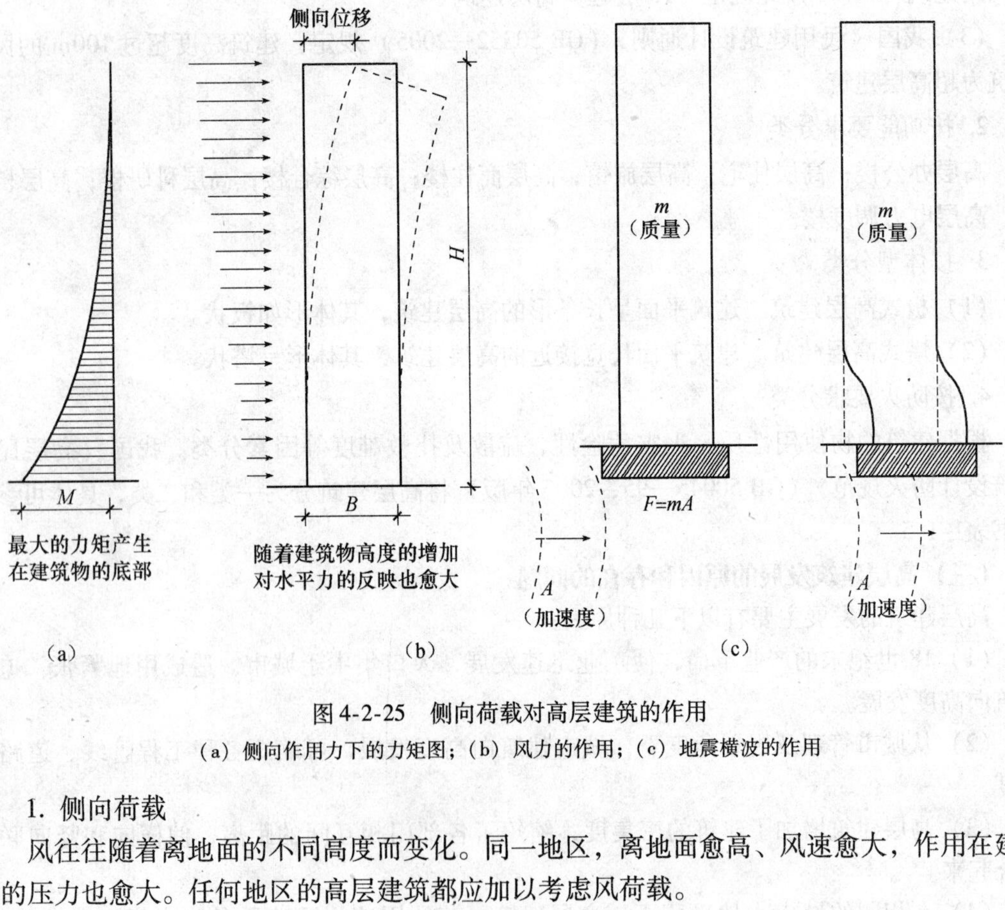

图 4-2-25 侧向荷载对高层建筑的作用

(a) 侧向作用力下的力矩图；(b) 风力的作用；(c) 地震横波的作用

1. 侧向荷载

风往往随着离地面的不同高度而变化。同一地区，离地面愈高、风速愈大，作用在建筑物的压力也愈大。任何地区的高层建筑都应加以考虑风荷载。

风对建筑物的作用往往是很复杂的。除风速、风向，还与建筑物的方位、体型、表面材料、周围环境等有关。

地震时，地基土的纵波使建筑物产生上下颤动；横波使建筑物产生前后或左右的水平向晃动。但这三个方向的运动并不是同时产生的。其中横波的振动周期长（约在1s以上），传播距离远。振幅较大的横波振动往往超过风力的作用，成为建筑物的主要侧向荷载。

当建筑物为刚性体，地震作用下的水平惯性力F，相当于建筑物的质量m和地面加速度A的乘积，如图4-2-25（c）所示。地震时加速度越大，或建筑物质量越大，受到的地震作用力也越大。随着建筑物高度的增加，其质量重心也提高，建筑物的晃动也加剧，产生的侧向位移也就更大。

风荷载和地震荷载在结构中的反映并不相同。风荷载是在结构上施加的外部荷载，按比例地作用在结构物表面；而地震作用却是一种与结构物本身质量有关的内力，建筑物的破坏是由于地震运动使建筑物出现内力和阻力两者所引起的。这种由建筑物的质量和刚度所产生的侧向力，较建筑物表面承受风力作用的影响要大得多。

2. 侧向位移的控制

建筑物在侧向力作用下，将产生一定的侧向位移。最高点产生的侧向位移称顶点位移。各层之间产生的相对位移称层间位移。顶点位移与建筑总高度之比Δ/H称顶点位移值。层间位移与层高之比称层间位移值。建筑物顶点位移值过大，会使人感到不舒适，甚至使建筑失稳。层间位移值过大，会使隔墙、填充墙、吊顶、装修开裂剥落，甚至使建筑破坏。因此，在侧向力作用下，高层建筑能否保证稳定、坚固和安全使用，其抗变形刚度和侧向位移的限制是主要因素之一。限制侧向位移值应满足下列条件：

（1）防止重力荷载和偏心荷载作用的加剧：侧向位移越大，产生的偏心荷载也越大，到一定限度就会使整个结构失稳。因此，通过侧向位移值的控制，可以避免房屋因侧向位移产生过大偏心荷载而倒塌。

（2）防止隔墙、抹面、饰面和玻璃等非结构构件的破坏。

（3）选择合适的抗震缝宽度和两相邻建筑的距离，避免地震时相互撞击。

（4）使居住者没有过大的摇晃感觉，造成心理上的恐慌，甚至出现人为的伤亡事故。

高层建筑侧向位移具体允许值与选用结构体系、结构材料、构件的连接构造有关。它对建筑使用、建筑装修构造都有很大的影响。

对于刚性结构体系，如钢筋混凝土剪力墙、框架—剪力墙、大型板材结构等构件和节点所能承受的变形较小，容易产生裂缝和损坏，这类结构侧向位移的允许值要小。钢、框架、轻质混凝土等结构，能承受较大的变形，其侧向位移允许值则较大。

隔墙或装修较多的民用建筑，为了防止和减少隔墙、装修的开裂和损坏，选用的侧移值应比隔墙较少的工业建筑小。在公共建筑中，人们多处于活动状态；而居住建筑中，人们则多处于静止状态。所以，公共建筑的允许值的选用可以比居住建筑大。

高层建筑应具有一定的刚度才能抵抗侧向荷载所产生的侧向位移。刚度太大会造成材料的浪费而不经济；刚度过小则不能满足侧向位移的限制而不安全。因此，高层建筑结构不仅要求有足够的强度、柔性和延性，还应有一定的刚度，即对建筑的侧向位移既要限制，又要允许有一定的变形能力。

提高建筑物刚度的常用有效措施是选用刚性良好的材料；加强构件的刚性连接；在建筑物纵向或横向布置抗剪力的构件或支撑。

常用的抗侧向力的剪力构件或支撑有：框架——刚接的梁和柱；板——开洞或不开洞的墙板；筒体（或称管）——成封闭状的板或桁架，如图 4-2-26 所示。其中以封闭板状的筒体的刚性最好。各种结构体系可采用其中的一种或几种形式组成。

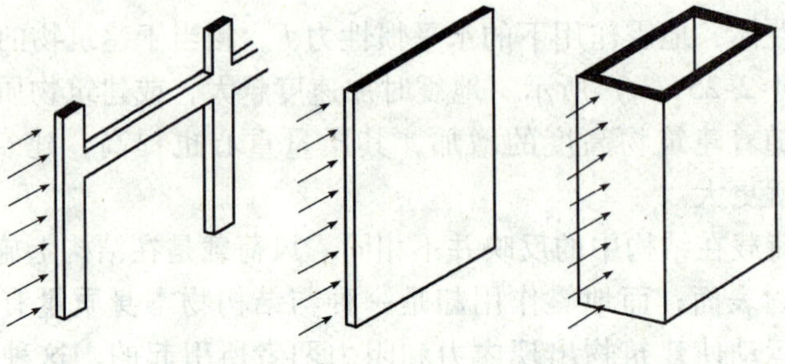

图 4-2-26　抗侧力构件的基本形式

(a) 框架；(b) 剪力墙；(c) 筒 (管)

三、材料与施工方法对设计的影响

(一) 材料的选择

高层建筑由于层数的递增，其竖向荷载也加大。在地震区建筑自重的加大必然导致地震荷载的增加，出现耗钢量大，造价高的后果。

国外钢结构的高层建筑自重在 $1t/m^2$ 以下，不少高层建筑已在 $0.5t/m^2$ 左右。我国墙体多采用砖和混凝土，标准层自重一般在 $1.5t/m^2$ 左右。而建筑自重的控制，对于高层建筑是至为重要的影响因素。例如美国休斯敦温歇尔广场大厦，由于从基础到上部结构全采用高强混凝土，在原来只能建造 35 层的地基承载力和造价的基础上，兴建了 52 层的大楼。可见建筑自重的控制，是降低经济技术指标的重要因素。发展高层建筑，高强、轻质、多功能的建筑材料是必不可少的条件。

1. 结构材料的选择

(1) 钢：钢材的强度高，延性好，所以钢结构具有可靠的抗振动和弹性位移，且可减小结构构件的断面，从而减轻自重。钢结构还有施工方便的优点。早期的高层建筑基本上都采用钢结构。如美国的帝国大厦以及我国上海的国际饭店和上海大厦，均属钢结构。目前国内外一些百层以上的超高层建筑也多采用钢结构。但是，钢结构具有耗钢量大、造价高、不耐火等缺点。

(2) 钢筋混凝土：钢筋混凝土具有钢结构的一些优点：如良好的抗拉、抗压、抗震和弹性位移，另外还有钢结构所没有的可塑性、整体性、耐火性和耐腐蚀性。但钢筋混凝土的自重大，对建造高层建筑是不利的。近年来由于高强钢、高强轻质混凝土的发展，使得其在高层建筑中的使用得到推广。目前 30 层左右的建筑多数都采用钢筋混凝土。

发展高强混凝土应包括预应力和轻骨料混凝土。轻骨料有天然骨料（如浮石、火山渣等)、人造骨料（各种陶粒：如页岩、黏土、粉煤灰等)，其他还有煤矸石、矿渣等。

另外，混凝土中加入一些外加剂，促使混凝土产生物理化学作用，可改变混凝土存在的一些缺陷和不足，如增加抗拉、抗裂、耐化学腐蚀等。有些外加剂可使混凝土中产生许多孔隙，如加气混凝土、泡沫混凝土。有的则使混凝土更加密实，如聚合物混凝土、渗硫混凝土等。

在结构中还可根据荷载情况，保持建筑物各层柱、墙的断面尺寸的一致，有利于使用统一模板。

虽然减少侧向位移的主要途径，是设计良好的抗侧向力的结构体系，但提高材料的弹性模量也是一项有效的措施。此外如轻质混凝土有低导热性，膨胀系数小，所以热工性能好，有利于抵抗温度变形，可以减小墙的断面。

（3）组合结构：在高层建筑中采用内框架混合结构，发挥了两种材料的优点。利用砖墙做围护结构，既能承重，又有良好的保温性能。内部用钢筋混凝土梁柱承受垂直荷载，可以获得大的内部空间和良好的经济效果。但它是由不同刚度和不同强度的材料组成，所以抗震性能差，不适用于要求抗震设防的地区。

为了合理使用材料，方便施工，国内外有一些建筑采用钢框架与钢筋混凝土剪力墙或剪力核心的组合结构。在一些多地震地区还采用刚、柔组合的方案。在建筑物的下部，采用钢框架与钢筋混凝土抗侧向力构件配合的刚性结构体系，上部却采用柔性的钢框架结构。

（4）烧结砖砌体：承重砖墙或混凝土砌块结构虽是一般低层建筑常用的方式，但对于小空间的住宅、旅馆等多层或20层以下的建筑，还是可用且比较经济的。

为了防止由于墙厚度的增加而损失过多的使用面积，多采用高强轻质的砌体和高等级的砂浆来砌筑，并适当地增加一些构造配筋或构造柱，以提高墙的强度和稳定性。

高层砌块结构多作横墙承重布置。承重墙放置在现浇的钢筋混凝土楼板上，通过墙与楼层的摩擦力和砌体的抗斜向力来防止结构侧向位移。它的受力与一般承重墙不同。

但地震区的高层建筑不宜用砖石结构。因为高层建筑在地震时产生的应力和应变相当大，而砖本身是属脆性材料，抗剪和抗拉强度低，延伸性差，许可变形小，地震时易遭破坏。

2. 其他建筑材料的选择

欲减轻建筑自重，采用薄而轻的装修、设备材料也是不可忽视的。如采用铝合金门、薄壁空腹钢窗来代替型钢门窗；采用橡胶地毡、合成地板代替各种石料地面；采用壁纸、薄陶瓷片代替各种水泥制品墙面；采用装饰吸声板、矿棉板代替钢丝网现场抹灰吊顶；采用碳化板、石膏板、石棉板、纸芯蜂窝板等隔墙代替黏土砖墙；采用塑料制品代替各种陶瓷卫生器具和管道配件。这些新型建筑材料不仅自重轻，其装修性能好，方便施工，符合使用要求。

随着建筑的工业化和工厂化，高层建筑中往往需要多功能、高效能、多品种、高质量的复合材料，把结构与装修，隔热、隔声与装修综合起来的多功能复合构件。

（二）施工方案的选择

高层建筑的施工方法应根据结构要求和当地施工力量来选择。在我国目前条件下，多采用全现浇或现浇与预制相结合的方法，如一模三板（预制外墙板、预制楼板、预制隔墙板和大模板现浇剪力墙）；也有选用现浇承重构件和预制非承重构件组合方法等等。

预制装配施工方法的主要优点是：生产效率高，施工速度快，构件质量好，受季节影响小，节约模板。因此，在建设量大，工地集中的情况下是比较有利的。但是，预制生产要求建设工厂，一次投资费用大，运输线长。

现浇钢筋混凝土结构的整体性好，抗震性能高，但存在着施工慢、模板用量大，现场劳动量大的缺点。

因此，采用装配整体式，即预制构件，现浇节点，或部分现浇、部分预制的叠合构件，可以兼有预制与现浇的优点，是多层与高层建筑常用的方法。

四、结构选型对设计的影响

（一）纯框架体系

1. 结构特征、优缺点和适用范围

纯框架体系是指竖向承重结构全部由框架组成。在水平荷载下，该体系强度低、刚度小、水平位移大，称为柔性结构体系。如图 4-2-27 所示。

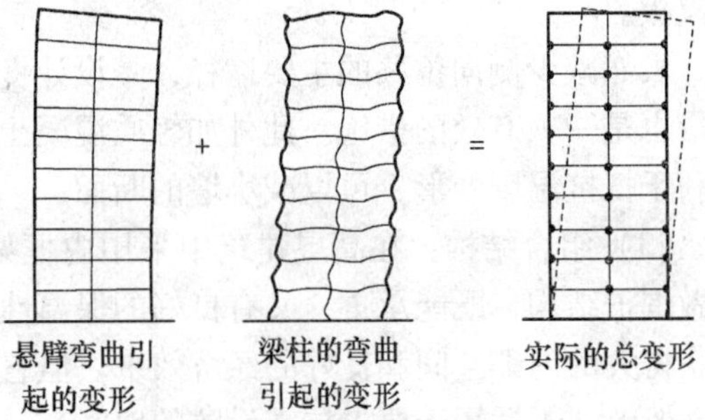

图 4-2-27　框架的变形

纯框架体系在高烈度地震区不宜采用。目前主要用于 10 层左右住宅楼及办公楼。过高则因水平荷载所引起的柱中弯矩加大，使底层柱截面过大而影响使用。框架体系因只有框架柱承重而形成较大的灵活空间，使建筑平面布置不受限制。

2. 柱网布置及尺寸

框架柱的截面常为矩形，根据需要也可以设计成 T 形、I 形和其他形状。横梁截面常为矩形或 T 形，有时为了提高房屋净高度而做成花篮形。

柱网布置首先应满足使用要求，同时应使结构布置合理、施工方便，在进行综合经济、技术比较后，选用合适的柱网。

根据我国情况，住宅建筑开间一般在 3.3 ~ 4.5m；公共建筑开间可达 6.6 ~ 7.5m；框架梁跨度通常在 4 ~ 9m 之间。梁截面可以根据梁的跨度进行估算来确定。梁高 h 可按力大小在 $h=$（1/10 ~ 1/15）L 范围选用。其中 L 为梁的跨度。梁宽 b 取梁高的1/2 ~ 1/3，由于施工要求，梁宽还应比柱子宽度小 5cm 左右，以便梁的两侧钢筋不与柱的竖钢筋相碰。

柱的截面尺寸要按轴心受压估算，估算压力值可提高 20% ~ 40%，中柱取低值，边柱取高值。

（二）纯剪力墙体系

1. 结构特征、优缺点及适用范围

纯剪力墙体系是指该体系中竖向承重结构全部由一系列横向和纵向的钢筋混凝土剪力墙所组成，这种体系侧向刚度大、侧移小，因此称为刚性结构体系。如图 4-2-28 所示。

剪力墙通常为横向布置，间距小，约为 3 ~ 6m，因此平面布置不灵活，仅适用于小开间的高层住宅、旅馆、办公楼等。该体系从理论上讲可建造上百层的民用建筑，但从技术经济考虑，地震区的剪力墙体系一般宜控制在 35 层、总高 110m 以内，非地震区可适当放宽。

由于使用需要，在实践中对该体系做了一些变化，即将底层部分剪力墙改为框架，形成框-支剪力墙结构，如图 4-2-28（b）所示。但这种结构的上部刚度与底层刚度相差悬殊，刚度突变，对地震区建筑是不利的。

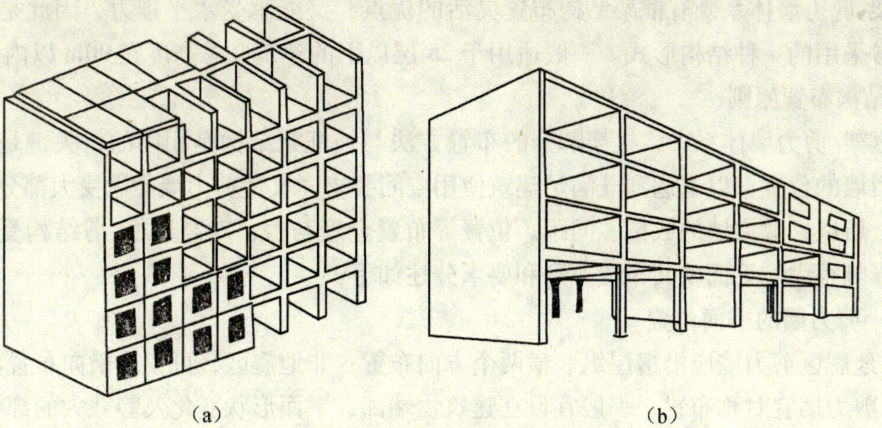

图 4-2-28　剪力墙结构体系

（a）剪力墙结构；（b）框-支剪力墙结构

2. 剪力墙的结构布置

（1）横向布置剪力墙。楼板支承在横墙上，横墙间距即楼板的跨度，通常剪力墙的间距为 3 ~6. 6m。这种布置方式刚度较好，但空间小，多用于住宅、旅馆等。

（2）纵向布置剪力墙。楼板支承在纵墙上，根据建筑物的宽度可布置 2 ~4 道纵墙。这种布置方式的缺点是建筑物的刚度较差，但空间较大。

（3）纵横向布置剪力墙。大梁支承在纵墙上，板支承在横墙上。在塔式高层建筑中，由于建筑平面纵横两个方向长度差别不大，采用此种方式较合理。

（三）框架-剪力墙体系

1. 结构特征、优缺点和适用范围

框架-剪力墙体系是指在框架体系中适当布置能抵抗水平推力的墙体，并使框架柱、楼板有可靠连接而形成的结构体系。房屋的竖向荷载由框架柱和剪力墙共同承担，而水平荷载则主要由刚度较大的剪力墙来承受，如图 4-2-29 所示。

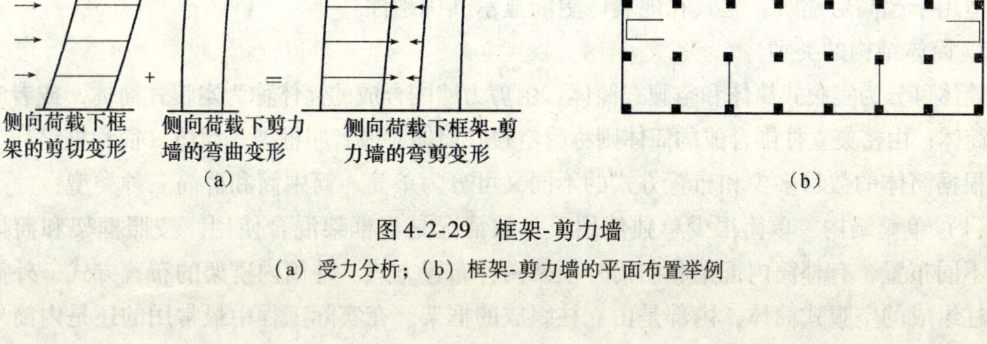

图 4-2-29　框架-剪力墙

（a）受力分析；（b）框架-剪力墙的平面布置举例

框架-剪力墙体系既有框架结构布置灵活的优点，又能承受水平推力，因此是目前高层建筑最常采用的一种结构形式。一般适用于25层以下的建筑，总高度在90m以内。

2. 结构布置原则

在框架-剪力墙体系中，框架部分的布置方法与纯框架结构是相同的，关键是如何合理布置剪力墙的位置，以求达到既满足建筑使用空间要求，又使剪力墙能承受大部分水平推力的目的。所以，剪力墙的数量、间距、位置等布置合理与否，对高层框-剪结构受力、变形及经济影响很大。下面就其布置原则和要求分述如下：

（1）剪力墙的平面位置

1）地震区剪力墙应沿房屋纵、横两个方向布置；非地震区，可仅沿横向布置剪力墙。

2）剪力墙宜对称布置，一般宜设在建筑物端部、平面形状变化及静载大的部位。

3）剪力墙中心线应与框架柱截面中心线重合，并使剪力墙与柱布置在一起形成矩形、L形、T形、一字形。

（2）剪力墙沿高度方向布置

1）剪力墙宜贯通房屋的全高，其截面厚度应不变，防止刚度剧烈变化。

2）在框-剪体系中，剪力墙应尽量避免开洞，如必须开洞应布置在中部，开洞面积与剪力墙面积之比小于0.16。

（3）剪力墙的间距

剪力墙间距不宜过大，使楼板平面内的刚度足够大，从而保证框架与剪力墙侧移一致，可靠地传递水平荷载，因此要求在现浇楼板中，$L/B \leqslant 4$（L为剪力墙间距；B为房屋宽度）；在现浇面层的装配式钢筋混凝土楼板中，$L/B \leqslant 2.5$。

（4）剪力墙的数量

合理地确定剪力墙的数量，保证剪力墙能够承担80%～90%的水平力，并用“壁率”这一指标表示。所谓“壁率”是指每平方米建筑面积中剪力墙水平截面的长度（cm/m^2）。一般取“壁率”为12～50cm/m^2。

（四）筒体体系

1. 结构特征、优缺点和适用范围

筒体结构由框架或剪力墙围合成竖向井筒，并以各层楼板将井筒四壁相互连接起来，形成一个空间构架。筒体结构比单片框架或剪力墙的空间刚度大得多，在水平荷载作用下，整个筒体就像一根粗壮的拔地而起的悬臂梁，把水平力传至地面。筒体结构不仅能承受竖向荷载，而且能承受很大的水平荷载。另外，筒体结构所构成的内部空间较大，建筑平面布局灵活，适用于超高层建筑，尤其在地震区更能显示其优越性。

2. 筒体结构的类型

筒体可分为实腹式筒体和空腹式筒体。由剪力墙围合成的筒体称为实腹式筒体，或者叫做墙式筒体；由密集立柱围合成的筒体则称为空腹式筒体，或者叫框架式筒体（简称框筒）。

根据筒体的数目多少和布置方式的不同又可分为单筒、筒中筒和群筒三种类型：

（1）单筒结构：单筒很少单独使用，多数情况是与框架混合使用。按照框架和筒体位置的不同布置，有外筒内框架和内筒外框架两种布置方式。外筒内框架的布置方式，外筒是密集柱组成的空腹式筒体，内部是由立柱组成的框架。在实际工程中最常用的还是内筒外框架的布置，因为大多数的高层建筑常把电梯井和管道井布置在建筑物的中心部位，这些井道便成了天然的筒体结构，框架布置在它们的外围，以便获得良好的自然光线。筒体也可与剪力墙结构混合使用，筒体置于中心，剪力墙布置在其四周。

以上几种单筒结构布置方式的共同特点是竖向荷载由框架（或剪力墙）和筒体共同承担，而水平荷载则全部或绝大部分由筒体承受。

（2）筒中筒结构：所谓筒中筒是指建筑由内外套置的几层筒体构成，内外筒之间通过楼板连成整体。由于是几层筒体的共同工作，故筒中筒比单筒承受的水平力要大得多。筒中筒的内筒一般布置成辅助房间和交通空间，多采用实腹筒（也可用空腹筒），外筒宜用空腹筒，有利于采光。筒中筒结构形成的内部空间较大，再加上抗侧力又好，所以特别适用于建筑办公、商店、旅馆等多功能的超高层建筑。

（3）群筒结构：所谓群筒就是由若干个筒体相并列，其整体刚度比前两种筒体有显著提高，这样就能把筒体建筑建造得更高。

美国的西尔斯大厦采用的就是群筒结构，大厦由 9 个高低不一的方形空心筒集合在一起，拔地而起，简捷稳定，不同方向的立面透视各不相同。这种群筒结构体系是建筑设计与结构创新相结合的成果。

筒体结构在受到侧向力时的应力分布及其结构变形如图 4-2-30 所示。

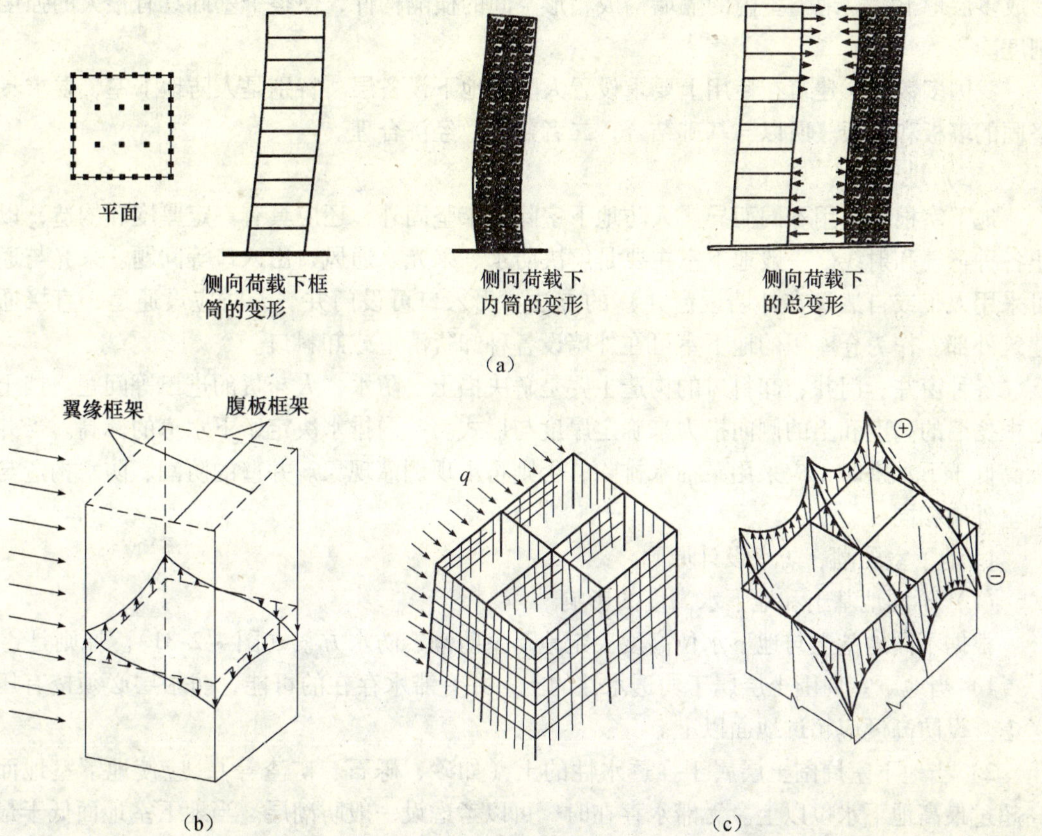

图 4-2-30　筒体

（a）筒中筒的抗侧向荷载情况；（b）框筒的抗侧向荷载应力分布；

（c）成束筒的抗侧向荷载应力分布

五、高层建筑的基础与地下室

（一）基础

多层与高层建筑基础特点是：

（1）荷载大，要求建筑物具有可靠的稳定性；

（2）建筑物常带地下室，有时还要求多层地下室；

（3）这些建筑常坐落在城市中心，地下管线、地下构筑物较多，而且相邻建筑距离近，基础形式与施工受到限制；

（4）受风荷载或地震荷载的影响较大。

因此，多层与高层建筑基础的选择是非常重要的。通常应把基础设在稳固的岩石层上。由于地基土层的变化多端，设计时要因地制宜加以解决，妥善处理。

高层建筑大多采用桩基。但打桩造价高、工期长，不利于城市地下工程的布局。所以有些工程采用筏式基础或箱形基础。

筏式基础可以扩大基底面积，减小地基的单位平方米内的承载力，且施工方便。但这种方法的混凝土和钢材用量大。筏式基础有平板式和梁板式。

箱形基础的基本原理是：尽可能使基础挖出的土方重量与上层建筑的重量相平衡，减小地基荷载。一层楼高的土方体积重量，相当于好几层上部结构重量。箱形基础的空间，也即形成多层地下室。地下室内的隔墙构成箱形空间的横隔构件，使整个基础具有很大的强度和刚度。

我国多数高层建筑在使用上要求设置人防和地下设备层。特别是人防地下室，要求具有坚固的墙板和楼板。所以与基础结合，二者兼顾，经济合理。

（二）地下室

地下室根据使用不同而异。人防地下室除要求坚固外，还应具有一定厚度和构造，以防止各种毒气和射线。一般地下室主要是解决防水、采光、通风、出入口等问题。采光与通风可采用人工或自然（在外墙设窗井）的方法。出入口可设门井。人防应设通道，直接通往建筑外部。作为仓库用的地下室可在外墙设各种卸货滑道或卸料口。

各种窗井、门井、卸料口的构造主要是解决挡土、防水、人与货的进出等问题。挡土墙应根据墙的高度和土的侧向推力来确定厚度与形式。井内排水决定于下水道的标高。当井底标高低于下水道时，应采用泵抽水排除，否则将出现倒灌现象。井壁的防潮、防水构造与地下室外墙相同。

1. 地下室防潮、防水设计原则

（1）不同地基土和地下水高度的影响

根据不同地基土与地下水位高度决定地下室防潮、防水方案（图4-2-31）。原则是：

1）当地下室周围土层属于弱透水性的土，并有滞水存在的可能，防水层必须按有压水考虑。设防高度应超过地面以上。

2）当地下室周围土层属于强透水性的土（如砂、砾石、矿渣等），应使地下室地面标高超过最高地下水位以上。无滞水存在时，可以考虑设一般防潮层。当地下室地面低于最高地下水位时，应根据地下水位情况，设置一定高度的防水层。防水层的设置高度应考虑到工程建成后地下水位上升的可能性。

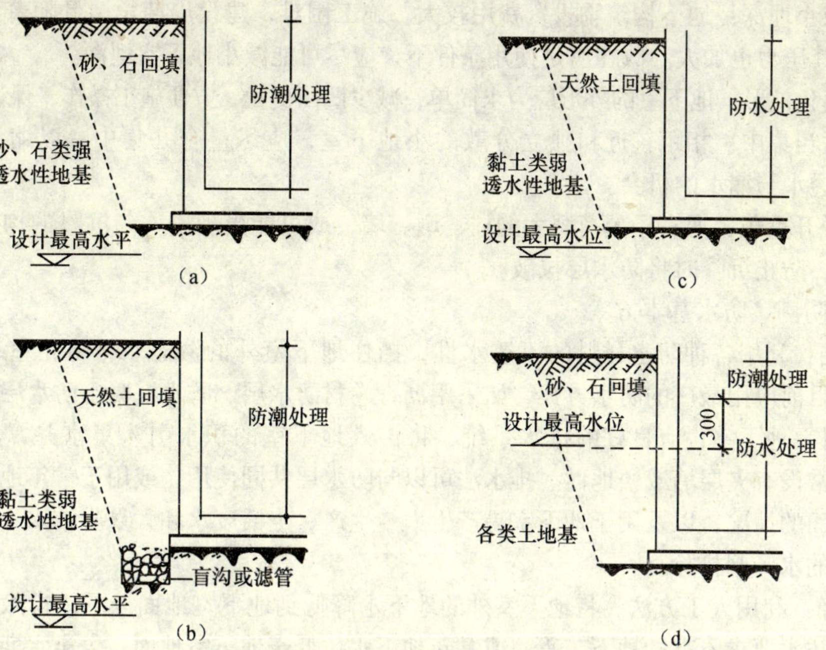

图 4-2-31　地基土性质和地下水位的影响

(a) 砂、石类地基和回填；(b) 黏土地基和回填（无滞水）；
(c) 黏土类地基和回填；(d) 各类土地基和砂、石回填

（2）地下室设计原则

如图 4-2-32 所示，地下室设计应注意以下原则：

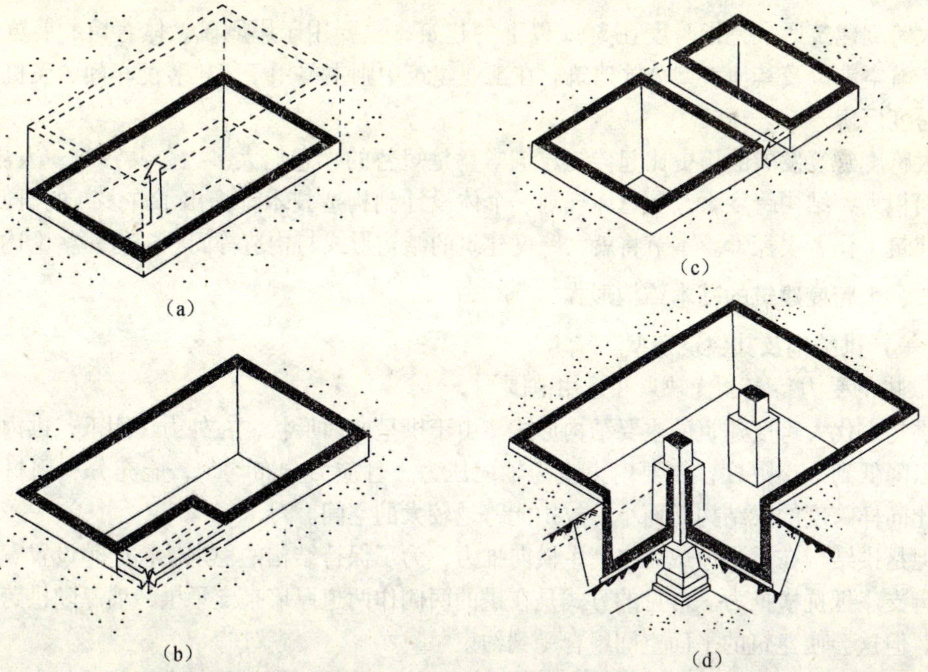

图 4-2-32　地下室防水要点

(a) 减小埋深；(b) 简化外形；(c) 适当集中；(d) 脱开重载

1）减小埋深：地下构筑物投资费用较大，施工困难，建设周期长，且随着地下室深度的增加，其压力也加大。故在满足使用条件下，应尽可能减小地下室埋深。

2）简化外形：地下室的外形应力求简单，减少凹凸变化，方便施工操作，保证工程质量。

3）适当集中：相距较近和独立分散的小地下室，应尽量合并集中，以缩小防水层面积，减少透水与漏水的机会。

4）脱开重载：遇有局部荷载大的柱、墩、墙，或可能出现不均匀沉降的构件，应与地下室脱开，防止沉降时将防水层拉破。

（3）防潮、防水基本方案

1）挡：利用各种防水材料的不透水性，挡住地下室外的液态水，防止室外水流入室内，这是目前应用最广的防水方案，如采用沥青卷材防水层、防水混凝土防水层等。

2）排：地下室设有良好的排水系统，将渗入地下室的积水引入集水井，然后用泵排出。此法常设有夹层墙或楼地面。排水法可以与防水层共同使用，或用于常年地下水位低于地下室地面的情况，以及用于地下室易产生大量生产、生活废水和大量凝结水，使它汇同渗入地下室的水一起排除。

3）降：利用人工方法，将地下室外的地下水降低到地下室地面以下，排除压力水。此法多用于防水要求不高的地下工程，或常年地下水位低于地下室地面，仅丰水期水位增高的弱透水性土壤，或较密集的地下建筑群，以及渗漏后无法补救的地下工程。

第三节　大跨度建筑

一、概述

大跨度建筑通常是指跨度在30m以上的建筑，主要用于影剧院、体育馆、展览馆、大会堂、航空港以及其他大型公共建筑。在工业建筑中则主要用于飞机装配车间、飞机库和其他大跨度厂房。

大跨度建筑发展的历史比起传统建筑毕竟是短暂的，它们大多为公共建筑，人流集中，占地面积大，结构跨度大，从总体规划、个体设计到构造技术都提出了许多新的研究课题，需要建筑工作者去探索。本节将就大跨度建筑的结构形式与构造等问题进行一些论述。

二、大跨度建筑的基本结构形式

（一）拱结构及其建筑造型

1. 拱的受力特点、优缺点和适用范围

拱是古代大跨度建筑的主要结构形式。由于拱呈曲面形状，在外力作用下，拱内的弯矩值可以降低到最小限度，主要内力变为轴向压力，且应力分布均匀，能充分利用材料的强度，比同样跨度的梁结构断面小，故拱能跨越较大的空间。

但是拱结构在承受荷载后将产生横向推力，为了保持结构的稳定性，必须设置宽厚坚固的拱脚支座抵抗横推力。常见的方式是在拱的两侧作两道厚墙来支承拱，墙厚随拱跨增大而加厚。但这会使建筑的平面空间组合受到约束。

拱的内力主要是轴向压力，结构材料应选用抗压性能好的材料。在近代建筑中，多采用钢筋混凝土拱，有的采用钢桁架拱，跨度可达百米以上。拱结构所形成的巨大空间常常用来建造商场、展览馆、体育馆、散装货仓等建筑。

2. 拱的形式

拱结构按组成和支座方式不同分为三铰拱、两铰拱和无铰拱三种，如图 4-2-33 所示。

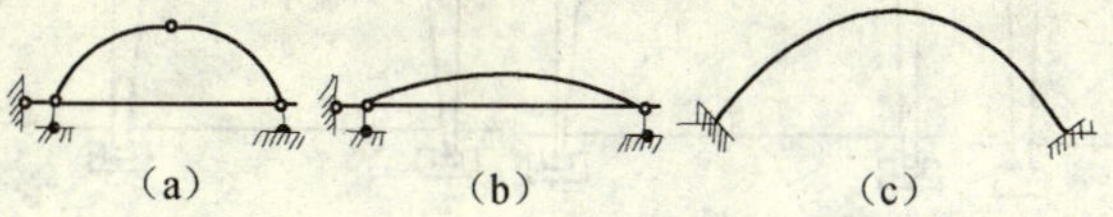

图 4-2-33　拱构的类型

（a）三铰拱；（b）两铰拱；（c）无铰拱

3. 拱结构的建筑造型

拱结构的造型主要取决于矢高大小和平衡拱推力的方式。

拱的矢高对建筑的外部轮廓形象影响最大。矢高小的拱，外形起伏变化小，呈扁平状，结构占用的空间小，但水平推力和拱身轴力都偏大。而矢高大的拱，外形起伏变化强烈，产生的水平推力和轴向力都较小，但拱身材料耗费量多，拱下形成的内部空间大，拱曲面坡度很陡，当采用卷材防水屋面时，容易出现沥青流淌和卷材滑移现象。所以矢高大小应综合考虑建筑的外观造型要求、结构受力的合理性、材料消耗量、屋面防水构造等多种因素。通常拱屋顶的矢高为拱跨的 1/5 ~ 1/7，最小不小于 1/10。采用卷材防水屋面时，矢高不应大于 1/8，混凝土自防水屋面的矢高一般取 1/6。

（二）刚架结构及其建筑造型

1. 受力特点、优缺点和适用范围

刚架是横梁和柱以整体连接方式构成的一种门形结构。由于梁和柱是刚性节点，在竖向荷载作用下柱对梁有约束作用，因而能减少梁的跨中弯矩；同样，在水平荷载作用下，梁对柱也有约束作用，能减少柱内的弯矩。刚架结构比屋架和柱组成的排架结构轻巧，可以节省钢材和水泥。由于大多数刚架的横梁是向上倾斜的，不但受力合理，且结构下部的空间增大，对某些要求高大空间的建筑特别有利。同时，倾斜的横梁使建筑的屋顶形成折线形，建筑外轮廓富于变化。

由于刚架结构受力合理，轻巧美观，能跨越较大的跨度，制作又很方便，因而应用非常广泛。但刚架结构的刚度较差，当吊车起重量超过 100kN 时不宜采用。

2. 刚架结构的形式

刚架按结构组成和构造方式的不同，分为无铰刚架、两铰刚架和三铰刚架，如图 4-2-34（a）、（b）、（c）所示。无铰刚架和两铰刚架是超静定结构，结构刚度较大，但当地基条件较差，发生不均匀沉降时，结构将产生附加内力。三铰刚架则属于静定结构，在地基产生不均匀沉降时，结构不会引起附加内力，但其刚度不如前两种好。一般来说，三铰刚架多用于跨度较小的建筑，两铰和无铰刚架可用于跨度较大的建筑。

3. 刚架结构的建筑造型

刚架结构常用钢筋混凝土建筑，为了节约材料和减轻结构自重，通常将刚架做成变截面形式，柱梁相交处弯矩最大，截面增大，铰接点处弯矩为零，截面最小，所以刚架的立柱截面呈上大下小。根据建筑造型需要，立柱可作成里直外斜，或外直里斜。刚架多采用预制装配，构件呈“Y”形和“Γ”形，用这些构件可组成单跨、多跨、高低跨、悬挑跨等各式各样的建筑外形。屋脊一般在跨度正中间，形成对称式刚架，也可偏于一边，构成不对称式刚架，如图 4-2-34（d）、（e）、（f）、（g）所示。

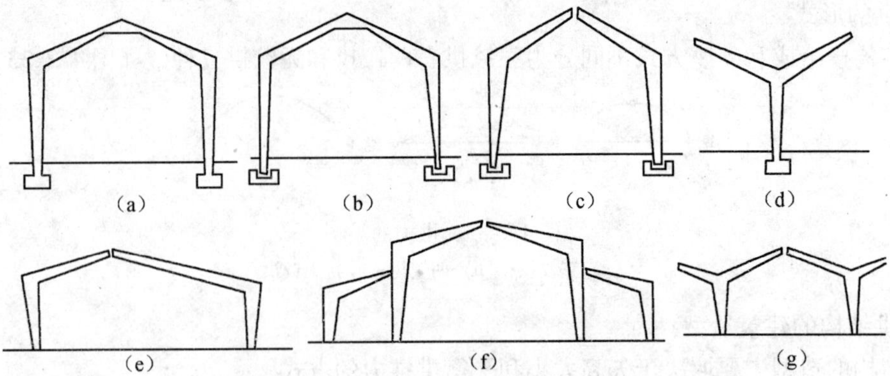

图 4-2-34 刚架结构及其建筑造型

(a) 无铰刚架；(b) 两铰刚架；(c) 三铰刚架；(d) 悬臂式刚架；
(e) 单跨不对称刚架；(f) 三跨不等高刚架；(g) 单跨带悬臂刚架

(三) 桁架结构及其建筑造型

1. 受力特点和优缺点

桁架是由杆件组成的一种格构式结构体系。杆件与杆件的结合假定为铰结，所以在外力作用下，杆件内力为轴向力（拉力或压力），而且分布均匀，故桁架结构比梁结构受力合理。而梁的内力主要是弯矩，且分布不均匀，梁的截面大小常以最大弯矩处的截面尺寸为整个梁的截面大小，因此梁的材料强度未得到充分利用。桁架内力分布均匀，材料强度能充分利用，减少材料耗量和结构自重，使结构跨度增大。所以桁架结构是大跨度建筑常用的一种结构形式。

2. 桁架结构形式

桁架一般用木材、钢材、钢筋混凝土建造。桁架形式分为三角形、梯形、拱形、无斜腹杆式和三铰拱式等各种形式，如图 4-2-35（a）、（b）、（c）、（d）、（e）、（f）所示。

三角形桁架可用钢、木或钢筋混凝土制作。当跨度不超过 18m 时，杆件内力较小，比较经济，故常用于跨度不大于 18m 的建筑。三角形桁架的坡度一般为 1/5 ~ 1/2，视屋面防水材料而定。采用各种瓦材时为 1/2 ~ 1/3，采用卷材防水时常用 1/4 ~ 1/5。

梯形桁架可用钢或钢筋混凝土制作。常用跨度为 18 ~ 36m，桁架矢高与跨度之比一般为 $f/l = 1/6 \sim 1/8$。

拱形桁架的外形呈抛物线，与上弦的压力线重合，杆件内力均匀，比梯形桁架材料耗量少。矢高与跨度之比一般为 1/6 ~ 1/8。可用钢或钢筋混凝土制作，常用跨度为 18 ~ 36m。

桁架选型考虑的因素是：综合考虑建筑的功能要求、跨度和荷载大小、材料供应和施工条件等因素。当建筑跨度在 36m 以上时，为了减轻结构自重，宜选择钢桁架；跨度在 36m 以下时，一般可选用钢筋混凝土桁架，有条件时最好选用预应力混凝土桁架；当桁架所处的环境相对湿度大于 75% 或有腐蚀性介质时，不宜选用木桁架和钢桁架，而应选用预应力混凝土桁架。

3. 桁架结构的建筑造型

桁架结构在大跨度建筑中多用作屋顶的承重结构，根据建筑的功能要求、材料供应和经济的合理性，可设计成单坡、双坡、单跨、多跨等不同的外观和形状，如图 4-2-35（g）、（h）、（i）、（j）、（k）、（l）所示。

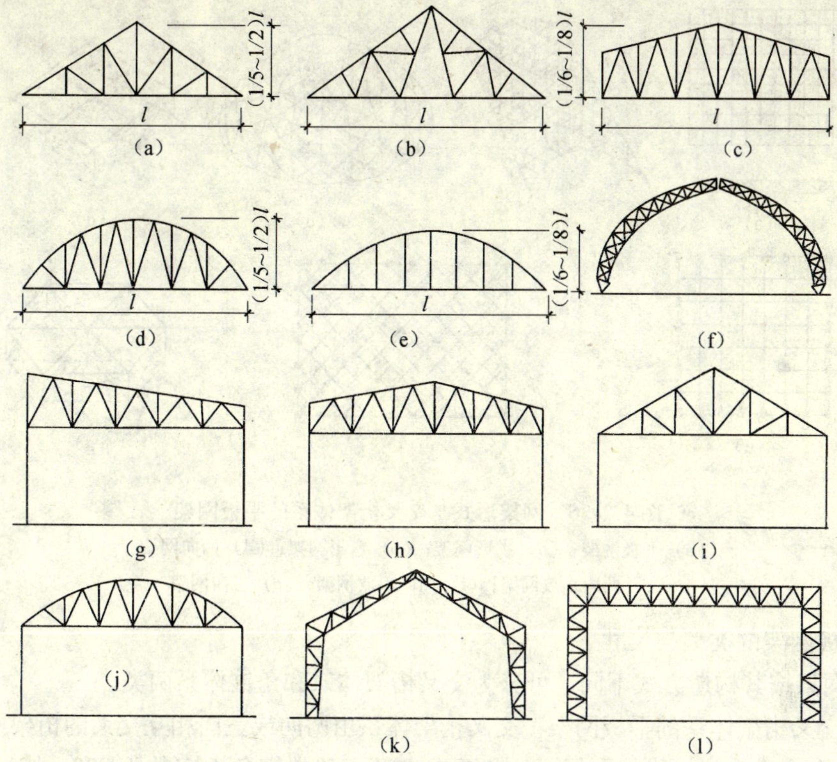

图4-2-35　桁架结构及其建筑造型

(a) 三角形豪式桁架；(b) 三角形芬克式桁架；(c) 梯形桁架；(d) 拱形桁架；
(e) 拱形无斜腹杆桁架；(f) 三铰拱桁架；(g) 梯形桁架单坡屋顶；
(h) 梯形桁架双坡屋顶；(i) 三角形桁架双坡屋顶；(j) 拱形桁架曲面屋顶；
(k) 桁架式三铰刚架双坡屋顶；(l) 由矩形桁架组成的排架，平屋顶

(四) 网架结构及其建筑造型

1. 受力特点和优缺点

网架是一种由很多杆件以一定规律组成的网状结构。它具有下列优点：

(1) 杆件之间互相起支撑作用，形成多向受力的空间结构，故其整体性强、稳定性好、空间刚度大，有利于抗震；

(2) 当荷载作用于网架各节点上时，杆件主要承受轴向力，故能充分发挥材料的强度，节省材料；

(3) 网架结构高度小，可以有效地利用空间；

(4) 结构的杆件规格统一，有利于工厂化生产。

2. 网架结构形式

网架结构按其外形分为平板网架和曲面网架，如图4-2-36 (a)、(b)、(c) 所示；按建造材料可分为钢网架、木网架、钢筋混凝土网架；按网架本身的构造又可分为单层网架和双层网架。一般，平板网架都是双层的，曲面网架可以是单层网架或双层网架。平板网架多采用钢管或角钢制作。曲面网架可采用木、钢、钢筋混凝土。

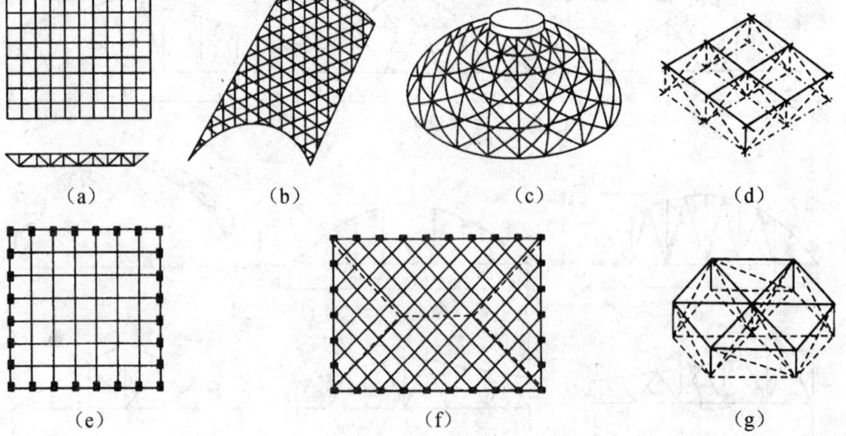

图 4-2-36　网架形式与交叉桁架体系的平板网架

（a）平板网架；（b）拱形网架；（c）穹形网架；（d）两向网架；

（e）两向正放网架；（f）两向斜放网架；（g）三向网架

3. 平板网架的类型与尺寸

平板网架按其构造方式不同，可分为交叉桁架体系和角锥体系两类。

（1）交叉桁架体系的平板网架：交叉桁架体系由两向或三向相互交叉的桁架所构成。

1）两向交叉桁架构成的平板网架：两向交叉桁架的交角大多数为 90°，按网架与建筑平面的相对位置，有正放和斜放两种布置方式，如图 4-2-36（d）、（e）、（f）所示。正放网架构造较简单，一般适用于正方形或近似正方形的建筑平面，这样可使两个方向的桁架跨度接近，才能共同受力发挥空间作用。如果平面形状为长方形，受力状态类似于单向板结构，网架的空间作用很小。对于中等跨度（50m 左右）的正方形建筑平面，采用正放网架较为有利，特别是四支点支承时比斜放网架更优越。

斜放网架的外形较美观，刚度更好，用钢量更省，特别是跨度比较大时其优越性更明显。同时斜放网架不会因使用于长条形矩形建筑平面而削弱其空间受力状态，所以斜放网架比正放网架适用的范围更为广泛。

2）三向交叉桁架构成的平板网架：由三个方向的桁架相互以 60°夹角组成。它比两向交叉桁架的刚度大，杆件内力更均匀，能跨越更大的空间，但其结点构造复杂。三向交叉桁架特别适用于三角形、梯形、六边形、八边形、圆形等平面形状的建筑，如图 4-2-36（g）所示。

（2）角锥体系平板网架：角锥体系平板网架分别由三角锥、四角锥、六角锥等锥体单元组成。这类网架比交叉桁架体系平板网架的刚度大，受力情况好，并可事先在工厂预制成标准锥体单元，对运输和安装均很方便。

1）三角锥体平板网架：由呈三角锥体的杆件组成，锥尖可朝下或朝上布置。这种网架比四角锥网架和六角锥网架受力更均匀，是大跨度建筑中应用最广的一种网架形式。它适合于各种建筑平面形状，如矩形、方形、三角形、梯形、多边形、圆形等，如图 4-2-37（a）、（b）所示。

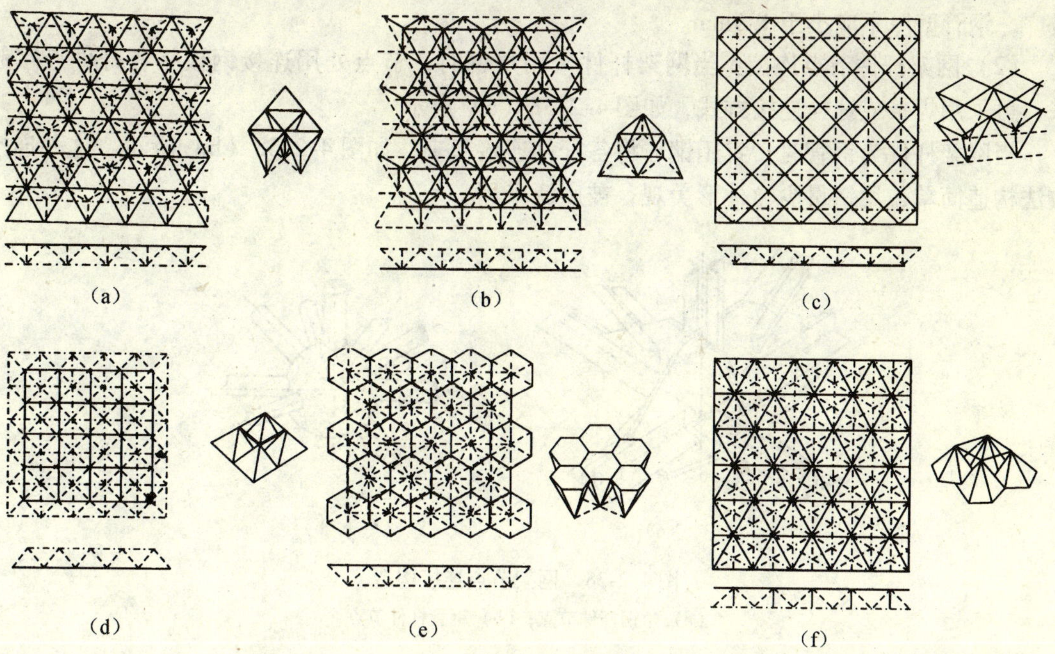

图4-2-37 角锥体系平板网架

(a) 三角锥网架 (锥尖朝下); (b) 三角锥网架 (锥尖朝上); (c) 四角锥网架 (锥尖朝下);
(d) 四角锥网架 (锥尖朝上); (e) 六角锥网架 (锥尖朝下); (f) 六角锥网架 (锥尖朝上)

2) 四角锥体平板网架：由呈四角锥体的杆件组成，锥尖可朝下或朝上布置，可正放或斜放，受力情况不及三角锥体网架，如图4-2-37 (c)、(d) 所示。这种网架多用于中小型大跨度建筑，正放四角锥体网架适用于正方形或近似正方形的平面，而斜放四角锥体网架无论方形或长条矩形平面都适用。斜放网架的上弦杆较短，对受压有利，下弦较长，但为受拉杆件，充分发挥了材料的强度，且节点汇集杆件的数目少，构造较简单，故应用甚广。

3) 六角锥体平板网架：由呈六角锥体的杆件组成，锥尖可朝下或朝上布置，如图4-2-37 (e)、(f) 所示。这种网架节点处聚集的杆件数目最多，屋面板呈六角形 (锥尖朝下布置时) 或呈三角形 (锥尖朝上布置时)，故构造复杂，施工麻烦，一般用得较少。

(3) 平板网架的主要尺寸：平板网架的高度与网格尺寸主要取决于网架的跨度，表4-2-3中的数据可作设计参考。

平板网架的主要尺寸 **表 4-2-3**

网架短向跨度	网架高度与短向跨度之比	网格尺寸与短向跨度之比
小于30m	1/10 ~ 1/13	1/8 ~ 1/12
30 ~ 60m	1/12 ~ 1/15	1/11 ~ 1/14
大于60m	1/14 ~ 1/18	1/13 ~ 1/18

当采用钢筋混凝土屋面板时，网格尺寸不宜过大，一般不超过3m × 3m，否则构件太重，吊装困难。

4. 网架杆件断面与节点连接

(1) 网架杆件断面：网架杆件常用钢管或角钢，钢管比角钢受力合理，省材料，应用最广。钢管壁厚不应小于1.5mm。

（2）网架杆件节点连接：当网架杆件采用角钢时，节点处用连接钢板将各杆件连接起来，可采用焊接或螺栓连接方式，如图4-2-38（a）所示。

当网架杆件为钢管时，宜用钢球将各杆件连接起来，如图4-2-38（b）所示。这种连接方法构造简单，用钢量少，外形美观，被广泛采用。

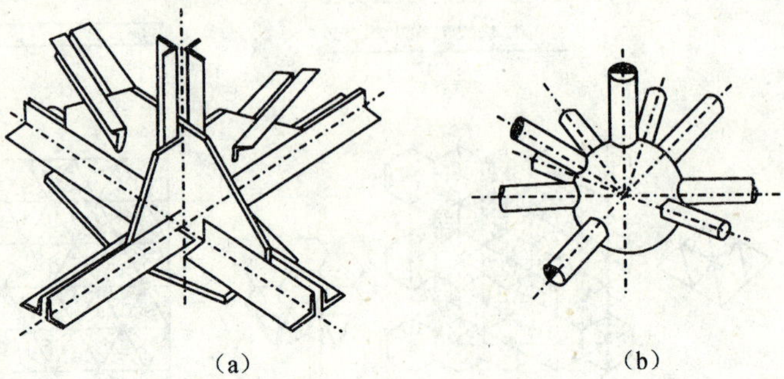

图4-2-38　网架节点连接构造

（a）角钢杆件节点；（b）钢管杆件节点

（五）薄壳结构及其建筑造型

1. 受力特点、优缺点和适用范围

薄壳结构是用混凝土等刚性材料以各种曲面形式构成的薄板结构，呈空间受力状态，主要承受曲面内的轴向力，而弯矩和扭矩很小，所以混凝土强度能得到充分利用。由于是空间结构，强度和刚度都非常好。薄壳厚度仅为其跨度的几百分之一。而一般的平板结构厚度至少是跨度的几十分之一。所以薄壳结构具有自重轻、省材料、跨度大、外形多样的优点，可用来覆盖各种平面形状的建筑物屋顶。但大多数薄壳结构的结构计算与施工较复杂，且一般采用现浇结构，加之一般不宜承受集中荷载，这些缺点在一定程度上影响了它的推广使用。

2. 薄壳结构的形式

薄壳结构形式很多，常用的有筒壳、圆顶壳、双曲扁壳、鞍形壳等，如图4-2-39所示。

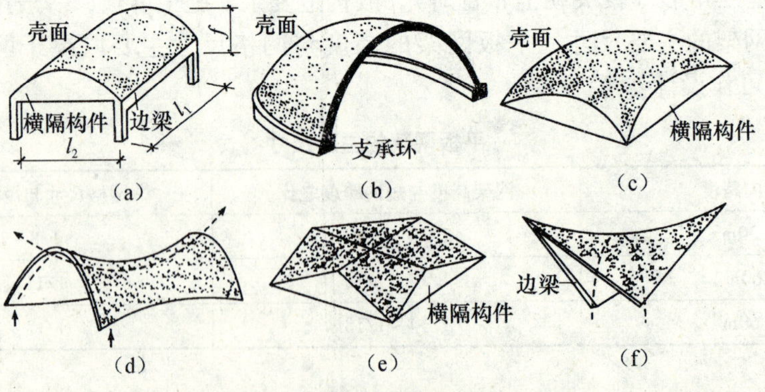

图4-2-39　薄壳结构形式

（a）筒形壳；（b）圆顶壳；（c）双曲扁壳；

（d）鞍形壳；（e）扭壳（一）；（f）扭壳（二）

3. 薄壳结构的建筑造型

薄壳结构的建筑造型是以各种几何曲面图形为基本特征，基本形式为圆筒形、圆球形、双曲抛物面形。它与传统的梁、板、架一类结构相比，在造型上独具特色，易给人以新奇感，能突出建筑物的个性。

（六）悬索结构及其建筑造型

1. 悬索结构的受力特点、优缺点和适用范围

悬索结构用于大跨度建筑是受悬索桥梁的启示。20 世纪 50 年代以后，由于高强钢丝的出现，国外开始用悬索结构来建造大跨度建筑的屋顶。

悬索结构由索网、边缘构件和下部支承结构三部分组成，如图 4-2-40（a）所示。因索网非常柔软，只承受轴向拉力，既无弯矩也无剪力。索网的边缘构件是索网的支座，索网通过锚固件固定在边缘构件上。根据不同的建筑形式要求，边缘构件可以采用梁、桁架、拱等结构形式，它们必须具有足够的刚度，以承受索网的拉力。悬索的下部支承结构一般是受压构件，常采用柱结构。

悬索结构的主要优点是：

（1）充分发挥材料的力学性能，利用钢索受拉、钢筋混凝土边缘构件受压受弯，因而能节省大量材料，减轻结构自重，比普通钢结构建筑节省钢材 50%；

（2）由于主要构件承受拉力，其外形与一般传统建筑迥异，因而其建筑造型给人以新鲜感，且形式多样，可适合于方形、矩形、椭圆形等不同的平面形式；

（3）由于它受力合理，自重轻，故能跨越巨大的空间而不需要在中间加支点，为建筑功能的灵活安排提供了非常有利的条件；

（4）悬索结构的施工比起其他大跨度建筑更方便、更快速，因钢索自重轻，不需要大型施工设备便可进行安装。

悬索结构的主要缺点是在强风吸引力的作用下容易丧失稳定而破坏，故在设计中应加以周密考虑。

但从总体来看，悬索结构的优点是主要的，因而在大跨度建筑中应用较广，特别是跨度在 60~150m 范围内与其他结构比较，具有明显的优越性。

2. 悬索结构形式

悬索结构按其外形和索网的布置方式分为单曲面悬索和双曲线面悬索，如图 4-2-40 所示。

3. 悬索结构的建筑造型

悬索结构的造型与薄壳结构一样是以几何曲面图形为特征，但也有其自身的特点。主要表现在两个方面：一是悬索只能受拉，不能受压，外形大多呈凹曲面；而薄壳结构是用钢筋混凝土建造成的，外形以拱曲面、抛物线曲面和球形曲面居多。二是悬索结构是由两种不同材料的构件组成，即钢索网和钢筋混凝土边缘构件，索网的曲面形式多样，边缘构件的形式各异，只要变动其中一种，就能创造出与基本形式截然不同的造型。并且还可运用“交叉”、“并联”等手法改变某种基本形式的造型，所以悬索结构的建筑造型可谓丰富多彩。

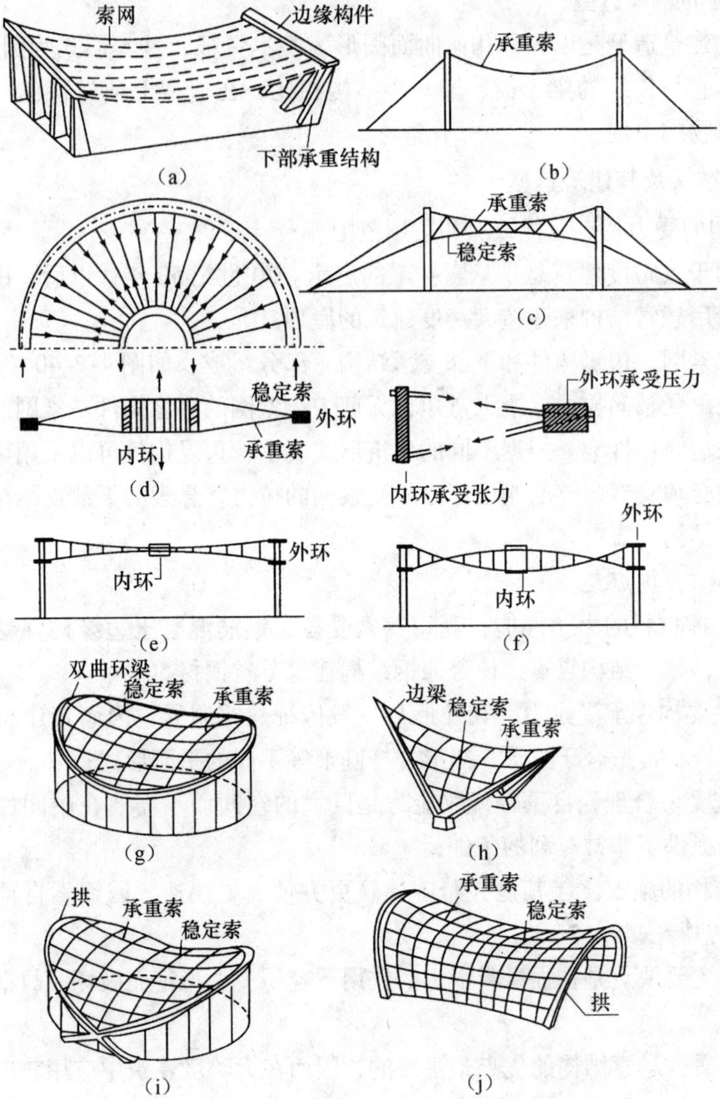

图 4-2-40　悬索结构的组成与结构形式

（a）悬索结构组成；（b）单层单曲面悬索；（c）双层单曲面悬索；
（d）轮辐式悬索（一）；（e）轮辐式悬索（二）；（f）轮辐式悬索（三）；
（g）鞍形悬索（一）；（h）鞍形悬索（二）；（i）鞍形悬索（三）；（j）鞍形悬索（四）

三、中庭天窗设计

（一）中庭的类型

根据中庭与周围建筑的相互位置关系，中庭可以采用单向中庭、双向中庭、三向中庭、四向中庭以及环绕建筑的中庭和贯穿建筑的条形中庭等基本形式（图 4-2-41），也可以将一种或几种基本形式加以组合，构成多种中庭形态。中庭形式的选用一般根据建筑规模的大小、建筑空间的组合方式、建筑基地的气候条件以及光热环境要求等因素确定。

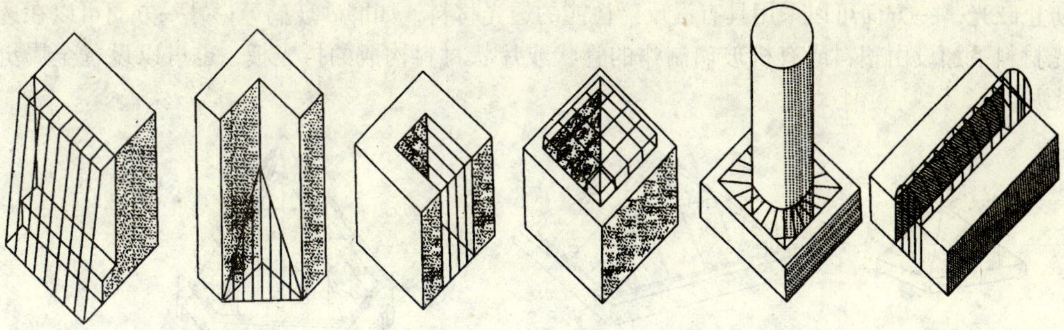

(a)　(b)　(c)　(d)　(e)　(f)

图 4-2-41　中庭的基本形式

（a）单向中庭中庭一侧与建筑连接；（b）双向中庭中庭两侧与建筑连接；（c）三向中庭中庭三侧与建筑连接；（d）四向中庭中庭四面与建筑连接；（e）环绕中庭中庭环绕建筑连接；（f）条形中庭中庭与建筑呈条状贯穿

（二）中庭天窗的形式

按进光的形式不同，天窗形式可以分为两大类：一类是光线从顶部来的天窗，通常称为玻璃顶；另一类是光线从侧面来的天窗。地处温带气候或常年阴天较多的地区最好选用玻璃顶，它的透光率高，比侧向进光的天窗透光率至少高出 5 倍以上，所以在阴天多和不太炎热的地区选用这类天窗，既可使中庭获得足够的自然光，又不至造成室内过热现象，光环境和热环境都容易满足要求。但是，如果在炎热地区选用玻璃顶，大量直射阳光进入中庭内，容易造成过热现象，所以在炎热地区以选用侧向进光天窗为宜。

天窗的具体形式应根据中庭的规模大小、屋顶结构形式、建筑造型要求等因素确定。常见天窗形式如图 4-2-42 所示。

（三）中庭天窗的基本构造

侧向进光的天窗构造与普通窗的构造有很多类似的地方，这里着重介绍顶部进光的玻璃顶，在其构造设计中，应满足以下设计要求：

1. 天窗应有良好的安全性能

天窗的各组成构件应具有较高的承载力，以满足抵抗风荷载、雨雪荷载、地震荷载以及自重等。各构件必须具有足够的强度，并保证连接牢固可靠。

2. 防止天窗冷凝水对室内的影响

当室内外存在较大的温差时，玻璃表面遇冷会产生凝结水，即所谓结露现象。要妥善设置排除凝结水的沟槽，防止冷凝水滴落到中庭地面，造成不良影响。解决这一问题，可以选择中空玻璃等热工性能好的透光材料，条件许可时，可以在采光顶的周围加暖水管或吹送热风，以提高采光顶的内侧表面温度，使玻璃的表面温度保持在结露点之上。构造处理上常专门设置排水槽排冷凝水，排水槽要保证必要的排水坡度。采用这种方法，应注意在纵横两个方向均设排水槽，但是排水路径不能过长，以免冷凝水聚集过多而滴落。

3. 天窗应有良好的防水性能

中庭天窗常常是成片布置，玻璃顶要有足够的排水坡度，排水路线要短捷畅通。细部构造应注意接缝严密，防止渗水。

4. 防止眩光对室内的影响

天窗作为顶部采光方式，容易因阳光直射入内而形成眩光，给使用带来极大的不便。为防止眩光，一方面可以采用具有漫反射性能的透光材料，如磨砂玻璃等；另一方面可以在透光材料下加设由塑料或有机玻璃制作的管状或片状材料构成的折光板，也可以设置金属折光片。

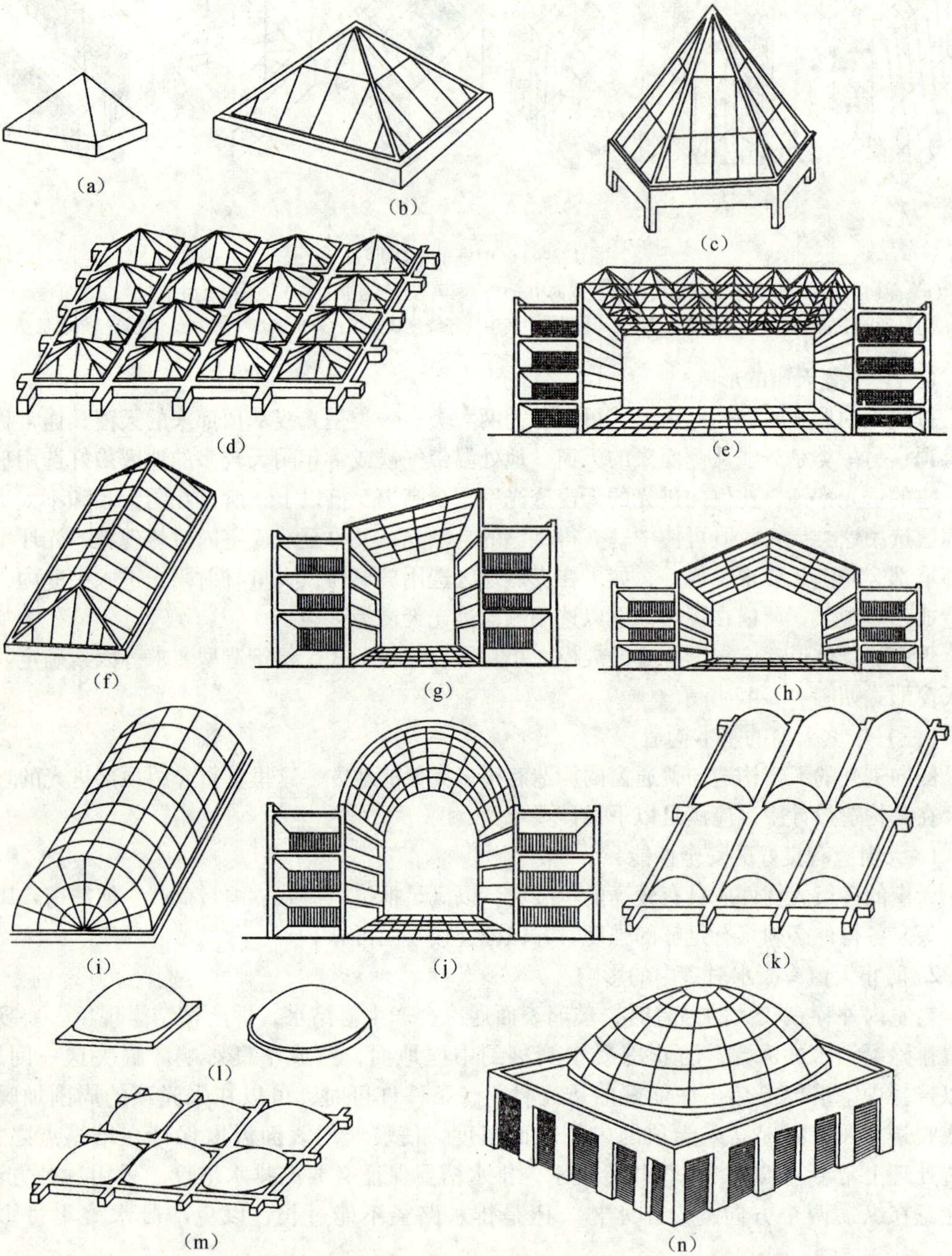

图 4-2-42　中庭天窗形式

（a）方锥形采光罩；（b）方锥形玻璃顶；（c）多角锥形玻璃顶；（d）成片锥形玻璃顶；
（e）角锥体平板网架构成的玻璃顶；（f）四坡玻璃顶；（g）单坡式玻璃顶；（h）双坡式玻璃顶；
（i）拱形玻璃顶；（j）拱形玻璃顶；（k）成片拱形采光罩；（l）穹形采光罩；
（m）成片穹形采光罩；（n）穹形玻璃顶

5. 满足建筑安全防护要求

我国现行《高层民用建筑设计防火规范》（GB 50045—95，2005 年版）：高层建筑的中庭当采用玻璃屋顶，其承重构件如采用金属构件时，应设自动灭火设备保护或喷涂防火材料，使其耐火极限达到 1h 的要求。中庭顶棚应设有烟感探测器，并应符合中庭排烟设计的要求。

除满足防火要求外，中庭天窗还应满足防雷要求。天窗的骨架及连接件大都用金属制成，应有严格的防雷处理。一般情况下不便在天窗的顶部设防雷装置，因此天窗必须设在建筑物防雷装置的 45°线之内。

（四）中庭天窗的细部构造

下面介绍玻璃顶及其相关组成部分的细部构造。

1. 玻璃顶的承重结构

玻璃顶的承重结构都是暴露在大厅上空的，结构断面应尽可能设计得小些，以免遮挡天窗光线。一般选用金属结构，用铝合金型材或钢型材制成，常用的结构形式有梁结构、拱结构、桁架结构、网架结构等。承重结构有的可以兼做天窗骨架，如跨度小的玻璃顶可将玻璃面的骨架与承重结构合并起来，即玻璃装在承重结构上，结构杆件就是骨架。大多数的玻璃顶，安装玻璃的骨架与屋顶承重结构是分开来设计的，即玻璃装在骨架上，构成天窗标准单元，再将各单元装在承重结构之上。当承重结构与天窗骨架相互独立时，两者之间应有金属连接件作可靠的连接。骨架之间及骨架与主体结构间的连接，一般要采用专用连接件。无专用连接件时，应根据连接所处位置进行专门的设计，一般均采用型钢与钢板加工制作而成，并且要求镀锌。连接螺栓、螺丝应采用不锈钢材料。骨架的布置，一般需根据玻璃顶的造型、平面及剖面尺寸、透光材料的尺寸等因素共同确定。

2. 玻璃的安装

用采光罩作玻璃采光面时，采光罩本身具有足够的强度和刚度，不需要用骨架加强，只要直接将采光罩安装在玻璃屋顶的承重结构上即可。而其他形式的玻璃顶则是由若干玻璃拼接而成，所以必须设置骨架。骨架一般采用铝合金或型钢制作。骨架的断面形式应适合玻璃的安装固定，要便于进行密封防水处理，要考虑积存和排除玻璃表面的凝结水，断面要细小不挡光。可以用专门轧制的型钢来作骨架，但钢骨架易锈蚀，不便于维修，现在多采用铝合金骨架，它可以挤压成任意断面形状，轻巧美观，挡光少，安装方便，防水密封性好，不易被腐蚀。

3. 天窗的排水处理

当天窗面积较小时，天窗顶部的雨水可以顺坡排至旁边的屋面，由屋面排水系统统一排走。当天窗面积较大或者由于其他原因不便将水排至旁边屋面时，可以设置天沟将雨水汇往屋面或用单独的水落口和水落管排出。冷凝水由带排水槽的金属骨架排向天沟，再由天沟排走。天沟可以是单独的构件，也可与井字梁等结构构件相结合设置。

4. 其他

根据不同的使用要求和条件，天窗部位有不同的构造处理措施。有的天窗在使用中为强调玻璃的安全性，可以在玻璃的上下两侧或一侧附设防护网。有的天窗为了改善通风条件，将下沿的承重结构抬高，在侧壁形成百叶窗来通风。为加强通风也可以将天窗设置一部分可开启扇，但是对防水不利，构造也较复杂。在严寒地区设置天窗时，可以在承重结构的上下设置为双层采光天窗，形成一个空气间层以提高保温性能，并且可以减少冷凝水的产生。

第四节 钢结构建筑

一、传统钢结构

传统钢结构建筑经过长时间的发展，在理论和实践方面都取得了相当大的成就，技术也已经相当成熟。在国内外，钢结构建筑实例不乏精品，如芝加哥的“西尔斯大厦”、吉隆坡的“石油大厦”、英国的“千年穹顶”、北京的“鸟巢”等等。

1. 钢结构的特点

从材料和结构的性能、施工、经济等方面分析，钢结构与传统的钢筋混凝土结构相比具有很多优势条件，但也有不足之处。

钢结构的主要优点体现在：

1）质量轻、强度高。在相同承载力条件下，钢结构构件截面尺寸小，质量轻。例如通常高层钢筋混凝土建筑的自重为1500～2000kg/m^2，而高层钢结构建筑的自重都在1000kg/m^{2}以下。再如在跨度和荷载相同的条件下，钢屋架的自重约为钢筋混凝土屋架自重的1/3～1/4。这样就便于构件的运输和吊装，基础和地基的工程费用也可大大降低。

2）质地均匀，各向同性。钢材的抗压、抗拉、抗剪强度均很高，且钢材具有良好的延性，因此具有很好的抗震性能。钢材具有良好的塑性性能，在结构破坏前具有显著的变形，使事故具有提前防患的可能。

3）施工周期短。钢结构建筑工业化程度较高，质量容易保证。构件一般在工厂由机械化加工制造，而后运送的工地现场拼装，因此施工速度快，周期短。

4）拆装灵活，易于改造。钢结构在加固、接高、扩大楼面、内部分隔空间等方面较为容易、灵活。对于螺栓连接的钢结构，可以拆装，适合于移动性结构。

在设计钢结构建筑时要注意以下几个方面：

1）防火。钢结构耐火性能差。当温度上升至300℃时，钢结构强度迅速下降，当温度上升至600℃时，钢结构失去承重能力。通常在200℃以下时，钢材的性质变化不大。在火灾中，未加防护的钢结构一般只能维持20min。因此钢结构应当采取有效的防火措施。

2）防腐。钢材的耐腐性较差。一般通过刷涂料的方式进行防腐处理，但涂料需要每隔一段时间重新维护，费用较高。目前国内外均在发展高性能涂料和不易锈蚀的耐候钢。

2. 钢结构材料及性能

钢材的性能一般通过五个指标来衡量，分别是：抗拉强度、伸长率、屈服强度、冷弯性能和冲击韧性。影响钢材性能的因素较多，主要是钢材的化学成分和生产过程的不同。

1）化学成分的影响。除铁元素外，钢材内还含有碳、锰、硅、氧、硫、氮、磷等化学元素。钢材因含碳量的不同分为低碳钢、中碳钢和高碳钢。含碳量越高，钢材的强度也越高，但其塑性、韧性和可焊性显著降低。锰和硅是钢材的有益元素，均属钢材的脱氧剂，锰是钢液的弱脱氧剂，硅是钢液的强脱氧剂。适量添加锰或硅可提高钢材的强度，同时不影响钢材的塑性和冲击韧性。氧、硫、氮、磷属有害杂质，氧和硫会增加钢材的热脆性，氮和磷则会增加钢材的冷脆性。

2）生产过程的影响。根据钢材生产过程中脱氧程度的不同，钢材可分为沸腾钢、半镇静钢、镇静钢和特殊镇静钢四类。沸腾钢脱氧不完全，冲击韧性较低，抗脆性和抗疲劳能力均较差。镇静钢脱氧充分，材质好，但成本高于沸腾钢。半镇静钢介于沸腾钢和镇静钢之间。而特殊镇静钢脱氧彻底，质量最好，其冲击韧性特别是低温冲击韧性较高。

3. 钢结构的基本结构体系

钢结构范围内的结构形式主要有以下三种：

1）钢结构。这是钢结构建筑最基本的结构体系，这种结构类型受力明确，使用灵活，制作安装简单，施工速度较快。通常包括框架体系、框架支撑体系、框架内筒体系、带伸臂桁架的框架-内筒体系、外筒体系和筒中筒及成束筒结构体系几种类型。

2）钢-混凝土结构。这也是一种常用的形式，包括钢框架-混凝土内筒体系、钢框筒-混凝土内筒体系和钢管混凝土框架柱及钢框架梁-混凝土内筒体系三种类型。

3）钢骨混凝土结构。这是另一种常见的结构体系，此种做法将钢与混凝土紧密结合，使钢骨与混凝土成为共同工作的组合，提高了钢结构的承载力及稳定性。该种体系包括钢框架-钢骨混凝土内筒体系、钢框筒-钢骨混凝土内筒体系、钢骨混凝土框架柱及钢框架梁-钢骨混凝土内筒体系和钢骨混凝土柱及钢框架梁构成的外筒体系四种类型。

4. 钢结构连接方式

钢结构的连接方式有焊接、螺栓连接、销钉和铆钉等几种方式，其中销钉和铆钉已很少在新建钢结构上使用，因此只介绍焊接和螺栓连接两种方式。

1）焊接。焊缝连接是当前钢结构的主要方式。焊缝连接不需钻孔，截面无削弱，不需额外连接构件，构造简单。此外，焊缝连接密闭性好，刚度和整体性都较大。但焊缝连接也存在一些不足之处，如焊接时的高温会使焊缝附近的金属材质变脆，焊缝也存在各种缺陷，因而导致构件内产生应力集中而使裂纹扩大。焊接后冷却会引起不均匀收缩和残余变形等。焊缝连接目前主要以手工电弧焊和自动或半自动埋弧焊几种方式为主。

2）螺栓连接。钢结构的螺栓连接有普通螺栓和高强度螺栓两种。普通螺栓一般为六角形螺栓，产品等级分为A、B、C三级螺栓。其中A级和B级螺栓为精致螺栓，对螺栓杆和螺栓孔的要求都很高，质量较好，可用于较高的抗剪连接，但螺栓加工安装都很复杂，价格昂贵。C级螺栓属粗制螺栓，其抗剪连接是依靠螺杆受剪和孔壁承压来承受荷载，其抗拉连接依靠螺杆轴向受拉来承受荷载。C级螺栓一般只用于一些不直接承受动力荷载的次要构件。

高强螺栓有两种类型，一是摩擦型连接，二是承压型连接。摩擦型连接是依靠连接板间的摩擦力来承受荷载，连接中螺栓孔壁不承压，螺杆不受剪。高强螺栓摩擦型连接的变形小，连接紧密，耐疲劳，在动力荷载作用下不易松动。因而在高层建筑、大跨房屋、重型厂房和大型构件连接中广泛使用。高强承压型螺栓是以摩擦力被克服，板件发生相对滑移后孔壁承压和螺栓受剪破坏作为承载力极限状态，因此它的承载力高于高强度螺栓摩擦型连接，可节省材料。但这种连接在摩擦力被克服后产生一定的滑移变形，因而其应用受到限制，一般用于只能承受静力荷载或间接承受动力荷载的结构中。

5. 钢结构节点构造

节点连接是保证钢结构安全的重要部位。节点设计有抗震和非抗震之分。当为非抗震设计时，结构受风荷载控制，节点连接处于弹性受力状态。当为抗震设计时，当风荷载仍起控制作用时，仍可满足抗震构造要求，但在大震时，结构将部分进入塑性，节点应具有足够的变形能力，即良好的延性。抗震设计的目的在于保证构件产生充分的塑性变形时节点不会破坏。

1）梁与柱的连接。梁与柱的连接方式有刚接和铰接两种。刚接通常采用全焊节点、栓焊混合节点。为了减轻地震影响，在梁柱连接中采取“强节点弱构件”的做法，在大地震中，塑性铰出现在梁上，从而消减地震能量，以实现大震不倒的目标。

2）柱与柱的连接。一般采用贯通型框架柱拼接构造，柱长一般取3层一根，接头位于框架梁顶面以上1.3m附近。

3）主梁与次梁的连接。通常采用铰接的方式，在次梁较多的情况下，为节约钢材，也可采用刚接的方式。

二、轻型钢结构

1. 轻型钢结构特点

轻型钢结构建筑是指以冷弯薄壁型钢、薄钢板、轻型热轧型钢、薄壁钢管等构件通过拼接、焊接而成主要受力构件，大量采用轻质围护隔离材料的单层和多层建筑。轻型钢结构建筑具有如下特点：

1）自重轻。和传统钢结构相比，轻型钢结构建筑其承重结构采用轻型焊接H型钢、冷弯薄壁型钢，比普通的工字钢、槽钢、角钢截面受力合理，利用系数高，单位重量轻。可节约钢材20%～50%，因此自重大幅度降低。一般轻钢结构自重为同类传统钢结构自重的1/2～1/3，大大降低了工程造价，对于地基承载力较低的场地优势尤为突出。

2）工业化程度高、施工快。轻型钢结构建筑构造简单，材料单一，容易实现设计标准化、构件工厂化、施工机械化。因此轻型钢结构建筑产品质量易于保证，施工速度也较传统钢结构快。

3）经济性好。轻型钢结构建筑本身节约钢材用量，造价相对低廉，由于强度高自重轻，又可节约地基的处理费用。加之作为外围护结构的彩钢面板维护简便、费用低、工期短，因而可以节约初期投资。同时因施工周期短又可以使建筑提前发挥效益，投资回报比其他结构形式快，综合经济效益好。

4）抗震性能好。轻型钢结构建筑所采用的钢材强度高，塑性和韧性好。承受动力荷载能力强，因其自重轻，自振周期长，钢材延性好，因而整体抗震性增强。

5）环保、美观。轻型钢结构建筑所采用的钢材可循环利用，结构亦可搬迁，因此有利于降低能耗、减小污染，符合环保的要求。轻型钢结构建筑的彩钢面板造型美观、色彩选择自由度大，具有很好的装饰作用，本身无需另行装饰，既美观又环保。

2. 轻型钢结构建筑体系

1）门式刚架体系。门式刚架是轻型钢结构建筑最常采用的体系之一。所谓门式刚架是指柱梁在连接处采用刚接的结构体系，常采用单跨、双跨和多跨的形式。门式刚架通常跨度为9～36m，柱距一般为6m，柱高为4.5～9m。门式刚架按构件体系分为实腹式与格构式，实腹式刚架一般采用H型钢，少数为Z型；格构式刚架的横截面为矩形或三角形，可选用热轧型钢、冷弯薄壁型钢或钢管等。门式刚架内力分布均匀，有利于发挥材料的性能，因而刚架的截面尺寸可以做得较小，这样有利于减轻自重和增加建筑的使用空间。门式刚架的构件大多在工厂预制，工业化程度高，施工速度快。因此广泛运用于中、小跨度的工业建筑和大跨度的民用公共建筑中。

2）多层轻钢建筑体系。轻型钢结构多层房屋中最常用的结构体系为框架结构体系。框架体系构造简单，各向刚度均匀，施工速度快，自重轻，抗震性好。按照结构抗侧力体系不同可分为以下三种类型：

柱-支撑体系：多层框架梁柱节点均为铰接，在纵向与横向沿柱高设竖向柱间支撑。其空间刚度和抗侧力均由柱间支撑提供。这种做法适合柱距不大又允许设置支撑的建筑物。

纯框架体系：多层框架在两个方向均为刚接，其空间刚度和抗侧力由框架本身提供，这种做法节点构造复杂，用钢量较多，但可提供较大的空间。

框架-支撑体系：这种做法是介于上述二者之间的混合体系，即一个方向为柱-支撑体系，另一个方向为纯框架体系。兼具有二者的特点。

多层框架梁常用热轧的H型钢，当为组合楼盖时，为节约钢材用量，可采用上下翼缘不对称的工字钢梁或蜂窝梁；多层框架柱通常采用H型钢。当柱高较高或双向要求刚度较大时，可采用十字形截面柱或采用方管、圆管截面柱。楼板可采用压型钢板组合楼板、现浇钢筋混凝土楼板或预制多孔板。

3）金属拱型波纹瓦结构体系。金属拱型波纹瓦结构体系属于薄壁轻型空间钢结构，由薄壁彩色钢板压制成直型槽板和带有横向波纹的拱形槽板，再将若干这样的槽板拼接成整体后安装定位。金属拱型波纹瓦结构体系跨度适用于25～42m的屋顶。这种轻钢结构形式自重轻、跨度大、施工速度快，广泛应用于展厅、游泳馆、仓库、车棚等大跨建筑。金属拱型波纹瓦结构体系所采用的彩色钢板既是承重结构，又是围护结构，在设计中应着重解决好防火、保温、采光和通风的问题。

3. 轻型钢结构材料

1）彩色涂层钢板。彩色涂层钢板种类繁多，但均由金属基层、化学转化膜和有机涂层三部分组成。金属基层一般选用轻型钢材或铝材。有机涂层起到保护和装饰的作用，并可制成各种颜色和图案花纹，具有很好的装饰作用，无需再作饰面层。化学转化膜的作用在于增强金属基层与有机涂料面层的附着性，并可防止面层划伤后金属基层的锈蚀。

彩色涂层钢板的金属基层由钢材和镀层组成。目前常用有以下四种类型：热镀锌板、热镀锌合金化板、热镀铝板和电镀锌板。其中电镀锌板主要供建筑室内使用，其他几种主要供室外使用，也可作室内使用。作为面层的有机涂层有液体涂料和贴膜涂料两大类。液体涂料常用的有聚氯乙烯涂料、聚酯涂料、聚偏氟乙烯涂料、丙烯酸涂料等等，贴膜涂料常用的有聚乙烯基贴膜、聚氟乙烯基贴膜和丙烯酸贴膜等。

2）H型钢。H型钢是轻型钢结构最常用的型材之一。比起传统的工字钢，H型钢其截面积分配更合理，因此比传统工字钢降低钢材用量，节约成本。由于H型钢翼缘宽且两面互相平行，因此便于机械加工，也使构件连接更加容易。H型钢主要有宽翼缘型、中翼缘型、窄翼缘型和钢桩专用型四个系列。其中宽翼缘型和中翼缘型适用于钢柱等受压构件，窄翼缘型适合梁等受弯构件。

3）冷弯薄壁型钢。冷弯薄壁型钢的截面形状合理，比热轧型钢更能节省材料。在相同的截面面积情况下，冷弯薄壁型钢比热轧型钢具有更高的强度。冷弯薄壁型钢制造安装也很方便，因此广泛应用在轻型钢结构建筑中。冷弯薄壁型钢一般可用作檩条，常见的类型有卷边C型和卷边Z型两种。卷边C型其截面在使用中互换性大，用钢量小，自重轻，杆件刚度大，运输安装方便。卷边Z型在截面X轴刚度大，挠度小，制造安装方便，是目前较普遍采用的一种形式。

4. 轻型钢结构系统构造

1）屋面构造。轻型钢结构系统屋面可采用压型钢板、太空板、石棉水泥瓦和瓦楞铁等，目前压型钢板使用最为普遍。根据设计要求，压型钢可分为单一型和复合型两类，复合型压型钢板带有保温隔热材料，适合于保温建筑的屋面。

压型钢板与檩条的连接构造目前较普遍使用的有两大类，一是使用螺栓将屋面板与檩条连接，二是压型钢板通过檩条上的固定支架与檩条相连。

压型钢板与压型钢板的连接构造主要有以下三种方式：搭接式连接，这种方式施工简单、成本低，但容易漏水，适合工程要求不高的建筑；咬边式连接，这种方式有利于增强屋面整体性，提高抗漏能力，但施工技术较高，维修不便；扣盖式连接，这种方式防水性能好，施工难度也比咬边式简便，因此是目前普遍使用的方式。

为满足屋面采光、通风、检修等需要，有时在屋面局部需做开洞处理。为防止开洞处漏水，洞口处除做泛水外，还应设置波槽盖板，以防止波槽处积水。

2）墙体构造。轻型钢结构系统墙体可采用彩色金属压型板、彩色金属压型夹芯板、丝网水泥夹芯板、稻草板、石膏板等材料。下面以金属压型夹芯板为例简要介绍墙体构造做法。

板材的结构布置。根据设计要求，板材可竖向或横向放置，墙体板材的荷载由墙架和钢柱承担。

墙转角处。轻型钢结构建筑角柱一般采用 H 型钢，需要在没有外平面一侧加焊角钢作为固定墙板的连接件。

踢脚。在需设置踢脚处的墙板下端设置通长的角钢，通过自攻螺丝与墙板固定，下端固定在砖砌筑踢脚上，一般固定间距不大于1m。

窗洞口。轻型钢结构建筑通长为彩钢窗或铝合金窗，一般采用冷弯薄壁型钢兼做墙梁和窗台，既可满足窗台宽度的需要，又可作为窗上下口处墙板的封边构件。

女儿墙。一般在墙板顶端设置通长的角钢与结构顶端圈梁焊接，并用异型板封边，用铆钉和自攻螺丝固定。

第三章　工业化建筑（二）

第一节　砌块建筑

一、砌块建筑的选材

砌块建筑的选材原则是“就地取材”并“利用工业废料”。在我国西北地区，多采用黏土砌块为主；在东北地区、沿海地区多以粉煤灰、焦渣、煤矸石等为主要材料；在北京地区多以加气混凝土砌块为主。

砌块可以做成空心或实心构件。砌块尺寸应符合模数，以便于组砌。

二、砌块建筑的构造

1. 砌块建筑的排列原则

（1）排列力求整齐、有规律性。

（2）纵横墙牢固组砌，以提高墙体的整体性。上下皮砌块应错缝，以保证墙体的强度和刚度。

（3）尽可能减少用粉煤灰砖、煤矸石砖、灰砂砖等补砌。

（4）充分利用吊装机械的设备能力，尽可能采用最大规格的砌块。当前应以中型砌块（20～350kg）为主。

2. 砌块建筑的构造

砌块建筑的构造与砌体结构基本相同，概括起来有以下几点：

（1）在楼层的墙身标高处加设圈梁（图4-3-1、图4-3-2），其断面尺寸应与砌块尺寸相协调，配筋按所在地区的要求选用。

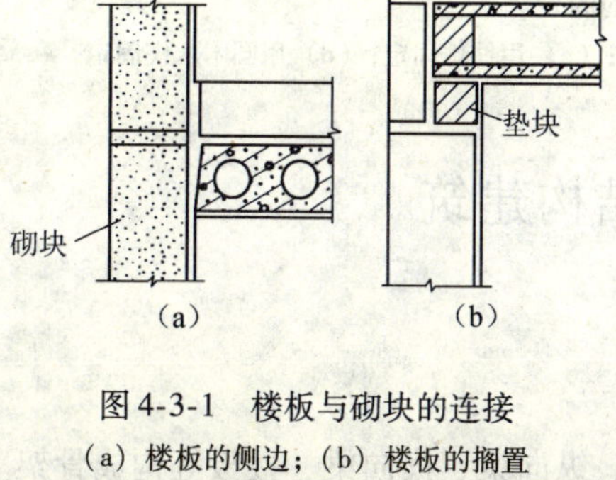

图4-3-1　楼板与砌块的连接

（a）楼板的侧边；（b）楼板的搁置

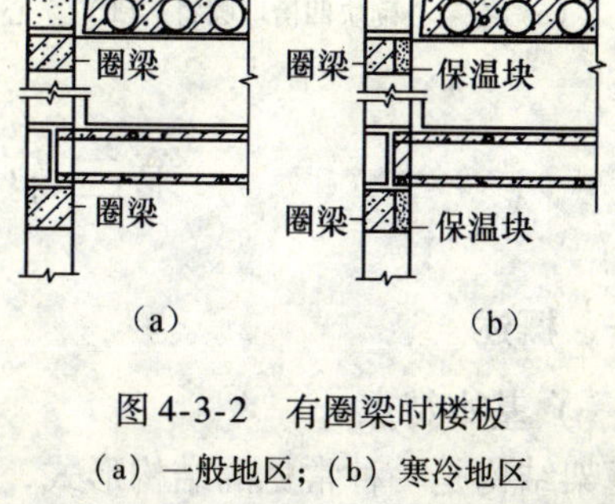

图4-3-2　有圈梁时楼板

（a）一般地区；（b）寒冷地区

（2）在外墙转角或内外交接处，应加设构造柱，其配筋为2ϕ12，或采用钢筋网片、扒钉、转角砌块等连接做法（图4-3-3～图4-3-6）。

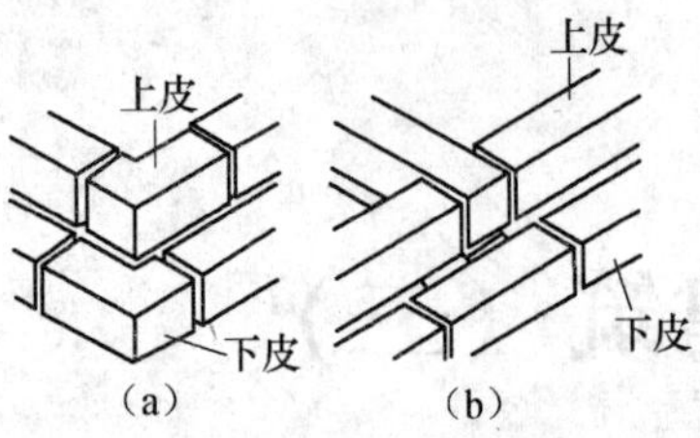

图 4-3-3　转角丁头砌块

（a）带转角砌块；（b）错缝搭砌

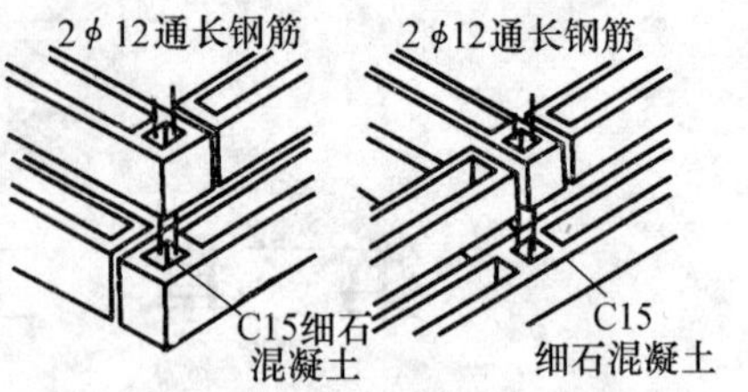

图 4-3-4　转角丁头处配筋

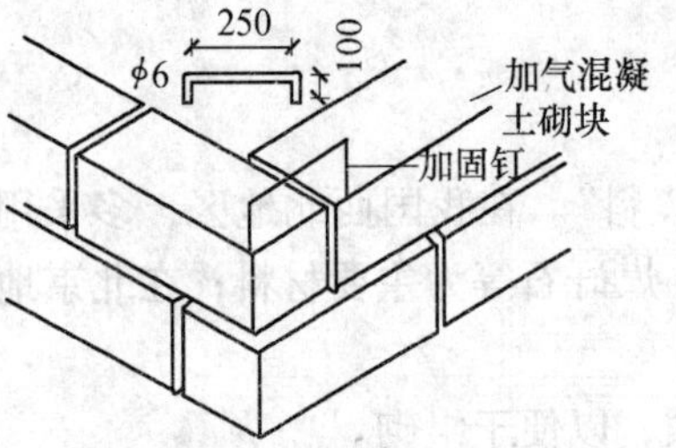

图 4-3-5　扒钉连接

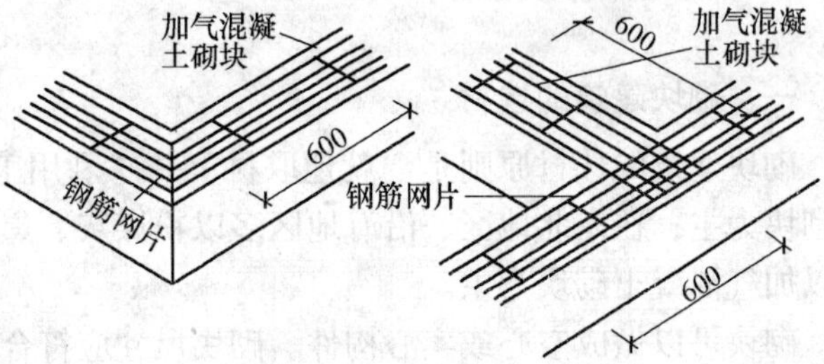

图 4-3-6　加钢筋网片

（3）砌块建筑的水平缝与垂直缝均采用20mm，若垂直缝大于40mm时，必须用C10细石混凝土灌缝。

（4）门窗过梁与窗台一般采用预制钢筋混凝土构件。

（5）门窗固定可以采用铁件锚固、膨胀木块固定，也可以采用膨胀螺栓固定（图4-3-7）。

（6）外装修可以做清水墙嵌缝，也可以采用抹灰墙面。

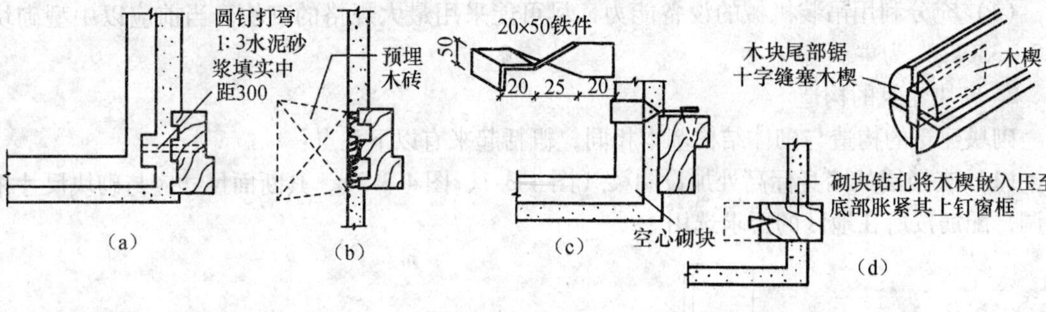

图 4-3-7　门窗框的固定

（a）在空心砌块凹槽埋圆钉；（b）实心砌块中预埋木砖；（c）用铁件固定；（d）用圆木木楔固定

第二节　框架结构建筑

一、概述

（一）基本特点

框架结构是一种常见的结构形式，一般由柱子、纵向梁、横向梁、楼板等构成骨架。框架是承重结构，墙体是围护结构。

框架结构的基本特点是承重结构和围护结构分开，围护结构重点考虑保温、防水、美观等因素。

（二）框架结构的分类

1. 按材料分

（1）钢筋混凝土框架：这是常用的结构形式。柱、梁、板均采用钢筋混凝土做成。

（2）钢框架：使用较少，仅在高层框架中采用。柱、梁均采用钢材，楼板采用钢筋混凝土板或钢板。

（3）木框架：柱、梁、楼板均采用木材制成。这种框架较少使用。

2. 按构件数量分

（1）完全框架：指由柱、纵梁、横梁、楼板组成的框架（图4-3-8）。

（2）不完全框架：指由柱、纵梁、楼板组成的框架（图4-3-9）。

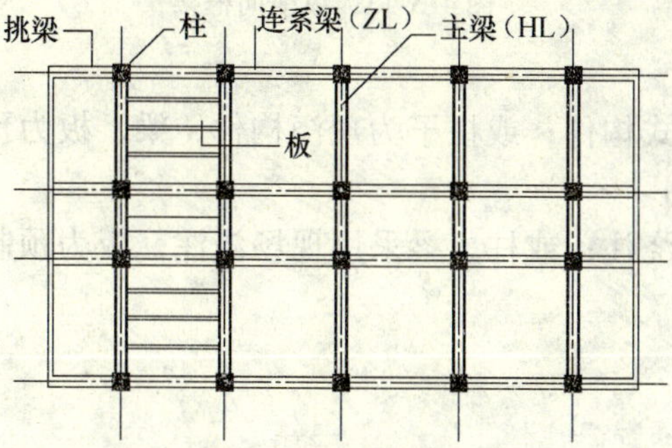

图4-3-8　完全框架

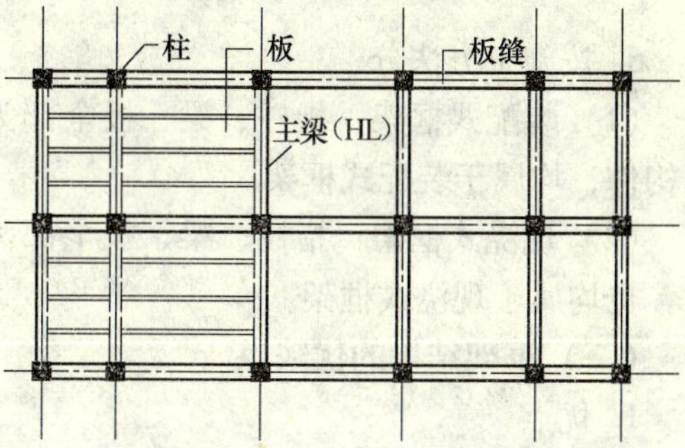

图4-3-9　不完全框架

（3）板柱式框架：指由柱、楼板组成的框架（图4-3-10）。

3. 按框架的受力分

（1）纯框架：指垂直荷载和水平荷载全部由组成框架结构的柱、梁、板承担。

（2）框架加剪力墙（简称“框剪”）：指垂直荷载和20%左右的水平荷载由框架承担，80%的水平荷载由现浇的钢筋混凝土板墙承担。

4. 按承托楼板的梁分

当采用预制楼板时，从楼板的支承构件来分，有以下几种情况：

（1）横向框架：预制楼板支承在横向梁上（图4-3-11）。横向梁是主梁，纵向梁是连系梁。

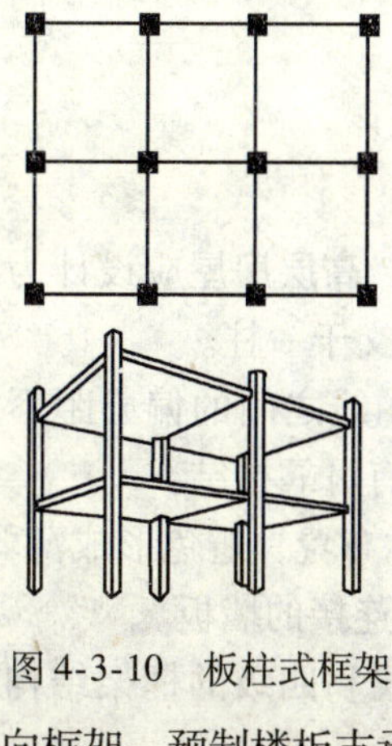

图4-3-10　板柱式框架

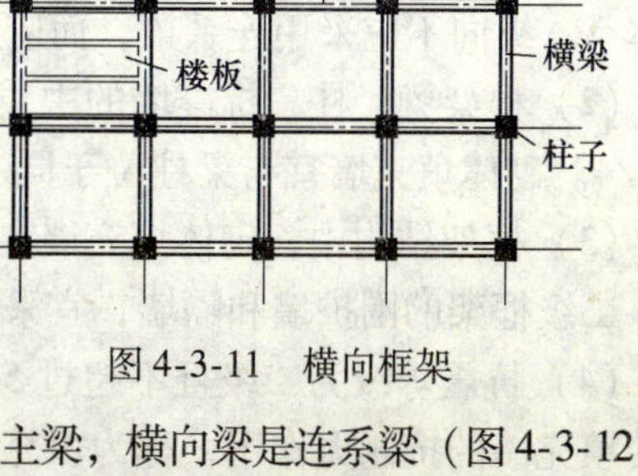

图4-3-11　横向框架

（2）纵向框架：预制楼板支承在纵向梁上。纵向梁是主梁，横向梁是连系梁（图4-3-12）。

（3）纵横向框架：预制楼板一部分支承在横梁上，另一部分支承在纵梁上（图4-3-13）。

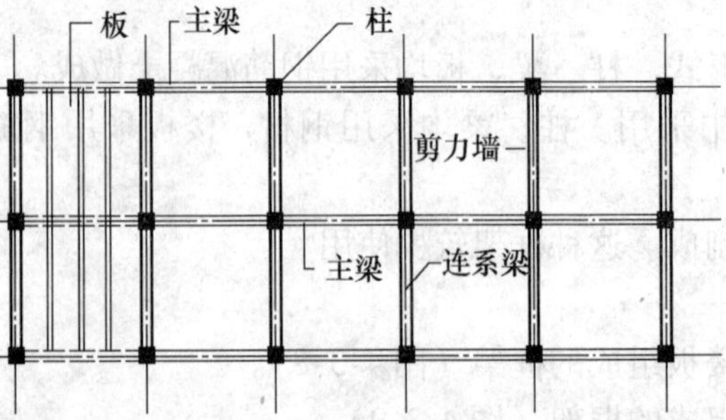

图 4-3-12　纵向框架

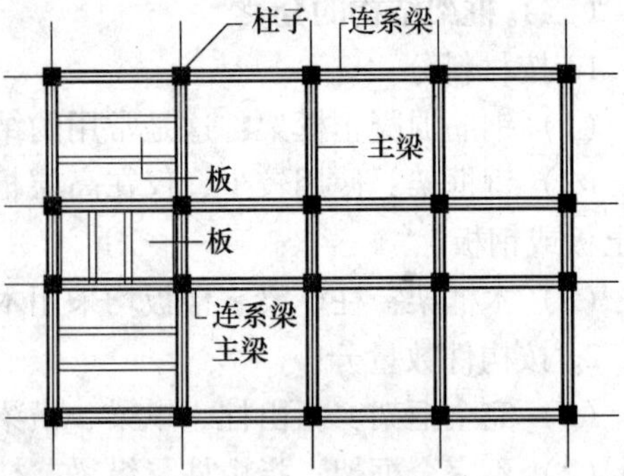

图 4-3-13　纵横向框架

5. 按施工方法分

（1）装配式框架：指柱、梁、板全部为装配式构件；或柱子为现浇构件，梁、板为预制构件，均属于装配式框架。

（2）现浇式框架：指柱、梁、板全部为现场浇注；或柱、梁采用现场浇注，板为预制时，也均属于现浇式框架。

（三）框架结构的优缺点

1. 优点

（1）自重轻：砌体结构自重为 1500kg/m^3；框架结构采用轻板的自重为 400～600kg/m^3，仅为砌体结构的 1/3。

（2）房间布置灵活：由于框架轻板建筑的承重结构为框架本身，墙板只起围护和分隔作用，因而布置比较灵活。

（3）增加了有效面积：由于选择了轻型板材，质量轻、厚度薄，相对地增加了房屋的使用面积。

（4）节省水泥用量：砌体结构的水泥用量为 90kg/m^3；框架轻板的水泥用量为 75kg/m^3。此外，为了减轻建筑自重，还可以采用一些非水泥的构件，如塑料拖布池等。

（5）有利于建筑向工业化的方向发展。

2. 缺点

（1）用钢量比砌体结构约高出 30%。

（2）采用复合墙板，构造较复杂。

（3）造价偏高。

（四）框架结构的结构布置

（1）框架结构和框架-抗震墙结构中的框架宜双向设置；高层房屋应设计为双向刚接框架体系，纵向不应采用连系梁，而应采用框架梁，避免五梁交于一柱。

（2）框架梁、柱、抗震墙的中线宜重合，框架梁与柱中线之间的偏心距不宜大于柱宽的 1/4。砌体填充墙宜与梁柱位于同一平面，居中布置，并有可靠拉结。

（3）框架结构中，砌体填充墙在平面和竖向宜均匀对称布置，避免形成薄弱层和短柱；一、二级框架的围护墙和隔墙，宜采用轻质墙或与框架柔性连接的墙板。

（4）抗震等级为二级且不超过 5 层、三级且不超过 8 层和四级的框架结构，可考虑黏土砖填充墙的抗侧力作用，称为填充墙框架结构。

（5）框架结构中设有钢筋混凝土电梯井时，井壁应紧贴框架梁布置，并按框架-剪力墙结构考虑。

二、框架结构的构件划分

（一）单梁单柱式

把框架结构中的梁、柱按每个开间、进深、层高划分成直线形的单个构件。这种划分使构件的外形简单，质量较小，便于生产，便于运输和安装，是应用较多的一种方式。在有些情况下，如吊装设备允许，也可以用直通两层的长柱和挑出柱外的悬臂梁方案（图 4-3-14）。

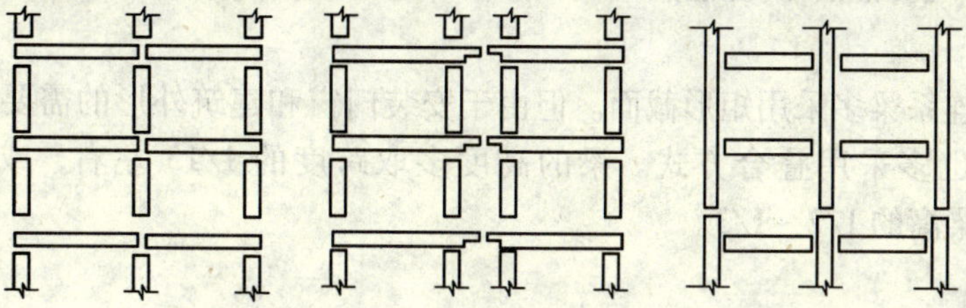

（a）　　（b）　　（c）

图 4-3-14　单梁单柱式

（a）直线式；（b）悬臂式；（c）柱两层高

（二）框架式

这种做法是将整个框架划分成若干个小的框架；这种小框架本身包括梁、柱，甚至楼板，可以做成很多种形状，如 H 形、十字形等。与单梁单柱方案比较，这种划分扩大了构件的预制范围，可以简化吊装工作，加快施工进度，接头数量少，有利于提高整个框架的刚度。但是它的构件形状复杂，不便生产、运输，安装时构件容易碰坏。同时，这种构件的质量较大，只能在运输、安装设备条件允许的情况下采用（图 4-3-15）。

（三）混合式

这是同时采用单梁单柱与框架两种形式，可以根据建筑结构布置的具体情况选用（图 4-3-16）。

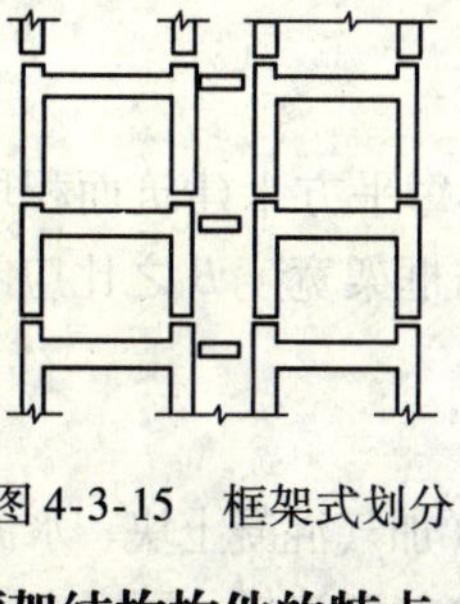

图 4-3-15　框架式划分

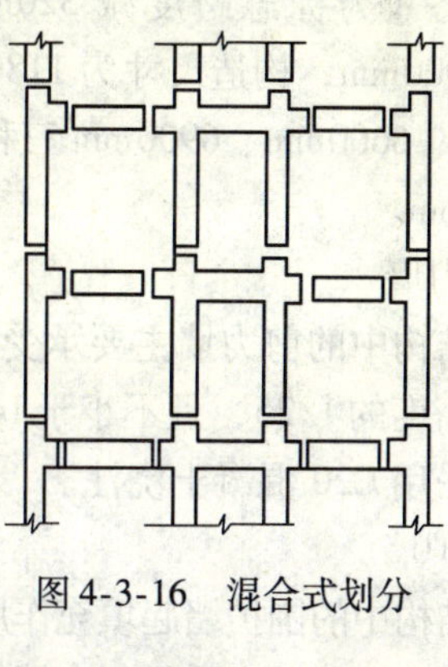

图 4-3-16　混合式划分

（四）框架结构构件的特点

1. 柱子

框架结构中的柱子一般多选用钢筋混凝土，高层框架亦可选用钢材。其断面大小与柱子的计算长度有关（计算长度用 l_0 表示，其数值大体为层高的 1.5 倍左右）。截面宽度 $b \geq l_0/30$，截面高度 h 应 $\geq l_0/25$。工程实际表明，框架结构柱子截面的最小尺寸为 400mm × 400mm，常用尺寸为 450mm × 450mm、500mm × 500mm、550mm × 550mm 等。同时还应照顾梁的截面尺寸，一般取柱宽大于梁翼缘宽 50mm 为宜。

2. 承重梁

框架结构中承重梁（又称托板梁）多采用花篮形截面，这是由于框架结构的节点均承受弯矩。施工时多采用二次浇注的方式完成（这种做法叫“叠合”）。承重梁的高度一般取跨度的 1/10 左右，梁的宽度应小于梁高的 1/2。花篮形的翼缘大小应满足板的支承长度，预制板在翼缘上的支承尺寸应不小于 80mm，翼缘厚度应不小于 80mm。工程中承重梁的宽度多采用 200mm、250mm、300mm。

3. 连系梁

框架结构中连系梁多采用矩形截面。但由于安装门窗和建筑外形的需要，常采用 L 形、Z 形等。连系梁也多采用叠合方式。梁的高度多取跨度的 1/15 左右，或比承重梁减少 100mm，梁宽为梁高的 1/2 ~ 1/3。

4. 板

框架结构中板可以采用现浇和预制两种方式。现浇板的厚度为板跨的 1/30 ~ 1/40，且不小于 80mm 厚，常用尺寸为 80mm、90mm、100mm。预制板则应根据各个地区的预制构件选用。以北京地区为例，可供框架结构选用的预制楼板有以下三种板型：

（1）预应力短向圆孔板：这种板的标志跨度为 1800 ~ 4200mm，按 300mm 进级；板的构造尺寸为标志跨度减 90mm（90mm 为板端预留构造缝）。板宽的标志尺寸为 1200mm、900mm，构造尺寸为 1180mm、880mm。板厚一律为 130mm。构件代号为 ZB 33.1、ZB 36.1 等。板间缝应不小于 40mm。

（2）预应力长向圆孔板：这种板的标志跨度为 4500 ~ 6600mm，按 300mm 进级，板的构造尺寸为标志跨度减 100mm（100mm 为板端预留构造缝）。板宽的标志尺寸为 1200mm、900mm，构造尺寸为 1180mm、880mm。板厚为 185 ~ 190mm（190mm 仅用于板跨为 6300mm、6600mm 两种板）。构件代号为 KB 60.1、KB 57.1 等。板间缝应不小于 60mm。

（3）预应力叠合长向圆孔板：这种板的标志跨度为 4500 ~ 6900mm，按 300mm 进级，板的构造尺寸为标志跨度减 320mm（320mm 为板端预留构造缝）。板宽的标志尺寸为 1200mm、900mm，构造尺寸为 1180mm、880mm。板厚为 185 ~ 190mm（190mm 仅用于板跨为 6300mm、6600mm、6900mm 三种板跨）。构件代号为 DKB 60.1、DKB 57.1 等。板间缝应不小于 60mm。

5. 剪力墙

框架结构中的剪力墙主要承受水平力。剪力墙的长度按每平方米建筑面积取 50mm，厚度取楼层高度的 1/25，且不小于 140mm，剪力墙的间距 L 与框架宽度 B 之比应不大于 4。剪力墙一般采用 C20 混凝土浇注。

6. 围护墙

框架结构中的围护墙起填充作用，以选用轻型墙体材料（加气混凝土块、水泥陶粒空心砌块、烧结空心砖等）和采用复合墙体为主。为节约土地和减少能源消耗，国家有关部门已规定不能采用烧结实心砖作框架结构的填充墙。围护墙应满足保温、防水等构造要求。

7. 分隔墙

框架结构的内墙只起分隔作用，其选材亦应以轻型材料为主（石膏板、加气混凝土块、碳化石膏板等）。分隔墙应满足隔声、防水等要求。

三、框架结构的构件连接

框架结构除少数采用现浇做法外，一般采用完全装配或部分现浇、部分装配。

装配式框架是由梁、柱、板等许多种构件连接起来形成一个整体骨架。如何确保构件连接点（即接头）的强度，对框架整体的坚固性是十分重要的。因此，节点构造是装配式框架的核心部分。

（一）接头的种类

1. 按施工方法分

（1）湿接头：预制构件是靠预埋钢板和现浇混凝土连接为整体的，一般多采用装配整体式接头。

（2）干接头：这类接头的特点是不需浇注混凝土，避免了湿作业，一般采用焊接或螺栓连接。

（3）预应力接头：用于梁、柱接头。梁与梁、梁与柱之间是靠梁端设置负弯矩筋产生预加应力，使接头连接为整体的。

2. 按接头受力分

（1）刚性接头：在外力作用下，这种接头可以承受弯矩，也叫做抗弯接头。一般的形式是钢筋混凝土装配整体式接头。

（2）铰接接头：这种接头只可以承受纵向力和横向力，不能承受弯矩。铰接接头是用螺栓连接或焊接连接的。

（二）节点连接的做法

1. 柱子与基础的连接

框架结构的基础，一般采用柱下独立基础。柱与基础的连接有很多种形式，经常采用的有以下几种：

（1）杯形基础：在柱子下做阶梯形或锥形的杯形基础。利用基础的预留杯口，承插预制柱（图 4-3-17）。在预制钢筋混凝土柱下用杯形基础是最普通的形式。它的做法是：

在浇灌基础混凝土时，预先留出杯口。杯口的深度由柱子所需要的锚固深度来决定。

当 $h \geqslant 1000$mm 时，H 应满足下列条件：$H_1 \geqslant h$，$H_1 \geqslant 20d$（d 为受力钢筋直径），$H_1 \geqslant 0.05L$（L 为吊装时柱子的长度）。当 $h < 1000$mm 时，$H_1 \geqslant 0.8h$，$H_1 \geqslant 1000$mm。

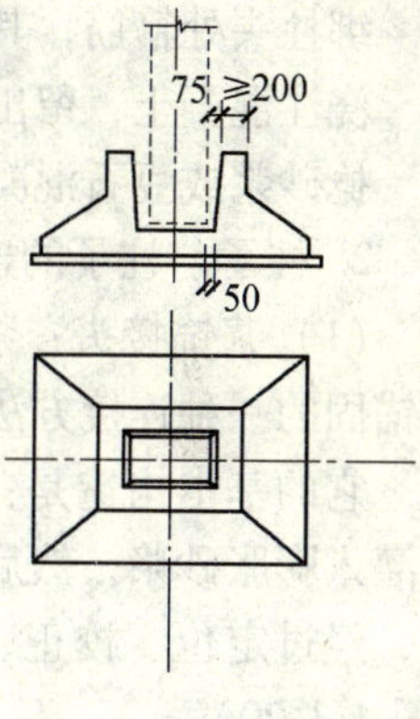

图 4-3-17　杯形基础

此外，杯口底应抹找平层，并在吊装柱时，柱底要坐浆，总厚度一般为 50mm。

杯口的宽度，一般是上大下小。下口四周比柱各宽出 50mm，上口宽出 75mm，以便于安装和校正柱子的位置及浇注混凝土。

插入杯口的柱子，经校正就位后，应临时在柱子的四周用木楔卡好，再用不小于 C20 的细石混凝土灌注，直至混凝土有足够的强度后，拔掉木楔并灌注这部分混凝土。

（2）浆锚基础：对于轴心受压柱和小偏心受压柱，可采用浆锚基础。浆锚基础是在基础顶面预留浆锚孔，浆锚孔的直径应大于 2.5 倍柱内受力钢筋的直径，并且不小于 50mm。浆锚孔的深度应根据柱的偏心大小及锚固的要求来决定。此外，还应考虑 50mm 厚的砂浆层。

柱内伸出的钢筋应用螺纹钢筋，伸出长度即为要求锚固的长度（35d）。施工时在浆孔内预先灌入膨胀水泥砂浆，然后将上柱插入。待砂浆达到一定的强度以后，再吊装上部结构（图 4-3-18）。

（3）短柱基础：短柱式基础是把基础与柱同时浇注，柱的长度应高出地面 800 ~ 1000mm，再与上部柱子进行连接（图 4-3-19）。

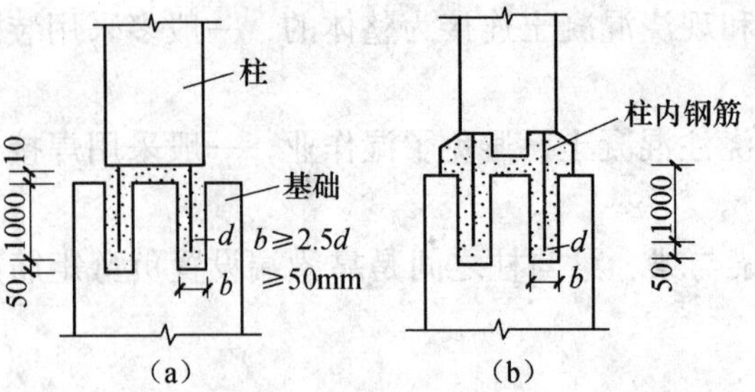

图 4-3-18　浆锚基础

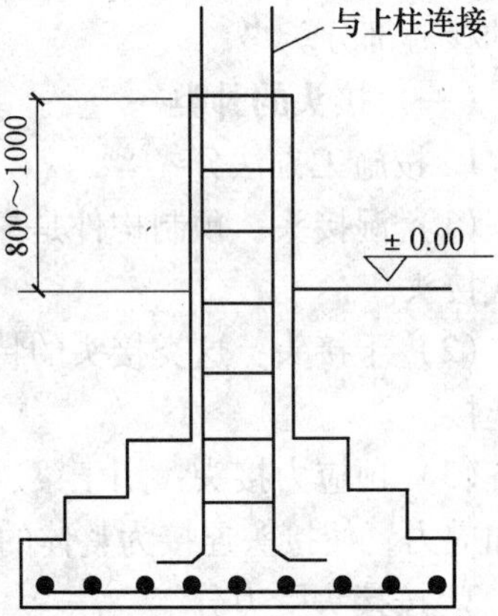

图 4-3-19　短柱基础

北京地区的连接做法程序是：

基础预留连接钢筋，其长度为 35d（d 为钢筋直径）。

吊上柱，在小柱头及连接钢筋处焊接。小柱头四周应满焊。钢筋搭接处应至少焊接 8d。

绑柱头处箍筋，其间距为 100mm 或数量不少于 5 根。

浇注混凝土，留出 20 ~ 30mm 捻浆层。

捻砂浆或豆石混凝土。

2. 柱子与柱子的连接

（1）浆锚接头：浆锚接头是用高强快硬膨胀砂浆将柱内钢筋锚固的一种连接方法。

它的基本构造是：在下柱的顶端预留孔洞，安装时先在洞中灌入膨胀砂浆，然后将上柱伸出纵筋（应该用螺纹钢筋）插入，经过定位、校正、临时固定，待砂浆硬结后形成刚性连接（图 4-3-20）。

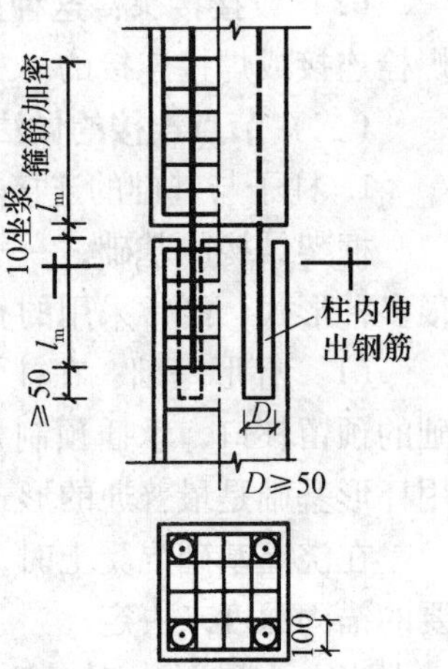

图 4-3-20　浆锚接头

采用浆锚接头，应保证上柱伸出的钢筋对准下柱的预留孔。预留孔的直径应大于两倍钢筋直径，并且不小于 50mm。这样，就可以使配筋有一定厚度的保护层。

浆锚孔的深度取决于配筋的锚固长度（l_m）。为了增加节点强度，在上柱与下柱之间应增加构造焊网不少于两片，以防止柱头因应力集中而劈裂。锚固砂浆的强度应不低于 M5。在有条件时，应采用特制水泥配制的浆锚砂浆。这种砂浆具有高强、快硬、膨胀的特点。

上下柱之间的接缝要坐浆。坐浆砂浆的强度等级应不低于构件的强度等级。要控制坐浆的厚度，一般以 10mm 为宜。

浆锚接头只在轴心受压和小偏心受压（$l_0 \leqslant 0.3h_0$）柱中使用。

（2）榫式接头：榫式接头是普遍采用的形式。它的基本构造是把柱端做成榫头，并伸出钢筋。安装时榫头坐落在下柱的顶上，经校正就位后，上下柱伸出的钢筋互相焊接，加上箍筋，然后支模，并浇灌混凝土，使上下柱连成一个整体（图 4-3-21）。

与浆锚接头相比，这种接头主要靠榫头和焊接的钢筋受力，考虑后浇混凝土的共同工作。因此，榫头坐浆的密实和钢筋焊接的质量是重要的。

榫头下坐浆要密实，以保证荷载的传递。砂浆强度等级可以比构件提高一级，厚度不超过 10mm 为宜。

上下柱伸出钢筋总长约在 250～500mm 之间，上下柱筋的焊点宜选在中间。节点后浇混凝土除对钢筋起保护作用外，它的受力作用不可忽视，必须保证新旧混凝土共同工作。要避免因后浇混凝土的干缩而产生与构件间的裂缝。为此，一般后浇混凝土强度等级比构件的混凝土强度等级要提高一级。

这种接头为湿作业。它的优点是省钢材，焊接量少，不锈蚀，节点刚度大，强度比较可靠。缺点是工序复杂，工期较长。

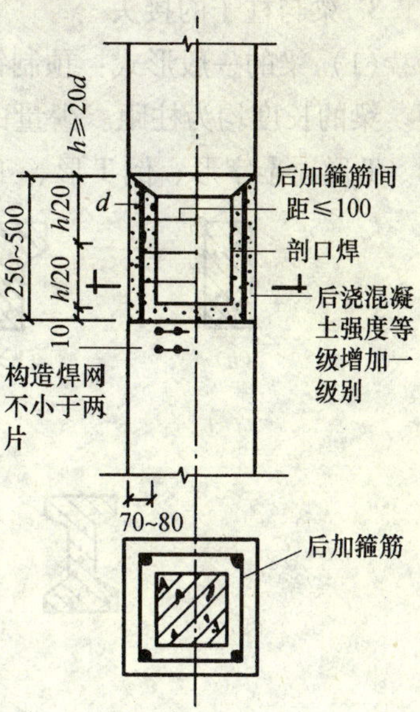

图 4-3-21　榫式接头

（3）焊接接头：两个构件利用预埋铁件和附加铁件通过焊接连接。它的主要优点是施工简单、方便，不需养护。焊接以后，钢筋立即受力，有利于快速施工。由于这种接头完全避免了湿作业，所以叫做“干接头”（图 4-3-22）。

柱与柱用焊接连接的做法是将柱中的纵向钢筋焊在由钢板或角钢焊成的钢帽上。上下柱对接后，再贴焊钢板，将上下柱连接在一起。如果柱帽的缝隙均匀，也可不焊贴钢板，直接在钢帽沿边焊接。为了防止预埋铁件及焊缝的锈蚀，应该涂刷防锈漆，或用砂浆层保护。

这种钢帽焊接接头耗钢量大，焊接量多，在焊接时高温容易损坏混凝土。

（4）叠压式接头：这曾是北京地区采用的一种主要接头做法（图 4-3-23）。

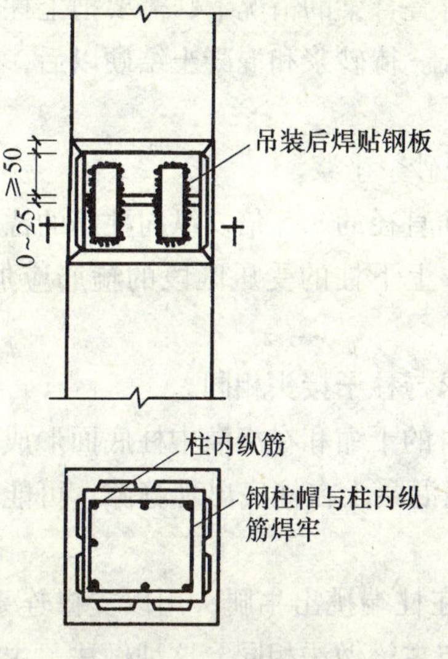

图 4-3-22　焊接节头

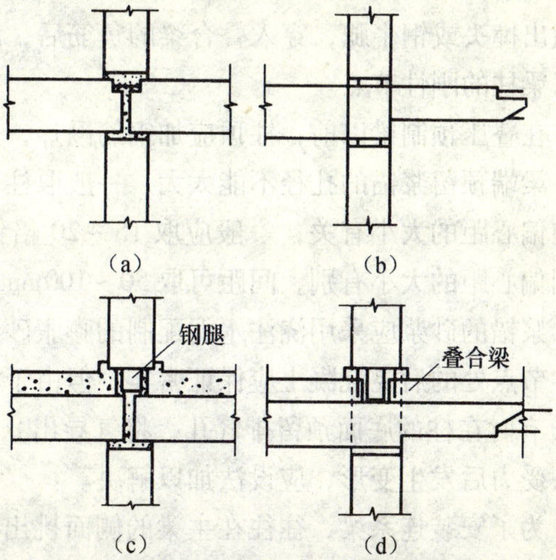

图 4-3-23　叠压式接头

（a）非叠合梁在柱间对接；（b）非叠合梁在柱间贯通；
（c）叠合梁在柱间对接；（d）叠合梁在柱间贯通

3. 梁与柱子的接头

（1）梁的一般形式：预制钢筋混凝土梁一般均为简支梁。这样，制作、运输都比较方便。梁的长度均为柱距。少量的也可采用在柱顶贯通，形成悬臂梁。梁的断面形式有花篮形、T形、十字形、倒T形、工字形及预应力钢筋混凝土空腹梁等（图4-3-24）。

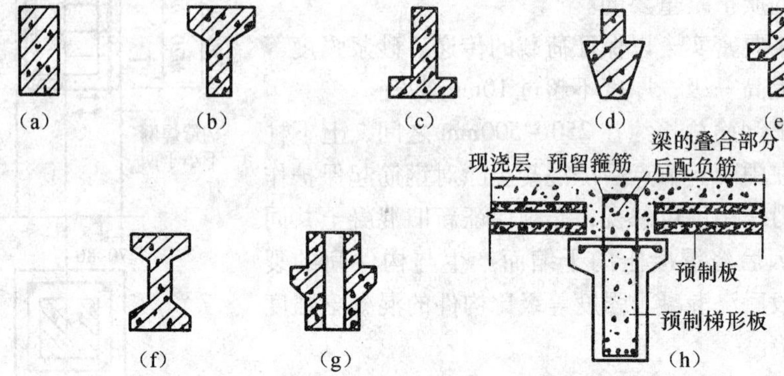

图4-3-24　梁的类型

（a）矩形梁；（b）T形梁；（c）倒T形梁；（d）花篮梁；（e）十字梁；（f）工字梁；（g）预应力空腹梁；（h）叠合梁

目前，在楼板荷载较大的情况下，很多工程采用叠合梁的做法。这种叠合梁一般是由预制与现浇两部分组成。在预制梁的顶面上预先留出箍筋，在梁的两侧搭好楼板以后，在箍筋内配以承受负弯矩的钢筋，再浇注混凝土，使梁成为整体。叠合梁的优点是兼有预制和现浇的优越性，既能快速安装，又能保护整体性，可以减轻预制梁的自重，相对加大房间净高，而且不需要支模板。

（2）浆锚叠压式接头：这种做法的基本构造是将梁（一般是主梁）压在柱顶上，叠压的梁可以贯通，也可以在柱顶对接，上层柱再压在梁的端部。浆锚是在梁端预留圆孔，上下柱的纵筋在孔内插入，灌入膨胀砂浆，将柱筋锚固。在有叠合梁的情况下，需要把上柱的下端做出榫头或钢牛腿，穿入叠合梁的负筋后，灌注混凝土。待砂浆和混凝土结硬以后，就形成了梁柱的刚性节点。

在叠压预制梁以前，柱顶应加钢筋网片，用M5水泥砂浆坐浆。

梁端预留浆锚的孔径不能太大，一般取柱中纵向钢筋直径的3.5倍。纵向柱筋的锚固长度与偏心距的大小有关，一般应取15～20倍钢筋直径。上下柱的受压区段的箍筋应加密，又因偏心距的大小有别，间距可取50～100mm。

浆锚的砂浆应采用浇注水泥配制的膨胀砂浆，其要求与柱子接头相同。

节点处的后浇混凝土应保证密实，但由于混凝土本身的干缩和在浇灌中柱底面形成的气泡（有时在柱的底面预留排气孔，将气导出），致使后浇混凝土在柱底出现缝隙，可能造成接头受力后发生变形，应设法加以解决。

为了安装连系梁，往往在主梁的侧面挑出角钢，或在柱端挑出牛腿，用以支撑连系梁。连系梁也可以做成叠合式的，负筋后加，由柱顶穿过，与主梁做法相同。这种做法，主梁及连系梁都构成连续的整体梁，结构的整体性好，但节点构造比较复杂（图4-3-25）。

有时也可用卡口板代替连系梁，在有叠合梁或没有叠合梁的情况下，均可应用。卡口板的卡口应与柱同宽，板的端头搭在主梁上。通过板端伸出的钢筋或预埋铁件互相焊接。采用卡口板使节点构造简化，而且底面平整；但板本身的外形复杂，不便制造，并且增加了构件的类型（图4-3-26）。

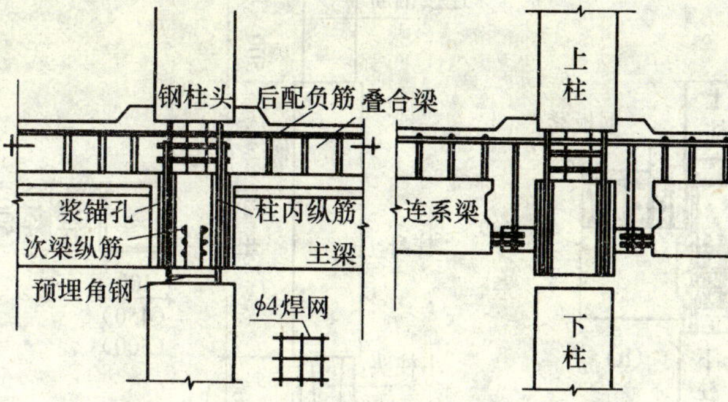

图4-3-25　浆锚接头

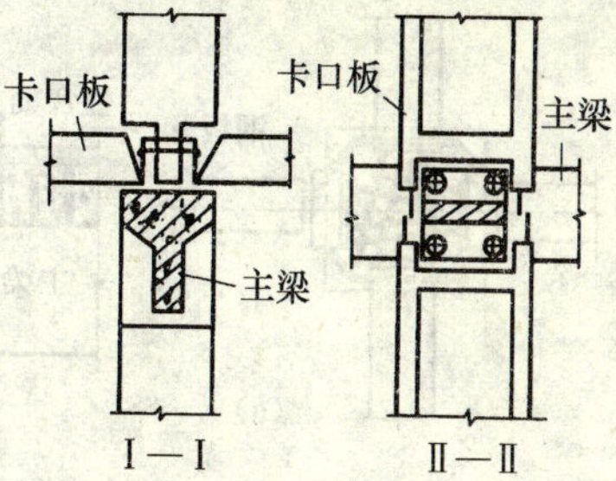

图4-3-26　卡口板

梁与柱的叠压部分要严格掌握坐浆，不得干摆浮搁。坐浆要密实，厚度以20mm为宜。

由于梁的挠度或支撑拆除过早会产生下垂，这将致使梁与柱顶发生水平离缝。此外，节点与上柱底面，由于混凝土的干缩和空气不能排出造成的气泡也会形成缝隙。这些梁柱的脱空面积，有时会达到柱面积的25%～75%。该现象严重影响了结构的强度，必须加以处理。

采用补强的方法有：

环氧树脂补强，适于离缝较小（<3mm）时采用。

对于较大离缝，可在环氧胶液中加入滑石粉或水泥粉作为填充料，可以增加稠度，对于填满空隙有一定的好处。

也可以用环氧树脂与水泥配制的砂浆填塞较大的离缝。

此外，可将素水泥浆用压力灌入。

叠压浆锚的节点，具有构造简单、省钢材、焊量小等优点，但仅适用在常温下施工。

（3）整体式接头：整体式梁柱接头是把上下柱、纵横梁的钢筋都伸入节点，加配部分箍筋，然后用混凝土浇注成一个整体。这种节点除临时固定外，几乎没有什么焊接量，施工方便。与叠压浆锚接头相比较，对构件精度要求低。它的最大优点是梁、柱在节点处都浇注成一个整体，刚度大，整体性好。

整体式接头的基本构造是：在下层柱子的顶端四边预留角钢，在搭梁时焊接固定，下柱的四角伸出纵向钢筋与上柱下伸的纵筋搭接。

主梁与连系梁均搭在柱边临时焊接，梁端主筋伸出并弯起，在主梁的端头预埋有角钢焊成的钢架，用以支撑上层柱子，一般叫它为“钢板凳”。叠合梁的负筋全部穿好以后，再配以箍筋，浇注混凝土，这种做法叫“整体式接头”。

节点处的后浇混凝土强度等级，应比构件的混凝土提高一级。

由于连系梁的断面比主梁小，要使纵横梁的上平一致，必须将连系梁提高，也可以在柱顶处把“钢板凳”提高，进而提高连系梁（图4-3-27）。

（4）叠压式接头：叠式接头属于装配整体式节点，它是北京地区采用的做法。DZ_1 型适用于无抗震设防要求或设计抗震烈度为 7 度的框架结构，DZ_2 型适用于设计抗震烈度为 8 度的框架结构。叠压式接头的柱子如图 4-3-28 所示。

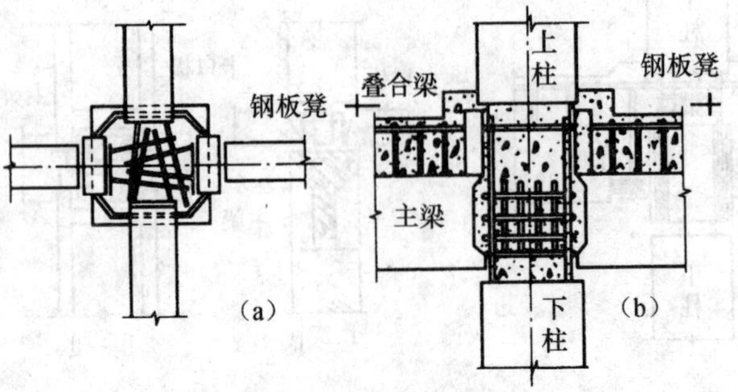

图 4-3-27　整体式接头

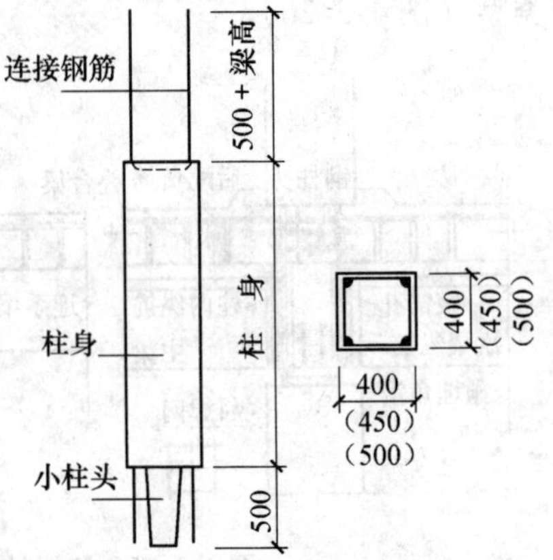

图 4-3-28　柱子外形

柱子的断面一般为 400mm×400mm、450mm×450mm、500mm×500mm、550mm×550mm。

小柱头的截面尺寸应不小于 120mm×120mm。柱顶端应有埋件。

节点核心区的箍筋宜采用预制的焊接封闭骨架，箍筋直径一般不小于 6mm，间距不大于 100mm，且数量不少于 5 根。

叠压式节点的构造程序是（图 4-3-29）：

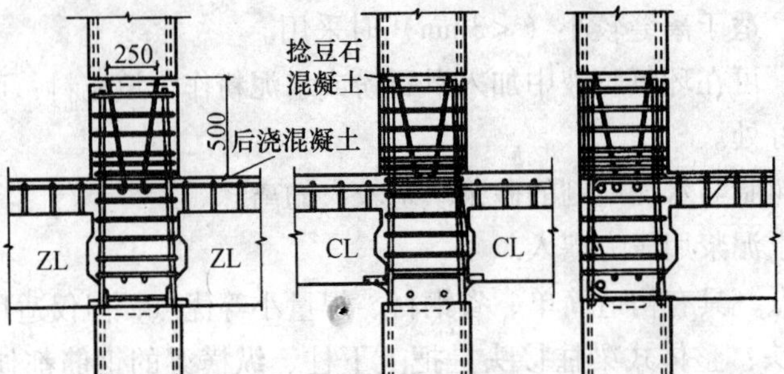

图 4-3-29　叠压式接头

（a）中柱主梁；（b）中柱次梁；（c）边柱

主梁梁身压柱不小于 50mm，梁身下部钢筋对齐、施焊，其焊缝长度不得小于 $8d$。

将小柱头的预埋钢板与柱子预埋件焊接。

梁身空间内加箍筋，一般不少于 5 根。

吊装楼板，穿负弯矩钢筋。

第一次浇注混凝土，其强度等级应比构件的强度等级提高一级，并加设焊小柱头用的埋件。

（5）其他接头：梁与柱子的接头，除上述几种做法外，还有长柱式接头、挑牛腿接头等，如图 4-3-30、图 4-3-31 所示。

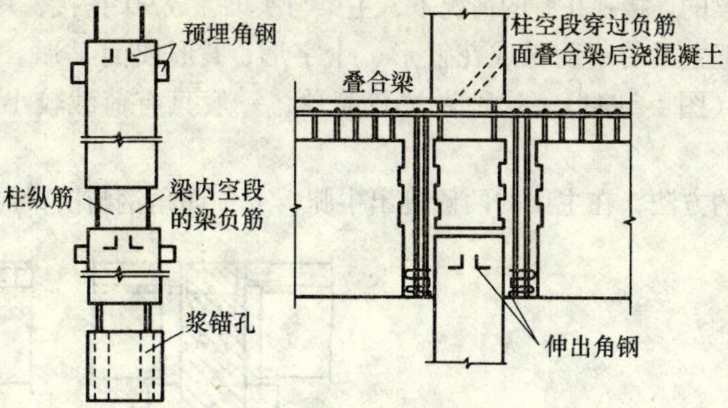

图 4-3-30　长柱式接头

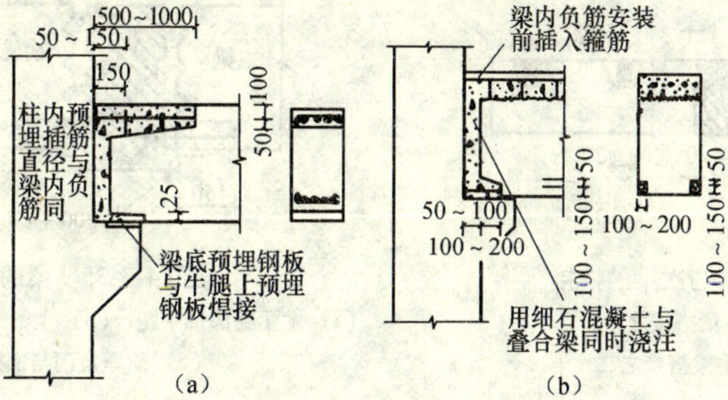

（a）　（b）

图 4-3-31　挑牛腿接头

（a）非叠合梁做法；（b）叠合梁做法

4. 梁与梁的接头

梁与梁的连接有两种情况：一种是主梁与主梁的连接；一种是主梁与次梁的连接。

（1）主梁与主梁的连接：一般应在反弯点处接头，连接的基本方法是把梁内的预留钢筋或预埋铁件互相焊接，然后浇注混凝土。其做法有两种：

搭接：是把两根梁的端部做成企口，安装时互相搭接，梁内伸出的钢筋互相对焊。在对接的上下缺口处后浇混凝土。这种接头搭接方便，施工简单；缺点是下部缺口混凝土不便浇注。当梁的两端都有挑头，并且梁从中段嵌入时，多使用这种接头（图 4-3-32）。

对接：主梁与主梁的对头连接，多用于两个悬臂梁的接头处。梁内主筋对焊，梁的间隙处灌注混凝土（图 4-3-33）。

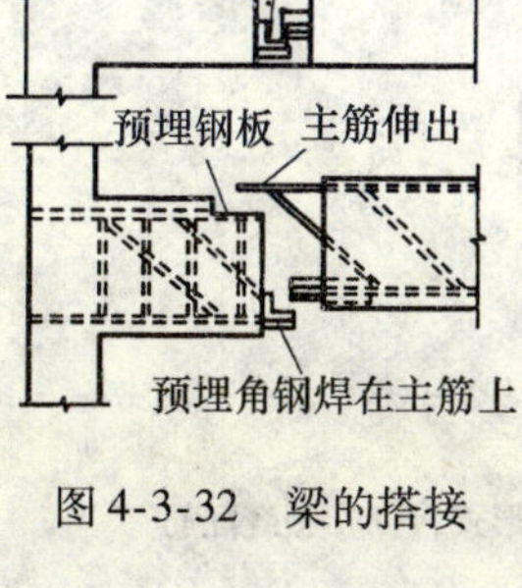

图 4-3-32　梁的搭接

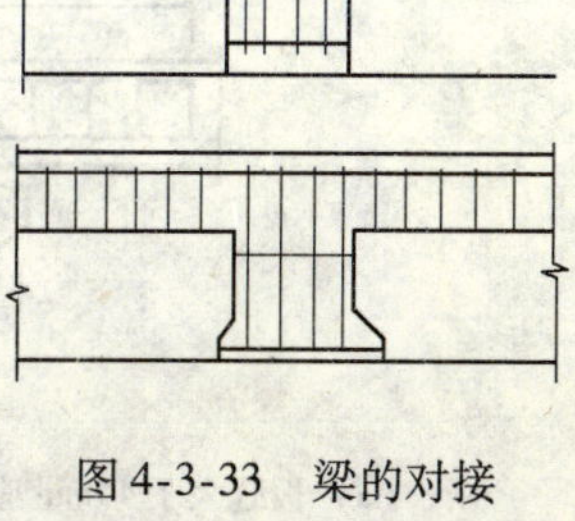

图 4-3-33　梁的对接

（2）主梁与次梁的连接：在有的情况下，主梁与次梁须成90°搭接，其连接方法有多种：

简单的做法是把主梁的断面做成花篮形、十字形、T形或倒T形。在主梁接头面上坐浆，直接搁置次梁（图4-3-34）。这种做法较简单，一般只有荷载较小，无振动的情况下采用。

也可以用牛腿的方法，在主梁的两侧挑出牛腿，或预埋角钢与次梁焊接（图4-3-35）。

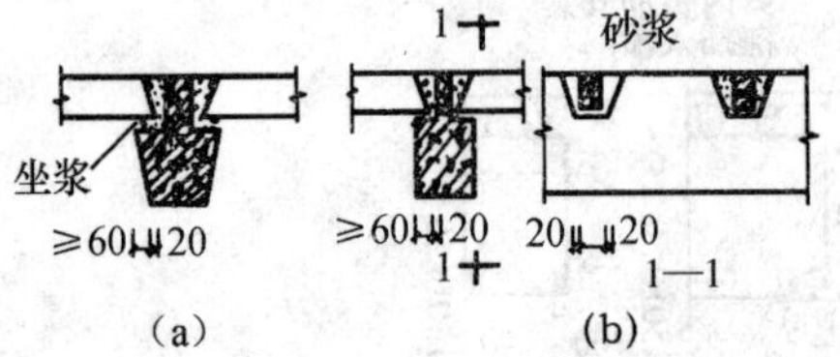

图4-3-34　主梁与次梁的搭接

（a）花篮形主梁搭接之一；

（b）花篮形主梁搭接之二

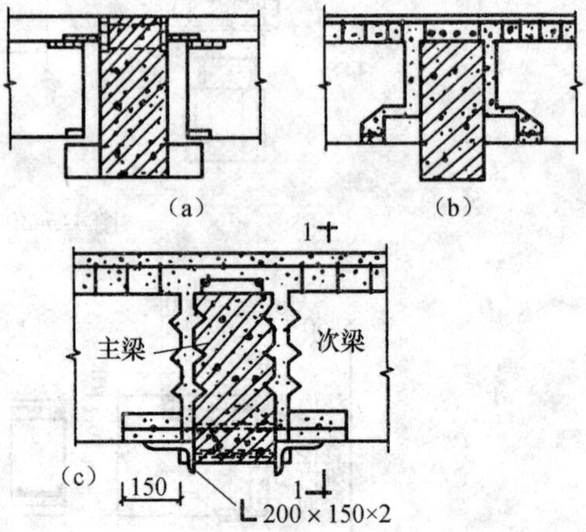

图4-3-35　梁的搭接

（a）主梁底部挑牛腿；（b）主梁中部挑牛腿与次梁平；

（c）预埋角钢与次梁焊接

5. 板与板的连接

板与板之间一般没有互相搭接的关系。板与板之间的缝隙必须加以处理，其目的在于加强板的整体性。有的也利用板缝穿过暖、卫、水、电或其他管线设备，在排板时应预留和拉开板缝。

对预制楼板施工的基本要求是：搭稳放平，灌缝严密。搭板前应在梁上抹好找平层，搭板前板底要坐浆，也有在坐浆中加入促凝剂和108胶，以加强板与梁的连接。板缝要用不低于C20的细石混凝土灌实。

为了加强楼板的整体性，可以根据情况采取下列措施：

（1）一般的板缝都要用混凝土灌缝，还应根据计算配置钢筋，一般每100mm板缝宽配1ϕ10钢筋即可，如图4-3-36（a）所示。较宽的板缝配筋如图4-3-36（b）所示。

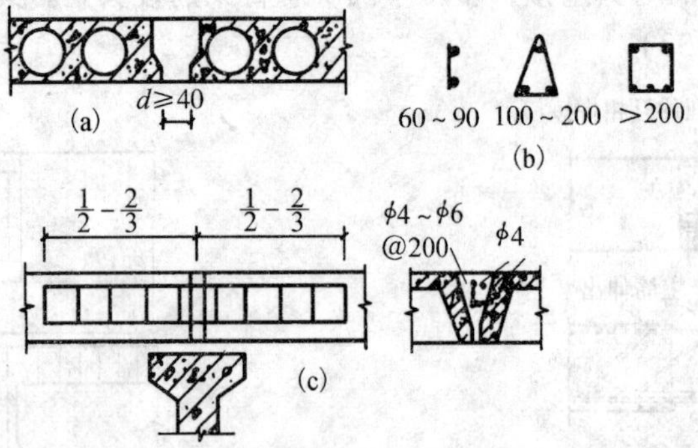

图4-3-36　板的搭接

（a）板缝大于40mm应加配筋；（b）较宽板缝的配筋形式；（c）板缝配筋

（2）板缝配筋。

（3）拉开板缝加配筋：这种方法经常是在楼板的承载力不足时采用的一种加强措施。板缝的宽窄及配筋的多少，应该根据板的承载能力计算确定。

（4）拉大板缝加现浇层：拉大板缝并在板上做现浇混凝土层，是为了形成一个 T 形梁与预制板共同工作。现浇层的厚度不小于 40mm，板中配筋为$\phi 6$，间距 200mm 双向。

（5）在采用叠合梁的情况下，预制板端伸出的钢筋（俗称“胡子筋），插入叠合梁内，浇注混凝土后锚固。

（6）板端除将伸出的钢筋锚固外，还需要将圆孔板作堵头处理，一般是把堵头退入板端 40mm。这样，在浇注混凝土以后就形成销键，增加板间的连接。

第三节　装配式大板建筑

装配式大板建筑是工业化建筑体系中的一个重要建筑类型。我国的大板建筑研究试建始于 1959 年，并在全国各地都进行了试点。我国北方地区以实心大板为主，南方地区以空心大板为主。

一、大板建筑的定义

大板建筑是大楼板、大墙板、大屋顶板的简称，其特点是除基础以外，地上的全部构件均为预制构件，通过装配整体式节点连接而建成的建筑。大板建筑的构件有内墙板、外墙板、楼板、楼梯、挑檐板和其他构件。

二、大板建筑的主要构件

（一）外墙板

横墙承重下的外墙板是自承重或非承重的。外墙板应该满足保温隔热、防止风雨渗透等围护要求，同时也应考虑立面的装饰作用。外墙板应有一定的强度，使它可以承担一部分地震荷载和风荷载。山墙板是外墙板中的特殊类型，它具有承重、保温、隔热和立面装饰作用。

墙板可以是用同一种材料制作的单一板，也可以是由两种以上材料制作的复合墙板。复合墙板由以下层次构成：

1. 承重层

它是复合墙板的支承结构，在墙板的内侧，这样可以减少水蒸气对墙板的渗透，从而减少墙板内部的凝结水。承重层可以用普通钢筋混凝土、轻骨料混凝土等制作。

2. 保温层

保温层处在复合墙板中间的夹层部位，一般用高效能的无机或有机的隔热保温材料做成，如加气混凝土、泡沫混凝土、聚苯乙烯泡沫塑料、蜂窝纸以及静止的空气层等。

3. 装饰层

它是复合板的外层，主要起装饰、保护和防水作用。装饰层的做法很多，经常采用的有：水刷石、干粘石、陶瓷锦砖、面砖等饰面；也可以采用衬模反打，使混凝土墙板带有各种纹理、质感；还可以采用 V 形、山形、波纹形和曲形线的塑料板和金属板饰面。

外墙面的顶部应有吊环，下部应留有浇注孔，侧边应留键槽和环形筋。图 4-3-37 为一般外墙板外观，图 4-3-38 为阳台处外墙板的外观。

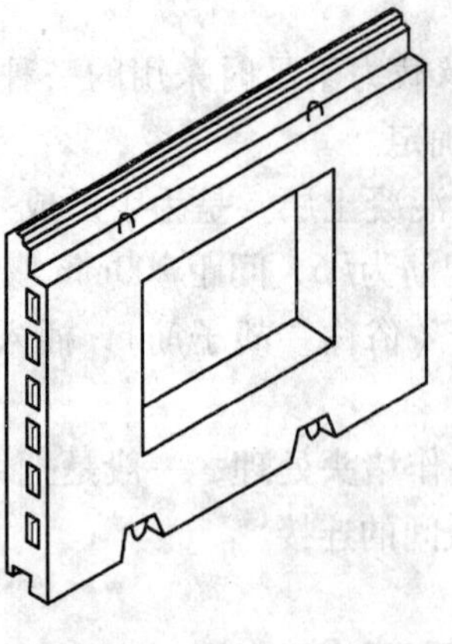

图 4-3-37　一般外墙板

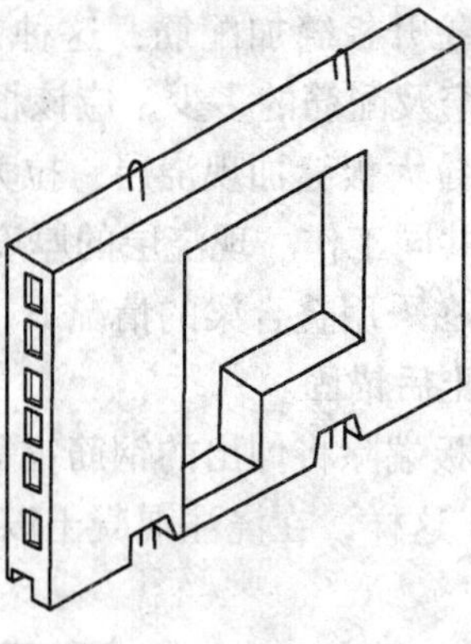

图 4-3-38　阳台处外墙板

（二）内墙板

横向内墙板是建筑物的主要承重构件，要求有足够的强度，以满足承重的要求。内墙板应具有足够的厚度，以保证楼板有足够的搭接长度和现浇的加筋板缝所需要的宽度。横向内墙板一般采用单一材料的实心板，如混凝土板、粉煤灰矿渣混凝土板等。

纵向内墙板是非承重构件，它不承担楼板荷载，但与横向内墙相连接，起主要的纵向刚度的保证作用，因此也必须保证有一定的强度和刚度。实际上纵向墙板与横向墙板需要采用同一类型的板。

图 4-3-39 为内墙板的外观。

（三）隔墙板

隔墙板主要用于建筑物内部房间的分隔板，没有承重要求。为了减轻自重，提高隔声效果和防火、防潮性能，有多种材料可供选择，如钢筋混凝土薄板、加气混凝土板、碳化石灰板、石膏板等（图 4-3-40）。

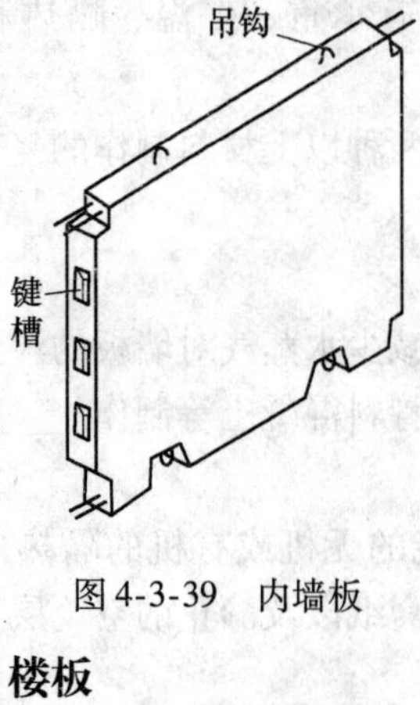

图 4-3-39　内墙板

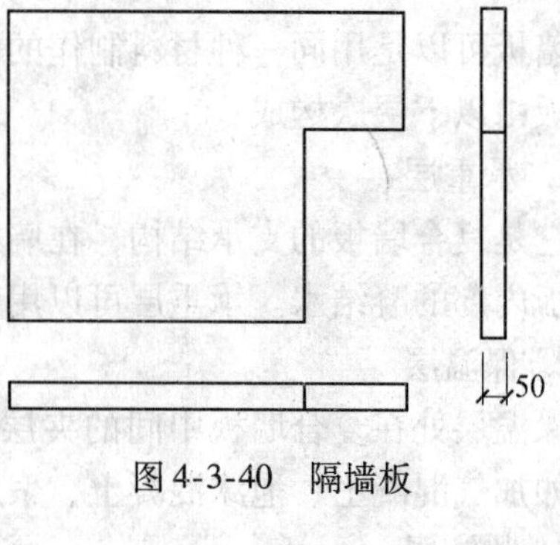

图 4-3-40　隔墙板

（四）楼板

楼板可以采用钢筋混凝土空心板，也可以采用整块的钢筋混凝土实心板。

目前北京地区以采用整间钢筋混凝土实心板为主。这种板厚 110mm。四边预留有胡子筋，安装时与相邻构件焊接。

在地震区，楼板与楼板之间、楼板与墙板之间的接缝，应利用楼板四角的连接钢筋与吊环互相焊接，并与竖向插筋锚接。此外，楼板的四边应预留缺口及连接钢筋，并与墙板的预埋钢筋互相连接后，浇注混凝土。

连接钢筋的锚固长度应不小于 $30d$。坐浆强度等级应不低于 M10，灌注用的豆石混凝土不应低于 C15，也不应低于墙板混凝土的强度等级。

楼板在承重墙上的设计搁置长度不应小于 60mm；地震区楼板的非承重边应伸入墙内不小于 30mm。

图 4-3-41 为实心楼板详图。

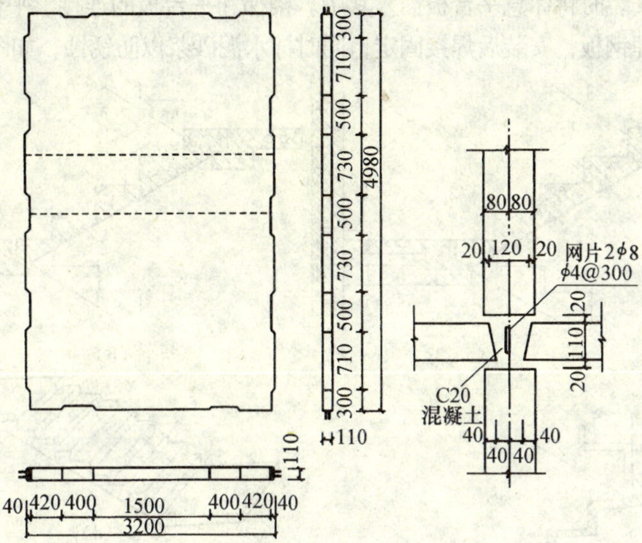

图 4-3-41　实心大楼板

（五）阳台板

一般阳台板为钢筋混凝土槽形板，两个肋边的挑出部分压入墙内，并与楼板预埋件焊接，然后浇注混凝土。阳台上的栏杆和栏板也可以做成预制块，在现场焊接。

阳台板也可以由楼板挑出，成为楼板的延伸。

图 4-3-42 为楼板延伸阳台板的详图。

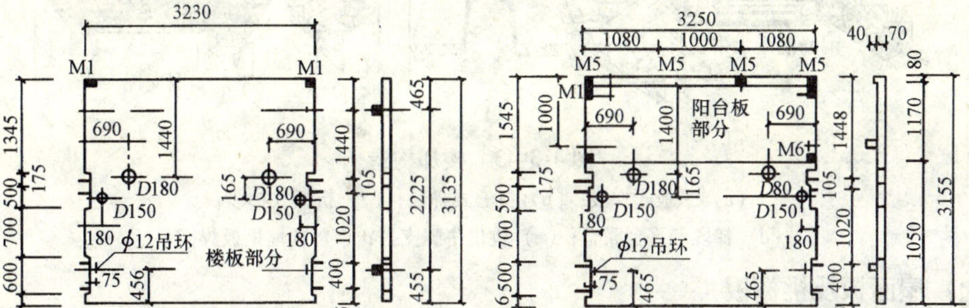

图 4-3-42　楼板延伸阳台板详图

（六）楼梯

大板建筑的楼梯均采用预制楼梯。一般将楼梯平台与楼梯梯段均做成单个构件。常用的平台做成槽形板或空心板，楼梯段做成平板式，如图 4-3-43（a）所示。为减轻构件自重，可将楼梯踏步做成空心的或折板式的，如图 4-3-43（b）、（c）所示。除了把平台和梯段分开各做一个构件外，也可以把梯段和平台联合成一个构件，如图 4-3-43（d）所示。楼梯休息平台一般搁置在楼梯间横墙钢筋混凝土支托（牛腿）或钢支托上，如图 4-3-43（e）所示，也可在楼梯间横墙上预留洞，安装时将休息平台板插入其中。楼梯和平台板的连接、平台板与横墙板的连接除搁置外，均需预埋钢板，安装后焊接固定，同时抹水泥砂浆以防锈蚀，如图 4-3-43（f）所示。

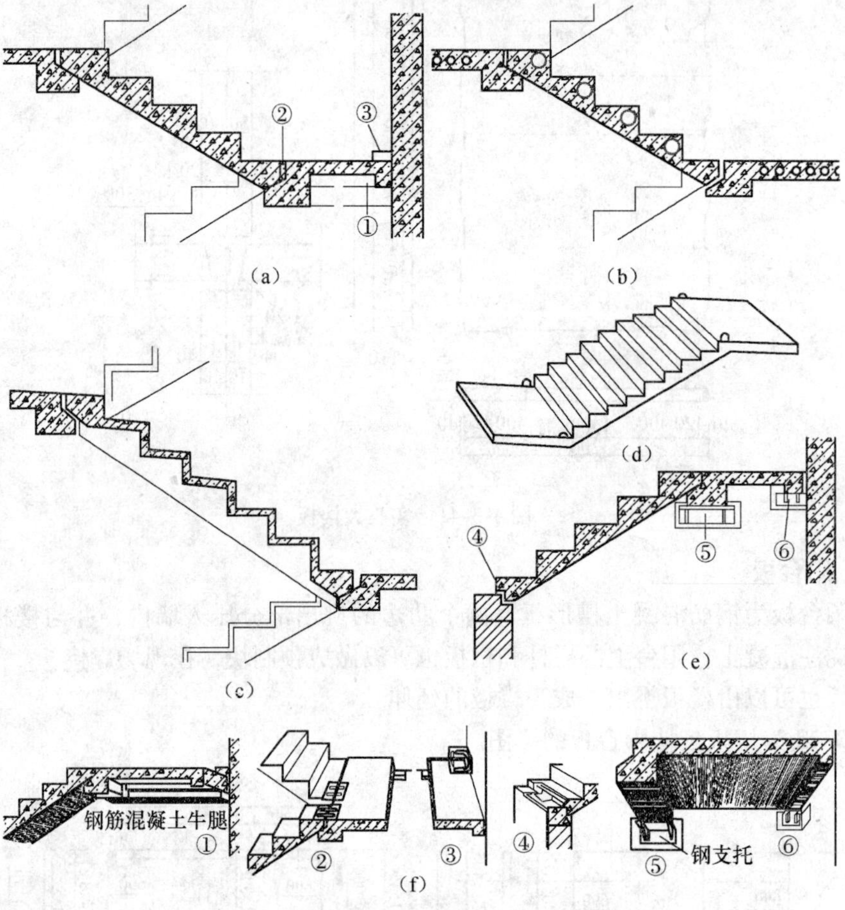

图 4-3-43　楼梯构造

（a）平板式梯段；（b）空心式梯段；（c）折板式梯段；
（d）梯段和平台联合；（e）挑出牛腿支撑；（f）预埋钢板焊接

（七）屋面板及挑檐板

大板建筑屋顶的设计要求同其他建筑的屋顶一样，应有良好的保温、隔热和防水性能，其屋面板的类型和布置一般和楼板相同。

在挑檐的建筑中，可把屋面板与挑檐板做成一个构件，也可在檐口另加挑檐板。

女儿墙通常采用特制的墙板。板的侧边做出销键，预留套环；板底有凹槽与下层墙板结合。板的厚度可与主体墙板一致。女儿墙板内侧应设凹槽，预留木砖，以便与屋面防水卷材固定交接。檐口构造如图 4-3-44 所示。

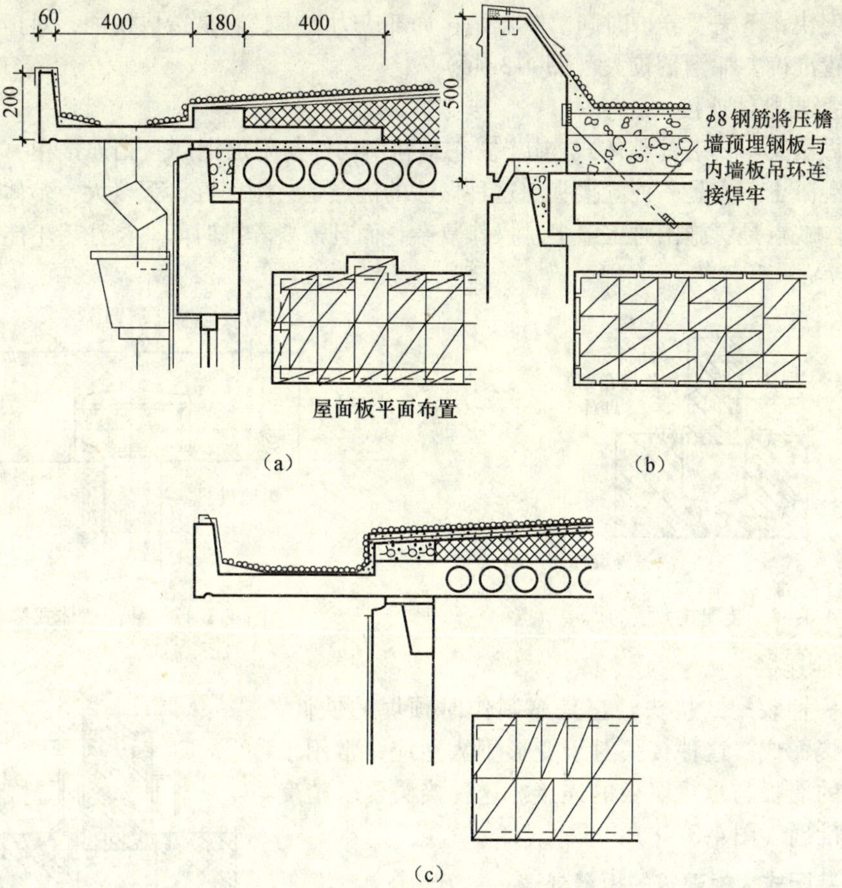

图 4-3-44　檐口做法

（a）另加挑檐板檐口；（b）另加压檐构件檐口；（c）屋面板挑出挑檐口

（八）烟风道

烟风道一般为钢筋混凝土或水泥石棉制作的筒状构件，按一层一节设计，其交接处为楼板附近。交接处，要坐浆严密，不串烟漏气。出屋顶后应砌筑排烟口，并用预制钢筋混凝土块做压顶（图 4-3-45）。

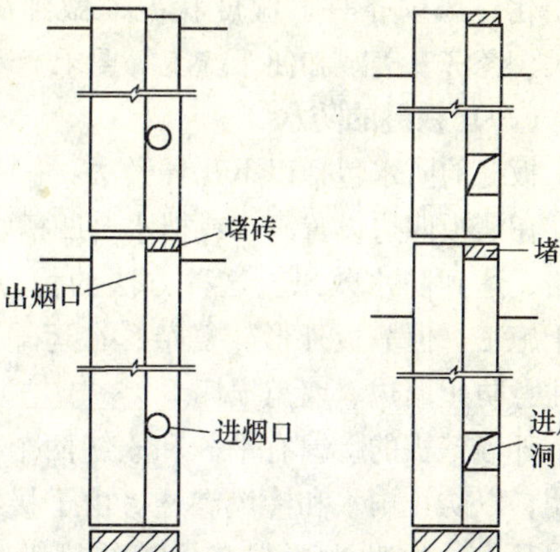

图 4-3-45　烟风道

（a）烟道；（b）通风道

三、装配式大板建筑的节点

节点的设计和施工是大板建筑的一个突出问题。大板建筑的节点要满足强度、刚度、延性以及抗腐蚀、防水、保温等构造要求。节点的性能如何，直接影响整个建筑物的整体性、稳定性和使用年限。

1. 焊接

焊接又称为“整体式连接”。它是靠构件上预留的铁件，通过连接钢板或钢筋焊接而成。这是一种干接头的做法。这种做法的优点是：施工简单，速度快，不需要养护时间。缺点是：局部应力集中，容易造成锈蚀，对预埋件要求精度高，位置准确，耗钢量较大（图 4-3-46）。

2. 混凝土整体连接

这种做法又叫“装配整体式连接”。它是利用构件与附加钢筋互相连接在一起，然后浇注高强度混凝土。它是一种湿接头。这种做法的优点是：刚度好，强度大，整体性强，耐腐蚀性能好。缺点是：施工时工序多，操作复杂，而且需要养护时间，浇注后不能立即加荷载（图 4-3-47）。

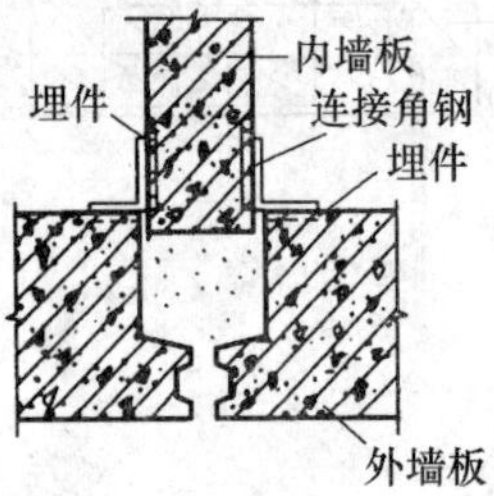

图 4-3-46　装配式大板的焊接节点

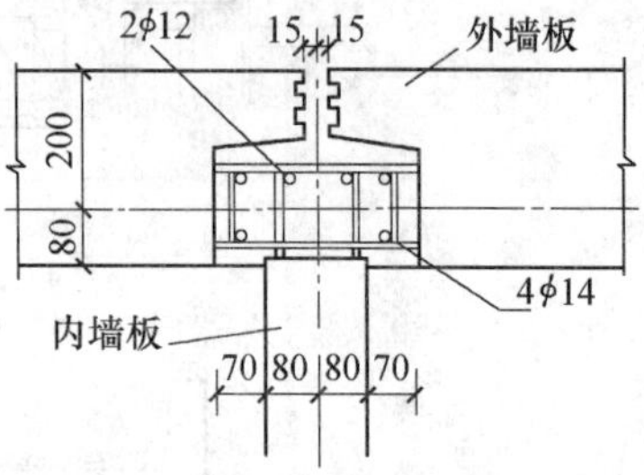

图 4-3-47　装配整体式接头

3. 螺栓连接

这是一种装配式接头。它是靠制作时预埋的铁件，用螺栓连接而成。这种接头对于变形不太适应，常用于围护结构的墙板与承重墙板的连接。这种接头要求精度高，位置准确（图 4-3-48）。

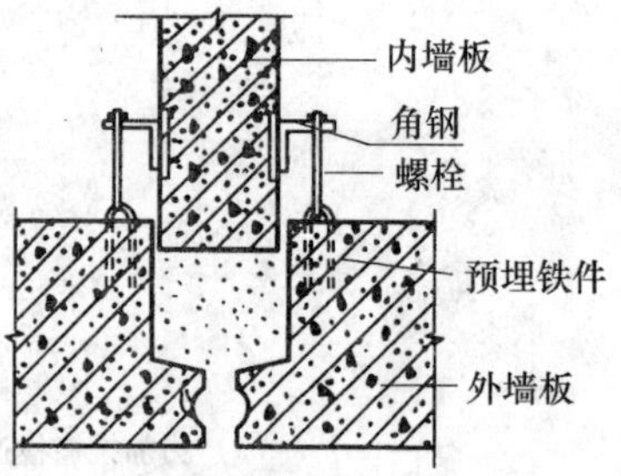

图 4-3-48　螺栓连接

四、装配式大板建筑的板缝处理

板材建筑的外墙连接，是材料干缩、温度变形和施工误差的集中点。板缝的处理应当根据当地冬、夏季气温变化，风雨条件，湿度状况，做到满足防水、保温、耐久、经济、美观和便于施工等要求。

（一）板缝的防水

板缝的防水包括以下几种做法：

在墙板四边设置滴水或挡水台凹槽等，利用水的重力作用排除雨水，切断接缝的毛细管通路，达到防水效果。这种方法的优点是经济、耐久、便于施工。但墙板外形较复杂，在运输、堆放、吊装时须注意防止墙边、墙角损坏。

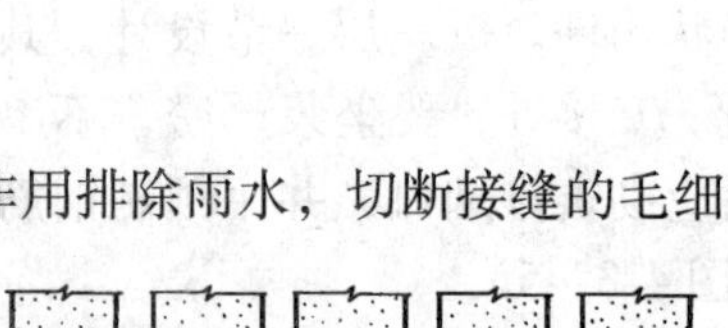

图 4-3-49　水平缝

外墙壁板的接缝有平缝和立缝两个部位。接缝要求密闭，以防止雨水和冷风渗透。由于接缝处又是保温的薄弱环节，因此也要求有足够的热阻，防止出现“热桥”。

1. 水平缝

水平缝的构造形式如图 4-3-49 所示。

上下墙板之间的水平缝，一般多用坐浆并用砂浆勾缝，但因温度的变化，砂浆经常与板脱离而产生裂缝。通缝容易造成渗漏。滴水缝可以排除一部分雨水，但不能杜绝渗漏。高低缝和企口缝比较常用。

（1）高低缝防水：上下墙板互相咬口，构成高低缝。水平缝外部的填充料可采用水泥砂浆，但不能填得过深（图4-3-50）。

（2）企口缝防水：上下墙板做成企口形状，形成企口缝。企口中间为空腔，前端用水泥砂浆勾抹，并留排水孔（图4-3-51）。

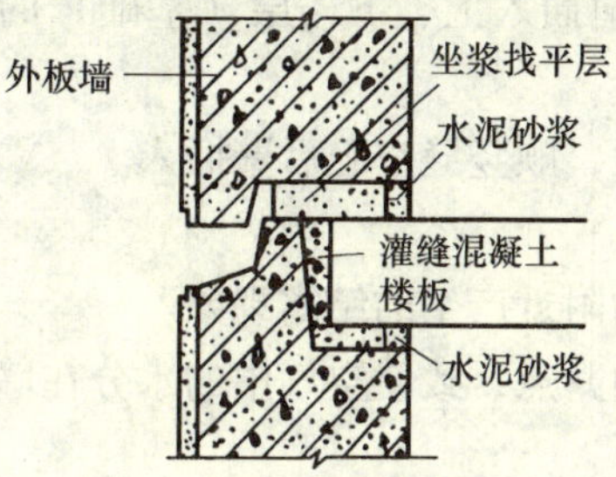

图4-3-50　高低缝

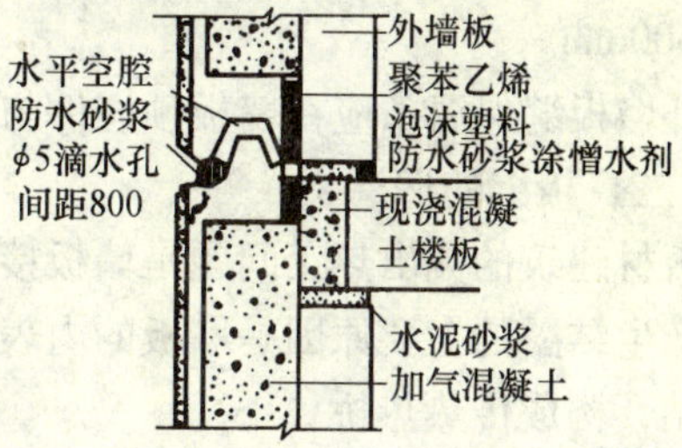

图4-3-51　企口缝

水平缝不论采取哪种做法，都应注意以下几点：

墙板与楼板（屋面板、基础）之间的水平接缝必须坐浆。

地震区各墙板的水平缝内应至少设置一个销键，其做法可将墙板、楼板（屋面板、基础）预留缺口处的吊环或预埋钢筋互相焊接，并浇注混凝土或做其他抗剪措施（图4-3-52）。

水平缝还应嵌入保温条，然后在外侧勾抹防水砂浆。

2. 垂直缝

垂直缝的构造形式如图4-3-53所示。

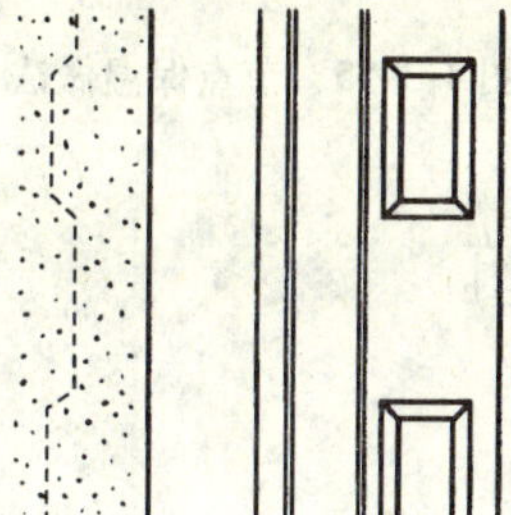

图4-3-52　销键的做法

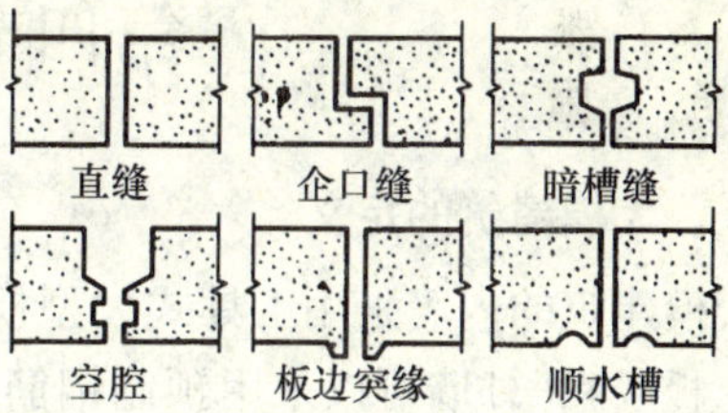

图4-3-53　垂直缝

在这些缝中，直缝最简单，采用时必须解决好砂浆勾缝才不会漏水。企口缝除产生毛细现象而造成漏水外，在制作、运输、安装时增加不少困难。暗槽的做法是在槽内灌注混凝土，经过振捣，缝口再用砂浆勾严。空腔做法是当前较多的一种。

空腔的具体做法是在空腔前壁两立槽间嵌入塑料挡水板。挡水板靠本身的弹性所产生的横向推力牢固地嵌在凹槽内，在缝外勾抹水泥砂浆。塑料板上下端可以采用分段接缝的办法，以适应温度变化引起的胀缩变形。塑料挡雨板的主要作用是导水，抹水泥砂浆时它还起模板的作用。水泥砂浆勾缝的作用是避免塑料挡雨板直接暴露在大气中，以延缓塑料老化，保证空腔的排水效果，如图4-3-54所示。

目前推荐采用的垂直缝做法如下：

纵横墙板交接处竖向接缝应采用现浇混凝土灌缝，灌缝净面积不应小于 100cm^2，截面最小边尺寸不应小于 800mm。横墙板一般宜伸入纵墙内，不小于 20mm。

在地震区，当横墙在纵墙两侧不对正时，横墙板与纵墙板宜采用现浇混凝土销键连接；或在墙板上、下端及中部预埋钢板，用角钢焊接连接。此外，上、下角还应与楼板连接。

竖缝内应设置竖向插筋。对地震区，其直径不应小于ϕ12，在房屋四角及楼梯间的内墙板交接处宜用 2ϕ12。非地震区插筋不小于 1ϕ10，竖向插入上、下楼层（基础）的长度不小于 500mm。

外墙板缝保温条应在墙板预埋件与连接铁件焊好后，顺竖缝空腔后壁插入。

（二）板缝的保温

板材建筑的突出热工问题是墙板接缝处和混凝土肋附近产生的结露现象。

产生结露的主要原因是墙板的内表面温度低于室内露点，致使空气中的水分在墙板内表面凝结，构成传热热桥。

防止结露必须注意两点：一是消灭热桥，二是阻止热空气渗透。板缝和肋边处要采用高效能的保温材料，避免形成热桥。板缝外侧用砂浆勾抹效果较好。

节点处的保温材料以聚苯乙烯泡沫塑料比较理想，如图 4-3-55 所示。

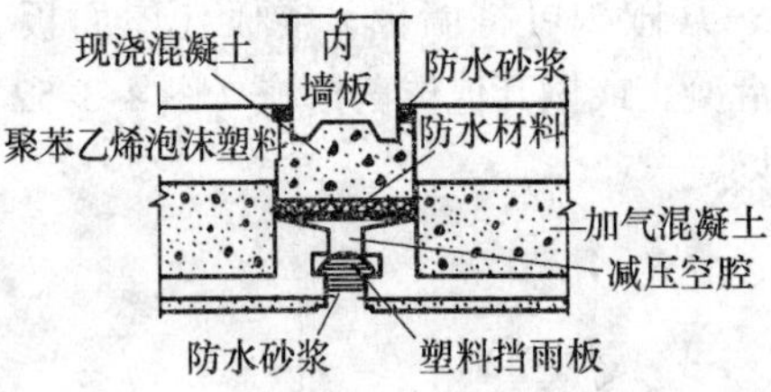

图 4-3-54　节点防水做法

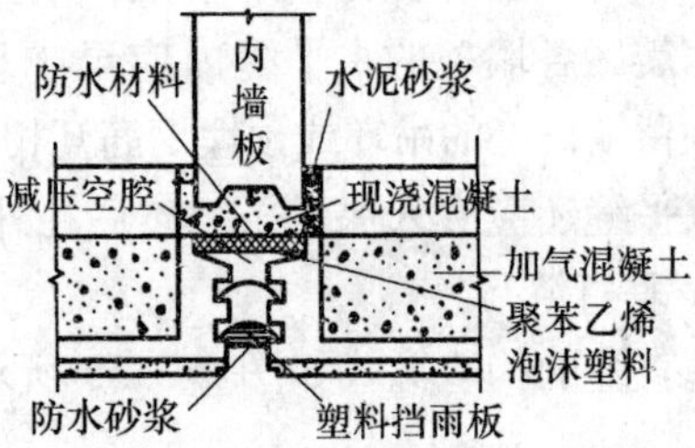

图 4-3-55　节点保温做法

第四节　大模板建筑

一、大模建筑的定义

大模建筑的内墙采用工具式大型模板现场浇注的钢筋混凝土板墙（非地震区亦可采用混凝土板墙），外墙可以采用预制钢筋混凝土墙板、现砌砖墙或现场浇注钢筋混凝土墙板。它属于墙板承重体系。

大模建筑在结构方面属于剪力墙体系。剪力是水平力，在水平力中又以地震力为主。这种体系强调横墙对正、纵墙拉通，以共同抵御地震力。它最适合在小开间、横墙承重的建筑中采用。这种体系广泛应用于住宅建筑中。

大模建筑的模板多采用钢材制作，有平模、筒模等类型。

二、大模建筑的分类

大模建筑的类型，主要区分在外墙做法上。常见的类型有以下几种：

（1）现浇与预制相结合：这种做法的内墙为现场浇注的钢筋混凝土板墙，外墙采用预制外墙板。这种做法称为外板内模，俗称“内浇外挂”，主要用来建造高层建筑。

（2）现浇与砌砖相结合：这种做法的内墙为现场浇注的钢筋混凝土板墙，外墙采用砌块砌筑墙体。这种做法称为外砖内模，俗称“内浇外砌”。主要用来建造多层建筑。

（3）全现浇做法：这种做法是内、外墙板均采用现场浇注的钢筋混凝土板墙，主要用来建造高层住宅。

三、大模建筑的构件

这里以外板内模式（内浇外挂式）为重点，简要介绍一些构件的特点。

1. 内墙板

现场浇注，厚度 160 ~ 180mm（横墙 160mm、纵墙 180mm），内放$\phi 6 \sim \phi 8$，间距为 200mm 的双面网片。采用强度等级为 C20 混凝土浇注。

2. 外墙板

加工厂预制，可以采用单一材料（如陶粒混凝土）或复合材料（如采用岩棉板材填芯的钢筋混凝土板）制作。厚度为 280 ~ 300mm。构件划分方法为：外横墙为每进深两块（个别中间进深为一块）板，外纵墙为每开间一块板。其形状与大板建筑外墙板相同。

3. 楼板

加工厂预制，可以采用 130mm 厚的预应力短向圆孔板（俗称小板），也可以采用 110mm 厚的双向预应力的实心大板（俗称两面光大楼板）。

4. 楼梯

高层大模板建筑的楼梯有双跑和单跑两种做法。可现浇或预制装配，当为预制装配时，其组成包括楼梯段（TB）、楼梯梁（MTL）和休息板（MXB）。大模板建筑楼梯的休息板采用“担架”形，插入墙板中的预留孔内（图 4-3-56）。

5. 阳台板

加工厂预制，呈正槽形。挑出墙板外皮 1160mm，压墙尺寸为 100mm，代号为 MYT（图 4-3-57）。

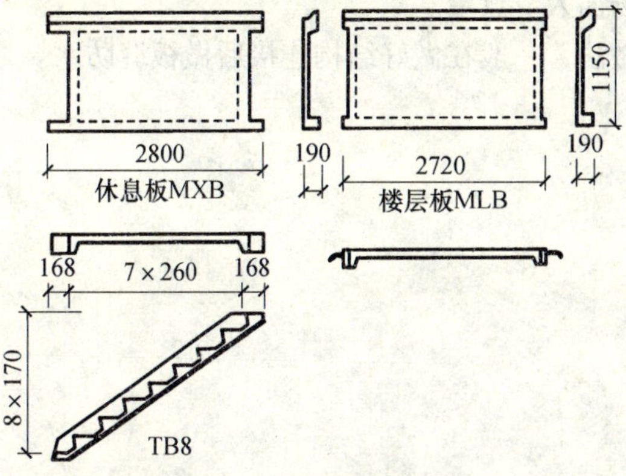

图 4-3-56　大模建筑中的楼梯

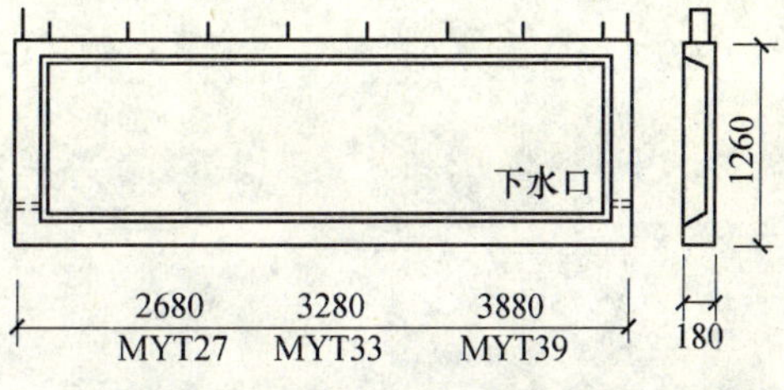

图 4-3-57　阳台板

6. 通道板

加工厂预制，呈反槽形。挑出墙板外皮 1300mm，压墙为 100mm，代号为 TD（图 4-3-58）。

7. 女儿墙板

加工厂预制。它是一种不带门窗洞口的小型外墙板，其高度为 1500mm，代号为 F（图 4-3-59）。

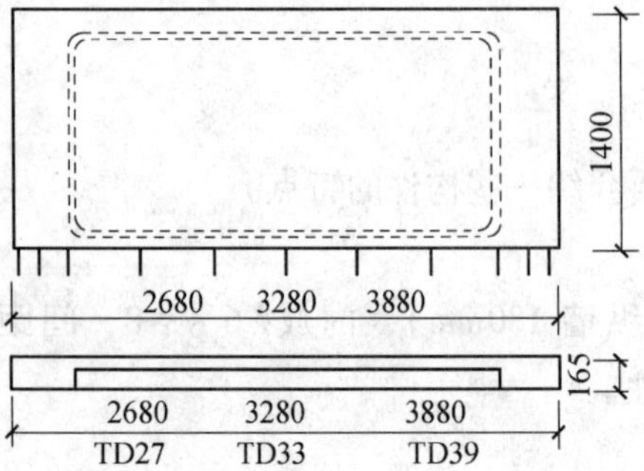

图 4-3-58　通道板

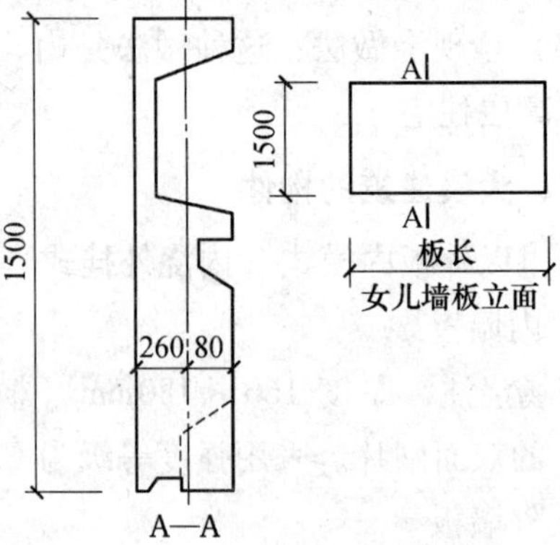

图 4-3-59　女儿墙板

8. 隔墙板

一般采用 50mm 钢筋混凝土板隔墙，可以在加工厂预制或现场预制。

四、大模建筑的节点连接

1. 结构连接

（1）外墙板间或内外墙板交接处采用构造柱，一般部位的主筋为 4ϕ12，边角部位的主筋为 4ϕ14。箍筋为预制板侧的环筋。混凝土强度等级为 C20。

（2）楼板与外墙板交接处应设置圈梁，其配筋为 4ϕ10，箍筋为ϕ6@200mm。混凝土强度等级为 C20。

（3）楼板与内墙板交接处应保证搭接，最小尺寸为 60mm。用不低于 C20 的混凝土浇注。

2. 建筑处理

建筑处理包括板缝保温和板缝防水两大部分。

板缝保温多采用聚苯乙烯泡沫塑料板，现场插入节点中。

板缝防水包括卷材、塑料条、防水砂浆等做法，一般在做好结构连接后做板缝防水。

节点做法可参阅大板建筑的有关图形。

第四章 其他相关知识

第一节 城市管线工程综合

一、管线工程的分类

城市管线，按其性质用途可分为下列几类：

(1) 给水管道，包括工业、生活和消防用水的管道。

(2) 中水管道，处理过的污水不能饮用。

(3) 排水管道，包括污水、雨水管道。

(4) 电力线，包括高压和电车用电线路。

(5) 电讯线，包括电话、广播等线路。

(6) 热力管道，包括热水和蒸汽管道。

(7) 燃气管道，包括煤制气、天然气等管道。

在工业区和工厂内，还有一些其他管道，如氧气、乙炔、液体燃料管道、排灰、排渣及化工专用管道等。

二、管线工程综合布置的原则

(1) 厂界、道路、管线的位置都要采用统一的城市坐标系统及标高系统。厂内的管线也可采用自己的坐标系统（相对坐标系统）。

(2) 地下管线由道路线向道路中心线方向平行布置的顺序，根据管线性质及埋设深度来决定。可燃、易燃及损坏时对建筑物有危害的管道，应离建筑物远一些，埋设深度大的也要远一些。其埋设次序为：电力电缆、电讯电缆、煤气管道、热力管道、给水管道、雨水管道、污水管道。

(3) 管线的平面布置，应做到路线短、转弯少，减少与道路、铁路的交叉和管线间的交叉。若交叉时尽可能成直角交叉。

(4) 管线冲突时，一般是按小管让大管；临时管让永久管；可弯曲管线让不易弯曲的管线；压力管线让重力管线等原则进行敷设。

(5) 干管应靠近负荷较大一侧来敷设。

(6) 在居住区里布置管线时，首先将其布置地街坊道路下，其次为干道下，尽可能不布置在主干道的车行道下。铁路下不允许平行布置管道。

(7) 架空管线的敷设，应做到不影响交通运输。

(8) 可燃、易燃管道一般不允许在交通桥梁上跨河，如须敷设，应遵照有关的技术规定。管线如跨越通航河流时，不论架空或在河道下通过，均须符合航运部门的规定。

(9) 管线之间、管线与建筑物之间的水平间距，应满足技术、卫生、安全等要求，还须符合国防上的规定。

(10) 地下管线交叉时，最小垂直净距，如表 4-4-1 所示。

地下管线交叉时最小垂直净距表（m） **表 4-4-1**

净距 / 安设在上面的管线名称 / 埋设在下面的管线名称	给水管	排水管	热力管	煤气管	电信		电力电缆		明沟（沟底）	涵洞（基础底）	电车（轨底）	铁路（轨底）
					铠装电缆	管道	高压	低压				
给水管	0.10	0.10	0.10	0.10	0.20	0.10	0.20	0.20	0.50	0.15	1.0	1.0
排水管	0.10	0.10	0.10	0.10	0.20	0.10	0.20	0.20	0.50	0.15	1.0	1.0
热力管	0.10	0.10	–	0.10	0.20	0.10	0.20	0.20	0.50	0.15	1.0	1.0
煤气管	0.10	0.10	0.10	0.10	0.20	0.10	0.20	0.20	0.50	0.15	1.0	1.0
电信 铠装电缆	0.20	0.20	0.20	0.20	0.10	0.15	0.20	0.20	0.50	0.20	1.0	1.0
电信 管道	0.10	0.10	0.10	0.10	0.10	0.10	0.15	0.15	0.50	0.25	1.0	1.0
电力电缆	0.20	0.20	0.20	0.20	0.20	0.15	0.50	0.50	0.50	0.50	1.0	1.

注：（1）表中所列为净距数字，如管线敷设在套管中地道中，或者管道有基础时，其净距自套管、地道的外边或基础的底边（如果有基础的管道在其他管线上面越过时）算起。

（2）电信电缆或电信管道一般在其他管线上面越过。

（3）电力电缆一般在热力管道和电信管缆下面，但在其他管线上面越过。低压电缆应在高压电缆上面越过。如高压电缆用砖、混凝土块或把电缆装入管中加以保护时，则低压和高压电缆之间的最小净距可减至 0.25m。

（4）煤气管应尽可能在给水、排水管道上面越过。

（5）热力管一般在电缆、给水、排水、煤气管道上面越过。

（6）排水管通常在其他管下面越过。

三、管线工程综合的图纸内容

管线工程综合分规划综合阶段和初步设计综合阶段。

（一）规划综合阶段

此阶段一般要编制管线工程综合规划示意图和道路横断面示意图。

1. 管线工程综合规划示意图

图纸的比例尺与城市总体规划图的比例尺相同，一般采用 1/5000～1/10000。图纸上除标明道路、建筑位置外，应重点绘出各类管线的平面位置。

2. 道路横断面示意图

图纸比例尺采用 1/200，应标明道路横断面上各组成部分的尺寸，现状和规划的各类管线的位置（图 4-4-1）。

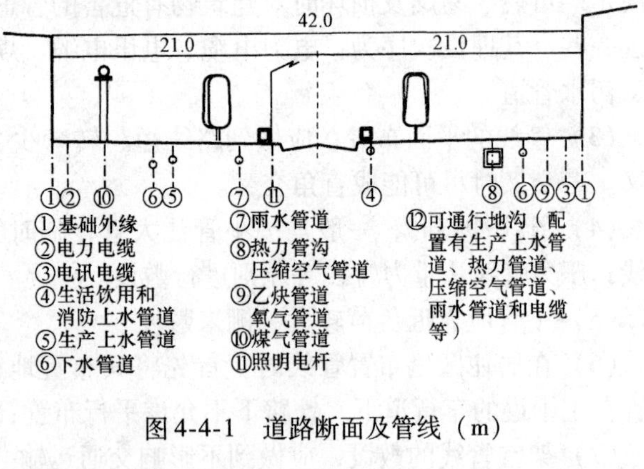

图 4-4-1 道路断面及管线（m）

（二）初步设计综合阶段

此阶段应编制管线工程初步设计综合图、交叉点的管线标高图及调整道路断面图。

1. 管线工程初步设计综合图

图纸基本内容和管线工程规划综合示意图内容相同，只是更深入一些。管线位置要具体，道路中心线交叉点、管线起讫点、转折点、变坡点，工厂管线进出口位置，均应标明坐标数据。

2. 管线交叉点与交叉点管线标高图

此图应标明管线工程初步设计综合图上的交叉口的编号，每个交叉口的各种管线的地面标高、管底标高、净距等（图 4-4-2）。

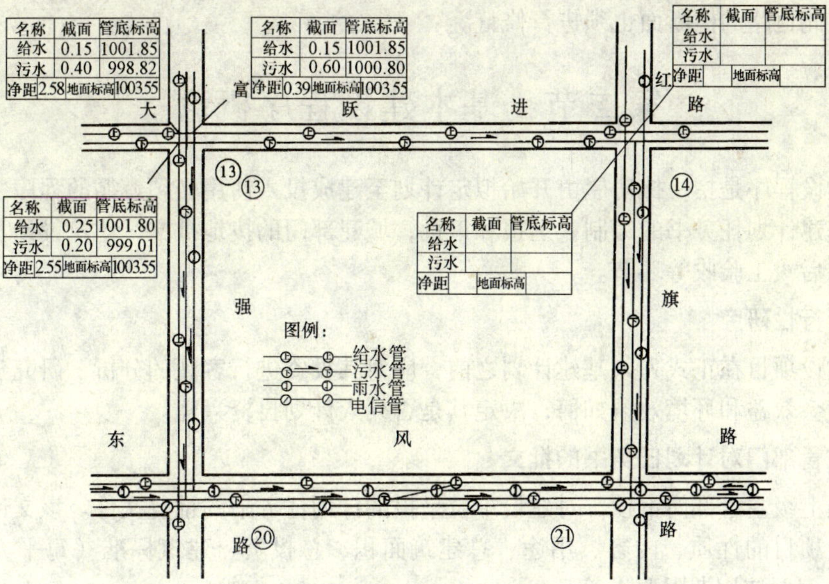

图 4-4-2　管线交叉点标高图

对管线种类多，比较复杂的交叉点应将比例尺放大（1/500），其深度如图 4-4-3 所示。

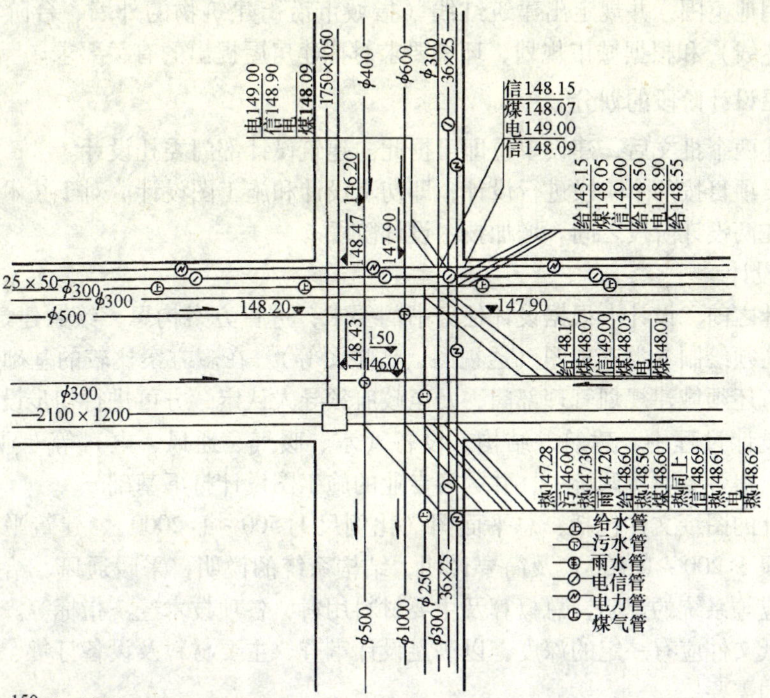

注：150 路面高程；

信42.5电信在上面，外底高程为42.5m，
煤42.5煤气在下面，上顶高程为42.4m；
热力管道简称热；给水管道简称给；污水管道简称污；雨水管道简称雨；
电力管道简称电；电信管道简称信；煤气管道简称煤

图 4-4-3　交叉点管线标高图

3．调整道路的横断面图

编制管线工程初步设计综合图时，有时根据地下管线的多少，须调整规划综合所作的管线布置，因此道路的横断面也须进行修订。

第二节 基本建设程序概论

基本建设程序是指一栋房屋由开始拟定计划至建成投入使用必须遵循的程序。包括可行性研究、基建计划任务书的编制、上报和审批，城建部门的拨地批文，建筑设计、施工和设备安装，最后竣工验收等环节。

一、可行性研究

一个建设项目在正式列入基建计划之前，应对其投资进行客观的分析，研究建成后的经济效益、社会效益和环境效益如何，决定其是否列入计划投资兴建。

二、主管部门对计划任务书的批文

是指经上级主管部门审核，对建设单位呈报的计划任务书的批复文件。该文件包括核定的工程建设项目的性质、内容、用途、总建筑面积、总投资、建筑标准（每平方米建筑面积造价）及房屋使用期限要求等。

三、规划管理部门同意拨地的批文

是指城建规划管理部门，对一项工程同意拨地兴建的文件。文件内容包括基地范围地形图及划出的用地范围，并规定出建筑红线（指城市沿街建筑物的外墙、台阶、橱窗等不得超越的临街界线）和根据城市规划、环境要求对拟建房屋提出的有关要求。

四、房屋设计阶段的划分

有了上述两个批文后，建设单位即可据此向建筑设计部门委托设计。

一般建设项目按两个阶段进行设计，即初步设计和施工图设计。对于技术要求复杂的建设项目，可在两设计阶段之间，增加技术设计阶段。

1. 初步设计

初步设计之前，设计人根据设计任务书的要求，进行方案构思，绘制建筑方案设计图。重要建筑，还须绘制各类表现图（透视图、鸟瞰图等）。在多方案比较的基础上，经建设单位，重要建筑还须城建规划管理部门，乃至政府领导人认定，方可进行初步设计。

在初步设计过程中，建筑、结构、设备（水、暖气、通风、电）等专业，互提要求，反复磋商，取得各专业协调统一，并为各专业的施工图设计打下基础。

初步设计的图纸文件包括：总平面图（比例尺1∶500～1∶2000），建筑平面、立面、剖面图（比例尺1∶200～1∶100）及简要说明，结构系统的说明，采暖通风、给排水、电气照明、煤气供应等系统的说明，总概算及主要材料用料，各项技术经济指标等。

上述图纸文件应有一定的深度，以满足设计审查、主要材料及设备订货、施工图设计的编制等方面的需要。

2. 施工图设计

初步设计被批准后，即可进行施工图设计。施工图设计阶段，主要是将初步设计的内容进一步具体化。各专业绘制的施工图纸（包括详图）和施工说明，必须满足建筑材料、设备订货、施工预算和施工组织计划的编制等要求，以保证施工质量和加快施工的进度。

技术较复杂的工程，应在初步设计和施工图设计之间安排技术阶段。这一阶段主要是在初步设计的基础上，进一步具体解决各种技术问题，经过充分协商，合理地解决建筑、结